Johannes Vogel u. a.
Elektrische Antriebstechnik

Die Autoren dieses Buches:

Prof. em. Dr.-Ing. habil. Johannes Vogel, Magdeburg	Kapitel 1 bis 7
Prof. Dr.-Ing. habil. Ulrich Riefenstahl, Magdeburg	Kapitel 5 und 7
Prof. Dr.-Ing. habil. Winfried Schauer, Wismar	Kapitel 4 und 5

Gesamtleitung: Prof. em. Dr.-Ing. habil. Johannes Vogel, Magdeburg

Johannes Vogel u. a.

Elektrische Antriebstechnik

6., vollständig überarbeitete Auflage

 Hüthig Verlag Heidelberg

Prof. em. Dr.-Ing. habil. Johannes Vogel, Jahrgang 1929, emeritierter Professor für Elektrotechnik an der Technischen Universität „Otto von Guericke" Magdeburg.

Diejenigen Bezeichnungen von im Buch genannten Erzeugnissen, die zugleich eingetragene Warenzeichen sind, wurden nicht besonders kenntlich gemacht. Es kann also aus dem Fehlen der Markierung ® nicht geschlossen werden, daß die Bezeichnung ein freier Warenname ist. Ebensowenig ist zu entnehmen, ob Patente oder Gebrauchsmusterschutz vorliegen.

Autoren und Verlag haben alle Texte und Abbildungen mit großer Sorgfalt erarbeitet. Dennoch können Fehler nicht ausgeschlossen werden. Deshalb übernehmen weder die Autoren noch der Verlag irgendwelche Garantien für die in diesem Buch gegebenen Informationen. In keinem Fall haften Autoren oder Verlag für irgendwelche direkten oder indirekten Schäden, die aus der Anwendung dieser Informationen folgen.

Die Deutsche Bibliothek – CIP-Einheitsaufnahme

Elektrische Antriebstechnik / von Johannes Vogel u. a. – 6., vollst. überarb. Aufl. – Heidelberg : Hüthig, 1998
   ISBN 3-7785-2649-9

© 1998 Hüthig GmbH Heidelberg
Printed in Germany
Satz: Lichtsatz Michael Glaese GmbH, 69502 Hemsbach
Druck: Neumann Druck, Heidelberg
Buchbinderische Verarbeitung: Kumler, Sandhausen

Vorwort

Die elektrische Antriebstechnik wird in ihrer Entwicklung durch die Fortschritte bei der Schaffung neuer und verbesserter Bauglieder und ihrer strukturbedingten Verknüpfung bestimmt. Gegenwärtig sind dafür die Weiterentwicklung der leistungselektronischen Bauelemente und die wachsende Leistungsfähigkeit der Informationsverarbeitung kennzeichnend. Hinzu treten auch Neuerungen, die sich aus dem immer größer werdenden Integrationsgrad der Bauglieder mit erweiterter Funktionsfähigkeit ergeben.

Die Zielstellungen verändern sich mit den ingenieurtechnischen Entscheidungen zur Optimierung der Gesamtlösung. Letztere bestimmen die Qualität, je nachdem, ob im Vordergrund die exakte Einhaltung der Kriterien für den Bewegungsablauf, die verlustarme Energieumformung oder die Minimierung des Gesamtaufwands stehen. Ein gutes Ergebnis ist nur durch ein determiniertes Vorgehen, ausgehend von der Analyse der Bewegungsvorgänge, der darauf aufbauenden Festlegung der Struktur des Antriebssystems und der fundierten Auswahl der Bauglieder und ihrer exakten Dimensionierung zu erzielen. Diesem projektierungsgemäßen Ablauf folgt die Gliederung des Buches.

Das Fachgebiet der elektrischen Antriebstechnik hat damit seine Wurzeln in verschiedenen technischen Disziplinen. Es ist das Anliegen der 6. Auflage, trotz des sich ständig erweiternden Wissensstoffes, den Gesamtkomplex in überschaubaren Grenzen zu halten. Eine Notwendigkeit, die für den Einsatz als Lehrbuch im Ausbildungsprogramm unerläßlich ist. Deshalb werden die Darstellungen auf die wesentlichen Zusammenhänge begrenzt, jedoch so weit geführt, daß sie sich mit der weiterführenden Literatur vertiefen lassen.

Die Vielfalt der Strukturen und Bauglieder des elektrischen Antriebs eröffnet die Möglichkeit, meist mehrere Lösungsvarianten anzubieten. Die Entscheidung darüber fällt selbst dem erfahrenen Ingenieur nicht leicht. Dies zu verdeutlichen und das ingenieurmäßige Vorgehen zu demonstrieren, ist das spezielle Anliegen der praxisorientierten Beispiele.

Aktualisierungen erfolgten in der 6. Auflage in allen Kapiteln. Im besonderen Maße trifft das für die Abschnitte über die Leistungselektronik und die Drehstromantriebstechnik zu. An einigen Stellen, so z. B. im Anhang, wurden dafür Straffungen vorgenommen. Die ständigen Veränderungen im Vorschriftenwerk der Elektrotechnik gaben auch Veranlassung, hier den gegenwärtigen Stand einzubeziehen.

Für Hinweise und Anregungen bei der Überarbeitung der 6. Auflage danke ich meinem Sohn, Herrn Dr.-Ing. Reinhard Vogel. Dem Hüthig Verlag gebührt Dank für die Unterstützung bei der Gestaltung der Bilder und Texte und die gute Zusammenarbeit.

Magdeburg, Oktober 1998　　　　　　　　　　　　　　　　　　　　　　　Johannes Vogel

Inhaltsverzeichnis

Zusammenstellung der Berechnungsbeispiele 13

Formelzeichenverzeichnis 16

1. Analyse der Stell- und Bewegungsvorgänge 21

1.1. Größen des Bewegungsablaufs 22

1.2. Kräfte und Drehmomente 24

    1.2.1. Widerstandskraft bzw. Widerstandsmoment 25
    1.2.2. Beschleunigungskraft bzw. Beschleunigungsmoment 28
    1.2.3. Bewegungsgleichung 30
    1.2.3.1. Anlauf 32
    1.2.3.2. Stabiler Arbeitspunkt 34

1.3. Mechanische Antriebsleistung 34

    1.3.1. Widerstands- und Beschleunigungsleistung 34
    1.3.2. Ein- und Mehrquadrantenantriebe 35

1.4. Leistungsbedarf ausgewählter Arbeitsmaschinen 37

    1.4.1. Spanabhebende Werkzeugmaschinen 37
    1.4.2. Hubwerke für Krane und Aufzüge 39
    1.4.3. Fahrwerke und Fahrzeuge 40
    1.4.4. Pumpen und Lüfter 42

1.5. Im Antriebssystem gespeicherte kinetische Energie 44

1.6. Elastizitäten und Getriebespiele im Zweimassensystem 45

1.7. Prozeßanalytische Aufbereitung der Antriebsvorgänge 48

    1.7.1. Bewegungs- und Belastungsvorgänge 48
    1.7.2. Prozeßanalyse 50

2. Kennlinienfelder und Stellmöglichkeiten elektrischer Antriebsmaschinen 53

2.1. Energiebilanz im Antriebssystem 53

2.2. Gleichstrom-Nebenschlußmaschine (GNM) 55

    2.2.1. Wirkungsweise und Betriebseigenschaften 55
    2.2.2. Drehzahlstellung und Kennlinienfelder 59
    2.2.2.1. Spannungssteuerung 59
    2.2.2.2. Feldsteuerung 59
    2.2.2.3. Widerstandssteuerung 60
    2.2.2.4. Begrenzung des Kennlinienfeldes 61
    2.2.2.5. Erregerkreis 62

2.2.3.	Anlauf und Bremsen	63
2.2.3.1.	Anlauf	63
2.2.3.2.	Bremsen	67
2.2.4.	Dynamisches Verhalten	70
2.3.	**Gleichstrom-Reihenschlußmaschine (GRM)**	80
2.3.1.	Wirkungsweise und Betriebseigenschaften	81
2.3.2.	Drehzahlstellung und Kennlinienfelder	82
2.3.3.	Anlauf und Bremsen	83
2.3.3.1.	Anlauf	83
2.3.3.2.	Bremsen	84
2.4.	**Asynchronmaschine mit Schleifringläufer (AMSL)**	87
2.4.1.	Wirkungsweise und Betriebseigenschaften	87
2.4.2.	Drehzahlstellung und Kennlinienfelder	95
2.4.2.1.	Frequenzsteuerung	95
2.4.2.2.	Ständerspannungssteuerung	96
2.4.2.3.	Läuferspannungssteuerung	96
2.4.2.4.	Widerstandssteuerung	97
2.4.3.	Anlauf und Bremsen	100
2.4.3.1.	Anlauf	100
2.4.3.2.	Bremsen	101
2.4.4.	Gleichlaufschaltungen mit Asynchronmaschinen	107
2.4.4.1.	Dreiphasige elektrische Ausgleichswelle	108
2.4.4.2.	Einphasige elektrische Ausgleichswelle	110
2.4.4.3.	Ferndreherwelle	111
2.4.4.4.	Elektrische Arbeitswelle	112
2.4.5.	Dynamisches Verhalten	114
2.4.5.1.	Raumzeigerdarstellung und Gleichungssystem	114
2.4.5.2.	Anlauf	117
2.4.5.3.	Störverhalten	117
2.5.	**Asynchronmaschine mit Kurzschlußläufer (AMKL)**	121
2.5.1.	Wirkungsweise und Einfluß der Stromverdrängung	122
2.5.2.	Betriebseigenschaften	124
2.5.3.	Drehzahlstellung und Kennlinienfelder	127
2.5.4.	Anlauf und Wiedereinschalten	130
2.5.4.1.	Anlaufzeit und Verlustenergie	132
2.5.4.2.	Sanftanlauf	134
2.5.5.	Bremsen	137
2.5.5.1.	Nutzbremsen	137
2.5.5.2.	Bremsmotoren	137
2.6.	**Synchronmaschine mit Schenkelpolläufer (SM)**	140
2.6.1.	Wirkungsweise und Betriebseigenschaften	140
2.6.2.	Erregung	143
2.6.3.	Anlauf, Drehzahlstellung und Bremsen	143
2.6.4.	Dynamisches Verhalten	145
2.6.4.1.	Freie Pendelungen	147
2.6.4.2.	Erzwungene Pendelungen	147
2.7.	**Einphasen- und Drehstrom-Kommutatormaschinen**	150
2.7.1.	Wechselstrom-Bahnmotor	150
2.7.2.	Läufergespeister Drehstrom-Nebenschluß-Kommutatormotor (lDNKM)	151

2.8.	Elektromagnetische Kupplungen		151
	2.8.1.	Elektromagnetische Reibkupplungen	153
	2.8.2.	Induktionskupplungen	154
2.9.	Bemerkungen zur Auswahl elektrischer Antriebsmaschinen		157

3. Typenleistung und Schutzeinrichtungen elektrischer Maschinen ... 159

3.1.	Allgemeine Konstruktionsmerkmale und Maschinendaten		159
	3.1.1.	Baugröße	159
	3.1.2.	Bauformen	161
	3.1.3.	Schutzarten	161
	3.1.4.	Schlagwetter u. Explosionsschutz	162
	3.1.5.	Kühlarten	163
	3.1.6.	Bemessungsspannungen und Bemessungsleistungen	163
3.2.	Einflußfaktoren auf die Lebensdauer und Umwelt		165
	3.2.1.	Betriebsbedingte Einflußfaktoren	166
	3.2.2.	Umgebungsbedingte Einflußfaktoren	166
	3.2.3.	Umweltbeeinflussung	167
3.3.	Verlustleistungen		168
	3.3.1.	Einzelverluste	168
	3.3.2.	Leerlauf- und Lastverluste	170
	3.3.3.	Stromwärmeverluste bei Anlauf und Bremsen	172
3.4.	Thermische Vorgänge und Betriebsarten		174
	3.4.1.	Übertemperaturen und Isolierstoffklassen	174
	3.4.2.	Betriebsarten	175
	3.4.3.	Bestimmung der Typenleistung nach der Betriebsart	176
3.5.	Typenleistungsbestimmung nach dem Einkörpermodell		178
	3.5.1.	Temperaturverlauf	178
	3.5.2.	Ersatzverlustleistungsmethode	179
	3.5.3.	Effektivwertmethode	180
3.6.	Typenleistungsbestimmung nach dem Zweikomponentenmodell		184
	3.6.1.	Gleichungssystem und Systemelemente	184
	3.6.2.	Kurzzeitbetrieb (S2)	187
	3.6.3.	Aussetzbetrieb (S3)	189
	3.6.4.	Durchlaufbetrieb mit Aussetzbelastung (S6)	192
	3.6.5.	Allgemeine periodische und nichtperiodische Belastungsspiele	193
3.7.	Anlasser und Steller		195
3.8.	Motorschalter und Motorschutz		196
	3.8.1.	Schalter und Schütze	196
	3.8.2.	Motorschutz	198
	3.8.2.1.	Auslöser	198
	3.8.2.2.	Temperaturfühler	200
	3.8.2.3.	Motorschutzeinstellungen	201

4. Leistungselektronische Stellglieder für elektrische Antriebe 204

4.1. Übersicht und Einteilung der Stellglieder 204
    4.1.1. Vergleich Maschinenumformer – Stromrichter 204
    4.1.2. Leistungselektronische Bauelemente und Stellglieder 205
    4.1.3. Dimensionierungsangaben für netzgeführte Stromrichterschaltungen 207

4.2. Leistungselektronische Stellglieder für Gleichstromantriebe 211
    4.2.1. Grundschaltungen netzgeführter Stromrichter 211
        4.2.1.1. Spannungen und Ströme 211
        4.2.1.2. Ersatzschaltung und Kennlinienfeld 214
        4.2.1.3. Oberschwingungsgehalt der Gleichspannung 219
        4.2.1.4. Oberschwingungsgehalt des Gleichstroms 220
        4.2.1.5. Übertragungsverhalten netzgeführter Stromrichterstellglieder 223
    4.2.2. Bauglieder netzgeführter Stromrichterschaltungen 224
        4.2.2.1. Steuergeräte für netzgeführte Stromrichter 224
        4.2.2.2. Stromrichtertransformator 225
        4.2.2.3. Betriebsarten und Belastungsklassen 226
        4.2.2.4. Schutz netzgeführter Stromrichteranlagen 226
    4.2.3. Pulssteller 229

4.3. Leistungselektronische Stellglieder für Drehstromantriebe 232
    4.3.1. Drehstromsteller 232
    4.3.2. Direkte Umrichter 235
    4.3.3. Spannungszwischenkreisumrichter 237
    4.3.4. Stromzwischenkreisumrichter 243

4.4. Netzrückwirkungen von Stromrichtern 243
    4.4.1. Blindleistung 243
    4.4.2. Strom- und Spannungsoberschwingungen 246
    4.4.3. Maßnahmen zur Verminderung der Netzrückwirkungen 250
        4.4.3.1. Verringerung der Blindleistung durch ventilseitige Schaltungs- und Steuerungsmaßnahmen 250
        4.4.3.2. Netzseitige Kompensation der Blindleistung 252
        4.4.3.3. Verringerung der Stromoberschwingungen durch Gruppenschaltungen und netzseitige Saugkreise 254

5. Stromrichtergespeiste Gleichstrom- und Drehstromantriebe 257

5.1. Stationäres und dynamisches Verhalten stromrichtergespeister Gleichstromantriebe 261
    5.1.1. Gleichstromantriebe mit netzgeführten Stromrichtern 261
        5.1.1.1. Stationäres Verhalten 261
        5.1.1.2. Dynamisches Verhalten 263
        5.1.1.3. Stromrichter-Umkehrantriebe 266
    5.1.2. Gleichstromantriebe mit Pulssteller 271
    5.1.3. Regelung von Gleichstromantrieben 276
        5.1.3.1. Beschreibungsmethoden für das dynamische Verhalten von Übertragungsgliedern 276
        5.1.3.2. Optimierungskriterien von Antriebsregelkreisen 280
        5.1.3.3. Optimierung des Führungsverhaltens 281
        5.1.3.4. Optimierung des Störverhaltens 285
        5.1.3.5. Optimierung von digitalen Regelkreisen 289

	5.1.3.6.	Optimierung mehrschleifiger Regelkreise	290
	5.1.3.7.	Drehzahlregelung im Ankerspannungsstellbereich	291
	5.1.3.8.	Drehzahlregelung im Ankerspannungs- und Feldstellbereich	294
	5.1.3.9.	Drehzahlregelung von Umkehrantrieben	295
	5.1.3.10.	Digitale Drehzahlregelung mit Beobachter	296
	5.1.3.11.	Lageregelung von Positionierantrieben	297
5.2.	Stationäres und dynamisches Verhalten stromrichtergespeister Drehstromantriebe		301
	5.2.1.	Asynchronmaschinenantriebe mit Drehstromsteller	302
	5.2.2.	Asynchronmaschinenantriebe mit Pulssteller	305
	5.2.3.	Asynchronmaschinenantriebe mit Umrichter	308
	5.2.3.1.	Umrichterschaltungen und Steuerverfahren	308
	5.2.3.2.	Asynchronmaschinenantriebe mit gesteuertem Spannungszwischenkreisumrichter und getaktetem Wechselrichter	310
	5.2.3.3.	Asynchronmaschinenantriebe mit Spannungszwischenkreisumrichter und Pulswechselrichter	313
	5.2.3.4.	Asynchronmaschinenantriebe mit Stromzwischenkreisumrichter und getaktetem Wechselrichter	318
	5.2.4.	Asynchronmaschinenantriebe mit Stromrichterkaskade	320
	5.2.4.1.	Aufbau und Wirkungsweise der Stromrichterkaskade	320
	5.2.4.2.	Steuerung und Regelung der Stromrichterkaskade	324
	5.2.5.	Synchronmaschinenantriebe mit Umrichter	326
	5.2.5.1.	Synchronmaschinenantriebe mit Direktumrichter	326
	5.2.5.2.	Stromrichtermotoren	329
5.3.	Regelung spezieller Größen des Bewegungsablaufs		332
	5.3.1.	Drehzahlregelung von elektrischen Antrieben mit elastischer Drehmomentenübertragung und Lose	332
	5.3.2.	Regelung des Gleichlaufs von verketteten Antriebssystemen	335
	5.3.3.	Regelung von technologisch verketteten Mehrmotorenantrieben	337
	5.3.4.	Sollwertführung für verkettete Antriebssysteme	340
5.4.	Bauglieder zur Informationserfassung und Informationsverarbeitung		343
	5.4.1.	Meßwertgeber	343
	5.4.1.1.	Spannungsmessung	343
	5.4.1.2.	Gleichstrommessung	344
	5.4.1.3.	Drehzahlmessung	345
	5.4.1.4.	Lage- und Winkelmessung	350
	5.4.2.	Sollwertgeber	351
	5.4.3.	Reglerschaltungen	352
	5.4.3.1.	Analoge Reglerschaltungen	352
	5.4.3.2.	Mikrorechner-Regler	354
6.	**Elektrische Kleinantriebe**		**357**
6.1.	Gleichstrom-Kleinantriebe		357
6.2.	Wechselstrom-Reihenschlußantriebe (Universalmotoren)		362
6.3.	Asynchrone Wechselstrom-Kleinantriebe		364
6.4.	Synchrone Wechselstrom-Kleinantriebe		368
6.5.	Bürstenlose Synchron-Stellantriebe		371
6.6.	Schrittantriebe		373

	6.6.1.	Konstruktiver Aufbau und Schaltungen	373
	6.6.2.	Betriebseigenschaften	375

7. Anhang ... 378

7.1. SI-Einheiten und Umrechnungsbeziehungen ... 378

7.2. Bestimmung der Anlaufkennlinie und der Anlaufzeit ... 379

7.3. Bestimmung und Auswertung der Stromortskurve für AMSL ... 380

7.4. Drehmomentenbeziehungen von Drehstrommaschinen in Raumzeigerdarstellung ... 382

7.5. Bestimmung von Erwärmungsgrößen elektrischer Maschinen ... 383

    7.5.1. Bestimmung der Erwärmungskennwerte ... 383

    7.5.2. Programmablaufpläne zur Erwärmungsberechnung bzw. Typenleistungsbestimmung von AMKL ... 384

7.6. Laplace-Transformationen ... 386

    7.6.1. Rechenweg zur Lösung von Differentialgleichungen ... 386
    7.6.2. Rechenregeln ... 386
    7.6.3. Korrespondenzen ... 389

7.7. Eigenschaften netzgeführter Stromrichterschaltungen ... 390

7.8. Kenndaten netzgeführter Stromrichterschaltungen ... 391

7.9. Frequenzgänge zur Beurteilung des Regelkreisverhaltens ... 393

    7.9.1. Frequenzgangdarstellung ... 393
    7.9.2. Verhalten des Schwingungsglieds ... 395
    7.9.3. Betragsoptimum ... 396
    7.9.4. Symmetrisches Optimum ... 397

7.10. Normen ... 398

Literaturverzeichnis ... 399

Sachwörterverzeichnis ... 401

Zusammenstellung der Berechnungsbeispiele

Nr.	Thema	Seite
1.1	Bewegungsablauf eines Aufzugs	23
1.2	Förderleistung und Drehzahlstellbereich einer Pumpe	27
1.3	Drehmomentenverlauf eines Zentrifugenantriebs	29
1.4	Bewegungsgrößen eines Aufzugs	31
1.5	Anlaufzeit und Anlaufkennlinie einer Kohlemühle	33
1.6	Leistungs- und Energiebedarf einer Zentrifuge	36
1.7	Antriebsleistung einer Drehmaschine	37
1.8	Antriebsleistung einer Fräsmaschine	38
1.9	Antriebsleistung einer Bohrmaschine	39
1.10	Antriebsleistung eines Aufzugs	39
1.11	Antriebsleistung eines Hub-, Katz- und Laufkranfahrwerks	41
1.12	Antriebsleistung eines Triebfahrzeugs	41
1.13	Antriebsleistung einer Pumpe	43
1.14	Antriebsleistung eines Lüfters	43
1.15	Ungleichförmigkeitsgrad eines Pressenantriebs	45
1.16	Eigenfrequenzen eines Zweimassensystems	47
1.17	Bestimmungsgrößen einer Zentrifuge	51
2.1	GNM, Bestimmungsgrößen	58
2.2	GNM, Feld- und Spannungssteuerung	61
2.3	GNM, Feldforcierung	63
2.4	GNM, Anlauf mit Thyristorstellglied	65
2.5	GNM, Dimensionierung eines Anlassers	66
2.6	GNM, Widerstandsbremsen	69
2.7	GNM, Gegenstrombremsen	70
2.8	GNM, Übertragungsfunktionen	76
2.9	GNM, Führungsverhalten	77
2.10	GNM, Störverhalten	78
2.11	GNM, Bremszeit beim Widerstandsbremsen	79
2.12	GNM, Drehzahlsteuerung eines Hubwerkmotors	83
2.13	GNM, Widerstands-Senkbremsung	86
2.14	AMSL, Kreisdiagramm und Betriebskennlinien	93
2.15	AMSL, Widerstandssteuerung	98
2.16	AMSL, Widerstands-Pulssteuerung	98
2.17	AMSL, Läuferzusatzwiderstand für maximales Anlaufmoment	105
2.18	AMSL, Gleichstrombremsung	106
2.19	AMSL, Gegenstrombremsung	106
2.20	AMSL, Elektrische Welle für eine Hubbrücke	113
2.21	AMSL, Störverhalten	120
2.22	AMSL, Drehzahlpendelung bei periodischer Belastung	121
2.23	AMSL, Drehmoment bei Unterspannung	126
2.24	AMSL, Blindleistung bei Teillastbetrieb	126

Nr.	Thema	Seite
2.25	AMKL, Polumschaltung für Hobelmaschinenantrieb	128
2.26	AMKL, Spannungsverlauf beim Wiedereinschalten	134
2.27	AMKL, Teilspannungsanlauf	135
2.28	AMKL, Läuferverlustleistung beim Anlauf	136
2.29	AMKL, polumschaltbarer Motor für Zentrifuge	138
2.30	AMKL, Bremsmotor	139
2.31	SM, Synchron- und Reaktionsmoment	144
2.32	SM, Schwingungen eines Verdichterantriebs	148
2.33	Elektromagnetische Reibkupplung für einen Drehautomaten	156
2.34	Induktionskupplung für ein Rührwerk	157
3.1	Elektrische Maschine, geometrische Abmessungen	164
3.2	AMKL, Vergleich 4- und 8poliger Ausführung	165
3.3	Elektrische Maschine, explosionsgeschützte Ausführung	167
3.4	Elektrische Maschine, geräuscharme Ausführung	168
3.5	Elektrische Maschine, schwingarme Ausführung	168
3.6	GNM, Einzelverlustbestimmung	170
3.7	AMKL, Verluste bei Teillast	171
3.8	AMKL, Stromwärmeverlustleistung beim Anlauf	173
3.9	Leerschalthäufigkeit einer AMKL	173
3.10	Typenleistung nach der Methode der Ersatzverlustleistung	182
3.11	Typenleistung nach der Effektivwertmethode	183
3.12	Typenleistung für S2-Betrieb nach dem Zweikomponentenmodell	189
3.13	Typenleistung für S3-Betrieb nach dem Zweikomponentenmodell	191
3.14	Typenleistung für verschiedene Werte der Einschaltdauer	191
3.15	Typenleistung für S6-Betrieb nach dem Zweikomponentenmodell	193
3.16	Typenleistung bei nichtperiodischem Betrieb	194
3.17	Motorschutz einer AM für einen Pumpenantrieb	202
3.18	Motorschutzeinrichtungen für einen AM-Verdichterantrieb	202
4.1	6-Puls-Brückenschaltung, Ausgangsspannung und innere Spannungsabfälle	218
4.2	2-Puls-Brückenschaltung zur Erregung einer GNM	221
4.3	Stromwelligkeit und Glättungsinduktivität bei 2-, 3- u. 6-Pulsschaltungen	222
4.4	TSE-Beschaltung für eine 6-Puls-Brückenschaltung	228
4.5	Blindleistungsbedarf und Verschiebungsfaktor eines Stromrichterantriebs	245
4.6	Oberwellenspektrum und Blindleistung bei 6-Puls-Brückenschaltung	247
4.7	Spannungsabsenkung durch erhöhten Blindleistungsbedarf	250
4.8	Blindleistungskompensation einer Stromrichteranlage durch Kondensatoren	255
5.1	6-Puls-Brückenschaltung, Dimensionierung der Ventile, Glättungsdrossel, Bestimmung der Ersatzschaltelemente	264
5.2	Übertragungsfunktionen eines Stromrichter-Gleichstromantriebs	265
5.3	Gegenparallelschaltung der Stromrichter für einen Walzantrieb	270
5.4	Pulsgesteuerter GNM-Vorschubantrieb	275
5.5	Pulsgesteuerter GNM-Antrieb für ein Triebfahrzeug	275
5.6	Pulssteller, Bestimmung der Pulsfrequenz	276
5.7	Amplituden- und Phasenfrequenzgang eines Stromregelkreises	278
5.8	Stromregelkreis, Optimierung des Führungsverhaltens	288
5.9	Drehzahlregelkreis, Optimierung des Störverhaltens	288

Nr.	Thema	Seite
5.10	Meßwertgeberauswahl für das Antriebssystem einer Walzstraße	299
5.11	Drehzahlregelkreis, Veränderung des Führungsverhaltens bei Betrieb im Feldschwächbereich	300
5.12	Drehstromsteller für Katzfahrantrieb eines Krans	304
5.13	Pulsgesteuerter Asynchronmotorantrieb für einen Hubwerksantrieb	307
5.14	Untersynchrone Stromrichterkaskade zur Steuerung einer Pumpenanlage	325
5.15	Dynamisches Verhalten eines Gleichstromantriebs mit elastisch gekoppeltem Zweimassensystem	341
5.16	Glättungsglied für analoge Drehzahlmessung	348
5.17	Digitaler Drehzahlgeber, Dimensionierung	349
5.18	Analoger Hochlaufgeber, Dimensionierung	355
5.19	Drehzahlgeber, Auswahl und Dimensionierung	356
6.1	Pulsgesteuerter GNM-Vorschubantrieb	360
6.2	Ferrarismotorantrieb für Lageregelung	367
6.3	SM-Kleinstmotorantrieb für Schaltwalze	370
6.4	Schrittmotorantrieb für Positioniertisch	376

Formelzeichenverzeichnis

1. Hauptzeichen

A	Ankerstrombelag
A	Aussteuerung
A	Fläche
A	Wärmeabgabefähigkeit
a	Beschleunigung
a	Spantiefe
a	Zahl paralleler Ankerzweigpaare
$B, b^{1)}$	Induktion
b	Breite
C	Ausnutzungsfaktor
C	Kapazität
C	Wärmekapazität
C	Maschinenkonstante
D, d	Durchmesser
D	Spannungsabfall im Stromrichter
d	Dämpfung
d	Dicke
ED	rel. Einschaltdauer
F	Kraft
F	Last
F	Übertragungsfunktion
FI	Trägheitsfaktor
f	Faktor
f	Frequenz
G, g	allgemeine Zahl
g	Faktor
g	Fallbeschleunigung
H	Höhe
h	Überschwingweite
I, i	Strom
Im	Imaginärteil
i	Übersetzungsverhältnis, mechanisch
J	Trägheitsmoment
K	Faktor
K	Konstante
K	Übertragungsfaktor
k	Maschinenflußfaktor $= c\Phi$
L	Induktivität
l	Länge
M, m	Moment
m	Masse
m	Strangzahl
n	Drehzahl
P, p	Leistung
p	Druck
p, p	Polpaarzahl
p	Pulszahl
Q	Blindleistung
Q	Förderstrom
q	Verlustvergrößerungsfaktor
q	Pulszahl einer Kommutierungsgruppe
Re	Realteil
R	Widerstand
r	Radius
r	Ruck
S	Scheinleistung
S	Steigung
S	Stellbereich
s	Schlupf
s	Schritt
s	Weg
T	Integrationszeit
T	Periodendauer
T	Taktperiode, Pulsdauer

---

1) großer Buchstabe stationäre Größe, kleiner Buchstabe zeitlich veränderliche Größe

Formelzeichenverzeichnis

t	Zeit	Λ	Wärmeleitwert
U, u	Spannung	λ	Rohrwiderstandsziffer
$ü$	Übersetzungsverhältnis, elektrisch	λ	Schaltverhältnis
		μ	Reibungszahl
V	Verstärkung		
v	Geschwindigkeit	ν	beliebige Zahl
v	Verzerrungsfaktor	ν	bezogene Zahl
		ν	Ordnungszahl harmonischer Schwingungen
W	Energie		
w	Führungsgröße		
w	spezifischer mechanischer Widerstand	ξ	Übertragungsfaktor
		ξ	Verstärkungsfaktor der Pendelleistung
w	Welligkeit		
w	Windungszahl	ξ	Wicklungsfaktor
		ϱ	Dichte
X	Blindwiderstand, Reaktanz	ϱ	Übertragungsfaktor
X, x	Signal		
		σ	Gesamtstreuziffer
Z	Impedanz	σ	mech. Spannung
z	Impulsanzahl	σ	Wirbelstromverlustbeiwert
z	Schalthäufigkeit		
z	Störgröße	τ	Teilung
z	Zähnezahl	τ	Zeitkonstante
a	Drehwinkel, mechanisch		
a	Koeffizient	Φ, φ	magnetischer Fluß
a	Polbedeckungsfaktor	φ	Phasenwinkel
a	Zündwinkel		
		ψ	verketteter magn. Fluß
β	Koeffizient	Ω, ω	Winkelgeschwindigkeit
β	Polradwinkel	ω	Frequenz (Fouriertransformation)
γ	Forcierkoeffizient	ω	Kreisfrequenz
γ	Winkel		

2. Indizes

δ	Dicke	A	Ankerkreis
δ	Phasenwinkel	A	Anlauf
δ	Stromführungsdauer	a	Anfangswert
δ	Ungleichförmigkeitsgrad	a	Anregelung
		a	Ausgang
ε	Winkelbeschleunigung	a	außen
		ad	Ankerlängsrichtung
ζ	Streuziffer	aq	Ankerquerrichtung
		asyn	asynchron
η	Hystereseverlustbeiwert		
η	Wirkungsgrad	B	Basis
		B	Betrieb
Θ	Durchflutung	B	Bürste
$\Theta,$	Übertemperatur	Br	Bremsen
ϑ	Temperatur	b	Ausregelung
ϑ	el. Winkel bei Stromfluß	b	Beschleunigung
Λ	magnetischer Leitwert	C	Kollektor

		Last	Last
D	Diode	Leer	Leer-
Dr	Drossel	l	Lück-
d	Dämpfung		
d	Durchtritt	M	elektromagnetisch
d	Gleichstrom	M	mechanisch
d	längs	M	Motor
dyn	dynamisch	max	maximal
		min	minimal
E	Emitter	mit	mit
E	Erregung		
e	eigen	N	Bemessungswert
e	Eingang	N	Nutz-
e	Einschaltgröße	Netz	Netz
e	Endwert		
e	Ersatz	o	offener Kreis
eff	effektiv		
el	elektrisch	P	parallel
Ers	Ersatz	P	Pause
		p	Pol
F	Fahren	p	Polrad
F	Fahrkorb	p	Puls
F	Feder		
Fe	Eisen	q	Quellen
		q	quer
G	Generator		
G	Getriebe	R	radial
G	Gleichrichter	R	Regler
Gr	Grenzwert	R	Reibung
g	gegen	R	Sperr-
g	gesamt	Rech	Rechenwert
		r	Reaktanz
H	Hochlauf	r	Rückführung
H	Hub	r	Widerstand
H	Sattel-	res	Resonanz
h	Haupt-	rot	rotatorisch
hi	Hilfsgröße		
		S	Regelstrecke
I, i	Strom	S	Schnitt
Ist	Istwert	S	Schritt
i	ideell	S	Seilscheibe
i	innen	S	Span
		S	Steigung
K	Katz-	S	Strecke
K	Kipp-	Schl	Schleich-
K	Kurzschluß	SG	Stellglied
Kat	Katalogwert	Soll	Sollwert
Ko	Kommutierung	Sp	Spiel
Kr	Kreis	St	Steuer
k	bestimmte Zahl	St	Stillstand
		S1	Dauerbetrieb
L	Lauf	S2	Kurzzeitbetrieb
L	Läufer	S3	Aussetzbetrieb
L	Lösch-	s	Soll

Formelzeichenverzeichnis

s	Weg		
syn	synchron		
T	tangential		
T	Thyristor		
Tr	Transformator		
Tr	Trommel		
trans	translatorisch		

U, u Spannung
ü Überschwingen

V Verlust
V vor
v Verzögerung
v Verzug
v Vorschub

W Arbeitsmaschine
W Wechselrichter
W Widerstand
WA Arbeitsmaschine, bezogen
w Führung
w Welligkeit

x induktiv

Z Zusatz
z Schneiden
z Störung
zul zulässig

a bei Steuerwinkel a
δ Luftspalt
μ Magnetisierung
ν Oberschwingung
σ Streuung
Φ Fluß
Ω drehzahlabhängig
ω Winkelgeschwindigkeit

0 Ausgangswert
0 eigen
0 Integration
0 Leerlauf
0 Steuerwinkel $a = 0$
0 synchron
1/2 Punkte 1/2 betreffend
1/2 Ständer/Läufer
1/2 Kreis 1/Kreis2
1, 2 Ordnungszahl

3. Hochgestellte Zeichen

$\bar{X}$ zeitlicher Mittelwert
$\bar{\bar{X}}$ Raumzeiger
$\underline{X}$ Zeigerdarstellung sinusförmiger Größen
$\underline{X}^*$ konjugiert komplexer Zeiger
$\hat{X}$ Amplitude
X' transformierte Größe
X' bezogene Größe
X' transiente Größe
X' reduzierte Größe
X^* neue Größe nach einem Zeitabschnitt

Verzeichnis wichtiger Abkürzungen

AM	Asynchronmaschine
AMKL	Asynchronmaschine mit Käfigläufer
AMSL	Asynchronmaschine mit Schleifringläufer
GM	Gleichstrommaschine
GNM	Gleichstrom-Nebenschlußmaschine
GRM	Gleichstrom-Reihenschlußmaschine
SM	Synchronmaschine
DS	Drehstromsteller
GR	Gleichrichter
GS	Gleichstromsteller
SG	Stellglied
SR	Stromrichter
UR	Umrichter
USK	untersynchrone Stromrichterkaskade
WR	Wechselrichter
D	Diode
Dr	Drossel
FD	Freilaufdiode
SD	Saugdrossel
T	Thyristor
T	Transistor
IGR	inkrementaler rotatorischer Geber
KG	Kommandogerät
MV	Multivibrator
OV	Operationsverstärker
R	Regler
StG	Steuergerät

1. Analyse der Stell- und Bewegungsvorgänge

Bei einem Bewegungsvorgang verändern feste, flüssige oder gasförmige Körper ihren Ort in Abhängigkeit von der Zeit. In der Technik dienen diese Bewegungsvorgänge dem Trennen (Entfernen) oder Verbinden (Heranführen) der Körper. Bei einigen Prozessen werden auch die Eigenschaften und Formen der Körper, z. B. beim Verdichten und Pressen, verändert. Bewegungsabläufe mit definierten Stellwegen werden auch als Stellvorgänge bezeichnet.
Bewegungsvorgänge treten in der Technik bei vielen Arbeitsmaschinen auf. Typische Beispiele dafür sind

— Dreh-, Fräs-, Bohrmaschinen, Stanzen, Scheren, Sägen
— Krane, Aufzüge, Stetigförderer, Fahrzeuge
— Ventilatoren, Pumpen, Kompressoren
— Walzanlagen, Kalander, Pressen, Biege- und Richtmaschinen.

Stellvorgänge sind kennzeichnend für folgende Arbeitsmaschinen:

— Ventile, Schieber
— Vorschubeinrichtungen, Positioniereinrichtungen, Industrieroboter
— Taktstraßen, Gestänge.

Zur Einleitung und Aufrechterhaltung eines Bewegungsvorgangs ist mechanische Energie erforderlich. Sie wird über elektromechanische Energiewandler (elektrische Maschinen, Elektromagnete) aus dem elektrischen Versorgungsnetz zugeführt. Zur Umwandlung der elektrischen Energie für einen antriebsgerechten Betrieb der elektrischen Maschinen bezüglich Drehmoment und Drehzahl werden Stellglieder eingesetzt. Für die elektrische Antriebstechnik leiten sich daraus folgende Grundaufgaben ab:

- Umwandlung der elektrischen Energie in mechanische zur Durchführung des technologischen Prozesses mit möglichst geringen Verlusten

- Erzeugen der Kräfte bzw. Drehmomente und Geschwindigkeiten bzw. Winkelgeschwindigkeiten nach den größenmäßigen Erfordernissen des technologischen Prozesses

- Zuführung der mechanischen Größen an die Arbeitsmaschine mit Hilfe der Informationserfassung und -verarbeitung nach einem solchen zeitlichen Verlauf, daß der technologische Prozeß mit hoher Effektivität abläuft.

Diese drei Grundaufgaben umfassen das gesamte Arbeitsgebiet der elektrischen Antriebstechnik; sie bestehen zugleich bei jedem Entwurf eines Antriebssystems. Sie widerspiegeln auch den komplexen Charakter der Aufgaben, die in enger Verbindung zu den wissenschaftlichen Erkenntnissen der Technologie, des Maschinenbaus, der Elektrotechnik, der Elektronik und der Automatisierungstechnik stehen. Bei der Auswahl und Dimensionierung eines Antriebssystems muß zur Erfüllung dieser Forderungen immer von den möglichst exakt ermittelten Größen des Bewegungsvorgangs im Rahmen einer Prozeßanalyse ausgegangen werden.

1.1. Größen des Bewegungsablaufs

Von einem punktförmigen Körper wird bei einer Bewegung im Raum eine Bahnkurve $s = f(t)$ durchlaufen. Charakteristische Bahnkurven ergeben sich bei der Translationsbewegung (geradlinig) und der Rotationsbewegung (kreisförmig).

Tafel 1.1. Größen des Bewegungsablaufs

Translationsbewegung	Größe	Einheit	Allgemeine Beziehung	Gleichung Nr.
Weg	s	m	$s = \int_t v \, dt$	(1.1)
Geschwindigkeit	$v = \dfrac{ds}{dt}$	$\dfrac{m}{s}$	$v = \int_t a \, dt$	(1.2)
Beschleunigung	$a = \dfrac{dv}{dt} = \dfrac{d^2s}{dt^2}$	$\dfrac{m}{s^2}$	$a = \int_t r \, dt$	(1.3)
Ruck	$r = \dfrac{da}{dt} = \dfrac{d^3s}{dt^3}$	$\dfrac{m}{s^3}$		

Rotationsbewegung	Größe	Einheit	Allgemeine Beziehung	Gleichung Nr.
Winkel	α	rad	$\alpha = \int_t \omega \, dt$	(1.4)
Winkelgeschwindigkeit	$\omega = \dfrac{d\alpha}{dt}$	$\dfrac{rad}{s}$ [1])	$\omega = \int_t \varepsilon \, dt$	(1.5)
Winkelbeschleunigung	$\varepsilon = \dfrac{d\omega}{dt} = \dfrac{d^2\alpha}{dt^2}$	$\dfrac{rad}{s^2}$	$\varepsilon = \int_t \varrho \, dt$	(1.6)
Winkelruck	$\varrho = \dfrac{d\varepsilon}{dt} = \dfrac{d^3\alpha}{dt^3}$	$\dfrac{rad}{s^3}$		

Allgemeine Gleichungen für die Berechnung der Größen im Zeitintervall Δt mit den Anfangswerten s_0, v_0, a_0 bzw. $\alpha_0, \omega_0, \varepsilon_0$

Translationsbewegung		Rotationsbewegung	
$s = \dfrac{r}{6} \Delta t^3 + \dfrac{a_0}{2} \Delta t^2 + v_0 \Delta t + s_0$	(1.7)	$\alpha = \dfrac{\varrho}{6} \Delta t^3 + \dfrac{\varepsilon_0}{2} \Delta t^2 + \omega_0 \Delta t + \alpha_0$	(1.10)
$v = \dfrac{r}{2} \Delta t^2 + a_0 \Delta t + v_0$	(1.8)	$\omega = \dfrac{\varrho}{2} \Delta t^2 + \varepsilon_0 \Delta t + \omega_0$	(1.11)
$a = r \Delta t + a_0$	(1.9)	$\varepsilon = \varrho \Delta t + \varepsilon_0$	(1.12)

In den vorstehenden Gleichungen sind zu setzen für:

gleichförmige Bewegung	$v = $ konst.	bzw.	$\omega = $ konst.	
	$a = 0$		$\varepsilon = 0$	
	$r = 0$		$\varrho = 0$	
gleichmäßig beschleunigte Bewegung	$a = $ konst.		$\varepsilon = $ konst.	
	$r = 0$		$\varrho = 0$	
ruckförmige Bewegung	$r = $ konst.		$\varrho = $ konst.	

[1]) Wenn Verwechslungen ausgeschlossen sind, wird anstelle rad/s meist 1/s verwendet.

1.1. Größen des Bewegungsablaufs

Als Kenngrößen des translatorischen Bewegungsablaufs sind von Interesse: Weg s, Geschwindigkeit v, Beschleunigung a bzw. Verzögerung und Ruck r,

für Rotationsbewegungen: Drehwinkel, Winkelgeschwindigkeit, Winkelbeschleunigung bzw. -verzögerung und Winkelruck (vgl. Tafel 1.1).
Unter Drehzahl oder Umlauffrequenz n versteht man die Anzahl der Umdrehungen je Zeiteinheit,

$$\boxed{n = \frac{\omega}{2\pi} \frac{U}{rad}} \; ; \qquad (1.13)$$

n Drehzahl, U/s, U/min[1]).

Die Beschleunigung bzw. Verzögerung ist für die Beanspruchung mechanischer Übertragungsglieder von Bedeutung. Sie wirkt sich im Antriebssystem auf die Festlegung der maximal aufzubringenden Leistung während des dynamischen Betriebs, so z. B. beim Anlauf oder Bremsen, aus.
Die Verzögerung entspricht einer negativen Beschleunigung, d. h. $a < 0$ bzw. $\varepsilon < 0$.
Der Ruck ist für die maximale Belastung mechanischer Übertragungsglieder von Interesse. Bei Personenbeförderung ist er für das Fahrgefühl ausschlaggebend. Ein Ruck von $r > 2{,}5$ m/s³ wird als unangenehm empfunden.
Mit einer Analyse des technologischen Prozesses sind die Bestimmungsgrößen s, v, a

Die Gleichungen (1.7) bis (1.12) in Tafel 1.1 gestatten die Berechnung der Bewegungsgrößen am Ende diskreter Zeitintervalle Δt mit den jeweiligen Anfangswerten s_0, v_0, a_0 bzw. α_0, ω_0, ε_0.

Beispiel 1.1

In einem Industriebau beträgt die Etagenhöhe 9 m. Es soll ein Aufzug eingesetzt werden, der folgende Betriebswerte nicht überschreitet: $r_{max} = \pm 2{,}4$ m/s³; $a_{max} = \pm 1{,}2$ m/s²; $v_{max} = \pm 1{,}8$ m/s. Die Fahrzeit soll minimal sein. Anhand des Weg-Zeit-Verlaufs ist die Zweckmäßigkeit der vorgegebenen Werte zu überprüfen. Die gesamte Fahrzeit ist zu bestimmen.

Lösung
Der Bewegungsablauf läßt sich in sieben Bewegungsabschnitte untergliedern (s. Bild 1.1).
Es werden die Wege und Zeiten für die ersten drei Abschnitte, d. h. bis zum Erreichen von v_{max}, bestimmt. Damit läßt sich das Weg-Zeit-Diagramm aufstellen.
Mit a_{max} und r_{max} berechnet man $\Delta t_1 = 0{,}5$ s. Danach ergibt sich mit (1.7) bis (1.9) nach dem 1. Abschnitt mit ruckförmiger Bewegung: $s_1 = 0{,}05$ m; $v_1 = 0{,}3$ m/s; $a_1 = 1{,}2$ m/s².
Im nächsten Abschnitt tritt eine gleichmäßig beschleunigte Bewegung auf. Es ergeben sich mit den vorstehenden Anfangswerten am Ende des 2. Abschnittes $\Delta t_2 = 1$ s; $s_2 = 0{,}95$ m; $v_2 = 1{,}5$ m/s; $a_2 = 1{,}2$ m/s². Entsprechend erhält man nach dem 3. Abschnitt: $\Delta t_3 = 0{,}5$ s; $s_3 = 1{,}80$ m; $v_3 = 1{,}8$ m/s; $a_3 = 0$.
Nach 2 s wird v_{max} in einer Höhe von 1,8 m erreicht. In den Bereichen 5 bis 7 wird in der gleichen Zeit die gleiche Strecke durchlaufen. Es ergeben sich demzufolge 9 m − 3,6 m = 5,4 m mit gleichförmiger Bewegung. Dazu ist die Zeit $\Delta t_4 = 3$ s erforderlich. Die gesamte Fahrzeit beträgt

$$\Sigma \Delta t = 0{,}5 + 1 + 0{,}5 + 3 + 0{,}5 + 1 + 0{,}5 = 7 \text{ s}.$$

Bild 1.1 zeigt r, a, v, s als Funktion der Zeit.

---

[1]) Nach SI-Einheiten wird die Drehzahl in 1/s angegeben. Um Verwechslungen mit anderen Größen gleicher Einheit (Frequenzen) zu vermeiden, wird U/s, meist jedoch U/min verwendet.

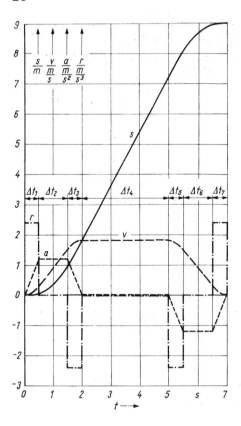

Bild 1.1. s-, v-, a-, r-Diagramm
ruckförmige Bewegung: Intervalle *1, 3, 5, 7*
gleichmäßig beschleunigte/verzögerte Bewegung: Intervalle *2, 6*
gleichförmige Bewegung: Intervall *4*

1.2. Kräfte und Drehmomente

Mechanische Kraftübertragungsglieder

Bei rotierenden elektrischen Maschinen werden zur Drehzahlanpassung oft Getriebe eingesetzt. Einige Kennwerte dazu sind in Tafel 1.2 aufgeführt.

Tafel 1.2. Kenndaten ausgewählter Getriebe (Orientierungswerte)

Getriebeart	Übersetzungsverhältnis $i = \dfrac{n_{\text{Antrieb}}}{n_{\text{Abtrieb}}}$	Getriebewirkungsgrad η_G	Grenzleistung P_{Gr}
Stirnradgetriebe	bis 8 einstufig	0,99···0,96	
	6 bis 45 zweistufig	0,97···0,91	
	30 bis 250 dreistufig	0,95···0,85	$\approx$ 10 MW
Schneckengetriebe	bis 60	0,70···0,50 eingängig $\Big\}$ 0,80···0,70 zweigängig	$\approx$ 750 kW
Riemengetriebe	bis 8	0,97···0,94	$\approx$ 1,5 MW
Kettengetriebe	bis 6	0,98···0,97	$\approx$ 4 MW
Reibradgetriebe	bis 6	0,98···0,95	$\approx$ 150 kW

1.2. Kräfte und Drehmomente

Eine für die Auswahl des Antriebsmotors bzw. des Getriebes charakteristische Größe ist der Drehzahlstellbereich S.

$$S = \frac{\text{Ausgangsdrehzahl}}{\text{Stelldrehzahl}} = 1 : \frac{\text{Stelldrehzahl}}{\text{Ausgangsdrehzahl}} \ . \qquad (1.14)$$

Der Drehzahlstellbereich $S = 1 : 0{,}5$ bedeutet beispielsweise eine Drehzahlverringerung auf die Hälfte, $S = 1 : 2$ eine Drehzahlerhöhung auf das Doppelte der Ausgangsdrehzahl.
Zur Umsetzung rotatorischer Bewegungen in translatorische und umgekehrt werden folgende Übertragungsglieder eingesetzt: Spindeln, Seilscheiben, Trommeln, Haspeln, Walzen, Rollen, Räder und Schubkurbeln.

1.2.1. Widerstandskraft bzw. Widerstandsmoment

Bei einer gleichförmigen Bewegung $(a = 0)$ sind die antreibende Kraft F und die Widerstandskraft F_W gleich groß, d. h. $F = F_W$. Entsprechendes gilt auch für Rotationsbewegungen. Das Motordrehmoment M entspricht dabei dem Widerstandsmoment[1] M_W, d. h. $M = M_W$.
Das Widerstandsmoment der Arbeitsmaschine M_W wird positiv gezählt, wenn es dem Moment des Antriebsmotors entgegenwirkt (s. Bild 1.2c).
Bei der Überführung translatorischer Bewegungen in rotatorische und umgekehrt ist zur Bestimmung der Drehmomente bzw. Kräfte an der Motorwelle auf die Energieflußrichtung zu achten, da in den Übertragungsgliedern Verluste auftreten. Das gilt auch für die Drehzahlanpassung mit Getrieben. Nach der Energiebilanz müssen die Leistungen im rotatorischen und translatorischen Bereich einander entsprechen. Man erhält an der Motorwelle beim

Energiefluß:

elektrische Maschine → Arbeitsmaschine   Arbeitsmaschine → elektrische Maschine

$$M_W = M_{WA} \frac{1}{\eta_G} \frac{1}{i} \qquad (1.15); \qquad M_W = M_{WA} \eta_G \frac{1}{i} \qquad (1.16)$$

Energiefluß:

rotatorisch → translatorisch   translatorisch → rotatorisch

$$M_W = F_W \frac{v}{\Omega} \frac{1}{\eta_S} \qquad (1.17); \qquad M_W = F_W \frac{v}{\Omega} \eta_S; \qquad (1.18)$$

η_G Wirkungsgrad des Getriebes
η_S Wirkungsgrad der Seilscheibe
i Übersetzungsverhältnis des Getriebes, Verhältnis von Antriebs- zu Abtriebsdrehzahl
M_W Widerstandsmoment an der Motorwelle
M_{WA} Widerstandsmoment an der Arbeitsmaschine
Ω Winkelgeschwindigkeit $\Omega = 2\pi n$
v Geschwindigkeit $v = D \pi n$, $\frac{v}{\Omega} = \frac{D}{2}$ (s. Bild 1.2a)

Die Kraft- bzw. Drehmomentenübertragung sowie die Geschwindigkeitsanpassung veranschaulicht Bild 1.2. Dabei gilt $\Omega = \Omega_W$.

Arbeitsmaschinencharakteristiken

Von Bedeutung für die Auswahl der Antriebsmaschine ist der Drehmomentenbedarf der Arbeitsmaschine in Abhängigkeit von der Winkelgeschwindigkeit, d. h. ihre $M_W = f(\Omega_W)$-Kennlinie (s. Tafel 1.3).

---

[1] Unter Widerstandsmoment wird hier und im weiteren das von der Arbeitsmaschine geforderte Drehmoment verstanden.

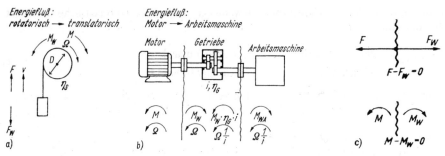

Bild 1.2. Modelle zur Umrechnung von Bewegungsgrößen ($v = v_\mathrm{W}$, $\Omega = \Omega_\mathrm{W}$)
a) translatorisch-rotatorisch; b) rotatorisch-rotatorisch; c) Zählweise der Kräfte und Drehmomente an der Schnittstelle (gleichförmige Bewegung)

Ein charakteristisches Verhalten zeigen Arbeitsmaschinen, die Hubarbeit verrichten (Kennlinien *1* bis *3*). Bemerkenswert ist, daß die Hebezeugkennlinie *1* vom I. in den IV. Quadranten übergeht, d. h., Hebezeuge können selbstantreibend wirken. Man bezeichnet die Kennlinie im IV. Quadranten deshalb auch als aktives Widerstandsmoment, im Gegensatz dazu die im I. Quadranten als passives Widerstandsmoment.
Bei vielen Arbeitsmaschinen entsteht das Widerstandsmoment aus mechanischer Reibung. Es bleibt dabei innerhalb eines weiten, für praktische Belange meist ausreichenden Geschwindigkeitsbereichs konstant. Beim Übergang von der Ruhelage in den Bewegungsvorgang muß die Haftreibung überwunden werden (ruhende → gleitende Reibung) (Kennlinien *4* bis *6*).

Tafel 1.3. Kennlinien charakteristischer Arbeitsmaschinen

Kennlinie	Drehmoment Leistung	Anwendungsbeispiel
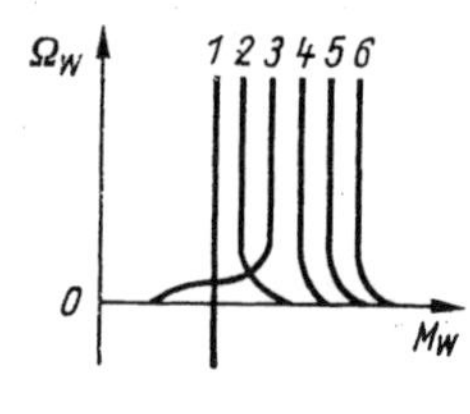	Reib- und Hubmomente $M_\mathrm{W} \approx K$ $P_\mathrm{W} \approx K\,\Omega_\mathrm{W}$	*1* Aufzüge, Hebezeuge *2* Hub- und Umlaufkolbenpumpen *3* Kolbengebläse *4* Fahrwerke mit niedrigen Geschwindigkeiten *5* spanabhebende Werkzeugmaschinen *6* Ventile
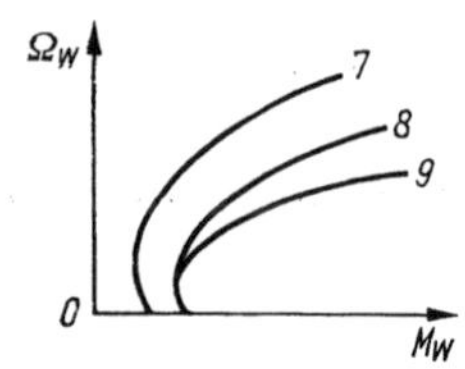	Gas- und Flüssigkeitsreibung $M_\mathrm{W} \approx K\,\Omega_\mathrm{W}^2$ $P_\mathrm{W} \approx K\,\Omega_\mathrm{W}^3$	*7* Lüfter *8* Kreiselpumpen (entlastet) *9* Kreiselpumpen (belastet)
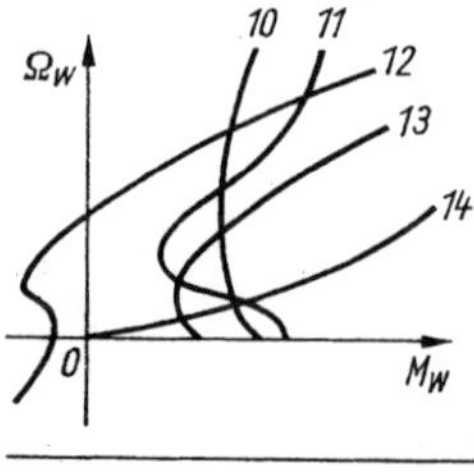	überlagerte Einflüsse	*10* Papiermaschinen *11* Mühlen *12* Schiffspropeller (Kennlinie von Schiffsgeschwindigkeit abhängig) *13* Kalander (Viskosereibung) *14* Extruder

1.2. Kräfte und Drehmomente

Eine weitere Gruppe von Arbeitsmaschinen weist $M_W = f(\Omega_W)$-Kennlinien auf, bei denen das Moment etwa quadratisch mit der Winkelgeschwindigkeit wächst (Kennlinien 7 bis 9). Hier liegt vor allem Gas- bzw. Flüssigkeitsreibung vor.
Bei einer anderen Gruppe von Arbeitsmaschinen überlagern sich die vorgenannten Reibungsmomente in den einzelnen Drehzahlbereichen mit unterschiedlichem Ausmaß. Die in Tafel 1.3 dargestellten Kennlinien entsprechen dem natürlichen Verhalten dieser Arbeitsmaschinen, d. h., bei einer Drehzahlverstellung verändert sich der Drehmomentenbedarf zwangsläufig entsprechend der Kennlinie. Im Gegensatz dazu kann bei einigen Arbeitsmaschinen eine Kennlinie eingeprägt werden. Das trifft beispielsweise auf Wickelmaschinen zu. Soll z. B. das Wickelgut mit einer gleichbleibenden Geschwindigkeit und einer konstanten Zugkraft auf- oder abgewickelt werden, dann muß eine Kennlinie nach Bild 1.3 durch Steuerung oder Regelung der Antriebsmaschine erreicht werden.

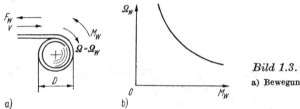

Bild 1.3. Wickelantrieb
a) Bewegungsgrößen; b) $M_W = f(\Omega_W)$-Kennlinie

Hierfür gilt bei v = konst., F_W = konst.

$$M_W = F_W \frac{D}{2} \tag{1.19}$$

$$\Omega_W = v \frac{2}{D} \tag{1.20}$$

$$M_W \Omega_W = F_W v = K = \text{konst.} \tag{1.21}$$

$$M_W = K \frac{1}{\Omega_W}; \tag{1.22}$$

D Wickeldurchmesser.

Beispiel 1.2

Bei einem speziellen Asynchronmotorantrieb kann durch Spannungssteuerung ein Drehzahlstellbereich von $S = 1 : 0,7$ ausgeführt werden. Es ist zu untersuchen, wie sich das auf die Förderleistung einer Kolben- bzw. Kreiselpumpe auswirkt.

Lösung

Bei der Kolbenpumpe ist nach Tafel 1.3 der Drehmomentenbedarf von der Geschwindigkeit nahezu unabhängig, d. h. für den o. a. Stellbereich $M_{W1} \approx M_{W0,7}$. Die Förderleistung ist damit der Drehzahl proportional und geht auf 70% zurück. Bei der Kreiselpumpe besteht demgegenüber ein quadratischer Zusammenhang zwischen Momentenbedarf und Drehzahl, d. h. $M_{W1} \approx S^2 M_{W0,7}$. Die Förderleistung beträgt bei der S^{-1}-fachen Drehzahl nur noch das S^{-3}-fache. $S^{-3} = (0,7)^3 = 0,34$. Die Förderleistung kann auf 34% verringert werden. Man erkennt daran, wie durch Drehzahlstellung die Leistungsfähigkeit einer Arbeitsmaschine beeinflußt werden kann.

1.2.2. Beschleunigungskraft bzw. Beschleunigungsmoment

Bei der ungleichförmigen Bewegung ($a \neq 0$ bzw. $\varepsilon \neq 0$) treten dynamische Kräfte bzw. Momente auf, die der Änderung der kinetischen Energie, bezogen auf die Winkelgeschwindigkeit, entsprechen.

$$f_b{}^{1)} = \mathsf{m}\frac{dv}{dt} + \frac{v}{2}\frac{d\mathsf{m}}{dt}; \quad m_b = J\frac{d\omega}{dt} + \frac{\omega}{2}\frac{dJ}{dt}. \qquad (1.23\,\text{a}) \quad (1.23\,\text{b})$$

In vielen Fällen ist die zeitliche Änderung der bewegten Massen oder des Massenträgheitsmoments Null bzw. sehr gering, so ergeben sich die Beschleunigungskraft bzw. das Beschleunigungsmoment:

$$\boxed{f_b = \mathsf{m}\,a = \mathsf{m}\frac{dv}{dt}}; \quad \boxed{m_b = J\,\varepsilon = J\frac{d\omega}{dt}}; \qquad (1.24\,\text{a}) \quad (1.24\,\text{b})$$

m Masse, translatorisch bewegt, kg
J Gesamtmassenträgheitsmoment[2]), kg m².

In m und J sind alle bewegten Massen bzw. Trägheitsmomente von Motor, Arbeitsmaschine und den Übertragungsgliedern einzubeziehen.
Die translatorisch bewegte Masse m stellt sich bei Zwischenschaltung von Übertragungsgliedern an der Motorwelle als Trägheitsmoment dar. Aus der Energiegleichheit ergibt sich:

$$J_W = \mathsf{m}\left(\frac{v}{\Omega}\right)^2. \qquad (1.25)$$

Das Trägheitsmoment einer rotierenden Arbeitsmaschine J_{WA} überträgt sich bei einem zwischengeschalteten Getriebe mit $1/i^2$ auf die Motorseite,

$$J_W = J_{WA}\frac{1}{i^2}. \qquad (1.26)$$

Für das an der Motorwelle auftretende Beschleunigungs- oder Verzögerungsmoment ist wiederum die Energieflußrichtung maßgebend. Es gilt für die Energieflußrichtung

rotatorisch → translatorisch   translatorisch → rotatorisch

$$m_b = \frac{\mathsf{m}}{\eta_S}\left(\frac{v}{\Omega}\right)^2\frac{d\omega}{dt} \quad (1.27); \qquad m_b = \mathsf{m}\,\eta_S\left(\frac{v}{\Omega}\right)^2\frac{d\omega}{dt} \quad (1.28)$$

elektrische Maschine → Arbeitsmaschine   Arbeitsmaschine → elektrische Maschine

$$m_b = J_{WA}\frac{1}{\eta_G}\frac{1}{i^2}\frac{d\omega}{dt} \quad (1.29); \qquad m_b = J_{WA}\,\eta_G\frac{1}{i^2}\frac{d\omega}{dt}. \quad (1.30)$$

Die Winkelgeschwindigkeit ω und das Beschleunigungsmoment m_b sind auf die Motorwelle bezogen.
Bei allen ungleichförmigen Bewegungsvorgängen (mechanische Übergangsvorgänge) prägen die Beschleunigungsmomente den Bewegungsablauf mit. Der Trägheitsfaktor FI ist ein Maß für die mechanische Trägheit des Gesamtsystems.

---

[1]) Momentanwerte werden klein geschrieben.
[2]) Im weiteren wird zur Vereinfachung das Massenträgheitsmoment als Trägheitsmoment bezeichnet.

1.2. Kräfte und Drehmomente

$$FI = \frac{J}{J_\text{M}}; \qquad (1.31)$$

J Gesamtträgheitsmoment
J_M Motorträgheitsmoment.

Während des Anlaufs ist das Gesamtträgheitsmoment J eine wichtige Bestimmungsgröße für die Anlaufzeit. Soll die Geschwindigkeit der Arbeitsmaschine nach einer vorgegebenen $v = f(t)$-Funktion verlaufen, so müssen der Arbeitsmaschine die dem Widerstands- und Beschleunigungsmoment entsprechenden Momente in exakter Zeitfolge vom Antriebsmotor zur Verfügung gestellt werden.
Das Trägheitsmoment eines Antriebssystems kann sich während des Bewegungsablaufs ändern, d. h. $J = f(t, \omega)$. Das ist bei Wickelmaschinen, Walzgerüsten und Zentrifugen der Fall. In der Mehrzahl der Anwendungsfälle kann jedoch mit $J =$ konst. gemäß (1.24 b) gerechnet werden.

Beispiel 1.3

Von einer 500-kg-Zuckerzentrifuge ist der Bewegungsablauf mit $\omega(t)$ und $J(t)$ bekannt (s. Bild 1.4). Das Widerstandsmoment während eines Spiels ist konstant, $m_\text{W} = 120$ N m. Wegen des großen Massenträgheitsmoments der Zentrifuge wird das vom angekuppelten Elektromotor zu entwickelnde Moment im wesentlichen vom Beschleunigungs- bzw. Verzögerungsmoment geprägt. Man bestimme den Momentenverlauf.

Lösung

Nach Bild 1.4 gliedert sich ein Spiel in die Zeitabschnitte Anlauf Δt_1, Füllen Δt_2, Hochlauf und Schleudern $\Delta t_3 + \Delta t_4 + \Delta t_5$, Bremsen $\Delta t_6 + \Delta t_7 + \Delta t_8$ und Räumen Δt_9.
Der Verlauf des Massenträgheitsmoments zeigt einen steilen Anstieg während des Füllens und einen ausgeprägten Abfall während des Räumens. Die neun Zeitabschnitte sind durch die jeweiligen Werte $J(t)$ und $\omega(t)$ beschrieben. Der Kennlinienverlauf innerhalb eines Zeitabschnitts wurde linearisiert.
Innerhalb eines Intervalls gilt:

$$\omega(t) = \omega_0 + \frac{\Delta \omega}{\Delta t} t \quad \text{bzw.} \quad J(t) = J_0 + \frac{\Delta J}{\Delta t} t \ ;$$

ω_0; J_0 Anfangswerte des jeweiligen Intervalls.

Nach (1.23 b) erhält man mit $d\omega/dt = \Delta\omega/\Delta t$ und $dJ/dt = \Delta J/\Delta t$ für ein Intervall

$$m_\text{b}(t) = J_0 \frac{\Delta \omega}{\Delta t} + \frac{\omega_0}{2} \frac{\Delta J}{\Delta t} + \frac{3}{2} \frac{\Delta \omega}{\Delta t} \frac{\Delta J}{\Delta t} t .$$

Mit den Werten J_{10}; J_{20}; $J_{30} \cdots J_{90} = 210$; 210; 360; 340; 300; 295; 295; 295; 295 kg m^2 und ω_{10}; ω_{20}; $\omega_{30} \cdots \omega_{90} = 0$; 20; 20; 75; 135; 150; 75; 20; 9 1/s sowie ΔJ_1; ΔJ_2; $\Delta J_3 \cdots \Delta J_9$ = 0; 150; −20; −40; −5; 0; 0; 0; −85 kg m^2 und $\Delta \omega_1$; $\Delta \omega_2$; $\Delta \omega_3 \cdots \Delta \omega_9 = 20$; 0; 55; 60; 15; −75; −55; −11; 0 1/s bestimmt man die zeitlichen Änderungen des Massenträgheitsmoments und der Winkelgeschwindigkeit

$$\frac{\Delta J_1}{\Delta t_1}; \ \frac{\Delta J_2}{\Delta t_2} \cdots \frac{\Delta J_9}{\Delta t_9} = 0; \ 10{,}7; \ -0{,}4; \ -0{,}44; \ -0{,}07; \ 0; \ 0; \ 0; \ -1{,}7 \text{ kg m}^2/\text{s} \ ,$$

$$\frac{\Delta \omega_1}{\Delta t_1}; \ \frac{\Delta \omega_2}{\Delta t_2} \cdots \frac{\Delta \omega_9}{\Delta t_9} = 3{,}33; \ 0; \ 1{,}1; \ 0{,}66; \ 0{,}21; \ -1{,}5; \ -2{,}75; \ -1{,}1; \ 0 \text{ 1/s}^2 \ .$$

Nach der o. a. Beziehung berechnet man am Anfang und am Ende der einzelnen Intervalle:

$$m_\text{b10}; \ m_\text{b20}; \ m_\text{b30} \cdots m_\text{b90} = 700; \ 107; \ 392; \ 208; \ 58; \ -443; \ -811; \ -325; \ -8 \text{ N m};$$

$$m_\text{b1}; \ m_\text{b2}; \ m_\text{b3} \cdots m_\text{b9} = 700; \ 107; \ 359; \ 169; \ 57; \ -443; \ -811; \ -325; \ -8 \text{ N m}.$$

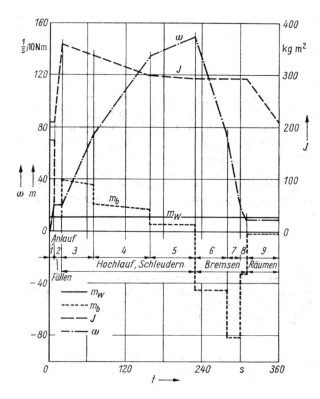

Bild 1.4. ω-, J-, m_W- und m_b-Verlauf einer Zentrifuge

Die Werte sind im Diagramm eingetragen. Der zeitliche Verlauf der Momentenkennlinie m wird von diesem dynamischen Momentenverlauf bestimmt. Das Moment der elektrischen Maschine ergibt sich unter Vernachlässigung des Reibmoments bei dynamischen Vorgängen zu $m_W + m_b$. Das bedeutet im vorliegenden Fall eine Parallelverschiebung der m_b-Kennlinie um 120 Nm. Aus Gründen der Übersichtlichkeit wurde auf diese Eintragung verzichtet.

Zentrifugen weisen hohe Massenträgheitsmomente ($FI > 20$) auf. Aus energetischer Sicht ist es zweckmäßig, die Bremsenergie durch elektrische Bremsschaltungen in das Netz zurückzuführen.

1.2.3. Bewegungsgleichung

Die Momentenbilanz eines Antriebssystems ist die fundamentale Beziehung zur Bestimmung des Bewegungsablaufs. Sie wird auch als Bewegungsgleichung bezeichnet. Die Momentenbilanz muß zu jedem Zeitpunkt erfüllt sein. Sie lautet

$$\boxed{m - m_W - m_b = 0} \quad \text{bzw.} \quad \boxed{m - m_W - J\frac{d\omega}{dt} = 0}. \quad (1.32)\ (1.32\,\text{a})$$

Die Abhängigkeit des antreibenden Motormoments m von der Winkelgeschwindigkeit ω wird im 2. Abschnitt für die verschiedenen Antriebsmotoren ausführlich dargelegt. Das Widerstandsmoment der Arbeitsmaschinen m_W als Funktion der Winkelgeschwindigkeit ist im Abschnitt 1.2.1 beschrieben worden. Das Beschleunigungs- oder Verzögerungsmoment m_b ergibt sich damit eindeutig nach (1.32). Zu der Abhängigkeit dieser drei Momente von der Winkelgeschwindigkeit besteht im allgemeinen

1.2. Kräfte und Drehmomente

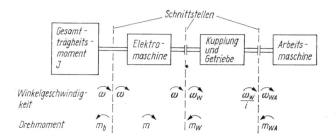

Bild 1.5. Antriebssystem

auch eine durch den Prozeßablauf bedingte Zeitabhängigkeit. Da die Bewegungsgleichung $m(\omega, t) - m_W(\omega, t) - m_b(\omega, t) = 0$ zu jedem Zeitpunkt des Prozeßablaufs Gültigkeit hat, ist sie die fundamentale Beziehung zur Bestimmung wichtiger Größen des Bewegungsablaufs.

Das Antriebssystem nach Bild 1.5 ist so dargestellt, daß alle wirksamen Trägheitsmomente in J zusammengefaßt und alle Größen auf die Winkelgeschwindigkeit ω der elektrischen Maschine bezogen sind. Die Berechnung des Bewegungsablaufs erfolgt mit den Beziehungen (1.15) bis (1.18) und (1.25) bis (1.30). Wird als Arbeitsmaschine z. B. ein Aufzug angenommen, so lauten die diesbezüglichen Gleichungen mit $v/\Omega = D_S/2$ beim

Energiefluß: elektrische Maschine → Arbeitsmaschine

$$m_W = F_{WA} \frac{D_S}{2} \frac{1}{\eta_G \eta_S} \frac{1}{i}, \qquad (1.33)$$

$$m_b = (J_M + J_G)\frac{d\omega}{dt} + J_S \frac{1}{i^2} \frac{1}{\eta_G} \frac{d\omega}{dt} + \frac{m}{i^2}\left(\frac{D_S}{2}\right)^2 \frac{1}{\eta_G \eta_S} \frac{d\omega}{dt}; \qquad (1.34)$$

D_S Durchmesser der Seilscheibe
m zu fördernde Masse;

Energiefluß: Arbeitsmaschine → elektrische Maschine

$$m_W = F_{WA} \frac{D_S}{2} \eta_G \eta_S \frac{1}{i}, \qquad (1.35)$$

$$m_b = (J_M + J_G)\frac{d\omega}{dt} + J_S \frac{1}{i^2} \eta_G \frac{d\omega}{dt} + \frac{m}{i^2}\left(\frac{D_S}{2}\right)^2 \eta_G \eta_S \frac{d\omega}{dt}. \qquad (1.36)$$

Beispiel 1.4

Ein Personenaufzug für 10 Personen (Nutzmasse $m_N = 750$ kg) hat eine Fahrkorbmasse $m_F = 300$ kg und zum Ausgleich eine Gegengewichtsmasse $m_g = 675$ kg. Es sind bekannt der Wirkungsgrad der Seilscheibe $\eta_S = 0{,}92$ und des Getriebes $\eta_G = 0{,}62$; das Trägheitsmoment des Motors $J_M = 0{,}25$ kg m², des Getriebes und der Kupplung $J_G \approx 0$; der Seilscheibe $J_S = 20$ kg m² mit $D_S = 0{,}8$ m. Die Getriebeübersetzung beträgt $i = 40$.
Man ermittle die Momente bei Aufwärtsfahrt mit $a_A = 0{,}4$ m/s²; $a_{Br} = -0{,}8$ m/s²; $v_{max} = 1$ m/s; Schleichgeschwindigkeit $v_{Schl} = 0{,}15$ m/s; $t_{Schl} = 1$ s.
Die Etagenhöhe beträgt 3,5 m.

Lösung

Der Energiefluß ist bei Aufwärtsfahrt von der Elektromaschine zur Arbeitsmaschine gerichtet.
Gleichförmige Bewegung:
Hublast $F_{WA} = (m_N + m_F - m_g) g = (750 \text{ kg} + 300 \text{ kg} - 675 \text{ kg}) \, 9{,}81 \text{ m/s}^2 = 3680 \text{ N}$

$$\frac{v}{\Omega} = \frac{D_S}{2} = 0{,}4 \text{ m} .$$

Nach (1.33)

$$M_W = 3680 \text{ N} \cdot 0{,}4 \text{ m} \; \frac{1}{0{,}92 \cdot 0{,}62} \cdot \frac{1}{40} = 64{,}5 \text{ N m}.$$

Ungleichförmige Bewegung (Anlauf):

$$\frac{d\omega}{dt} = \frac{2}{D_S} \, i \cdot a_A = \frac{2}{0{,}8 \text{ m}} \cdot 40 \cdot 0{,}4 \, \frac{\text{m}}{\text{s}^2} = 40 \, \frac{1}{\text{s}^2}.$$

Nach (1.34)

$$m_{bA} = 0{,}25 \text{ kg m}^2 \cdot 40 \, \frac{1}{\text{s}^2} \cdot 2 + 20 \text{ kg m}^2 \cdot \frac{1}{0{,}62} \cdot \frac{1}{1600} \cdot 40 \, \frac{1}{\text{s}^2}$$

$$+ \frac{(750 \text{ kg} + 300 \text{ kg} + 675 \text{ kg})}{1600} \cdot 0{,}16 \text{ m}^2 \cdot \frac{40 \, \frac{1}{\text{s}^2}}{0{,}62 \cdot 0{,}92} = 22{,}9 \text{ N m}.$$

Ungleichförmige Bewegung (Bremsen):

$$\frac{d\omega}{dt} = \frac{2}{D_S} \, i_{aBr} = -80 \, \frac{1}{\text{s}^2}.$$

Nach (1.34) gilt $m_{bBr} = -2 \, m_{bA} = -45{,}8 \text{ N m}$.
Die Zeit für gleichförmige Bewegung mit $v = 1$ m/s wurde analog dem Beispiel 1.1 mit $t_B = 1{,}475$ s bestimmt.
Für die Beschleunigung sind alle bewegten Massen zu berücksichtigen; demgegenüber tritt bei gleichförmiger Bewegung ein Ausgleich durch die Gegengewichtsmasse auf. Das Ergebnis ist im Bild 1.6 dargestellt.

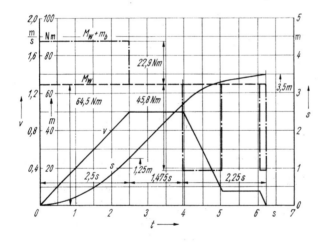

Bild 1.6. Weg-, Geschwindigkeits- und Momentenverlauf der Etagenfahrt eines Aufzugs

1.2.3.1. Anlauf

Jedes Antriebssystem muß vom Stillstand aus in Bewegung gesetzt werden. Das Anlaufmoment liegt bei einigen Arbeitsmaschinen sogar höher als das Belastungsmoment bei Nenndrehzahl. Nach der Bewegungsgleichung (1.32) erfolgt ein Anlauf nur, wenn die Bedingung

$$\frac{m - m_W}{J} = \frac{d\omega}{dt} > 0$$

1.2. Kräfte und Drehmomente

erfüllt wird, d. h., wenn

$$m_{(\Omega=0)} > m_{W(\Omega=0)} \text{ ist};$$

$m_{(\Omega=0)} = M_A$ Anlaufmoment des Motors
$m_{W(\Omega=0)}$ Anlaufmoment der Arbeitsmaschine.

Die Anlaufzeit läßt sich nach (1.32) und (1.24) bestimmen:

$$\boxed{t_A = \int_{\omega=0}^{\omega=\Omega_W} \frac{J}{m - m_W}\, d\omega}. \qquad (1.37)$$

Wenn für m und m_W analytische Beziehungen vorliegen, kann der Anlaufvorgang rechnerisch bestimmt werden (Abschn. 2.5.4.1). Allgemein ist das jedoch nicht der Fall. Man geht dann nach dem grafischen Bestimmungsverfahren vor (Anhang 7.2).

Beispiel 1.5

Für den Antrieb einer Kohlemühle im Kraftwerk ist ein Asynchronmotor mit den Daten 200 kW; 586 U/min; 6 kV; 28,5 A eingesetzt.
Bekannt sind die Motor- und Mühlenkennlinien und das Gesamtträgheitsmoment $J = 95$ kg m².
Man bestimme die Anlaufkennlinie und die Anlaufzeit.

Lösung

Bild 1.7a zeigt die Motor- und die Mühlenkennlinien. Nach der grafischen Integrationsmethode (s. Anhang 7.2) wurden die Drehzahlintervalle zu $\Delta n = \dfrac{586}{10}$ U/min $= 58,6$ U/min festgelegt und die einzelnen Zeitintervalle nach

$$\Delta t_\nu = J\, \frac{\Delta \Omega_\nu}{M_{b\nu}} = 95 \text{ kg m}^2 \cdot \frac{2\pi \cdot 58{,}6\, \dfrac{U}{60\,s}}{M_{b\nu}}$$

berechnet.
Mit $M_{b1,2,3\ldots10/Nm} = 1580, 1850, 1900, 2050, 2300, 2600, 3000, 3250, 2900, 1500$ erhält man

$$t_{1,2,3\ldots10/ms} = 369, 315, 307, 284, 253, 224, 194, 179, 201, 387.$$

Die Anlaufkennlinie geht aus Bild 1.7b hervor. Die gesamte Anlaufzeit beträgt $t_A \approx 2{,}75$ s.

Für die Anlaufzeit sind das zur Verfügung stehende Beschleunigungsmoment und das Gesamtträgheitsmoment ausschlaggebend. Im Beispiel 1.5 konnte sich die Anlaufdrehzahl auf Grund der Kennlinien von Motor und Arbeitsmaschine frei ausbilden.

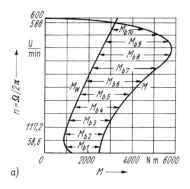
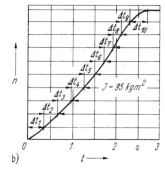

Bild 1.7. Anlaufvorgang einer Kohlemühle
a) Motor- und Mühlenkennlinie
b) $n = f(t)$

Es gibt verschiedene Anwendungsfälle, bei denen $v = f(t)$ einen vorgeschriebenen Verlauf nehmen muß. Das wird im allgemeinen durch eine Regelung realisiert. Dabei stellt der Motor in jedem Zeitpunkt der Arbeitsmaschine ein dem Widerstands- und Beschleunigungsmoment entsprechendes Motormoment zur Verfügung.
Ein zeitproportionaler Anstieg der Geschwindigkeit ergibt sich für $dv/dt \sim d\omega/dt =$ konst. In diesem Fall wird $m_b = M_b =$ konst., und der Motor muß das Moment $m = m_W + M_b$ entwickeln.

1.2.3.2. Stabiler Arbeitspunkt

Nach Ablauf der mechanischen Übergangsvorgänge, d. h. bei $d\omega/dt = 0$, stellt sich im Kennlinienfeld ein Arbeitspunkt ein, der durch $M = M_W$ bei gleichbleibender Winkelgeschwindigkeit $\Omega = \Omega_W$ bestimmt ist. Diese Arbeitspunkte sind bei elektrischen Antriebssystemen fast ausnahmslos stabil. Das ergibt sich durch den Kennlinienverlauf elektrischer Maschinen. Schwierigkeiten können in einzelnen Fällen auftreten, wenn eine Motorkennlinie vorliegt, wie sie Bild 1.8a zeigt. Hierbei sind dem Grundwellendrehmoment des Motors Oberwellendrehmomente überlagert. Wird beispielsweise ein Hebezeug von diesem Motor angetrieben, so erfolgt der Anlauf bis zum Punkt 1. An dieser Stelle bleibt der Motor „hängen". Der Punkt 1 ist begrenzt stabil. Tritt eine kurzzeitige Störgröße Δm auf, die das Belastungsmoment verkleinert oder das Motormoment vergrößert, so steigt die Drehzahl weiter an. Der neue Schnittpunkt 2 ist nicht stabil, da bei einer weiteren Drehzahlerhöhung das Motormoment stärker als das Belastungsmoment zunimmt. Im vorliegenden Fall bleibt m_W konstant. Der Anlauf geht weiter, bis der stabile Arbeitspunkt 3 erreicht ist. Stabilität im stationären Kennlinienfeld liegt dann vor, wenn nach Rücknahme der Störgröße der Ausgangszustand wiederhergestellt wird. Die Neigungen der Kennlinien erfüllen dabei in ihrem Schnittpunkt die Forderung

$$\frac{dM}{d\Omega} < \frac{dM_W}{d\Omega_W}. \tag{1.38}$$

Bild 1.8b zeigt, daß instabile Arbeitspunkte nur im unteren Verlauf der $\Omega = f(M)$-Kennlinie einer Asynchronmaschine liegen.

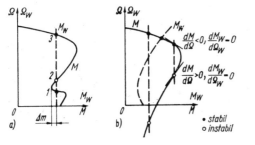

Bild 1.8. Statische Stabilität
a) Motorkennlinie mit Oberwellendrehmoment
b) stabile und instabile Arbeitspunkte bei verschiedenen M_W-Kennlinien
——— Motorkennlinie
– – – Arbeitsmaschinenkennlinien

1.3. Mechanische Antriebsleistung

1.3.1. Widerstands- und Beschleunigungsleistung

Von der Arbeitsmaschine wird für die Widerstandskraft bzw. das Widerstandsmoment die Leistung

$$p_W = f_W v \quad \text{bzw.} \quad p_W = m_W \omega \tag{1.39} \quad (1.40)$$

aufgenommen.

1.3. Mechanische Antriebsleistung

Bei gleichförmigem Bewegungsablauf $\left(\dfrac{d\omega}{dt} = 0\right)$ beträgt die mechanische Leistung

$$\boxed{P_W = 2\pi n\, M_W}\,. \tag{1.41}$$

Als zugeschnittene Größengleichung lautet sie

$$\boxed{P_W/_W = 0{,}105\, M_W/_{Nm}\, n\,\Big/\tfrac{U}{\min}}\,. \tag{1.42}$$

Eine Beschleunigungsleistung bzw. Verzögerungsleistung tritt bei der Speicherung bzw. Rückgewinnung kinetischer Energie auf. Daran sind alle bewegten Massen bzw. Trägheitsmomente des Gesamtsystems beteiligt. Es erfolgt eine Umrechnung auf die Motordrehzahl (Abschn. 1.2.2). Der Motor gibt an dieses System beim mechanischen Übergangsvorgang die Beschleunigungsleistung

$$p_b = f_b v = \mathsf{m}\, v\, \dfrac{dv}{dt} \quad \text{bzw.} \quad p_b = m_b\,\omega = J\,\omega\, \dfrac{d\omega}{dt} \qquad (1.43)\ (1.44)$$

ab bzw. nimmt diese Leistung beim Bremsen auf.
Während des Zeitintervalls $t_2 - t_1$ wird vom Motor die mechanische Energie

$$\boxed{W = \int_{t_1}^{t_2}(p_W + p_b)\,dt = \int_{t_1}^{t_2} p\, dt} \tag{1.45}$$

umgesetzt. Die Einzelleistungen sind dabei vorzeichenbehaftet einzusetzen.

1.3.2. Ein- und Mehrquadrantenantriebe

Zur Charakterisierung der Bewegungs- und Belastungsvorgänge ist neben ihrer zeitlichen Abhängigkeit eine Kennzeichnung nach dem Energiefluß notwendig. Es werden alle positiven Leistungen $P_W = M_W \Omega_W$ als Antriebsleistungen definiert. Dabei nimmt die elektrische Maschine Energie aus dem Netz auf und führt im Beharrungszustand die Leistung $P = P_W = \eta\, P_{el}$, im dynamischen Betrieb $p = p_W + p_b = \eta\, p_{el}$ an die Arbeitsmaschine ab. Der Wirkungsgrad η bezieht sich hier auf die elektromechanische Energieumformung, d. h. auf die elektrische Maschine. Für Bremsvorgänge muß sich demzufolge entweder das Widerstandsmoment M_W oder die Winkelgeschwindigkeit Ω_W in der Richtung ändern, so daß P_W und wegen der Geschwindigkeitsverringerung p_b negativ werden. Beim Bremsen wird die elektrische Maschine angetrieben und kann nach Abdeckung der Verlustleistung elektrische Energie in das Netz zurückspeisen. Die elektrische Leistung entspricht hierbei $p_{el} = \eta\,(p_W + p_b)$.
Die Verhältnisse vom Standpunkt der Arbeitsmaschine bzw. von der elektrischen Maschine aus veranschaulicht Bild 1.9. Man unterscheidet danach: Ein-, Zwei- oder Vierquadrantenantriebe. Die Arbeitspunkte für das Abbremsen liegen im II. und IV. Quadranten des $\Omega_W = f(M_W)$-Kennlinienfeldes. Bei der Festlegung der Bremsschaltungen sind die vom Bewegungsablauf geforderten Drehrichtungen und Drehmomentenrichtungen gegenüber dem Motorbetrieb zu beachten. So muß ein elektrischer Triebwagen das Bremsmoment unter Beibehaltung der Drehrichtung, d. h. im II. Quadranten, das Hubwerk eines Kranes jedoch beim Senken in Gegendrehrichtung, d. h. im IV. Quadranten, entwickeln. Zum Stillsetzen sind in der Regel zusätzlich mechanische Bremsen erforderlich.

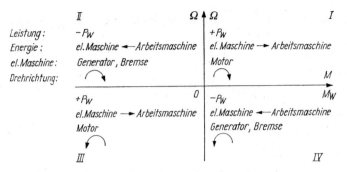

Bild 1.9. Einteilung der Quadranten nach der Energie- und Bewegungsrichtung

Beispiel 1.6

Vom Antrieb einer Zentrifuge nach Beispiel 1.3 sind der Verlauf des Widerstandsmoments m_W und des dynamischen Moments m_b für ein Spiel bekannt. Man bestimme die Leistungen p_W und p_b, die mechanische Leistung p und die mechanische Energieaufnahme bzw. -abgabe über die Motorwelle.

Lösung

Mit den m_W- und m_b-Verläufen vom Bild 1.4 lassen sich nach (1.40) und (1.44) die Leistungen bestimmen. Ihr Verlauf ist im Bild 1.10 dargestellt. Die mechanische Leistung an der Motorwelle ergibt sich aus $p(t) = p_W(t) + p_b(t)$. Sie erreicht mit 39 kW während des Hochlaufs und mit -52 kW während des Bremsens Extremwerte. Durch Integration dieser Funktion gemäß (1.45) läßt sich die Energie ermitteln.
Für das Gesamtspiel von 360 s berechnet man $W_{\text{ges mech}} = 3{,}5 \cdot 10^6$ Ws. Die zur Beschleunigung in den Intervallen *1* bis *5* benötigte Energie beträgt $W_b = 3{,}3 \cdot 10^6$ Ws; sie wird beim Bremsen in den Intervallen *6* bis *9* wieder freigesetzt.

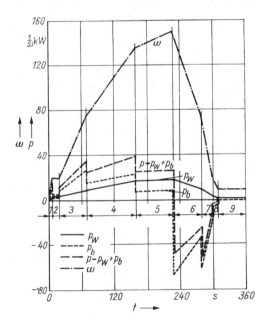

Bild 1.10. p_W-, p_b-, p-Verlauf einer Zentrifuge

1.4. Leistungsbedarf ausgewählter Arbeitsmaschinen

Von einigen ausgewählten technologischen Prozessen mit ihren typischen Arbeitsmaschinen wird nachfolgend der Leistungsbedarf bestimmt. Die Betrachtungen richten sich lediglich auf die Widerstandsleistung (Beharrungsleistung). Sie haben Einfluß auf die Motordimensionierung und den Energiebedarf, stellen jedoch dafür, wie im Abschnitt 4 gezeigt wird, kein ausreichendes Kriterium dar. Den Bestimmungsgleichungen liegen vereinfachte Betrachtungen zugrunde. Für exakte Berechnungen muß auf die einschlägige Fachliteratur verwiesen werden. Siehe u. a. [1.1] [1.2].
Aus den Gleichungen gehen die einzelnen Größen hervor. Diese müssen für die Lösung antriebstechnischer Aufgaben möglichst genau und vollständig erfaßt bzw. berechnet werden.

1.4.1. Spanabhebende Werkzeugmaschinen

Spanabhebende Werkzeugmaschinen haben meist mehrere Antriebe. Der Hauptantrieb wird in der Regel mit einem Elektromotor ausgerüstet. Die Geschwindigkeits- und Leistungsparameter der Werkzeugmaschinen richten sich nach den Einsatzgrößen, wie Materialart, Werkzeugqualität, Bearbeitungsqualität sowie den geometrischen Abmessungen. Man unterscheidet prinzipiell zwischen Universalmaschinen, mit denen unterschiedliche Bearbeitungsvorgänge ausgeführt werden, und Einzweckmaschinen. Die installierte Antriebsleistung wird möglichst voll ausgenutzt. Danach werden dann die Bearbeitungsparameter festgelegt.
Die Hauptantriebsleistung der spanabhebenden Werkzeugmaschinen bestimmt man überschläglich nach

$$P_W = \frac{1}{\eta} F_S v; \qquad (1.46)$$

F_S Schnittkraft; $F_S = f(A_S, k_S,$ Anzahl der Schneiden)
A_S Spanquerschnitt
k_S spezifische Schnittkraft; $k_S = f$ (Werkstoff, Vorschub)
v Schnittgeschwindigkeit
η Wirkungsgrad

In Tafel 1.4 sind Angaben für die Schnittkraft F_S und den Spanquerschnitt A_S aufgeführt.

Beispiel 1.7

Mit einem Hartmetallmeißel soll eine Stahlwelle mit einem Durchmesser von $D = 25$ mm auf 20 mm durch Längsdrehen mit einer Schnittgeschwindigkeit von $v = 80$ m/min bearbeitet werden. Je Umdrehung sollen 0,5 mm abgetragen werden. Als Richtwert für die spezifische Schnittkraft wird $k_S = 2780$ N/mm² zu Grunde gelegt. Der Zerspanungswirkungsgrad beträgt $\eta = 0,8$.
Man bestimme die Antriebsleistung, Antriebsdrehzahl und Vorschubgeschwindigkeit.

Lösung

$$P_W = \frac{1}{\eta} b\, s_V\, k_S\, v$$

$$= \frac{1}{0,8} \cdot 2,5 \text{ mm} \cdot 0,5 \text{ mm} \cdot 2780 \frac{\text{N}}{\text{mm}^2} \cdot 80 \cdot \frac{1}{60} \frac{\text{m}}{\text{s}}$$

$$P_W = 5,79 \text{ kW}.$$

$$n = \frac{v}{D\pi} = \frac{80 \cdot 10^3 \text{ mm}}{25 \text{ mm} \cdot \pi} = 1019 \frac{\text{U}}{\text{min}};$$

$$v_V = n\, s_V = 1019 \frac{\text{U}}{\text{min}} \cdot 0,5 \text{ mm} = 509,5 \frac{\text{mm}}{\text{min}}.$$

Tafel 1.4. Schnittkräfte

	Drehen
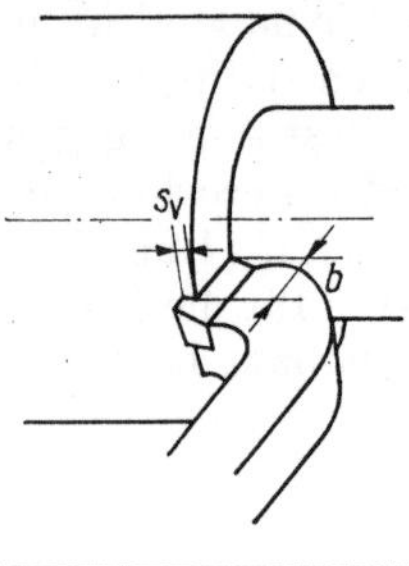	$F_S = A_S\, k_S$ $A_S = b\, s_v$ $k_S = f(s_v)$
	Fräsen
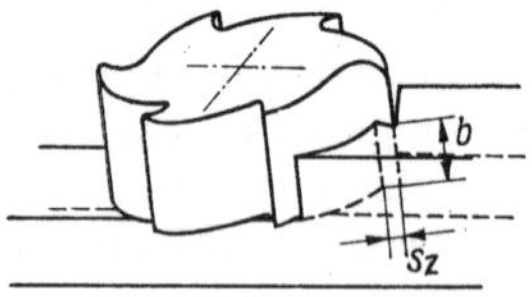	$F_S = A_S\, k_S\, z_{iE}$ $A_S = b\, s_z$ $k_S = f(s_z)$
	Bohren
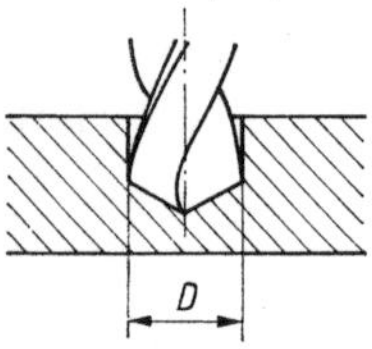	$F_S = A_S\, k_S$ $A_S = \dfrac{D}{2}\,\dfrac{s}{z}$ $k_S = f\left(\dfrac{s}{z}\right)$

Beispiel 1.8

Von einem Werkstück aus Gußeisen soll eine Schicht von $b = 6$ mm abgefräst werden. Als Werkzeug wird ein Fröskopf von $D = 250$ mm mit $z = 10$ Schneiden verwendet. Folgende technologische Daten wurden aufbereitet:

Schnittbogenwinkel	$\varphi_S = 75°$
Vorschub	$s_z = 0{,}25$ mm/U
Schnittgeschwindigkeit	$v = 80$ m/min
spezifische Schnittkraft	$k_S = 1330$ N/mm²
Zerspanungswirkungsgrad	$\eta = 0{,}75.$

Man berechne die Antriebsleistung, die Antriebsdrehzahl und die Vorschubgeschwindigkeit.

Lösung

$$z_{iE} = z\,\frac{\varphi_S}{360°} = 10 \cdot \frac{75°}{360°} = 2{,}08; \quad \text{Anzahl der Schneiden im Eingriff;}$$

$$P_W = \frac{1}{\eta}\, b\, s_z\, k_S\, z_{iE}\, v$$

$$= \frac{1}{0{,}75} \cdot 6 \text{ mm} \cdot 0{,}25 \text{ mm} \cdot 1330\, \frac{\text{N}}{\text{mm}^2} \cdot 2{,}08 \cdot 80 \cdot \frac{1}{60}\, \frac{\text{m}}{\text{s}}$$

1.4. Leistungsbedarf ausgewählter Arbeitsmaschinen

$P_W = 7,38$ kW.

$$n = \frac{v}{D\pi} = \frac{80 \text{ mm} \cdot 10^3}{250 \text{ mm} \cdot \pi} = 102 \frac{\text{U}}{\text{min}};$$

$$v_v = n\, s_z\, z = 102 \frac{\text{U}}{\text{min}} \cdot 0{,}25 \text{ mm} \cdot 10 = 255 \frac{\text{mm}}{\text{min}}.$$

Beispiel 1.9

In ein Graugußgehäuse mit Lamellengraphit soll ein Loch von $D = 200$ mm mit einem Hartmetall-Spiralbohrer ($z = 2$) gebohrt werden. Es wird mit einem Vorschub von $s = 0{,}05$ mm/U und einer Schnittgeschwindigkeit von $v = 35$ m/min gearbeitet. Als Richtwert für die spezifische Schnittkraft wird $k_s = 3027$ N/mm^2 angegeben. Der Zerspannungswirkungsgrad beträgt $\eta = 0{,}8$.

Man berechne die Antriebsleistung, die Antriebsdrehzahl und die Vorschubgeschwindigkeit

Lösung

$$P_W = \frac{1}{\eta} \frac{D}{2} \frac{s}{z} k_S v$$

$$= \frac{1}{0,8} \cdot \frac{20 \text{ mm}}{2} \cdot \frac{0{,}05 \text{ mm}}{2} \cdot 3027 \frac{\text{N}}{\text{mm}^2} \cdot 35 \frac{1}{60} \frac{\text{m}}{\text{s}} = 552 \text{ W}.$$

$$n = \frac{v}{D\pi} = \frac{35 \cdot 10^3 \text{ mm}}{20 \text{ mm} \cdot \pi \cdot \text{min}} = 557 \frac{\text{U}}{\text{min}};$$

$$v_v = s\, n = 0{,}05 \text{ mm} \cdot 557 \frac{\text{U}}{\text{min}} = 27{,}8 \frac{\text{mm}}{\text{min}}.$$

1.4.2. Hubwerke für Krane und Aufzüge

Hubwerke werden zum Heben und Senken von Personen und Lasten eingesetzt. Krane werden durch die Tragkräfte und Geschwindigkeiten gekennzeichnet. Bei Aufzügen werden die Fahrkorblast und etwa 50% der Nutzlast durch eine Gegenlast ausgeglichen (s. Bild 1.11).
Die Antriebsleistung bestimmt man zu:

$$P_W = \frac{1}{\eta} F_H v \qquad (1.47)$$

mit

$$F_H = F_N + F_F - F_g; \quad F_g \approx F_F + \frac{1}{2} F_N; \qquad (1.48)\ (1.49)$$

F_H Tragkraft (Nutzlast) + Totlast, N
F_F Fahrkorblast, N
F_N Nutzlast, N
F_g Gegenlast, N
v Fahrgeschwindigkeit
η Wirkungsgrad des Hubwerks
  Flaschenzüge: $\eta_{Fl} = 0{,}90\cdots 0{,}98$;   Seilscheiben: $\eta_S = 0{,}92\cdots 0{,}98$.

Beispiel 1.10

Man bestimme für den Aufzug nach Beispiel 1.4 die Gegengewichtsmasse m_g und die Antriebsleistung. Es sind gegeben: Nutzmasse $m_N = 750$ kg; Fahrkorbmasse $m_F = 300$ kg; $v = 1$ m/s; $\eta_G = 0{,}62$; $\eta_S = 0{,}92$.

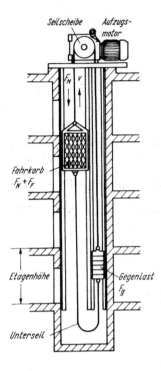

Bild 1.11. Aufzug (Prinzipdarstellung)

Lösung

$$m_g = m_F + 0{,}5\, m_N = 300\text{ kg} + 0{,}5 \cdot 750\text{ kg} = 675\text{ kg}$$

$$F_W = (m_N + m_F - m_g)\, g = (750\text{ kg} + 300\text{ kg} - 675\text{ kg}) \cdot 9{,}81\,\frac{\text{m}}{\text{s}^2} \approx 3680\text{ N}$$

$$P_W = \frac{1}{0{,}62 \cdot 0{,}92} \cdot 3680\text{ N} \cdot 1\,\frac{\text{m}}{\text{s}} = 6{,}45\text{ kW.}$$

1.4.3. Fahrwerke und Fahrzeuge

Bei der Bestimmung der Antriebsleistung für Fahrzeuge bis $v = 60$ km/h wird von den zu bewegenden Lasten ausgegangen. Die Zugkraft (horizontal) ergibt sich mit diesen Lasten (vertikal) durch Einführung spezifischer Fahrwiderstände. Man bestimmt die Antriebsleistung zu

$$P_W = \frac{1}{\eta}\, F_W\, v \qquad (1.50)$$

mit

$$F_W = \sum_i F_i\, (w_F + w_S); \qquad (1.51)$$

F_W Zugkraft
F_i bewegte Einzellast
v Fahrgeschwindigkeit
w_F spezifischer Fahrwiderstand

1.4. Leistungsbedarf ausgewählter Arbeitsmaschinen

$w_\mathrm{F} = 1 \cdots 5$ N/10^3 N bei Wälzlagerung
$w_\mathrm{F} = 20 \cdots 30$ N/10^3 N bei Gleitlagerung
$w_\mathrm{F} = 8 \cdots 10$ N/10^3 N bei Straßenbahnen und Rillenschienen

w_S spezifischer Steigungswiderstand, $w_\mathrm{S} = S/\%$ N/10^3N
S Steigung
η Wirkungsgrad des Fahrwerks.

Beispiel 1.11

Ein 8-t-Laufkran hat eine Eigenmasse der Laufkranbrücke von 2 t und eine Eigenmasse der Katze von 3 t. Es sollen folgende Hub-, Katz- und Laufkranfahrwerksgeschwindigkeiten realisiert werden: $v_\mathrm{H} = 10$ m/min; $v_\mathrm{K} = 25$ m/min; $v_\mathrm{L} = 50$ m/min. Die Wirkungsgrade betragen $\eta_\mathrm{H} = \eta_\mathrm{K} = \eta_\mathrm{L} = 0{,}7$. Man berechne die Antriebsleistung für das Hub-, Katz- und Laufkranfahrwerk.

Lösung

$$P_{\mathrm{WH}} = \frac{1}{0{,}7} \cdot 8 \cdot 10^3 \text{ kg} \cdot \frac{10 \text{ m}}{60 \text{ s}} \cdot \frac{9{,}81 \text{ m}}{\text{s}^2} = 18{,}7 \text{ kW}.$$

$$P_{\mathrm{WK}} = \frac{1}{0{,}7} (8 \cdot 10^3 \text{ kg} + 3 \cdot 10^3 \text{ kg}) \cdot \frac{30 \text{ N}}{10^3 \text{ N}} \cdot \frac{25 \text{ m}}{60 \text{ s}} \cdot \frac{9{,}81 \text{ m}}{\text{s}^2} = 1{,}93 \text{ kW}.$$

$$P_{\mathrm{WL}} = \frac{1}{0{,}7} (8 \cdot 10^3 \text{ kg} + 3 \cdot 10^3 \text{ kg} + 2 \cdot 10^3 \text{ kg}) \cdot \frac{30 \text{ N}}{10^3 \text{ N}} \cdot \frac{50 \text{ m}}{60 \text{ s}} \cdot \frac{9{,}81 \text{ m}}{\text{s}^2} = 4{,}55 \text{ kW}.$$

Für Hubwerke müssen i. allg. die größeren Antriebsleistungen aufgebracht werden.

Beispiel 1.12

Der Triebwagenzug einer Straßenbahn besteht aus dem Triebwagen mit einer Leermasse von $17 \cdot 10^3$ kg für 146 Personen und einem Anhänger mit der Leermasse $12{,}5 \cdot 10^3$ kg, der für 177 Personen zugelassen ist. Es soll die Antriebsleistung bei $v = 50$ km/h auf einer Strecke mit der Steigung von $S = 3\text{\textperthousand}$ bestimmt werden. Der Wirkungsgrad des Fahrwerks beträgt $\eta = 0{,}95$, der spezifische Fahrwiderstand $w_\mathrm{F} = 10$ N/10^3 N für Rillenschienen.

Lösung

$$\mathrm{m} = 17 \cdot 10^3 \text{ kg} + 146 \cdot 75 \text{ kg} + 12{,}5 \cdot 10^3 \text{ kg} + 177 \cdot 75 \text{ kg} = 53{,}72 \cdot 10^3 \text{ kg}.$$

$$F_\mathrm{W} = \mathrm{m} \cdot g\,(w_\mathrm{F} + w_\mathrm{S}) = 53{,}72 \cdot 10^3 \text{ kg}\,(10 + 3) \frac{\text{N}}{10^3 \text{ N}} \cdot 9{,}81 \frac{\text{m}}{\text{s}^2} \approx 6850 \text{ N}.$$

$$P_\mathrm{W} = \frac{1}{0{,}95} \cdot 6850 \text{ N} \cdot \frac{50 \cdot 10^3 \text{ m}}{3600 \text{ s}} = 100 \text{ kW}.$$

Zum Anfahren muß eine wesentlich größere Kraft als 6850 N aufgebracht werden. Für $a = 0{,}5$ m/s^2 ergibt sich

$$F_\mathrm{b} = 53{,}72 \cdot 10^3 \text{ kg} \cdot 0{,}5 \frac{\text{m}}{\text{s}^2} = 26{,}86 \cdot 10^3 \text{ N}.$$

Beim Anfahren wird diese Kraft von den Antriebsrädern auf die Schienen übertragen. Um ein Rutschen (Gleiten) zu vermeiden, muß die Reibkraft $F_\mathrm{R} > F_\mathrm{W} + F_\mathrm{b}$ sein. Für die Übertragung der Reibkraft kommen nur die antreibenden Räder mit den auf sie wirkenden Gewichtskräften in Betracht. Da alle Räder des Triebwagens angetrieben sind, wird $F_\mathrm{R} = \mu\,F_\mathrm{T}$ (vgl. Bild 1.12);

μ Reibungszahl

$\mu = 0{,}3$ beim Anfahren auf Schienen
$\mu = 0{,}25$ bei $v = 50$ km/h
$\mu = 0{,}4$ bei Gummirädern auf Asphalt
$\mu = 0{,}6$ bei Gummirädern auf Beton.

Im vorliegenden Fall erhält man mit $\mu = 0{,}3$

$$F_T = m_T\, g = (17 \cdot 10^3\ \text{kg} + 146 \cdot 75\ \text{kg}) \cdot 9{,}81\ \frac{\text{m}}{\text{s}^2} = 274 \cdot 10^3\ \text{N}$$

$$F_R = 0{,}3 \cdot 274 \cdot 10^3\ \text{N} = 82{,}2 \cdot 10^3\ \text{N}.$$

Die Bedingung für rutschfreies Anfahren ist erfüllt. Das gilt, wie man sich leicht durch Einsetzen entsprechender Werte überzeugen kann, auch dann, wenn ein unbesetzter Triebwagen den vollbeladenen Anhänger zieht.

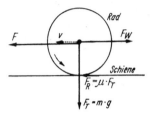

Bild 1.12. Kräfte am Fahrwerk

1.4.4. Pumpen und Lüfter

Nach hydrostatischen und -dynamischen Gesetzen bestimmt man die Antriebsleistung dieser Strömungsmaschinen zu

$$P_W = \frac{1}{\eta}\, Q\, p\, ; \tag{1.52}$$

bei Pumpen mit

$$p = H_N\, \varrho\, g + \varrho\, \frac{v^2}{2} + \lambda\, \varrho\, \frac{v^2}{2}\, \frac{l}{d}\, . \tag{1.53}$$

Für kleine Förderhöhen und -drücke werden Kreiselpumpen, für große Kolbenpumpen eingesetzt. Bei letzteren ist der Förderstrom von der Förderhöhe und dem Rohrleitungswiderstand unabhängig.

Bei Lüftern ergibt sich die Antriebsleistung nach (1.52) mit

$$p = \varrho\, \frac{v^2}{2} + \lambda\, \varrho\, \frac{v^2}{2}\, \frac{l}{d} + \Delta p_{Kr}\, ; \tag{1.54}$$

Q Förderstrom, m³/s
p Gesamtdruck, N/m²
v Strömungsgeschwindigkeit, m/s
H_N Nutzförderhöhe $= H_{\text{Saug}} + H_{\text{Druck}}$, m
ϱ Dichte, kg/m³, $\varrho_{\text{Wasser}} = 10^3$ kg/m³; $\varrho_{\text{Luft}} = 1{,}20$ kg/m³ bei 20 °C
λ Rohrwiderstandsziffer, von Reynolds-Zahl und Rauhigkeit abhängig
l, d Rohrlänge, Rohrdurchmesser
Δp_{Kr} Druckabfall in Krümmern
η Wirkungsgrad
  $\eta = 0{,}8 \cdots 0{,}95$ für Kolbenpumpen
  $\eta = 0{,}5 \cdots 0{,}85$ für Kreiselpumpen
  $\eta = 0{,}3 \cdots 0{,}5$ für Lüfter von 1 bis 10 kW
  $\eta = 0{,}65$ für Lüfter von 100 kW.

Für kleine Förderdrücke und große Fördermengen kommen Axiallüfter, für große Förderdrücke Radiallüfter zum Einsatz.

Druckverluste entstehen in diesen Strömungsmaschinen durch Rohrleitungswiderstände, Filter und Krümmer.

1.4. Leistungsbedarf ausgewählter Arbeitsmaschinen

Beispiel 1.13

Eine Pumpe soll $Q = 0,5$ m³/s Wasser über eine $l = 300$ m lange Rohrleitung von $d = 0,4$ m Durchmesser fördern. Die Nutzförderhöhe beträgt $H_N = 25$ m. Der Pumpenwirkungsgrad $\eta = 0,8$. Wie groß ist die Antriebsleistung der Pumpe?

Lösung

Mittlere Strömungsgeschwindigkeit $v = \dfrac{Q}{A} = \dfrac{0,5 \text{ m}^3/\text{s}}{0,126 \text{ m}^2} \approx 4$ m/s mit $A = \dfrac{d^2 \pi}{4} = 0,126$ m².

Für die Reynolds-Zahl Re und die Rohrwiderstandsziffer λ werden uzu Grunde gelegt (vgl. [1.1]):

$v = 4$ m/s, $\quad d = 0,4$ m $\rightarrow$ $Re = 1,16 \cdot 10^6$ (überkritisch).

Für glattes Rohr $d = 0,4$ m $\rightarrow$ $\lambda = 0,015$.
Man errechnet

$$p = 25 \text{ m} \cdot 10^3 \frac{\text{kg}}{\text{m}^3} \cdot 9,81 \frac{\text{m}}{\text{s}^2} + 10^3 \frac{\text{kg}}{\text{m}^3} \cdot \frac{16 \text{ m}^2}{2 \text{ s}^2} + 0,015 \cdot 10^3 \frac{\text{kg}}{\text{m}^3} \cdot \frac{16 \text{ m}^2}{2 \text{ s}^2} \cdot \frac{300 \text{ m}}{0,4 \text{ m}}$$

$$= 343 \cdot 10^3 \frac{\text{N}}{\text{m}^2}.$$

Dieser Gesamtdruck entspricht einer Gesamtförderhöhe (einschließlich Reibungswiderstände) von $H_{ges} = \dfrac{343 \cdot 10^3 \text{ N/m}^2}{10^3 \text{ kg/m}^3 \cdot 9,81 \text{ m/s}^2} = 35$ m.

Die Antriebsleistung ergibt sich zu

$$P_W = \frac{1}{0,8} \cdot 0,5 \frac{\text{m}^3}{\text{s}} \cdot 343 \cdot 10^3 \frac{\text{N}}{\text{m}^2} = 214 \text{ kW}.$$

Beispiel 1.14

Ein Raum soll mit einem Luftstrom $Q = 5$ m³/s belüftet werden. Der Rohrleitungsdurchmesser beträgt $d = 0,8$ m, die Rohrlänge $l = 40$ m. In der Zuleitung befindet sich ein Krümmer, der einen Druckabfall von $\Delta p_{Kr} = 23,5$ N/m² verursacht. Der Ventilatorwirkungsgrad beträgt $\eta = 0,4$. — Wie groß ist die Antriebsleistung des Lüfters?

Lösung

Rohrquerschnitt $A = \dfrac{d^2 \pi}{4} = 0,64 \text{ m}^2 \cdot \dfrac{\pi}{4} = 0,50 \text{ m}^2$,

mittlere Strömungsgeschwindigkeit $v = \dfrac{Q}{A} = \dfrac{5 \text{ m}^3/\text{s}}{0,5 \text{ m}^2} = 10 \dfrac{\text{m}}{\text{s}}$.

Mit v und d kann bei bekannter Oberflächenbeschaffenheit des Rohres der spezifische Rohrleitungswiderstand

$$\frac{\Delta p}{l} = \lambda \varrho \frac{v^2}{2} \frac{1}{d}$$

bestimmt werden.
Für $v = 10$ m/s und $d = 0,8$ m erhält man nach [1.2] $\dfrac{\Delta p}{l} = 1,8 \dfrac{\text{N}}{\text{m}^2 \cdot \text{m}}$.

Gesamtdruck $p = \dfrac{1,20 \text{ kg/m}^3 \cdot 100 \text{ m}^2}{2 \text{ s}^2} \cdot \dfrac{\text{N} \cdot \text{s}^2}{\text{kg} \cdot \text{m}} + \dfrac{1,8 \text{ N} \cdot 40 \text{ m}}{\text{m}^2 \cdot \text{m}} + 23,5 \dfrac{\text{N}}{\text{m}^2} = 155,5 \dfrac{\text{N}}{\text{m}^2}$.

$$P_W = \frac{1}{0,4} \cdot 5 \frac{\text{m}^3}{\text{s}} \cdot 155,5 \frac{\text{N}}{\text{m}^2} \approx 1,95 \text{ kW}.$$

1.5. Im Antriebssystem gespeicherte kinetische Energie

Die im Antriebssystem gespeicherte kinetische Energie läßt sich nach

$$W = \int_{t_1}^{t_2} p_b \, dt = \int_{\omega_1}^{\omega_2} J\omega \, d\omega \qquad (1.55)$$

bestimmen. Beim Hochlauf auf die Winkelgeschwindigkeit Ω wird, wie die Integration nach (1.55) ergibt, die Energie $J\Omega^2/2$ in dem Antriebssystem als kinetische Energie gespeichert und beim Abbremsen bis zum Stillstand wieder freigesetzt.
Drehzahländerungen bewirken im Antriebssystem stets ein „Aufladen" oder „Entladen" von kinetischer Energie.
Bei einigen Arbeitsmaschinen, wie Kurbelantrieben, Kolbenpumpen, Stanzen und Scheren, ergibt sich ein ungleichförmiger Geschwindigkeitsverlauf infolge des sich periodisch mit der Zeit ändernden Widerstandsmoments m_W.
Der Ungleichförmigkeitsgrad

$$\delta = \frac{v_{max} - v_{min}}{\bar{v}} = \frac{\omega_{max} - \omega_{min}}{\bar{\omega}} \qquad (1.56)$$

kann mit der Vergößerung des Trägheitsmoments verkleinert werden. Die Drehzahl- und Drehmomentenschwankungen der Arbeitsmaschine führen zu Leistungspendelungen, die auch auf das elektrische Netz übertragen werden. Bild 1.13b zeigt dies am Beispiel eines Einkurbelverdichters.
Der Energiebedarf ist im Wegintervall *1—2* am größten.

$$\Delta W_{12} = \int_{s_1}^{s_2} (F_T - \bar{F}) \, ds; \qquad (1.57)$$

F_S Pleuelstangenkraft
F_R Radialkraft
F_T Tangentialkraft
$\bar{F}$ mittlere Drehkraft.

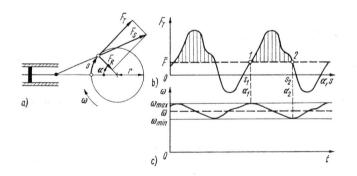

Bild 1.13. *Kurbelantrieb (Prinzipdarstellung)*
a) Kräfte und Winkel
b) Tangentialkraftverlauf
c) Verlauf der Winkelgeschwindigkeit

Zwischen s_1 und s_2 bzw. beim Übergang von ω_{max} auf ω_{min} wird ein Teil der gespeicherten kinetischen Energie, im Bild 1.13b gestrichelt dargestellt, an das Antriebssystem abgegeben, im nachfolgenden Intervall wieder von ihm aufgenommen.

$$\Delta W = \frac{J}{2}(\omega_{max}^2 - \omega_{min}^2). \qquad (1.58)$$

1.6. Elastizitäten und Getriebespiele im Zweimassensystem

Für $\Delta W = \Delta W_{12}$ erhält man mit (1.56)

$$\Delta W_{12} = \frac{J}{4}\delta(\omega_{max} + \omega_{min})^2 = J\delta\overline{\omega}^2. \qquad (1.59)$$

Die δ-Werte sind einerseits nach technologischen Erfordernissen, andererseits nach zulässigen Strompendelungen festzulegen. Im allgemeinen wird danach das Zusatzträgheitsmoment bestimmt.
Bei Antrieben bis etwa 250 kW werden je nach Art der Arbeitsmaschine δ-Werte von 1/30···1/80, bei größeren Leistungen wegen der Strompendelungen nur Ungleichförmigkeitsgrade $\delta \leq 1/100\cdots1/250$ zugelassen.

Beispiel 1.15

Ein Asynchronmotor von 5 kW, $n_0 = 1500$ U/min, $M_N = 34$ N m, treibt eine Presse an Der Leerlaufschlupf beträgt $s_{min} = 2\%$. Bei der $t_B = 1$ s dauernden stoßartigen Belastung mit $M_W = 200$ N m soll der Ungleichförmigkeitsgrad $\delta = 1/30$ nicht überschritten werden.
Wie groß ist das Gesamtträgheitsmoment zu bemessen?

Lösung

Das Pressenmoment muß aus der kinetischen Energie aufgebracht werden, da das Motornennmoment wesentlich kleiner als M_W ist.

$$\omega = \Omega_0(1-s)$$

$$\Omega_0 = 2\pi n_0 = 2\pi \frac{1500}{60}\frac{\text{U}}{\text{s}} = 157\frac{1}{\text{s}};$$

$$\omega_{max} = 157\frac{1}{\text{s}}(1-0{,}02) = 154\frac{1}{\text{s}};$$

$$\omega_{min} = \omega_{max}\frac{2-\delta}{2+\delta} = 154\frac{1}{\text{s}}\frac{2-1/30}{2+1/30} \approx 149\frac{1}{\text{s}};$$

$$\overline{\omega} = \frac{154\frac{1}{\text{s}} + 149\frac{1}{\text{s}}}{2} \approx 151{,}5\frac{1}{\text{s}};$$

$$\Delta W = 151{,}5\frac{1}{\text{s}} \cdot 200\text{ N m} \cdot 1\text{ s} = 30{,}3 \cdot 10^3\text{ Ws},$$

$$J = \frac{30{,}3 \cdot 10^3\text{ Ws}}{0{,}033 \cdot \left(151{,}5\frac{1}{\text{s}}\right)^2} \approx 40\text{ kg m}^2.$$

1.6. Elastizitäten und Getriebespiele im Zweimassensystem

Bei der Betrachtung des Antriebssystems nach Bild 1.5 und der Aufstellung der Bewegungsgleichung (1.32) wurde vorausgesetzt, daß die elektrische Maschine und die Arbeitsmaschine durch die mechanischen Übertragungsglieder miteinander starr gekuppelt sind. Für einige mechanische Übertragungsglieder, z. B. lange Wellen, Treibriemen, elastische Kupplungen bei Rotationsbewegungen und Seile oder Förderbänder bei Translationsbewegungen, trifft diese Vereinfachung nicht zu. Diese mechanischen Übertragungsglieder zeigen elastische und dämpfende Eigenschaften, die nicht mehr vernachlässigt werden dürfen. Damit treten bei Kraftübertragungen Winkelverdrehungen bzw. Längenänderungen auf, die einerseits unerwünschte Schwingungserscheinungen, andererseits mechanische Überbeanspruchungen der Übertragungsglieder bzw. Überlastungen der elektrischen Maschinen ergeben können.

Wenn mehrere Motoren über mechanische Kraftübertragungsglieder auf eine Arbeitsmaschine oder das Arbeitsgut einwirken (Mehrmotorenantrieb), ergeben sich unter dem Einfluß derartiger Elastizitäten zuweilen komplizierte Mehrmassen-Schwingungssysteme. Das ist z. B. bei Gurtbandförderanlagen und kontinuierlichen Walzstraßen der Fall. Die Berechnung dieser Bewegungsvorgänge erfordert eine gute Näherung des Schwingungsmodells zur Anlage.

Große Aufmerksamkeit ist diesen Erscheinungen bei geregelten Antriebssystemen zu schenken (s. Abschn. 5.3).

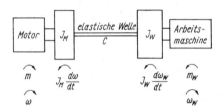

Bild 1.14. Zweimassen-Antriebssystem

Bild 1.14 zeigt ein Zweimassensystem, bei dem zur modellmäßigen Darstellung zwischen dem Motor und der Arbeitsmaschine eine drehelastische Verbindungswelle eingesetzt ist. Die Trägheitsmomente der Motorseite sind in J_M, die der Arbeitsmaschinenseite in J_W zusammengefaßt. Die Verbindungswelle wird als masselos angenommen. Die Bewegungsgleichung nimmt für das vorstehende Zweimassen-Antriebssystem die Form an

$$m - J_\mathrm{M} \frac{\mathrm{d}\omega}{\mathrm{d}t} - J_\mathrm{W} \frac{\mathrm{d}\omega_\mathrm{W}}{\mathrm{d}t} - m_\mathrm{W} = 0. \qquad (1.60)$$

Von der elastischen Welle mit der Federkonstanten C wird das Drehmoment $m_\mathrm{ü}$ übertragen,

$$m_\mathrm{ü} = C\,(\alpha - \alpha_\mathrm{W}) = m - J_\mathrm{M} \frac{\mathrm{d}\omega}{\mathrm{d}t} = m_\mathrm{W} + J_\mathrm{W} \frac{\mathrm{d}\omega_\mathrm{W}}{\mathrm{d}t} \qquad (1.61)$$

mit

$$\omega = \frac{\mathrm{d}\alpha}{\mathrm{d}t}, \quad \omega_\mathrm{W} = \frac{\mathrm{d}\alpha_\mathrm{W}}{\mathrm{d}t}.$$

Für das ungedämpfte System bestimmt man die Kreisfrequenz der Eigenschwingung aus (1.60) und (1.61) zu

$$\omega_0 = \sqrt{C\,\frac{J_\mathrm{M} + J_\mathrm{W}}{J_\mathrm{M} J_\mathrm{W}}}\,; \qquad (1.62)$$

ω_0 Kreisfrequenz der ungedämpften Eigenschwingung.

Eine generelle Schwierigkeit besteht in der modellgerechten Nachbildung des Antriebssystems durch eine einfache Anordnung, wie sie Bild 1.14 darstellt. Bei einer Vorausberechnung bleibt oft ungewiß, ob die getroffenen Vereinfachungen bzw. Annahmen auch praktisch zulässig sind. Viele Einflußfaktoren, zu denen insbesondere Reibungsmomente bzw. Dämpfungen gehören, lassen sich nur näherungsweise ermitteln bzw. abschätzen.

1.6. Elastizitäten und Getriebespiele im Zweimassensystem

Häufig können in den mechanischen Übertragungssystemen Drehmomente der trockenen Reibung $K_r \, \text{sign}\, \omega_W$ und geschwindigkeitsabhängige Dämpfungsmomente $K_d\,(\omega - \omega_W)$ nachgewiesen werden.

In verschiedenen mechanischen Übertragungsgliedern, wie Kupplungen und Getrieben, treten Spiele auf. Damit erfolgt im dynamischen Betrieb keine starre Übertragung des Moments bzw. der Drehzahl. Innerhalb des Winkels $\pm \Delta\alpha$ ist das übertragene Moment Null (Bild 1.15). Die Folge davon ist, daß bei linearem Verlauf der Eingangsgrößen die Ausgangsgrößen ein nichtlineares Verhalten aufweisen. Aus Bild 1.15c ist ersichtlich, daß eine zeitliche Phasenverschiebung zwischen Eingangs- und Ausgangsgrößen sowie eine bleibende Größenabweichung auftreten.

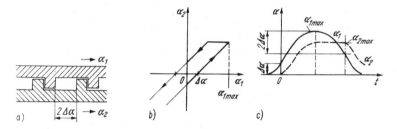

Bild 1.15. *Getriebespiel*
a) Zahnstellung;   b) $\alpha_2 = f(\alpha_1)$;   c) $\alpha = f(t)$

Spiele wirken sich oft nachteilig auf das dynamische Verhalten aus.
Im Bild 1.16 ist der Signalflußplan des mechanischen Teils eines Antriebssystems dargestellt, bei dem, ausgehend von dem Modell nach Bild 1.14 und (1.60) sowie (1.61), die Einflüsse der trockenen Reibung, der geschwindigkeitsabhängigen Dämpfung und des Getriebespiels berücksichtigt wurden. Zur Aufstellung des Signalflußplans vgl. Abschnitte 2.2.4 und 5.

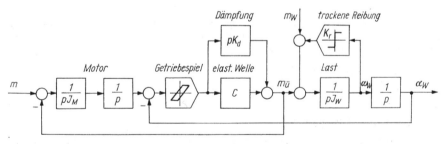

Bild 1.16. *Signalflußplan des mechanischen Teils eines Antriebssystems*

Beispiel 1.16

Eine Zementmühle mit einem Trägheitsmoment von $J_{Mü} = 65 \cdot 10^3$ kg m² und einer Drehzahl von 19,8 U/min wird von einem Asynchronmotor 800 kW, 992 U/min angetrieben.

Der Motor ist mit einem Getriebe $i_1 = 10$ gekuppelt. Das Trägheitsmoment von Motor, Getriebe und Kupplung beträgt $J_M + J_G + J_K = 210$ kg m². Die Leistung wird über eine Vorgelegewelle von $l = 3,5$ m Länge auf ein Ritzel übertragen. Das Ritzel greift in den Zahnkranz der Mühle ein. Dieses Übersetzungsverhältnis beträgt $i_2 = 5$. Bild 1.17 veranschaulicht das Antriebssystem.

Man bestimme interessierende Eigenfrequenzen des Systems und den kritischen Wert für die Federkonstante C.

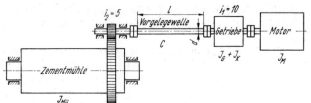

Bild 1.17. Zementmühlenantrieb (Prinzipdarstellung)

Lösung

Für das Antriebssystem nach Bild 1.17 wird als Modell ein Zweimassensystem nach Bild 1.14 angenommen. Der Motor und das Getriebe einschließlich der Kupplung werden als starr betrachtet. Das Spiel im Gesamtsystem wird vernachlässigt. Demzufolge liegen die Eigenfrequenzen etwas niedriger als errechnet. Bei dem Mahlprozeß entstehen durch die ungleichförmigen Bewegungen in der Mühle anregende Momente. Ihre Frequenzen sind unbekannt. Als interessierende Frequenzen kommen die der Rohrmühlendrehzahl zugeordnete Frequenz von $f_{Mü} = \dfrac{19{,}8}{60\,\text{s}} = 0{,}33$ Hz sowie $f_{Mü} \cdot \nu$ bis zur Frequenz der Vorgelegewelle $f_V = \dfrac{992}{10 \cdot 60\,\text{s}} = 1{,}65$ Hz in Betracht.

Der kritische Wert für C muß nach (1.62) für die Frequenz von 1,65 Hz bestimmt werden. Umrechnung der Trägheitsmomente auf die Drehzahl der Vorgelegewelle:

$$J_1 = (J_M + J_G + J_K)\, i_1^2 = 21 \cdot 10^3 \text{ kg m}^2,$$

$$J_2 = J_{Mü}/i_2^2 = 2{,}6 \cdot 10^3 \text{ kg m}^2,$$

$$J_{Ers} = \frac{J_1 J_2}{J_1 + J_2} = 2{,}31 \cdot 10^3 \text{ kg m}^2.$$

Nach Umstellung von (1.62) bestimmt man

$$C = (2\pi f_0)^2 J_{Ers} = \left(2\pi \cdot 1{,}65\, \frac{1}{\text{s}}\right)^2 \cdot 2{,}31 \cdot 10^3 \text{ kg m}^2 = 248 \cdot 10^3 \text{ N m}.$$

Bei diesem Wert der Federkonstanten ergibt sich Resonanz der freien Schwingungen. Es ist im Hinblick auf das untere Frequenzspektrum erforderlich, C zu vergrößern. Für $C = 248 \cdot 10^3$ N m bestimmt man aus

$$C = \frac{M_T}{\alpha} = \frac{J_p\, G}{l} = \frac{\pi\, d^4}{32\, l}\, G,$$

M_T Torsionsmoment
J_p polares Flächenträgheitsmoment,

mit dem Gleitmodul $G = 83 \cdot 10^9$ N/m² für Stahl einen Durchmesser der Vorgelegewelle $d_{krit} \approx 102$ mm. Die Vorgelegewelle ist steifer auszuführen, d. h. $d > d_{krit}$.

1.7. Prozeßanalytische Aufbereitung der Antriebsvorgänge

1.7.1. Bewegungs- und Belastungsvorgänge

Für die Auswahl und Dimensionierung eines Antriebssystems ist die Erfassung der in den vorstehenden Abschnitten beschriebenen Größen erforderlich. Vom technologischen Prozeßablauf mit den eingesetzten Arbeitsmaschinen wird dabei bestimmt, wie sich die Bewegungs- und Belastungsgrößen in zeitlicher Abhängigkeit ändern. Die Dimensionierung der Bauglieder muß die maximal auftretenden Beanspruchungen

1.7. Prozeßanalytische Aufbereitung der Antriebsvorgänge

mit einbeziehen. Generell ist es jedoch nicht erforderlich, die Bemessungswerte der Bauglieder auf die maximalen Beanspruchungen auszurichten, wenn diese nur kurzzeitig auftreten. Maßgebend dafür sind die vom jeweiligen physikalischen Mechanismus abhängigen Zeitkonstanten für elektromagnetische, elektromechanische und thermische Vorgänge. Sie werden bei der Behandlung der einzelnen Bauglieder im 2., 3. und 4. Abschnitt näher herausgestellt.

Wenn der zeitliche Verlauf der Bewegungs- und Belastungsgrößen vom technologischen Prozeß nicht eindeutig zu erfassen ist, dann müssen die zulässigen Belastungen für die Anlage klar ausgewiesen werden. Das trifft z. B. auf die Tragkraft für Hebezeuge, die zulässige Personenzahl für Aufzüge, das Abschaltmoment für Walzgerüste zu. In Tafel 1.5 sind einige typische Verläufe dargestellt.

Tafel 1.5. Typische Bewegungs- und Belastungsverläufe

$\omega = f(t)$; $m_W = f(t)$	Zeitlicher Verlauf von Drehzahl und Last	Arbeitsmaschinen
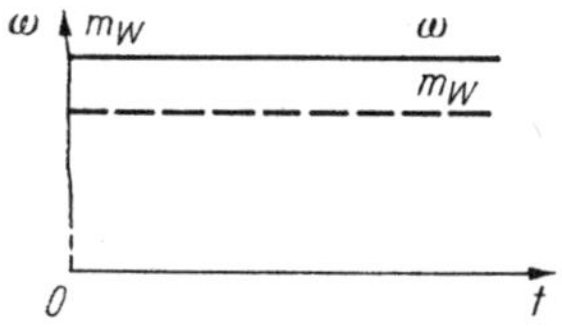	konstant gleichbleibend	Ventilator, Gebläse, Kreiselpumpe, Umformer
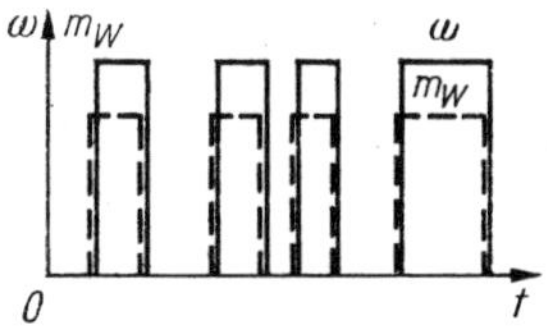	nichtperiodisch gleichbleibend	Ventile, Schieber, Stellantriebe
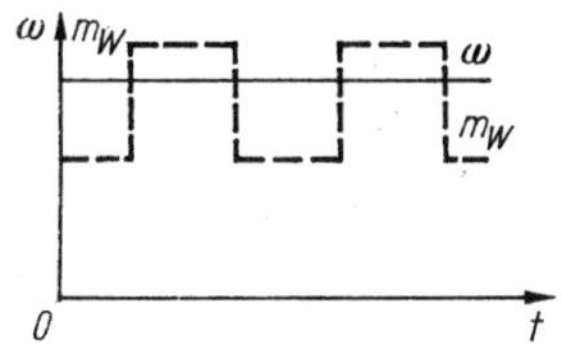	periodisch gleichbleibend	Werkzeugmaschinenautomaten, Pressen, Stanzen Kolbenpumpen, Kolbenverdichter
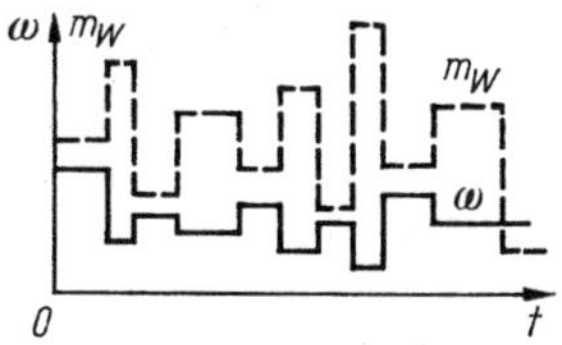	nichtperiodisch wechselnd	Aufzüge, Hebezeuge, Walzgerüste, Bagger, allg. Werkzeugmaschinen

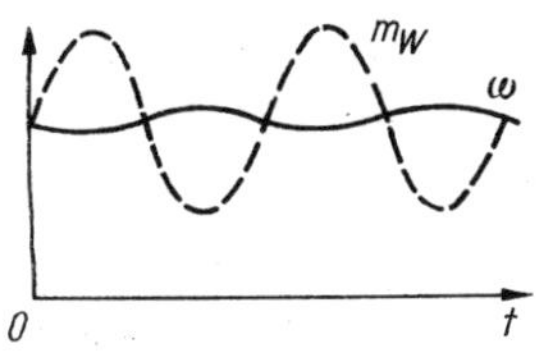

1.7.2. Prozeßanalyse

Zur prozeßanalytischen Aufbereitung der Antriebsvorgänge wird nachfolgend ein Ablaufplan aufgeführt, der je nach Arbeitsmaschine und Prozeß den spezifischen Bedingungen anzupassen ist.

Die *Bestimmung und Festlegung* der vorgenannten Angaben erfordert eine enge Zusammenarbeit zwischen Elektrotechniker, Maschinen- bzw. Anlagenbauer und Technologen und die exakte Kenntnis der einschlägigen Normen und Sicherheitsvorschriften. Es ist besonders darauf zu achten, daß keine überhöhten Forderungen gestellt werden. Durch Vergleich mehrerer Lösungsvarianten lassen sich ökonomische Aussagen hinsichtlich der Kosten der Antriebsanlage und der Betriebsführung gewinnen.

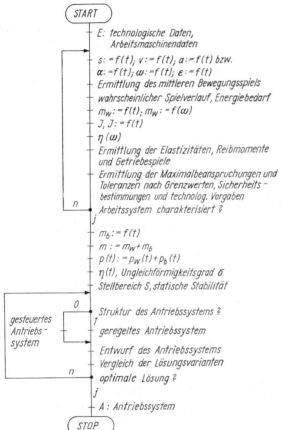

Bild 1.18. Programmablaufplan zur prozeßanalytischen Aufbereitung der Antriebsvorgänge

Eine weitreichende Entscheidung wird mit der Festlegung der Struktur des Antriebssystems getroffen. Dazu sind entsprechende Kenntnisse über die elektrischen Antriebsmaschinen, ihre Kennlinienfelder und Stellmöglichkeiten sowie über eine Reihe von Kenngrößen des stationären und dynamischen Betriebs Voraussetzung. Diese Kenntnisse vermitteln die nachfolgenden Abschnitte.

Da gesteuerte Antriebssysteme oft kostengünstiger sind, wird zunächst überprüft, ob ein gesteuertes Antriebssystem die Anforderungen erfüllt. Überschläglich lassen sich damit im stationären Betrieb die Kenngrößen des Bewegungsablaufs mit einer Genauigkeit von etwa 10% einhalten. Dabei können auch wichtige antriebstechnische Parameter, wie Drehzahl, Drehmoment oder Beschleunigung, begrenzt werden.

1.7. Prozeßanalytische Aufbereitung der Antriebsvorgänge

Der Einsatz geregelter Antriebssysteme wird im wesentlichen dadurch bestimmt, wie exakt der Bewegungsablauf (s, v, a, r) eingehalten werden muß. Hierbei sind auch die Übergangsvorgänge, wie Anlauf und Bremsen, mit zu betrachten. Weiterhin ist von Bedeutung, wie oft und wie schnell sich die einzelnen Kenngrößen des Bewegungsablaufs ändern oder über welchen Zeitraum sie auf einem konstanten Wert gehalten werden sollen. Ferner wird die Entscheidung auch davon beeinflußt, ob Meßinformationen aus dem technologischen Prozeß vorliegen, wie genau sie sind und wie schnell sie gewonnen werden können. Die Meßwerterfassung der zu regelnden Größen ist für den Aufbau geregelter Schaltungen notwendig.

Anhand des Beispiels 1.17 soll das prinzipielle Vorgehen bei der prozeßanalytischen Aufbereitung von Antriebsvorgängen verdeutlicht werden. Wie bereits bemerkt, stellen die Angaben nach 1.7.2 eine allgemeingültige Analysebeschreibung dar, die den jeweiligen spezifischen Gegebenheiten angepaßt werden muß.

Beispiel 1.17

Für die Zuckerherstellung sollen 500-kg-Zentrifugen eingesetzt werden. Der Bewegungsablauf ist nach Bild 1.4 vorgegeben. Im Rahmen einer Prozeßanalyse sind die interessierenden Größen zu ermitteln.

Lösung

1. Der Verlauf $\omega = f(t)$ liegt nach Bild 1.4 vor. Die Spiele wiederholen sich ohne Änderung fortlaufend. Nach Tafel 1.5 handelt es sich um Bewegungs- und Belastungsvorgänge, die sich periodisch wiederholen. Die Arbeitspunkte liegen im I. und II. Quadranten des $M_W = f(\Omega_W)$-Kennlinienfeldes. Das entspricht einem Zweiquadrantenantrieb.

2. Mit $m_W = 120$ N m = konst. ist im Beispiel 1.3 eine Näherung getroffen worden. Unter Zugrundelegung der Zentrifugenkennlinie $m_W(\omega)$ können genauere Angaben für die Reibmomente während des Spiels gewonnen werden. Die Abhängigkeit des Massenträgheitsmoments von Zentrifuge und Füllung geht aus Bild 1.4 hervor. Das Trägheitsmoment des Motors kann unberücksichtigt bleiben.

3. Zentrifugen sind wegen der prozeßbedingten Unwuchten starke Schwingungserreger. Der Hersteller muß bei der Entwicklung dafür Sorge tragen, daß in den durchfahrenen Drehzahlbereichen keine unzulässig hohen Schwingungserscheinungen auftreten. Für die Steuerschaltung und zum Umschalten auf verschiedene Drehzahlkennlinien des Antriebsmotors ist es wichtig, vom Hersteller der Zentrifugen Angaben über das Schwingungsverhalten zu erfahren.
Besondere Aufmerksamkeit ist der Kupplung zu schenken. Bewährt haben sich für derartige Antriebe Bolzen- und Zahnkupplungen. Der Elektromotor muß auch mechanisch allen Anforderungen genügen. Es kommen dafür generell nur Spezialmotoren für Zentrifugen in Betracht. Die antriebsseitigen Lager sind entsprechend dimensioniert.

4. Die maximal auftretenden mechanischen Beanspruchungen im Zusammenhang mit dem Belastungsablauf gehen aus Bild 1.4 hervor.

5. Der Prozeßablauf stellt bezüglich der Genauigkeit der einzuhaltenden Drehzahl keine hohen Forderungen. Die Schleuder- und die Räumdrehzahl sollen mit ±5% eingehalten werden. Bezüglich des Zeitablaufs der einzelnen Arbeitsstufen ist problemlos eine höhere Genauigkeit zu erreichen.

6. In den Intervallen *1* bis *5* und *6* arbeitet die elektrische Maschine als Motor. Der mittlere Wirkungsgrad wird für die erste Durchrechnung mit $\eta_M = 0{,}72$ vorgegeben. (Nach Bestimmung der Typenleistung muß gegebenenfalls korrigiert werden.) Die mechanische Energie der Intervalle *1* bis *5* und *6* wird aus Bild 1.10 durch Integration bestimmt. Sie beträgt $W_+ \approx 6 \cdot 10^6$ Ws. Aus energetischen Gründen wird eine Nutzbremsung eingesetzt. In den Intervallen *6* bis *8* arbeitet die elektrische Maschine im Generatorbetrieb. Für diesen Betriebsbereich wird der mittlere Wirkungsgrad $\eta_G = 0{,}67$

zugrunde gelegt. Die Energie der Intervalle *6* bis *8* wird zu $W_- \approx 2{,}5 \cdot 10^6$ Ws bestimmt. Für ein Spiel wird vom Netz die Energie

$$W_{el} = \frac{W_+}{\eta_M} - \eta_G\, W_- = \frac{6 \cdot 10^6 \text{ Ws}}{0{,}72} - 0{,}67 \cdot 2{,}5 \cdot 10^6 \text{ Ws} = 6{,}66 \cdot 10^6 \text{ Ws}$$

aufgenommen. In einer Stunde mit 10 Spielen entspricht das dem Energiebedarf von 18,5 kWh.

7. Entsprechend den bestehenden Genauigkeitsforderungen wird ein gesteuertes Antriebssystem mit einer polumschaltbaren Asynchronmaschine in Spezialausführung vorgesehen. Es ist zweckmäßig, eine zeitabhängige Steuerung mit einem Programmgeber dafür einzusetzen und die Umschaltpunkte drehzahl- oder strommäßig zu überwachen (s. Beispiel 2.29).

2. Kennlinienfelder und Stellmöglichkeiten elektrischer Antriebsmaschinen

2.1. Energiebilanz im Antriebssystem

Für die Energieumwandlung von elektrischer in mechanische Energie werden elektrische Maschinen eingesetzt. Sie können generell als Motoren und bei umgekehrter Energieflußrichtung als Generatoren (Bremsen) arbeiten. Bei diesem Energieumwandlungsprozeß treten in den elektrischen Maschinen und in den eingesetzten Stellgliedern Verluste auf, die aus energetischen Gründen möglichst klein gehalten werden müssen. Das Antriebssystem unter energetischem Aspekt zeigt Bild 2.1. Es treten darin auch Energiespeicher auf, die durch die im 1. Abschnitt behandelten Massenträgheitsmomente und die im elektrischen Kreis befindlichen Induktivitäten gekennzeichnet sind.

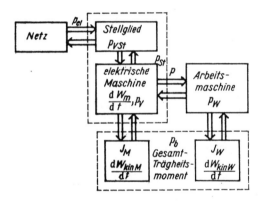

Bild 2.1. Leistungsfluß im Antriebssystem

Nach der Energiebilanz ergibt sich

$$p_{el} = p_W + p_V + p_{Vst} + \frac{dW_m}{dt} + \frac{dW_{kinM}}{dt} + \frac{dW_{kinW}}{dt}. \qquad (2.1)$$

Im Abschnitt 1 wurde p_b eingeführt. Nach der Darstellung von Bild 2.1 gilt:

$$p_b = \frac{dW_{kinM}}{dt} + \frac{dW_{kinW}}{dt}; \qquad p = p_W + p_b; \qquad (2.2\text{a}) \quad (2.2\text{b})$$

Die Gleichung (2.2) ist nur für starre Kupplung zwischen Motor und Arbeitsmaschine zutreffend (s. Abschn. 1.6).

p_{el} elektrische Leistung
p_W mechanische Leistung der Arbeitsmaschine (Widerstandsmoment)
p_V Verlustleistung in der elektrischen Maschine
p_{Vst} Verlustleistung im Stellglied (Energieflußzweig)
W_m magnetische Energie in der elektrischen Maschine (gegebenenfalls auch in eingeschalteten Drosseln)
W_{kinM} kinetische Energie der elektrischen Maschine
W_{kinW} kinetische Energie der Arbeitsmaschine und mechanischen Übertragungsglieder.

Der Wirkungsgrad der Energieumwandlung wird durch die Verluste geprägt. Im allgemeinen wird er für stationären Betrieb durch das Verhältnis von abgegebener zu aufgenommener Leistung bestimmt. Unter dieser Bedingung erhält man für die elektrische Maschine ($P_{V\,St} = 0$, $dW_m/dt = 0$, $p_b = 0$):

$$\eta = \frac{P}{P_{el}} = \frac{P}{P + P_V} \; ; \tag{2.3}$$

η Wirkungsgrad der elektrischen Maschine.

Die elektrische Maschine ist als Bauglied zwischen dem elektrischen Netz und der Arbeitsmaschine eingeordnet. Zu beiden Seiten besteht Energieaustausch. Das Verhalten des Antriebssystems kann deshalb nur durch eine Betrachtung der Gesamtanordnung beschrieben werden.

Durch Umstellung von (2.1) mit $p_{V\,St} = 0$ erhält man unter der Annahme, daß alle Bewegungsvorgänge auf die gleiche Winkelgeschwindigkeit bezogen werden,

$$\frac{p_{el} - p_V - \dfrac{dW_m}{dt}}{\omega} - \frac{p_W}{\omega} - \frac{p_b}{\omega} = 0\,. \tag{2.4}$$

Die vorstehende Beziehung entspricht der Bewegungsgleichung (1.38) in der Form $m - m_W - m_b = 0$. Damit ist das Moment der elektrischen Maschine bestimmt zu

$$m(t) = \frac{1}{\omega}\left(p_{el} - p_V - \frac{dW_m}{dt}\right). \tag{2.5}$$

Bei der Beschreibung des dynamischen Verhaltens muß von der allgemeinen Beziehung nach (2.5) ausgegangen werden. Hierbei ist wiederum die zeitliche Änderung der kinetischen Energie der elektrischen Maschine zu berücksichtigen, falls keine Einbeziehung dieses Anteils bei der Arbeitsmaschine erfolgt.

Das Speicherverhalten von dW_m und $dW_{kin\,M}$ kommt bei den nachfolgenden Betrachtungen durch die Einführung elektromagnetischer und elektromechanischer Zeitkonstanten zum Ausdruck.

Nach ihrer Wirkungsweise und ihren Eigenschaften werden die elektrischen Maschinen in folgende Gruppen eingeteilt:

- Gleichstrommaschinen (Gleichstrom-Nebenschlußmaschine GNM, Gleichstrom-Reihenschlußmaschine GRM)
- Asynchronmaschinen (Asynchronmaschine mit Kurzschlußläufer AMKL, Asynchronmaschine mit Schleifringläufer AMSL)
- Synchronmaschinen SM
- Wechsel- und Drehstromkommutatormaschinen (insbes. Wechselstrom-Bahnmotor, läufergespeister Drehstrom-Nebenschluß-Kommutatormotor lDNKM)

Von diesen Gruppen sind einige Spezialausführungen abgeleitet. Besonders vielfältig ist das Sortiment bei Klein- und Kleinstmaschinen. Kleinantriebe werden im Abschnitt 6 gesondert betrachtet.

Im nachfolgenden Abschnitt werden die wichtigsten Beziehungen und Kennlinienfelder elektrischer Maschinen dargestellt. Des weiteren werden die Methoden zur Drehzahlsteuerung, zum Anlassen und Bremsen behandelt. Die dafür eingesetzten leistungselektronischen Stellglieder sind Gegenstand der Betrachtungen des Abschnitts 4. Die nachfolgenden Ausführungen beschränken sich auf wesentliche Zusammenhänge, die für den Entwurf von Antriebsanlagen bekannt sein müssen. Zur Vertiefung sei auf die entsprechende Literatur verwiesen ([2.1] bis [2.8]).

2.2. Gleichstrom-Nebenschlußmaschine (GNM)

Gleichstrom-Nebenschlußmaschinen werden für Antriebe eingesetzt, an die hohe Anforderungen hinsichtlich der Steuer- und Regelbarkeit gestellt werden. Diese Maschinen lassen sich auf Grund ihrer Kennlinien und ihres Betriebsverhaltens an viele Arbeitsmaschinen nahezu ideal anpassen. Das stationäre und dynamische Betriebsverhalten läßt sich mit großer Genauigkeit vorausbestimmen. Im Vergleich zu Asynchronmotoren in Normalausführung sind GNM jedoch teurer. Sie verlangen einen höheren Wartungsaufwand, der sich insbesondere durch die Bürsten und den Kommutator ergibt.

Gleichstrom-Nebenschlußmotoren werden als Grundreihen für universelle Einsatzzwecke von einigen Watt Leistung bis etwa 1 MW gefertigt. Im Leistungsbereich von 10 bis 100 kW werden sie oft in Werkzeugmaschinen und Aufzügen eingesetzt. Größere Leistungen bis etwa 7 MW finden in Form von Spezialausführungen für Förder- bzw. Walzanlagen Anwendung.

Die Grunddrehzahlen für universell einsetzbare Maschinen liegen bei 750, 1000 und 1500 U/min, die Bemessungsspannungen sind 110, 220, 440 V bzw. 600 und 1200 V für größere Leistungen ab etwa 400 kW.

2.2.1. Wirkungsweise und Betriebseigenschaften

Das Drehmoment wird nach dem elektrodynamischen Kraftgesetz gebildet.

$$\boxed{M = c\,\Phi\,I} \qquad (2.6)$$

mit

$$c = \frac{zp}{a}\,\frac{1}{2\pi}; \qquad (2.7)$$

M Drehmoment
c Maschinenkonstante
z Anzahl der Ankerleiter
p Polpaarzahl
a Anzahl paralleler Ankerzweigpaare
Φ Erregerfluß
I Ankerstrom.

Im Ständer sind die Hauptpole mit ihren Erregerwicklungen zur Erzeugung des magnetischen Erregerfeldes angeordnet. Die Polkerne werden lamelliert ausgeführt, damit der Erregerfluß Φ bei einer Drehzahlverstellung über das Feld schneller geändert werden kann. Die Erregerwicklung ist bei der GNM im Nebenschluß, d. h. parallel zur Ankerwicklung, geschaltet (Bild 2.2). Der Erregerstrom I_E ergibt sich zu

$$I_E = \frac{U_E}{R_E}; \qquad (2.8)$$

R_E Widerstand der Erregerwicklung.

Zur Stabilisierung der Drehzahl-Drehmomenten-Kennlinie erhalten GNM mittlerer und größerer Leistung außer der Nebenschlußwicklung meist noch eine vom Ankerstrom durchflossene Reihenschlußwicklung mit geringer Windungszahl. Bei Nennstrom beträgt deren Durchflutung 5···15% der Durchflutung der Nebenschlußwicklung. Maschinen mittlerer und größerer Leistung werden zudem oft mit einer Kompensationswicklung ausgeführt, um die im Betrieb durch das Ankerquerfeld auftretende

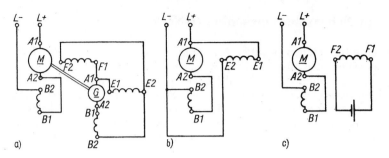

Bild 2.2. *Schaltungen von Gleichstrom-Nebenschlußmaschinen mit*
a) Eigenerregung; b) Selbsterregung; c) Fremderregung

Erregerfeldschwächung zu kompensieren und damit die Drehzahl-Drehmomenten-Kennlinie bzw. die Drehmomentenüberlastbarkeit günstig zu beeinflussen.
Die Ankerwicklung der GNM wird über den Kommutator gespeist. Beim Ankerstrom I entsteht nach (2.6) ein Drehmoment M, das entsprechend der Bewegungsgleichung (1.32) bei $M > M_W$ eine Drehbewegung hervorruft. Der Kommutator gewährleistet, daß die erforderliche Richtungszuordnung von Erregerfeld und Stromfluß erhalten bleibt. Zwischen den Hauptpolen ist im Ständer die vom Ankerstrom durchflossene Wendepolwicklung angeordnet. Sie verringert den Einfluß des Ankerquerfeldes in der Wendezone und ermöglicht eine funkenfreie bzw. -arme Kommutierung.
In den sich bewegenden Ankerleitern wird eine Spannung nach dem Induktionsgesetz induziert.

$$u_q = N \frac{d\Phi}{dt} \ . \tag{2.9}$$

N effektive Windungszahl

Im Anker tritt damit die vom Erregerfluß und der Winkelgeschwindigkeit abhängige Spannung U_q auf,

$$\boxed{U_q = c\, \Phi\, \Omega} \ ; \tag{2.10}$$

U_q Quellenspannung, induzierte Spannung
$\Omega = 2\pi\, n$ mechanische Winkelgeschwindigkeit
c Maschinenkonstante nach (2.7).

Mit der angelegten Ankerspannung U und dem ohmschen Spannungsabfall über dem Ankerkreiswiderstand R_A ergibt sich nach dem Maschensatz

$$\boxed{U = U_q + I\, R_A} \ ; \tag{2.11}$$

R_A Ankerkreiswiderstand (Anker-, Wendepol-, Kompensations- und Reihenschlußwicklungswiderstand).

Die Ersatzschaltung mit den positiven Zählpfeilrichtungen zeigt Bild 2.3.

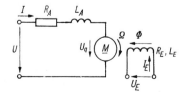

Bild 2.3. *Ersatzschaltung der GNM*

2.2. Gleichstrom-Nebenschlußmaschine (GNM)

Aus (2.6), (2.10) und (2.11) bestimmt man die Drehzahl im stationären Betrieb bei $M = M_\mathrm{W}$:

$$\boxed{\Omega = \frac{U}{c\,\Phi} - \frac{R_\mathrm{A}}{c^2\,\Phi^2}\,M = \Omega_0 - \Delta\Omega} \qquad (2.12)$$

mit der Leerlaufdrehzahl bei $M = 0$

$$\Omega_0 = \frac{U}{c\,\Phi}. \qquad (2.13)$$

Die Winkelgeschwindigkeit Ω wird, wenn Verwechslungen ausgeschlossen sind, zur Vereinfachung weiterhin auch als Drehzahl bezeichnet.

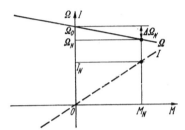

Bild 2.4. $\Omega = f(M)$- und $I = f(M)$-Kennlinien der GNM

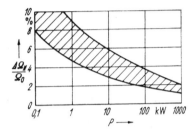

Bild 2.5. Bezogener Drehzahlabfall der GNM (Bemessungswert)

Die $\Omega = f(M)$- und die $I = f(M)$-Kennlinien zeigt Bild 2.4. Mit der Belastung fällt die Drehzahl nur geringfügig um $\Delta\Omega$ ab. Das ist kennzeichnend für das sog. Nebenschlußverhalten. Orientierungswerte für den Drehzahlabfall bei Nennbelastung in Abhängigkeit der Typenleistung[1]) gibt Bild 2.5. Es gilt

$$\frac{\Delta\Omega_\mathrm{N}}{\Omega_0} = \frac{\Delta U_\mathrm{N}}{U_\mathrm{N}} = \frac{I_\mathrm{N}}{I_\mathrm{St}} = \frac{M_\mathrm{N}}{M_\mathrm{St}}, \qquad (2.14)$$

$$I_\mathrm{St} = \frac{U_\mathrm{N}}{R_\mathrm{A}}; \qquad M_\mathrm{St} = c\,\Phi\,I_\mathrm{St}; \qquad (2.15)\ (2.16)$$

I_St Stillstandsstrom
M_St Stillstandsmoment
ΔU_N innerer Spannungsabfall bei Bemessungsbelastung

Das relative Maximalmoment beträgt etwa $\dfrac{M_\mathrm{max}}{M_\mathrm{N}} = 1{,}5$ für unkompensierte und 2 für kompensierte Maschinen.
Der Drehzahlabfall $\Delta\Omega$ beim Drehmoment M kennzeichnet die durch den inneren Spannungsabfall ΔU beim Strom I hervorgerufene Verlustleistung im Ankerkreis, $\Delta\Omega\,M \approx \Delta U\,I$.
Die Erregerverluste sind ebenfalls von der Typenleistung abhängig und können überschläglich nach Bild 2.6 ermittelt werden. Es entstehen außerdem Eisen-, Luftreibungs-, Lager-, Bürstenreibungs- und Zusatzverluste. Der Wirkungsgrad der Maschine wird mit

$$P_\mathrm{V} = P_{\mathrm{VI}} + P_{\mathrm{VE}} + P_{\mathrm{VFe}} + P_{\mathrm{VR}} + P_{\mathrm{VZ}} \qquad (2.17)$$

---

[1]) Unter Typenleistung wird die auf dem Leistungsschild angegebene Leistung verstanden.

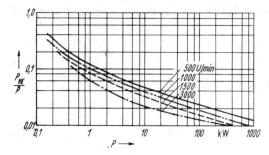

Bild 2.6. Bezogene Erregerverlustleistung von GNM

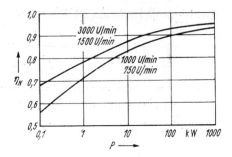

Bild 2.7. Nennwirkungsgrad von GNM (Bemessungswert)

nach (2.3) bestimmt:

$$\eta = \frac{P}{P + P_V};$$

P_V Stromwärmeverluste im Ankerkreis + Erregerverluste + Eisenverluste + Luftreibungs-, Bürstenreibungs- und Lagerverluste + Zusatzverluste.

Die Wirkungsgrade von Gleichstrommaschinen zeigt Bild 2.7.

Beispiel 2.1

Von einer fremderregten GNM sind bekannt: $P = 160$ kW; $n = 980$ U/min; $U = 440$ V; $I = 390$ A; $I_E = 6$ A; $R_A = 25 \cdot 10^{-3}$ Ω; $z = 292$; $2p = 6$; $2a = 2$.
Man bestimme für Bemessungsbelastung die Maschinenkonstante, den Erregerfluß, die Leerlaufdrehzahl, das Drehmoment, die Stromwärme- und Gesamtverluste.
Nach (2.7): $c = 139{,}4$; nach (2.10) und (2.11):

$$\Phi = 3 \cdot 10^{-2} \text{ Vs}; \quad c\Phi = 4{,}18 \text{ Vs};$$

$$\Omega = 102{,}6 \, \frac{1}{\text{s}}; \text{ nach (2.13): } \Omega_0 = 105 \, \frac{1}{\text{s}};$$

$$\frac{\Delta\Omega}{\Omega_0} \approx I \, \frac{R_A}{U} = 2{,}22 \cdot 10^{-2}.$$

Aus der obigen Rechnung erhält man:

$$\Delta\Omega \approx 2{,}3 \, \frac{1}{\text{s}}, \; \Delta n \approx 22 \text{ U/min}, \; n_0 \approx 1002 \text{ U/min};$$

nach (2.6): $M_N = 1630$ N m.
Aus der abgegebenen Leistung bestimmt man vergleichsweise das Drehmoment (ohne inneres Reibmoment) nach (1.42):

$$M_N = \frac{P}{0{,}105 \cdot n} \, \frac{\text{N m}}{\text{W} \cdot \text{min}} = \frac{160 \cdot 10^3 \text{ W}}{0{,}105 \cdot 980 \, \frac{\text{U}}{\text{min}}} \cdot \frac{\text{N m}}{\text{W min}} \approx 1560 \text{ N m}.$$

Ankerkreisverluste: $I^2 R_A = (390 \text{ A})^2 \cdot 25 \cdot 10^{-3} \, \Omega = 3{,}8$ kW.
Erregerverluste: $U I_E = 440 \text{ V} \cdot 6 \text{ A} = 2{,}64$ kW.
Gesamtverluste: $U(I + I_E) - P = 440 \text{ V} \cdot 396 \text{ A} - 160 \text{ kW} = 14$ kW.
Wirkungsgrad: $\eta = 0{,}92$.

2.2. Gleichstrom-Nebenschlußmaschine (GNM)

2.2.2. Drehzahlstellung und Kennlinienfelder

Ausgehend von (2.12) bestehen folgende Möglichkeiten, um die Drehzahl einer GNM bei vorgegebenem Moment zu verändern:

Spannungssteuerung → Veränderung von U; verlustarm
Feldsteuerung → Veränderung von $\Phi(I_E)$; verlustarm
Widerstandssteuerung → Veränderung von R_A durch Vorwiderstände.

Zur Drehrichtungsumkehr wird entweder die Anker- oder die Feldwicklung umgepolt. Die Drehzahlstellmöglichkeiten werden nachfolgend einzeln betrachtet.

2.2.2.1. Spannungssteuerung

Durch Verändern der angelegten Spannung, z. B. mit einem Stromrichterstellglied wird die Leerlaufdrehzahl bei I_E = konst. proportional verstellt. Der Drehzahlabfall bei Belastung $\Delta\Omega$ ist unabhängig von der Größe der angelegten Spannung. Bei Umkehr der Spannungsrichtung ändert sich die Drehrichtung. Mit einer höheren Spannung als der Bemessungsspannung darf die Maschine i. allg. nicht betrieben werden, da hierbei die Gefahr einer unzulässig hohen elektrischen Beanspruchung der Isolierung besteht. Der vom Motor aufgenommene Strom wird bei dieser verlustfreien Betrachtung unabhängig von der Größe der angelegten Spannung nur vom Moment nach (2.6) bestimmt. Das Kennlinienfeld zeigt Bild 2.8.

Mit dieser Methode läßt sich die Drehzahl der GNM innerhalb der zulässigen Grenzen von Ω_{max} bis Ω_{min} einfach führen. Das Verfahren ist sehr wirtschaftlich und wird wegen seines guten dynamischen Verhaltens für alle reaktionsschnellen Gleichstromantriebe angewendet. Es kann damit ein Stellbereich von etwa $S = 1 : 0{,}02$ bei einem Ungleichförmigkeitsgrad $\delta = 0{,}3$ realisiert werden.

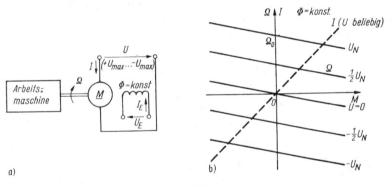

Bild 2.8. *Spannungssteuerung der GNM*
a) Schaltung; b) Kennlinienfeld

Die Größe des Kennlinienfeldes wird maßgeblich von dem Kühlsystem mitbestimmt. Bei eigenbelüfteten Maschinen sinkt mit verringerter Drehzahl auch die Wärmeabgabefähigkeit (siehe Bild 2.9). Die Ausnutzung des Kennlinienfeldes hängt damit von dem jeweiligen Kennlinienverlauf der Arbeitsmaschine im unteren Drehzahlbereich ab. Daraus ist zu erkennen, daß für große Stellbereiche eigenbelüftete Maschinen nach Möglichkeit nicht eingesetzt werden sollten.

2.2.2.2. Feldsteuerung

Durch Verringerung des Erregerstroms wird das magnetische Feld geschwächt. Damit erhöhen sich nach (2.12) und (2.13) die Leerlauf- und die Betriebsdrehzahl. Es

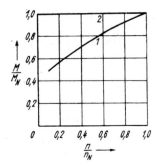

Bild 2.9. Abhängigkeit des zulässigen Motormoments von der Drehzahl bei verschiedenen Kühlarten

1 Durchzugsbelüftung; 2 Fremdbelüftung

muß hervorgehoben werden, daß für gleichbleibende Belastungsmomente der Drehzahlabfall $\Delta\Omega$ dabei größer wird. Durch Veränderung der Erregerstromrichtung kann die Drehrichtung des Motors umgekehrt werden. Da eine Erhöhung des Erregerstroms über den Nennwert infolge der magnetischen Sättigung keine nennenswerte Verstärkung des magnetischen Feldes bringt, sondern die Erregerwicklung damit nur unzulässig stark erwärmt wird, ist diese Drehzahlstellmethode lediglich zur Drehzahlerhöhung durch Feldschwächung geeignet. Das Verfahren ist ebenfalls wirtschaftlich. Der Stellbereich richtet sich nach der von Ω_{max} abhängigen Fliehkraftbeanspruchung bzw. nach dem Kommutierungsverhalten. Von Maschinen in Normalausführung wird ein Stellbereich von etwa $S = 1 : 1{,}5$ bis $1 : 2{,}5$ erreicht.

Der vom Motor aufgenommene Strom steigt bei Feldschwächung mit dem Belastungsmoment gemäß (2.6) stärker als bei Bemessungserregung an. Damit vergrößert sich auch der Einfluß der Ankerrückwirkung. Das kann zu einem unerwünschten Drehzahl-Drehmomenten-Verlauf führen, bei dem die Drehzahl nach Überschreiten einer bestimmten Belastung mit dem Drehmoment ansteigt. Die Ausnutzung des Kennlinienfeldes oberhalb der Normalkennlinie hängt, wie bereits erwähnt, vom Erwärmungszustand und der Kommutierungsgüte ab und wird vom Motorhersteller festgelegt. Das Kennlinienfeld zeigt Bild 2.10.

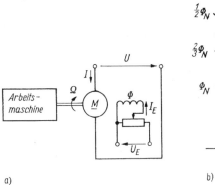
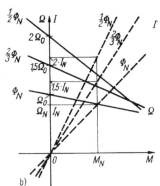

Bild 2.10
Feldsteuerung der GNM

a) Schaltung
b) Kennlinienfeld

2.2.2.3. Widerstandssteuerung

Nach (2.12) ruft der Ankerkreiswiderstand R_A einen vom Belastungsmoment abhängigen Drehzahlabfall hervor. Durch Einschalten eines Vorwiderstands R_V im Ankerkreis kann bei vorgegebenem Moment die Drehzahl gegebenenfalls bis auf Null herabgesteuert werden. Nach diesem Prinzip arbeitet auch der Widerstandsanlasser. Im Vorwiderstand entstehen je nach Drehzahlabsenkung beachtliche Stromwärmeverluste, so daß diese Drehzahlstellmethode nur für kleine Leistungen und kleine Stellbereiche angewendet wird.

2.2. Gleichstrom-Nebenschlußmaschine (GNM)

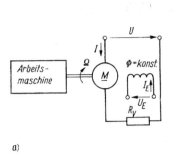
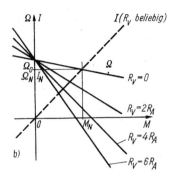

Bild 2.11. Widerstandssteuerung der GNM
a) Schaltung
b) Kennlinienfeld

Der aufgenommene Strom ist bei konstantem Belastungsmoment nach (2.6) unabhängig von der Drehzahlstellung. Das Kennlinienfeld wird im Bild 2.11 gezeigt. Es wird von der Wärmeabgabefähigkeit der Maschine begrenzt.

2.2.2.4. Begrenzung des Kennlinienfeldes

Bis zur Begrenzung des Kennlinienfeldes können die vorstehend beschriebenen Drehzahlstellverfahren angewendet werden. Innerhalb der Begrenzungen kann jeder Arbeitspunkt eingestellt werden (s. Bild 2.12). Die Grenzkennlinien ergeben sich durch
— die maximal zulässige Drehzahl n_{max} (Fliehkraftbeanspruchung)
— die geringere Wärmeabführung bei niedrigen Drehzahlen eigenbelüfteter Maschinen (Erwärmung)
— eine verschlechterte Kommutierung bei zu großem Drehmoment und zu hoher Drehzahl (Reaktanzspannung).

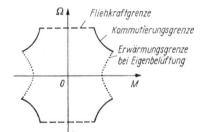

Bild 2.12. Begrenzung des Kennlinienfeldes der GNM

Die Reaktanzspannung tritt während der Kommutierung in den kurzgeschlossenen Ankerspulen auf; sie darf den Grenzwert von $U_r = 3 \cdots 7$ V nicht überschreiten.

$$U_r = 2\zeta \, v \, A \, l \quad ; \tag{2.18}$$

ζ Streuziffer
v Ankerumfangsgeschwindigkeit, $v \sim \Omega$
A Ankerstrombelag, $A \sim I$
l Ankerlänge.

Aus (2.18) geht hervor, daß das Produkt aus Drehmoment (Ankerstrom) und Drehzahl für die Kommutierungsbedingungen bestimmend ist.

Beispiel 2.2

Der im Beispiel 2.1 angeführte Motor 160 kW; 980 U/min; 440 V soll für ein konstantes Belastungsmoment von $M_W = 1200$ N m im Drehzahlbereich von $500 \cdots 1500$ U/min gesteuert werden. Es sind die Steuermethoden festzulegen und die betreffenden Steuergrößen zu bestimmen.

Lösung

Mit $n_0 = 1002$ U/min und $\Delta n_N = 22$ U/min nach Beispiel 2.1 ergibt sich:

$$\Delta n = \Delta n_N \, M_W/M_N \approx 17 \text{ U/min}; \quad n \approx 985 \text{ U/min};$$

$$I = I_N \, M_W/M_N = 300 \text{ A}.$$

Stellbereich:

$$S_1 = 985/1500 = 1:1{,}52; \quad S_2 = 985/500 = 1:0{,}51.$$

1. Drehzahlbereich $985 \cdots 1500$ U/min: Bei einer Ausgangsdrehzahl von 985 U/min wird für diesen Drehzahlbereich die Feldsteuerung eingesetzt.
Strom: $I_1 \approx 300 \text{ A} \cdot 1{,}52 \approx 456$ A.
Drehzahlabfall: $\Delta n_1 \approx \Delta n \, M_W/S_1^2 \, M_N \approx 30$ U/min.
Leerlaufdrehzahl bei Feldschwächung: $n_{01} \approx 1530$ U/min.
Erhöhung der Reaktanzspannung gegenüber Nennbetrieb: $M_W/S_1 \, M_N = 1{,}17$.

2. Drehzahlbereich $985 \cdots 500$ U/min: Hierfür wird die Spannungssteuerung eingesetzt.
Für 1500 U/min ergibt sich der Strom: $I_2 = 300$ A.
Drehzahlabfall: $\Delta n_2 = \Delta n_1 = 17$ U/min.
Leerlaufdrehzahl: $n_{02} = n_2 + \Delta n_2 = 517$ U/min.
Spannung: $U_2 \approx 440 \text{ V} \cdot 517/1002 = 227$ V.
Überprüfung des Motormoments nach der zulässigen Wärmeabgabefähigkeit:

Aus Bild 2.9 entnimmt man für $\dfrac{n}{n_N} = 0{,}51$ den Wert $\dfrac{M}{M_N} = 0{,}77$.

$$M_{W\,zul} = 0{,}77 \cdot 1560 \text{ N m} \approx 1200 \text{ N m}.$$

2.2.2.5. Erregerkreis

Drehzahl und Drehmoment von GNM können über die Ankerspannung und das Feld gesteuert werden. Die Feldwicklung hat im Vergleich zur Ankerwicklung eine wesentlich größere Induktivität, so daß eine schnelle Erregerstromänderung nicht erfolgen kann. Kennzeichnend dafür ist die Erregerzeitkonstante $\tau_E = L_E/R_E$ (s. Bild 2.13).
Steuer- und Regelverfahren über das magnetische Feld sind deshalb nur in den Fällen einsetzbar, bei denen geringe Anforderungen an das dynamische Verhalten des Antriebs gestellt werden. Bei kurzzeitiger Überhöhung der Erregerspannung kann die Erregerstromänderung forciert werden.
Dafür eignen sich elektronische Regelschaltungen. Für Antriebe mit sehr großen Trägheitsmomenten, wie z. B. Förderanlagen, werden demgegenüber den mechanischen

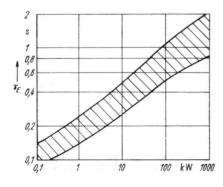

Bild 2.13. *Erregerzeitkonstanten von GNM (Orientierungswerte)*

2.2. Gleichstrom-Nebenschlußmaschine (GNM)

Übertragungsgliedern langsam angepaßte Übergangsvorgänge angestrebt. Auch dafür gelangen elektronische Schaltungen zum Einsatz, bei denen hier allerdings die zeitliche Änderung des Erregerstroms begrenzt wird.

2.2.3. Anlauf und Bremsen

2.2.3.1. Anlauf

Beim Anlauf einer GNM mit konstantem Feld steigt die Quellennspannung U_q proportional mit der Drehzahl an ($u_q = c\,\Phi\,\omega$). Abgesehen von kleinen Maschinen bis etwa 1 kW, kann der Motor nicht unmittelbar an die volle Bemessungsspannung U_N gelegt werden. In diesem Fall würde der Strom

$$I_{St} = \frac{U_N}{R_A} \approx I_N \frac{\Omega_0}{\Delta\Omega_N} \quad \text{auftreten}; \quad \text{vgl. dazu Bild 2.5}; \tag{2.19}$$

I_{St} Stillstandsstrom.

Beispiel 2.3

Der im Beispiel 2.2 angeführte Motor 160 kW; 980 U/min; 440 V; I = 390 A; I_E = 6 A soll durch eine elektronische Erregerfeldregelung in t_V = 0,4 s das Bemessungsdrehmoment entwickeln. Dazu muß die Regelung eine Überspannung bis zum Erreichen des Bemessungserregerstromes auf die Erregerwicklung aufschalten. Bekannt ist τ_E = 1,2 s.
Welche Spannung ist dazu erforderlich?

Lösung

Ausgehend von $i_E = \dfrac{U_{max}}{R_E}(1 - e^{-t/\tau})$ erhält man mit $R_E = \dfrac{440\ V}{6\ A} = 73{,}33\ \Omega$

nach 0,4 s den Erregerstrom 6 A bei einer Spannung $U_{max} = \dfrac{6A \cdot 73{,}33\ \Omega}{1 - e^{-t/\tau}} = 1552\ V$

Der Forcierkoeffizient beträgt $\gamma = \dfrac{1552\ V}{440\ V} = 3{,}53$.

Den Erregerstromverlauf zeigt Bild 2.14. Die Erregerwicklung muß für eine Spannung von 1600 V isoliert werden.

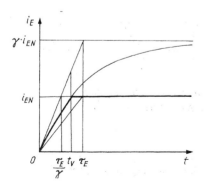

Bild 2.14. Feldforcierung

Gleichstrommaschinen sind normalerweise so ausgelegt, daß kurzzeitig, wie im Fall des Anlaufs, etwa der 1,5fache-Bemessungsstrom zugelassen werden kann. Aus diesem Grund muß für den Anlauf die Ankerspannung verkleinert werden. Hierzu bestehen zwei Möglichkeiten:

Anlauf mit Spannungssteuerung

Diese Methode unterscheidet sich nicht von dem Verfahren zur Drehzahlstellung nach 2.2.2.1. Als Stellglieder kommen hauptsächlich Stromrichter zum Einsatz. Durch eine regelungstechnische Begrenzung des Stroms auf den maximalen Anlaufstrom werden die für eine kurze Anlaufzeit günstigsten Bedingungen geschaffen. Sowohl die GNM als auch das Stellglied sind dann bis zu den zulässigen Grenzwerten ausgelastet. Die bei Strombegrenzung auftretenden Kennlinien der GNM sind im Bild 2.15 dargestellt. Der Anlauf vollzieht sich bei konstant angenommenem Widerstandsmoment M_W in zwei Intervallen, und zwar in *0–1* und *1–2*. Nach der Bewegungsgleichung ist der Verlauf von ω im Intervall *0–1* linear, im Intervall *1–2* exponentiell (Bild 2.15c).

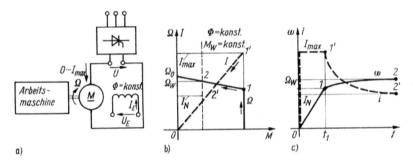

Bild 2.15. *Anlauf der GNM und Spannungssteuerung bei $\tau_M \gg \tau_A$*
a) Schaltung; b) $\Omega = f(M)$- und $I = f(M)$-Kennlinien; c) $\omega = f(t)$ und $i = f(t)$

Anlauf mit Widerstandsanlasser

Diese Methode besitzt heute nur eine geringe praktische Bedeutung. Sie verdeutlicht aber anschaulich die Spannungsverhältnisse nach Gl. (2.10) und wird deswegen nachfolgend beschrieben. Es besteht ein direkter Zusammenhang zur Widerstandssteuerung nach 2.2.2.3. Durch Einschalten von Vorwiderständen R_V in den Ankerkreis wird der Anlaufstrom begrenzt. Mit ansteigender Drehzahl werden nacheinander die einzelnen Widerstandsstufen abgeschaltet. Die Kennlinien dazu zeigt Bild 2.16. Die Berechnung der Anlaßwiderstände erfolgt nach

$$R_A + \Sigma R_{V\nu} = R_A + R_{V1} + R_{V2} + R_{V3} + \cdots \tag{2.20}$$

$$\left.\begin{array}{l} I_1(R_A + R_{V1}) = I_2 R_A \\ I_1(R_A + R_{V1} + R_{V2}) = I_2(R_A + R_{V1}) \\ I_1(R_A + R_{V1} + R_{V2} + R_{V3}) = I_2(R_A + R_{V1} + R_{V2}) \\ \vdots \qquad\qquad\qquad\qquad \vdots \end{array}\right\} \tag{2.21}$$

R_{V1}, R_{V2}, R_{V3} Vorwiderstände

2.2 Gleichstrom-Nebenschlußmaschine (GNM)

$$\frac{I_2}{I_1} = \frac{M_2}{M_1} = \lambda \tag{2.22}$$

$$\left.\begin{array}{l} R_A + R_{V1} = \lambda R_A \\ R_A + R_{V1} + R_{V2} = \lambda^2 R_A \\ R_A + R_{V1} + R_{V2} + R_{V3} = \lambda^3 R_A \\ \quad \vdots \qquad\qquad\qquad\qquad \vdots \\ R_A + \Sigma R_{V\nu} \quad\;\; = \lambda^z R_A; \end{array}\right\} \tag{2.23}$$

λ Schaltverhältnis
z Stufenzahl des Anlassers.

Die Widerstandswerte ergeben eine geometrische Reihe.
Mit

$$\frac{U}{I_2} = R_A + \Sigma R_{V\nu} \tag{2.24}$$

erhält man

$$z = \frac{\lg\dfrac{R_A + \Sigma R_{V\nu}}{R_A}}{\lg \lambda} \tag{2.25}$$

und

$$\lambda = \sqrt[z]{\frac{R_A + \Sigma R_{V\nu}}{R_A}}. \tag{2.26}$$

Die Dimensionierung des Widerstandsanlassers muß nach der Verlustleistung

$$P_V = I_1 I_2 \Sigma R_{V\nu} \tag{2.27}$$

vorgenommen werden. Obwohl diese nur kurzzeitig auftritt, ergeben sich bereits für mittlere Maschinenleistungen doch beachtliche Abmessungen.

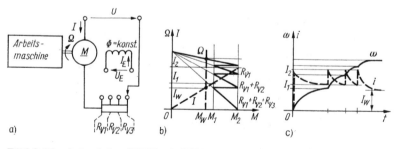

Bild 2.16. Anlauf der GNM mit Widerstandsanlasser
a) Schaltung; b) $\Omega = f(M)$- und $I = f(M)$-Kennlinien; c) $\omega = f(t)$ und $i = f(t)$

Beispiel 2.4

Der Motor vom Beispiel 2.2 mit 160 kW; 980 U/min; 440 V wird bei konstanter Belastung $M_W = 1\,200$ Nm über ein Stromrichterstellglied $I_{max} = 1{,}5 \cdot I_N$ angelassen. Das Gesamtträgheitsmoment beträgt $J = 50$ kg m^2 ($F\,I = 6$).
Wie lange fließt der maximale Anlaufstrom? Wie groß ist die Winkelbeschleunigung?

Lösung

Der maximale Anlaufstrom fließt während des Zeitabschnitts t_{A1} des Anlaufs mit linearem Drehzahlanstieg.

$$t_{A1} = \int_0^{\Omega_1} \frac{J}{m - m_W} \, d\omega = \frac{J \, \Omega_1}{M - M_W},$$

$$\Omega_1 = \Omega_0 - \Delta\Omega_N \cdot \frac{1{,}5 \, M_N}{M_N} = 104{,}9 \, \frac{1}{s} - 2{,}3 \, \frac{1}{s} \cdot 1{,}5 \approx 101 \, \frac{1}{s}.$$

$$M = 1{,}5 \, M_N = 1{,}5 \cdot 1560 \, \text{N m} = 2340 \, \text{N m}.$$

$$t_{A1} = \frac{50 \, \text{kg m}^2 \cdot 101 \, \frac{1}{s}}{2340 \, \text{N m} - 1200 \, \text{N m}} = 4{,}4 \, \text{s}.$$

$$\varepsilon = \frac{d\omega}{dt} = \frac{\Omega_1}{t_{A1}} = \frac{101 \, \frac{1}{s}}{4{,}4 \, s} = 23 \, \text{rad/s}^2 = \text{konst}.$$

Beispiel 2.5

Der Motor vom Beispiel 2.4 soll über einen Widerstandsanlasser hochgefahren werden. Wie ist dieser zu dimensionieren?

Lösung

Strom	$I = 300 \, \text{A}$ bei $M_W = 1200 \, \text{N m}$,
oberer Schaltstrom	$I_2 = 1{,}5 \, I_N = 1{,}5 \cdot 390 \, \text{A} = 585 \, \text{A}$.
Schaltverhältnis	$\lambda = 1{,}75$ (gewählt),
unterer Schaltstrom	$I_1 = \dfrac{585 \, \text{A}}{1{,}75} = 334 \, \text{A}$.
Gesamtwiderstand	$R_A + \Sigma \, R_{V\nu} = \dfrac{U}{I_2} = \dfrac{440 \, \text{V}}{585 \, \text{A}} = 0{,}75 \, \Omega$,
	$R_A = 25 \cdot 10^{-3} \, \Omega$,

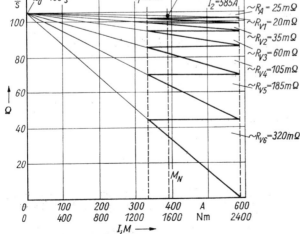

Bild 2.17. Anlaufkennlinien eines GNM

2.2. Gleichstrom-Nebenschlußmaschine (GNM)

$$\Sigma R_{V\nu} = 0{,}75\ \Omega - 25 \cdot 10^{-3}\ \Omega = 0{,}725\ \Omega\ .$$

Stufenzahl
$$z = \frac{\lg \dfrac{R_A + \Sigma R_{V\nu}}{R_A}}{\lg \lambda} = \frac{\lg 30}{\lg 1{,}75} \approx 6\ .$$

Die einzelnen Widerstände wurden nach (2.23) berechnet: $R_{V1} = 20\ \mathrm{m}\Omega$, $R_{V2} = 35\ \mathrm{m}\Omega$, $R_{V3} = 60\ \mathrm{m}\Omega$, $R_{V4} = 105\ \mathrm{m}\Omega$, $R_{V5} = 185\ \mathrm{m}\Omega$, $R_{V6} = 320\ \mathrm{m}\Omega$. Beim Schalten der ersten Stufe tritt im Anlasser eine Verlustleistung von $P_V = I_1\, I_2\, \Sigma R_{V\nu} = 585\ \mathrm{A} \cdot 334\ \mathrm{A} \cdot 0{,}725\ \Omega \approx 140\ \mathrm{kW}$ auf. Die Kennlinien zeigt Bild 2.17.
Um eine ganzzahlige Stufenzahl z zu erhalten, verändert man gegebenenfalls das Schaltverhältnis. Die Anlasserleistung liegt kurzzeitig in der Größe der Bemessungsleistung des Motors.

2.2.3.2. Bremsen

Für das elektrische Abbremsen der GNM werden folgende Methoden eingesetzt:
Nutzbremsen,
Widerstandsbremsen und
Gegenstrombremsen.
Generell muß beim Bremsen die Energierichtung umgekehrt werden (s. Bild 1.9). Damit arbeitet die GNM als Generator und gibt elektrische Leistung in das Netz ab (Nutzbremsen) bzw. setzt diese Leistung in Vor- und Ankerwiderständen um (Widerstands- und Gegenstrombremsen).
Die einzelnen Bremsmethoden zeigen unterschiedliche Kennlinien. Sie werden nach dem jeweiligen Bewegungsablauf und der Art der Arbeitsmaschine ausgewählt.

Nutzbremsen

Die GNM liefert bei dieser Methode elektrische Leistung in das Gleichspannungsnetz. Eine Drehzahlverringerung ist nur möglich, wenn die Netzspannung heruntergesteuert werden kann. Die Gleichungen (2.10), (2.11) und (2.12) haben auch hier Gültigkeit. Dabei ist zu beachten, daß sich die Stromrichtung bei gleicher Spannungsrichtung umkehrt. Bild 2.18 zeigt die Bremskennlinien. Die Größe des Kennlinienfeldes wird durch den verstellbaren Spannungsbereich des Netzes bzw. Stellglieds bestimmt. Diese Bremsmethode ist sehr wirtschaftlich. Sie kann überall dort eingesetzt werden, wo das Stellglied eine Energierichtungsumkehr, wie z.B. beim Umkehrstromrichter (vgl. Abschn. 5) zuläßt.

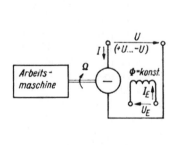
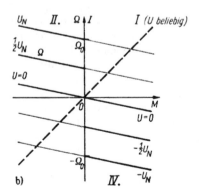

Bild 2.18. Nutzbremsen der GNM
a) Schaltung; b) Kennlinienfeld

Widerstandsbremsen

Bei dieser Methode arbeitet die GNM als Generator auf einen Bremswiderstand (Vorwiderstand). Damit kann sich die Spannung über den Widerstand frei ausbilden. Die Gleichungen (2.12) und (2.6) nehmen in diesem Fall für $U = 0$ die Form an

$$\Omega = -\frac{R_\mathrm{A} + R_\mathrm{V}}{c^2 \Phi^2} M , \qquad (2.28)$$

$$I = \frac{M}{c \Phi} . \qquad (2.29)$$

Die Bremskennlinien sind im Bild 2.19 veranschaulicht. Das Kennlinienfeld wird durch verschieden große Bremswiderstände R_V geprägt. Diese Bremsmethode ermöglicht eine freizügige Anpassung an die Drehrichtung und das Bremsmoment. Bei $\Omega = 0$ kann kein Bremsmoment entwickelt werden.

In den meisten Anwendungsfällen geht bei dieser Methode die Bremsenergie verloren, deshalb ist sie nur für kleine und mittlere Maschinenleistungen geeignet.

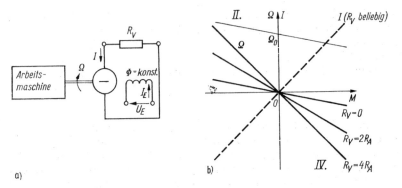

Bild 2.19. Widerstandsbremsen der GNM
a) Schaltung; b) Kennlinienfeld

Gegenstrombremsen

Bei dieser Methode wird die Ankerspannung der GNM, vom Motorbetrieb ausgehend, umgepolt. Damit wirkt die Quellenspannung U_q im Anker in der gleichen Richtung wie die Netzspannung. Um den Strom zu begrenzen, muß gleichzeitig mit dem Umpolen ein großer Vorwiderstand in den Ankerkreis eingeschaltet werden. Es gelten die Bestimmungsgleichungen (2.6), (2.11) und (2.12) mit negativen Vorzeichen für U und M. Bild 2.20 b zeigt die Bremskennlinien. Um ein Wiederanlaufen der Maschine als Motor in der Gegendrehrichtung zu verhindern, muß die Maschine mit einem Drehzahlwächter ausgerüstet werden, der sie bei $\Omega \approx 0$ vom Netz abschaltet. Wie Bild 2.20 b zeigt, wird auch bei $\Omega = 0$ von der Maschine ein Bremsmoment entwickelt. Das Kennlinienfeld wird von den Vorwiderständen bestimmt. Die beim Abbremsen entstehende Wärmeenergie entspricht der aufgenommenen elektrischen und der durch Drehzahlrückgang frei werdenden kinetischen Energie. Die auftretende Verlustleistung ist beträchtlich und schränkt das Kennlinienfeld aus Erwärmungsgründen ein.

Eine spezielle Form des Gegenstrombremsens ist das Gegenstrom-Senkbremsen. Die Spannung an der Maschine wird dabei nicht umgepolt. Durch Zuschalten von Vorwiderständen im Ankerkreis wird eine Verringerung der Drehzahl und bei einem akti-

2.2. Gleichstrom-Nebenschlußmaschine (GNM)

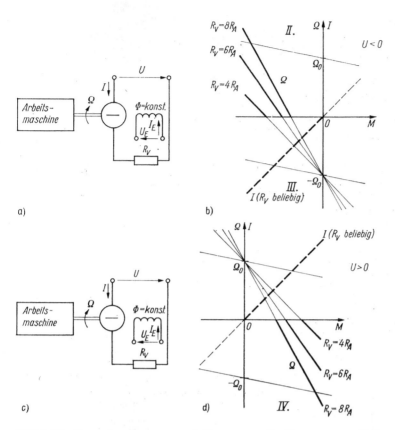

Bild 2.20. *Gegenstrombremsen und Gegenstrom-Senkbremsen der GNM*

a) Schaltung für Gegenstrombremsen ($U < 0$ durch Umpolen); b) $\Omega = f(M)$- und $I = f(M)$-Kennlinien für Gegenstrombremsen; c) Schaltung für Gegenstrom-Senkbremsen; d) $\Omega = f(M)$- und $I = f(M)$-Kennlinien für Gegenstrom-Senkbremsen

ven Widerstandsmoment schließlich eine Umkehr der Drehrichtung erreicht. Der neue Arbeitspunkt liegt im IV. Quadranten (Bild 2.20 d). Es sind auch hier die Gleichungen (2.6) und (2.12) gültig. Dabei treten nach (2.12) und (2.13) negative Drehzahlwerte für

$$\frac{R_A + R_V}{c^2 \Phi^2} M > \frac{U}{c \Phi}$$

auf.

Diese Methode wird für Hebezeuge angewendet, bei denen die Bremsung in Gegendrehrichtung **zum** Motorbetrieb erfolgt.

Beispiel 2.6

Der Antrieb einer Werkzeugmaschine ist mit einer fremderregten GNM 2,7 kW; 1450 U/min; 220 V; 15 A ausgerüstet. Ausgehend von der Bemessungsleistung im Motorbetrieb, soll die Maschine durch Widerstandsbremsen abgebremst werden. Bei geringer Drehzahl ($n \approx 0$) fällt eine mechanische Bremse ein. Der maximal zulässige Strom beträgt 37,5 A, der Ankerkreiswiderstand $R_A = 1,54$ Ω, der Bürstenspannungsabfall $\Delta U_B = 2$ V. Man bestimme den Bremswiderstand und die Arbeitspunkte im $\Omega = f(M)$-Diagramm.

Lösung

Maximaler Bremsstrom $I_{\text{Br max}} = 37{,}5$ A (Stromüberlastbarkeit $\ddot{u}_\text{I} = 2{,}5$), maximales Bremsmoment $M_{\text{Br max}} = \ddot{u}_\text{I} M_\text{N} = 2{,}5 \cdot 17{,}7$ N m $= 44{,}2$ N m.

$$M_\text{N} = \frac{2700\text{ W}}{0{,}105 \cdot 1450\text{ U/min}} \frac{\text{N m}}{\text{W min}} = 17{,}7\text{ N m}.$$

$$\Omega = 2\pi \cdot \frac{1450\text{ U}}{60\text{ s}} = 152\,\frac{1}{\text{s}}; \quad c\Phi = \frac{M_\text{N}}{I_\text{N}} = \frac{17{,}7\text{ N m}}{15\text{ A}} = 1{,}18\text{ Vs}.$$

Die Berechnung von $c\Phi$ kann über das Drehmoment oder über die Quellenspannung erfolgen. Beide Werte stimmen nicht ganz überein. Im ersten Fall tritt ein Fehler durch das unbekannte Reibmoment, im zweiten durch den nicht beachteten Bürstenspannungsabfall auf. Vorstehend ist die Berechnung über das Drehmoment vorgenommen worden.

$$R_\text{V} = \frac{\Omega\,(c\Phi)^2}{M_{\text{Br max}}} - R_\text{A} = \frac{152\,\frac{1}{\text{s}} \cdot (1{,}18\text{ Vs})^2}{44{,}2\text{ N m}} - 1{,}54\,\Omega = 3{,}25\,\Omega.$$

Bild 2.21 zeigt die Arbeitspunkte.

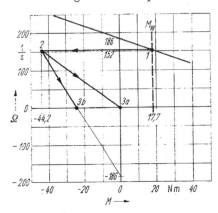

Bild 2.21. Bremskennlinien einer GNM
Widerstandsbremsen: Arbeitspunkte *1–2–3a*
Gegenstrombremsen: Arbeitspunkte *1–2–3b*

Beispiel 2.7

Der Antrieb der Werkzeugmaschine vom Beispiel 2.6 soll durch Gegenstrombremsung bei Bemessungsbetrieb stillgesetzt werden.
Man ermittle den Vorwiderstand R_V, bei dem der maximale Ankerstrom von 37,5 A nicht überschritten wird, und bestimme die Arbeitspunkte im $\Omega = f(M)$-Diagramm.

Lösung

Aus $\Omega = \dfrac{U}{c\Phi} - \dfrac{R_\text{A} + R_\text{V}}{c^2\Phi^2} M_\text{Br}$ erhält man $R_\text{A} + R_\text{V} = \dfrac{U}{I_\text{Br}} - \dfrac{c\Phi\Omega}{I_\text{Br}}$

$$R_\text{V} = \frac{-220\text{ V}}{-37{,}5\text{ A}} - \frac{1{,}18\text{ Vs}\,1{,}52\text{ 1/s}}{-37{,}5\text{ A}} - 1{,}54\,\Omega = 9{,}11\,\Omega$$

Bild 2.21 zeigt die Arbeitspunkte. Bei $\Omega = 0$ muß die Maschine vom Netz abgeschaltet werden.

2.2.4. Dynamisches Verhalten

Unter dem dynamischen Verhalten elektrischer Antriebssysteme versteht man den zeitlichen Verlauf der Regelgrößen, z. B. Drehzahl oder Drehmoment, bei Änderung von Führungsgrößen (wie Spannung oder Erregerstrom) oder bei Änderung von Störgrößen (wie Widerstandsmoment). Das dynamische Verhalten des Antriebssystems beschreibt seine Reaktionsschnelligkeit bzw. Trägheit. Die Betrachtungen erstrecken sich auf das Antriebssystem, d. h. auf alle an die elektrische Maschine

2.2. Gleichstrom-Nebenschlußmaschine (GNM)

gekoppelten Bauglieder und den technologischen Prozeß. Bei raschen Änderungen der Führungs- bzw. Störgrößen können im Gegensatz zu den bisher langsam angenommenen Arbeitspunktwanderungen (auf den stationären Kennlinien) die elektromagnetischen Ausgleichvorgänge nicht mehr vernachlässigt werden. Zur Bestimmung des dynamischen Verhaltens muß das vollständige Gleichungssystem der zeitlich veränderlichen Kenngrößen aufgestellt werden.
Für eine GNM mit Φ = konst. nach Bild 2.3 gilt

$$u = c\Phi\omega + i R_A + L_A \frac{di}{dt} \tag{2.30}$$

$$m = c\Phi i = m_W + J \frac{d\omega}{dt}. \tag{2.31}$$

Beide Differentialgleichungen sind linear und haben konstante Koeffizienten. Zur Berechnung interessierender Größen, wie ω und i, kann deshalb die Laplace-Transformation herangezogen werden. Die Rechenregeln und Transformationsbeziehungen sind im Anhang 7.6 aufgeführt. Besonders einfach gestalten sich die Operationen, wenn die Anfangsbedingungen Null sind. Wird angenommen, daß die zeitlich veränderlichen Größen x $\{u, e, \omega, i, m_W\}$ von einem stationären Anfangszustand X aus nach $x = X + \Delta x$ verlaufen, und erstreckt sich die Änderung Δx nur auf kleine Werte, dann ergeben sich aus (2.30) und (2.31) zwei Gleichungssysteme, die getrennt betrachtet werden können.

Für den stationären Anfangszustand gilt

$$U = c\Phi\Omega + I R_A, \tag{2.30a}$$

$$M = c\Phi I = M_W \tag{2.31a}$$

und für die Änderungen

$$\Delta u = c\Phi\Delta\omega + \Delta i R_A + L_A \frac{d\Delta i}{dt}, \tag{2.30b}$$

$$\Delta m = c\Phi\Delta i = \Delta m_W + J \frac{d\Delta\omega}{dt}. \tag{2.31b}$$

Es erfolgt die Transformation in den Bildbereich. Nach Anhang 7.6.1 ergibt sich

$$\Delta u = c\Phi\Delta\omega + \Delta i R_A + L_A p \Delta i, \tag{2.32}$$

$$\Delta m = c\Phi\Delta i = \Delta m_W + J p \Delta\omega. \tag{2.33}$$

Alle Beziehungen im Bildbereich sind an dem p-Operator zu erkennen. Gleichung (2.33) wird nach Δi umgestellt,

$$\Delta i = \frac{\Delta m_W}{c\Phi} + \frac{J}{c\Phi} p \Delta\omega, \tag{2.34}$$

und in (2.32) eingesetzt:

$$\Delta u = c\Phi\Delta\omega + \left(\frac{\Delta m_W}{c\Phi} + \frac{J}{c\Phi} p \Delta\omega\right)(R_A + p L_A). \tag{2.35}$$

Aus (2.34) und (2.35) bestimmt man durch Umstellung

$$\Delta\omega = \frac{R_A}{k^2} \frac{\Delta u \frac{k}{R_A} - \Delta m_W (1 + p\,\tau_A)}{1 + p\,\tau_M + p^2\,\tau_A\,\tau_M}, \tag{2.36}$$

$$\Delta i = \frac{1}{R_A} \frac{\Delta u\, p\,\tau_M + \Delta m_W \frac{R_A}{k}}{1 + p\,\tau_M + p^2\,\tau_A\,\tau_M}. \tag{2.37}$$

Dabei wurden eingeführt:

$k = c\,\Phi$ Maschinenflußfaktor

$$\tau_A = \frac{L_A}{R_A}; \quad \tau_M = \frac{J\,R_A}{k^2} \tag{2.38a) \quad (2.38b}$$

τ_A elektromagnetische Ankerzeitkonstante
τ_M elektromechanische Zeitkonstante.

Die elektromagnetische Ankerzeitkonstante von GNM kann nach

$$\tau_A = \frac{c_A}{n\mathsf{p}} \left(\frac{I_{St}}{I_N} - 1 \right) \tag{2.38c}$$

bestimmt werden. In (2.38c) ist p die Polpaarzahl.

$c_A = 0{,}03$ für Maschinen mit Kompensationswicklung,
$c_A = 0{,}09$ für Maschinen ohne Kompensationswicklung.

Die Werte I_N/I_{St} lassen sich nach Bild 2.5 bestimmen.
Im Bereich von $P = 10^{-1}\ldots 10^2$ kW beträgt $\tau_A \approx 12\ldots 80$ ms und $\tau_M \approx 20\ldots 40$ ms bei Normalmaschinen. Spezialausführungen, z. B. Stellmotoren, weisen wesentlich kleinere Zeitkonstanten auf (Abschn. 6). So werden bei Schlankankermotoren bis etwa 5 kW $\tau_A = 2\ldots 4$ ms, bei Scheibenläufermotoren bis etwa 5 kW $\tau_A = 0{,}03\ldots 0{,}3$ ms, bei Schlankanker- und Scheibenläufermotoren $\tau_M = 5\ldots 20$ ms erreicht.

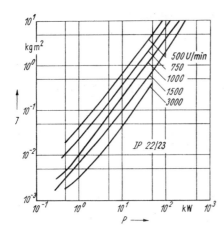

Bild 2.22. Trägheitsmomente von GNM in Normalausführung

2.2. Gleichstrom-Nebenschlußmaschine (GNM)

Bild 2.22 zeigt die Trägheitsmomente von Gleichstrommaschinen in Normalausführung.

Als Führungsverhalten des Antriebssystems bezeichnet man nach (2.36) und (2.37) die Abhängigkeit der Größen ω bzw. i von u für $\Delta m_W = 0$. Bei den Anfangsbedingungen von Null erhält man das gleiche Ergebnis auch für $\omega(p)$ bzw. $i(p)$ von $u(p)$:

$$\frac{\omega(p)}{u(p)} = \frac{1}{k} \frac{1}{1 + p\,\tau_M + p^2\,\tau_A\,\tau_M}, \tag{2.39}$$

$$\frac{i(p)}{u(p)} = \frac{1}{R_A} \frac{p\,\tau_M}{1 + p\,\tau_M + p^2\,\tau_A\,\tau_M}. \tag{2.40}$$

Das Störverhalten bestimmt man mit $\Delta u = 0$:

$$\frac{\omega(p)}{m_W(p)} = -\frac{R_A}{k^2} \frac{1 + p\,\tau_A}{1 + p\,\tau_M + p^2\,\tau_A\,\tau_M}, \tag{2.41}$$

$$\frac{i(p)}{m_W(p)} = \frac{1}{k} \frac{1}{1 + p\,\tau_M + p^2\,\tau_A\,\tau_M}. \tag{2.42}$$

Die vorstehenden Übertragungsfunktionen (2.39) bis (2.42) zeigen das gleiche Nennerpolynom. Es prägt den Zeitverlauf von ω und i. Die Wurzeln der charakteristischen Gleichung $1 + p\,\tau_M + p^2\,\tau_A\,\tau_M$ lauten

$$p_{1/2} = -\frac{1}{2\,\tau_A}\left(1 \mp \sqrt{1 - \frac{4\,\tau_A}{\tau_M}}\right); \tag{2.43}$$

für

$4\,\tau_A < \tau_M$ sind $p_{1/2}$ negativ und reell; die Vorgänge verlaufen aperiodisch. Dieser Verlauf tritt bei den meisten Gleichstromantrieben mit angekuppelter Arbeitsmaschine auf.

$4\,\tau_A = \tau_M$ ist $p_1 = p_2 = -\dfrac{1}{2\,\tau_A}$. Die Wurzeln sind negativ und reell (aperiodischer Grenzfall).

$4\,\tau_A > \tau_M$ sind $p_{1/2}$ negativ und komplex; es bilden sich Schwingungsvorgänge aus. Dieser Ablauf kann bei trägheitsarmen Antrieben auftreten.

Betrachtung für $\tau_A \ll \tau_M$

Bei $\tau_A \ll \tau_M$ vereinfachen sich die Wurzeln der charakteristischen Gleichung

$$p_1 \approx -\frac{1}{2\,\tau_A}\left[1 - \left(1 - \frac{1}{2}\frac{4\,\tau_A}{\tau_M}\right)\right] = -\frac{1}{\tau_M}, \tag{2.43a}$$

$$p_2 \approx -\frac{1}{2\,\tau_A}\left[1 + \left(1 - \frac{1}{2}\frac{4\,\tau_A}{\tau_M}\right)\right] \approx -\frac{1}{\tau_A}. \tag{2.43b}$$

Damit wird $p_1 - p_2 \approx \dfrac{1}{\tau_A}$.

Nach den Übertragungsfunktionen kann der Signalflußplan der konstant erregten GNM aufgestellt werden (Bild 2.23).

Signale sind Träger von Informationen. Die physikalische Beschaffenheit der Signalträger (Spannung, Strom, Drehmoment, Winkelgeschwindigkeit) ist dabei ohne Belang. Zumeist wechseln sie, wie auch im Bild 2.23. Nach Signalflußplänen läßt sich

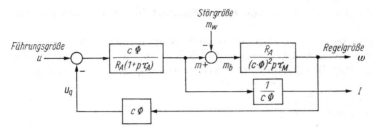

Bild 2.23. Signalflußplan der GNM

das dynamische Verhalten von Baugliedern und Systemen beurteilen. Im Bild 2.23 entspricht die linke Vergleichsstelle der Gleichung (2.32), die rechte der Gleichung (2.33).

Das Übertragungsglied $\dfrac{c\,\Phi}{R_A\,(1+p\,\tau_A)}$ beschreibt mit dem Eingangssignal $u-u_q$ das elektromagnetische Drehmoment:

$$(u - u_q)\,\frac{c\,\Phi}{R_A\,(1 + p\,\tau_A)} = c\,\Phi\,i = m.$$

Dieses Übertragungsglied beinhaltet mit $\dfrac{1}{1+p\,\tau_A}$ ein Verzögerungsglied 1. Ordnung.

Das Eingangssignal $m_b = J\,p\,\omega$ am nachfolgenden Übertragungsglied ruft ein Ausgangssignal hervor, das der Winkelgeschwindigkeit ω zugeordnet ist:

$$J\,p\,\omega\,\frac{R_A}{(c\,\Phi)^2\,p\,\tau_M} = \omega.$$

Durch Einsetzen der Einzelgrößen für τ_M nach (2.38b) kann man sich leicht von der Gültigkeit der vorstehenden Beziehung überzeugen. Das zweite Übertragungsglied entspricht mit $1/p\,\tau_M$ einem Integralglied.

Im Rückführzweig liegt das Übertragungsglied $c\,\Phi$, das als Proportionalglied bezeichnet wird und die Bedingung $\omega\,c\,\Phi = u_q$ erfüllt.

Der Signalflußplan der GNM entspricht einer Rückkopplungsschaltung, deren Mechanismus im physikalischen Prinzip der elektromechanischen Energieumwandlung mit Bildung einer Quellenspannung begründet liegt.

Übergangsverhalten bei sprungartiger Führungs- bzw. Störgrößenänderung

Unter der Annahme einer drehzahlunabhängigen Belastung, d. h. $M_W =$ konst. oder Null, soll das Führungsverhalten bei einer Spannungsänderung bestimmt werden. Es wird ein stationärer Ausgangszustand angenommen.

Sprungförmige Spannungsänderung: Nach (2.36) und (2.37) bestimmt man mit $\Delta u = \dfrac{\Delta U}{p}$, $\Delta m_W = 0$ das Führungsverhalten

$$\Delta\omega_W = \frac{\Delta U}{k}\,\frac{1}{p\,(1 + p\,\tau_M + p^2\,\tau_A\,\tau_M)} \tag{2.44}$$

und

$$\Delta i_W = \frac{\Delta U}{R_A}\,\tau_M\,\frac{1}{1 + p\,\tau_M + p^2\,\tau_A\,\tau_M}. \tag{2.45}$$

2.2. Gleichstrom-Nebenschlußmaschine (GNM)

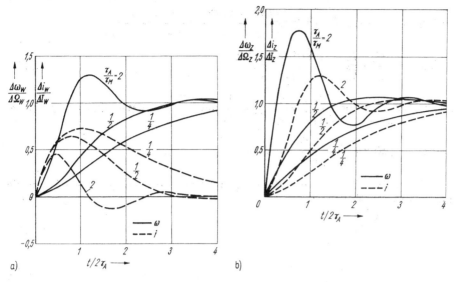

Bild 2.24. Drehzahl- und Stromübergangsverhalten der GNM bei
a) Spannungssprung; b) Sprung von $-M_W$

Mit den Korrespondenzen von 7.6.3 folgt nach der Rücktransformation in den Originalbereich

$$\Delta\omega_W = \frac{\Delta U}{k}\left(1 + \frac{p_2 e^{p_1 t} - p_1 e^{p_2 t}}{p_1 - p_2}\right), \tag{2.46}$$

$$\Delta i_W = \frac{\Delta U}{R_A}\frac{1}{\tau_A}\left(\frac{e^{p_1 t} - e^{p_2 t}}{p_1 - p_2}\right). \tag{2.47}$$

Bild 2.24a zeigt den Verlauf von $\dfrac{\Delta\omega_W}{\Delta\Omega_W}$ und $\dfrac{\Delta i_W}{\Delta I_W}$ für $\dfrac{\tau_A}{\tau_M} = 2;\ \dfrac{1}{2}$ und $\dfrac{1}{4}$.

Dabei wurde eingeführt $\dfrac{\Delta U}{k} = \Delta\Omega_W;\ \dfrac{\Delta U}{R_A} = \Delta I_W$.

Das Störverhalten bestimmt man bei Betrieb an konstanter Spannung $U = $ konst. und einer sprungförmigen Änderung des Widerstandsmoments nach (2.36) bzw. (2.37) mit $\Delta u = 0$, $\Delta m_W = \Delta M_W/p$.

$$\Delta\omega_z = -\frac{R_A}{k^2}\Delta M_W\frac{1 + p\tau_A}{p(1 + p\tau_M + p^2\tau_A\tau_M)} \tag{2.48}$$

$$= -\frac{R_A}{k^2}\Delta M_W\left(\frac{1}{p(1 + p\tau_M + p^2\tau_A\tau_M)} + \frac{\tau_A}{1 + p\tau_M + p^2\tau_A\tau_M}\right),$$

$$\Delta i_z = \frac{\Delta M_W}{k}\frac{1}{p(1 + p\tau_M + p^2\tau_A\tau_M)}. \tag{2.49}$$

Mit den Korrespondenzen von Anhang 7.6.3 ergibt sich nach der Rücktransformation in den Originalbereich

$$\Delta\omega_z = -\frac{R_\mathrm{A}}{k^2}\Delta M_\mathrm{W}\left(1 + \frac{p_2\,\mathrm{e}^{p_1 t} - p_1\,\mathrm{e}^{p_2 t}}{p_1 - p_2} + \frac{1}{\tau_\mathrm{M}}\frac{\mathrm{e}^{p_1 t} - \mathrm{e}^{p_2 t}}{p_1 - p_2}\right), \tag{2.50}$$

$$\Delta i_z = \frac{\Delta M_\mathrm{W}}{k}\left(1 + \frac{p_2\,\mathrm{e}^{p_1 t} - p_1\,\mathrm{e}^{p_2 t}}{p_1 - p_2}\right). \tag{2.51}$$

Der Verlauf von $\dfrac{\Delta\omega_z}{\Delta\Omega_z}$ und $\dfrac{\Delta i_z}{\Delta I_z}$ für $\dfrac{\tau_\mathrm{A}}{\tau_\mathrm{M}} = 2, \dfrac{1}{2}$ und $\dfrac{1}{4}$ ist im Bild 2.24b eingetragen.

Dabei wurde eingeführt: $\dfrac{R_\mathrm{A}\Delta M_\mathrm{W}}{k^2} = \Delta\Omega_z$, $\dfrac{\Delta M_\mathrm{W}}{k} = \Delta I_z$.

Für $t \gg \tau_\mathrm{A}$ kann das Glied $\mathrm{e}^{p_2 t} = \mathrm{e}^{-t/\tau_\mathrm{A}} \approx 0$ gesetzt werden. Mit $\tau_\mathrm{A} \ll \tau_\mathrm{M}$ nehmen die Gleichungen folgende Form an:

$$\Delta\omega_\mathrm{W} = \frac{\Delta U}{k}(1 - \mathrm{e}^{-t/\tau_\mathrm{M}}), \tag{2.46a}$$

$$\Delta i_\mathrm{W} = \frac{\Delta U}{R_\mathrm{A}}\mathrm{e}^{-t/\tau_\mathrm{M}}, \tag{2.47a}$$

$$\Delta\omega_z = -\frac{R_\mathrm{A}}{k^2}\Delta M_\mathrm{W}(1 - \mathrm{e}^{-t/\tau_\mathrm{M}}), \tag{2.50a}$$

$$\Delta i_z = \frac{\Delta M_\mathrm{W}}{k}(1 - \mathrm{e}^{-t/\tau_\mathrm{M}}). \tag{2.51a}$$

Bei $\tau_\mathrm{A} \ll \tau_\mathrm{M}$ werden die Übergangsvorgänge allein von der elektromechanischen Zeitkonstante geprägt. Der Strom kann sich bei $\tau_\mathrm{A} \approx 0$ sprungartig ändern. Die Drehzahländerung ist stets an die elektromechanische Zeitkonstante geknüpft.

Beispiel 2.8

Von der im Beispiel 2.1 beschriebenen GNM von 160 kW; 980 U/min; 440 V; 390 A sollen die Zeitkonstanten und Übertragungsfunktionen für den Signalflußplan nach Bild 2.23 bestimmt werden. Das Gesamtträgheitsmoment des Antriebssystems beträgt $J = 58{,}7$ kg m².

Lösung

Mit $R_\mathrm{A} = 25 \cdot 10^{-3}\,\Omega$ bestimmt man nach (2.14): $I_\mathrm{N}/I_\mathrm{St} = 0{,}022$. Danach erhält man mit $p = 3$ nach (2.38c): $\tau_\mathrm{A} = 82$ ms. Die elektromagnetische Zeitkonstante berechnet sich mit $J = 58{,}7$ kg m² und $c\Phi = 4{,}18$ Vs gemäß (2.38b) zu $\tau_\mathrm{M} = 84$ ms. Somit ergibt sich $\tau_\mathrm{A}/\tau_\mathrm{M} \approx 1$. Nach den Darlegungen von Abschnitt 2.2.4 treten damit bei dynamischen Vorgängen Schwingungen auf, die sich im Bild 2.24 zwischen den dort eingetragenen Kennlinien für $\tau_\mathrm{A}/\tau_\mathrm{M} = 0{,}5$ und 2 einordnen lassen.
Die einzelnen Übertragungsglieder des Signalflußplans ergeben sich zu:

Übertragungsglied $\quad c\Phi = 4{,}18$ Vs.

Übertragungsglied $\quad \dfrac{1}{c\Phi} = 0{,}239\,\dfrac{1}{\mathrm{Vs}}$.

Übertragungsglied $\quad \dfrac{c\Phi}{R_\mathrm{A}(1 + p\,\tau_\mathrm{A})} = \dfrac{4{,}18\,\mathrm{Vs}}{25 \cdot 10^{-3}\,\Omega\,(1 + p\,82\,\mathrm{ms})} = \dfrac{167{,}2\,\mathrm{As}}{1 + p\,82\,\mathrm{ms}}$.

Übertragungsglied $\quad \dfrac{R_\mathrm{A}}{(c\Phi)^2\,p\,\tau_\mathrm{M}} = \dfrac{25 \cdot 10^{-3}\,\Omega}{(4{,}18\,\mathrm{Vs})^2\,p\,84\,\mathrm{ms}} = \dfrac{1{,}43 \cdot 10^{-3}\,\frac{1}{\mathrm{Ws}^2}}{p\,84\,\mathrm{ms}}$.

2.2. Gleichstrom-Nebenschlußmaschine (GNM)

Bei Verwendung der Tafel 7.9.2 im Anhang ist das Schwingungsglied auf die dort angegebene Form zu bringen. Dazu vergleicht man die charakteristischen Gleichungen

$$F(p) = 1 + p\,\tau_M + p^2\,\tau_A\,\tau_M = 1 + p\,2\,d\,\tau + p^2\,\tau^2$$

und berechnet $\tau = \sqrt{\tau_A\,\tau_M} \approx 83$ ms. Die Dämpfung ergibt sich zu $d = \tau_M/2\,\tau \approx 0{,}506$. Weitere interessierende Größen lassen sich damit nach 7.9.2 bestimmen.

Beispiel 2.9

Die im Beispiel 2.8 angeführte GNM arbeitet auf einer Fördereinrichtung. Wenn die Spannung des Speisenetzes, an dem mehrere Verbraucher angeschlossen sind, unter 420 V sinkt, soll eine Reservespannungsquelle aufgeschaltet werden.
Man bestimme den Drehzahl- und Stromverlauf der GNM nach Zuschalten der Reservespannungsquelle, ihre Maximalwerte und die entsprechenden Zeiten.

Lösung

Mit $\tau_A = 82$ ms und $\tau_M = 84$ ms erhält man die komplexen Nullstellen des Nennerpolynoms der Führungsübertragungsfunktion (2.43): $p_{1/2} = -\dfrac{1}{2\,\tau_A}\,(1 \mp j\,\sqrt{2{,}9})$. Diese werden in (2.46) eingesetzt. Danach erhält man

$$\Delta\omega = \frac{\Delta U}{k}\left[1 - e^{-\frac{1}{2\tau_A}t}\left(\frac{1}{\sqrt{2{,}9}}\sin\frac{\sqrt{2{,}9}}{2\,\tau_A}t + \cos\frac{\sqrt{2{,}9}}{2\,\tau_A}t\right)\right].$$

Zur Bestimmung der maximalen Überschwingweite bildet man die 1. Ableitung:

$$\frac{d\Delta\omega}{dt} = \frac{\Delta U}{k}\,\frac{1}{2\,\tau_A}\,e^{-\frac{1}{2\tau_A}t}\,\frac{39}{29}\,\sqrt{2{,}9}\,\sin\frac{\sqrt{2{,}9}}{2\,\tau_A}t = 0$$

und berechnet den 1. Maximalwert aus

$$\sin\frac{\sqrt{2{,}9}}{2\,\tau_A}t = 0 \quad \text{zu}$$

$$t_{\omega\,\text{max}} = 303\text{ ms}.$$

Danach bestimmt man $\Delta\omega|_{t=t_{\omega\,\text{max}}} = 1{,}158$. Weiter ergibt sich

$$n_\text{max} = n + \Delta n_\text{max} = n + \frac{60}{2\,\pi}\,\frac{\text{s}}{\text{min}}\cdot\Delta\omega|_{t=t_{\omega\,\text{max}}},$$

$$n_\text{max} = 935\text{ min}^{-1} + 9{,}55\cdot\frac{20\text{ V}}{4{,}18\text{ Vs}}\cdot 1{,}158 = 988\text{ U/min}.$$

Eine schnellere Berechnung ermöglicht die Nutzung der Tafel 7.9.2 im Anhang. Die aus dem Vergleich im Beispiel 2.8 gewonnenen Größen $\tau = 83$ ms und $d = 0{,}506$ ergeben dabei:

$$t_{\omega\,\text{max}} = \frac{\pi\,\tau}{\sqrt{1-d^2}} = 303\text{ ms}, \qquad h_\text{ü} = e^{-\pi d/\sqrt{1-d^2}} = 0{,}158\,.$$

Den Ankerstrom erhält man mit $p_{1/2}$ nach (2.47) zu:

$$i = \frac{\Delta U}{R_A}\,\frac{2}{\sqrt{2{,}9}}\,e^{-\frac{1}{2\tau_A}t}\,\sin\frac{\sqrt{2{,}9}}{2\,\tau_A}t\,.$$

Der Maximalwert ergibt sich gleichermaßen aus der Extremwertbetrachtung

$$\frac{d\Delta i}{dt} = \frac{\Delta U}{R_A}\,\frac{1}{\tau_A}\,e^{-\frac{1}{2\tau_A}t}\left(\cos\frac{\sqrt{2{,}9}}{2\,\tau_A}t - \frac{1}{\sqrt{2{,}9}}\sin\frac{\sqrt{2{,}9}}{2\,\tau_A}t\right) = 0\,.$$

Aus $\cos \dfrac{\sqrt{2{,}9}}{2\,\tau_\mathrm{A}} t = \dfrac{1}{\sqrt{2{,}9}} \sin \dfrac{\sqrt{2{,}9}}{2\,\tau_\mathrm{A}} t$ bestimmt man

$$t_\mathrm{i\,max} = 100 \text{ ms}.$$

Danach erhält man

$$i_\mathrm{max} = I + \Delta i_\mathrm{max} = I + \Delta i|_{t=t_\mathrm{i\,max}} = 390 \text{ A} + \dfrac{20 \text{ V}}{25 \cdot 10^{-3}\,\Omega} \cdot 0{,}55 = 830 \text{ A}.$$

Der auftretende Stromstoß beträgt das 2,1fache des Bemessungswertes. Der Maximalwert wird nach 100 ms erreicht. Das ergibt eine hohe Kommutierungsbeanspruchung. Die Stromänderungsgeschwindigkeit beträgt

$$\dfrac{\mathrm{d}i}{\mathrm{d}t} \approx \dfrac{830 \text{ A} - 390 \text{ A}}{100 \cdot 10^{-3} \text{ s}} = 4{,}4\,\dfrac{\text{kA}}{\text{s}}.$$

Beispiel 2.10

Die GNM vom Beispiel 2.8 wird, ausgehend von einem stationären Belastungszustand, mit einem zusätzlichen Lastmoment $\Delta M_\mathrm{W} = 625$ N m beaufschlagt. Es sind die charakteristischen Werte für den Drehzahl- und Stromverlauf zu bestimmen.

Lösung

Man führt $p_{1/2} = -1/2\,\tau_\mathrm{A}\,(1 \mp \mathrm{j}\,\sqrt{2{,}9})$ in (2.50) ein und erhält:

$$\Delta\omega = -\dfrac{R_\mathrm{A}}{k^2}\Delta M_\mathrm{W}\left[1 + \mathrm{e}^{-\frac{1}{2\tau_\mathrm{A}}t}\left(\dfrac{2\,\tau_\mathrm{A} - \tau_\mathrm{M}}{\sqrt{2{,}9}\,\tau_\mathrm{M}}\sin\dfrac{\sqrt{2{,}9}}{2\,\tau_\mathrm{A}}t - \cos\dfrac{\sqrt{2{,}9}}{2\,\tau_\mathrm{A}}t\right)\right].$$

Zur Berechnung des Maximalwertes wird davon die 1. Ableitung gebildet. Auf diesem Wege bestimmt man

$$\dfrac{\mathrm{d}\Delta\omega}{\mathrm{d}t} = -\dfrac{R_\mathrm{A}}{k^2}\Delta M_\mathrm{W}\dfrac{1}{\tau_\mathrm{M}}\mathrm{e}^{-\frac{1}{2\tau_\mathrm{A}}t}\dfrac{3{,}9\,\tau_\mathrm{M} - 2\,\tau_\mathrm{A}}{2\sqrt{2{,}9}\,\tau_\mathrm{A}}\sin\dfrac{\sqrt{2{,}9}}{2\,\tau_\mathrm{A}}t + \cos\dfrac{\sqrt{2{,}9}}{2\,\tau_\mathrm{A}}t = 0.$$

Aus $\dfrac{3{,}9\,\tau_\mathrm{M} - 2\,\tau_\mathrm{A}}{2\sqrt{2{,}9}\,\tau_\mathrm{A}}\sin\dfrac{\sqrt{2{,}9}}{2\,\tau_\mathrm{A}}t = -\cos\dfrac{\sqrt{2{,}9}}{2\,\tau_\mathrm{A}}t$ erhält man

$$t_{\omega\,\mathrm{max}} = 202 \text{ ms}.$$

Im weiteren berechnet sich

$$n_\mathrm{max} = n + \Delta n_\mathrm{max} = n + \dfrac{60}{2\pi}\dfrac{\text{s}}{\text{min}} \cdot \Delta\omega|_{t=t_{\omega\mathrm{max}}},$$

$$n_\mathrm{max} = 980 \text{ U/min} - 11 \text{ U/min} = 969 \text{ U/min}.$$

Die Drehzahl verringert sich durch das erhöhte Lastmoment um 8,5 U/min auf $n = 971{,}5$ U/min. Während des Einschwingvorgangs erreicht der Motor nach 202 ms eine Drehzahl von 969 U/min. Die Berechnung von i_max läßt sich mit (2.51) durchführen. Schneller führt die Nutzung der Formeln von Anhang 7.9.2 zum Ziele:

$$i_\mathrm{max} = I + \Delta i_\mathrm{max} = I + \dfrac{\Delta M_\mathrm{W}}{k}h_\mathrm{max},$$

$$i_\mathrm{max} = 390 \text{ A} + \dfrac{625 \text{ N m}}{4{,}18 \text{ Vs}} \cdot 1{,}158 = 563 \text{ A}.$$

$$t_\mathrm{imax} = \dfrac{\pi \cdot \tau}{\sqrt{1 - d^2}} = 303 \text{ ms}.$$

Beispiel 2.11

Der im Beispiel 2.6 erwähnte GNM-Antrieb für eine Werkzeugmaschine wird durch Widerstandsbremsung stillgesetzt. Nach dem Umschalten der mit dem Bemessungsmoment $M_W = 17{,}7$ N m beaufschlagten Maschine auf dem Vorwiderstand $R_V = 3{,}26\ \Omega$ sinkt die Drehzahl von $\Omega_{W1} = 152\,\frac{1}{s}$ auf Null. Bekannt sind $\tau_M = 100$ ms; $J = 0{,}09$ kg m²; $R_A = 1{,}54\ \Omega$; ($\tau_A \approx 0$).
Man bestimme die Übergangsvorgänge und die Bremszeit.

Lösung

Unter der Voraussetzung $\tau_A \approx 0$ gilt für $\Phi = $ konst. das Gleichungssystem (2.30) und (2.31) mit $L_A = 0$.

$$u = k\,\omega + i\,R_A, \quad k\,i = m_W + J\,\frac{d\omega}{dt}.$$

Die Anfangsbedingungen sind $u(0) = 0$, $m_W(0) = M_W$, $\omega(0) = \Omega_{W1}$ mit $R_A^* = R_A + R_V$ und entsprechend $\tau_M^* = J\,R_A^*/k^2$.
Das Gleichungssystem wird in den Bildbereich, nach 7.6.2, transformiert, und es werden die ebenfalls transformierten Anfangsbedingungen eingesetzt.

$$0 = k\,\omega + i\,R_A^*, \quad k\,i = \frac{M_W}{p} + J\,p\,\omega - J\,\Omega_{W1}.$$

Daraus ergibt sich

$$\omega = \frac{\Omega_{W1}}{\frac{1}{\tau_M^*} + p} - \frac{M_W}{J}\,\frac{1}{p\left(\frac{1}{\tau_M^*} + p\right)}; \quad i = -\frac{k\,\omega}{R_A^*}.$$

Die Rücktransformation mit den Korrespondenzen nach 7.6.3 liefert die Winkelgeschwindigkeit im Originalbereich

$$\omega = \Omega_{W1}\cdot e^{-t/\tau_M^*} - \Omega_{W2}(1 - e^{-t/\tau_M^*}) \quad \text{mit} \quad \Omega_{W2} = \frac{M_W\,\tau_M^*}{J}. \tag{2.52a}$$

Bei passivem Widerstandsmoment erfolgt die Abbremsung bis $\Omega = 0$.
Für den Strom bestimmt man

$$i = I_{W1}(1 - e^{-t/\tau_M^*}) - I_{W2}\cdot e^{-t/\tau_M^*} \quad \text{mit} \quad I_{W1} = \frac{\Omega_{W2}\,k}{R_A^*},\ I_{W2} = \frac{\Omega_{W1}\,k}{R_A^*}. \tag{2.52b}$$

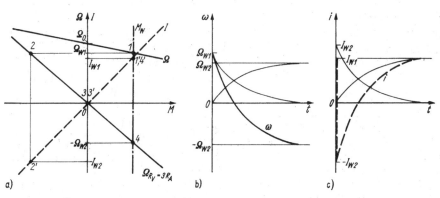

Bild 2.25. Übergangsverhalten der GNM beim Widerstandsbremsen
a) $\Omega = f(M)$- und $I = f(M)$-Kennlinien (Arbeitspunkte Ω: 1 → 4, I: 1' → 4'); b) $\omega = f(t)$-Verlauf; c) $i = f(t)$-Verlauf

Nach Abschalten der Spannung und Umschalten auf den Belastungswiderstand springt der Strom auf $i = -I_{W2}$. Dieser Strom ist dem Bremsmoment zugeordnet. Die Maschine arbeitet als Generator auf den Widerstand. Als Endzustand stellen sich bei passiver Belastung $i(\infty) = 0$ und bei aktiver Belastung $i(\infty) = I_{W1}$ ein. Die Drehzahl kann sich im Gegensatz zum Strom infolge des Trägheitsmoments nicht sprunghaft ändern. Soll bei einem aktiven Widerstandsmoment die Drehrichtungsumkehr verhindert werden, so ist eine mechanische Bremsung erforderlich. Das Bremsmoment entspricht dem Verlauf des Stroms i und wird für $i = 0$ ebenfalls Null. Bild 2.25 zeigt die Arbeitspunkte und Kennlinien für den Bremsvorgang.

Nach (2.52a) erhält man bei $\omega = 0$ durch Umstellen

$$t = \tau_M^* \ln \frac{\Omega_{W1} + \Omega_{W2}}{\Omega_{W1}} = 0{,}321 \text{ s} \cdot \ln \frac{152 \frac{1}{\text{s}} + 61{,}4 \frac{1}{\text{s}}}{152 \frac{1}{\text{s}}} = 106 \text{ ms}.$$

$$\tau_M^* = \tau_M \frac{R_A + R_V}{R_A} = 100 \cdot 10^{-3} \text{ s} \cdot \frac{1{,}54 \; \Omega + 3{,}26 \; \Omega}{1{,}54 \; \Omega} = 312 \text{ ms}.$$

$$\Omega_{W2} = \frac{M_W \tau_M^*}{J} = \frac{17{,}7 \text{ N m} \cdot 0{,}312 \text{ s}}{0{,}09 \text{ kg m}^2} = 61{,}4 \frac{1}{\text{s}}.$$

2.3. Gleichstrom-Reihenschlußmaschine (GRM)

Das Einsatzgebiet der Gleichstrom-Reihenschlußmaschinen liegt vor allem bei Hebezeugen und drehzahlgesteuerten Fahrzeugantrieben. Fahrzeuge erfordern hohe Anlaufmomente und eine gute Anpassung der Drehzahl an die geschwindigkeitsabhängigen Fahrwiderstandsmomente.

Das stationäre Verhalten der Gleichstrom-Reihenschlußmaschinen läßt sich einfach beschreiben. Dynamische Vorgänge können dagegen durch die Verknüpfung von Erregerfluß und Ankerstrom und der sich damit ergebenden Arbeitspunktabhängigkeit mehrerer Größen nur unter vereinfachten Annahmen (Linearisierung) erfaßt werden. Für geregelte Antriebe werden deshalb GRM im allgemeinen nicht eingesetzt.

Sie bedürfen je nach dem Aufstellungsort und den Umgebungsbedingungen, wie in Fahrgestellen von Triebwagen, einer regelmäßigen Wartung. GRM werden entsprechend den Einsatzbedingungen robust ausgeführt. Da zuweilen hohe Überlastungen auftreten, werden sie vorzugsweise für eine hohe Isolierstoffklasse, wie F oder H, ausgelegt.

Neben den Normalmaschinen für kleine Leistungen werden für spezielle Einsatzgebiete GRM als Kran- und Hüttenwerksmotoren bis etwa 100 kW und als Fahrzeugmotoren bis zu mehreren hundert Kilowatt hergestellt.

Die mit Stromrichterspeisung auf elektrischen Triebfahrzeugen eingesetzten GRM werden auch als Mischstrommotoren bezeichnet. Sie tragen den besonderen Auswirkungen des Wellenstroms auf die Kommutierung und die Erwärmung der Maschine Rechnung. Bei der konstruktiven Gestaltung der auf Fahrzeugen eingesetzten Motoren herrscht die Tatzlagerausführung mit der Anordnung des Motors zwischen den Radsätzen vor. Die Maschinen werden durch mechanische Schwingungen stark beansprucht.

2.3.1. Wirkungsweise und Betriebseigenschaften

Das Drehmoment wird allein vom Strom bestimmt, da der Erregerfluß Φ nach der Magnetisierungskennlinie vom Strom $I_E = I$ abhängt.

$$\boxed{M = c\,\Phi_{(I)}\,I} \quad . \tag{2.6a}$$

Der Aufbau einer GRM gleicht prinzipiell dem einer GNM. Alle Wicklungen im Ständer, d. h. die Wendepolwicklung, die Reihenschlußwicklung und gegebenenfalls die Kompensationswicklung, sind in Reihe mit der Ankerwicklung geschaltet. Mit dem Gesamtwiderstand des Ankerkreises R_A ergeben sich die Spannungsbeziehungen

$$\boxed{U_q = c\,\Phi_{(I)}\,\Omega} \tag{2.10a}$$

$$\boxed{U = U_q + I\,R_A} \,; \tag{2.11a}$$

R_A Gesamtwiderstand von Anker-, Wendepol-, Kompensations- und Erregerwicklung. Der Erregerwicklungswiderstand als Teil des Ankerkreiswiderstands wird gelegentlich mit R_E bezeichnet

Bild 2.26 zeigt das Schaltbild und die Ersatzschaltung.
Aus (2.6a), (2.10a) und (2.11a) bestimmt man die Drehzahl

$$\boxed{\Omega = \frac{U}{c\,\Phi_{(I)}} - \frac{R_A}{c^2\,\Phi_{(I)}^2}\,M} \quad . \tag{2.12a}$$

Bei geringer Belastung, d. h. $M \approx 0$, wird nur ein kleiner Strom aufgenommen, und die Drehzahl steigt nach (2.12a) stark an. Damit besteht die Gefahr einer mechanischen Zerstörung durch zu hohe Fliehkraftbeanspruchung im Läufer. Deshalb dürfen GRM nicht unbelastet betrieben werden. Durch Ankuppeln des Motors an die Arbeitsmaschine, z. B. ein Fahrwerk, läßt sich diese Gefährdung ausschließen.

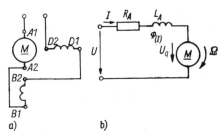
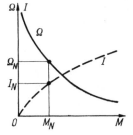

Bild 2.26. Schaltung der Gleichstrom-Reihenschlußmaschine
a) Schaltbild; b) Ersatzschaltung

Bild 2.27. $\Omega = f(M)$- und $I = f(M)$-Kennlinien der GRM

Die $\Omega = f(M)$- und die $I = f(M)$-Kennlinien werden im Bild 2.27 gezeigt. Die mit der Belastung stark abfallende Drehzahl kennzeichnet das sog. Reihenschlußverhalten. Bei gleicher Stromüberlastung entwickelt die Reihenschlußmaschine ein wesentlich größeres Drehmoment als der Nebenschlußmotor. Bei geringer Belastung kann der Zusammenhang $I \sim \Phi$ etwa linear angenommen werden. Es besteht dann eine Abhängigkeit $I \sim \sqrt{M}$ bzw. $\Omega \sim 1/\sqrt{M}$.

Bei hoher Belastung ändert sich Φ wegen der magnetischen Sättigung nur noch geringfügig, so daß der Drehzahlverlauf in diesem Fall dem Nebenschlußverhalten nahekommt. Das relative Maximalmoment beträgt etwa $M_{max}/M_N = 2{,}5$.

2.3.2. Drehzahlstellung und Kennlinienfelder

Die Möglichkeiten zur Drehzahlstellung entsprechen denen der GNM (Abschn. 2.2.2). Die Drehrichtungsumkehr der GRM erfolgt durch Umpolen der Anker- oder der Erregerwicklung. Zur Bestimmung des Drehzahlverlaufs ist (2.12a) maßgebend.
Mit der Spannungs- und der Widerstandssteuerung können die Drehzahlen von der Normalkennlinie nur heruntergestellt, mit der Feldsteuerung nur heraufgestellt werden. Bei der Feldsteuerung wird der Erregerfluß geschwächt, d. h., hier ist parallel zur Erregerwicklung ein Widerstand zu schalten. Das maximal zulässige Drehzahlverhältnis liegt bei etwa $\Omega_{max}/\Omega_N = 3{,}5$. Bild 2.28 zeigt die Kennlinienfelder für die verschiedenen Methoden der Drehzahlstellung.

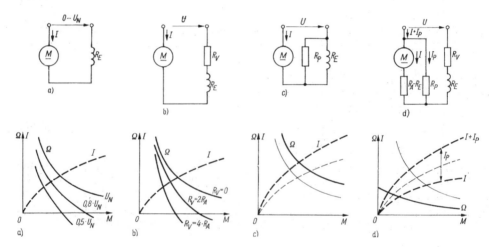

Bild 2.28. *Steuerschaltungen und Kennlinienfelder von GRM*
a) Spannungssteuerung; b) Widerstandssteuerung; c) Feldsteuerung; d) Widerstandssteuerung mit Ankerparallelwiderstand

Bei der Spannungssteuerung ist hier die sog. Pulssteuerung besonders hervorzuheben (vgl. Abschn. 5.1.2), sie ermöglicht für elektrische Triebfahrzeuge eine verlustarme Drehzahlstellung. Pulsgesteuerte GRM werden auch für elektrisch betriebene Fahrzeuge eingesetzt.
Bei Hebezeugen treten auf Grund des Kennlinienverlaufs zuweilen Stabilitätsprobleme auf, wenn bei kleinen Lasten eine niedrige Drehzahl gefordert wird. Abhilfe schafft hier eine Schaltung mit einem Parallelwiderstand zur Ankerwicklung. Die $\Omega = f(M)$-Kennlinie erhält damit ein mehr oder weniger ausgeprägtes Nebenschlußverhalten (Bild 2.28d). Es treten jedoch hohe Verluste in dem Ankerparallelwiderstand auf, so daß der Einsatz dieser Schaltung nur für Kurzzeitbetrieb in Betracht gezogen werden kann. Für die Schaltung nach Bild 2.28d lautet das Gleichungssystem:

$$U = c\Phi_{(I+I_P)}\Omega + (I + I_P)(R_E + R_V) + I(R_A - R_E), \qquad (2.53)$$

$$M = c\Phi_{(I+I_P)}I. \qquad (2.54)$$

2.3. Gleichstrom-Reihenschlußmaschine (GRM)

Aus (2.53) und (2.54) erhält man in Näherung

$$U_q = c\Phi^* \Omega \approx I_P R_P \quad \text{mit} \quad \Phi^* = \Phi_{(I+I_P)},$$

$$\Omega = \frac{U}{c\Phi^*} \cdot \frac{R_P}{R_P + R_E + R_V} - \frac{R_P(R_E + R_V)}{R_P + R_E + R_V} \cdot \frac{M}{c^2 \Phi^{*2}}, \tag{2.55}$$

$$I = \frac{M}{c\Phi^*}, \tag{2.56}$$

$$I_P = \frac{c\Phi^* \Omega}{R_P}. \tag{2.57}$$

Die Stromkennlinien bei Spannungs- und Widerstandssteuerung stimmen mit der Normalkennlinie nach Bild 2.27 überein. Abweichungen ergeben sich für die Charakteristiken mit Parallelwiderstand zur Feld- bzw. Ankerwicklung.

Beispiel 2.12

Das Hubwerk eines 3-t-Kranes wird von einem Gleichstrom-Reihenschlußmotor 5 kW (S 3); 1450 U/min; 220 V; 27 A angetrieben. In einer Schaltstufe soll bei 0,5 M_N = 16,5 Nm etwa $1/3$ der Hubgeschwindigkeit, das entspricht 0,33 Ω_N = 50,7 1/s, auftreten. Vom Motor sind bekannt: R_E = 0,3 Ω und $c\Phi$ aus der Generatorkennlinie bei Ω = 152 1/s (Tafel 2.1). Der Vorwiderstand R_V = 3 Ω von einer anderen Schaltstellung soll beibehalten werden. Man bestimme R_P und die Ströme I und I_P.

Lösung

Es wird die Schaltung nach Bild 2.28d mit einem Parallelwiderstand zum Anker gewählt. Der Zusammenhang $c\Phi = f(I)$ liegt analytisch nicht vor. Es erfolgt eine Überschlagsrechnung, für die zunächst der Strom $I + I_P$ vorgegeben wird. Danach kann $c\Phi^*$ aus Tafel 2.1 entnommen und unter der vereinfachten Annahme $R_A \approx R_E$ vorerst R_P überschläglich bestimmt werden. Mit diesen Ergebnissen werden die Gleichungen (2.53) bis (2.57) nachgerechnet und die Annahmen gegebenenfalls korrigiert.

Tafel 2.1. Funktion $c\Phi = f(I)$ einer GRM

$c\Phi$ in Vs	0,83	1,28	1,40	1,43	1,52
I in A	10	20	27	30	40

Anfangs wurde $I + I_P$ = 1,5 · I_N = 40,5 A, d. h. $c\Phi^*$ = 1,52 Vs, vorgegeben und damit R_P = 2,31 Ω als Überschlagswert errechnet. Es erfolgte eine Korrektur, die im vorliegenden Fall mit den neuen Werten $I + I_P$ = 43,2 A, $c\Phi^*$ = 1,54 Vs, R_P = 2,38 Ω den Anforderungen gerecht wird. Man erhält dann für die Gleichungen (2.55) bis (2.57)

$$I_P = 32,5 \text{ A}.$$

2.3.3. Anlauf und Bremsen

2.3.3.1. Anlauf

Für den Anlauf von Gleichstrom-Reihenschlußmaschinen können die Spannungssteuerung und für kleine und mittlere Leistungen auch die Widerstandssteuerung (Widerstandsanlasser) eingesetzt werden. Da das Feld beim Einschalten Null ist und erst mit dem Strom aufgebaut wird, erfolgt das Anfahren bei der GRM ruckfrei. Die Bestimmung der elektrischen und antriebstechnischen Kennwerte wird in der

84 2. Kennlinienfelder und Stellmöglichkeiten elektrischer Antriebsmaschinen

gleichen Weise wie für GNM, allerdings mit den Gleichungen (2.6a) und (2.10a) bis (2.12a) sowie (2.7) bis (2.9), vorgenommen.

Bei Fahrzeugen werden meist mehrere Antriebsmotoren eingesetzt. Hier besteht die Möglichkeit, den Anlauf durch Reihen- und Parallelschaltung der einzelnen Maschinen vorzunehmen.

Für den Anlauf werden zunächst alle Motoren in Reihe geschaltet. Sie liegen damit an verringerter Spannung, und der Anlaßwiderstand kann entsprechend kleiner bemessen oder günstigstenfalls weggelassen werden. Der Hochlauf erfolgt nach einem Schaltprogramm, bei dem mit möglichst geringen Strom- und Drehmomentensprüngen nacheinander alle Motoren parallel an die Fahrspannung geschaltet werden. Man unterscheidet dabei die Abrißschaltung (mit Drehmomentensprüngen), die zuweilen für Straßenbahnen eingesetzt wird (s. Bild 2.29 a), und die Brückenschaltung (ohne Drehmomentensprünge) (s. Bild 2.29 b).

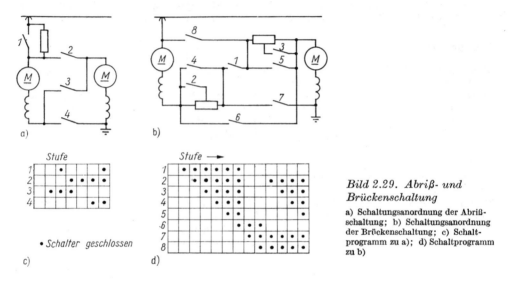

Bild 2.29. Abriß- und Brückenschaltung
a) Schaltungsanordnung der Abrißschaltung; b) Schaltungsanordnung der Brückenschaltung; c) Schaltprogramm zu a); d) Schaltprogramm zu b)

2.3.3.2. Bremsen

Von den Bremsmethoden können alle bei GNM besprochenen Verfahren mit Ausnahme der Nutzbremsung auch für GRM angewendet werden. Die Nutzbremsung scheidet aus, weil für eine konstante Netzspannung kein $\Omega = f(M)$-Kennlinienfeld im II. Quadranten existiert.

Innerhalb eines begrenzten Drehzahl- und Strombereichs kann mit einem Thyristor-Gleichstromsteller unter Einschaltung eines Vorwiderstands R_V in den Ankerkreis eine Anpassung der Maschinen- an die Netzspannung vorgenommen werden. Da für Fahrzeugantriebe bei größerer Leistung und längeren Bremswegen, z. B. bei Talfahrt, dennoch eine Rückführung der Bremsenergie von Interesse sein kann, wird gegebenenfalls die GRM fremderregt. Dabei verliert sie den Charakter einer Reihenschlußmaschine und arbeitet als GNM.

Bei der Anwendung der Widerstandsbremsung muß darauf geachtet werden, daß sich die Maschine nach Abschalten vom Motorbetrieb im Bremsbetrieb wieder neu erregen kann. Das ist nur dann möglich, wenn die Stromrichtung im Bremsbetrieb die gleiche wie im Motorbetrieb ist, so daß das Feld, von der Remanenz ausgehend, in der gleichen Richtung wieder aufgebaut wird. Hierbei muß sich allerdings die Drehrichtung umkehren. Das trifft z. B. auf das Senkbremsen bei Hebezeugen zu. Anders verhält es sich beim Abbremsen von Fahrzeugen. Hier bleibt die Drehrichtung beim

2.3. Gleichstrom-Reihenschlußmaschine (GRM)

Bremsen die gleiche wie beim Motorbetrieb. Deshalb hat der Bremsstrom eine andere Richtung. Um den Selbsterregungsvorgang zu ermöglichen, muß deshalb die Erregerwicklung oder die Ankerwicklung umgepolt werden. Die Bremskennlinien bestimmt man nach (2.12a) bzw. (2.6a) für $U = 0$ mit $R_A + R_V$ zu

$$\Omega = -\frac{(R_A + R_V)}{c^2 \Phi^2_{(I)}} M \qquad (2.58)$$

$$I = \frac{M}{c \Phi_{(I)}}. \qquad (2.59)$$

Bild 2.30 zeigt die Kennlinien für Widerstands-(Senk-)Bremsung. Für $\Omega = 0$ entsteht kein Bremsmoment. Das wirkt sich beim Abbremsen von Fahrzeugen insofern vorteilhaft aus, als beim Rutschen ($\Omega = 0$) das Bremsmoment verschwindet und sich die Räder wieder drehen.

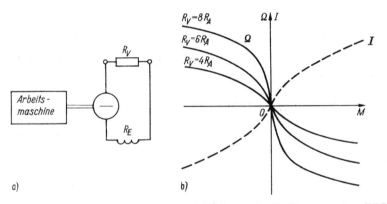

Bild 2.30. *Widerstandsbremsen und Widerstands-Senkbremsen der GRM*
a) Schaltung; b) Kennlinien

Für das Gegenstrombremsen ist die Maschine vom Netz abzuschalten und mit umgepolter Anker- bzw. Feldwicklung sofort wieder zuzuschalten. Bei dieser Umschaltung muß ein großer Vorwiderstand in den Ankerkreis mit eingeschaltet werden. Es ergeben sich Kennlinien, die denen der GNM bei Gegenstrombremsung ähnlich sind, da sie von dem erhöhten Ankerkreiswiderstand geprägt werden. Durch Zuschalten von Vorwiderständen ohne Umpolung der Anker- oder Erregerwicklung ergibt sich bei genügend hoher Belastung die Gegenstrom-Senkbremsung. Sie wird für Hebezeuge eingesetzt. Schaltung und Kennlinien zeigt Bild 2.31.

Zum Ausgleich unterschiedlicher Belastungen im Bremsbereich werden bei parallelgeschalteten GRM die Erregerwicklungen über Kreuz mit den Ankerwicklungen geschaltet (Bild 2.32). Damit gleichen sich die Bremsmomente der Maschinen *1* und *2* besser an. Es gilt dafür

$$(I_1 + \Delta I)\, c\, \Phi_1 \approx I_2\, c\, (\Phi_2 + \Delta \Phi).$$

Bild 2.32b zeigt eine gemischte Bremsschaltung für ein Triebfahrzeug mit Kreuzschaltung der Motoren. Je nach den Spannungsunterschieden zwischen dem Fahrleitungsnetz und der von den Maschinen erzeugten Spannung wird die Nutz- oder die Widerstandsbremsung angewandt. Die Umschaltung erfolgt automatisch (im Bild nicht dargestellt). Bei Fahrt (Motorbetrieb) sind die Schalter $S1$ und $S2$ geschlossen. Beide Motoren liegen parallel am Netz. Die Freilaufdiode D_F ermöglicht bei Unterbrechung des Stromkreises den weiteren Stromfluß. Zur Einleitung der Bremsung wer-

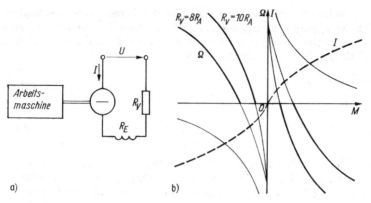

Bild 2.31. *Gegenstrombremsen und Gegenstrom-Senkbremsen der GRM*
a) Schaltung; b) Kennlinien

den beide Maschinen in Kreuzschaltung gebracht. Dazu werden *S1* und *S2* geöffnet, *S3* geschlossen. Die Selbsterregung baut sich in der gleichen Richtung wie im Motorbetrieb auf. Bei gleichbleibender Drehrichtung ist ein Bremsbetrieb nur möglich, wenn in diesem Fall die Ankerstromrichtung umgekehrt wird (Übergang in den II. Quadranten, vgl. Bild 1.9). Bei Nutzbremsung fließt der Strom von den Schienen über die Freilaufdiode, den Schalter *S3*, beide Motoren in Kreuzschaltung und die Diode in das Netz zurück. Bei zu großen Spannungsunterschieden zwischen der Quellenspannung der Maschinen und dem Netz wird die Widerstandsbremsung wirksam. Dazu wird der Thyristor T_{Br} gezündet und damit der Bremswiderstand R_{Br} eingeschaltet.

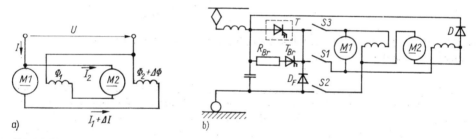

Bild 2.32. *Kreuzschaltung von GRM zur Bremsung*
a) Prinzip; b) Schaltung für Triebfahrzeug

Beispiel 2.13

Bei dem Hubwerkantrieb vom Beispiel 2.12 mit einem Motor von 5 kW (S 3); 1450 U/min; 220 V; 27 A soll beim Bemessungsmoment M_N = 33 N m die Senkgeschwindigkeit $\Omega = -\Omega_N = -152$ l/s nicht überschritten werden. Bekannt sind: $R_A = 0{,}9\ \Omega$, davon $R_E = 0{,}3\ \Omega$, der Zusammenhang $c\,\Phi = f(I)$ nach Tafel 2.1. Man bestimme die Schaltung und dimensioniere den Vorwiderstand R_V.

Lösung

Es wird die Widerstands-Senkbremsung nach Bild 2.30 angewendet. Die GRM arbeitet als Generator. Der Strom liegt etwas unter $I_N = 27$ A.
Nach (2.58) erhält man

$$R_V = -\frac{\Omega}{M}(c\,\Phi_{(I)})^2 - R_A = \frac{152\,\frac{1}{\mathrm{s}}}{33\,\mathrm{N\,m}}(1{,}37\,\mathrm{Vs})^2 - 0{,}9\ \Omega = 7{,}75\ \Omega.$$

Der Wert $c\,\Phi = 1{,}37$ Vs wurde für $I = 25$ A nach Interpolation aus Tafel 2.1 bestimmt.

$$I = \frac{M_N}{c\,\Phi_{(I)}} = \frac{33 \text{ N m}}{1{,}37 \text{ Vs}} = 24{,}1 \text{ A}.$$

Der Wert für $c\,\Phi$ wird daraufhin nicht korrigiert.
Verlustleistung im Vorwiderstand: $P_V = I^2\,R_V = 4{,}5$ kW.

2.4. Asynchronmaschine mit Schleifringläufer (AMSL)

Asynchronmaschinen mit Schleifringläufer werden für Antriebe eingesetzt, die unter robusten Betriebsbedingungen gute Anlaufeigenschaften und im Bremsbetrieb hohe Bremsmomente aufweisen müssen. Hauptsächlich arbeiten sie dabei mit etwa gleichbleibenden Drehzahlen.
Mit leistungselektronischen Stellgliedern im Läuferkreis lassen sich vorteilhafte Schaltungen für kleine Drehzahlstellbereiche verwirklichen. Für größere Leistungen können mit AMSL sogenannte untersynchrone Stromrichterkaskaden aufgebaut werden, die bei verlustarmer Steuerung einen größeren Drehzahlstellbereich ermöglichen.
Mit leistungselektronischen Stellgliedern erweitern sich für AMSL die Anwendungsbereiche auch auf geregelte Antriebssysteme. Asynchronmaschinen mit Schleifringläufern werden als Grundreihen in Leistungsstufen von etwa 1:1,25 ab 1 kW bis zu Leistungen von mehreren Megawatt für universelle Einsatzgebiete mit synchronen Drehzahlen von 500, 600, 750, 1 000 und 1 500 U/min gebaut. Als Sonderausführung für Kran- und Hüttenantriebe stehen sie im Bereich von 1 bis etwa 400 kW zur Verfügung. Des weiteren werden sie in verschiedenen Spezialausführungen hergestellt.
Drehstrommotoren für Niederspannung werden bis etwa 600 kW, Drehstrommotoren für Hochspannung (6 und 10 kV) ab etwa 200 kW gebaut.
Die Kennwerte für das stationäre und nichtstationäre Betriebsverhalten lassen sich mit einigen Vereinfachungen gut vorausbestimmen.

2.4.1. Wirkungsweise und Betriebseigenschaften

Von den in Stern oder Dreieck geschalteten Ständerwicklungen wird bei dreisträngiger Einspeisung ein Drehfeld aufgebaut, das im Luftspalt mit synchroner Winkelgeschwindigkeit umläuft.

$$\boxed{\Omega_0 = \frac{2\,\pi\,f_1}{p}}\,; \tag{2.60}$$

Ω_0 synchrone Winkelgeschwindigkeit
p Polpaarzahl
f_1 Netzfrequenz.

Die Winkelgeschwindigkeit des Läufers $\Omega = 2\,\pi\,n$ hängt von der Belastung der Maschine ab. Dabei kennzeichnet die Differenz $\Omega_0 - \Omega$ die Winkelgeschwindigkeit, mit der das Drehfeld gegenüber dem Läufer im Motorbetrieb vorauseilt oder im Generatorbetrieb (Bremsbetrieb) zurückbleibt. Man bezeichnet als Schlupf

$$s = \frac{\Omega_0 - \Omega}{\Omega_0}\,; \tag{2.61}$$

s Schlupf.

Mit ansteigender Belastung vergrößert sich im Motorbetrieb der Schlupf.
Das Drehfeld induziert in den Ständer- und Läuferstrangwicklungen Spannungen:

$$\underline{U}_{q1} = \sqrt{2}\,\pi\,f_1 (N\,\xi_1)_1\,\underline{\Phi}_h = j\,\underline{I}_\mu\,X_h{}^{1)} \tag{2.62}$$

$$\underline{U}_{q2} = \sqrt{2}\,\pi\,s\,f_1\,(N\,\xi_1)_2\,\underline{\Phi}_h = s\,\underline{U}_{q20} \tag{2.63}$$

Die in der Läuferwicklung induzierte Spannung und ihre Frequenz sind schlupfabhängig,

$$\boxed{f_2 = s\,f_1}. \tag{2.64a}$$

Unter Einführung von (2.60) und (2.61) erhält man

$$\boxed{f_1 = f_2 + p\,n}; \tag{2.64b}$$

U_{q1}	induzierte Ständerstrangspannung
U_{q2}	induzierte Läuferstrangspannung
U_{q20}	Läuferstillstandsspannung (U_{q2} bei $s=1$)
I_μ	Magnetisierungsstrom (Stranggröße)
f_1, f_2	Frequenz der Ständer- bzw. Läuferspannung, des Ständer- bzw. Läuferstroms
ξ_1	Wicklungsfaktor der Ständer- bzw. Läuferwicklung, 1. Harmonische
Φ_h	Hauptfluß
$(N)_1, (N)_2$	Windungszahl eines Ständer- bzw. Läuferwicklungsstranges
X_h	Hauptfeldreaktanz (Drehstromwicklung)
$(N\,\xi_1)_1, (N\,\xi_1)_2$	effektive Windungszahl des Ständer- bzw. Läuferstranges

Gleichung (2.64b) verdeutlicht, daß durch die Drehzahl n das vom Läuferstrom mit der Frequenz f_2 aufgebaute Drehfeld im Luftspalt eine gleich große Umlaufdrehzahl wie das vom Ständerstrom mit f_1 aufgebaute Ständerdrehfeld erreicht. Die Zusammenhänge werden im Bild 2.33 verdeutlicht.

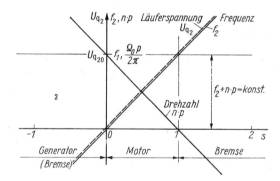

Bild 2.33. Schlupfabhängigkeit von Läuferfrequenz f_2, Drehzahl n und induzierter Läuferspannung U_{q2} der AMSL

Die Läuferspannung treibt durch die Läuferwicklung Ströme an, die aus der Läuferspannungsbilanz zu bestimmen sind. Da in die Strangwicklungen des Läufers über die drei Schleifringe zusätzlich Widerstände eingeschaltet werden können, lassen sich die Läuferimpedanzen und die Läuferströme beeinflussen. Das wirkt sich maßgeblich auf die Betriebskennlinien aus. Zunächst werden die Vorgänge ohne Zusatzwiderstände im Läuferkreis, d. h. $R_{2Z} = 0$, $U_2 = 0$, betrachtet.

---

[1] Zeigergrößen werden durch Unterstreichen gekennzeichnet.

2.4. Asynchronmaschine mit Schleifringläufer (AMSL)

Die Spannungsgleichungen für den Ständer- und Läuferkreis lauten

$$\underline{U}_1 = \underline{I}_1 R_1 + j\,\underline{I}_1 X_{1\sigma} + \underline{U}_{q_1} \tag{2.65}$$

$$\underline{U}_2 = \underline{I}_2 R_2 + j\,\underline{I}_2\, s\, X_{2\sigma} + \underline{U}_{q_2}\;; \tag{2.66}$$

U_1 Ständerstrangspannung
U_2 Läuferstrangspannung
I_1 Ständerstrangstrom
I_2 Läuferstrangstrom
$X_{1\sigma}$ Streublindwiderstand eines Ständerstranges
$X_{2\sigma}$ Streublindwiderstand eines Läuferstranges
R_{2Z} Läuferzusatzwiderstand eines Stranges.

Aus (2.66) läßt sich bei $U_2 = 0$ der Läuferstrom bestimmen:

$$\underline{I}_2 = \frac{\underline{U}_{q_2}}{R_2 + js\,X_{2\sigma}} = \frac{\underline{U}_{q_{20}}}{\dfrac{R_2}{s} + jX_{2\sigma}}. \tag{2.67}$$

Mit dem Übersetzungsverhältnis $ü_h$ übertragen sich die Läuferspannungs- bzw. -stromgrößen auf die Ständerseite.

$$\boxed{U'_{q_2} = ü_h\, U_{q_2}} \quad (2.68\,\text{a}) \qquad\qquad \boxed{I'_2 = \frac{1}{ü_h}\, I_2} \tag{2.68\,b}$$

$ü_h$ Übersetzungsverhältnis; $ü_h = \dfrac{U_{q_1}}{U_{q_{20}}} = \dfrac{(N\,\xi_1)_1}{(N\,\xi_1)_2}$.

Im weiteren wird $U_{q_1} = U'_{q_{20}} = U_q$ geschrieben.
Der Ständer- und der Läuferstrom setzen sich zum Magnetisierungsstrom I_μ zusammen:

$$\boxed{\underline{I}_\mu = \underline{I}_1 + \underline{I}'_2 = j\,\frac{U_q}{X_h}}. \tag{2.69}$$

Der Magnetisierungsstrom ist von der Belastung nahezu unabhängig. Er wird von der angelegten Spannung $U_1 \approx U_q$ bestimmt.

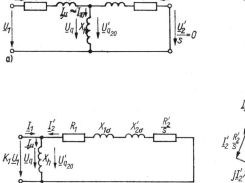

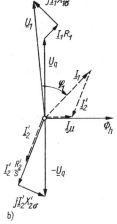

Bild 2.34. Asynchronmaschine mit Schleifringläufer
a) Ersatzschaltung
b) Zeigerdiagramm
c) vereinfachte Ersatzschaltung
(statt $\underline{I}R_1$ lies $\underline{I}_1 R_1$)

Für die vorstehenden Beziehungen sind die Ersatzschaltung und das Zeigerdiagramm im Bild 2.34 aufgeführt. Die Eisenverluste wurden bei der Darstellung vernachlässigt. Für die Umrechnung der transformierten Widerstands- und Reaktanzgrößen gilt

$$R'_2 = R_2 \, \ddot{u}_h^2,$$

$$X'_{2\sigma} = X_{2\sigma} \, \ddot{u}_h^2,$$

Bild 2.35 gibt Orientierungswerte für R_1, $X_{1\sigma}$ und X_h von ausgeführten Asynchronmaschinen mit Schleifringläufern.

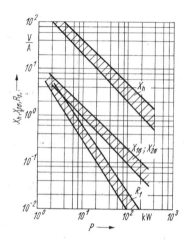

Bild 2.35. *Widerstände und Reaktanzen von AMSL bei $U_N = 380\ V\ Y$*
(Orientierungswerte je Strang)

Die Ersatzschaltung und das Zeigerdiagramm der AMSL sind bis auf den schlupfabhängigen Widerstand R_2/s dem Transformator gleich. Die in diesem Widerstand umgeformte Leistung muß bei energetischer Betrachtung der Läuferverlustleistung und der abgeführten mechanischen Leistung entsprechen:

$$m_2 \, I_2^2 \, \frac{R_2}{s} = m_2 \, I_2^2 \left[R_2 + R_2 \left(\frac{1-s}{s} \right) \right]; \qquad (2.70)$$

m_2 Strangzahl der Läuferwicklung.

Man bezeichnet die den einzelnen Gliedern zugeordneten Leistungen für $U_2 = 0$ mit

Luftspaltleistung: $\boxed{P_0 = m_2 \, I_2^2 \, \frac{R_2}{s} = \Omega_0 \, M}$ \hfill (2.71)

Läuferverlustleistung: $\boxed{P_{V2} = m_2 \, I_2^2 \, R_2 = s \, \Omega_0 \, M}$ \hfill (2.72)

mechanische Leistung: $\boxed{P = m_2 \, I_2^2 \, R_2 \left(\frac{1-s}{s} \right) = (1-s) \, \Omega_0 \, M}$. \hfill (2.73)

Unter Hinzufügen der in der Ständerwicklung umgesetzten Verlustleistung bei Aufnahme der Ständerstrangzahl m_1

$$\boxed{P_{V1} = m_1 \, I_1^2 \, R_1} \qquad (2.74)$$

2.4. Asynchronmaschine mit Schleifringläufer (AMSL)

erhält man die aufgenommene Gesamtleistung bei $U_2 = 0$

$$P_{el} = P_1 = P_0 + P_{v1} = P + P_{v1} + P_{v2} \tag{2.75}$$

Den Energieumsatz veranschaulicht Bild 2.36. Es wird allgemein $m_1 = m_2 = m$ gesetzt.

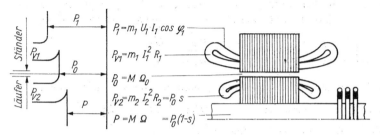

Bild 2.36. Leistungsaufteilung der Asynchronmaschine bei $U_2 = 0$

Für die weiteren Betrachtungen ist es zweckmäßig, die vereinfachte Ersatzschaltung nach Bild 2.34c zu wählen. Hierbei besteht die Gesamtschaltung nur noch aus zwei parallelgeschalteten Zweigen.
Mit $X_{1\sigma} + X'_{2\sigma} \parallel X_h = X_i$ (nach Bild 2.35 ist $X_h \gg X'_{2\sigma}$) bzw. näherungsweise $X_{1\sigma} + X'_{2\sigma} \approx X_i$ und $K_1 = X_h/(X_h + X_{1\sigma})$ erhält man

$$I'_2 \approx \frac{K_1 U_1}{\sqrt{\left(R_1 + \dfrac{R'_2}{s}\right)^2 + X_i^2}} \tag{2.76}$$

und für das Drehmoment

$$M \approx \frac{m}{\Omega_0} I_2^2 \frac{R_2}{s} \approx K_1^2 U_1^2 \frac{m}{\Omega_0} \frac{\dfrac{R'_2}{s}}{\left(R_1 + \dfrac{R'_2}{s}\right)^2 + X_i^2} \; ; \tag{2.77}$$

K_1 Kopplungsfaktor des Ständers; $K_1 \approx 0{,}95$
X_i ideelle Kurzschlußreaktanz.

Die Extremwertbetrachtung $dM/ds \to 0$ liefert das Kippmoment

$$M_K \approx K_1^2 U_1^2 \frac{m}{\Omega_0} \frac{1}{2(R_1 \pm \sqrt{R_1^2 + X_i^2})} \; ; \tag{2.78}$$

M_K Kippmoment; + Motorbetrieb; − Generatorbetrieb.

Es ergibt sich der Kippschlupf zu

$$s_K \approx \pm \frac{R'_2}{\sqrt{R_1^2 + X_i^2}} \; . \tag{2.79}$$

Aus (2.77) und (2.79) gewinnt man unter Vernachlässigung von R_1

$$\boxed{\frac{M}{M_K} \approx \frac{2}{\dfrac{s}{s_K} + \dfrac{s_K}{s}}} \qquad (2.80)$$

Für Steuervorgänge ist die Spannungs- und Frequenzabhängigkeit des Motormoments von Interesse. Aus (2.62) und (2.77) gewinnt man bei $s =$ konst. und $R_1 = 0$:

$$\frac{M}{M_N} \approx \left(\frac{\Phi_h}{\Phi_{hN}}\right)^2 \sim \left(\frac{U_1}{f_1}\right)^2 ; \quad \frac{I_1}{I_{1N}} \approx \frac{\Phi_h}{\Phi_{hN}} \sim \frac{U_1}{f_1}.$$

Danach verändern sich der Hauptfluß und das Kippmoment beispielsweise für

$U_1 =$ konstant, $f_1 =$ variabel: $\quad \Phi_h \sim 1/f_1; \quad M_K \sim 1/f_1^2$,

$U_1 =$ variabel, $f_1 =$ konstant: $\quad \Phi_h \sim U_1; \quad M_K \sim U_1^2$,

$U_1 =$ variabel, $f_1 =$ variabel: $\quad \Phi_h =$ konst.; $M_K =$ konst.
mit $U_1/f_1 =$ konstant

Für kleine Schlupfwerte, d. h. bei geringer Belastung bis etwa zur Nennbelastung, können die Beziehungen (2.76) und (2.77) weiter vereinfacht werden. Es gilt dann

$$I_2' \approx \frac{0{,}95\, U_1 s}{R_2'}, \qquad (2.76\,\mathrm{a})$$

$$M \approx 0{,}9\, U_1^2 \frac{m}{\Omega_0} \frac{s}{R_2'}. \qquad (2.77\,\mathrm{a})$$

Bild 2.37 zeigt die Betriebskennlinien. Mit der Belastung fällt die Drehzahl, vom Leerlauf ausgehend, zunächst geringfügig ab. Das kennzeichnet das Nebenschlußverhalten der AMSL. Der Drehzahlabfall kann durch Läuferzusatzwiderstände ver-

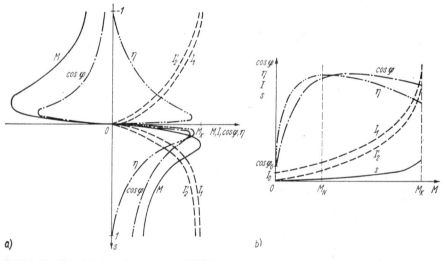

Bild 2.37. *Betriebskennlinien der AMSL*
a) in Abhängigkeit vom Schlupf; b) in Abhängigkeit vom Moment

2.4. Asynchronmaschine mit Schleifringläufer (AMSL)

größert werden. Typisch für Asynchronmaschinen ist das mehr oder weniger stark ausgeprägte Kippmoment. Es begrenzt den Kennlinienbereich für den stationären Betrieb und beträgt etwa $\dfrac{M_K}{M_N} = 2 \cdots 4$.

Durch Läuferzusatzwiderstände kann das Anlaufmoment bis auf den Wert des Kippmomentes erhöht werden. Der Leistungsfaktor $\cos \varphi$ und der Wirkungsgrad η zeigen bei niedriger Belastung nur geringe Werte. Aus diesem Grund sollen Asynchronmaschinen nicht überdimensioniert werden. Die AMSL kann bei mechanischem Antrieb, d. h. $s < 0$, auch als Generator arbeiten. Dabei wirkt sie bremsend auf das Antriebssystem. Sie speist damit Wirkleistung in das Netz, muß von diesem jedoch die Magnetisierungsleistung beziehen. Die Kennlinien des Bildes 2.37, die Verlustleistungen und alle Angaben für die Bestimmungsgleichungen lassen sich gut aus dem Kreisdiagramm der AMSL bestimmen. Das Verfahren ist im Anhang 7.3 beschrieben. Die mit $U_1, U_2, U_{q_1}, U_{q_2}, U_{q_{20}}, \ldots$ bzw. mit $I_\mu, I_1, I_{10}, I_2 \ldots$ gekennzeichneten Größen sind Strangwerte (Bild 2.34). Für Drehstrommaschinen gilt demzufolge mit der Netzspannung U und dem Netzstrom I bei Stern- bzw. Dreieckschaltung

	Sternschaltung:	Dreieckschaltung:
Spannung	$U = \sqrt{3}\, U_1$	$U = U_1$
Strom	$I = I_1$	$I = \sqrt{3}\, I_1$
elektrische Leistung	$P_{el} = P/\eta = \sqrt{3}\, U I \cos \varphi$	$P_{el} = 3\, U_1 I_1 \cos \varphi_1$

Beispiel 2.14

Aus dem Katalog sind folgende Daten einer AMSL zu entnehmen:
$P = 90$ kW; $n = 1490$ U/min; $U = 380$ V; Dreieckschaltung von Ständer- und Läuferwicklung; $I = \sqrt{3}\, I_1 = 165$ A; $I_0 = \sqrt{3}\, I_{10} = 66{,}7$ A; $\sqrt{3}\, I_2 = 130$ A; $I_A = \sqrt{3}\, I_{1St} = 2240$ A (Anlauf- bzw. Stillstandsstrom); $R_1 = 0{,}049\ \Omega$; $R_2 = 0{,}035\ \Omega$; $\cos \varphi_0 = 0{,}12$; $\cos \varphi_N = 0{,}89$; $\eta_N = 0{,}93$; $\ddot{u}_h = 380$ V/392 V $= 0{,}97$.
Mit diesen Angaben sind das Kreisdiagramm (Stromortskurve) zu bestimmen, die Leistungen zu berechnen und die Betriebskennlinien festzulegen.

Lösung

Die Ermittlung der Angaben erfolgt nach Anhang 7.3.

$R_2' = \ddot{u}_h^2\, R_2 = 0{,}033\ \Omega$; $R_1 + R_2' = 0{,}082\ \Omega$.

$$\cos \varphi_{1St} = \frac{I_{1St}}{U}(R_1 + R_2') = \frac{2240\ \text{A}/\sqrt{3}}{380\ \text{V}} \cdot 0{,}082\ \Omega = 0{,}279.$$

$$\text{Re}\,\{\underline{I}_{1St}\} = I_{1St} \cos \varphi_{1St} = \frac{2240\ \text{A}}{\sqrt{3}} \cdot 0{,}279 = 361\ \text{A}.$$

$$\text{Im}\,\{\underline{I}_{1St}\} = I_{1St} \sin \varphi_{1St} = \frac{2240\ \text{A}}{\sqrt{3}} \cdot 0{,}960 = 1242\ \text{A}.$$

$$\text{Re}\,\{\underline{I}_{10}\} = I_{10} \cos \varphi_0 = \frac{66{,}7\ \text{A}}{\sqrt{3}} \cdot 0{,}12 = 4{,}6\ \text{A}.$$

$$\text{Im}\,\{\underline{I}_{10}\} = I_{10} \sin \varphi_0 = \frac{66{,}7\ \text{A}}{\sqrt{3}} \cdot 0{,}99 = 38{,}1\ \text{A}.$$

Mit den Strömen I_1, I_{10} und I_{1St} sowie den dazugehörigen Leistungsfaktoren $\cos \varphi_N$, $\cos \varphi_0$ und $\cos \varphi_{St}$ sind die Punkte P_1, P_{10} und P_{1St} und damit der Kreis als Stromortskurve festgelegt.

Berechnung der Verluste:

$$P_{V1St} = m\, I_{1St}^2\, R_1 = 246 \text{ kW}; \quad P_{V2St} = m\, I_{2St}'^2\, R_2' = 156 \text{ kW}.$$

Dazu wurde I_{2St}' bestimmt nach

$$\text{Re}\{\underline{I}_{2St}'\} = \text{Re}\{\underline{I}_{1St}\} - \text{Re}\{\underline{I}_{10}\} = 356{,}4 \text{ A},$$

$$\text{Im}\{\underline{I}_{2St}'\} = \text{Im}\{\underline{I}_{1St}\} - \text{Im}\{\underline{I}_{10}\} = 1\,204 \text{ A},$$

$$I_{2St}' = \sqrt{(356{,}4 \text{ A})^2 + (1\,204 \text{ A})^2} = 1\,256 \text{ A}.$$

Das Kreisdiagramm wird im Bild 2.38 gezeigt. Für den Strom wurde die im Bild bezeichnete Strecke zu 100 A und damit der Strommaßstab m_I festgelegt. Danach ergibt sich für

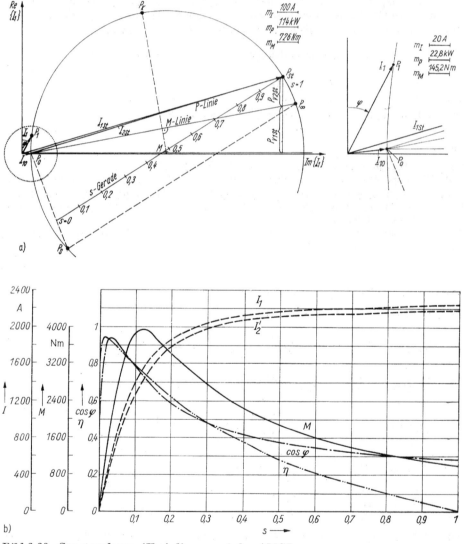

Bild 2.38. *Stromortskurve (Kreisdiagramm) der AMSL*
a) Ortskurve mit vergrößert dargestellter Einzelheit; b) aus der Ortskurve bestimmte Betriebskennlinien

2.4. Asynchronmaschine mit Schleifringläufer (AMSL)

gleiche Strecken nach dem Leistungsmaßstab m_P die Leistungseinheit $3 \cdot 380 \text{ V} \cdot 100 \text{ A} = 114 \text{ kW}$ und mit dem Maßstab m_M die Drehmomenteneinheit $\dfrac{114 \text{ kW}}{2\pi \dfrac{1500 \text{ U}}{60 \text{ s}}} = 726 \text{ N m}$.

Mit diesen Maßstabsfaktoren wurden die Betriebskennlinien für $s = 0 \cdots 1$ errechnet und im Bild 2.38b aufgetragen.

2.4.2. Drehzahlstellung und Kennlinienfelder

Eine Drehzahlstellung von AMSL läßt sich mit Umrichtern oder mit einfacheren Schaltungen, in denen jedoch beträchtliche Energieverluste auftreten, vornehmen. Es bestehen folgende Drehzahlstellmöglichkeiten:

Frequenzsteuerung	→ Veränderung von f_1, (U_1); verlustarm
Ständerspannungssteuerung	→ Veränderung von U_1
Läuferspannungssteuerung	→ Veränderung von U_2, f_2; verlustarm
Widerstandssteuerung	→ Veränderung von R_{2Z}.

Zur Drehrichtungsumkehr ist die Umlaufrichtung des Drehfeldes zu ändern. Dazu werden die Anschlüsse zweier Zuleitungen vertauscht.

2.4.2.1. Frequenzsteuerung

Durch Verändern der Netzfrequenz f_1, z. B. mit Hilfe eines Umrichters, kann in der angeschlossenen AMSL gemäß (2.60) die synchrone Winkelgeschwindigkeit Ω_0 beeinflußt werden. Diese Drehzahlstellmöglichkeit entspricht dem physikalischen Wirkprinzip der Asynchronmaschine. Sie ist zwar aufwendig, ermöglicht jedoch einen großen Drehzahlstellbereich (vgl. Abschn. 5.2.3). Wenn mit der Frequenz die Spannung proportional geändert wird ($U_1 \sim f_1$), dann bleibt das Kippmoment konstant (s. S. 92). Bei kleinen Frequenzen tritt jedoch der innere ohmsche Spannungsabfall in der Maschine gegenüber dem Streublindspannungsabfall stärker in Erscheinung. Soll das Kippmoment auch in diesem Bereich konstant bleiben, dann darf bei kleinen Frequenzen die Ständerspannung nicht in dem Maß wie die Frequenz verringert werden. Bild 2.39 zeigt das Kennlinienfeld.

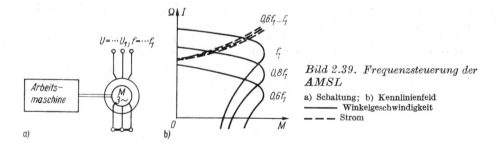

Bild 2.39. Frequenzsteuerung der AMSL

a) Schaltung; b) Kennlinienfeld
—— Winkelgeschwindigkeit
- - - Strom

Die Kosten für die Umrichter liegen über denen der Asynchronmaschine. Über Umrichter kann die Asynchronmaschine, das gilt insbesondere für Asynchronmaschinen mit Kurzschlußläufer, gut angefahren werden. Je nach Beschaffenheit des Stellglieds ist es auch möglich, die Drehzahl nicht nur herunterzusteuern, sondern auch zu erhöhen. Dabei muß auf die Einhaltung der maximal zulässigen Ständerspannung bzw. auf die mechanische Beanspruchung durch Fliehkräfte geachtet werden.

2.4.2.2. Ständerspannungssteuerung

Bei Veränderung der angelegten Spannung U_1 und Beibehalten der Frequenz f_1 wird nach (2.77) das Drehmoment beeinflußt. Die Auswirkung auf die Drehzahl hängt vom Kennlinienverlauf $\Omega_W = f(M_W)$ der Arbeitsmaschine ab. Durch Einschalten von Läuferzusatzwiderständen kann der Drehzahlstellbereich erweitert werden. Im Leerlauf ergibt sich keine nennenswerte Drehzahländerung. Das Kippmoment verringert sich nach (2.78) stark ($M_K \sim U_1^2$). Der Kippschlupf bleibt nach (2.79) konstant. Diese Drehzahlstellmethode ist verlustreich. Sie kann deshalb nur für kleine Antriebsleistungen und Arbeitsmaschinen mit einer Lüftercharakteristik ($M_W \sim \Omega_W^2$) empfohlen werden. Hierbei wird dann jedoch der kostengünstigere Asynchronmotor mit Kurzschlußläufer vorgezogen. Als Stellglieder eignen sich Drehstromsteller (s. Abschn. 5.2.1). Bild 2.40 zeigt das Kennlinienfeld.

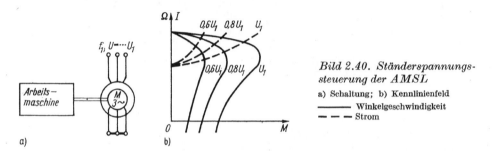

Bild 2.40. Ständerspannungssteuerung der AMSL
a) Schaltung; b) Kennlinienfeld
——— Winkelgeschwindigkeit
— — — Strom

2.4.2.3. Läuferspannungssteuerung

Nach (2.66) kann durch Einfügen einer Spannung in den Läuferkreis der Schlupf, d. h. die Drehzahl, verändert werden. Dazu muß ein Stellglied mit veränderlicher Spannung und Frequenz (Umrichter) an die Schleifringe angeschlossen werden. Die Frequenz der eingeprägten Spannung muß der Schlupffrequenz entsprechen. Wenn der Stellbereich nur unterhalb der synchronen Drehzahl der AMSL liegt, dann muß die frei werdende Schlupfleistung von der AMSL abgeführt werden. Diese Schaltungsanordnung bezeichnet man als untersynchrone Stromrichterkaskade (Abschn. 5.2.4). Sie ist relativ wenig aufwendig und damit kostengünstig. Die Drehzahl wird verlustarm verstellt, damit ist das Verfahren wirtschaftlich. Die Aufwendungen für den läuferseitigen Umrichter wachsen mit der Größe des Drehzahlstellbereichs, da die Schlupfleistung nach (2.72) proportional dem Schlupf ist. Untersynchrone Stromrichterkaskaden finden für drehzahlverstellbare Antriebe ab etwa 200 kW, so bei Bagger-, Pumpen- und Mühlenantrieben, Anwendung. Bild 2.41 zeigt die Schaltung und das Kennlinienfeld einer untersynchronen Stromrichterkaskade. Beim Anlauf muß schaltungstechnisch dafür gesorgt werden, daß der Umrichter strommäßig nicht überlastet wird. Durch Anwendung von Um-

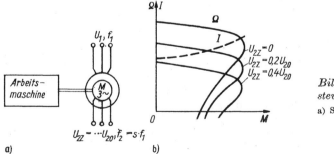

Bild 2.41. Läuferspannungssteuerung der AMSL
a) Schaltung; b) Kennlinienfeld

richterschaltungen mit umkehrbarer Energieflußrichtung kann die AMSL auch über die synchrone Drehzahl gesteuert werden. Hier muß vom Netz über den Umrichter dem Läufer elektrische Energie zugeführt werden. Die Schlupfleistung wird damit negativ, und die abgegebene mechanische Leistung $P = P_0 (1 - s)$ liegt damit bei negativem Schlupf über der Luftspaltleistung P_0.

2.4.2.4. Widerstandssteuerung

Nach (2.77a) ist der Drehzahlabfall der Asynchronmaschine bei kleinen Schlupfwerten dem Läuferwiderstand R_2 proportional. Hier besteht eine Analogie zur Wirkung des Ankerkreiswiderstands bei der GNM. Über die Schleifringe können bei der AMSL zusätzliche Läuferwiderstände R_{2Z} eingeschaltet werden, um gegebenenfalls einen größeren Drehzahlabfall zu erzielen. Für den linearen Teil der $\Omega = f(M)$-Kennlinie gibt bei konstantem Bemessungsmoment die Zuordnung

$$\frac{s_Z}{s_N} = \frac{R_2 + R_{2Z}}{R_2} \quad (2.81) \qquad \text{bzw. umgestellt } R_{2Z} = \left(\frac{s_Z}{s_N} - 1\right) \quad (2.81a)$$

s_Z Schlupf mit Läuferzusatzwiderstand R_{2Z} bei Bemessungsmoment

Der Drehzahlstellbereich hängt von der $\Omega_W = f(M_W)$-Charakteristik der angekuppelten Arbeitsmaschine ab. Im Leerlauf und bei kleinen Belastungen sind die Veränderungen nur geringfügig. Die Senkung der Drehzahl kann bei größeren Drehmomenten bis zur Drehzahl 0 und darunter in den Bereich negativer Drehzahlwerte erfolgen. Damit ergibt sich eine Bremswirkung. Die Last zieht die AMSL durch; die Drehrichtung kehrt sich um. Besonders hervorzuheben ist, daß das Kippmoment bei der Widerstandssteuerung nach (2.78) erhalten bleibt. Damit kann bei entsprechender Widerstandsbeschaltung das Anlaufmoment den Wert des Kippmoments annehmen. Die im Läuferkreis ($R_2 + R_{2Z}$) umgesetzte Verlustleistung entspricht der Schlupfleistung $P_0 s_Z$. Im Gegensatz zur Läuferspannungssteuerung wird diese Leistung nicht an das Netz zurückgeführt und geht damit als Wärmeleistung verloren. Aus diesem Grund kann die Widerstandssteuerung nur für kleine Antriebsleistungen bzw. für kleine Stellbereiche, bei denen ein niedriger Wirkungsgrad energetisch in Kauf genommen werden kann, empfohlen werden. Das Kennlinienfeld wird im Bild 2.42c gezeigt. Eine spezielle Form der Widerstandssteuerung ist die Widerstands-Pulssteuerung (Abschn. 5.2.2). Hierbei wird der im Läuferkreis eingeschaltete Zusatzwiderstand

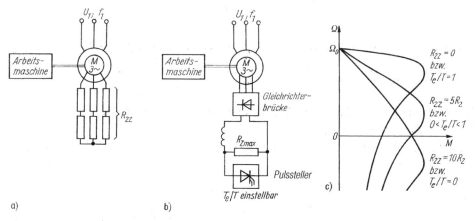

Bild 2.42. *Schaltung und Kennlinien für Widerstandssteuerung und Widerstands-Pulssteuerung der AMSL*

a) Schaltung zur Widerstandssteuerung; b) Schaltung zur Widerstands-Pulssteuerung; c) Kennlinien für a) und b)

$R_{Z\max}$ pulsierend kurzgeschlossen, so daß mit dem Tastverhältnis der wirksame Widerstandswert verstellt werden kann. Bild 2.42 zeigt die leistungselektronische Schaltung und die Steuerkennlinien für verschiedene Tastverhältnisse. Diese Schaltung eignet sich zur Steuerung von Hebezeugen.

Beispiel 2.15

Zum Antrieb einer Brikettpresse ist ein Asynchronmotor mit Schleifringläufer und Schwungrad (Ungleichförmigkeitsgrad $\delta = 1:30$) eingesetzt. $P = 250$ kW; $n = 486$ U/min; $U = 6$ kV Y; $I = I_1 = 35$ A; $I_2 = 272$ A; $R_2 = 0{,}023$ Ω.
Die Antriebsdrehzahl der Presse beträgt 120 U/min und soll nach technologischen Erfordernissen auf 40 U/min herunterstellbar sein. Beim Formlegen (kurzzeitig) darf die Drehzahl 10 U/min nicht überschreiten. Hierbei beträgt das Widerstandsmoment nur 30% des Bemessungsmoments.
Man lege die Schaltung fest und ermittle die wesentlichen Bestimmungsgrößen.

Lösung

Für den vorliegenden Anwendungsfall wird aus Gründen des Stellbereichs und der Anschaffungskosten die Widerstandssteuerung nach 2.4.2.4 angewendet.

Übersetzungsverhältnis des Riementriebs:

$$i = \frac{486 \text{ U/min}}{120 \text{ U/min}} = 4{,}05.$$

Nennschlupf des Motors bei $n_0 = 500$ U/min: $s_N = 0{,}028$.

Schlupf bei 40 U/min: $s_Z = 0{,}676$.

Nach (2.81a) beträgt der Zusatzwiderstand:

$$R_{2Z} = R_2 \left(\frac{s_Z}{s_N} - 1 \right) = 0{,}532 \text{ Ω}.$$

Verlustleistung in einem Zusatzwiderstand:

$$P_{V2Z} = I_2^2 R_{2Z} = 39 \text{ kW}.$$

Vergrößerung des Ungleichförmigkeitsgrades bei 40 U/min: nach (1.76):

$$\delta_{40} = \delta_{120} \left(\frac{120 \text{ U/min}}{40 \text{ U/min}} \right)^2 = 1:3{,}33.$$

Schlupf des Motors bei $0{,}3 M_N$ und $R_{2Z} = 0$: nach (2.77a): $s = 0{,}0084$.

Schlupf bei 10 U/min: $s_Z = 0{,}92$.

Zusatzwiderstand bei 10 U/min: $R_{2Z} = 2{,}50$ Ω.

Beispiel 2.16

Zum Antrieb eines Hubwerks wird ein Asynchronmotor mit Schleifringläufer eingesetzt:

$P = 5{,}5$ kW; $n = 1450$ U/min; ($s_N = 0{,}033$); $U = 380$ V λ; $\sqrt{3}\, U_{20} = 180$ V Y; $M_N = 36{,}2$ N m; $R_2 = 0{,}165$ Ω.

2.4. Asynchronmaschine mit Schleifringläufer (AMSL)

Durch einen gepulsten Läuferzusatzwiderstand sollen u. a. Arbeitspunkte bei Nennbelastung mit 0,5facher Geschwindigkeit beim Heben und Senken sowie im Stillstand erreicht werden. Man verwende dazu eine Schaltung mit Widerstands-Pulssteuerung und bestimme die wirksamen Läuferzusatzwiderstände R_{2Z}, den erforderlichen Zusatzwiderstand im Gleichstromkreis $R_{Z\,max}$ und für die angegebenen Geschwindigkeiten die Tastverhältnisse.

Lösung

Es wird die Schaltung nach Bild 2.42b (s. a. Bild 5.41) gewählt. Die Widerstände werden so festgelegt, daß auch ein Senken mit Bemessungsgeschwindigkeit möglich ist. Dafür bestimmt man

$$s_{max} = \frac{1500 \text{ U/min} - (-1450 \text{ U/min})}{1500 \text{ U/min}} = 1{,}97.$$

Nach (2.81) erhält man den maximal erforderlichen Läuferzusatzwiderstand für $s = s_{max}$ zu $R_{2Z\,max} = 9{,}68\ \Omega$.
Entsprechend ergeben sich für $0{,}5\,n_N$ ($s = 0{,}52$), $n = 0$ ($s = 1$) und $-0{,}5\,n_N$ ($s = 1{,}48$) die Läuferzusatzwiderstände $R_{2Z} = 2{,}4\ \Omega$; $4{,}8\ \Omega$ und $7{,}2\ \Omega$. Der in den Gleichstromkreis einzusetzende Widerstand $R_{Z\,max}$ muß bei einem Tastverhältnis $T_e/T = 0$ im Läuferkreis dem wirksamen Zusatzwiderstand $R_{2Z\,max}$ entsprechen. Nach (5.80) besteht für die gewählte 6-Puls-Schaltung folgende Zuordnung:

$$R_{2Z} = 0{,}55\,(1 - T_e/T)\,R_{Z\,max} \quad \text{(s. Abschn. 5.2.2).}$$

Danach bestimmt man für $T_e/T = 0$

$$R_{Z\,max} = R_{2Z\,max}/0{,}55 = 9{,}68\ \Omega/0{,}55 = 17{,}6\ \Omega.$$

Nach $\dfrac{T_e}{T} = 1 - \dfrac{R_{2Z}}{0{,}55 \cdot R_{Z\,max}}$ ergeben sich für die verschiedenen Werte von R_{2Z} die Tastverhältnisse

$$T_e/T = 0{,}75\ (R_{2Z} = 2{,}4\ \Omega);\quad T_e/T = 0{,}5\ (R_{2Z} = 4{,}8\ \Omega);\quad T_e/T = 0{,}25\ (R_{2Z} = 7{,}2\ \Omega).$$

Bild 2.43 zeigt das Kennlinienfeld mit den Arbeitspunkten für die berechneten Tastverhältnisse.

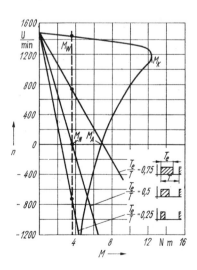

Bild 2.43. *Widerstands-Pulssteuerung einer AMSL*

2.4.3. Anlauf und Bremsen

2.4.3.1. Anlauf

Schleifringläufermotoren werden in der Regel für Antriebe mit großen Anlaufmomenten und zur Begrenzung der Anlaufströme eingesetzt. Damit ergeben sich günstige Verhältnisse für den Anlaufvorgang. Gegenüber Asynchronmotoren mit Kurzschlußläufer tritt noch der Vorteil auf, daß ein beachtlicher Anteil der Anlaufverluste nicht in der Maschine, sondern in den Zusatzwiderständen umgesetzt wird. Das wirkt sich bei häufigem Anlassen günstig auf die Festlegung der Typenleistung aus. Die $\Omega = f(M)$- und $\Omega = f(I)$-Kennlinien für verschiedene Läuferzusatzwiderstände sind im Bild 2.44 dargestellt. Ein Vergleich mit dem Anlassen von GNM durch Einschalten zusätzlicher Ankerkreiswiderstände nach 2.2.3.1 zeigt übereinstimmendes Verhalten. Es gilt auch hier im linearen Teil der $\Omega = f(M)$-Kennlinie die Gleichung (2.81). Nach dieser Beziehung werden die Widerstandsanlasser bei sinngemäßer Anwendung von (2.20) bis (2.26) dimensioniert. Es finden sowohl symmetrische als auch unsymmetrische Stufenanlasser Anwendung. Bei den unsymmetrischen Anlassern werden die Stufen in den 3 Strängen nicht gleichzeitig, sondern nacheinander abgeschaltet. Für größere Leistungen gelangen Flüssigkeitsanlasser zum Einsatz. Die in einen Elektrolyten (Sodalösung) eintauchenden Elektroden ermöglichen je nach ihrer Tauchtiefe eine veränderliche Widerstandseinstellung.

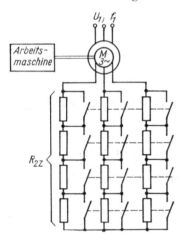
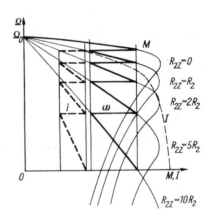

Bild 2.44. Anlauf der AMSL
a) Schaltung; b) Kennlinien

Die Größe des Läuferzusatzwiderstands, bei dem das Kippmoment als Anlaufmoment auftritt, berechnet man nach (2.81a).

$$R_{2ZA} = \left(\frac{1}{s_K} - 1\right) R_2; \qquad (2.82)$$

R_{2ZA} Zusatzwiderstand für $M_A = M_K$.

Der Kippschlupf wird entweder den Katalogangaben entnommen oder überschläglich nach (2.80)

$$\frac{s_K}{s_N} \approx \frac{M_K}{M_N} + \sqrt{\left(\frac{M_K}{M_N}\right)^2 - 1} \qquad (2.83)$$

berechnet.

2.4. Asynchronmaschine mit Schleifringläufer (AMSL)

2.4.3.2. Bremsen

Zum elektrischen Abbremsen der AMSL kommen folgende Methoden in Betracht:
Nutzbremsen
Gleichstrombremsen
Gegenstrombremsen
Einphasenbremsen.

Für die Auswahl der geeigneten Bremsmethode sind vor allem antriebstechnische Parameter, wie Größe und Richtung von Bremsmoment und -drehzahl, bestimmend.

Nutzbremsen

Bei mechanischem Antrieb der AMSL durch ein äußeres Moment geht die Maschine nach Überschreiten der synchronen Drehzahl in den Generatorbetrieb über und wirkt damit als Bremse. Die Kennlinien sind bereits im Bild 2.37 dargestellt. Der Bremsvorgang ist nur im Übersynchronismus ($s < 0, \Omega > \Omega_0$) möglich. Damit ist der Anwendungsbereich eingeschränkt. Falls die Spannungsquelle in ihrer Frequenz heruntergesteuert werden kann (Umrichter), lassen sich auch niedrigere Drehzahlen erreichen (Frequenzsteuerung nach Abschn. 2.4.2.1). Durch Einschalten von Läuferzusatzwiderständen kann das Bremsmoment noch weiter an die Bremsdrehzahl angepaßt werden. Das Kippmoment ist im Generatorbetrieb größer als im Motorbetrieb (2.78). Bild 2.45 zeigt die Bremskennlinien bei Speisung mit verschiedenen Ständerspannungen und -frequenzen.

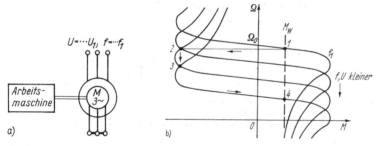

Bild 2.45. Nutzbremsen der AMSL
a) Schaltung; b) Arbeitspunkte
1 Motorbetrieb; *2, 3* Bremsung durch Spannungs- und Frequenzsenkung; *4* Motorbetrieb mit verringerter Drehzahl

Gleichstrombremsen

Diese Bremsmethode ermöglicht das Abbremsen auf niedrige Drehzahlen. Dabei wird die Ständerwicklung vom Drehstromnetz abgeschaltet und mit Gleichstrom eingespeist. Im Luftspalt entsteht damit ein Gleichfeld. Durch Drehbewegung wird in der Läuferwicklung eine Spannung induziert, und der sich einstellende Läuferstrom bildet mit dem Gleichfeld das Bremsmoment. Dieses Wirkprinzip entspricht dem eines Synchrongenerators, der auf Belastungswiderstände arbeitet. Allerdings sind die Ständer- und die Läuferfunktion vertauscht. Die Vorgänge werden im folgenden kurz erläutert:
Bei Einspeisung einer Strangwicklung mit Gleichstrom I_- ergibt sich im Luftspalt der Maschine eine Durchflutung

$$\Theta_- = \frac{4}{\pi} \frac{N\xi_1}{2p} I_-; \tag{2.84a}$$

Θ_- Gleichfelddurchflutung eines Polpaares, 1. Harmonische
N Windungszahl eines Stranges
ξ_1 Wicklungsfaktor, 1. Harmonische.

2. Kennlinienfelder und Stellmöglichkeiten elektrischer Antriebsmaschinen

Die Einspeisung der drei Stränge mit Drehstrom führt demgegenüber zu einer Durchflutung

$$\Theta_1 = \frac{3}{2}\,\frac{4}{\pi}\,\frac{N\xi_1}{2p}\,I_1\sqrt{2};\qquad(2.84\,\text{b})$$

Θ_1 Drehfelddurchflutung eines Polpaares.

Dabei ist der Faktor 3/2 auf die sowohl räumliche als auch zeitliche Überlagerung der drei Strangdurchflutungen um jeweils 120 Grad zurückzuführen.
Nach den vorstehenden Beziehungen läßt sich das Verhältnis beider Durchflutungen für verschiedene Schaltungsanordnungen nach Tafel 2.2 bestimmen zu

$$\frac{\Theta_1}{\Theta_-} = \frac{I_1}{I_-}\,g;\qquad(2.84\,\text{c})$$

I_- Gleichstrom in der Zuleitung
g Stromfaktor nach Tafel 2.2

Zweckmäßigerweise werden mehrere Strangwicklungen mit Gleichstrom gespeist und eine hohe magnetische Ausnutzung, d. h. $\Theta_- = \Theta_1$, gewählt. Unter dieser Voraussetzung ergibt sich nach Gl. (2.84c): $I_-/I_1 = g$.
Die Gleichspannung U_- bestimmt man nach $U_- = I_- R_-$. Bei hoher magnetischer Ausnutzung ($\Theta_- = \Theta_1$) ergibt sich

$$U_- = g\,I_1\,R_- = f\,I_1\,R_1 \qquad(2.85)$$

f Spannungsfaktor; $f = g\,R_-/R_1$ nach Tafel 2.2

Tafel 2.2. Strom- und Spannungsfaktoren für AM-Gleichstrombremsung

Schaltung der Ständerwicklung	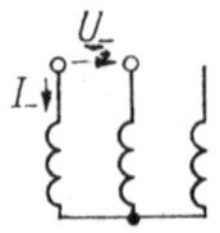	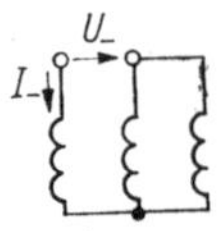	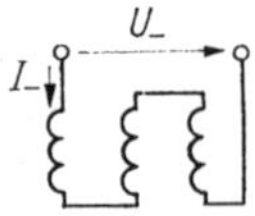	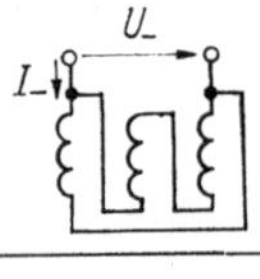
Stromfaktor g	1,22	1,41	1,06	2,12
Spannungsfaktor f	2,45	2,12	3,18	1,41

Bei Betrieb der Drehstrom-Asynchronmaschine am Drehstromnetz ergibt sich aus der Überlagerung von Ständer- und Läuferdurchflutung eine resultierende Gesamtdurchflutung, die sich nach (2.84b) mit $I_1 = I_\mu$ bestimmen läßt. Der Magnetisierungsstrom I_μ ist dabei weitgehend belastungsunabhängig und wird von der angelegten Spannung bestimmt (Induktionsgesetz).
Bei Einspeisung der Ständerwicklungen der AMSL mit Gleichstrom bildet sich im Bremsbetrieb aus der Überlagerung der Ständer- und Läuferdurchflutungen ebenfalls eine resultierende Durchflutung. Sie bzw. der dafür fiktiv anzugebende Magnetisierungsstrom I_μ sind aber nicht mehr konstant, sondern von I_2 abhängig, wie das der Wirkungsweise eines Synchrongenerators mit veränderlicher Spannung entspricht.
Unter Vernachlässigung der Läuferstreureaktanz $X_{2\sigma}$ erhält man

2.4. Asynchronmaschine mit Schleifringläufer (AMSL)

$$I_\mu = \sqrt{\left(\frac{I_-}{g}\right)^2 - (I_2')^2}. \tag{2.86}$$

Dem Läufer wird bei Drehung im Gleichfeld die fiktive Spannung U_q^* (auf die Ständerstrangwicklung bezogen) zugeordnet;

$$U_q^* = j\,X_h\,\frac{I_-}{g} = j\,X_h\,I_{1\mathrm{N}}. \tag{2.87a}$$

Diese Spannung entspricht der Polradspannung eines Synchrongenerators. Der Läuferstrom I_2 bildet eine Durchflutung aus, die das Ständerfeld schwächt (Ankerrückwirkung). Von der sich daraus ergebenden resultierenden Durchflutung gemäß der Strombeziehung nach (2.85) wird im Läufer die auf eine Ständerwicklung bezogene Spannung

$$U = j\,X_h\,I_\mu \tag{2.87b}$$

induziert.

Die Spannungen U_q^* und U weisen eine Frequenz auf, die der Winkelgeschwindigkeit $\Omega = \Omega_0(1-s)$ zugeordnet ist. Hierbei entspricht s dem im Motorbetrieb auftretenden Schlupf. Mit der Bezugsdrehzahl $\nu = \Omega/\Omega_0 = 1-s$ erhält man unter Vernachlässigung der Streureaktanz $X_{2\sigma}'$ die im Bild 2.46 dargestellte Ersatzschaltung und das Zeigerdiagramm. Die Spannung U kann aus der Leerlaufkennlinie $U = f(I_\mu)$ der Asynchronmaschine entnommen werden.

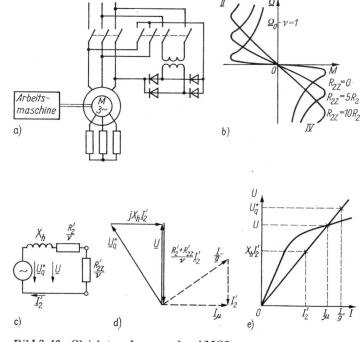

Bild 2.46. Gleichstrombremsen der AMSL
a) Schaltung; b) Kennlinien; c) Ersatzschaltung; d) Zeigerdiagramm; e) Funktion $E = f(I)$

Das Bremsmoment bestimmt man danach zu

$$M = \frac{m}{\Omega_0} U I_2' = \frac{m}{\Omega_0} I_2'^2 \frac{R_2' + R_{2Z}'}{\nu} = \frac{m}{\Omega_0} U^2 \frac{\nu}{R_2' + R_{2Z}'}. \quad (2.88)$$

Die bezogene Bremsdrehzahl ν ergibt sich nach der Spannungsbilanz aus dem Ersatzschaltbild zu

$$\nu = \frac{\Omega}{\Omega_0} = \frac{I_2' (R_2' + R_{2Z}')}{E}. \quad (2.89)$$

Die Bremskennlinien für verschiedene Läuferzusatzwiderstände zeigt Bild 2.46b. Bei $\Omega = 0$ wird kein Bremsmoment entwickelt. Die Gleichstrombremsung wird vor allem bei Hebezeugen eingesetzt.

Gegenstrombremsen

Zum Gegenstrombremsen wird der Motor vom Netz abgeschaltet und nach Umpolen zweier Strangzuleitungen mit Läuferzusatzwiderstand wieder angeschlossen. Damit kehrt sich die Drehrichtung des Drehfeldes um, die Drehrichtung des Läufers bleibt

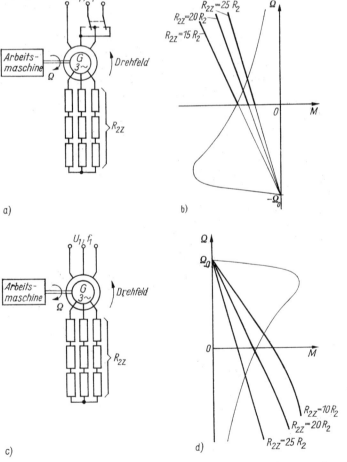

Bild 2.47. *Gegenstrombremsen und Gegenstrom-Senkbremsen der AMSL*
Gegenstrombremsen: a) Schaltung; b) Kennlinien; Gegenstrom-Senkbremsen: c) Schaltung; d) Kennlinien

2.4. Asynchronmaschine mit Schleifringläufer (AMSL)

zunächst erhalten. Durch den erhöhten Läuferkreiswiderstand erhält man eine geeignetere Bremscharakteristik und begrenzt die in der Maschine entstehende Verlustleistung. Da die Maschine gegen das Drehfeld betrieben wird, fließt ein großer Strom, und es treten hohe Wicklungsverluste auf. Nach Abbremsen auf die Drehzahl 0 läuft die Maschine in der Gegendrehrichtung wieder hoch. Mit der an den Schleifringen abnehmbaren Spannung U_2 ($U_2 \approx U_{q_{20}}\, s$) kann über eine Steuerschaltung die Maschine vor dem Drehrichtungswechsel stillgesetzt werden. Bild 2.47b zeigt die Kennlinien. Bei der Drehzahl $\Omega = 0$ wird ein Bremsmoment entwickelt, das dem Anlaufmoment in Gegendrehrichtung entspricht. Ohne Umkehr der Drehfeldrichtung, jedoch durch Zuschalten von Läuferzusatzwiderständen kann die Maschine auch zum Gegenstrom-Senkbremsen (IV. Quadrant) eingesetzt werden (vgl. Bild 2.47d).

Einphasenbremsen

Beim Einphasenbremsen wird ein Strang der Ständerwicklung vom Netz abgeschaltet und ein großer Zusatzwiderstand in den Läuferkreis eingeschaltet. Das Betriebsverhalten der Drehstrommaschine bei einphasiger Speisung kann aus der Überlagerung der Einspeisung mit zwei gegenläufigen Drehstromsystemen erklärt werden. Zur Berechnung wird die Methode der symmetrischen Komponenten herangezogen. Hierbei ist zu beachten, daß nach dieser Betrachtungsweise die Strangspannung bei der Bremsschaltung nur das $1/\sqrt{3}$fache gegenüber der bei Motorbetrieb beträgt. Demzufolge beträgt das Bremsmoment maximal nur 1/3 des Motorkippmoments. Nach 2.4.1 kann die Kennlinie auch grafisch bestimmt werden. Die Bremswirkung ergibt sich erst durch Einschalten genügend großer Läuferzusatzwiderstände, wie aus Bild 2.48 ersichtlich ist.

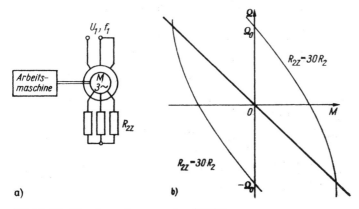

Bild 2.48. Einphasenbremsen der AMSL
a) Schaltung; b) Kennlinie
——— Kennlinien des mit- und gegenlaufenden Drehfeldes; ——— resultierende Bremskennlinie

Beispiel 2.17

Für den Asynchronmotor mit Schleifringläufer nach Beispiel 2.15 von 250 kW; 486 U/min; $R_2 = 0{,}023\ \Omega$; $M_K/M_N = 2$ soll der Läuferzusatzwiderstand bestimmt werden, bei dem der Motor mit seinem Kippmoment anläuft.

Lösung

Nach (2.83) bestimmt man $\dfrac{s_K}{s_N} \approx 2 + \sqrt{2^2 - 1} = 3{,}73$.

Laut Beispiel 2.15 ergibt sich für $s_N = 0{,}028$
$$s_K = 3{,}73 \cdot s_N = 3{,}73 \cdot 0{,}028 = 0{,}1.$$

Damit wird nach (2.82)

$$R_{2\mathrm{ZA}} = \left(\frac{1}{0{,}1} - 1\right) \cdot 0{,}023\ \Omega = 0{,}21\ \Omega.$$

Beispiel 2.18

Bei einem 32-t-Kran mit einer maximalen Hubgeschwindigkeit von $v_{\max} = 16$ m/min soll durch eine Gleichstrombremsung die maximale Senkgeschwindigkeit von $v = 1$ m/min beim Bemessungsmoment nicht überschritten werden. Der Hubwerksmotor hat folgende Daten: 90 kW; 1490 U/min; 380-V-Dreieckschaltung; 165 A; $R_1 = 0{,}049\ \Omega$; $R_2' = 0{,}033\ \Omega$; $U_{q20} = 392$ VΔ; $\sqrt{3}\ I_{10} = 67$ A.
Man bestimme die elektrischen Größen für die Gleichstrombremsung und den Läuferzusatzwiderstand.

Lösung

Die Dreieckschaltung vom Motorbetrieb wird auch für die Bremsung beibehalten. Bei Einspeisung mit Gleichstrom ergibt sich nach Tafel 2.2 $g = 2{,}12$ und $f = 1{,}41$. Nach (2.86a) bzw. (2.86b)

$$I_- = 2{,}12 \cdot I_{1\mathrm{N}} = 2{,}12 \cdot 165\ \mathrm{A}/\sqrt{3} = 202\ \mathrm{A},$$

$$U_- = 1{,}41 \cdot I_{1\mathrm{N}} \cdot R_1 = 1{,}41 \cdot 165\ \mathrm{A}/\sqrt{3} \cdot 0{,}049\ \Omega = 6{,}6\ \mathrm{V}.$$

$$\nu = \frac{\Omega}{\Omega_0} = \frac{1\ \mathrm{m/s}}{16\ \mathrm{m/s}} \cdot \frac{2\pi \cdot 1490\ \mathrm{U/min}}{2\pi \cdot 1500\ \mathrm{U/min}} = 0{,}062.$$

Die Senkgeschwindigkeit darf auch bei maximaler Belastung, d. h. bei 32 t, nicht unterschritten werden. Nach (2.85) bzw. dem Zeigerdiagramm vom Bild 2.46 bestimmt man mit $I_\mu \approx I_{10}$

$$I_2'^2 = \left(\frac{I_-}{g}\right)^2 - I_\mu^2 = \left(\frac{165\ \mathrm{A}}{\sqrt{3}}\right)^2 - \left(\frac{67\ \mathrm{A}}{\sqrt{3}}\right)^2 = 7{,}6 \cdot 10^3\ \mathrm{A}^2.$$

Nach (2.88)

$$R_2' + R_{2\mathrm{Z}}' = \frac{M_\mathrm{N}}{m} \frac{\Omega_0}{I_2'^2} \nu = \frac{575\ \mathrm{N\,m} \cdot 157\,\frac{1}{\mathrm{s}}}{3 \cdot 7{,}6 \cdot 10^3\ \mathrm{A}^2}\, 0{,}062 = 0{,}245\ \Omega,$$

$$R_{2\mathrm{Z}} = \frac{R_{2\mathrm{Z}}'}{\ddot{u}_\mathrm{h}^2} = \frac{0{,}245\ \Omega - 0{,}033\ \Omega}{0{,}97^2} \approx 0{,}225\ \Omega.$$

Beispiel 2.19

Für den im Beispiel 2.18 angegebenen Hubwerksmotor soll die Gegenstrombremsung eingesetzt werden. Auch hier besteht die Forderung, daß bei Nennbelastung die Senkgeschwindigkeit $1/16$ der Hubgeschwindigkeit nicht überschreitet.
Man bestimme den Läuferzusatzwiderstand und vergleiche die Kennlinie mit der für die Gleichstrombremsung.

Lösung

Bei proportionaler Zuordnung des Gesamtläuferwiderstands zum Schlupf nach (2.77a) gilt für den Arbeitspunkt im IV. Quadranten unter Anwendung der Zusammenhänge vom Abschnitt 2.2.3.1

$$\frac{R_2}{R_{2\mathrm{Z}}} = \frac{s_\mathrm{N}}{(1 - s_\mathrm{N}) + \dfrac{1}{16}(1 - s_\mathrm{N})}$$

2.4. Asynchronmaschine mit Schleifringläufer (AMSL)

und nach Umstellung

$$R_{2Z} = R_2 \cdot \frac{17}{16}\left(\frac{1}{s_N} - 1\right) = 0{,}035 \ \Omega \cdot \frac{17}{16}(150 - 1) \approx 5{,}5 \ \Omega$$

mit

$$\frac{1}{s_N} = \frac{1\,500 \ \text{U/min}}{1\,500 \ \text{U/min} - 1\,490 \ \text{U/min}} = 150 \ .$$

Die Kennlinien für das Gleichstrombremsen und Gegenstrom-Senkbremsen sind im Bild 2.49 dargestellt.

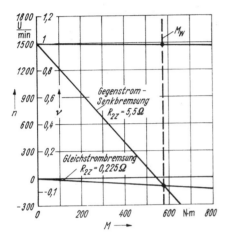

Bild 2.49. Kennlinien für Gleich- und Gegenstrom-Senkbremsen einer AMSL

2.4.4. Gleichlaufschaltungen mit Asynchronmaschinen

Für einige technologische Prozesse wird ein Gleichlauf mehrerer Arbeitsmaschinen oder ein festes Drehzahlverhältnis zueinander gefordert. Dies kann ohne Kopplung mechanischer Wellen durch eine elektrische Welle erfüllt werden. Sie entsteht durch eine phasenübereinstimmende Zusammenschaltung der Ständer- und Läuferwicklungen zweier oder mehrerer AMSL als Wellenmaschinen. Eine unterschiedliche Belastung der Wellenmaschinen führt zu einer Phasenverschiebung der induzierten Läuferspannungen, die Ausgleichsströme zwischen den Läufern der Maschinen hervorruft. Diese Ausgleichsströme versuchen die Wicklungsachsen der Läuferwicklungen auf eine gleiche Lage einzustellen.

Von den elektrischen Wellen sind verschiedene Schaltungen bekannt. Nach ihrem Einsatz unterscheidet man

— Ausgleichswellen zum Ausgleich unterschiedlicher Lastmomente

— Ferndreherwellen zur Steuerung eines oder mehrerer Nebenantriebe im Gleichlauf mit dem Hauptantrieb

— Arbeitswellen, bei denen die Wellenmaschinen neben der Gleichlaufregelung gleichzeitig die Funktion der Antriebsmaschine übernehmen.

Bei diesen drei verschiedenen elektrischen Wellen unterscheiden sich nur die Schaltungsanordnungen der Ständerwicklungen. Die Läuferwicklungen werden stets dreiphasig zusammengeschaltet.

2.4.4.1. Dreiphasige elektrische Ausgleichswelle

Bei der dreiphasigen Ausgleichswelle werden nach Bild 2.50a zwei oder mehrere AMSL ständer- und läuferseitig phasengleich zusammengeschaltet. Als Wellenmaschinen $W1$ und $W2$ werden zwei Maschinen mit gleichen elektrischen Daten ausgewählt. Bei unterschiedlicher Belastung der einzelnen Wellenmaschinen kommt es zu einer Verdrehung der Läuferachsen und damit zu einer Phasenverschiebung der Läuferspannung um den Winkel

$$\delta = p\alpha ; \qquad (2.90)$$

α mechanischer Verdrehungswinkel der Läufer zueinander
δ elektrischer Verdrehungswinkel der Läufer zueinander.

Die Läuferspannungsdifferenz $\Delta U'_{20}$ (Bild 2.50c) bestimmt den Ausgleichsstrom in der Läuferwicklung beider Maschinen:

$$\Delta \underline{U}'_{20} = \underline{U}'_{q210} - \underline{U}'_{q220} = \underline{U}'_{q210}(1 - e^{-j\delta}) ;\ ^{1)} \qquad (2.91)$$

$\underline{U}'_{q210}, \underline{U}'_{q220}$ Läuferstillstandsspannungen, $s = 1$.

Bei Vernachlässigung der Ständerwiderstände gilt für die Ausgleichswelle die vereinfachte Ersatzschaltung nach Bild 2.50b. Man bestimmt den Läuferstrom der Wellenmaschine $W1$ mit $\underline{U}'_{q210} = -K_1 \underline{U}_{11}$ zu

$$\boxed{\underline{I}'_{21} = \frac{\Delta \underline{U}'_{20}}{2\left(\dfrac{R'_2}{s} + jX_i\right)} = \underline{I}'_2 \frac{1 - e^{-j\delta}}{2}} \qquad (2.92)$$

wobei

$$\underline{I}'_2 = -\frac{K_1 \underline{U}_{11}}{\dfrac{R_2}{s} + jX_i}, \qquad (2.93)$$

K_1 ständerseitiger Kopplungsfaktor, $K_1 \approx 0{,}95$,

der Läuferstrom der Asynchronmaschine bei gleichem Schlupf s ist.
Der Ständerstrom errechnet sich für die Wellenmaschine $W1$ nach

$$\underline{I}_{11} = \underline{I}_{110} - \underline{I}'_{21} = \underline{I}_{110} - \underline{I}'_2 \frac{1 - e^{-j\delta}}{2} \qquad (2.94\text{a})$$

und für die Wellenmaschine $W2$ nach

$$\underline{I}_{12} = \underline{I}_{120} - \underline{I}'_{22} = \underline{I}_{120} + \underline{I}'_2 \frac{1 - e^{-j\delta}}{2} \qquad (2.94\text{b})$$

Dabei gilt $\underline{I}'_{12} = -\underline{I}'_{22}$ und für die Leerlaufströme der Wellenmaschinen $\underline{I}_{120} = \underline{I}_{110} e^{-j\delta}$.
Das Drehmoment der Wellenmaschinen bestimmt man nach der allgemeinen Beziehung

$$M_1 = \frac{3}{\Omega_0} \cdot \text{Re}\{-K_1 \underline{U}_{11} \underline{I}'^{*}_{21}\}. \qquad (2.95)$$

---

[1]) Die zweite Ziffer der Indexbezeichnung kennzeichnet die jeweilige Wellenmaschine.

2.4. Asynchronmaschine mit Schleifringläufer (AMSL)

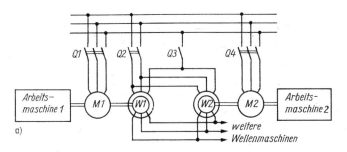

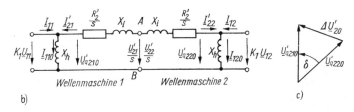

Bild 2.50. *Dreiphasige Ausgleichswelle*
a) Prinzipschaltung; b) Ersatzschaltbild; c) Zeigerdiagramm der Läuferspannungen

Mit (2.92), (2.93) und (2.95) erhält man für die Wellenmaschinen $W1$ und $W2$

$$M_{1;2} = \frac{M_K}{\dfrac{s}{s_K} + \dfrac{s_K}{s}} \left(1 - \cos\delta \mp \frac{s}{s_K} \sin\delta\right). \tag{2.96}$$

Die Gleichung (2.96) enthält einen asynchronen Momentenanteil mit dem Glied $1 - \cos\delta$, der beide Wellenmaschinen in Drehfeldrichtung zu beschleunigen versucht, und einen synchronisierenden Momentenanteil unterschiedlicher Richtung gemäß $\mp (s/s_K) \sin\delta$.
Dieser Anteil ermöglicht den Gleichlauf, indem er die gegen die Drehfeldrichtung verdrehte Wellenmaschine beschleunigt und die in Drehfeldrichtung verdrehte Wellenmaschine bremst.
Infolge des asynchronen Momentenanteils ist das Drehmoment der Ausgleichswelle in beiden Verdrehrichtungen nicht symmetrisch (Bild 2.51a). Durch die Ableitung $dM/d\delta$ erhält man aus (2.96) das statisch maximal übertragbare Drehmoment

$$M_{1;2\,\text{max}} = \frac{M_K}{\dfrac{s}{s_K} + \dfrac{s_K}{s}} \left(1 \pm \sqrt{1 + \left(\frac{s}{s_K}\right)^2}\right) \tag{2.97}$$

bei

$$s = \mp s_K \tan\delta. \tag{2.98}$$

Dabei gilt das obere Vorzeichen für die gegen die Drehfeldrichtung verdrehte Wellenmaschine. Die Abhängigkeit des maximalen Moments vom Verhältnis s/s_K ist im Bild 2.51b dargestellt.
Wegen der unsymmetrischen Drehmomentenverläufe $M_{1\,\text{max}}$ und $M_{2\,\text{max}}$ wird die elektrische Ausgleichswelle hauptsächlich bei großen Schlupfwerten ($s > 1$), d. h. Lauf- gegen das Drehfeld, eingesetzt. Die Ausgleichswelle arbeitet bis zum Erreichen des Wellenkippmoments M_max statisch stabil. Sie hat jedoch im dynamischen Ver-

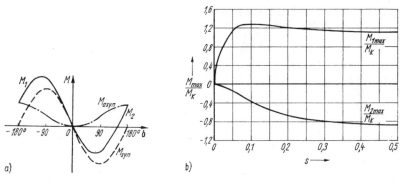

Bild 2.51. Schlupf-Drehmomenten-Kennlinie der dreiphasigen Ausgleichswelle ($s_\mathrm{K} = 0{,}06$)
a) $M = f(\delta)$-Kennlinie; b) Maximalmoment in Abhängigkeit vom Schlupf

halten eine ausgeprägte Resonanzfrequenz und neigt zu selbsterregten Pendelungen. Eine Dämpfung dieser Pendelungen ist durch zusätzliche Läuferwiderstände R_d in den Läuferverbindungen der Wellenmaschinen möglich.

Vor dem Einschalten der dreiphasigen Ausgleichswelle an das Drehstromnetz ist ein Ausrichten der Läuferwicklungsachsen der Wellenmaschinen im Stillstand erforderlich (Synchronisieren), da es sonst zu einem getrennten asynchronen Anlauf der beiden Wellenmaschinen kommen kann. Das Synchronisieren erfolgt durch ein zweiphasiges Zuschalten (Einschalten von $Q2$ im Bild 2.50a). Nachdem sich die Läufer ausgerichtet haben, wird die Welle dreiphasig zugeschaltet (Einschalten von $Q3$).

2.4.4.2. Einphasige elektrische Ausgleichswelle

Die einphasige elektrische Ausgleichswelle wird wegen ihres geringen Schaltungsaufwands und der symmetrischen Drehmomentenkennlinie vor allem für kleine Momentendifferenzen und für Reversierantriebe eingesetzt (siehe Bild 2.52).

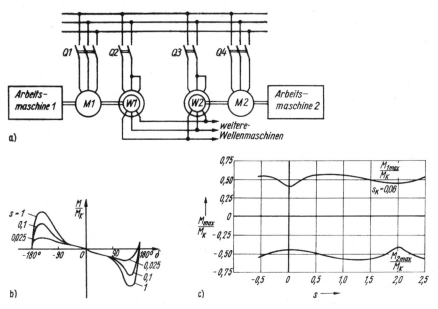

Bild 2.52. Einphasige elektrische Ausgleichswelle
a) Schaltung; b) $M = f(\delta)$-Kennlinie; c) Maximalmoment in Abhängigkeit vom Schlupf

2.4. Asynchronmaschine mit Schleifringläufer (AMSL)

Die Einphasenausgleichswellen gehören zu den unsymmetrischen Schaltungen. Die Berechnung der Ströme und der Drehmomentenkennlinie kann mit Hilfe der Methode der symmetrischen Komponenten erfolgen. Die unsymmetrischen Ständerspannungen werden in je eine symmetrische mitläufige und eine symmetrische gegenläufige Komponente zerlegt.

Das Gesamtdrehmoment M_1 bzw. M_2 einer Wellenmaschine errechnet sich wieder nach (2.96) aus der Überlagerung der den beiden Komponenten, d. h. s und $2-s$, zugeordneten Anteile.

Bild 2.52b zeigt die Schlupf-Drehmomenten-Kennlinie der einphasigen Ausgleichswelle. Die entwickelten Drehmomente sind bei einphasigem Anschluß der in Stern geschalteten Strangwicklungen jedoch geringer als bei Dreiphasenanschluß. Im Gegensatz zur dreiphasigen Ausgleichswelle entwickelt die einphasige Welle auch bei der synchronen Drehzahl durch die Wirkung des Gegensystems ein synchronisierendes Moment. Die Schlupfabhängigkeit der Maximaldrehmomente ist für beide Wellenmaschinen im Bild 2.52c dargestellt. Wegen der Drehmomenteneinsattelung bei $s = 0$ bzw. $s = 2$ sollten Arbeitspunkte in der Nähe dieser Schlupfwerte vermieden werden. Der Vorteil der einphasigen Ausgleichswelle gegenüber der dreiphasigen liegt besonders im symmetrischen Verlauf der Drehmomentenkennlinie. Die Einphasenwelle benötigt keine besonderen Maßnahmen zur Synchronisation. Sie kann deshalb auch ohne Schwierigkeiten für Gleichlaufschaltungen mit Drehrichtungsumkehr eingesetzt werden.

2.4.4.3. Ferndreherwelle

Die Ferndreherwelle stellt einen Sonderfall der Ausgleichswelle dar. Ihre Schaltungsanordnung zeigt Bild 2.53. Die Ferndreherwelle besteht aus einer Wellenmaschine als Geber, die über eine Antriebsmaschine M angetrieben wird, und einer oder mehreren Wellenmaschinen als Empfänger ohne eigene Antriebsmaschine. Diese Wellenanordnung wird dann eingesetzt, wenn mehrere Nebenantriebe im Gleichlauf mit einem Hauptantrieb arbeiten sollen, Anwendungsfälle, wie sie bei Werkzeugmaschinen sowie in der Textil- und Papierindustrie zu finden sind.

Für die Drehmomentenkennlinie gelten die Beziehungen der einphasigen Ausgleichswelle. Bei der Ferndreherwelle interessiert insbesondere das an der Empfängerseite auftretende Maximalmoment $M_{E\,max}$. Die Schlupfabhängigkeit von $M_{E\,max}$ kann ebenfalls Bild 2.52 entnommen werden.

Bei $s > 0{,}2$ ist der Lauf mit dem Drehfeld ($s < 1$) vorzuziehen, da dann das größere Moment an der Empfängermaschine auftritt.

Für Ferndreherwellen, die ohne Trennung vom Netz und neuer Synchronisation in beiden Drehrichtungen betrieben werden sollen, ist die Verwendung einer einphasigen Ferndreherwelle günstiger. Die Drehmomentenkennlinien entsprechen Bild 2.52. Das am Empfänger auftretende Drehmoment ist bei $s < 1$ gleich M_1 und bei $s > 1$ gleich M_2.

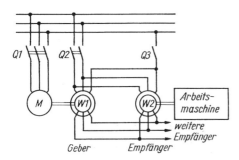

Bild 2.53. Ferndreherwelle (Prinzipdarstellung)

Neben dem Einsatz der Ferndreherwelle zur Drehmomentenübertragung wird sie auch in der Meß- und Steuertechnik zur Winkelfernübertragung und für Nachlaufregelungen verwendet. Anstelle der Asynchronmotoren werden dabei Drehmelder eingesetzt.

2.4.4.4. Elektrische Arbeitswelle

Wie aus (2.96) zu erkennen ist, entwickelt die dreiphasige elektrische Ausgleichswelle neben dem synchronisierenden Drehmomentenanteil auch ein asynchrones Drehmoment, das den Antrieb in Richtung des Drehfeldes zu beschleunigen versucht. Es ist deshalb naheliegend, das asynchrone Drehmoment für den Antrieb auszunutzen und auf gesonderte Antriebsmaschinen zu verzichten. Da jedoch alle Drehmomentenanteile der Ausgleichswelle bei gleicher Belastung der Wellenmaschinen, d. h. bei $\delta = 0$, verschwinden, muß durch zusätzliche Sternpunktwiderstände R_{2z} dafür gesorgt werden, daß auch bei symmetrischer Belastung ein asynchrones Drehmoment erzeugt wird. Bild 2.54a zeigt die Schaltung der elektrischen Arbeitswelle. Die Widerstände R_{2d} dienen zur Verbesserung der dynamischen Stabilität der Welle. Das vereinfachte Ersatzschaltbild entspricht dem Ersatzschaltbild der dreiphasigen Ausgleichswelle, Bild 2.50b, wenn zusätzlich der Widerstand $2 R_{2z}$ zwischen den Klemmen A und B für jede Maschine berücksichtigt wird.
Bei gleicher Stellung der Läuferwicklungsachsen ($\delta = 0$) verhalten sich beide Wellenmaschinen wie normale Asynchronmaschinen mit erhöhtem Läuferwiderstand $R_2' + 2 R_{2z}'$.
Bild 2.54b zeigt den Drehmomentenverlauf in Abhängigkeit vom Verdrehwinkel δ. Unterschreitet die Belastung das untere Grenzmoment $M_2 < M_{\min}$, so fällt die Welle außer Tritt und läuft infolge des asynchronen Drehmoments hoch.

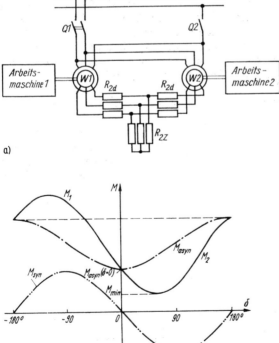

Bild 2.54. *Elektrische Arbeitswelle*
a) Schaltung; b) $M = f(\delta)$

2.4. Asynchronmaschine mit Schleifringläufer (AMSL)

Die elektrische Arbeitswelle neigt zu selbsterregten Pendelungen. Es ist deshalb auch auf die dynamische Stabilität zu achten. Auf Grund des Läuferzusatzwiderstands beträgt der Betriebsschlupf $s = 0{,}1 \cdots 0{,}2$. Der Hauptanwendungsbereich liegt bei Gleichlaufantrieben mit konstantem Lastmoment, z. B. bei Fahrantrieben für Brückenkrane, Verladebrücken u. dgl. sowie bei einigen Textil- und Werkzeugmaschinen.

Beispiel 2.20

Eine Hubbrücke hat zwei AMSL mit $n = 980$ U/min ($2p = 6$). Bei symmetrischer Belastung tritt für jede Antriebsmaschine ein Widerstandsmoment von 1 000 N m auf. Um ein Verkanten zu verhindern, wird ein Gleichlauf beider Antriebe gefordert. Die mechanische Winkeldifferenz der Motorwellen darf $10°$ nicht überschreiten. Die Differenz der Widerstandsmomente an beiden Antriebsmotoren kann 100 N m betragen. Für die Gleichlaufsicherung stehen AMSL mit $2p = 6$, $s_K = 0{,}15$ zur Verfügung. Man lege die Gleichlaufschaltung fest und bestimme das erforderliche Kippmoment.

Lösung

Wegen des relativ großen Widerstandsmoments wird eine dreiphasige elektrische Ausgleichswelle nach Bild 2.50 gewählt. Die Wellenmaschinen müssen nach der Momentendifferenz ausgelegt werden, d. h. $\Delta M_W = 2\,|M_{syn}|$.
Nach (2.90) erhält man den elektrischen Verdrehwinkel $\delta = 3 \cdot 10° = 30°$. Für das erforderliche Kippmoment der Wellenmaschinen bestimmt man nach dem synchronen Anteil von (2.96)

$$M_K = \frac{\Delta M_W \left[1 + \left(\frac{s_K}{s}\right)^2\right]}{2 \sin \delta}.$$

Für den Lauf mit dem Drehfeld ($s = 0{,}02$) erhält man ein erforderliches Kippmoment von $M_K = 5\,725$ N m. Beim Lauf gegen das Drehfeld ($s = 1{,}98$) wird dagegen nur ein Kippmoment von $M_K = 101$ N m benötigt. Der Bereich statischer Stabilität folgt nach (2.98).
Man erhält beim Lauf mit dem Drehfeld $|\delta_{max}| = \arctan \dfrac{0{,}02}{0{,}15} = 7{,}6°$ und beim Lauf gegen das Drehfeld $|\delta_{max}| = \arctan \dfrac{1{,}98}{0{,}15} = 85{,}6°$.

Wegen des geforderten großen Kippmoments und des kleinen Stabilitätsbereichs ist der Lauf der Wellenmaschinen gegen das Drehfeld günstiger. Nach dem Kippmoment wird ein Motor mit $P = 4$ kW; $n = 965$ U/min; $M_N = 39$ N m; $M_K = 109$ N m; $s_K = 0{,}21$ ausgewählt.
Danach ergibt sich für den maximalen Verdrehwinkel

$$\delta_{max} = \arcsin \frac{\Delta M_W}{2 M_K}\left[1 + \left(\frac{s_K}{s}\right)^2\right] = \arcsin \frac{100 \text{ N m}}{2 \cdot 109 \text{ N m}}\left[1 + \left(\frac{0{,}21}{1{,}98}\right)^2\right] = 27{,}6°.$$

Das von einer Wellenmaschine aufgebrachte asynchrone Moment beträgt nach (2.96)

$$M_{asyn} = \frac{109 \text{ N m}}{\dfrac{1{,}98}{0{,}21} + \dfrac{0{,}21}{1{,}98}}\,(1 - 0{,}866) = 1{,}5 \text{ N m}.$$

Das asynchrone Moment wirkt hier als Bremsmoment und muß zusätzlich von den Antriebsmotoren aufgebracht werden. Es ist jedoch gegenüber M_W zu vernachlässigen. Die Antriebsmotoren müssen für $M_W = 1\,000$ N m ausgelegt werden. Neben der Dimensionierung der Antriebs- und Wellenmaschinen entsprechend dem größten Widerstandsmoment ist noch eine Dimensionierung nach thermischen Gesichtspunkten notwendig.

2.4.5. Dynamisches Verhalten

Bei schnellen Änderungen der Spannung, der Frequenz oder des Widerstandsmoments treten Übergangsvorgänge auf, für die im allgemeinen die elektromagnetischen Ausgleichsvorgänge zu berücksichtigen sind. Die Zusammenhänge lassen sich durch Einführung der Betrachtungsweise mit Raumzeigern anschaulich darstellen [2.6].

2.4.5.1. Raumzeigerdarstellung und Gleichungssystem

Zur Erläuterung der Raumzeigerdarstellung wird von einer Drehstromwicklung ausgegangen, die in den drei Strängen mit den Strömen i_I, i_{II} und i_{III} eingespeist wird. Es bildet sich eine Gesamtdurchflutung Θ_1, die sich nach (2.84b) ermitteln läßt. Diese Gesamtdurchflutung ist das 3/2fache der Durchflutung eines Strangs. Die Bilder 2.55a und b zeigen die Überlagerung zum Zeitpunkt t_1. Die Durchflutungen sind durch die ihnen zugeordneten Ströme ausgedrückt. Der Zeiger i_{res} entspricht damit Θ_1.

Der davon abgeleitete Raumzeiger $\bar{i}$[1]), im Bild 2.55c dargestellt, wird nur 2/3 so groß festgelegt. Von diesem umlaufenden Raumzeiger lassen sich die Momentanwerte der Ströme in den drei Strängen leicht bestimmen, wenn die Projektionen des Raumzeigers $\bar{i}$ auf die drei Wicklungsachsen gebildet werden (Bilder 2.55c, a). Das diesen Betrachtungen zugrunde liegende Koordinatensystem ist mit dem Ständer identisch. Die Raumzeigerdarstellung erhält ihre Bedeutung vor allem dadurch, daß ein allgemeines Koordinatensystem k eingeführt wird, das mit der allgemeinen Winkelgeschwindigkeit $dx_k/dt = \omega_k$ umläuft (s. Bild 2.55d). Beim Übergang von einem Koordinatensystem, z. B. dem Ständerkoordinatensystem (S) mit den feststehenden Wicklungs-

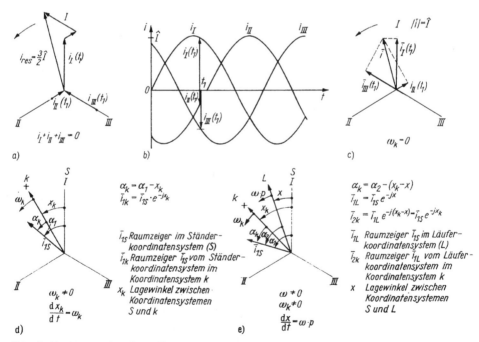

Bild 2.55. Raumzeigerdarstellung
a) zeitliche und räumliche Überlagerung der Ströme i_I, i_{II}, i_{III}; b) Momentanwerte der Ströme i_I, i_{II}, i_{III}; c) Raumzeiger und Projektionen; d) Raumzeiger im S- und k-System; e) Raumzeiger im S-, L- und k-System

---

[1]) Raumzeiger sind durch Überstreichen gekennzeichnet.

2.4. Asynchronmaschine mit Schleifringläufer (AMSL)

achsen ($\omega_k = 0$), in ein anderes müssen die Größen transformiert werden. Im Bild 2.55d hat der Raumzeiger $\bar{\imath}_{1S}$ die Lage $\alpha_k = \alpha_1 - x_k$ zu dem mit ω_k sich bewegenden Koordinatensystem k.
Dabei ist x_k der Lagewinkel zwischen dem ruhenden Koordinatensystem des Ständers und dem System k. Der Raumzeiger $\bar{\imath}_{1S}$ muß deshalb im Koordinatensystem k mit $\bar{\imath}_{1k} = \bar{\imath}_{1S} \cdot e^{-jx_k}$ bezeichnet werden. Damit ist die Transformationsbeziehung vom ruhenden Koordinatensystem S in das k-System bestimmt.
Ein weiteres wichtiges Koordinatensystem ist das des Läufers mit der elektrischen Winkelgeschwindigkeit $dx/dt = \omega \cdot p$. Der im Ständer auftretende Raumzeiger $\bar{\imath}_{1S}$ tritt in diesem Läuferkoordinatensystem (L) in der Form $\bar{\imath}_{1L} = \bar{\imath}_{1S} \cdot e^{-jx}$ in Erscheinung. Wird dieser Raumzeiger von dort weiter in das k-System transformiert, dann muß das gleichermaßen zu dem Ergebnis $\bar{\imath}_{1S} \cdot e^{-jx_k}$ führen. Damit kann auch die Transformationsbeziehung vom Läuferkoordinatensystem in das k-System angegeben werden. Sie lautet

$$\frac{\bar{\imath}_{1k}}{\bar{\imath}_{1L}} = \frac{e^{-jx_k}}{e^{-jx}} = e^{-j(x_k-x)}.$$

Tafel 2.3. *Transformationsbeziehungen der Raumzeiger für verschiedene Koordinatensysteme*
(Die Pfeilrichtung gibt die Transformationsrichtung an.)

Ort des Raumzeigers	Einzuschreibender Wert im Koordinatensystem vom		
	Ständer S	Läufer L	k-System
Ständer →	1	e^{-jx}	e^{-jx_k}
Läufer →	e^{jx}	1	$e^{-j(x_k-x)}$
k-System →	e^{jx_k}	$e^{j(x_k-x)}$	1

x_k Lagewinkel des Koordinatensystems k zum Ständerkoordinatensystem (S)
x Lagewinkel des Läuferkoordinatensystems (L) zum Ständerkoordinatensystem (S)

Die Lage des Raumzeigers ist im Bild 2.55e mit $\alpha_k = \alpha_2 - (x_k - x)$ dargestellt. Die Transformationsbeziehungen zwischen den drei Koordinatensystemen sind in Tafel 2.3 aufgeführt.
Diese Betrachtungen werden nachfolgend auf die Spannungsgleichungen der Asynchronmaschine angewendet. Bezogen auf das Ständerkoordinatensystem ($\omega_k = 0$) lautet die Ständerspannungsgleichung der Asynchronmaschine

$$\bar{u}_{1S} = \bar{\imath}_{1S} R_1 + \frac{d\bar{\psi}_{1S}}{dt}. \tag{2.65a}$$

Man erhält nach Transformation der Raumzeiger $\bar{u}_{1S}$, $\bar{\imath}_{1S}$ und $\bar{\psi}_{1S}$ in das k-System gemäß Zeile 1 der Tafel 2.3 die Raumzeiger $\bar{u}_{1k} = \bar{u}_{1S} e^{-jx_k}$, $\bar{\imath}_{1k} = \bar{\imath}_{1S} e^{-jx_k}$ und $\bar{\psi}_{1k} = \bar{\psi}_{1S} e^{-jx_k}$. Nach $\bar{\psi}_{1S}$ umgestellt, bestimmt man die zeitliche Ableitung $\frac{d\bar{\psi}_{1S}}{dt} = \left(\frac{d\bar{\psi}_{1k}}{dt} + j\frac{dx_k}{dt}\bar{\psi}_{1k}\right)e^{jx_k}$. Gleichung (2.65a) nimmt im k-System damit folgende Form an:

$$\bar{u}_{1k} e^{jx_k} = \bar{\imath}_{1k} e^{jx_k} R_1 + \left(\frac{d\bar{\psi}_{1k}}{dt} + j\frac{dx_k}{dt}\bar{\psi}_{1k}\right)e^{jx_k}. \tag{2.65b}$$

Diese Spannungsgleichung entspricht der Gleichung (2.99).[1])
Die Läuferspannungsgleichung der Asynchronmaschine besitzt im Läuferkoordinatensystem $\omega_k = \omega p$ die Form

$$\bar{u}_{2L} = \bar{i}_{2L} R_2 + \frac{d\bar{\psi}_{2L}}{dt}. \tag{2.66a}$$

Die Transformation vom Läuferkoordinatensystem in das k-System erfolgt gemäß der 2. Zeile von Tafel 2.3. Damit ergeben sich die Raumzeiger $\bar{u}_{2k} = \bar{u}_{2L} e^{-j(x_k - x)}$, $\bar{i}_{2k} = \bar{i}_{2L} e^{-j(x_k - x)}$ und $\bar{\psi}_{2k} = \bar{\psi}_{2L} e^{-j(x_k - x)}$. Nach Umstellung der Flußverkettung bestimmt man hier die Ableitung

$$\frac{d\bar{\psi}_{2L}}{dt} = \left[\frac{d\bar{\psi}_{2k}}{dt} + j\left(\frac{dx_k}{dt} - \frac{dx}{dt}\right)\bar{\psi}_{2k}\right] e^{j(x_k - x)}$$

Gleichung (2.66a) ergibt sich damit im k-System zu

$$\bar{u}_{2k} e^{j(x_k - x)} = \bar{i}_{2k} e^{j(x_k - x)} R_2 + \left[\frac{d\bar{\psi}_{2k}}{dt} + j\left(\frac{dx_k}{dt} - \frac{dx}{dt}\right)\bar{\psi}_{2k}\right] e^{j(x_k - x)}. \tag{2.66b}$$

Dieser Ausdruck entspricht Gleichung (2.100). Das allgemeingültige Gleichungssystem der Asynchronmaschine in Raumzeigerdarstellung nimmt damit die Form an:

$$\bar{u}_1 = \bar{i}_1 R_1 + \frac{d\bar{\psi}_1}{dt} + j\omega_k \bar{\psi}_1 \qquad \text{[1])} \tag{2.99}$$

$$\bar{u}_2 = \bar{i}_2 R_2 + \frac{d\bar{\psi}_2}{dt} + j(\omega_k - \omega p)\bar{\psi}_2 \tag{2.100}$$

$$\bar{\psi}_1 = L_1 \bar{i}_1 + L_h \bar{i}_2; \quad \bar{\psi}_2 = L_2 \bar{i}_2 + L_h \bar{i}_1 \tag{2.101} \quad (2.102)$$

$$m = \frac{3}{2} p \cdot \text{Im}\{\bar{\psi}_2 \bar{i}_2^*\} = \frac{3}{2} p K_1 \cdot \text{Im}\{\bar{\psi}_1 \bar{i}_2^*\} \qquad \text{[2])} \tag{2.103}$$

Raumzeiger sind durch Überstreichen gekennzeichnet. $\bar{i}_2^*$ ist der konjugiert komplexe Raumzeiger gegenüber $\bar{i}_2$. Die Gleichungen (2.99) bis (2.103) werden in der Literatur auch nach Festlegung von Bezugsgrößen in bezogener Darstellung angegeben.
Bild 2.56 zeigt die transiente Ersatzschaltung der AMSL.
In den Gleichungen (2.99) bis (2.103) bedeuten

$L_1 = L_h + L_{1\sigma}$ Induktivität des Ständers

$L_2 = L_h + L_{2\sigma}$ Induktivität des Läufers

$K_1 = \dfrac{L_h}{L_1}$ Kopplungsfaktor des Ständers

$K_2 = \dfrac{L_h}{L_2}$ Kopplungsfaktor des Läufers

$\sigma = 1 - K_1 K_2$ Gesamtstreuziffer.

---

[1]) Zur Vereinfachung wurde bei $\bar{u}$, $\bar{i}$ und $\bar{\psi}$ der Index k weggelassen.
[2]) Mit den Ständer- und Läuferflußverkettungen sowie den Ständer- und Läuferströmen kann das Drehmoment in 12 verschiedenen Darstellungen aufgeschrieben werden (s. Anhang 7.4).

2.4. Asynchronmaschine mit Schleifringläufer (AMSL)

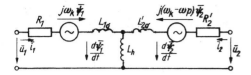

Bild 2.56. Transiente Ersatzschaltung der AMSL (k-System, $ü_h = 1$)

Man bestimmt aus (2.101) und (2.102)

$$\bar{i}_1 = \frac{\bar{\psi}_1 - K_2\,\bar{\psi}_2}{\sigma L_1}\,;\quad \bar{i}_2 = \frac{\bar{\psi}_2 - K_1\,\bar{\psi}_1}{\sigma L_2} \qquad (2.104)\ (2.105)$$

Der Vorteil des allgemeinen Gleichungssystems besteht darin, daß sich durch geeignete Wahl von ω_k die interessierenden Größen (u, i, m, ω) bei dynamischen Vorgängen rationell berechnen lassen.
Zweckmäßig gewählte Betrachtungssysteme sind

$\omega_k = \omega_1$, das Betrachtungssystem läuft synchron mit dem Drehfeld;
$\omega_k = 0$, das Betrachtungssystem S steht im Raum still (s. Abschn. 2.4.5.3);
$\omega_k = \omega\mathsf{p}$, das Betrachtungssystem L rotiert mit dem Läufer
(s. Abschn. 2.5.4).

Für stationären Betrieb, d. h. $\dfrac{\mathrm{d}\bar{\psi}_1}{\mathrm{d}t} = 0$, $\dfrac{\mathrm{d}\bar{\psi}_2}{\mathrm{d}t} = 0$, wird $\omega_k = \omega_1$ gewählt. Dieses Bezugssystem läuft mit der synchronen Drehzahl um. Dabei gilt $\omega_1 - \omega\mathsf{p} = s\,\omega_1$. Es ergeben sich hierbei für die Stranggrößen die Ersatzschaltung und das Zeigerdiagramm nach Bild 2.34.

2.4.5.2. Anlauf

Beim Anlauf nur wenig belasteter Maschinen entstehen durch die elektromagnetischen Ausgleichsvorgänge Schwingungen des Stroms, des Drehmoments und der Drehzahl. Ihr Verlauf hängt von der Spannung im Einschaltzeitpunkt, vom Gesamtträgheitsmoment und von den Reaktanzen und Widerständen ab. Läuferwiderstände bewirken eine maßgebliche Dämpfung. Während des Anlaufs vor allem unbelasteter Maschinen können jedoch Drehmomente auftreten, die das Kippmoment weit überschreiten. Bild 2.57 zeigt den prinzipiellen Verlauf von ω und m für Betrieb ohne Läuferzusatzwiderstand nach (2.99) bis (2.103). Da in vielen Anwendungsfällen ein großes Trägheitsmoment des Antriebssystems vorliegt, können die elektromagnetischen Ausgleichsvorgänge beim Anlauf meist vernachlässigt werden.

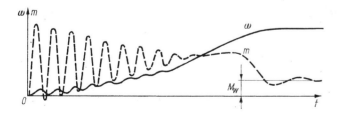

Bild 2.57. Drehmoment und Winkelgeschwindigkeit der AMSL beim Anlauf ($R_{2Z} = 0$; $J = J_M$)

2.4.5.3. Störverhalten

Von den dynamischen Vorgängen in Asynchronmaschinen ist das Verhalten im Betrieb mit konstanter Netzspannung und Netzfrequenz bei auftretenden Belastungsänderungen oft von Interesse. Für diese Betrachtung bietet das mit Läufergeschwindigkeit umlaufende Koordinatensystem, d. h. $\omega_k = \omega\mathsf{p}$, Vorteile. Der Ständerwiderstand R_1 wird nachfolgend vernachlässigt. Ausgehend von der Ständerflußverkettung $\bar{\psi}_{1S} = \dfrac{\hat{U}_1}{j\,\omega_1} e^{j\omega_1 t}$ im Ständerkoordinatensystem erfolgt die Transformation in das Läuferkoordinatensystem (s. Tafel 2.3). Der Raumzeiger tritt dort entsprechend dem Lagewinkel $x = \omega\mathsf{p}t = (1-s)\,\omega_1 t + \alpha$ in der Form

$$\bar{\psi}_{1L} = \frac{\hat{U}_1\,e^{j\omega_1 t}}{j\,\omega_1} e^{-j\omega\mathsf{p}t} = \frac{\hat{U}_1}{j\,\omega_1} e^{-j\alpha}\,e^{js\omega_1 t} \qquad (2.106)$$

α Phasenlagewinkel von $\underline{U}_1$

auf. Im stationären Betrieb ist α = konstant. Danach ergibt sich im Läuferkoordinatensystem die zeitliche Änderung der Ständerflußverkettung

$$\frac{d\bar{\psi}_{1L}}{dt} = s\,\hat{U}_1\,e^{-j\alpha}\,e^{js\omega_1 t} = s\bar{u}_{1L} \qquad (2.106\,\text{a})$$

mit

$$\bar{u}_{1L} = \hat{U}_1\,e^{-j\alpha}\,e^{js\omega_1 t}. \qquad (2.106\,\text{b})$$

Im weiteren wird der Index L weggelassen. Nach (2.100) erhält man mit $\omega_k = \omega\mathsf{p}$

$$\bar{u}_2 = \bar{i}_2\,R_2 + \frac{d\bar{\psi}_2}{dt}. \qquad (2.100\,\text{a})$$

Man bestimmt nach (2.101) und (2.102) mit $L_\mathrm{i}{}^{1)} = L_{2\sigma} + L_{1\sigma} \parallel L_\mathrm{h} \approx L_{1\sigma} + L_{2\sigma}$ und $K_1 = L_\mathrm{h}/L_1$:

$$\bar{\psi}_2 = i_2\,L_\mathrm{i} + K_1\,\bar{\psi}_1; \qquad (2.102\,\text{a})$$

L_i transiente Gesamtinduktivität (Bild 2.58).

Für die kurzgeschlossene Läuferwicklung $\bar{u}_2 = 0$ erhält man mit (2.100a) und (2.102a)

$$0 = \bar{i}_2\,R_2 + L_\mathrm{i}\,\frac{d\bar{i}_2}{dt} + K_1\,\frac{d\bar{\psi}_1}{dt}. \qquad (2.107)$$

Bild 2.58 zeigt die Ersatzschaltung zur Bestimmung dieser transienten Vorgänge für den Läuferkreis.
Aus (2.106a) und (2.107) wird mit Hilfe der Laplace-Transformation bei $\bar{i}_2(0) = 0$ der Strom $\bar{i}_2$ berechnet.

$$\bar{i}'_2 = -\frac{s\,K_1\,\bar{u}_1}{R'_2}\,\frac{1}{1 + p\,\tau'_\mathrm{L}}; \qquad (2.108)$$

$$\boxed{\tau'_\mathrm{L} = \frac{L_\mathrm{i}{}^{1)}}{R'_2} = \frac{1}{\omega_1\,s_\mathrm{K}}}; \qquad (2.109)$$

τ'_L transiente elektrische Zeitkonstante des Läufers.

Da $K_1\,\bar{\psi}_1 \gg \bar{i}_2\,L_\mathrm{i}$ ist, bestimmt man aus (2.102a)

$$\bar{\psi}_2 = K_1\,\bar{\psi}_1 = -j\,\frac{K_1\,\bar{u}_1}{\omega_1}. \qquad (2.110)$$

---

[1]) Das Übersetzungsverhältnis $\ddot{u}_\mathrm{h} = 1$ angenommen.

2.4. Asynchronmaschine mit Schleifringläufer (AMSL)

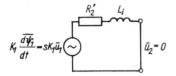

Bild 2.58. Vereinfachte transiente Ersatzschaltung der AMSL (Läuferkoordinatensystem)

Für das Drehmoment nach (2.103) ergibt sich mit (2.108) und (2.110)

$$m(p) = \frac{3\,\mathrm{p}s\,K_1^2\,\hat{U}_1^2}{2\,R_2'\,\omega_1}\,\frac{1}{1+p\,\tau_\mathrm{L}'} = \frac{M_\mathrm{St}\,s}{1+p\,\tau_\mathrm{L}'}\,; \qquad (2.111)$$

p Polpaarzahl.

Dabei ist $\dfrac{3\,\mathrm{p}K_1^2\,\hat{U}_1^2}{2\,R_2'\,\omega_1} = M_\mathrm{St} \approx \dfrac{0{,}9\,U_1^2\cdot 3}{\Omega_0\,R_2'}$ [nach (2.77a) für $s=1$].

Die Bewegungsgleichung $m - m_\mathrm{W} - m_\mathrm{b} = 0$ kann mit $\omega = \Omega_0(1-s)$ und $\dfrac{\mathrm{d}\omega}{\mathrm{d}t} = -\Omega_0\dfrac{\mathrm{d}s}{\mathrm{d}t}$ in bezogener Darstellung geschrieben werden:

$$\frac{m}{M_\mathrm{St}} - \frac{m_\mathrm{W}}{M_\mathrm{St}} + \frac{J\Omega_0}{M_\mathrm{St}}\frac{\mathrm{d}s}{\mathrm{d}t} = 0; \qquad (2.112)$$

$$\boxed{\tau_\mathrm{M} = \frac{J\,\Omega_0}{M_\mathrm{St}} = \frac{J\,\Delta\Omega_\mathrm{N}}{M_\mathrm{N}} = \frac{J\,\Omega_0\,s_\mathrm{K}}{2\,M_\mathrm{K}}}\,; \qquad (2.113)$$

τ_M elektromechanische Zeitkonstante.

Unter Einführung von (2.111) für m erhält man im Bildbereich bei kleinen Änderungen

$$\frac{s}{1+p\,\tau_\mathrm{L}'} - \frac{m_\mathrm{W}}{M_\mathrm{St}} + s\,p\,\tau_\mathrm{M} = 0\,. \qquad (2.114)$$

Bild 2.59 zeigt Orientierungswerte für das Trägheitsmoment von AMSL. Umgestellt ergeben sich die Übertragungsfunktionen für das Störverhalten:

$$\frac{s(p)}{m_\mathrm{W}(p)} = \frac{1}{M_\mathrm{St}}\frac{1+p\,\tau_\mathrm{L}'}{1+p\,\tau_\mathrm{M}+p^2\,\tau_\mathrm{L}'\,\tau_\mathrm{M}}, \qquad (2.115)$$

$$\frac{\omega(p)}{m_\mathrm{W}(p)} = -\frac{\Omega_0}{M_\mathrm{St}}\frac{1+p\,\tau_\mathrm{L}'}{1+p\,\tau_\mathrm{M}+p^2\,\tau_\mathrm{L}'\,\tau_\mathrm{M}}. \qquad (2.116)$$

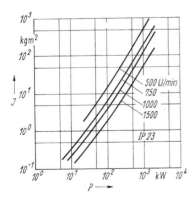

Bild 2.59. Trägheitsmomente von AMSL (Orientierungswerte)

Für das Motormoment erhält man

$$\frac{m(p)}{m_W(p)} = \frac{1}{1 + p\,\tau_M + p^2\,\tau'_L\,\tau_M}. \tag{2.117}$$

Die Stör-Übertragungsfunktionen der AMSL stimmen mit denen der GNM ((2.41) und (2.42)) überein. Bei $4\,\tau'_L > \tau_M$ bilden sich Schwingungsvorgänge aus (s. Bild 2.60). Meist ist der Verlauf jedoch aperiodisch, da in praktischen Antriebssystemen oft $\tau_M > \tau'_L$ ist.
Für AMKL sind in den Bildern 2.74 und 2.75 Orientierungswerte von τ_M und τ'_L aufgeführt.

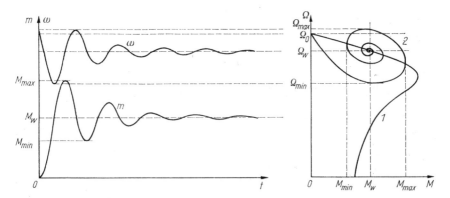

Bild 2.60. Verlauf der Winkelgeschwindigkeit und des Drehmoments der AMSL bei Stoßbelastung mit M_W, ausgehend vom Leerlauf ($\tau'_L/\tau_M \approx 6$)
a) $\omega = f(t)$, $m = f(t)$; b) $\Omega = f(M)$-Kennlinie stationär (1) und bei Stoßbelastung vom Leerlauf ausgehend (2)

Beispiel 2.21

Der Antriebsmotor der Kohlemühle vom Beispiel 1.5 wird durch den Prozeßablauf stoßartig belastet. Es soll überprüft werden, ob das Störverhalten des Antriebs infolge elektromagnetischer Ausgleichsvorgänge durch Schwingungserscheinungen gekennzeichnet ist.
Die Daten sind: $P = 200$ kW; 586 U/min; 6 kV; $J = 95$ kg m² (Gesamtträgheitsmoment).

Lösung

Aus der Motorkennlinie von Bild 1.7 entnimmt man das Kippmoment $M_K = 5800$ N m und die Kippdrehzahl $n_K = 468$ U/min. Daraus bestimmt man den Kippschlupf

$$s_K = \frac{600\ \text{U/min} - 468\ \text{U/min}}{600\ \text{U/min}} = 0{,}22.$$

Mit $\Omega_0 = 62{,}8$ 1/s berechnet man die elektromechanische Zeitkonstante nach (2.113) zu

$$\tau_M = \frac{J\,\Omega_0\,s_K}{2\,M_K} = \frac{95\ \text{kg m}^2 \cdot 62{,}8\ \dfrac{1}{\text{s}} \cdot 0{,}22}{2 \cdot 5800\ \text{N m}} = 0{,}113\ \text{s}.$$

Die transiente elektrische Zeitkonstante des Läufers ergibt sich nach (2.109a) zu

$$\tau'_L = \frac{1}{\omega_1\,s_K} = \frac{1}{314\ \dfrac{1}{\text{s}} \cdot 0{,}22} = 0{,}0145\ \text{s}.$$

In den Übertragungsfunktionen der Beziehungen (2.115) bis (2.117) tritt die charakteristische Gleichung $1 + p\,\tau_M + p^2\,\tau'_L\,\tau_M$ auf. Sie entspricht mit $\tau'_L = \tau_A$ der charakteristischen Gleichung für Gleichstrommaschinen (vgl. (2.41) und (2.42)). Die Auswertung wurde bereits im Bild 2.24 für das Störverhalten vorgenommen. Da $4\,\tau'_L < \tau_M$ ist, verlaufen die Übergangsvorgänge aperiodisch.

Beispiel 2.22

Eine AMSL 5,5 kW; 1450 U/min; $\Omega_0 = 157$ 1/s; $M_N = 36,2$ N m; $M_K = 123$ N m; $s_K = 0,2$; $J = 0,048$ kg m² wird für den Antrieb einer Drahtschere ($FI = 1,8$) eingesetzt. An der Motorwelle tritt ein periodisch verlaufendes Moment

$$m_W = M_W + \Delta m_W = 30\text{ N m} + 16\text{ N m}\cdot\sin 150\,\frac{1}{\text{s}}\,t \text{ auf.}$$

Man bestimme die Drehzahlpendelung und den Ungleichförmigkeitsgrad.

Lösung

Mit den angegebenen Werten berechnet man nach (2.109): $\tau'_L = 16$ ms und mit $FI = 1,8$ nach (2.113): $\tau_M = 11$ ms.
Das Stillstandsmoment bestimmt man nach (2.113) zu $M_{St} = M_N\,\Omega_0/\Delta\Omega_N = 1086$ N m.
Im vorliegenden Fall ist es zweckmäßig, den Frequenzgang in die Rechnung einzuführen: $p \to j\,\omega = j\,150$ 1/s. Somit ergibt sich nach (2.116):

$$\frac{\Delta\omega_W(j\,\omega)}{\Delta m_W(j\,\omega)} = -\frac{157\,\frac{1}{\text{s}}}{1086\,\text{N m}}\cdot\frac{1 + j\,150\,\frac{1}{\text{s}}\cdot 16\cdot 10^{-3}\,\text{s}}{1 + j\,150\,\frac{1}{\text{s}}\cdot 11\cdot 10^{-3}\,\text{s} - \left(150\,\frac{1}{\text{s}}\right)^2\cdot 16\cdot 11\cdot 10^{-6}\,\text{s}^2}$$

$$\frac{|\Delta\omega_W(j\,\omega)|}{|\Delta m_W(j\,\omega)|} = 0{,}111\text{ 1/N m}\cdot\text{s}.$$

$$|\Delta\omega_W(j\,\omega)| = 16\text{ N m}\cdot 0{,}111\text{ 1/N m}\cdot\text{s} = 1{,}78\text{ 1/s}.$$

$$\Delta n_W = \frac{1{,}78}{2\,\pi}\cdot 60\text{ U/min} = 17\text{ U/min}.$$

$$\delta = \frac{2\,\Delta n_W}{n_W} = 0{,}023\ (1:43)\,.$$

2.5. Asynchronmaschine mit Kurzschlußläufer (AMKL)

Asynchronmaschinen mit Kurzschlußläufer werden am häufigsten eingesetzt. Sie sind für fast alle Anwendungsgebiete geeignet, bei denen robuste Betriebsverhältnisse auftreten. Asynchronmotoren mit Kurzschlußläufer benötigen keine besondere Anlaßhilfe und weisen gegenüber allen anderen elektrischen Maschinen die geringsten Anschaffungskosten und den niedrigsten Wartungsaufwand auf.
Die theoretischen Zusammenhänge sind für stationäre und dynamische Betriebsverhältnisse unter teils vereinfachenden Annahmen überschaubar. Gegenüber GNM lassen sie höhere Grenzdrehzahlen bzw. Grenzleistungen zu. Außerdem tritt keine Störbeeinflussung durch den Kommutator wie bei GNM auf. Zunehmend werden AMKL mit Umrichtern in geregelten Schaltungen eingesetzt.

Asynchronmaschinen mit Kurzschlußläufer werden als Grundreihen für universelle Einsatzzwecke von wenigen Watt Leistung bis zu etwa 10 MW in Leistungsstufen von ≈ 1 : 1,25 mit Spannungen von 400 und 690 V bis etwa 600 kW und ab 200 kW mit 6 und 10 kV gefertigt. Die synchronen Drehzahlen liegen bei 600, 750, 1000, 1500 und 3000 U/min. Es gibt für diese Motoren das umfassendste Angebot hinsichtlich der Schutzgrade, Schutzarten und Bauformen. Als Spezialausführungen werden Getriebemotoren und Bremsmotoren sowie mehrere Varianten für spezielle Arbeitsmaschinen, wie Ladewinden, Zentrifugen, Bandrollen, Pumpen, angeboten.

Asynchrone Linearmotoren

Eine große Anzahl von Arbeitsmaschinen führen translatorische Bewegungen aus (Mechanismen, Transporteinrichtungen, Fahrzeuge, Pumpen für Metallflüssigkeiten). Als Antriebsmittel kommt dafür auch ein Linearmotor, z. B. der asynchrone Linearmotor, in Betracht. Von ihm kann die Antriebskraft in linearer Wirkungsrichtung erzeugt und gegebenenfalls berührungsfrei übertragen werden. Damit entfallen die sonst üblichen mechanischen Kraftübertragungsglieder für die Umsetzung rotorischer in translatorische Bewegungsvorgänge und zugleich die in ihnen entstehenden Verluste. Den prinzipiellen Aufbau des Linearmotors zeigt Bild 2.61a. Er besteht aus einem Primärteil, der dem Ständer einer rotierenden Maschine entspricht und die Drehstromwicklung trägt, und einem Sekundärteil. Dieser Sekundärteil ist dem Läufer der rotierenden Maschine zugeordnet. Er besteht aus leitendem Material, wie Fe, Cu oder Al in meist schienenförmiger Form.

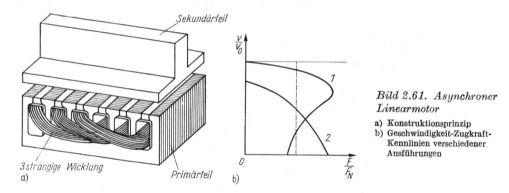

Bild 2.61. Asynchroner Linearmotor
a) Konstruktionsprinzip
b) Geschwindigkeit-Zugkraft-Kennlinien verschiedener Ausführungen

Das prinzipielle Wirkprinzip des asynchronen Linearmotors ist dem rotierenden Motor gleich. Anstelle des Drehfelds wird ein Wanderfeld gebildet; die Kraftwirkung wird durch die Wirbelströme im Sekundärteil unter Einwirkung des Wanderfelds erzielt. Zwischen rotierendem und linearem Motor ergeben sich Analogiebeziehungen für $\Omega \sim v$, $M \sim F$ (s. Bild 2.61b). Die Form der Kennlinie wird durch die konstruktive Gestaltung des Motors und die Ausführung des Sekundärteils bestimmt. Eine Kennlinie nach Form 1 ist geeignet für Antriebe mit hohen Geschwindigkeiten, z. B. für Schnellbahnen bis etwa 100 m/s (360 km/h) und Zugkräften bis 10^5 N. Die Kennlinie 2 kommt vorzugsweise für Antriebe mit niedrigen Geschwindigkeiten von 0,1…10 m/s, Zugkräften von 10…10^3 N und hohen Anzugskräften, wie sie von Transporteinrichtungen und Mechanismen gefordert werden, in Betracht [2.7].

2.5.1. Wirkungsweise und Einfluß der Stromverdrängung

Der Ständer des Asynchronmotors mit Kurzschlußläufer hat den gleichen Aufbau wie ein Schleifringläufermotor. Wenn alle 6 Anschlüsse der 3 Ständerstrangwicklungen

2.5. Asynchronmaschine mit Kurzschlußläufer (AMKL)

herausgeführt sind, kann eine Zusammenschaltung in Dreieck oder Stern vorgenommen werden. Damit ändert sich die Bemessungsspannung um den Faktor $\sqrt{3}$. Diese Maschinen sind auf dem Typenschild beispielsweise mit 230 V$\triangle$/400 V Y oder 400 V$\triangle$/690 V Y gekennzeichnet. Dementspechend liegen die Strangströme für diese Schaltanordnungen in umgekehrtem Verhältnis, d. h. von $1/\sqrt{3}$ zueinander.

Das Wirkprinzip entspricht ebenfalls der AMSL. Grundlage für den Wirkungsmechanismus ist das im Luftspalt auftretende Drehfeld. Von ihm werden in der Ständer- und Läuferwicklung die Spannungen U_{q1} und U_{q2} induziert. Der Läuferstrom bildet mit dem Drehfeld das Drehmoment und überträgt sich transformatorisch auf die Ständerseite (s. (2.67), (2.76) und (2.77)).

Der Läufer der AMKL ist sehr einfach aufgebaut. Er hat Stäbe, die in Nuten eingebettet und an den Stirnseiten des Läuferblechpakets durch Ringe kurzgeschlossen sind (Kurzschlußläufer). Ein zusätzlicher Widerstand kann damit in den Läuferkreis nicht eingeschaltet werden. Die Größe und Gestalt der Kurzschlußstäbe und die Art des Käfigmaterials, für das Aluminium, Bronze oder Kupfer eingesetzt wird, haben Einfluß auf die Betriebswerte und den Kennlinienverlauf.

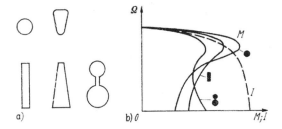

Bild 2.62. AMKL mit verschiedenen Läuferausführungen (Rundstab-, Hochstab- und Doppelkäfigläufer)
a) Läuferstabformen
b) $\Omega = f(M)$-Kennlinie

Charakteristische Querschnitte von Kurzschlußstäben sind im Bild 2.62a dargestellt. Das veränderte Betriebsverhalten gegenüber AMSL liegt darin begründet, daß die Stababmessungen und die Stabform nicht mehr eine gleichmäßige Stromdichte des Läuferstroms I_2 im Stabquerschnitt zur Folge haben, sondern daß eine Stromverdrängung auftritt. Dieser Effekt verbessert vor allem die Anlaufeigenschaften. Die Stromverdrängung tritt stärker ausgeprägt bei höheren Frequenzen, also unmittelbar nach dem Einschalten ($s = 1, f_2 = f_1$) in Erscheinung, und ihr Einfluß nimmt mit dem Hochlauf der Maschine ab. Bei Nenndrehzahl ($s_N \approx 0{,}01 \cdots 0{,}05$) ist die Läuferfrequenz so gering, daß die Stromverdrängung praktisch nicht mehr wirksam ist. Die Auswirkungen der Stromverdrängung sind folgende:

— Bei hohen Schlupfwerten vergrößert sich der effektive Widerstand R_2 im Läuferkreis, gleichzeitig verringert sich dadurch der auf die Netzfrequenz bezogene Streublindwiderstand $X_{2\sigma}$.

— Insgesamt entsteht eine Vergrößerung der Läuferimpedanz. Damit verringern sich bei konstantem U_{q2} der Läuferstrom I_2 und somit auch der Einschaltstrom I_{1A}.

— Infolge des erhöhten Läuferwiderstands R_2 ist die Phasenverschiebung des Läuferstroms I_2 zur Spannung U_{q2} bei großen Schlupfwerten geringer, und damit entsteht trotz des kleineren Läuferstroms ein höheres Drehmoment (Anlaufmoment).

Bild 2.62b zeigt die $\Omega = f(M)$-Kennlinien für verschiedene Stabquerschnitte bei gleichem $I = f(M)$-Verlauf. Bei kleinen Maschinen bis etwa 5 kW mit Rundstäben ist der Stromverdrängungseffekt nur wenig ausgeprägt. Sie verhalten sich praktisch wie stromverdrängungsfreie Maschinen (AMSL).

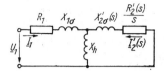

Bild 2.63. Ersatzschaltung der AMKL mit Stromverdrängung

Durch die Stromverdrängung sind der Läuferwiderstand R_2 und die Läuferstreuinduktivität $L_{2\sigma}$ schlupfabhängig. Damit nimmt die vereinfachte Ersatzschaltung von Bild 2.24c die Form von Bild 2.63 an. Die Stromortskurve des Stromverdrängungsläufers weicht demzufolge auch vom Kreisdiagramm ab. Bei großen Schlupfwerten führt die verkleinerte Läuferstreureaktanz $X_{2\sigma}$ zu einem größeren Durchmesser der Stromortskurve. Für jeden Schlupfwert ist ein anderer Kreis gültig. Der prinzipielle Verlauf der Stromortskurve für einen Hochstabläufer ist im Bild 2.64a gezeigt.
Beim Doppelkäfigläufer treten im wesentlichen zwei Kreise zur Bestimmung der Stromortskurve auf. Der eine wird durch die Impedanzen bei kleinen Schlupfwerten, der andere durch $s = \infty$ geprägt (Bild 2.64c).
Aus der Lage der einzelnen Arbeitspunkte in den Bildern 2.64a und 2.64c lassen sich die $\Omega = f(M)$-Kennlinien nach Bild 2.62b erklären.

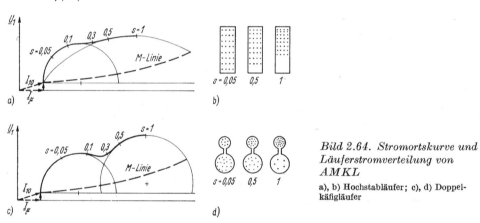

Bild 2.64. Stromortskurve und Läuferstromverteilung von AMKL

a), b) Hochstabläufer; c), d) Doppelkäfigläufer

2.5.2. Betriebseigenschaften

Für kleine Schlupfwerte ($s = 0 \cdots s_N$) haben die von der AMSL bekannten Gleichungen (2.76a) und (2.77a) auch hier Gültigkeit:

$$I_2' \approx \frac{0{,}95\, U_1}{R_2'} s, \tag{2.76a}$$

$$M \approx 0{,}9\, U_1^2 \frac{m}{\Omega_0} \frac{s}{R_2'}. \tag{2.77a}$$

Für größere Schlupfwerte müssen die Betriebswerte aus der Ortskurve bestimmt werden. Die Betriebskennlinien für eine AMKL zeigt Bild 2.65.
Der Leistungsfaktor und der Wirkungsgrad liegen bei geringer Belastung i. allg. niedrig. Deshalb ist eine Überdimensionierung möglichst zu vermeiden. Im Leerlauf beträgt der Leistungsfaktor $\cos \varphi_0 \approx 0{,}1$. Das relative Kippmoment liegt bei $M_K/M_N = 2 \cdots 3{,}5$. Der Mindestwert liegt bei 1,6. Das relative Anlaufmoment beträgt $M_A/M_N = 0{,}8 \cdots 2{,}0$. Die kleineren Werte ergeben sich für größere Maschinenleistungen, etwa ab 100 kW. Das Anlaufmoment ist im besonderen von der Art der Läuferausführung, d. h. von der Stromverdrängung, abhängig. Die Gestaltung des Kurzschlußkäfigs hat auch Einfluß auf die Bildung des Sattelmoments M_H. Beim Anlauf darf die Arbeitsmaschinencharakteristik keine Annäherung oder Überschneidung mit der Motorkennlinie in die-

2.5. Asynchronmaschine mit Kurzschlußläufer (AMKL)

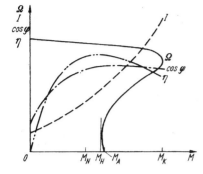

Bild 2.65. Betriebskennlinien der AMKL

sem Bereich aufweisen (Bild 2.65). Das Sattelmoment von Drehstrom-Asynchronmotoren darf die in Tafel 2.4 aufgeführten Werte nicht unterschreiten.
Wichtige Orientierungswerte von AMKL bei Nennbetrieb sind in den Bildern 2.66, 2.67 und 2.68 angegeben.
Der Kippschlupf s_K von AMKL liegt bei Maschinen großer Leistung bei etwa 6% und steigt bei Maschinen kleiner Leistung auf etwa 20%.

Tafel 2.4. *Mindestwerte für Sattelmomente von AMKL (2p = 4)*

Motor-Bemessungsleistung	Mindestwert des Sattelmoments M_H
kW	M_H/M_N
$P_N \leq 10$ kW	1,2−1,0
10 kW $< P_N \leq 100$ kW	1,0−0,8
$P_N > 100$ kW	0,8−0,45

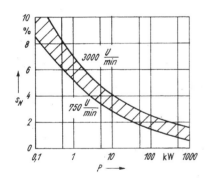

Bild 2.66. Schlupf von AMKL
(Orientierungswerte bei Bemessungsleistung)

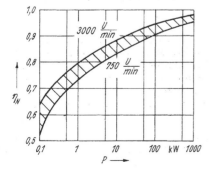

Bild 2.67. Wirkungsgrad von AMKL
(Orientierungswerte bei Bemessungsleistung)

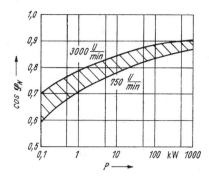

Bild 2.68. Leistungsfaktor von AMKL
(Orientierungswerte bei Bemessungsleistung)

Beispiel 2.23

Für ein Hubwerk ist eine AMKL 5,5 kW; 1440 U/min; 380 V △; 12,5 A; $M_N = 36{,}4$ N m; $M_A = 84{,}3$ N m; $M_K = 112$ N m; Sattelmoment $M_H = 77{,}5$ N m eingesetzt.
Man bestimme die Hublast, die bei einem Spannungsrückgang um 20% noch mit einem Sicherheitsfaktor von 1,1 gehoben werden kann.

Lösung

Für die Stabilität ist in diesem Fall das Sattelmoment bestimmend. Die Momente sind bei AMKL und AMSL nach (2.77a) quadratisch von der Spannung abhängig. Danach bestimmt man

$$M_W = \frac{1}{1{,}1}\left(\frac{0{,}8\,U_N}{U_N}\right)^2 M_H = \frac{1}{1{,}1}\cdot 0{,}64 \cdot 77{,}5 \text{ N m} = 45 \text{ N m} = 1{,}23\, M_N.$$

Im vorliegenden Fall liegt das Hubmoment M_W noch über dem Bemessungsmoment. Würde der Motor nur die Normen-Mindestforderungen erfüllen, dann ergäbe sich mit

$$\frac{M_K}{M_N} = 1{,}8; \quad \frac{M_H}{M_N} = 1; \quad \frac{M_A}{M_N} = 1{,}4$$

nach DIN VDE 0530-T.14 lediglich ein Hubmoment von

$$M_W = \frac{1}{1{,}1}\left(\frac{0{,}8\,U_N}{U_N}\right)^2 M_N = 0{,}58\, M_N.$$

Der Vergleich beider Rechnungen zeigt, daß es empfehlenswert ist, die tatsächlichen Motordaten zu verwenden.

Beispiel 2.24

Für einen Antrieb ist eine AMKL von 75 kW; 735 U/min; 380 V; 150 A; $\eta_N = 0{,}92$; $\cos \varphi_N = 0{,}82$ eingesetzt.
Der Motor wird im Dauerbetrieb nur zu 70% belastet.
Welche Nachteile ergeben sich gegenüber einem leistungsgerecht eingesetzten Motor?

Lösung

Der leistungsgerechte Motor weist eine Leistung $P = 0{,}7 \cdot 75$ kW $= 52{,}5$ kW (Typenleistung nach Katalog 55 kW) auf. Es wurden für den 75-kW-Motor höhere Anschaffungskosten entrichtet. Der Platzbedarf ist größer. Die Installation, die Leitungen und die Schaltgeräte für den Anschluß wurden ebenfalls überdimensioniert. Die Betriebskosten werden bei der 75-kW-Maschine durch den Mehrverbrauch an Blindstrom höher. Die Blindleistung ist von der Typenleistung abhängig, von der Belastung in Näherung unabhängig (Stromortskurve).

$$Q_N = P_N \frac{\sqrt{1 - \cos^2 \varphi_N}}{\cos \varphi_N} = 75 \text{ kW} \frac{\sqrt{1 - 0{,}82^2}}{0{,}82} = 52 \text{ kvar}.$$

2.5. Asynchronmaschine mit Kurzschlußläufer (AMKL)

Damit arbeitet der 75-kW-Motor mit einem Leistungsfaktor

$$\cos\varphi = \frac{P}{\sqrt{P^2 + Q^2}} = \frac{52,5 \text{ kW}}{\sqrt{(52,5 \text{ kw})^2 + (52 \text{ kvar})^2}} = 0,71.$$

Der Wirkungsgrad und seine Veränderung wurden vernachlässigt. Der leistungsgerechte Motor hat die Daten 55 kW; 735 U/min; 380 V; 110 A; $\eta_N = 0,92$; $\cos\varphi_N = 0,82$.

Blindleistung: $Q_N = 55 \text{ kW} \dfrac{\sqrt{1-0,82^2}}{0,82} = 38,4 \text{ kvar}$.

Es wird gegenüber dem leistungsgerechten Motor eine um 52 kvar − 38,4 kvar = 13,6 kvar größere Blindleistung aufgenommen.

2.5.3. Drehzahlstellung und Kennlinienfelder

Für die Drehzahlstellung der AMKL kommen folgende Methoden in Betracht:

Polumschaltung	→ Veränderung von p	verlustarm
Frequenzsteuerung	→ Veränderung von $f_1(U_1)$	verlustarm
Ständerspannungssteuerung	→ Veränderung von U_1.	

Die Drehrichtungsumkehr wird durch Änderung der Umlaufrichtung des Drehfeldes, d. h. durch Umpolen zweier Zuleitungen, vorgenommen.
Die Frequenz- und Ständerspannungssteuerung wurden bereits für die AMSL behandelt. Die Aussagen haben auch für die AMKL volle Gültigkeit (Abschn. 2.4.2). Es wird nachfolgend noch auf die für AMKL einsetzbare Polumschaltung eingegangen.

Polumschaltung

Nach (2.60) kann durch Verändern der Polpaarzahl die Synchrondrehzahl Ω_0 stufenweise verstellt werden. Diese Umschaltung ist antriebstechnisch mit der Wirkungsweise eines Stufengetriebes vergleichbar. Es können damit Drehzahlstufen entsprechend den veränderten Werten für die Polpaarzahl eingestellt werden. Für die Umschaltung eignet sich die Dahlanderwicklung, oder es werden zwei getrennte Ständerwicklungen ausgeführt.

Tafel 2.5. Polumschaltbare Asynchronmaschinen

Synchrone Drehzahlstufen U/min	Schaltung	Wicklungsanordnung
500/1 000 750/1 000 1 500/3 000	△/YY	Dahlanderwicklung
1 000/1 500	Y/Y	2 Wicklungen
750/1 000/1 500	△/Y/YY	Dahlanderwicklung 2 Wicklungen
750/1 500/3 000	Y/△/YY	Dahlanderwicklung 2 Wicklungen
500/750/1 000/1 500	△/△/YY/YY	Dahlanderwicklung 2 Wicklungen

Bei der Dahlanderwicklung erfolgt das Umschalten der Spulengruppen derart, daß die wirksame Spulenweite und die Polpaarzahl gegenläufig geändert werden. Die Dahlanderschaltung wird vorzugsweise für Drehzahlverhältnisse 1 : 2 ausgeführt. Um die Nennspannung beibehalten zu können, müssen bei der Umschaltung die Stränge zugleich in eine andere Schaltungsart gebracht werden, z. B. $\triangle / YY$.

Tafel 2.5 zeigt die Daten einiger polumschaltbarer Motoren im Leistungsbereich 0,8 bis 60 kW.

Mit getrennten Wicklungen im Ständer können Umschaltungen für andere Drehzahlverhältnisse erreicht werden. Die Ausnutzung des Ständerwickelraums geht jedoch zurück, da jeweils nur die eingeschaltete Wicklung den Strom führt.

Durch Kombination von Dahlanderwicklung und getrennten Wicklungen lassen sich drei- bis vierstufige Polumschaltungen realisieren. Bei polumschaltbaren AMKL muß stets ein Kompromiß zwischen den Motordaten für die einzelnen Drehzahlstufen gefunden werden. Dabei läßt sich auch nicht vermeiden, daß geringere Sattelmomente als bei Normalmaschinen auftreten. Berücksichtigt man, daß bei den meist selbstbelüfteten Maschinen die Ausnutzung bei niedrigen Drehzahlen durch die geringere Kühlwirkung zurückgeht, so ist verständlich, daß die Typenleistungen für die einzelnen Polpaarzahlen voneinander abweichen. Bild 2.69 zeigt die $\Omega = f(M)$-Kennlinien einer polumschaltbaren AMKL mit Dahlanderwicklung. Die Betriebswerte polumschaltbarer AMKL sind i. allg. günstig. Damit ist die Polumschaltung eine wirtschaftliche und verlustarme Methode zur Drehzahlstellung. Andererseits ist der Materialaufwand für polumschaltbare Motoren größer, und die Kosten liegen bis zu 100% über denen der Normalmaschinen mit der jeweils größten Typenleistung.

Polumschaltbare AMKL werden vor allem für Hebezeuge, Zentrifugen, Textilmaschinen und Gebläse eingesetzt. Ferner sind sie für Arbeitsmaschinen geeignet, die im Vorlauf mit geringer und im Rücklauf mit hoher Geschwindigkeit betrieben werden sollen. Sie bieten auch Vorteile, wenn große Anlaufmomente aufgebracht werden müssen.

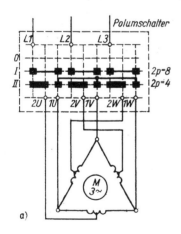
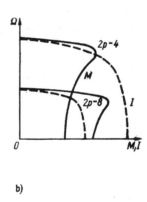

Bild 2.69. Polumschaltbare AMKL
a) Schaltung; b) Kennlinien

Beispiel 2.25

Eine Einständerhobelmaschine mit einer Tischlänge von $s = 4$ m, einer Durchzugskraft von $F_Z = 4 \cdot 10^4$ N soll mit einer Schnittgeschwindigkeit von $v_v = 10$ m/min und einer Rücklaufgeschwindigkeit von $v_r = 40$ m/min betrieben werden. Bekannt sind ferner: Tisch- und Werkstückmasse $m = 18 \cdot 10^3$ kg; Wirkungsgrad der mechanischen Energieübertragung $\eta = 0{,}75$; Gesamtträgheitsmoment $J = 0{,}45$ kg m²; Reibungszahl zwischen Maschinenbett und Werkstücktisch $\mu = 0{,}05$. Man wähle dazu einen geeigneten Motor aus.

2.5. Asynchronmaschine mit Kurzschlußläufer (AMKL)

Lösung

Für den Antrieb wird ein polumschaltbarer Asynchronmotor vorgesehen.
Beharrungsleistung im Vorlauf: $P_v = (1/\eta) \, v_v \, (F_Z + F_R)$.
Mit der Reibkraft $F_R = m \, g \, \mu$ erhält man $P_v = 10,9$ kW.
Beharrungsleistung im Rücklauf:

$$P_r = \frac{1}{\eta} v_r \, m \, g \, \mu = 7,85 \text{ kW}.$$

Nach Katalog wird ein Motor mit folgenden Daten gewählt:
$2p = 2/8$ mit 19/11 kW; 2970/735 U/min; 380 V; 37,5/29 A; $M_N = 61/142$ N m;

$$M_A/M_N = 1,8/1,4; \quad M_K/M_N = 2,7/2.$$

Der Beharrungsleistung im Vorlauf von 10,9 kW ist die Bemessungsleistung von 11 kW zugeordnet. Für den Rücklauf ergibt sich eine relativ große Leistungsreserve von 19 kW – 7,85 kW = 11,15 kW. Auf Grund des Weg-Zeit-Diagramms unter Einbeziehung der Beschleunigungsleistung und der Schalthäufigkeit muß eine thermische Überprüfung nach Abschnitt 3 erfolgen. Im vorliegenden Fall reicht der gewählte Motor aus.

Schnittzeit: $t_v = s/v_v = 24$ s.
Rücklaufzeit: $t_r = s/v_r = 6$ s.
Reversierzeit Vor- auf Rücklauf:

$$\Omega_v = \frac{735 \cdot 2\pi}{60 \text{ s}} = 77 \frac{1}{\text{s}}; \quad \Omega_r = \frac{2970 \cdot 2\pi}{60 \text{ s}} = 311 \frac{1}{\text{s}},$$

$$M_{b2} = M_{A2} - M_r = 1,8 \cdot 61 \text{ N m} - 25,17 \text{ N m} = 84,63 \text{ N m},$$

$$t_{vr} \approx J \frac{\Omega_v + \Omega_r}{M_{b2}} = 2,06 \text{ s}.$$

Reversierzeit Rück- auf Vorlauf:

$$M_{b1} = M_{A1} - M_r = 1,4 \cdot 142 \text{ N m} - 25,17 \text{ N m} = 173,63 \text{ N m},$$

$$t_{rv} \approx J \frac{\Omega_r + \Omega_v}{M_{b1}} = 1 \text{ s}.$$

Zur Vereinfachung wurde für das Reversieren $a =$ konst. angenommen. Bild 2.70 zeigt den Verlauf von Motormoment und Motordrehzahl.

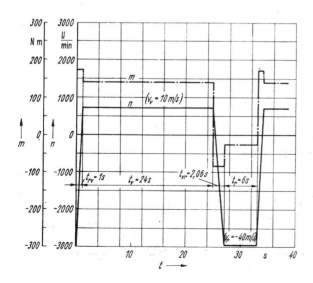

Bild 2.70. Belastungsverlauf eines Reversierantriebs

2.5.4. Anlauf und Wiedereinschalten

Asynchronmotoren mit Kurzschlußläufer können in der Regel direkt an das Netz geschaltet werden. Der Einschaltstrom beträgt etwa das 4- bis 7fache des Bemessungsstroms. Bei leistungsstarken Netzen sind Direkteinschaltungen von AMKL bis zu mehreren Megawatt Leistung durchaus zulässig. Zuweilen bestehen jedoch derartige Netzverhältnisse nicht. Hier muß der Einschaltstrom durch einen Teilspannungsanlauf heruntergesetzt werden. Dazu ist ein Transformator (Sparschaltung) erforderlich (s. Bild 2.71 a).
Die Sekundärspannung beim Einschalten der AMKL wird den zugelassenen Belastungswerten des Netzes angepaßt. Es gilt nach (2.77)

$$M_A \approx M_{AN} \left(\frac{U}{U_N}\right)^2 \text{ mit.} I_A \approx I_{AN} \frac{U}{U_N}.$$

Das Prinzip des Anlaufs mit verringerter Spannung findet auch beim Stern-Dreieck-Anlauf Anwendung. Hier werden die Wicklungsstränge zunächst in Sternschaltung und unmittelbar nach dem Anlauf in Dreieckschaltung an das Netz gelegt (Bild 2.72a). Der Einschaltstrom und das Anlaufmoment gehen dabei auf $(1/\sqrt{3})^2 = 1/3$ des Wertes beim Direkteinschalten zurück. Sowohl die Schaltung mit Teilspannungsanlauf als auch die Stern-Dreieck-Umschaltung können nur für Antriebe eingesetzt werden, die mit geringem Widerstandsmoment anlaufen.
Beim Umschalten bzw. Wiedereinschalten laufender Maschinen können kurzzeitig beachtliche Strom- und Drehmomentenstöße entstehen. Nach der Ersatzschaltung der Asynchronmaschine für transiente Vorgänge (Bild 2.56) wirkt bei $s = 1$ vor allem die Reaktanz $X_i \approx X_{1\sigma} + X'_{2\sigma}$ strombegrenzend. Der ohmsche Widerstand wurde dabei vernachlässigt. Bei Sternschaltung liegt jeder Strang der Ständerwicklung an der Spannung $(1/\sqrt{3}) U_N$. Beim Umschalten springt die Spannung an der Ständerwicklung auf U_N. Während der Umschaltzeit wird in der Ständerwicklung durch den rotierenden Läufer und das von Läuferströmen aufrechterhaltene Feld eine Spannung induziert, die sich nach den Gleichungen für transiente Vorgänge (2.99) bis (2.103) berechnen läßt.

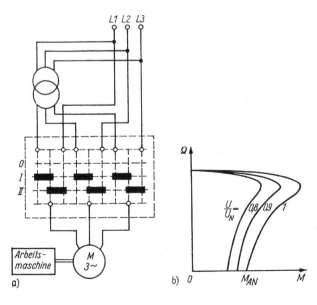

Bild 2.71. *Teilspannungsanlauf der AMKL*
a) Schaltung; b) Kennlinien

2.5. Asynchronmaschine mit Kurzschlußläufer (AMKL)

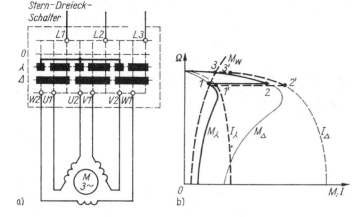

Bild 2.72. Stern-Dreieck-Anlauf der AMKL

a) Schaltung; b) Kennlinien. Arbeitspunkte vor und nach dem Umschalten: *1-2-3* Drehmoment; *1'-2'-3'* Strom

Für die Betrachtungen wird die Raumzeigerdarstellung mit dem feststehenden Bezugssystem S gewählt, d. h. $\omega_K = 0$.
Mit $R_1 = 0$ und $u_2 = 0$ lauten (2.99) bis (2.102) mit der Anfangsbedingung $\vec{i}_1(0) = 0$ nach dem Abschalten im Bildbereich

$$\bar{u}_1 = \bar{\psi}_1\, p - \bar{\psi}_{1a}, \qquad (2.99\,\text{b})$$

$$0 = \bar{i}_2\, R_2 + \bar{\psi}_2\, p - \bar{\psi}_{2a} - j\,\omega\,\mathsf{p}\,\bar{\psi}_2, \qquad (2.100\,\text{b})$$

$$\psi_1 = L_h\, \bar{i}_2; \quad \bar{\psi}_2 = L_2\, \bar{i}_2. \qquad (2.101\,\text{b})\ (2.102\,\text{b})$$

Aus (2.100b) und (2.102b) berechnet man mit

$$\bar{\psi}_{1a} = L_h\, \bar{I}_{2a} \quad \text{und} \quad \bar{\psi}_{2a} = L_2\, \bar{I}_{2a},$$

$$\bar{i}_2(p) = \frac{1}{R_2}\, \frac{L_2\, \bar{I}_{2a}}{(1 - j\,\omega\,\mathsf{p}\,\tau_L) + p\,\tau_L}. \qquad (2.118)$$

Die Rücktransformation in den Originalbereich ergibt

$$\bar{i}_2 = \bar{I}_{2a}\, e^{-t/\tau_L} \cdot e^{j\omega \mathsf{p} t}; \qquad (2.118\,\text{a})$$

$$\tau_L = \frac{L_2}{R_2} = \frac{L_h + L_{2\sigma}}{R_2} \quad \text{elektrische Leerlaufzeitkonstante des Läufers}$$

I_{2a} Läuferstrom zum Zeitpunkt des Abschaltens.

Mit (2.118a), (2.101b) und (2.99b) bestimmt man[1])

$$\bar{u}_1 = -\left(\frac{1}{\tau_L} - j\,\omega\,\mathsf{p}\right) L_h\, \bar{I}_{2a}\, e^{-t/\tau_L} \cdot e^{j\omega \mathsf{p} t}. \qquad (2.119)$$

Nach (2.101b) und (2.102b) kann für $L_h\, \bar{I}_{2a} = K_2\, \bar{\Psi}_{2a}$ eingeführt werden. Mit ω_1 erweitert man zu

$$\bar{u}_1 = -K_2\, \bar{\Psi}_{2a}\, \omega_1 \left[\frac{1}{\omega_1 \tau_L} - j\,(1 - s)\right] e^{-t/\tau_L} \cdot e^{j\omega \mathsf{p} t}. \qquad (2.120)$$

---

[1]) Das Übersetzungsverhältnis $\ddot{u}_h = 1$ angenommen.

Die Ausgangsspannung $K_2 \overline{\Psi}_{2a} \omega_1$ beträgt etwa 85% der zuvor abgeschalteten Ständerspannung. Die in der Ständerwicklung induzierte Spannung klingt mit der elektrischen Leerlaufzeitkonstante des Läufers τ_L ab. Die Werte für τ_L liegen je nach Maschinengröße zwischen $0{,}3 \cdots 2$ s. Die Frequenz entspricht der Winkelgeschwindigkeit ωp. Beim Zuschalten der Netzspannung mit der Frequenz $f_1(\omega_1)$ ist für die Höhe des Schaltstroms die Phasenlage zwischen der Netzspannung und der inzwischen etwas gedämpften induzierten Strangspannung bestimmend. In Näherung kann der auftretende Spannungssprung mit U_N festgelegt werden. Damit wird der Umschaltstrom

$$i_S \approx \frac{U_N}{X_i} \approx \frac{U_N}{X_{1\sigma} + X'_{2\sigma}} \approx I_{St}; \tag{2.121}$$

I_{St} Kurzschlußstrom (Anlaufstrom).

Dieser Strom klingt schnell ab. Er beansprucht die Wicklung in thermischer Hinsicht nur gering. Es treten aber entsprechend hohe Stromkräfte in den Wicklungen auf. Beim Umschalten einer rotierenden AMKL auf ein Reservenetz ergeben sich teilweise noch höhere Werte, da hierbei die Flußverkettung vor dem Umschalten in voller Höhe ausgebildet war. Bei Phasenopposition können dadurch Schaltströme bis zum 3fachen Wert des Kurzschlußstroms auftreten; $i_S \approx 3\, I_{St}$. Kleinere Ströme lassen sich nur dadurch erreichen, daß entweder abgewartet wird, bis das magnetische Feld auf einen unbedeutenden Wert abgeklungen ist ($t \approx 1 \cdots 5$ s), oder indem eine Schnellumschaltung ($t < 150$ ms) bei Einsatz von Phasenvergleichsrelais erfolgt.

2.5.4.1. Anlaufzeit und Verlustenergie

Ausgehend von der Bewegungsgleichung (1.32), kann die Zeitdauer für den Anlauf aus den stationären Kennlinien des Elektromotors und der Arbeitsmaschine nach (1.37) bestimmt werden.

$$t_A = \int_{\omega=0}^{\omega=\Omega_W} \frac{J}{m - m_W}\, d\omega \tag{1.37}$$

Dazu wendet man meist die grafische Methode an (Anhang 7.2).
Ein rascher Anlauf ergibt sich bei großen Beschleunigungsmomenten $\Delta M_{b\nu}$ und kleinem Trägheitsmoment J. Für den Leeranlauf ($m_W = 0$) kann die Anlaufzeit mit der angenäherten Momentenbeziehung für AMKL nach (2.80) analytisch bestimmt werden. Danach erhält man mit $\omega = \Omega_0 (1 - s)$ und $d\omega = -\Omega_0\, ds$

$$t_A = -\frac{J\Omega_0}{2 M_K} \int_{s_1=1}^{s_2=s} \left(\frac{s}{s_K} + \frac{s_K}{s} \right) ds = \tau_M \frac{1}{s_K} \left[\frac{1-s^2}{2 s_K} + s_K \ln \frac{1}{s} \right], \tag{2.122}$$

$$\tau_M = \frac{J\Omega_0 s_K}{2 M_K} = \frac{J\Omega_0}{M_{St}}.$$

Der Klammerausdruck von (2.122) ergibt bei kleinen Maschinen ($s = 0{,}06$; $s_K = 0{,}2$) den Wert von 3 und bei großen Maschinen ($s = 0{,}02$; $s_K = 0{,}06$) den Wert von 8,5. Während des Anlaufs entsteht im Läufer eine beachtliche Wärmeenergie. Die Verlustleistung beträgt für $m_W = 0$

$$p_{V2} = s\, \Omega_0\, m_b = -J\Omega_0^2\, s\, \frac{ds}{dt}. \tag{2.123}$$

2.5. Asynchronmaschine mit Kurzschlußläufer (AMKL)

Mit den Grenzen $s_1 = 1$ und $s_2 = 0$ erhält man die im Läufer umgesetzte Verlustenergie während des Anlaufs

$$\boxed{W_{V2} = \int_{s_1=0}^{s_2=1} p_{V2}\,dt = J\frac{\Omega_0^2}{2}}. \tag{2.124}$$

Damit ist die im Läufer umgesetzte Verlustenergie gleich der gespeicherten kinetischen Energie des Antriebssystems.

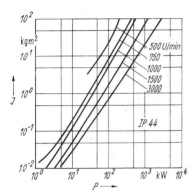

Bild 2.73. Trägheitsmomente von AMKL (Orientierungswerte)

Die Trägheitsmomente von Asynchronmotoren mit Kurzschlußläufer zeigt Bild 2.73. Aus der Darstellung ist zu erkennen, daß J stärker als P ansteigt. Daraus erklärt sich, daß sich die Anlaufzeiten mit der Typenleistung vergrößern und die Abführung der Verlustwärme beim Anlauf großer Maschinen schwieriger wird. Im Vergleich mit Bild 2.22 ist festzustellen, daß die Trägheitsmomente der AMKL bei kleinen Maschinenleistungen um etwa 30 % niedriger als die von GNM liegen.
Zur Berechnung dynamischer Vorgänge nach den Gln. (2.115) bis (2.117) werden mit den Bildern 2.74 und 2.75 Orientierungswerte für τ_M und τ_L' gegeben. Danach treten Schwingungsvorgänge im dynamischen Betrieb auf, wenn der Schwungmomentfaktor FI für Motoren mit der Nennleistung 10 kW $FI < 1{,}5$; 100 kW $FI < 3$ und 1000 kW $FI < 5$ ist.

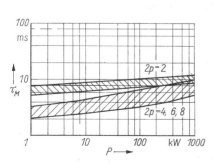

Bild 2.74. Zeitkonstante τ_M von AMKL

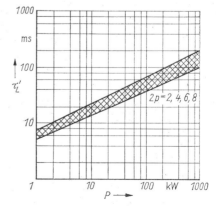

Bild 2.75. Zeitkonstante τ_L' von AMKL

2.5.4.2. Sanftanlauf

Beim Einschalten eines ohmschen oder induktiven Widerstands in den Strang einer Zuleitung der AMKL wird der Anlaufvorgang verzögert. Die im Bild 2.76 dargestellte Schaltung wird als Kusa-Schaltung (Kurzschlußläufer-Sanftanlauf) bezeichnet. Bei Motoren größerer Leistung werden zur Vermeidung ungleicher Netzbelastung während des Anlaufs Vorwiderstände in alle drei Stränge eingeschaltet (siehe Bild 2.77). Die Größe des Vorwiderstands bestimmt die Herabsetzung des Anlaufmoments und des Anlaufstroms. Das Moment wird dabei stärker als der Strom reduziert. Angaben zur Dimensionierung sind in der 5. Auflage des gleichnamigen Buches enthalten.

Ein Sanftanlauf ist für diejenigen Arbeitsmaschinen von Interesse, bei denen kleine Beschleunigungen aus technologischen Gründen erwünscht sind bzw. bei denen mechanische Übertragungsglieder nicht überbeansprucht werden dürfen.

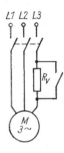
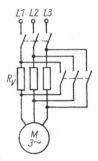

Bild 2.76. Unsymmetrische Kurzschlußläufer-Sanftanlaufschaltung

Bild 2.77. Symmetrische Kurzschlußläufer-Sanftanlaufschaltung

Beispiel 2.26

Der Antriebsmotor einer Kohlemühle im Kraftwerk hat folgende Daten: 630 kW; 585 U/min; 6 kV Y; 80 A; $\tau_L = 0{,}87$ s; $s_N = 0{,}025$. Die Maschine darf bei einer Umschaltung vom Netz auf die Eigenbedarfsversorgung keine höhere Restspannung als 40% der Nennspannung aufweisen. Welche Zeit muß zwischen Ab- und Wiedereinschalten liegen?

2.5. Asynchronmaschine mit Kurzschlußläufer (AMKL)

Lösung

Nach (2.120) beträgt die in der Ständerwicklung durch das Restfeld nach dem Abschalten auftretende verkettete Spannung

$$\bar{u}_1 = 0{,}85\ \overline{U}_N \left[\frac{1}{\omega_1 \tau_L} - j(1-s)\right] e^{-t/\tau_L} \cdot e^{j\omega_p t}.$$

Der Anfangswert beträgt demzufolge

$$U_a = 0{,}85\ \hat{U}_N (1-s) = 0{,}85 \cdot 6\ \text{kV} \cdot \sqrt{2}\,(1-0{,}025) \approx 7\ \text{kV}.$$

Zulässige Restspannung für Wiedereinschalten $U_R = 0{,}4\ U_N = 0{,}4 \cdot 6\ \text{kV} = 2{,}4\ \text{kV}$.
Zeit zwischen Ab- und Wiedereinschalten

$$t_v = \tau_L \ln \frac{U_a}{U_R \sqrt{2}} = 0{,}87\ \text{s} \cdot \ln(7\ \text{kV}/2{,}4 \cdot \sqrt{2}\ \text{kV}) = 0{,}64\ \text{s}.$$

Die Umschaltzeit darf 0,64 s nicht unterschreiten, um die gestellte Forderung zu erfüllen. Der während der Umschaltzeit auftretende Drehzahlabfall ist geringfügig und kann vernachlässigt werden. Den Verlauf der Spannung u_1 zeigt Bild 2.78.

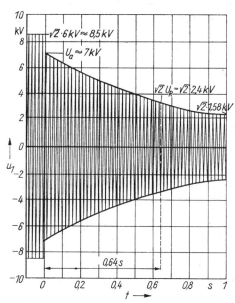

Bild 2.78. *Verlauf der Ständerspannung nach Abschalten einer AMKL*

Beispiel 2.27

Zum Antrieb eines Boxer-Verdichters wird ein Asynchronmotor mit folgenden Daten eingesetzt:

1 250 kW; 371 U/min; 6 kV Y ; 153 A; $\dfrac{I_A}{I_N} = 4$; $\dfrac{M_A}{M_N} = 0{,}7$; $\dfrac{M_K}{M_N} = 1{,}9$;

$J = 1{,}2 \cdot 10^3\ \text{kg m}^2$ (Gesamtträgheitsmoment).

Der Anlauf erfolgt bei entlastetem Verdichter. Der netzseitige Anlaufstrom soll $I_{A\,Netz} = 250\ \text{A}$ nicht überschreiten. Man bestimme den Anlaufvorgang unter Verwendung eines Anlaßtransformators und den maximalen Stromstoß beim Umschalten.

Lösung

Anlaufstrom bei 6 kV: $I_{AN} = 4 \cdot 153\ \text{A} = \mathbf{612\ A}$

$$U \approx U_N \sqrt{\frac{I_{A\,Netz}}{I_{AN}}} = 6\ \text{kV}\ \sqrt{\frac{250\ \text{A}}{612\ \text{A}}} = 3{,}83\ \text{kV}.$$

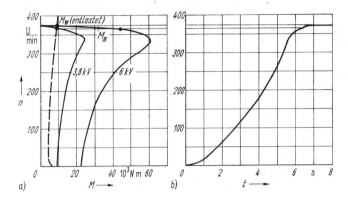

Bild 2.79. Anlauf eines Verdichterantriebs mit Anlaßtransformator

Es wird ein Anlaßtransformator mit sekundärseitiger Spannung $U = 3{,}8$ kV Y gewählt. Der Motoranlaufstrom beträgt in diesem Fall $I_\mathrm{A} = 612$ A $\cdot$ 3,8 kV/6 kV $= 388$ A.
Die Verdichterkennlinie und die Motorkennlinie für 3,8 kV und 6 kV sind im Bild 2.79 ersichtlich. Die Anlaufkurve wurde nach den Angaben im Anhang 7.2 bestimmt. Aus dem Bild ist ersichtlich, daß das Umschalten auf 6 kV erst nach etwa 6,3 s erfolgen darf. Dabei tritt ein Spannungssprung von 6 kV $-$ 3,8 kV $= 2{,}2$ kV auf. Zu dem stationären Strom kommt ein Schaltstrom von

$$i_\mathrm{S} \approx 612 \text{ A} \cdot \frac{2{,}2 \text{ kV}}{6 \text{ kV}} = 224 \text{ A}.$$

Beispiel 2.28

Man bestimme die beim Hochlauf des entlasteten Boxerverdichters vom Beispiel 2.27 entstehende mittlere Läuferverlustleistung bis zum Umschalten auf die Bemessungsspannung.

Lösung

Mit $J = 1{,}2 \cdot 10^3$ kg m^2 und $\Omega_0 = 39{,}27$ 1/s ($n_0 = 375$ U/min) berechnet man nach Gl. (2.124):

$$W_\mathrm{V2} = 1{,}2 \cdot 10^3 \text{ kg m}^2 \, \frac{39{,}27^2 \text{ 1/s}^2}{2} = 925 \text{ kWs. Bis zur Umschaltung vergehen 6,3 s.}$$

Damit ergibt sich eine mittlere Läuferverlustleistung von 147 kW. Vergleicht man diesen Wert mit der Gesamtverlustleistung der Maschine bei Bemessungsbetrieb mit einem Wirkungsgrad von 95%, so entspricht das dem 2,23-fachen Verlustwert.

$$P_\mathrm{VN} = 1250 \text{ kW} \left(\frac{1}{0{,}95} - 1\right) = 65{,}8 \text{ kW}; \ 147 \text{ kW}/65{,}8 \text{ kW} = 2{,}23.$$

2.5.5. Bremsen

Zum elektrischen Abbremsen von AMKL können folgende Methoden angewendet werden:

Nutzbremsen
Gleichstrombremsen
Gegenstrombremsen.

Das Gleichstrom- und Gegenstrombremsen wurde bereits im Abschnitt 2.4.3.2 bei der AMSL beschrieben. Diese Aussagen haben auch hier Gültigkeit. Da bei AMKL der Läuferwiderstand nicht verändert werden kann, ist ihr Bremskennlinienfeld sehr beschränkt. Eine interessante Lösung ergibt sich für das Nutzbremsen der polumschaltbaren AMKL. Darauf soll im folgenden eingegangen werden.

2.5.5.1. Nutzbremsen

Bei dieser Bremsmethode kann der Antrieb bekanntlich nur oberhalb der jeweils eingeschalteten synchronen Drehzahl abgebremst werden. Bild 2.80 zeigt den Ablauf beim übersynchronen Bremsen einer polumschaltbaren AMKL in der Reihenfolge der Schalthandlungen *1–2–3–4–5*. Vom Punkt *5* aus kann die Maschine nur durch Abschalten vom Netz stillgesetzt werden. Bei dieser Bremsung gelangt sie viel schneller als beim Ausschalten vom Punkt *1* zum Stillstand. Es treten sehr große Bremsmomente auf, die unter Umständen zu einer unerwünscht hohen Beanspruchung der mechanischen Übertragungsglieder führen. Die in das Netz zurückgespeiste Energie ist nur bei längerer Bremsdauer (Förderantrieb, Fahrzeug) von Bedeutung.

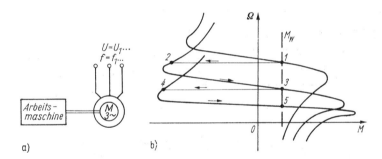

Bild 2.80. *Nutzbremsen der AMKL*
a) Schaltung; b) Kennlinien

2.5.5.2. Bremsmotoren

Um für häufig abzubremsende Antriebe, wie bei Werkzeugmaschinen und Hebezeugen, genügend hohe Bremsmomente zu erzielen, werden als Modifikation zur Grundreihe der AMKL Bremsmotoren gefertigt. Diese Maschinen bestehen aus der Grundausführung der AMKL und haben auf der N-Seite eine angeflanschte Elektromagnetbremse. Das Bremssystem nimmt die Bremsenergie auf, so daß der Motor beim Bremsen thermisch nicht belastet wird. Ein weiterer Vorteil besteht darin, daß diese Bremse ein Haltemoment entwickelt und damit der Motor bis zum Stillstand abgebremst werden kann. Bremsmotoren werden bis zu mehreren zehn kW hergestellt. Bild 2.81 zeigt die Schaltung eines Bremsmotors mit einer Steuerung der Bremse über einen Zeitbaustein.

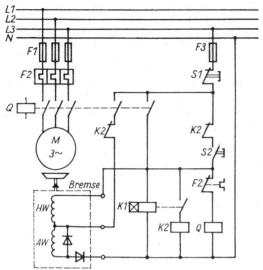

Bild 2.81. Schaltung einer AMKL mit Anbaubremse

Beispiel 2.29

Der im Beispiel 1.3 beschriebene Zentrifugenantrieb mit einem polumschaltbaren Asynchronmotor soll durch Nutzbremsung von der Schleuderdrehzahl ($\omega_{6a} = 150$ 1/s) auf die Räumdrehzahl ($\omega_{9a} = 9$ 1/s) gebracht werden. Es ist zu untersuchen, inwieweit der im Bild 1.4 vorgegebene Bewegungsablauf während der Bremsphase eingehalten werden kann und wie die Umschaltzeitpunkte festzulegen sind.

Lösung

Im Bild 1.4 wurden der ω-Verlauf und der m_b-Verlauf abschnittsweise durch Geraden angenähert. Die Bremsung wird bei $\omega_{6a} = 150$ 1/s eingeleitet, das von der elektrischen Maschine aufzunehmende Moment ergibt sich gemäß Beispiel 1.3 zu $m_{b6} + m_W = (-443 + 120)$ N m $= -323$ N m, im Intervall 7 beginnend mit $\omega_{7a} = 75$ 1/s zu $m_{b7} + m_W = -691$ N m und im Intervall 8 mit anfangs $\omega_{8a} = 20$ 1/s zu $m_{b8} + m_W = -205$ N m. Die Verläufe von m_{b6} bis m_{b8} sind im Bild 2.82 eingetragen.

Der eingesetzte polumschaltbare Asynchronmotor besitzt 4 Drehzahlstufen (2 getrennte Wicklungen in Dahlanderschaltung). Die Polzahlen betragen $2p = 4/8/28/56$. Die entsprechenden synchronen Winkelgeschwindigkeiten liegen bei $\Omega_0 = 157{,}08$; $78{,}53$; $22{,}44$ und $11{,}22$ 1/s. Von Katalogangeboten wurde ein Motor ausgewählt, der die im Bild 2.82 stetigen Kennlinienverläufe im II. Quadranten (Generatorbetrieb!) aufweist. Praktisch wird so vorgegangen, daß die Bewegungskennlinie nach Bild 1.4 in Verbindung mit ausgeführten Motoren und ihren Charakteristiken aufgestellt wird.

2.5. Asynchronmaschine mit Kurzschlußläufer (AMKL)

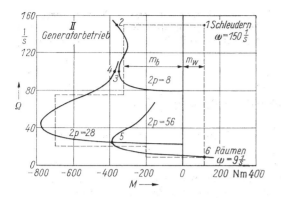

Bild 2.82. $\Omega = f(M)$-Kennlinien eines polumschaltbaren Asynchronmotors im II. Quadranten

Die Bremskennlinien zeigen, daß unter Beachtung des Ausgleichs positiver und negativer Momenten-Zeit-Flächen der Bremsverlauf von Bild 1.4 eingehalten werden kann. Es wurden ferner die Arbeitspunkte 1 bis 6 eingetragen, die nacheinander angelaufen werden. Wegen $J \gg J_M$ bewegen sich die Arbeitspunkte auf den stationären Kennlinien. Die Umschaltpunkte $3-4$ und 5 sind so gewählt, daß nur geringe bzw. keine Momentenstöße auftreten. Dies muß zweckmäßigerweise praktisch erprobt und drehzahlseitig oder stromseitig überwacht werden. Über die endgültige Eignung des ausgewählten Motors entscheiden erst die thermischen Untersuchungen gemäß Abschnitt 3.

Beispiel 2.30

Eine Taktstraße wird von einem Asynchronmotor mit Kurzschlußläufer 5,5 kW (S4 — 40% ED); 710 U/min; 380 V Y; 14 A angetrieben. Die Stillstandszeit je Arbeitsplatz ist nach technologischen Erfordernissen auf 30 s festgelegt. Es wird angestrebt, die Zeiten für Anlauf, Fördern und Bremsen möglichst klein zu halten. Der Trägheitsfaktor beträgt $FI = 12$, so daß die Übergangszeiten (Anlauf und Bremsen) den Ablauf wesentlich beeinflussen.
Man lege dazu eine geeignete Bremsmethode fest.

Lösung

Auf Grund der hohen Schalthäufigkeit und des großen Trägheitsfaktors wird eine AMKL mit angebauter Elektromagnet-Lamellenbremse (Bremsmotor) vorgesehen. Bei Anwendung der Gegenstrom- bzw. Widerstandsbremsung würde die Typenleistung des 5,5-kW-Motors nach den Untersuchungen vom Abschnitt 3 nicht ausreichen.
Die Berechnung des Bewegungsablaufs nach Abschnitt 1 mit $M_{Br} = M_N$ ergab eine Zeit für Anlauf, Fahrt, Bremsen innerhalb eines Taktes:
$t_A + t_F + t_{Br} = 4,8$ s. Eingeschlossen in t_A und t_{Br} sind die Lüftzeit der Elektromagnetbremse von 30 ms und die Einfallzeit der Bremse von 120 ms.
Daraus bestimmt sich die Taktzeit zu $t_T = 30$ s $+ 4,8$ s $= 34,8$ s. Mit einem Zuschlag von 1,2 s wird $t_T = 36$ s festgelegt.

Schalthäufigkeit: $z = \dfrac{3600\,s}{36\,s} = 100$ Schaltungen/h.

Für den angegebenen Motor kann nach Katalog eine Anbaubremse mit folgenden Daten geliefert werden: $\dfrac{M_{Br}}{M_N} = 1 \cdots 2$ einstellbar; $z = 100$ c/h bei $FI = 15$; Nennspannung 220 V; Anzugsstrom 8 A; Haltestrom 0,123 A; Erregerleistung während des Lüftvorgangs 1760 W; Dauerleistung beim Lüften 27 W.
Dieser Bremsmotor erfüllt die gestellten Forderungen. Um bei Störungen im Fertigungsablauf die Programmsteuerung unterbrechen zu können, werden an verschiedenen Plätzen Taster angeordnet, die das Unterbrechen bzw. Wiedereinschalten des Taktablaufs ermöglichen. Dazu wird eine Schaltung nach Bild 2.81 b gewählt.
Mit dem Taster $S1$ kann der Programmablauf unterbrochen werden. Über den Taster $S2$ erfolgt das Wiedereinschalten. Dabei erhalten die Schützspule Q und das Zeitrelais $K1$

Spannung. Zugleich spricht die Anzugswicklung AW der Bremse an. Nach Ablauf der eingestellten Zeit am Zeitrelais betätigt dieses das Hilfsschütz $K2$. Dadurch wird die Anzugswicklung AW in Reihe mit der Haltewicklung HW über den Selbsthaltekontakt ans Netz gelegt.

2.6. Synchronmaschine mit Schenkelpolläufer (SM)

Synchronmaschinen laufen mit einer von der Frequenz abhängigen konstanten Drehzahl. Eine Drehzahlstellung ist nur durch Veränderung der Speisefrequenz möglich. Besondere Beachtung verdient der Anlauf, da Synchronmaschinen ohne besondere Maßnahmen selbsttätig nicht anlaufen können. Sie werden als Einzelmaschinen für sehr große Leistungen (400 kW $\cdots$ 20 MW) oder in Gruppenantrieben mit kleinen Maschinenleistungen bis etwa 5 kW eingesetzt. Bei den Maschinen großer Leistung wird die Eigenschaft der Synchronmaschine, Blindleistung an das Netz liefern zu können, ausgenutzt. Vorrangig kommen dafür durchlaufende Antriebe, wie Kompressoren, Pumpen oder Umformeraggregate, in Betracht. Über Umrichter gespeiste Synchronmaschinen werden auch als Spezialantriebe für sehr kleine Drehzahlen (5$\cdots$20 U/min), wie Rohrmühlenantriebe, ausgeführt.

Mit Umrichtern, deren Ausgangsfrequenz von einem Lagegeber der SM geführt wird, lassen sich prinzipiell auch Antriebe aufbauen, die dem Verhalten einer Gleichstrom-Nebenschlußmaschine entsprechen. Man bezeichnet diese Maschinen auch als Stromrichtermotor, Gleichstrommaschine mit elektronischem Kommutator bzw. Elektronikmotor. Letztere werden als Kleinstantriebe für vielfältige Aufgaben in der Steuerungs-, Zeitmeß- und Fonotechnik eingesetzt (Abschn. 6).

Im Vergleich zu Asynchronmotoren mit Kurzschlußläufer sind Synchronmaschinen teurer. Sie weisen aber den Vorteil eines höheren Wirkungsgrades auf und besitzen nur eine proportionale Abhängigkeit des Drehmoments von der Netzspannung. Damit sinkt bei Spannungsverringerung das Kippmoment (Außertrittfallmoment) nicht so stark wie bei der AMKL. Abgesehen von dem Bürsten-Schleifringkontakt, über den der Erregerstrom zugeführt wird, erfordern sie nur einen geringen Wartungsaufwand.

2.6.1. Wirkungsweise und Betriebseigenschaften

Im Ständer ist wie bei den Asynchronmaschinen eine Drehstromwicklung angeordnet, die an das Drehstromnetz angeschlossen wird und im Luftspalt ein Drehfeld aufbaut. Die Winkelgeschwindigkeit des Drehfeldes beträgt

$$\boxed{\Omega_0 = \frac{2\pi f_1}{p}}. \tag{2.60}$$

Auf dem Läufer befinden sich $2p$ Pole mit ihrer Erregerwicklung. Die Polspulen sind in Reihe geschaltet und werden über Schleifringe vom Erregerstrom gespeist.

Das von den Ständerwicklungen gebildete Drehfeld und das Polradfeld überlagern sich und bilden ein resultierendes Drehfeld. Der Läufer rotiert mit $\Omega = \Omega_0$. Bei Belastung der Maschine entsteht zwischen den Achsen des Ständer- und des Polradfeldes eine Winkeldifferenz, der sog. Polradwinkel. Nach diesem Wirkprinzip arbeiten auch SM mit permanentmagnetischer Erregung. Generell besteht die Möglichkeit, die

2.6. Synchronmaschine mit Schenkelpolläufer (SM)

Funktion von Ständer und Läufer zu tauschen (Außenpolmaschine). Für mittlere und große Leistungen werden jedoch ausnahmslos Innenpolmaschinen bevorzugt, bei denen das Erregersystem rotiert.

Das Polsystem weist eine magnetische Asymmetrie auf. Zur analytischen Beschreibung des Betriebsverhaltens wird demzufolge ein Gleichungssystem mit $d,q,0$-Komponenten herangezogen. Der magnetische Widerstand in Längsrichtung des Polrades (d-Achse) ist kleiner als in Richtung Pollücke (q-Achse). Das umlaufende Polrad induziert in einer Strangwicklung des Ständers die Polradspannung U_p.

Mit der synchronen Längsreaktanz

$$X_d = X_\sigma + X_{ad} \tag{2.125}$$

und der synchronen Querreaktanz

$$X_q = X_\sigma + X_{aq}, \tag{2.126}$$

$$\frac{X_q}{X_d} = 0{,}6 \cdots 0{,}8$$

lautet die Spannungsgleichung

$$\boxed{\underline{U}_1 = \underline{I}_1 R + j\,\underline{I}_d X_d + j\,\underline{I}_q X_q + \underline{U}_p} \tag{2.127}$$
$$\boxed{U_p = \Omega_0 K I_E} \tag{2.128}$$

mit

$$\boxed{\underline{I}_1 = \underline{I}_d + \underline{I}_q}\;; \tag{2.129}$$

X_σ Streureaktanz eines Stranges der Ständerwicklung
X_{ad} Ankerlängsfeldreaktanz (Ankerrückwirkung)
X_{aq} Ankerquerfeldreaktanz (Ankerrückwirkung)
R ohmscher Widerstand eines Stranges der Ständerwicklung
U_p Polradspannung eines Stranges
I_1 Strangstrom der Ständerwicklung
I_d Komponente des Strangstroms der Ständerwicklung, zugeordnet zur d-Achse
I_q Komponente des Strangstroms der Ständerwicklung, zugeordnet zur q-Achse
β Polradwinkel, elektrisch; der mechanische Polradwinkel beträgt β/p
   Der Polradwinkel ist bei Motorbetrieb negativ, bei Generatorbetrieb positiv
K Maschinenkonstante.

Das Zeigerdiagramm für einen übererregten Synchronmotor ($R = 0$) ist im Bild 2.83 dargestellt.

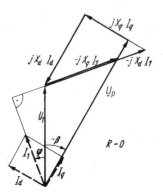

Bild 2.83. *Zeigerdiagramm eines Synchronmotors (übererregt)*

Für die Stromkomponenten erhält man aus dem Zeigerdiagramm (β im Motorbetrieb negativ)

$$\underline{I}_\mathrm{d} = -j\frac{U_1}{X_\mathrm{d}} e^{j\beta} \cos\beta + j\frac{U_\mathrm{p}}{X_\mathrm{d}} \tag{2.130}$$

$$\underline{I}_\mathrm{q} = -\frac{U_1}{X_\mathrm{q}} e^{j\beta} \sin\beta \tag{2.131}$$

und damit nach (2.129)

$$\underline{I}_1 = j\frac{U_\mathrm{p}}{X_\mathrm{d}} - j\frac{U_1}{X_\mathrm{d}} e^{j\beta} \cos\beta - \frac{U_1}{X_\mathrm{q}} e^{j\beta} \sin\beta. \tag{2.132}$$

Mit Einführung der Eulerschen Funktion ergibt sich:

$$\boxed{\underline{I}_1 = j\frac{U_\mathrm{p}}{X_\mathrm{d}} + j\frac{U_1}{2}\left(\frac{1}{X_\mathrm{q}} - \frac{1}{X_\mathrm{d}}\right) e^{j2\beta} - j\frac{U_1}{2}\left(\frac{1}{X_\mathrm{d}} + \frac{1}{X_\mathrm{q}}\right)}. \tag{2.133}$$

Der Zeiger der Spannung U_p tritt gegenüber dem der Spannung U_1 um den Winkel β phasenverschoben auf. Mit dieser Zuordnung läßt sich die Stromortskurve der SM darstellen (Bild 2.84).
Die Stromortskurve wird von drei Stromkomponenten gebildet und beschreibt bei veränderlichem Polradwinkel eine Pascalsche Schnecke.
Das Drehmoment der SM läßt sich über die Leistungsbilanz bestimmen.

$$\boxed{M = \frac{3}{\Omega_0} \operatorname{Re}\{\underline{U}_1 \underline{I}_1^*\}}. \tag{2.134}$$

Mit (2.133) ergibt sich

$$\boxed{M = -\frac{3}{\Omega_0} U_1 \left[\frac{U_\mathrm{p}}{X_\mathrm{d}} \sin\beta + \frac{U_1}{2}\left(\frac{1}{X_\mathrm{q}} - \frac{1}{X_\mathrm{d}}\right) \sin 2\beta\right]}. \tag{2.135}$$

Nach (2.135) besteht das Moment der SM aus zwei Anteilen, dem synchronen Moment M_syn und dem Reaktionsmoment M_r (Bild 2.85). Da das synchrone Moment bei nor-

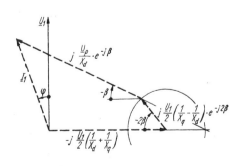

Bild 2.84. Stromortskurve der SM mit Schenkelpolläufer

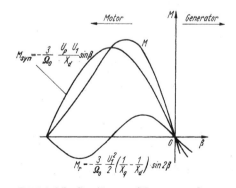

Bild 2.85. Synchrones Moment und Reaktionsmoment der SM

mal- oder übererregten Maschinen dominiert, hängt das Gesamtmoment näherungsweise linear von der Netzspannung ab. Das stationäre Kippmoment (Außertrittfallmoment) M_K der SM ergibt sich für $\mathrm{d}M/\mathrm{d}\beta = 0$ aus (2.135) und beträgt $M_\mathrm{K}/M_\mathrm{N} \approx 2 \cdots 2{,}5$. Der Polradwinkel (elektrisch) liegt bei Schenkelpolmaschinen für Nennlast zwischen $\beta = 15$ und $30°$, der Polradkippwinkel $\beta_\mathrm{K} < 90°$. Der mechanische Polradwinkel beträgt das $1/p$-fache davon. Im dynamischen Betrieb liegen Kippmoment und Kippwinkel höher. Wird das Kippmoment überschritten, fällt die Maschine „außer Tritt", d. h., sie läuft nicht mehr synchron und bleibt unter Kurzschluß stehen.

2.6.2. Erregung

Zur Erregung von SM werden verschiedene Lösungen angewandt. So gelangen u. a. Erregermaschinen (Gleichstromgeneratoren), die entweder direkt an die SM gekuppelt oder als getrenntes Umformeraggregat mit eigenem Antriebsmotor aufgestellt werden, zum Einsatz. Umformeraggregate sind für langsamlaufende SM vorteilhafter, da die Erregermaschine dann mit höherer Antriebsdrehzahl in einer kleineren Baugröße ausgeführt werden kann. In zunehmendem Umfang werden für die Erregung jedoch Stromrichterschaltungen eingesetzt. Die Erregerleistung wird dazu entweder von einen Drehstromhilfsnetz oder von der SM selbst bezogen. Bei diesen Schaltungen bestehen günstige Möglichkeiten, die Blindleistung schnell zu regeln oder das dynamische Kippmoment durch Stoßerregung rasch heraufzusetzen. Sowohl bei der angekuppelten Erregermaschine als auch bei der Selbsterregung über einen Stromrichter kann die SM den erforderlichen Erregerstrom erst in der Nähe ihrer Synchrondrehzahl aufbringen. Die Erregerleistung beträgt etwa $3 \cdots 5\%$ der Bemessungsleistung. Die Erregerwicklung wird normalerweise für Erregerspannungen von $100 \cdots 440$ V ausgelegt, muß jedoch bei Anwendung der Stoßerregung für eine höhere Spannung isoliert werden.

2.6.3. Anlauf, Drehzahlstellung und Bremsen

Anlauf

Die Synchronmaschine kann selbsttätig nicht anlaufen. Deshalb wird entweder ein gesonderter Anwurfmotor angekuppelt, oder das Polrad erhält einen Anlaufkäfig. Diese Ausführungsform ist für SM üblich. Die Maschine läuft dann wie eine AMKL hoch, und bei Erreichen von etwa 95% der Synchrondrehzahl wird die Erregerspannung aufgeschaltet. Damit fällt die Maschine „in Tritt". Während des asynchronen Anlaufs muß die Erregerwicklung über einen Außenwiderstand vom etwa 10fachen Wert des Erregerwicklungswiderstands kurzgeschlossen werden, damit die an der Erregerwicklung auftretende Induktionsspannung nicht unzulässig hoch steigt.
Eine weitere Möglichkeit für den Anlauf der SM besteht in der Frequenzsteuerung mit einem Umrichter.

Drehzahlstellung

Die Frequenzsteuerung ist die einzige Methode zur Drehzahlstellung von Synchronmaschinen. Die Drehzahl ist dabei der Speisefrequenz fest zugeordnet. Bei der Steuerung von Mehrmotorantrieben ergibt sich der Vorteil, daß damit die Drehzahl aller angeschlossenen Motoren verstellt werden kann und ihr Gleichlauf erhalten bleibt. Als Stellglieder werden Umrichter verwendet.

Bremsen

Als Bremsmethoden kommen das Nutzbremsen und das Widerstandsbremsen zur Anwendung. Beim Nutzbremsen kann die Drehzahl, falls die Netzfrequenz konstant bleibt, nicht geändert werden. Die Maschine geht durch den äußeren Antrieb in den Generatorzustand über. Damit ändert der Polradwinkel sein Vorzeichen, d. h., β wird positiv. Beim Widerstandsbremsen arbeitet die SM ebenfalls als Generator; sie ist jedoch vom Netz abgeschaltet und liefert mit freier Spannungshöhe Energie an Belastungswiderstände. Mit dem Erregerstrom kann das Bremsmoment eingestellt werden. Der Vorgang entspricht der Gleichstrombremsung der AMSL nach Abschnitt 2.4.3.2 und läßt sich nach (2.86) bis (2.89) berechnen.

Beispiel 2.31

Man bestimme das synchrone Moment und das Reaktionsmoment eines Synchronmotors mit folgenden Daten: $P = 3500$ kW, $n = 375$ U/min ($\Omega_0 = 39{,}27$ 1/s); $U = 6$ kV Y; $I = 390$ A; $\cos\varphi = 0{,}9$ übererregt.
Es sind bei der Bemessungsleistung bekannt:

$$X_d = 10 \text{ V/A}; \quad X_q = 7{,}5 \text{ V/A}; \quad \beta = -27{,}8°; \quad U_p = 6{,}21 \text{ kV}.$$

Welche Blindleistung wird gegenüber einer AMKL eingespart bzw. an das Netz geliefert?

Lösung

Nach (2.135) bestimmt man das Synchronmoment und das Reaktionsmoment:

$$M_{syn} = -\frac{3}{39{,}2 \frac{1}{s}} \cdot \frac{\frac{6 \cdot 10^3 \text{ V}}{\sqrt{3}} \cdot 6{,}21 \cdot 10^3 \text{ V}}{10 \frac{\text{V}}{\text{A}}} \cdot \sin(-27{,}8°) = 76{,}6 \cdot 10^3 \text{ N m}.$$

$$M_r = -\frac{3}{39{,}2 \frac{1}{s}} \cdot \frac{\left(\frac{6 \cdot 10^3 \text{ V}}{\sqrt{3}}\right)^2}{2} \left(\frac{1}{7{,}5 \frac{\text{V}}{\text{A}}} - \frac{1}{10 \frac{\text{V}}{\text{A}}}\right) \sin(-55{,}6°)$$

$$= 12{,}6 \cdot 10^3 \text{ N m}.$$

$M_N = M_{syn} + M_r = 76{,}6 \cdot 10^3 \text{ N m} + 12{,}6 \cdot 10^3 \text{ N m} = 89{,}2 \cdot 10^3 \text{ N m}$

$M_N \Omega_0 = 89{,}2 \cdot 10^3 \text{ N m} \cdot 39{,}27 \text{ 1/s} \approx 3500 \text{ kW}.$

Mit den in der Aufgabenstellung angeführten Daten kann die Stromortskurve nach Bild 2.84 entworfen werden.
Der Synchronmotor gibt bei $\cos\varphi = 0{,}9$ ü (übererregt) die Blindleistung (Magnetisierungsleistung)

$$Q = \sqrt{3}\, UI \sqrt{1 - \cos^2\varphi} = \sqrt{3} \cdot 6 \cdot 10^3 \text{ V} \cdot 390 \text{ A} \cdot \sqrt{1 - 0{,}9^2} = 1{,}77 \cdot 10^3 \text{ kvar}$$

an das Netz ab.
Ein Asynchronmotor mit Kurzschlußläufer von 3500 kW; 375 U/min hat einen Leistungsfaktor $\cos\varphi = 0{,}82$ ($\varphi = 35°$). Er bezieht aus dem Netz eine Magnetisierungsleistung von $Q = P \cdot \tan\varphi = 3500 \text{ kW} \cdot \tan 35° = 2{,}45 \cdot 10^3$ kvar. Für große Leistungen bei durchlaufendem Betrieb ist der Synchronmotor wegen seiner Eigenschaft, Blindleistung an das Netz abgeben zu können, zu bevorzugen.

2.6.4. Dynamisches Verhalten

Zur Berechnung interessierender Zustandsgrößen in Schenkelpolsynchronmaschinen ist von dem allgemeinen Gleichungssystem auszugehen, wie es in der Literatur, z. B. [2.1], angegeben ist. Da dieses Gleichungssystem eine Reihe von Variablen und Nichtlinearitäten beinhaltet, stößt man bei seiner Behandlung oft auf Schwierigkeiten, die sich nur durch Näherungsbetrachtungen umgehen lassen. Besondere Aufmerksamkeit ist bei dynamischen Vorgängen den Polradschwingungen zu schenken. Synchronmaschinen neigen gegenüber den anderen elektrischen Maschinen stärker zu Schwingungen, die sich auch auf das Netz mit Strompendelungen übertragen. Von den Übergangsvorgängen soll im folgenden das Störverhalten unter der Annahme kleiner Polradwinkelauslenkungen in vereinfachter Weise betrachtet werden.
Ausgehend von der Bewegungsgleichung

$$\Delta m - \Delta m_W - \Delta m_b = 0,$$

führt man bei linearisierter Betrachtung das Moment der Synchronmaschine im Motorbetrieb ein:

$$\Delta m = -K_d \frac{d\Delta\beta}{dt} - K_{syn}\Delta\beta. \tag{2.136}$$

Das Beschleunigungsmoment bestimmt sich zu

$$\Delta m_b = \frac{J}{p}\frac{d^2\Delta\beta}{dt^2}. \tag{2.137}$$

Danach erhält man die Bewegungsgleichung in der Form

$$\boxed{\frac{J}{p}\frac{d^2\Delta\beta}{dt^2} + K_d\frac{d\Delta\beta}{dt} + K_{syn}\Delta\beta + \Delta m_W = 0}\ ; \tag{2.138}$$

K_d Dämpfungskonstante, $K_d \approx \dfrac{M}{s\,\Omega_0\,p}$; M und s sind Werte aus der asynchronen Kennlinie

K_{syn} Synchronisierkonstante, $K_{syn} = -\dfrac{dm_{dyn}}{d\beta}$ aus der dynamischen Momentenkennlinie

$\Delta\beta$ Polradwinkeländerung, elektrisch; mechanische Polradwinkeländerung $\dfrac{\Delta\beta}{p}$

p Polpaarzahl.

Das Moment der SM setzt sich nach (2.136) aus einem synchronisierenden und einem dämpfenden Anteil zusammen.
Gleichung (2.138) kann nach der Laplace-Transformation in den Bildbereich übergeführt werden (Anhang 7.6). Danach lautet die Übertragungsfunktion

$$\boxed{\frac{\Delta\beta(p)}{\Delta m_W(p)} = -\frac{1}{K_{syn} + pK_d + p^2\dfrac{J}{p}}}. \tag{2.139a}$$

In der Frequenzgangdarstellung schreibt man

$$\frac{\Delta\beta(j\omega)}{\Delta m_W(j\omega)} = -\frac{1}{K_{syn}}\frac{1}{1 + j\,2\,d\omega\,\tau + (j\omega)^2\,\tau^2} \tag{2.139b}$$

mit

$$\omega_0 = \frac{1}{\tau} = \sqrt{\frac{K_\text{syn}\,\mathsf{p}}{J}}, \qquad (2.140\,\text{a})$$

$$\omega_\text{e} = \omega_0 \sqrt{1-d^2}, \qquad (2.140\,\text{b})$$

$$\omega_\text{r} = \omega_0 \sqrt{1-2d^2}, \qquad (2.140\,\text{c})$$

$$d = \frac{\omega_0}{2}\frac{K_\text{d}}{K_\text{syn}} = \frac{K_\text{d}}{2}\sqrt{\frac{\mathsf{p}}{J\,K_\text{syn}}}\,; \qquad (2.141)$$

ω_0 Kreisfrequenz der freien Schwingung (Eigenkreisfrequenz)
ω_e Kreisfrequenz der freien gedämpften Schwingung
ω_r Kreisfrequenz bei Resonanz
d Dämpfungsdekrement.

Für exakte Betrachtungen muß $K_\text{syn}(\text{j}\omega)$ frequenzabhängig eingeführt werden [2.6]. Die Bestimmung des Pendelwinkels kann unter Verwendung der Angaben über Schwingungsglieder nach Anhang 7.9.2 erfolgen.
Die Festlegung des Dämpfungsdekrements, in das die Dämpfungskonstante eingeht, kann nur näherungsweise aus der asynchronen Kennlinie (Anlaufkäfig, Dämpferkäfig) erfolgen. Meist wird die Dämpfung für die Bestimmung der Kreisfrequenz vernachlässigt.
Der synchronisierende Momentenanteil $\Delta m_\text{syn} = \dfrac{\text{d}m_\text{dyn}}{\text{d}\beta}\,\Delta\beta$ wird aus der Tangente an die dynamische Momentenkennlinie $m_\text{dyn} = f(\beta)$ beim jeweilig betrachteten Polradwinkel, um den die Pendelungen erfolgen, bestimmt. Die dynamische Momentenkennlinie für kleine Polradwinkeländerungen wird unter der Annahme gewonnen, daß bei den Pendelungen die Flußverkettung in der d-Achse konstant bleibt. Damit wird mit einer konstanten Spannung hinter der transienten Reaktanz gerechnet.

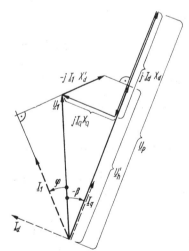

Bild 2.86. Transientes Zeigerdiagramm der SM

In der Momentenkennlinie nach (2.135) sind dabei anstelle der Längsreaktanz X_d die transiente Längsreaktanz X'_d und für U_p die Spannung U'_h einzuführen. Die Festlegung von U'_h wird im Bild 2.86 gezeigt. Man erhält U'_h aus der Projektion $\underline{U}_1 - \text{j}\,X'_\text{d}\underline{I}_1$ auf $\underline{U}_\text{p}$.

$$|U'_\text{h}| = |U_1|\cos\beta + |I_1|\,X'_\text{d}\sin(\varphi-\beta). \qquad (2.142)$$

2.6. Synchronmaschine mit Schenkelpolläufer (SM)

Danach berechnet sich

$$\frac{dm_{dyn}}{d\beta} = -\frac{3\,U_1}{\Omega_0}\left[\frac{U_h'}{X_d'}\cos\beta - U_1\left(\frac{1}{X_d'} - \frac{1}{X_q}\right)\cos 2\beta\right]. \qquad (2.143)$$

2.6.4.1. Freie Pendelungen

Bei $\Delta m_W = 0$ führt die SM freie Pendelungen aus. Nach (2.139) ermittelt man den Pendelwinkel

$$\boxed{\Delta\beta = \Delta\hat{\beta} \cdot e^{-t/\tau_d} \cdot \sin\omega_e t} \;; \qquad (2.144)$$

τ_d Dämpfungszeitkonstante der freien Schwingung; $\tau_d = 2\,J/K_d$ p
ω_e Kreisfrequenz der freien gedämpften Schwingung.

Auf ω_e nehmen das Trägheitsmoment und die Erregung Einfluß. Für Schenkelpolmaschinen beträgt $f_e = \dfrac{\omega_e}{2\pi} \approx 1 \cdots 5$ Hz.

2.6.4.2. Erzwungene Pendelungen

Beim Antrieb von Kolbenmaschinen treten ungleichförmige Belastungen für die SM auf. Der Momentenverlauf der Arbeitsmaschine läßt sich nach einer Frequenzanalyse in Form der Gleichung (2.145) darstellen:

$$m_W = M_{W0} + \sum_{\nu=1}^{n}\hat{M}_{W_\nu}\cos(\omega_\nu t + \gamma_\nu); \qquad (2.145)$$

$\hat{M}_{W_\nu}$ Amplitude des Widerstandsmoments ν-ter Ordnung
ω_ν Kreisfrequenz der ν-ten Ordnung
γ_ν Phasenwinkel der ν-ten Momentenschwingung.

Die SM führt erzwungene Pendelungen aus. Sie dürfen keine unzulässig hohen Werte (Resonanz) annehmen, d. h., ω_ν/ω_r muß außerhalb des Bereichs 0,8 bis 1,25 liegen.
Bei Viertaktmaschinen treten Harmonische der ν-ten Kreisfrequenz $\omega_\nu = 2\pi\,\lambda\,n$ mit $\lambda = 1/2; 1; 1^1/_2; 2\ldots$ und bei Zweitaktmaschinen mit $\lambda = 1, 2, 3, 4\ldots$ auf. Im allgemeinen liegen die anregenden Kreisfrequenzen ω_ν oberhalb der Kreisfrequenz der Eigenschwingung, d. h. $\omega_\nu > \omega_e$.
Nach der Analyse des Widerstandsmomentenverlaufs gemäß (2.145) lassen sich näherungsweise (K_{syn} = konst.) die Pendelwinkel für die auftretenden Harmonischen nach (2.139b) für $d = 0$ mit $\omega = \omega_\nu$ berechnen:

$$\Delta\hat{\beta}_\nu = \frac{\hat{M}_{W_\nu}}{K_{syn}}\,|\xi|, \qquad (2.146)$$

$$|\xi|_{d=0} = \frac{1}{1 - \left(\dfrac{\omega_\nu}{\omega_0}\right)^2}\;; \qquad (2.147)$$

$\Delta\hat{\beta}_\nu$ Amplitude des Pendelwinkels der ν-ten Harmonischen
ξ Resonanzmodul, $\xi = \Delta m/\Delta m_W$
Δm elektrisches Pendelmoment
Δm_W mechanisches Widerstandspendelmoment.

148 2. Kennlinienfelder und Stellmöglichkeiten elektrischer Antriebsmaschinen

Der Resonanzmodul ξ ist eine komplexe Größe, die für $d = 0$ den reellen Wert nach (2.147) annimmt. Sie bestimmt sich aus dem Verhältnis zwischen den von der Synchronmaschine entwickelten synchronisierenden und dämpfenden Momenten zum Widerstandsmoment. Das synchronisierende und das dämpfende Moment stehen in der Zuordnung zum Zeiger der Pendelung senkrecht zueinander.

Da der Resonanzmodul ξ mit ansteigendem ω_ν bei $d = 0$ gegen 0 konvergiert, kann die Rechnung meist nach der 4. bzw. 5. Harmonischen abgebrochen werden.

Die einzelnen Polradpendelungen überlagern sich mit der durch γ_ν vorgegebenen Phasenverschiebung. Daraus läßt sich nach grafischen oder rechnerischen Verfahren die maximale Polradwinkelauslenkung $\Delta\beta_{max}$ in negativer und positiver Richtung zur Mittelstellung des Polradwinkels β bestimmen. Aus den sich daraus ergebenden Veränderungen der Zeigerdiagramme der Bilder 2.83, 2.84 und 2.86 können die Strompendelungen überschläglich berechnet werden. Es sind i. allg. Strompendelungen bis etwa 20% des Nennstroms zulässig.

Beispiel 2.32

Der im Beispiel 2.31 angeführte Synchronmotor 3500 kW; 375 U/min; 6 kV Y ; 390 A; $\cos \varphi = 0{,}9$ ü ($\varphi = 25{,}8°$); $X'_d = 2{,}6$ V/A; $X_d = 7{,}5$ V/A; $\beta = -27{,}8°$; $J = 8{,}3 \cdot 10^3$ kg m² (Gesamtträgheitsmoment) wird zum Antrieb eines Kolbenverdichters eingesetzt. Aus dem Tangentialkraftdiagramm wurden die Angaben nach Tafel 2.6 bestimmt.

Tafel 2.6. Ergebnisse der harmonischen Analyse eines Widerstandsmoments

		$\nu =$				
		0	1	2	3	4
$\widehat{M}_{W\nu} \cdot 10^3$	N m	76,67	3,92	6,51	9,68	3,15
ω_ν	1/s	—	39,25	78,50	117,75	157
γ_ν	°	—	226,2	66,1	197,4	40,6

Der Verlauf des Widerstandsmoments ist im Bild 2.87a dargestellt. Man bestimme das Schwingungsverhalten des Antriebssystems.

Lösung

Bestimmung von U'_h nach (2.142):

$$U'_h = U_1 \cos \beta + I_1 X'_d \sin(\varphi - \beta) = \frac{6}{\sqrt{3}} \cdot 10^3 \text{ V} \cdot \cos 27{,}8°$$

$$+ 390 \text{ A} \cdot 2{,}6 \frac{\text{V}}{\text{A}} \sin(53{,}6°) = 3{,}89 \cdot 10^3 \text{ V}.$$

Nach (2.143)

$$K_{syn} = \frac{-dm_{dyn}}{d\beta} = \frac{3 U_1}{\Omega_0}\left[\frac{U'_h}{X'_d} \cos \beta - U_1 \left(\frac{1}{X'_d} - \frac{1}{X_q}\right) \cos 2\beta\right]$$

$$= \frac{8 \cdot 6 \cdot 10^3 \text{ V}}{\sqrt{3} \cdot 39{,}25 \frac{1}{\text{s}}} \left[\frac{3{,}89 \cdot 10^3 \text{ V}}{2{,}6 \frac{\text{V}}{\text{A}}} \cos 27{,}8° - \frac{6 \cdot 10^3 \text{ V}}{\sqrt{3}}\right.$$

$$\left. \times \left(\frac{1}{2{,}6 \frac{\text{V}}{\text{A}}} - \frac{1}{7{,}5 \frac{\text{V}}{\text{A}}}\right) \cos 55{,}6°\right] = 219{,}84 \cdot 10^3 \text{ N m}.$$

2.6. Synchronmaschine mit Schenkelpolläufer (SM)

Nach (2.140a)

$$\omega_0 = \sqrt{\frac{K_{syn}\, p}{J}} = 14{,}56\ \frac{1}{s}, \quad f_0 = 2{,}32\ \frac{1}{s}, \quad \text{Polpaarzahl } p = 8.$$

Das Verhältnis $\dfrac{\omega_{\nu=1}}{\omega_r} \approx \dfrac{\omega_{\nu=1}}{\omega_0} = \dfrac{39{,}25\ 1/s}{14{,}56\ 1/s} = 2{,}70$

liegt günstig. Für höhere Harmonische entfernen sich die Arbeitspunkte weiter von der Resonanzlage.
Resonanzmodul ξ nach Gl. (2.147) für $d = 0$:

$$|\xi_1| = 0{,}160; \quad |\xi_2| = 0{,}036; \quad |\xi_3| = 0{,}016; \quad |\xi_4| = 0{,}0087.$$

Polradwinkel (el.) nach (2.146) mit $\hat{M}_{W\nu}$ nach Tafel 2.6 und $K_{syn} = 219{,}84 \cdot 10^3$ N m

$$\Delta\hat{\beta}_1 = \frac{3{,}92 \cdot 10^3\ \text{N m}}{219{,}84 \cdot 10^3\ \text{N m}} \cdot 0{,}160 \cdot \frac{180°}{\pi} = 0{,}163°$$

entsprechend $\Delta\hat{\beta}_2 = 0{,}061°$; $\Delta\hat{\beta}_3 = 0{,}04°$; $\Delta\hat{\beta}_4 = 0{,}007°$.
Die Pendelwinkel liegen sehr niedrig. Die Maschine hat ein Trägheitsmoment, das weit über den Anforderungen liegt. Die maximale Polradwinkelauslenkung, grafisch durch Überlagerung der einzelnen Harmonischen gewonnen, geht aus Bild 2.87b hervor.

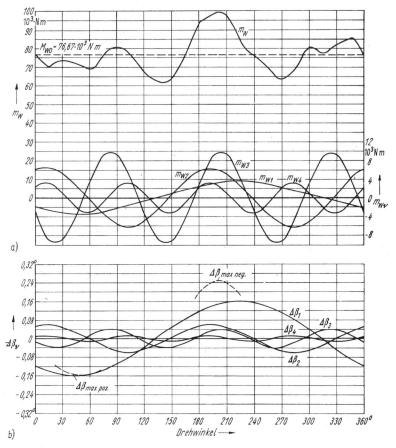

Bild 2.87. *Erzwungene Momenten- und Polradwinkelpendelungen einer SM*
a) Verlauf des Widerstandsmoments und harmonische Analyse; b) Polradwinkelpendelungen und Bestimmung von $\Delta\beta_{max}$

Bestimmung des elektrischen Pendelmoments ($d = 0$):

$M_{el\nu} = |\xi_\nu| \hat{M}_{W\nu}$

$M_{el1} = |\xi_1| \hat{M}_{W1} = 0{,}16 \cdot 3{,}92 \cdot 10^3 \text{ N m} = 627 \text{ N m};$

$M_{el2} = 234 \text{ N m};\quad M_{el3} = 155 \text{ N m};\quad M_{el4} = 27{,}4 \text{ N m}.$

Die auftretenden elektrischen Pendelmomente sind gegenüber dem Nennmoment so gering, daß eine Nachprüfung der Stromschwankung entfallen kann.

2.7. Einphasen- und Drehstrom-Kommutatormaschinen

2.7.1. Wechselstrom-Bahnmotor

Dieser Einphasen-Kommutatormotor wird wegen seiner für Fahreigenschaften günstigen Drehzahl-Drehmomenten-Kennlinie als Bahnmotor eingesetzt. Er zeigt ein ähnliches Betriebsverhalten wie der Gleichstrom-Reihenschlußmotor bzw. der über Stromrichter gespeiste Mischstrommotor.

Wechselstrom-Bahnmotoren haben im Ständer eine Haupt-, Wendepol- und Kompensationswicklung. Der Läufer ist als Kommutatoranker ausgeführt. Da sich die Erregerfeld- und die Ankerstromrichtung gleichzeitig ändern, bleibt die Richtung des Drehmoments erhalten. Es pulsiert jedoch mit doppelter Netzfrequenz. Die Schaltung und Betriebskennlinien werden im Bild 2.88 gezeigt. Durch Verstellen der angelegten Spannung läßt sich die Drehzahl in einfacher Weise verändern. Besondere Beachtung verdient die Kommutierung. Das zeitlich veränderliche Erregerfeld ruft in den kommutierenden Spulen eine transformatorische Spannung U_{Tr} hervor, die zusammen mit der Reaktanzspannung U_r den Stromwendevorgang nachteilig beeinflußt. Die transformatorische Spannung darf 3 V nicht überschreiten und begrenzt damit die Höhe des Erregerflusses auf

$$\Phi_{max} = \frac{U_{Tr}}{\sqrt{2}\,\pi\,w_s\,f_1} = \frac{3 \text{ V}}{\sqrt{2}\cdot\pi\cdot 1 \cdot 16\frac{2}{3}\frac{1}{\text{s}}} = 0{,}04 \text{ Vs}.$$

Die Windungszahl zwischen zwei Lamellen beträgt $w_s = 1$. Das Herabsetzen der Frequenz von 50 Hz auf $16^2/_3$ Hz ermöglicht eine Erhöhung des Erregerflusses. Das ist auch der ausschlaggebende Grund für die frühere Einführung der Bahnnetzfrequenz $16^2/_3$ Hz. Wechselstrom-Bahnmotoren werden mit einer Spannung von etwa 500 V ausgeführt. Die Betriebsspannung wird von einem Stufentransformator aus dem 15-kV-Fahrleitungsnetz heruntertransformiert.

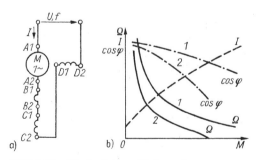

Bild 2.88. *Wechselstrom-Bahnmotor*
a) Schaltung; b) Kennlinien; *1* bei Nennspannung; *2* bei 50% Nennspannung

2.7.2. Läufergespeister Drehstrom-Nebenschluß-Kommutatormotor (lDNKM)

Von den Drehstrom-Kommutatormotoren befindet sich auch heute noch für spezielle Anwendungen der läufergespeiste DNKM im Einsatz.
Drehstrom-Kommutatormaschinen sind ihrem Wirkprinzip nach Asynchronmaschinen, deren Schlupfleistung im untersynchronen Drehzahlbereich dem Netz wieder zugeführt wird. Da jedoch für die Rückführung der Schlupfleistung eine Frequenzgleichheit zum Netz bestehen muß, ist eine Frequenzwandlung notwendig. Der Kommutator hat diese frequenzwandelnde Eigenschaft. Die Energiebilanz entspricht der Darstellung von Bild 2.36 mit $U_2 \neq 0$.

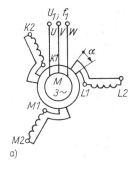
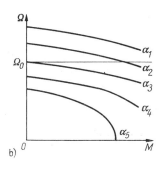

Bild 2.89. *Läufergespeister Drehstrom-Nebenschluß-Kommutatormotor*
a) Schaltung; b) Kennlinien für verschiedene Bürstenstellungen α

Der Ständer des lDNKM ist wie bei Asynchronmotoren mit einer Drehstromwicklung aufgebaut. Der Läufer hat eine Kommutator- und eine Schleifringläuferwicklung (Bild 2.89). An die Schleifringe wird die Netzspannung angelegt; damit entsteht im Läufer ein Drehfeld. In der Ständerwicklung wird eine Spannung von schlupfabhängiger Größe $U_{20}\,s$ mit Schlupffrequenz $f_2 = s\,f_1$ induziert. In der Kommutatorwicklung tritt eine Spannung von Netzfrequenz auf, die an den Bürsten durch die frequenzwandelnde Eigenschaft des Kommutators die Schlupffrequenz sf_1 aufweist. Diese Spannung wird gewissermaßen in den Ständerkreis eingeprägt. Ein Vergleich mit der untersynchronen Stromrichterkaskade ist hier naheliegend. Durch Bürstenverschiebung können Größe und Phasenlage der eingeprägten Spannung und damit die Drehzahl verändert werden. Die Betriebskennlinien zeigt Bild 2.89b. Bei der ständergespeisten Drehstrom-Nebenschlußmaschine sind die Funktionen von Ständer und Läufer vertauscht.
Läufergespeiste Drehstrom-Nebenschluß-Kommutatormaschinen werden für spezielle drehzahlverstellbare Antriebe, so in einigen Papier- und Textilmaschinen, eingesetzt. Der Drehzahlstellbereich liegt bei maximal $S = 1:0{,}04$, der Leistungsbereich bei $1\cdots 50$ kW.

2.8. Elektromagnetische Kupplungen

Bei den bisherigen Betrachtungen wurde davon ausgegangen, daß die Arbeitsmaschine mit der elektrischen Maschine direkt oder über ein Getriebe gekoppelt ist. Damit ergibt sich eine feste Drehzahlzuordnung zwischen beiden Maschinen. Diesen Antriebssystemen liegen die Prinzipdarstellungen der Bilder 1.5 bzw. 1.14 zugrunde.

Mit elektromagnetischen Kupplungen kann die Übertragung mechanischer Energie auf die Arbeitsmaschine auch ohne feste mechanische Verbindung mit dem Motor erfolgen. Gleichzeitig kann auch die Momentenübertragung auf die Arbeitsmaschine gesteuert, geregelt oder begrenzt werden.

Tafel 2.7. Übersicht der wichtigsten elektromagnetischen Kupplungen

Kupplungsart	Kraftübertragung	Betriebsschlupf	Anwendungsbereich max. Drehmoment
Zahnkupplung	formschlüssig	schlupflos	Schaltkupplung $\dots 10^5$ N m
Reibscheibenkupplung	kraftschlüssig	schlupflos	Schaltkupplung $\dots 10^4$ N m
Lamellenkupplung	kraftschlüssig	schlupflos	Schaltkupplung $\dots 6 \cdot 10^3$ N m
Magnetpulverkupplung	elektromagnetisch	schlupflos	Steuer- und Regelkupplung $\dots 5 \cdot 10^3$ N m
Synchronkupplung	elektromagnetisch	schlupflos	Dämpfungs- und Sicherheitskupplung $\dots 2 \cdot 10^3$ N m
Hysteresekupplung	elektromagnetisch	schlupflos	Steuer- und Regelkupplung $\dots 20$ N m
Asynchrone Induktionskupplung	elektromagnetisch	schlupfbehaftet	Steuer- und Regelkupplung $\dots 10^5$ N m
Wirbelstrominduktionskupplung	elektromagnetisch	schlupfbehaftet	Steuer- und Regelkupplung $\dots 2 \cdot 10^3$ N m

Elektromagnetische Kupplungen finden Anwendung als mechanische Wellenschalter, als mechanischer Überlastschutz und gegebenenfalls als Stellglieder zur Drehzahlsteuerung oder als Dämpfungsglieder gegen Drehzahlpendelungen (s. Tafel 2.7).
Aus der Leistungsbilanz erhält man mit der aufgenommenen Leistung

$$P_1 = M \Omega_1 \tag{2.148a}$$

und der abgegebenen Leistung

$$P_2 = M \Omega_2 \tag{2.148b}$$

die auftretende Verlustleistung

$$P_V = P_1 - P_2 = P_1 s \tag{2.149a}$$

$$P_V = M\Omega_1 \frac{\Omega_1 - \Omega_2}{\Omega_1} \tag{2.149b}$$

Sie wird in der Kupplung in Wärme umgesetzt (s. Bild 2.90).
Für die auszuwählende Kupplungsart sind die Drehzahl-Drehmomenten-Kennlinie und die maximal auftretende Verlustleistung bestimmend.

2.8. Elektromagnetische Kupplungen

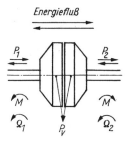

Bild 2.90. Leistungsbilanz elektromagnetischer Kupplungen

2.8.1. Elektromagnetische Reibkupplungen

Reibkupplungen werden als Einflächen-, Zweiflächen- oder Lamellenkupplungen ausgeführt. Als Reibpaarung finden Stahl/Reibbelag, Stahl/Sinterbronze und Stahl/Stahl Einsatz. Das Wirkprinzip entspricht dem der elektromagnetischen Lamellenbremse (Bild 2.81). Die Momentenübertragung erfolgt durch Kraftschluß. Dabei werden die Reibflächen von magnetischen Kräften F_m, die der Magnetfluß einer mit Gleichstrom gespeisten Erregerspule erzeugt, zusammengepreßt. Die Stromzuführung erfolgt über Schleifringe. Bei stromloser Erregerwicklung werden durch die Federkraft F_F die Kupplungsteile auseinandergedrückt.

Das Haftmoment der Kupplung erhält man nach

$$M = (F_m - F_F)\,\mu\,z\,r \quad ; \tag{2.150}$$

μ Reibungszahl
z Lamellenzahl
r effektiver Radius
F_m magnetische Kraft
F_F Federkraft.

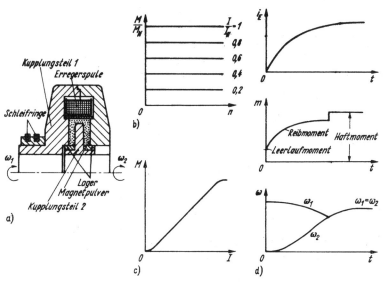

Bild 2.91. Magnetpulverkupplung
a) konstruktiver Aufbau; b) stationäres Kennlinienfeld; c) Steuerkennlinie; d) Einschaltvorgang

Das maximal übertragbare zulässige Moment wird um 15···40% niedriger als das Haftmoment festgelegt. Reibkupplungen arbeiten im stationären Betrieb gewöhnlich ohne Schlupf.
Eine spezielle Form der Reibkupplung ist die Magnetpulverkupplung (Bild 2.91a). Zwischen den Kupplungsteilen befindet sich Magnetpulver, das bei Erregung der Spulen durch das geschlossene Magnetfeld verfestigt wird und eine reibschlüssige Verbindung der Kupplungsteile bewirkt. Durch Änderung des Erregerstroms kann man das zu übertragende Moment steuern bzw. regeln (Bild 2.91b). Die Steuerkennlinie verläuft dabei, wie Bild 2.91c zeigt, in einem weiten Bereich linear. Der Momentenaufbau erfolgt verzögert, jedoch ohne Totzeit (Bild 2.91d).

2.8.2. Induktionskupplungen

Die Wirkungsweise elektromagnetischer Induktionskupplungen ist ähnlich der von Asynchron- bzw. Synchronmaschinen. Die Drehmomentenübertragung erfolgt induktiv über den Luftspalt. Dabei tritt kein mechanischer Verschleiß auf.
Der prinzipielle Aufbau dieser Kupplungen ist in Tafel 2.8 dargestellt. Sie können mit drei verschiedenen Induktionsringen ausgeführt werden. Darüber hinaus gibt es eine andere konstruktive Ausführungsform, die auf der einen Seite, ähnlich der einer Synchronmaschine, ein Polsystem, auf der anderen einen Induktionskäfig besitzt, das bei einer Relativdrehzahl in den Kurzschlußstäben eines Käfigläufers eine Spannung induziert, die einen Stromfluß zur Folge hat.
Mit Induktionskupplungen können einfache Antriebsregelungen realisiert werden. Typische Anwendungsfälle sind

— Drehzahlregelungen für konstante Drehzahlen bis herunter zu Schleichdrehzahlen
— Leistungsregelungen zur Realisierung von Wickelcharakteristiken
— Momentenregelungen.

Das dynamische Verhalten dieser Kupplungen kann unter der Annahme kleiner Änderungen auf linearisierten stationären Kennlinien $M = f(I_E)$ bzw. $M = f(\Omega_2)$ betrachtet werden. Unter der Annahme, daß die Kupplung das volle Motormoment m überträgt, gilt für den betrachteten Arbeitspunkt

$$m = \left(\frac{dM}{dI_E}\right) i_E - \left(\frac{dM}{d\Omega_2}\right) \omega_2; \qquad (2.151)$$

$\dfrac{dM}{dI_E} = C_1$ Anstieg der $M = f(I_E)$-Kennlinie im Arbeitspunkt Ω_2 (s. Bild 2.92a)

$\dfrac{dM}{d\Omega_2} = C_2$ Abfall der $M = f(\Omega_2)$-Kennlinie im Arbeitspunkt I_E (s. Bild 2.92b)

Ω_2, ω_2 Abtriebsdrehzahl.

Für den Erregerkreis der Kupplung gilt die Beziehung

$$u_E = i_E R_E + L_E \frac{di_E}{dt}. \qquad (2.152)$$

Aus (2.151), (2.152) und der Bewegungsgleichung $m = m_W + J \dfrac{d\omega_2}{dt}$ bestimmt man nach Abschnitt 2.2.4 für $\Delta m_W = 0$ das Führungsverhalten,

$$\frac{\omega_2}{u_E} = \frac{C_1}{C_2 R_E} \frac{1}{(1 + p\,\tau_E)(1 + p\,\tau_M)}. \qquad (2.153)$$

2.8. Elektromagnetische Kupplungen

Tafel 2.8. Konstruktiver Aufbau von Induktionskupplungen und Kennlinienfelder

Konstruktiver Aufbau	Kennlinien bei verschiedenen Induktionsringen	Eigenschaften und Einsatzgebiete
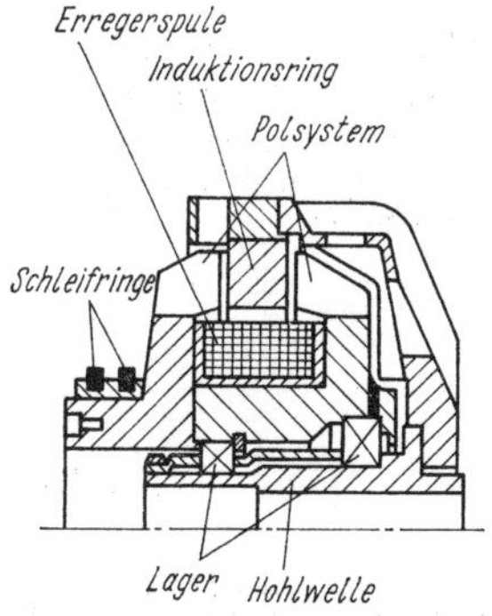 (Erregerspule, Induktionsring, Polsystem, Schleifringe, Lager, Hohlwelle)	Asynchronring — M vs s, Kurven I_N, $0{,}8\,I_N$, $0{,}6\,I_N$, $0{,}4\,I_N$ 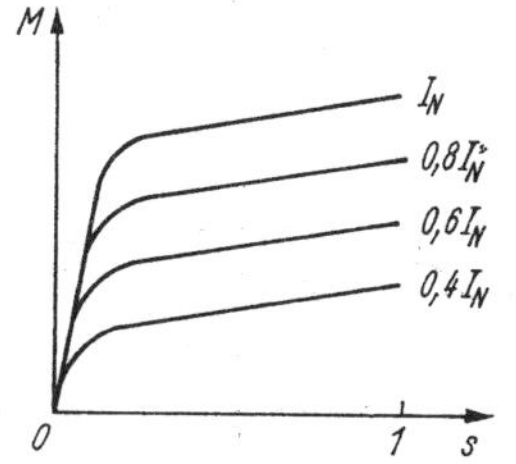	Kein ausgeprägtes Kippmoment, stabile Arbeitspunkte für alle Arbeitsmaschinen. Einsatz: Schweranläufe, gesteuerte und geregelte Antriebe, Dämpfung von Drehmomentstößen
	Wirbelstromring 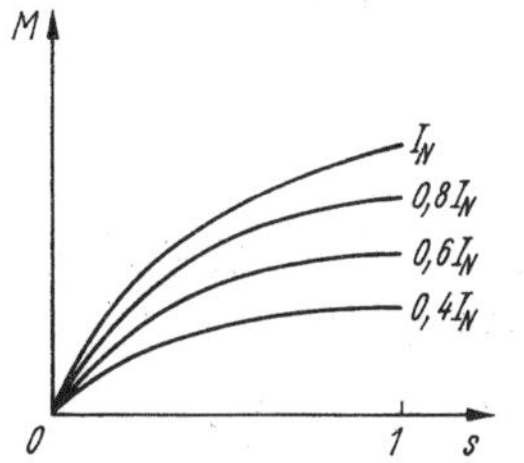 — M vs s, Kurven I_N, $0{,}8\,I_N$, $0{,}6\,I_N$, $0{,}4\,I_N$	Gute Steuerbarkeit durch weiche Kennlinien. Einsatz: wie bei Asynchronkupplungen, vor allem jedoch bei Wickelantrieben
	Synchronring 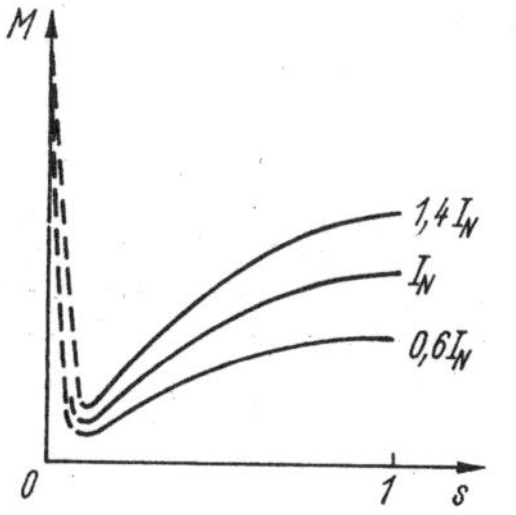 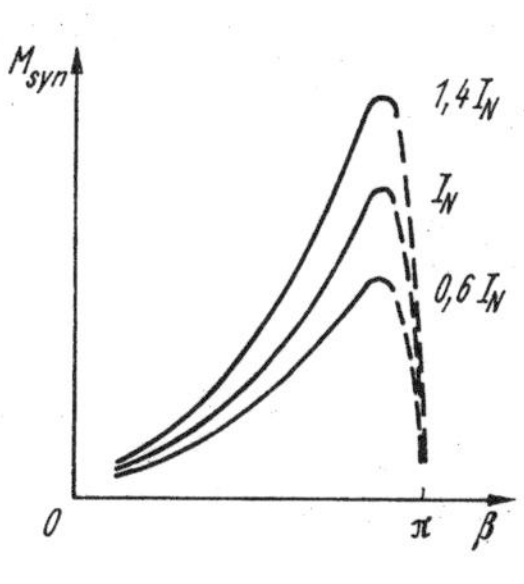 — M vs s, Kurven $1{,}4\,I_N$, I_N, $0{,}6\,I_N$; M_{syn} vs β (0 bis π), Kurven $1{,}4\,I_N$, I_N, $0{,}6\,I_N$	Kupplung arbeitet ohne Schlupf, Drehzahlstellung nicht möglich. Sicherheitskupplung zur Begrenzung des maximal zu übertragenden Momentes

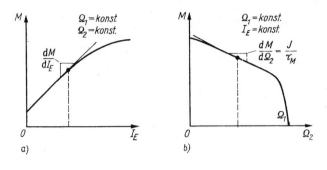

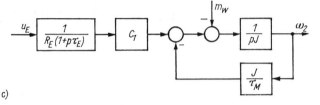

Bild 2.92. Stationäres und dynamisches Verhalten der Induktionskupplung
a) $M = f(I_E)$; b) $M = f(\Omega_2)$;
c) Signalflußbild

Für $\Delta u_E = 0$ erhält man das Störverhalten

$$\frac{\omega_2}{m_W} = \frac{1}{C_2} \frac{1}{1 + p\tau_M}. \qquad (2.154)$$

Die Größen $C_1, C_2 = J/\tau_M$ und $\tau_E = L_E/R_E$ sind arbeitspunktabhängig. Bild 2.92c zeigt das Signalflußbild der Induktionskupplung.

Beispiel 2.33

Der Hauptantrieb eines Drehautomaten soll bis zu 400mal in der Stunde unbelastet zugeschaltet werden.
Daten der Drehmaschine: Antriebsleistung $P = 20$ kW, Spindeldrehzahl $n = 500$ U/min, Gesamtträgheitsmoment $J_{WA} = 1,2$ kg m².
Man dimensioniere die Kupplung.

Lösung

Um den eingesetzten Antriebsmotor durch den geforderten Schaltbetrieb thermisch nicht zu überlasten, wird zwischen Getriebe und Spindel eine elektromagnetische Reibkupplung angeordnet. Dadurch werden die zu beschleunigenden Massen verringert.
Die Kupplungsgröße wird nach dem zu übertragenden Moment bestimmt,

$$M = \frac{P_2}{\Omega_2} = \frac{20 \cdot 10^3 \text{ W}}{2\pi \cdot 500/60 \text{ s}} = 382 \text{ N m}.$$

Dieses Moment kann von einer Elektromagnetlamellenkupplung mit den Daten

$M_N = 400$ N m
$P_{VN} = 0{,}23$ kW (Schaltleistung)
$n \;\;\, = 2500$ U/min (max. Schaltdrehzahl)
$J_2 \;\, = 12 \cdot 10^{-3}$ kg m² (Trägheitsmoment der Abtriebsseite)

übertragen werden.
Da die Einschaltvorgänge die Kupplung thermisch belasten (die Ausschaltvorgänge können vernachlässigt werden), ist die zulässige Schalthäufigkeit zu überprüfen (s. dazu auch Abschn. 3.6.5). Ausgehend von der Leistungsbilanz,

$$P_{VN} = z_A W,$$

erhält man mit der in der Kupplung umgesetzten Wärmeenergie

$$W = \frac{J_2 + J_{WA}}{2}\,\Omega_2^2$$

die zulässige Schalthäufigkeit

$$z_A = \frac{2 \cdot P_{VN}}{\Omega_2^2 (J_2 + J_{WA})}$$

$$z_A = \frac{2 \cdot 0{,}23 \cdot 10^3\,\text{W} \cdot 3\,600 \cdot 3\,600}{4\pi^2 \cdot 500^2 \cdot 1{,}212\,\text{W h}} = 498{,}4\,\frac{\text{c}}{\text{h}}.$$

Die gewählte Kupplung ist thermisch und mechanisch geeignet.

Beispiel 2.34

Ein Rührwerk wird über ein Getriebe von einem Asynchronmotor mit Kurzschlußläufer mit der Bemessungsleistung 7,5 kW bei einer Drehzahl 1 435 U/min angetrieben. Zur stufenlosen Drehzahlstellung von Null an soll eine Kupplung dimensioniert und eingebaut werden. Das Widerstandsmoment des Rührwerks hängt näherungsweise quadratisch von der Drehzahl ab. Man wähle eine geeignete Kupplung dafür aus und bestimme die betreffenden Parameter.

Lösung

Für den angegebenen Motor berechnet man nach (1.42) ein Bemessungsmoment M_N = 50 N m. Der von der Drehzahl abhängige Verlauf des Widerstandsmoments ergibt sich zu $M_W = M_{WN}(s-1)^2$. Für $s \approx 0$ gilt $M_{WN} = M_N$. Auf Grund ihrer Kennlinie und der Steuerbarkeit wird eine Induktionskupplung mit Wirbelstromring ausgewählt. Die in der Kupplung entstehende Verlustleistung wird vom jeweiligen Widerstandsmoment und der eingestellten Drehzahl bestimmt. Für die Dimensionierung der Kupplung ist die Schlupfleistung nach (2.149a) maßgebend. Die Schlupfleistung in Abhängigkeit von d berechnet man: $P_V = P_1 s = M_{WN}(s-1)^2 s\,\Omega_1$. Das Maximum bestimmt man durch Grenzwertbildung $dP_V/ds \to 0$. Danach berechnet man $P_{V\,max} = 0{,}148 \cdot M_{WN}\Omega_1$. Die maximale Verlustleistung tritt bei $s = 1/3$, d. h. 1 435 U/min (1 − 0,33) = 957 U/min, in der Größe von $P_{V\,max} = 0{,}148 \cdot 7{,}5$ kW = 1,1 kW auf. Es wird eine Kupplung mit einem Bemessungsmoment von 25 N m und einer abführbaren maximalen Verlustleistung von 1,7 kW bei 1 000 U/min angeboten, die den gestellten Forderungen entspricht.

2.9. Bemerkungen zur Auswahl elektrischer Antriebsmaschinen

Vom technologischen Prozeß her ist die Arbeitsmaschine meist bekannt, und nach der prozeßanalytischen Aufbereitung der Stell- und Bewegungsvorgänge nach Abschnitt 1.7 liegt eine Reihe von Kennwerten zur Auswahl des Antriebssystems vor. Bei der Auswahl der elektrischen Antriebsmaschine, die in Verbindung mit dem Stellglied erfolgen muß, ist deren Einordnung im Energie- als auch Informationsfluß zu beachten. Hierzu sind Kenntnisse über die Eigenschaften aller eingesetzten Bauglieder unerläßlich.

Im Abschnitt 2 wurden neben Eigenschaften der elektrischen Antriebsmaschinen vor allem die Stellmöglichkeiten behandelt, so daß auf Grund der Prozeßanalyse nach 1.7 eine Auswahl vorgenommen werden kann. Die dort behandelten Kriterien werden nochmals zusammengefaßt:

— Festlegung, ob der Antrieb eine Drehzahl- bzw. Drehmomentenregelung zur Einhaltung von Genauigkeitsforderungen erhalten muß.
— Festlegung des Drehzahlstellbereichs und Angabe, ob ein Einquadranten-, Zweiquadranten- oder Vierquadrantenantrieb vorliegt.

- Verlauf der $\Omega_W = f(M_W)$-Kennlinie der Arbeitsmaschine und Festlegung der antriebstechnischen Grenzwerte P_{max} bzw. n_{max}.

Von diesen Kriterien hängt weitgehend die Entscheidung über die Auswahl der elektrischen Antriebsmaschine ab. Dazu werden noch einige ergänzende Hinweise gegeben:

- Für Antriebe ohne Drehzahlstellung ergibt der Asynchronmotor mit Kurzschlußläufer in den meisten Fällen die wirtschaftlichste Lösung. Für Antriebe mit groben Drehzahlstufen eignet sich der polumschaltbare Asynchronmotor.

- Für Antriebe mit großem Anlaufmoment und drehzahlgeregelten Antrieben mit kleinen Stellbereichen (bis 1:0,8 oder 1:1,25) ist zunächst vom Einsatz einer Asynchronmaschine mit Schleifringläufer auszugehen. Die Drehzahlregelung kann über leistungselektronisch gesteuerte Widerstände erfolgen. Bei größeren Stellbereichen und größeren Leistungen sind Schaltungen mit einem Umrichter im Läuferkreis zur Rückführung der Schlupfenergie in Erwägung zu ziehen.

- Synchronmotoren sind dort vorteilhaft einzusetzen, wo leistungsstarke Antriebe ab etwa 500 kW im Dauerbetrieb gefahren werden. Damit kann die Blindleistungserzeugung dieser Maschinen ausgenutzt werden. Sie sind auch für kleine Leistungen bei Gruppenantrieben mit der Forderung nach Gleichlauf bedeutungsvoll.

- Bei Traktionsantrieben werden wegen des Verlaufs der $\Omega = f(M)$-Kennlinie und der hohen Anlaufmomente Motoren mit Reihenschlußcharakteristik bevorzugt.

- Geregelte Antriebe mit großem Drehzahlbereich und hohen dynamischen Ansprüchen lassen sich in Verbindung mit Stromrichtern durch Gleichstrom-Nebenschlußmaschinen realisieren.

- Für geregelte Antriebe mit extremen Anforderungen an die Drehzahlbereiche, d. h. bei sehr kleinen als auch bei sehr hohen Drehzahlen (über 3000 U/min), kommen umrichtergespeiste Drehstrommaschinen in Betracht.

- Für geregelte Antriebe, die in einer Umgebung arbeiten, in der die Störbeeinflussungen durch den Kommutator nicht zugelassen werden können, sind umrichtergespeiste Drehstrommaschinen in Erwägung zu ziehen.

Das verfügbare Angebot an elektrischen Maschinen hinsichtlich Leistung, Drehzahl, Bauform, Schutzart, Schutzgrad ist zwar recht umfangreich, jedoch durch einige technische Parameter auch begrenzt. Bei verschiedenen Anwendungsfällen scheiden aus diesem Grunde bestimmte Lösungen aus.

3. Typenleistung und Schutzeinrichtungen elektrischer Maschinen

Die in den vorangegangenen Abschnitten behandelten Fragen ermöglichen die Auswahl einer geeigneten Maschinenart und der zweckmäßigsten Schaltung auf Grund antriebstechnischer Größen nach dem Bewegungsablauf. Im weiteren sind Festlegungen zu treffen, welche konstruktiven Besonderheiten die betreffende Maschine aufweisen und wie sie hinsichtlich der Typenleistung dimensioniert werden muß. Dazu sind die nach Abschnitt 1 erfaßten Angaben über den Ablauf des technologischen Prozesses bedeutungsvoll. Am Anfang des 2. Abschnitts wurde herausgestellt, daß der Energieumwandlungsprozeß von einer Reihe von Verlusten begleitet ist. Wird diesen Fragen ungenügende Beachtung geschenkt, so führt das entweder zu unzulässig hohen Erwärmungen mit entsprechender Verkürzung der Lebensdauer oder zu einer Überdimensionierung.

Von einem elektrischen Antrieb wird i. allg. erwartet, daß er bei ordnungsgemäßer Betriebsführung während einer Lebensdauer von 15 000 ... 80 000 h die an ihr gestellten Anforderungen erfüllt. Diese Angaben stützen sich auf entsprechende Erfahrungswerte. Verständlicherweise wird vor allem für einen Antrieb größerer Leistung an einer für den technologischen Prozeß sehr entscheidenden Stelle eine große Lebensdauer gefordert. Ein unerwarteter Ausfall bringt oft hohe wirtschaftliche Verluste.

Auf die Lebensdauer wirken sich eine Reihe von Betriebs- und Umgebungsbedingungen aus, denen von seiten der Hersteller durch verschiedene konstruktive Maßnahmen begegnet wird.

3.1. Allgemeine Konstruktionsmerkmale und Maschinendaten

3.1.1. Baugröße

Bei allen elektrischen Maschinen hängt die Baugröße, die von der Maschinenlänge und dem Außendurchmesser bzw. der Achshöhe bestimmt wird, nach (3.1) von der inneren Leistung P_i und der Drehzahl ab,

$$\boxed{P_i = C D^2 l_i n}. \tag{3.1}$$

Dabei gilt für:

Gleichstrommotoren	Drehstrommotoren		
$C = \pi^2 \alpha A B_{max}$	$C = \pi^2 \dfrac{1}{\sqrt{2}} \xi A \hat{B}$	(3.2a)	(3.2b)
$P_i \approx P \left(0{,}7 + \dfrac{0{,}3}{\eta}\right)$	$P_i \approx P \dfrac{U_q}{U_1} \dfrac{1}{\eta \cos \varphi}$	(3.3a)	(3.3b)

P_i innere Leistung, kW; innere Scheinleistung, kVA (bei Drehstrommaschinen)
P abgegebene mechanische Leistung, kW
C Ausnutzungsfaktor
D Läuferdurchmesser, m
l_i ideelle Ankerlänge, m
α Polbedeckungsfaktor
A Ankerstrombelag, A/m
B_{max}, $\hat{B}$ Maximalwert der Luftspaltinduktion bzw. Amplitudenwert der Grundwelle, Vs/m²
ξ Wicklungsfaktor.

Die Maschinenlänge steht mit l_i, der Außendurchmesser mit D in Zusammenhang. Nach (3.1) ist das Läufervolumen der Maschine dem Drehmoment direkt proportional. Die Bemessungs- bzw. Grunddrehzahl bestimmt bei vorgegebener Maschinenleistung die Baugröße und hat damit einen wesentlichen Einfluß auf die Anschaffungskosten. Am günstigsten liegen Maschinen für Nenndrehzahlen um 1500 U/min im Leistungsbereich $P = 1 \cdots 1000$ kW und für 1000 U/min bei $P = 500 \cdots 3000$ kW. Generell wird die Motordrehzahl von der anzutreibenden Arbeitsmaschine vorgeschrieben; deshalb ist vielfach der Einsatz eines Zwischengetriebes notwendig. Hierbei empfiehlt sich, Überschlagsrechnungen zur Festlegung der geeignetsten Motordrehzahl und des Übersetzungsverhältnisses anzustellen. Dazu sind auch die Wirkungsgrade, Trägheitsmomente und der Platzbedarf miteinander zu vergleichen.

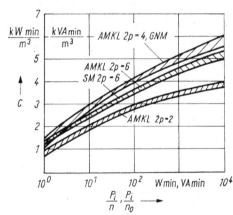

Bild 3.1. *Ausnutzungsfaktor C elektrischer Maschinen (Orientierungswerte für IP 22/23)*

Der Ausnutzungsfaktor wird im wesentlichen durch den Ankerstrombelag und die Luftspaltinduktion bestimmt, $C = f(A, B)$. Beide Einflußgrößen wachsen mit den geometrischen Abmessungen l_i und D, und damit ist C vom Verhältnis P_i/n abhängig. Bild 3.1 zeigt die Ausnutzungsfaktoren elektrischer Maschinen. Größere Werte für C lassen sich durch intensive Kühlung, bei der eine höhere Verlustleistung abgeführt wird, erreichen.

Infolge des mit der Maschinenleistung ansteigenden Ausnutzungsfaktors zeigt das Masse-Leistungs-Verhältnis eine fallende Tendenz (Bild 3.2).

Das Trägheitsmoment der elektrischen Maschine kann nach

$$J_M = K D^4 l \tag{3.4}$$

bzw.

$$J_M = \left(\frac{D_0}{2}\right)^2 m_L \tag{3.5}$$

angegeben werden;

D_0 Trägheitsdurchmesser des Läufers der elektrischen Maschine
m_L Läufermasse der elektrischen Maschine.

3.1. Allgemeine Konstruktionsmerkmale und Maschinendaten

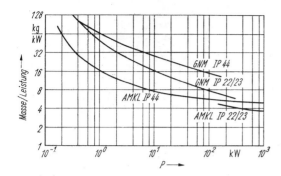

Bild 3.2. Masse-Leistungs-Verhältnis elektrischer Maschinen ($n = 1500\ U/min$)

Unter der Annahme, daß für Maschinen verschiedener Baugröße eine Zuordnung $A \sim D, l \sim D$ bei $B = $ konst. besteht, ergeben sich nach (3.1) und (3.2) folgende Abhängigkeiten:

$$P_i \sim D^4 \quad \text{bzw.} \quad J_M \sim P_i^{5/4}.$$

Das Trägheitsmoment wächst mit zunehmenden geometrischen Abmessungen stärker als die Maschinenleistung. Das führt dazu, daß sich mit der Baugröße die dynamischen Eigenschaften, so z. B. die Anlaufverhältnisse, verschlechtern (relative Vergrößerung der Anlaufverlustwärme, Verlängerung der Anlaufzeiten bei gleichen Trägheitsfaktoren).

3.1.2. Bauformen

Für die unterschiedlichen Ein- und Anbauverhältnisse werden die Motoren in verschiedenen Bauformen ausgeführt. Neben Maschinen mit Füßen gelangen häufig Flanschmotoren zur unmittelbaren Verbindung mit der Arbeitsmaschine zum Einsatz. Die Bauform steht auch in Zusammenhang mit der Typenleistung der Maschine. So lassen sich Flanschmotoren nur für kleine Leistungen ausführen; Maschinen großer Leistung werden meist mit Stehlagern gefertigt. Durch die Kombinationsmöglichkeiten mit horizontaler oder vertikaler Wellenanordnung, mit Lagerschilden, Flansch oder Stehlagern ergeben sich viele Ausführungsarten der Bauformen, die standardisiert sind.
Die Kennzeichnung der Bauform erfolgt mit dem Kurzzeichen IM und nachgestellten Buchstaben bzw. Ziffern. Einige typische Bauformen zeigt Bild 3.3.

3.1.3. Schutzarten

Ausschlaggebend für auszuwählende Schutzarten sind die Umgebungsbedingungen. Die Schutzarten kennzeichnen den Berührungs-, Festkörper- und Wasserschutz. Es bestehen enge Wechselbeziehungen zwischen Schutzarten und Kühlsystem. Am häufigsten werden elektrische Maschinen mit den Schutzarten IP 22, IP 23, IP 44 und IP 54 eingesetzt.
Die *erste Ziffer* gibt den Berührungs- und Fremdkörperschutz an. So bedeuten z. B.

2 Schutz gegen Berührung mit den Fingern
  Schutz gegen Eindringen von Fremdkörpern mit $d > 12$ mm
4 Schutz gegen Eindringen von Fremdkörpern mit $d > 1$ mm
5 Schutz gegen schädliche Staubablagerungen.

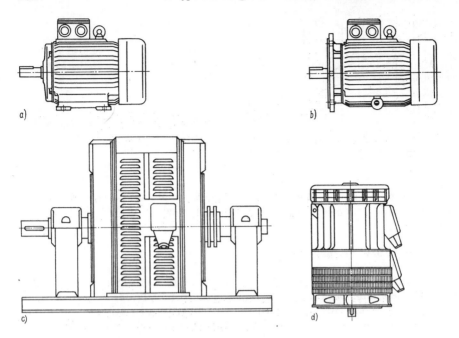

Bild 3.3. Ausgewählte Bauformen elektrischer Maschinen
a) Maschine mit Füßen und 2 Lagerschilden, IM B3; b) Maschine ohne Füße, mit Flansch am Lagerschild, IM B5;
c) Maschine mit hochgezogenen Füßen, 2 zylindrischen Wellenenden und 2 Stehlagern mit Grundplatte, IM 7211;
d) Maschine in vertikaler Anordnung ohne Füße, mit Lagerschilden, Flansch an einem Lagerschild, IM V1

Die *zweite Ziffer* kennzeichnet den Wasserschutz. Es bedeuten z. B.

1 Tropfwasserschutz
2 Schutz gegen schädliche Wirkung senkrecht fallender Wassertropfen auch bei Neigung des Prüflings bis 15° aus der Normallage
3 Regenschutz; Schutz gegen schädliche Wirkung von Wasser, das als Regen in einem Winkel bis 60° in bezug auf die Senkrechte fällt
4 Spritzwasserschutz; Schutz gegen schädliche Wirkung von Spritzwasser aus beliebiger Richtung.

3.1.4. Schlagwetter- und Explosionsschutz

Von den Umgebungsbedingungen verdienen solche eine besondere Beachtung, die durch den Betrieb elektrotechnischer Betriebsmittel mit dem Auftreten von Erwärmung bzw. durch Funkenbildung zur Explosion führen können.
Häufig wird für diese Betriebsmittel in der Gruppe I (methan- und/oder kohlenstaubgefährdete Bereiche im Bergbau unter Tage) bzw. in der Gruppe II (gasexplosionsgefährdete Arbeitsstätten) ein entsprechender Explosionsschutz gefordert. Diese Betriebsmittel werden z. B. in den Schutzarten: druckfeste Kapselung EEx d, erhöhte Sicherheit EEx e, Kapselung mit innerem Überdruck EEx p ausgeführt. Weitere Angaben der Gruppe II sind zu den Temperaturklassen T1 bis T6 entsprechend der Grenztemperatur der Gase festgelegt.
In den VDE-Bestimmungen 0170/0171 sind die Festlegungen aufgeführt, mit denen der Explosionsgefahr zu begegnen ist. Die Eignung des Motors für den Betrieb in schlagwetter- bzw. explosionsgefährdeter Umgebung muß auf dem Leistungsschild angegeben sein. Für die Kennzeichnung EEx e sind ferner die Erwärmungszeit t_E und der relative Anlaßstrom aufzuführen. Die t_E-Zeit gibt die Zeitspanne an, die bei Anlauf bzw. im Falle des Kurzschlusses nicht überschritten werden darf, um die zulässige Maximaltemperatur noch einzuhalten. Die zulässige Maximaltemperatur wird durch die Isolierstoffklasse, vgl. 3.4.1., bzw. durch die zulässige Oberflächentemperatur gemäß der Kennzeichnung T1 bis T6 bestimmt.

3.1.5. Kühlarten

Mit Hilfe des Kühlmittels wird die Verlustwärme von den Maschinen und Geräten abgeführt. Man unterscheidet nach der Art der Kühlmittelbewegung Selbstkühlung, Eigenkühlung und Fremdkühlung. Bei Selbstkühlung wird nur die natürliche Konvektion des Kühlmittels ausgenutzt. Am häufigsten werden eigengekühlte Maschinen ausgeführt. Bei elektrischen Maschinen ist dabei auf der Welle ein Lüfter angeordnet. Für Antriebe mit großem Drehzahlstellbereich ist Fremdkühlung vorteilhafter, da ein von der Maschinendrehzahl unabhängiges Lüfteraggregat eine gleichbleibende Kühlung gewährleistet.

Im Hinblick auf die Kühlmittelführung unterscheidet man Durchzugskühlung, beiderseitige Kühlung und Oberflächenkühlung. Die Durchzugskühlung ist dabei gut mit den Schutzarten IP 22 oder IP 23 zu vereinbaren. Demgegenüber wird für Maschinen der Schutzart IP 44 zumeist die Oberflächenkühlung eingesetzt.

Weitere Unterscheidungsmerkmale der Kühlmittelführung sind Frischluft- und Kreislaufkühlung. Für letztere gelangen geschlossene Kühlsysteme mit Luft/Luft- oder Luft/Wasser-Wärmetauscher zum Einsatz.

Bild 3.4 zeigt häufig angewendete Kühlarten.

3.1.6. Bemessungsspannungen und Bemessungsleistungen

Auf dem Leistungsschild elektrischer Maschinen sind die wichtigsten elektrischen und antriebstechnischen Daten aufgeführt. Von den Bemessungsspannungen werden bevorzugt für Gleichstrommotoren: 6 V, 12 V, 24 V, 60 V, 110 V, 220 V, 440 V, 750 V, 1 500 V und 3 000 V für Einphasen- bzw. Drehstrommotoren mit 50 Hz: 6 V, 12 V, 24 V, 48 V, 110 V, 230 V, 440 V, 690 V, 6 kV und 10 kV.

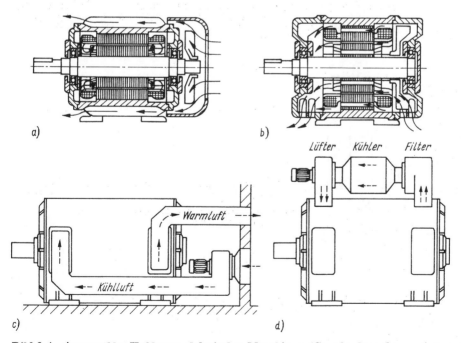

Bild 3.4. Ausgewählte Kühlarten elektrischer Maschinen (Standardangaben s. Anhang)
a) oberflächenbelüftete Maschine IC 0141; b) durchzugbelüftete Maschine IC 01; c) fremdbelüftete Maschine IC 37;
d) Maschine mit eigenem wassergekühlten Wärmetauscher IC W 37 A 71

In den Katalogen über universell einsetzbare Maschinenreihen sind die Leistungsstufen von einer Maschine zur nächsten etwa wie folgt festgelegt:

bis 1 kW   ≈ 1,5
> 1···10 kW   ≈ 1,35
> 10···1000 kW ≈ 1,25
> 1000 kW   ≈ 1,2.

Bemessungsspannung und Bemessungsleistung sind miteinander über den Bemessungsstrom verknüpft. Da Leiterquerschnitte und Isolierdicken in vertretbaren Relationen zueinander stehen müssen, werden größere Maschinenleistungen für höhere Bemessungsspannungen ausgeführt. Die Bereiche erstrecken sich etwa für

Drehstrom-Niederspannungsmaschinen   bis 690 V: $P \leq$ 600 kW
Drehstrom-Hochspannungsmaschinen   ab 6 kV: $P \geq$ 250 kW
Gleichstrom-Niederspannungsmaschinen   bis 600 V: $P \leq$ 1750 kW
Gleichstrom-Hochspannungsmaschinen   ab 1200 V: $P \geq$ 1500 kW

Grenzleistungen

Die Grenzleistung von Asynchronmotoren mit Kurzschlußläufer und Synchronmotoren mit Anlaufkäfig wird durch die Anlaufverhältnisse bestimmt (vgl. Abschnitt 2.1.1). Günstiger erweisen sich Asynchronmotoren mit Schleifringläufer. Bei intensiver Kühlung können Typenleistungen erreicht werden, die den höchsten Antriebsforderungen der Technik gerecht werden (Bild 3.5).
Die Grenzleistung ist bei Gleichstrommaschinen durch die Kommutierungsbedingungen festgelegt. Es gilt

$$P_{Gr} = \frac{1{,}06}{\pi} u_{S\max} v_{\max} A \frac{1}{n}. \tag{3.6}$$

Mit einer maximalen Stegspannung $u_{S\max} = 30$ V, einer maximalen Ankerumfangsgeschwindigkeit $v_{\max} = 70$ m/s, $A = 400$ A/cm erhält man eine Grenzleistung von $P_{Gr} = 565$ kW bei 3000 U/min bzw. von 3,4 MW bei 500 U/min.

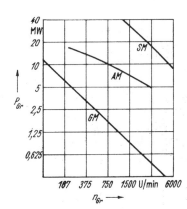

Bild 3.5. *Grenzleistungen elektrischer Maschinen (Luftkühlung)*
GM Gleichstrommotoren; AM Asynchronmotoren; SM Synchronmotoren

Beispiel 3.1

Von einer AMKL mit der Bemessungsleistung 1000 kW, 2 p = 6, IP 22/23, sollen überschläglich die Läufer- und Ständerabmessungen bestimmt werden.

Lösung

Für die 1000-kW-Maschine erhält man aus den Bildern 2.67 und 2.68: $\eta = 0{,}95$, $\cos \varphi = 0{,}89$. Der Wert U_q/U_1 wird zu 0,98 angenommen. Damit berechnet man nach (3.3)

3.2. Einflußfaktoren auf die Lebensdauer und Umwelt

$P_1 = 1159$ kVA. Aus Bild 3.1 bestimmt man dafür $C = 4.5$ kVA min/m³. Somit ergibt sich $P_1/C\, n_0 = D^2\, l_i = 0{,}258$ m³.
Die konstruktive Ausführung wird oft so gewählt, daß $D \approx l_i$ ist. Unter dieser Voraussetzung bestimmt man $D = l_i = \sqrt[3]{0{,}258 \text{ m}^3} \approx 0{,}64$ m. Der Ankerdurchmesser und die ideelle Ankerlänge liegen damit überschläglich fest. Der äußere Ständerdurchmesser wird von den Abmessungen des Ankerdurchmessers bestimmt. Je nach Polzahl liegt er bei Maschinen dieser Schutzart bei dem 1,6- bis 2,2fachen. Mit 1,8 ergibt sich der Ständerdurchmesser 1,15 m. Der Gehäusedurchmesser beträgt etwa das 2,5fache des Läuferdurchmessers, d. h. 1,6 m.
Nach Bild 3.2 erhält man ein Masse-Leistungs-Verhältnis von ca. 4 kg/kW, und damit beträgt die Gesamtmasse des Motors m ≈ 4000 kg.

Beispiel 3.2

Eine Arbeitsmaschine benötigt zum Antrieb eine Leistung von 100 kW und eine Drehzahl von $n \approx 185$ U/min. Es soll dafür ein Asynchronmotor mit Kurzschlußläufer (AMKL) eingesetzt werden. Man stelle einen Vergleich zwischen einem Motorgetriebesatz an, der von einem 4poligen ($n_N = 1480$ U/min) bzw. einem 8poligen ($n_N = 740$ U/min) Asynchronmotor angetrieben wird.

Lösung

		Motorgetriebesatz 1 ($2p = 4$)	Motorgetriebesatz 2 ($2p = 8$)
Motor	P_M	110 kW; IP 44	110 kW; IP 44
	n_N	1480 U/min	740 U/min
	U	380 V	380 V
	η_N	0,94	0,94
	$\cos \varphi_N$	0,89	0,81
	J_M	2 kg m²	10 kg m²
	m_M	790 kg	1530 kg
Getriebe	P_G	125 kW	125 kW
	i	8; zweistufig	4; einstufig
	η_N	0,98	0,99
	J_G	0,05 kg m²	0,11 kg m²
	m_G	350 kg + 24 kg Öl	350 kg + 24 kg Öl

Der Motorgetriebesatz 1 (ohne Kupplung) weist eine Masse von m ≈ 1170 kg gegenüber dem Satz 2 von m ≈ 1910 kg auf und liegt damit um $\approx 40\%$ im Materialeinsatz niedriger. Sowohl der Platzbedarf als auch die Kosten des Motorgetriebesatzes 1 sind geringer.
Auch das dynamische Verhalten des Motorgetriebesatzes 1 zeigt Vorteile. Das Gesamtträgheitsmoment des Antriebssystems 1 beträgt nach Umrechnung auf die Arbeitsmaschinenwelle (!)

$$J_1 = i_1^2\,(J_{M1} + J_{G1}) + J_W = 64\,(2 \text{ kg m}^2 + 0{,}05 \text{ kg m}^2) + J_W = 131 \text{ kg m}^2 + J_W$$

$$J_2 = i_2^2\,(J_{M2} + J_{G2}) + J_W = 16\,(10 \text{ kg m}^2 + 0{,}11 \text{ kg m}^2) + J_W = 162 \text{ kg m}^2 + J_W.$$

Es empfiehlt sich, Vergleiche dieser Art anzustellen, um die günstigste Variante festzulegen. Allerdings werden durch Verwendung gleicher Baugruppen die Unterschiede nicht immer so leicht erkennbar. Die beiden Getriebe gehören beispielsweise der gleichen Baugröße an und zeigen demzufolge keine Massenunterschiede.

3.2. Einflußfaktoren auf die Lebensdauer und Umwelt

Auf die Lebensdauer elektrischer Maschinen wirken sich insbesondere folgende Betriebs- und Umgebungsbedingungen aus:
— Belastungs-(Strom-)spiele, Schalthäufigkeit
— Drehzahländerungen, -pendelungen, Reversiervorgänge

- thermische Überlastungen, Temperaturspiele
- Umgebungsbedingungen, wie Verschmutzung und Feuchtigkeit, aggressive Atmosphäre, Erschütterungen.

Die dadurch verursachten Beanspruchungen werden nachfolgend erläutert.

3.2.1. Betriebsbedingte Einflußfaktoren

Belastungs-(Strom-)spiele, Schalthäufigkeit

Beim Ein- und Umschalten, bei Belastungsschwankungen treten kurzzeitige Stromänderungen auf, die beträchtliche zusätzliche Kraftwirkungen auf die stromführenden Leiter und Wicklungen zur Folge haben. Die vom Quadrat des Stroms abhängigen mechanischen Kräfte müssen über die Isolierung von den Befestigungsteilen (Bandagen, Schellen, Abstützungen, Nutkeile) aufgenommen werden. Dabei werden die Isolierungen mechanisch stark beansprucht und verlieren nach längerer Betriebszeit ihre Isolationsfestigkeit.

Drehzahländerungen, -pendelungen, Reversiervorgänge

Diese Vorgänge rufen zusätzliche mechanische Kraftwirkungen auf die Isolierungen der elektrischen Leiter in den bewegten Teilen hervor. Des weiteren werden die mechanischen Verbindungen (Blechpaket–Welle, Kommutator–Welle, Lüfter–Welle) zusätzlichen Beanspruchungen ausgesetzt. Der Ungleichförmigkeitsgrad δ ist bei periodischen Veränderungen eine wichtige Kenngröße für die Beanspruchung der mechanischen Verbindungen.

Thermische Überlastungen, Temperaturspiele

Thermische Überlastungen schädigen die Isolierstoffe. Es besteht ein unmittelbarer Zusammenhang zwischen maximaler Temperatur und Lebensdauer der Isoliermaterialien. Deswegen dürfen die zulässigen Grenztemperaturen der Isolierstoffe nicht überschritten werden.

Temperaturspiele wirken sich ebenfalls verkürzend auf die Lebensdauer der Isolierung aus. Unter Temperaturspiel versteht man die Temperaturänderungen in der Wicklung durch wechselnde Belastung.

Temperaturschwankungen führen zu einer unterschiedlichen Ausdehnung des Leitermaterials, der Isolierstoffe und des Blechpaketes und damit zu mechanischen Beanspruchungen in den Isolierstoffen. Wenn z. B. die Umgebungstemperatur nicht, wie allgemein vorausgesetzt, 40 °C beträgt, sondern niedriger liegt, und es wird die maximal zulässige Grenztemperatur ausgenutzt, dann ist eine höhere Übertemperatur möglich. Hierbei entsteht allerdings ein größeres Temperaturspiel, und die Lebensdauer wird verkürzt.

3.2.2. Umgebungsbedingte Einflußfaktoren

Die Umgebungsbedingungen können die Lebensdauer der elektrischen Maschinen maßgeblich beeinflussen, da ihre Einsatzorte sehr vielfältig sind. Auf Fahrzeugen, im Walzwerk, im Zementwerk, im Bergbau, auf Schiffen und in der chemischen Industrie treten beispielsweise sehr unterschiedliche Umgebungsbedingungen auf. Durch Verunreinigungen und Feuchtigkeitseinflüsse werden die elektrischen und mechanischen Eigenschaften beeinträchtigt und durch Verschmutzung die Wärmeabführung verschlechtert. Bei der Bestellung der Maschinen müssen für diese Umgebungsbedingungen spezielle Sonderschutzausführungen gefordert werden. Zu den Umgebungsbedingungen zählen auch mechanische Schwingungen und Stöße, wie sie bei Fahrzeugen auftreten.

3.2. Einflußfaktoren auf die Lebensdauer und Umwelt

Beim Einsatz der elektrotechnischen Erzeugnisse in den verschiedenen Klimazonen der Erde treten ebenfalls sehr unterschiedliche Beanspruchungen (Feuchtigkeit, Umgebungstemperatur, Schimmelpilzbildung usw.) auf. Diesen Anforderungen muß durch Ausführung der Erzeugnisse nach der entsprechenden Klimaschutzart Rechnung getragen werden.

Zu berücksichtigen sind folgende Umwelteinflüsse:

- Umgebungstemperatur $\vartheta_U > 40\ °C$ erfordert Leistungsreduzierung
- Aufstellungshöhe $H > 1000$ m NN erfordert Herabsetzung der Leistung
- verschmutzte Atmosphäre (Staub, Sand, Bürstenabrieb, Ruß, Spreu, Textilfasern)   erfordert Sonderschutz bzw. geeignetes Kühlsystem
- Feuchtigkeitseinflüsse (Tropfwasser, Schwallwasser, Betauung)   erfordern eine bestimmte Schutzart
- chemisch aggressive Stoffe (Laugen, Säuren, Dämpfe)   erfordern Sonderschutz
- klimatische Beanspruchungen (Temperaturen, Schimmelpilze)   erfordern Klimaschutz
- Erschütterungen   erfordern spezielle konstruktive Maßnahmen.

3.2.3. Umweltbeeinflussung

Es darf nicht übersehen werden, daß auch die elektrischen Maschinen ihre Umgebung beeinflussen. Die Umweltbeeinflussung ergibt sich durch

Gegenmaßnahme

- Geräusche   Schalldämmung
- mechanische Schwingungen   geeignete Aufstellung, Fundament
- HF-Störungen   Störschutz
- Erwärmung der Umgebung   Kühlluft
- Explosionsgefährdung   Explosionsschutz.

Die zulässigen Grenzwerte bzw. die einzelnen Qualitätsparameter sind in Normen festgelegt, Anhang 7.10.
Nach den Ausführungen unter 3.1 können durch Wahl einer geeigneten Schutzart die Verschmutzung der Maschine, das Eindringen von Fremdkörpern bzw. Wasser verhindert werden. Durch ein geeignetes Kühlsystem kann auch eine Geräuschdämmung erzielt werden.
Bei der Bestellung elektrischer Maschinen sind Angaben hinsichtlich der Betriebs- und Umgebungsbedingungen in detaillierter und möglichst präziser Weise zu fixieren.

Beispiel 3.3

Zum Antrieb eines Verdichters in einem Chemiebetrieb ist ein Asynchronmotor zu bestellen. Im Aufstellungsraum beträgt die Temperatur 25 °C. Bei Havarie kann das Gas Azetylen auftreten.
Welche Forderungen muß der Motor hinsichtlich der Umgebungsbedingungen erfüllen?

Lösung

Azetylen ist in die Temperaturklasse T2 (Grenztemperatur 300 °C) einzuordnen. Die Gefährdung tritt nur im Havariefall auf. Demzufolge wird ein Motor mit der Schutzart „erhöhte Sicherheit" nach DIN 57165/VDE 0165 festgelegt.
Die Kennzeichnung für den vorliegenden Anwendungsfall ist EEx e II T2.

Beispiel 3.4

Zur Betätigung eines Bühnenvorhangs soll ein Drehstrom-Asynchronmotor 1,1 kW; 950 U/min eingesetzt werden. Der Einsatzort ist schwer zugänglich. Die Umgebungstemperatur beträgt 20 °C.
Welche Forderungen muß der Motor hinsichtlich der Umgebungsbedingungen erfüllen?

Lösung

Umwelteinflüsse: Da die Wartung nur in größeren Zeitabständen erfolgen kann und die Gefahr einer Verschmutzung besteht, wird eine geschlossene Maschine nach Schutzart IP 54 festgelegt.
Umweltbeeinflussung: Vom Aufstellungsort werden Geräusche in den Zuhörerraum übertragen. Es muß ein Motor mit einem niedrigen Geräuschpegel gewählt werden, z. B. nach VDE 0530 T.9/A1 mit einem A-bewerteten Schalleistungspegel $L_{WA} \leq 71$ dB.

Beispiel 3.5

Für den Hauptantrieb einer Schleifmaschine ist ein Drehstrom-Asynchronmotor 3 kW; 1 430 U/min zu bestellen.
Welche Forderungen muß der Motor hinsichtlich der Umgebungsbedingungen erfüllen?

Lösung

Umwelteinflüsse: Um das Eindringen von Spänen zu verhindern, wird eine geschlossene Maschine der Schutzart IP 44 festgelegt.
Umweltbeeinflussung: Die bearbeiteten Werkstücke sollen eine hohe Oberflächengüte aufweisen. Nach VDE 0530 T.14 sind für die vorliegende Motorachshöhe von 100 mm und die angegebene Drehzahl die Schwingstärkestufen N (normal), R (reduziert), S (spezial) einsetzbar. Es wird ein Motor mit der Schwingstärke S (maximaler Effektivwert der Schwinggeschwindigkeit $v_{eff} \leq 0{,}45$ mm/s) festgelegt. Verständlicherweise muß das nachgeschaltete Getriebe vergleichbare Qualitätseigenschaften aufweisen.

3.3. Verlustleistungen

3.3.1. Einzelverluste

Bei der elektromechanischen Energieumwandlung entstehen Gesamtverluste, die sich aus folgenden Einzelverlusten zusammensetzen:

$$\boxed{P_V = P_{VFe} + P_{VI} + P_{VE} + P_{VR} + P_{VZ}} \; ; \tag{3.7}$$

P_V Gesamtverluste
P_{VFe} Eisenverluste
P_{VI} Stromwärmeverluste im Hauptstromkreis
P_{VE} Erregerverluste
P_{VR} Reibungsverluste
P_{VZ} Zusatzverluste

Die Einzelverluste sind je nach ihrer Art von der Spannung, dem Strom, der Frequenz bzw. der Drehzahl abhängig.

Eisenverluste P_{VFe}

Die Eisenverluste setzen sich aus den Hysterese- und Wirbelstromverlusten zusammen. Da der magnetische Kreis der Maschine kein homogenes Feld aufweist, werden sie für einzelne Feldabschnitte bestimmt.

3.3. Verlustleistungen

$$\boxed{P_{\text{VFe}} = \sum \left[\eta f_\nu + \sigma(df_\nu)^2\right] \mathsf{m}_\nu B^2_{\nu\,\text{max}}} \; ; \tag{3.8}$$

m_ν Masse aktiver Teile
d Blechdicke
η Hystereseverlustbeiwert
σ Wirbelstromverlustbeiwert
f_ν Frequenz des Flusses im Teil ν
$B_{\nu\,\text{max}}$ max. Induktion im Teil ν.

Im Prüffeld werden die Eisenverluste durch Messungen insgesamt erfaßt, sie lassen sich durch Verändern der Spannung bzw. Drehzahl in verschiedene Anteile aufgliedern. Die Spannung wirkt sich auf $B_{\nu\,\text{max}}$, die Drehzahl teilweise auf f_ν aus. Die Eisenverluste treten auch im Leerlauf auf und werden bei Nebenschlußmaschinen durch die Belastung kaum beeinflußt.

Stromwärmeverluste im Hauptstromkreis P_{VI}

Die Verluste werden vom Belastungsstrom der Maschine bestimmt. Bei Gleichstrommaschinen gilt

$$\boxed{P_{VI} = I^2 R + \Delta U_B I} \; . \tag{3.9a}$$

Zu den Stromwärmeverlusten werden auch die Bürstenübergangsverluste mit der Bürstenübergangsspannung ΔU_B für ein Bürstenpaar gerechnet.

$\Delta U_B = 0{,}2 - 0{,}6$ V für Metallgraphit- und Metallkohlebürsten
        $= 1 - 2$ V   für Kohle- und Graphitbürsten.

Bei Drehstrommaschinen bestimmt man mit den Stranggrößen

$$\boxed{P_{VI} = m\, I^2 R} \; . \tag{3.9b}$$

Erregerverluste P_{VE}

Erregerverluste entstehen bei Gleichstrom-Nebenschluß- und Synchronmaschinen.

$$\boxed{P_{VE} = I_E^2 R_E} \; . \tag{3.10}$$

Reibungsverluste P_{VR}

Reibungsverluste entstehen durch Luftreibung der bewegten Teile, vor allem des Ventilators, sowie durch Lager- und Bürstenreibung. Für eigenbelüftete Maschinen gilt

$$\boxed{P_{VR} \approx k\,D\,l\,v^2 + \mu\,p\,A\,v} \; ; \tag{3.11}$$

k Beiwert für Luftreibung (≈ 10 Ws^2/m^4)
v Ankerumfangsgeschwindigkeit
D Läuferdurchmesser
l Läuferlänge
μ Reibungszahl der Bürsten ($\approx 0{,}2$)
A Bürstenauflagefläche
p Bürstendruck.

Die Reibungsverluste sind stark von der Drehzahl $\Omega \sim v$ abhängig.

Zusatzverluste P_{VZ}

Zusatzverluste sind lastabhängige Verluste, die in inaktiven Metallteilen und stromführenden Leitern entstehen und einzeln nicht erfaßt werden können. Sie werden je nach der Maschinenart mit 0,5 ··· 1% Bemessungsleistung berücksichtigt und sind von I^2 abhängig.

$$\boxed{P_{VZ} = (0,5 \cdots 1)\,10^{-2}\,P_N\,(I/I_N)^2} \quad . \tag{3.12}$$

3.3.2. Leerlauf- und Lastverluste

Für die Berechnung der im Betrieb auftretenden Verluste ist die Unterscheidung in Leerlauf- und Lastverluste zweckmäßig. Mit den vom Leerlaufstrom I_0 abhängigen Verlusten P_{VI0} ergibt sich

$$P_{V\,Leer} = P_{VFe} + P_{VR} + P_{VE} + P_{VI0}, \tag{3.13a}$$

$$P_{V\,Last} = P_{VI} + P_{VZ} = P_{VIZ}, \tag{3.13b}$$

$$P_V = P_{V\,Leer} + P_{V\,Last} - P_{VI0} \approx P_{V\,Leer} + P_{V\,Last}. \tag{3.14}$$

Geringe Änderungen der Eisen- und Reibungsverluste durch die Belastung werden vernachlässigt. Für Maschinen mit Reihenschlußcharakteristik ist das allerdings nicht zulässig. Bei Maschinenleistungen über 10 kW kann auch mit $P_V = P_{V\,Leer} + P_{V\,Last}$ gerechnet werden. Das Verlustverhältnis wird von den Maschinenherstellern angegeben, es liegt bei $P_{V\,Leer\,N}/P_{V\,Last\,N} = 0,4 \cdots 1,3$.

Mit dem Wirkungsgrad η_N ergibt sich bei Bemessungsbelastung

$$\boxed{P_{VN} \approx \frac{P_N}{\eta_N}(1-\eta_N)} \quad , \tag{3.15}$$

$$P_{V\,Leer\,N} \approx \frac{P_N\,(1-\eta_N)}{\eta_N\,(1+P_{V\,Last\,N}/P_{V\,Leer\,N})}, \tag{3.15a}$$

$$P_{V\,Last\,N} \approx \frac{P_N\,(1-\eta_N)}{\eta_N\,(1+P_{V\,Leer\,N}/P_{V\,Last\,N})}. \tag{3.15b}$$

Für die Abschätzung der Genauigkeit dieser Rechnungen sei darauf hingewiesen, daß in VDE 0530 die zulässigen Abweichungen der Katalogangaben festgelegt sind.

Beispiel 3.6

Ein Gleichstrommotor von 30 kW; 1450 U/min; 440 V; $I_N = 76,4$ A; $I_E = 1,4$ A; $R_A = 0,267\,\Omega$ (bei 20 °C) weist bei Bemessungsbelastung $P_{VR} = 415$ W; $P_{V\,Fe} = 345$ W; $\Delta U_B\,I_N = 153$ W auf.

Man ermittle die Einzelverluste (P_{VFe}, P_{VR}, P_{VI}, P_{VZ}, P_{VE}) in Abhängigkeit vom Belastungsstrom und Belastungsmoment, bestimme $P_{V\,Leer\,N}$, $P_{V\,Last\,N}$.

Lösung

Eisenverluste: $P_{VFe} = 345$ W konst.
Reibungsverluste: $P_{VR} = 415$ W konst.
Stromwärmeverluste im Hauptstromkreis (einschließlich Bürstenübergangsverluste):
nach (3.9) $P_{VI} = 0,32\,\Omega \cdot I^2 + 2\,\text{V} \cdot I$ ($R_{A\,warm} = 0,32\,\Omega$),
$I = 10;\ 20;\ 30;\ 40;\ 50;\ 60;\ 70;\ 76,4$ A,
$P_{VI} = 52;\ 168;\ 348;\ 592;\ 900;\ 1272;\ 1708;\ 2021$ W (s. Bild 3.6).
Erregerverluste: $P_{VE} = 440\,\text{V} \cdot 1,4\,\text{A} = 616$ W konst.

3.3. Verlustleistungen

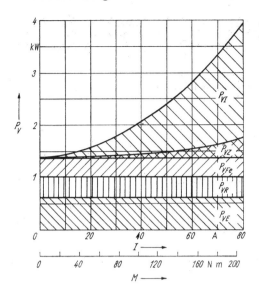

Bild 3.6. Belastungsabhängige Darstellung der Einzelverluste einer GNM

Zusatzverluste: nach (3.12) für unkompensierte Maschinen 1% der Bemessungsleistung. Die Zusatzverluste sind von I^2 abhängig.
$I = 10; 20; 30; 40; 50; 60; 70; 76{,}4$ A
$P_{VZ} = 5; 21; 46; 82; 128; 185; 252; 300$ W.

Gesamtverluste: $I = 10; 20; 30; 40; 50; 70; 76{,}4$ A
$P_V = 1{,}43; 1{,}57; 1{,}77; 2{,}05; 2{,}40; 2{,}83; 3{,}34; 3{,}70$ kW.

Das Bemessungsmoment der Maschine beträgt $M_N = 197$ N m. Das Reibmoment $M_R = 2{,}73$ N m.
Das Motormoment wird unter Vernachlässigung des Reibmoments dem Strom proportional zugeordnet. Bild 3.6 zeigt die Einzelverluste in Abhängigkeit vom Strom und Motormoment.
Nach (3.13a) und (3.13b):

$$P_{V\text{LeerN}} = 345\text{ W} + 415\text{ W} + 616\text{ W} = 1376\text{ W},$$

$$P_{V\text{LastN}} = 2021\text{ W} + 300\text{ W} = 2321\text{ W}.$$

Beispiel 3.7

Ein Asynchronmotor von 90 kW; 985 U/min; 380 V; 172 A; $\eta_N = 0{,}92$; $\dfrac{P_{V\text{ Leer N}}}{P_{V\text{ Last N}}} = 0{,}75$ wird im Dauerbetrieb nur mit $P = 70$ kW belastet. Welche Gesamtverlustleistung könnte der Motor unter Berücksichtigung der zulässigen Toleranz für η_N abführen? Welche Verlustleistung entsteht bei der auftretenden Belastung?

Lösung

$$P_{VN} = \frac{P_N}{\eta_N}(1 - \eta_N) = \frac{90\text{ kW}}{0{,}92}(1 - 0{,}92) = 7{,}38\text{ kW}.$$

Nach (3.15a) bzw. (3.15b) erhält man

$$P_{V\text{ Leer N}} \approx 3{,}36\text{ kW}, \quad P_{V\text{ Last N}} \approx 4{,}47\text{ kW}.$$

Nach VDE 0530 ist im vorliegenden Fall eine Abweichung $\Delta\eta = -0{,}1\,(1 - \eta_N) = -0{,}1\,(1 - 0{,}92) = 0{,}008$ zulässig. Damit liegt der unterste Grenzwert bei $\eta_N - \Delta\eta = 0{,}92 - 0{,}008 = 0{,}912$.
Entsprechend erhält man

$$P_{VN\,\text{max}} = 8{,}68\text{ kW}; \quad P_{V\text{ Leer N max}} = 3{,}72\text{ kW}; \quad P_{V\text{ Last N max}} = 4{,}96\text{ kW}.$$

Der Wirkungsgrad kann bei Katalogangaben nach oben unbegrenzt abweichen. Dadurch verkleinern sich die abführbaren Verluste. Aus Gründen der Qualitätskennzeichnung ist auszuschließen, daß η_N nennenswert nach oben abweicht. Bei 70 kW verringern sich die Gesamtverluste

$$P_{V\,\text{Last}} \approx P_{V\,\text{Last\,N}} \left(\frac{P}{P_N}\right)^2 = 4{,}96 \text{ kW} \left(\frac{70 \text{ kW}}{90 \text{ kW}}\right)^2 = 3 \text{ kW}.$$

Damit wird

$$P_V = P_{V\,\text{Leer\,N}} + P_{V\,\text{Last}} = 6{,}36 \text{ kW}.$$

3.3.3. Stromwärmeverluste bei Anlauf und Bremsen

Bei Anlauf- und Bremsvorgängen treten meist erhöhte Stromwärmeverluste auf. Für die Bestimmung der Stromwärmeverluste wird von der mit ω erweiterten Bewegungsgleichung ausgegangen.

$$m\,\omega - m_b\,\omega - m_W\,\omega = 0. \tag{3.16}$$

Dabei gilt

$$m\,\omega = m\,\Omega_0 - m\,\Delta\omega; \quad \text{abgegebene mechanische Leistung} \tag{3.17a}$$

$$m\,\Delta\omega = i^2\,R; \quad \text{Verlustleistung} \tag{3.17b}$$

$m\,\Omega_0$ zugeführte Leistung.

Die stromabhängige Läuferverlustleistung entspricht bei Gleichstrommaschinen

$$m\,(\Omega_0 - \omega) = i^2\,R_A,$$

bei Drehstrom-Asynchronmaschinen mit Kurzschlußläufer

$$m\,(\Omega_0 - \omega) = 3\,i_2^2\,R_2^2.$$

Man erhält für $M_W = $ konst. und Erweiterung der Bewegungsgleichung mit $(\Omega_0 - \omega)$ die Energiebeziehung

$$\int_{t_1}^{t_2} m\,(\Omega_0 - \omega)\,dt - \int_{t_1}^{t_2} M_W\,(\Omega_0 - \omega)\,dt - \int_{\Omega_1}^{\Omega_2} J\,(\Omega_0 - \omega)\,d\omega = 0. \tag{3.18}$$

Die den stromabhängigen Gesamtverlusten zugeordnete Energie entspricht dem ersten Glied von (3.18). Sie beträgt für GNM

$$\boxed{W_{VI} = \int_{t_1}^{t_2} m\,(\Omega_0 - \omega)\,dt = \int_{t_1}^{t_2} i^2\,R_A\,dt} \tag{3.19a}$$

und nach (3.18) mit teilweiser Auswertung der Integrale

$$W_{VI} = M_W \left[\Omega_0(t_2 - t_1) - \int_{t_1}^{t_2} \omega\,dt\right] + J\left[\Omega_0(\Omega_2 - \Omega_1) - \frac{\Omega_2^2 - \Omega_1^2}{2}\right]. \tag{3.19b}$$

Für AMKL unter Berücksichtigung der Stromwärmeverluste im Ständer erhält man

$$\boxed{W_{VI} = \left(1 + \frac{R_1}{R_2'}\right) \int_{t_1}^{t_2} m\,(\Omega_0 - \omega)\,dt = \int_{t_1}^{t_2} 3\,(i_1^2\,R_1 + i_2^2\,R_2)\,dt} \tag{3.20a}$$

3.3. Verlustleistungen

und nach (3.18) mit teilweiser Auswertung der Integrale

$$W_{VI} = \left(1 + \frac{R_1}{R_2'}\right) \left[M_W \Omega_0 \int_{t_1}^{t_2} s \, dt + J \Omega_0^2 \left(\frac{s_1^2 - s_2^2}{2}\right)\right]. \qquad (3.20\mathrm{b})$$

Nach (3.19a) und (3.20b) bestimmt man für $M_W = 0$ die stromabhängige Wärmeverlustenergie zu:

		Ω- bzw. s-Bereich		$|W_{VI}|$
Anlauf: GNM		$\Omega_1 = 0$	$\Omega_2 = \Omega_0$	$\dfrac{1}{2} J \Omega_0^2$
	AMKL	$s_1 = 1$	$s_2 = 0$	$\dfrac{1}{2} J \Omega_0^2 \left(1 + \dfrac{R_1}{R_2'}\right)$
Widerstandsbremsen:				
	GNM	$\Omega_1 = \Omega_0$	$\Omega_2 = 0$	$\dfrac{1}{2} J \Omega_0^2$
	AMKL	$s_1 = 0$	$s_2 = 1$	$\dfrac{1}{2} J \Omega_0^2 \left(1 + \dfrac{R_1}{R_2'}\right)$
Gegenstrombremsen:				
	GNM	$\Omega_1 = -\Omega_0$	$\Omega_2 = 0$	$\dfrac{3}{2} J \Omega_0^2$
	AMKL	$s_1 = 2$	$s_2 = 1$	$\dfrac{3}{2} J \Omega_0^2 \left(1 + \dfrac{R_1}{R_2'}\right)$.

Beim Reversiervorgang mit $M_W = 0$ entsteht eine Wärmeverlustenergie, die der vom Gegenstrombremsen und Anlauf zusammen entspricht. Das heißt, beim Reversieren mit Gegenstrombremsen entsteht die 4fache Verlustenergie gegenüber dem Leerlauf. Bemerkenswert ist, daß mit $1/2 \, J \Omega_0^2$ die Stromwärmeverlustenergie beim Anlauf der GNM gleich groß der im Antriebssystem gespeicherten kinetischen Energie ist.

Beispiel 3.8

Ein Asynchronmotor $P = 5{,}5$ kW; $2p = 4$ ($\Omega_0 = 157$ 1/s); $J = 0{,}015$ kg m²; $R_1/R_2' = 1{,}3$ treibt ein Schwungrad ($FI = 40$) an. Man bestimme die Stromwärmeverlustenergie und die mittlere Stromwärmeverlustleistung während der Anlaufzeit von $t_A = 1{,}6$ s.

Lösung

Das auftretende Reibmoment wird näherungsweise vernachlässigt. Mit $W_{VI} = 0{,}5 \, J \, FI \, \Omega_0^2 \cdot (1 + R_1/R_2')$ ergibt sich eine Stromwärmeverlustenergie von $W_{VI} = 17 \cdot 10^3$ Ws. Die während der Anlaufzeit auftretende mittlere Stromwärmeverlustleistung beträgt $\bar{P}_{VI} = W_{VI}/t_A = 10{,}625$ kW und liegt damit höher als die Bemessungsleistung der Maschine. Im Dauerbetrieb kann der 5,5-kW-Motor nur eine Verlustleistung von $P_{VN} = 1{,}030$ kW, davon eine Stromwärmeverlustleistung von $P_{V \, Last \, N} = 680$ W abführen. Damit liegen die Stromwärmeverluste bei diesem Schweranlauf 15,6mal höher als im Bemessungsbetrieb.

Beispiel 3.9

Man berechne die Leerschalthäufigkeit der im Beispiel 3.8 angegebenen AMKL.

Lösung

Die Leerschalthäufigkeit z_0 ist die Anzahl der Schaltungen je Stunde, die bei periodischem Reversieren der unbelasteten Maschine eine gleich hohe Erwärmung wie bei Bemessungsbetrieb hervorruft. Reversieren besteht aus den Abschnitten Anlauf und Gegenstrombremsen. Dafür bestimmt man nach (3.20):

$$W_{VI} = 2J\Omega_0^2(1 + R_1/R_2') = 1{,}7 \cdot 10^3 \text{ Ws}.$$

Die Spielzeit für einen Reversiervorgang muß so groß sein, daß diese Stromwärmeverlustenergie während eines Spiels umgesetzt und die mittlere Verlustleistung dabei $P_{V\,\text{Last}\,N} = 680$ W nicht überschreitet.
Damit errechnet man die Leerschalthäufigkeit

$$z_0 = P_{V\,\text{Last}\,N}/W_{VI} = 680\text{ W}/1{,}7 \cdot 10^3\text{ Ws} = 0{,}4\text{ 1/s}$$

$$z_0 = 1440\text{ c/h}.$$

3.4. Thermische Vorgänge und Betriebsarten

3.4.1. Übertemperaturen und Isolierstoffklassen

Die im Betrieb entstehenden Verluste erwärmen die Wicklungen, das Magnetmaterial und die inaktiven Teile der Maschine. Besondere Beachtung verdienen die Isolierungen, da sie im Vergleich zu den elektrischen und magnetischen Leiterwerkstoffen je nach Isolierstoffklasse nur Grenztemperaturen von 120 ··· 180 °C vertragen. Hochausgenutzte Maschinen weisen deshalb verlustarme elektrische und magnetische Leiterwerkstoffe, eine zweckmäßige Gestaltung des magnetischen Kreises sowie eine intensive Kühlung der Verlustzonen auf.
Unter Beachtung dieser Gesichtspunkte kann bei Einhaltung der zulässigen Grenztemperatur für die Isolierung der Energieumwandlungsprozeß mit hoher Materialausnutzung erfolgen. Die eingesetzten Materialqualitäten und die Gestaltung des magnetischen Kreises wirken sich auf den Wirkungsgrad aus. Zwischen Materialeinsatz (Herstellungskosten) und Wirkungsgrad (Betriebskosten) bestehen meist gegenläufige Abhängigkeiten. Bild 3.7 veranschaulicht die verschiedenen Einflußgrößen auf den Energieumwandlungsprozeß. Die elektrischen Isolierstoffe werden in 7 Isolierstoffklassen eingestuft. Die höchstzulässigen Dauertemperaturen sind in Tafel 3.1 aufgeführt.

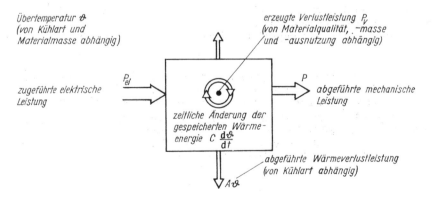

Bild 3.7. *Leistungsfluß in elektrischen Maschinen (Prinzipdarstellung)*

Tafel 3.1. Höchstzulässige Dauertemperaturen der Isolierstoffklassen (VDE 0530-T1.)

Wärmebeständigkeitsklasse		Y	A	E	B	F	H	C
Höchstzulässige Dauertemperatur	°C	90	105	120	130	155	180	>180
Grenzübertemperatur von Wechselstromwicklungen 600 VA bis 5 000 kVA und von Kommutatorläuferwicklungen (Messung nach dem Widerstandsverfahren)	K		60	75	80	105	125	

Ausgehend von einer Umgebungstemperatur ϑ_U, die ohne besondere Angaben mit 40 °C angenommen wird, bestimmt man die zulässige Übertemperatur $\vartheta_{zul} = \vartheta_{Gr}$ zu

$$\boxed{\vartheta_{Gr} = \vartheta_{max} - \vartheta_U - \Delta\vartheta} \quad ; \tag{3.21}$$

ϑ_{Gr} Grenzübertemperatur, K
ϑ_{max} höchstzulässige Dauertemperatur, °C
ϑ_U Umgebungstemperatur, °C
$\Delta\vartheta$ Temperaturdifferenz (Meßmethode), K.

Die Temperaturdifferenz $\Delta\vartheta$ ist vom Meßverfahren, von der Art der Wicklung und der Isolierstoffklasse abhängig. Damit wird berücksichtigt, daß bei der Erwärmungsbestimmung durch Widerstandsmessung nur der Mittelwert und nicht der Höchstwert erfaßt wird. Bei Drehstrommaschinen gilt das Interesse meist den Ständer-, bei Gleichstrommaschinen den Läuferwicklungen.

3.4.2. Betriebsarten

Im Betrieb der Maschine treten bei Anlauf, Bremsen und Belastungsänderungen veränderliche Verlustgrößen auf, die zu unterschiedlichen Erwärmungen der Wicklung führen. Für eine Reihe von Stell- und Bewegungsvorgängen lassen sich typische Belastungsspiele angeben. Man unterscheidet dabei 9 Betriebsarten. Die Zeitverläufe gehen aus Bild 3.8 hervor.

- S1 Dauerbetrieb
- S2 Kurzzeitbetrieb
- S3 Aussetzbetrieb ohne Einfluß des Anlaufs und der Bremsung auf die Temperatur
- S4 Aussetzbetrieb mit Einfluß des Anlaufs auf die Temperatur
- S5 Aussetzbetrieb mit Einfluß des Anlaufs und der Bremsung auf die Temperatur
- S6 Durchlaufbetrieb mit Aussetzbelastung
- S7 Reversierbetrieb
- S8 Durchlaufbetrieb mit veränderlicher Drehzahl
- S9 Betrieb mit nichtperiodischen Belastungs- u. Drehzahländerungen.

Die Betriebsart wird für jede Maschine auf dem Leistungsschild angegeben. Ohne Kennzeichnung ist sie für Dauerbetrieb S1 zugelassen. Um die Betriebsparameter eindeutig zu kennzeichnen, sind für die Betriebsarten S2 bis S8 zusätzliche Angaben erforderlich. Diese gehen aus Tafel 3.2 hervor.
Die Betriebsarten S1, S2 und S3 treten häufig auf. Für S1-Betrieb werden die meisten Maschinen angeboten. Maschinen der Betriebsarten S4 bis S9 werden nur für spezielle

Einsatzgebiete hergestellt, so z. B. Bremsmotoren (S4), Stellmotoren (S5), spezielle Gleichstrommotoren (S6), Walzumkehrmotoren (S7) und Ladewindenmotoren (S8).

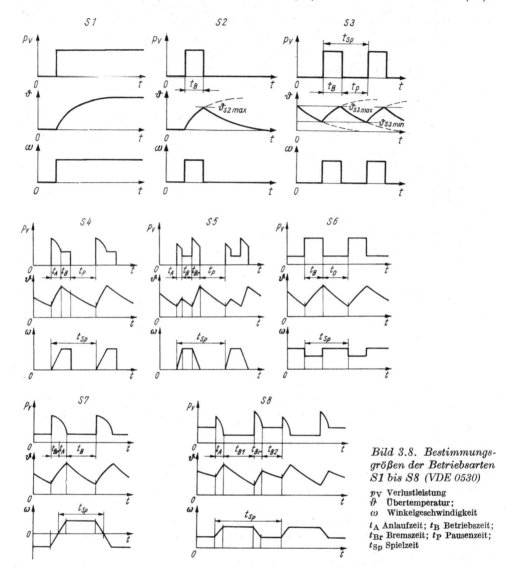

Bild 3.8. Bestimmungsgrößen der Betriebsarten S1 bis S8 (VDE 0530)

p_V Verlustleistung
ϑ Übertemperatur;
ω Winkelgeschwindigkeit
t_A Anlaufzeit; t_B Betriebszeit;
t_{Br} Bremszeit; t_P Pausenzeit;
t_{Sp} Spielzeit

3.4.3. Bestimmung der Typenleistung nach der Betriebsart

Auf dem Leistungsschild des Motors ist die Bemessungsleistung mit den Angaben für die Betriebsart nach Tafel 3.2 aufgeführt. Bei Dauerbetrieb wird oft die Kennzeichnung der Betriebsart weggelassen.

Die Typenleistung ist gegenüber der Bemessungsleistung eine Berechnungsgröße, die die nach thermischen Erfordernissen notwendige Leistung angibt. Die Typenleistung wird in der Regel von der Bemessungsleistung nach unten abweichen. Das ergibt sich durch:
1. die Leistungsabstufung der Maschinen entsprechend der Katalogangaben,
2. antriebstechnisch bedingte Größen, wie z. B. ein höheres Anlaufmoment, ein größeres Kippmoment, eine kleinere Hochlaufzeit oder eine größere Regelreserve, wie sie gelegentlich gefordert werden.

3.4. Thermische Vorgänge und Betriebsarten

Die Typenleistung stimmt mit der Bemessungsleistung überein, wenn der Berechnungswert mit den Katalogdaten identisch ist und keine Forderungen nach 2. existieren.
Ein Dauerbetrieb liegt vor, wenn die Maschine länger als das Dreifache der größten thermischen Zeitkonstanten mit gleichbleibender Belastung betrieben wird. Dann ist die Maschine nach der auftretenden Belastung, d. h. $M_N = M$ festzulegen. Da das Angebot an S1-Maschinen am umfangreichsten ist, der Dauerbetrieb in der beschriebenen Weise nur selten auftritt, macht sich in vielen Fällen eine Umrechnung des

Tafel 3.2. Kennzeichnung der Betriebsarten elektrischer Maschinen

Angabe	Bezeichnung	Vorzugswert	S1	S2	S3	S4	S5	S6	S7	S8
Betriebszeit	t_B	0,5; 1; 3; 5; 10; 30; 60; 90 min; dd	dd	×						
Spieldauer	t_{Sp}	10 min			×			×		
Schaltungen je Stunde		60; 90; 120; 240; 600 c/h				×	×		×	×
Relative Einschaltdauer	ED_N	15; 25; 40; 60%			×	×	×	×		×
Trägheitsfaktor	FI	1,2; 1,6; 2; 2,5; 4				×	×		×	×

× Wertangabe zur eindeutigen Kennzeichnung

jeweiligen Belastungsverlaufs auf S1 erforderlich. Nähere Angaben dazu finden sich in 3.5 und 3.6.
Liegt ein S2-Betrieb und eine S2-Maschinenreihe vor, dann erfolgt die Festlegung der Maschine mit der thermisch richtigen Typenleistung direkt nach dem auftretenden Moment

$$M_N \geq M_{S2} \qquad (3.22)$$

und der auftretenden Betriebszeit t_B (vgl. Tafel 3.2).
S2-Maschinen werden für folgende Betriebszeiten ausgeführt: $t_{BKat} = 0{,}5; 1; 3; 5; 10; 30; 60; 90$ min. Die eventuell notwendige Umrechnung zur Festlegung einer Maschine aus dem Katalog muß unter Berücksichtigung des Zusammenhangs

$$\frac{M_{S2Kat}}{M_{S2}} = \sqrt{\frac{t_B}{t_{BKat}}} \qquad (3.23)$$

erfolgen.
Entsprechend geht man bei S3-Betrieb und einer S3-Maschinenreihe vor.
Hierzu bestimmt man die relative Einschaltdauer

$$ED = \frac{t_B}{t_B + t_P}. \qquad (3.24)$$

S3-Maschinen werden für $ED_N = 15, 25, 40$ und 60% hergestellt. Die Berechnung des Moments erfolgt unter Zugrundelegung der Betriebszeit t_B:

$$\boxed{M_N \geq \sqrt{\frac{1}{t_B} \int_0^{t_{Sp}} m^2 \, dt}} \quad . \tag{3.25}$$

Mit M_{S3} und ED ist die Typenleistung für S3-Betrieb bestimmt. Zur Umrechnung auf eine standardisierte Einschaltdauer bzw. auf Katalogangaben dient folgende Beziehung:

$$\boxed{\frac{M_{S3Kat}}{M_{S3}} = \sqrt{\frac{ED}{ED_{Kat}}}} \quad ; \tag{3.26}$$

M_{S3Kat} Bemessungsmoment der S3-Maschine bei ED_{Kat}.

Mit der Festlegung der Typenleistung des Antriebsmotors wird eine wichtige Entscheidung über die Kosten der Antriebsanlage einschließlich der Stell- und Übertragungsglieder getroffen. Ist die festgelegte Typenleistung gegenüber den Anforderungen des Stell- bzw. Bewegungsvorgangs zu gering, wird oft nicht die geplante Effektivität im technologischen Prozeß erreicht, und die Lebensdauer des Motors verringert sich. Liegt die Typenleistung zu hoch, entstehen Mehrkosten, nicht nur für den Motor, sondern auch für die Stellglieder, Schalter und mechanischen Übertragungsglieder. Auch die Betriebskosten liegen dann in der Regel wegen des geringeren Wirkungsgrades bzw. des größeren Blindstrombedarfs höher. Hinzu kommt noch ein größerer Flächen-, Volumen- bzw. Massebedarf.
Für die Festlegung der Typenleistung darf die im Betrieb auftretende Übertemperatur der Grenzübertemperatur nahekommen, diese nicht oder nur kurzzeitig überschreiten.
Die Kenntnis der Übertemperatur ist eine wichtige Voraussetzung zur Bestimmung der Typenleistung auch im Hinblick auf die Lebensdauer der Maschine. Das thermische Verhalten der elektrischen Maschine unterliegt infolge ihres inhomogenen Aufbaus einem komplizierten Mechanismus und ist mit einem thermischen Mehrkörpersystem vergleichbar. Aus Gründen der Vielfalt solcher Netzwerke und der praktisch dazu nicht beschaffbaren thermischen Kennwerte sind nur vereinfachte thermische Modelle anwendbar. Nachfolgend werden die Erwärmungsvorgänge und die Typenleistungsbestimmung für das Einkörpermodell und das Zweikomponentenmodell dargestellt.

3.5. Typenleistungsbestimmung nach dem Einkörpermodell

3.5.1. Temperaturverlauf

Die entstehenden Verluste decken die zeitliche Änderung der gespeicherten Wärmeenergie und die abgeführte Wärmeverlustleistung. Mit zunehmender Körpertemperatur steigt vor allem die durch Konvektion über das Kühlmittel abgeführte Wärmeenergie. Dabei gilt nach der Energiebilanz für die Ersatzschaltung Bild 3.9a

$$\boxed{P_V = C \frac{d\vartheta}{dt} + A\vartheta} \quad ; \tag{3.27}$$

C Wärmekapazität, Ws/K
A Wärmeabgabefähigkeit, W/K
ϑ Übertemperatur, K.

3.5. Typenleistungsbetimmung nach dem Einkörpermodell

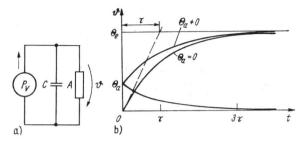

Bild 3.9. Einkörpermodell
a) Ersatzschaltung
b) Temperaturverlauf bei $P_V =$ konst.

Die Lösung dieser Differentialgleichung ergibt für $P_V =$ konst.

$$\vartheta = \Theta_e (1 - e^{-t/\tau}) + \Theta_a e^{-t/\tau} \;; \tag{3.27a}$$

Θ_e Endwert der Übertemperatur; $\Theta_e = P_V/A$
Θ_a Anfangswert der Übertemperatur
τ Erwärmungszeitkonstante, $\tau = C/A$.

Mit $\Theta_a = 0$ erhält man

$$\vartheta = \Theta_e (1 - e^{-t/\tau}). \tag{3.27b}$$

Der Temperaturverlauf wird im Bild 3.9b gezeigt. Nach $3\,\tau$ sind etwa 95% der Endtemperatur erreicht.
Nach Abschalten der Verlustleistung P_V kühlt sich der Körper ab. Tritt hierbei eine andere Wärmeabgabefähigkeit, z. B. A_{St} (im Stillstand) auf, so ergibt sich die Zeitkonstante $\tau_{St} = \tau\,A_{St}/A$.
Das Einkörpermodell läßt sich zur Grundlage der Typenleistungsbestimmung nehmen, wenn für den Temperaturverlauf in der interessierenden Wicklung die Gültigkeit von (3.27) zutrifft. Angaben darüber sind vom Hersteller einzuholen. In diesen Fällen kann die Typenleistung durch die Ersatzverlustleistung bzw. die Effektivwertmethode bestimmt werden.

3.5.2. Ersatzverlustleistungsmethode

Bei der Bestimmung der Typenleistung nach der Methode der Ersatzverlustleistung (Einkörpermodell) geht man wie folgt vor:
Nach dem vorgegebenen Verlauf von $m_W(t)$, $m_b(t)$, $\omega(t)$ wird zunächst überschläglich eine Typenleistung ermittelt. Danach wird aus dem Katalog ein Motor festgelegt, und für das vorgebene Belastungsspiel werden die konstanten, stromabhängigen und drehzahlabhängigen Verluste berechnet und als Zeitfunktion dargestellt (s. Bild 3.10):

$$p_V(t) = p_{Vkonst} + p_{VIZ} + p_{V\Omega}; \tag{3.28}$$

$p_V(t)$ zeitabhängige Gesamtverluste
p_{Vkonst} konstante Verluste
p_{VIZ} stromabhängige Verluste einschließlich Zusatzverluste
$p_{V\Omega}$ drehzahlabhängige Verluste.

Diese Verluste müssen von der Maschine abgeführt werden, ohne daß dabei die Grenzübertemperatur überschritten wird. Durch das Wärmespeichervermögen der Maschine werden bei Änderung der Verlustleistung im Zeitintervall $\Delta t < 3\,\tau$ die Endtemperatur der Erwärmung bzw. bei $\Delta t < 3\,\tau_{St}$ die Endtemperatur der Abkühlung im Stillstand nicht erreicht.

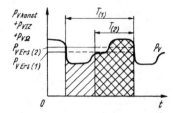

Bild 3.10. *Festlegung der Integrationszeit T*
(*1*) Maschine 1, (*2*) Maschine 2

Die Ersatzverlustleistung bestimmt man danach zu

$$P_\text{VErs} = \frac{1}{T} \int_t^{t+T} (p_\text{Vkonst} + p_{VIZ} + p_{V\Omega})\, dt \,. \quad (3.29)$$

Die Integrationsgrenzen t und $t + T$ sind so festzulegen, daß der Maximalwert der Verlustenergie erfaßt wird. Unsicherheiten bestehen in der Vorgabe der Integrationszeit. Wenn Belastungserhöhungen von einem bereits erreichten hohen thermischen Niveau ausgehen, sollte $T = (0{,}1 \cdots 0{,}2)\,\tau$ nicht überschreiten.
Im Bild 3.10 sind die Ersatzverlustleistungen von zwei Maschinen mit unterschiedlichen Zeitkonstanten eingetragen. Die anfangs überschläglich festgelegte Bemessungsleistung der Maschine war richtig angenommen, wenn diese Ersatzverlustleistung der Bemessungsverlustleistung entspricht oder geringfügig kleiner ist, d. h.

$$P_\text{VErs} \leqq P_\text{VN} \,. \quad (3.30)$$

Gegebenenfalls muß die Durchrechnung mit einer andren Bemessungsleistung wiederholt werden.

3.5.3. Effektivwertmethode

Zur Beschreibung der Effektivwertmethode wird von einem Belastungsspiel, wie es Bild 3.11 zeigt, ausgegangen. Hierfür gilt

$$p_V(t) = p_\text{VLeer} + p_\text{VLast} \approx p_\text{VLeer} + i^2 R \,. \quad (3.31)$$

Die drehzahl- bzw. spannungsabhängigen Leerlaufverluste werden als konstant angenommen. Der im Bild 3.11 dargestellte Zusammenhang $i = f(t)$ wird durch Umrechnung von einer zunächst überschläglich festgelegten Maschine aus ihrer Kennlinie $i = f(m)$ gewonnen. Für den Strom während der Bremsphase t_Br ist der nach dem angewendeten Bremsverfahren auftretende Strom in den drei Strängen der Wicklung zugrunde zu legen. Für diesen Strom gilt damit in der Regel eine andere Zuordnung $i = f'(m_\text{Br})$.

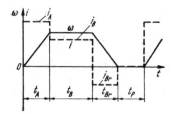

Bild 3.11. *Belastungsspiel*

3.5. Typenleistungsbetimmung nach dem Einkörpermodell

Falls $t_B > 3\tau$ ist, wird unter der Voraussetzung, daß die Anlauf- und Bremsphasen kurz sind, der Strom i_B als Bemessungsstrom der auszuwählenden Maschine zu Grunde gelegt.

$$\boxed{I_N \geq i_B = I_B} \quad . \tag{3.32}$$

Für $t_B < 3\tau$ und $t_P < 3\tau_{St}$ entsteht während der Gesamtzeit $\Sigma t = t_A + t_B + t_{Br} + t_P$ eine Verlustleistung, die nach

$$P_{VErs} = \frac{1}{\Sigma t'} \int_0^{\Sigma t} p_{VLeer}\, dt + \frac{R}{\Sigma t'} \int_0^{\Sigma t} i^2\, dt, \tag{3.33}$$

$\Sigma t'$ reduzierte Zeit nach (3.37),

bestimmt ist. Die auszuwählende Maschine muß diese Verlustleistung P_{VErs} mit zulässiger Übertemperatur abführen können. Wird zur Vereinfachung

$$P_{VErs} \approx \frac{R}{\Sigma t'} \int_0^{\Sigma t} i^2\, dt = I_{eff}^2\, R \tag{3.34}$$

gesetzt, so läßt sich mit

$$\boxed{I_{eff} = \sqrt{\frac{1}{\Sigma t'} \int_0^{\Sigma t} i^2\, dt}} \tag{3.35}$$

der Effektivwert des Stroms für die Typenleistung berechnen. Durch die getroffene Vereinfachung (Vernachlässigung der Leerlaufverluste) liegt der Effektivstrom I_{eff} auf der sicheren Seite.
Die Festlegung der Maschine erfolgt nach

$$\boxed{I_N \geq I_{eff}} \quad . \tag{3.36}$$

Die reduzierte Zeit $\Sigma t'$ trägt den veränderten Abkühlungsbedingungen in den Übergangsabschnitten t_A und t_{Br} sowie in der Pausenzeit t_P Rechnung.

$$\Sigma t' = t_P \frac{A_{St}}{A} + (t_A + t_{Br}) \frac{1 + A_{St}/A}{2} + t_B; \tag{3.37}$$

$\dfrac{A_{St}}{A} = \alpha$ Reduktionsfaktor für Stillstand eigenbelüfteter Maschinen, $\alpha \approx 0{,}3$

$\dfrac{1 + A_{St}/A}{2} = \beta$ Reduktionsfaktor für Anlauf und Bremsen eigenbelüfteter Maschinen, $\beta \approx 0{,}65$.

Für das Belastungsspiel nach Bild 3.11 und unter der Annahme $t_A \ll \tau$, $t_{Br} \ll \tau$, $\tau_B < 3\tau$, $t_P < 3\tau_{St}$ gilt

$$I_{eff} = \sqrt{\frac{i_A^2\, t_A + i_B^2\, t_B + i_{Br}^2\, t_{Br}}{\beta t_A + t_B + \beta t_{Br} + \alpha t_P}} \quad . \tag{3.38}$$

Für Asynchron- und Gleichstrommaschinen mit konstantem Feld kann das Bestimmungsverfahren vereinfacht werden, da Strom und Drehmoment einander proportional sind: $m \sim i$.

3. Typenleistung und Schutzeinrichtungen elektrischer Maschinen

Demzufolge wird mit $m = m_W + m_b$ ein Effektivmoment berechnet.

$$\boxed{M_{\text{eff}} = \sqrt{\frac{1}{\Sigma t'} \int_0^{\Sigma t} m^2 \, dt}} \quad . \tag{3.39}$$

Für die Bremsmomente sind dabei die den Bremsströmen zugeordneten Werte einzusetzen. Die Typenleistung ist M_{eff} zuzuordnen. Danach bestimmt man das Bemessungsmoment

$$\boxed{M_N \geq M_{\text{eff}}} \tag{3.40}$$

Gegebenenfalls muß die Rechnung mit einer anderen Maschine wiederholt werden, um (3.40) zu erfüllen.

Beispiel 3.10

Für den Vierquadrantenantrieb einer Plastverarbeitungsmaschine ist der Verlauf von $m = m_W + m_b$ und n nach Bild 3.12a gegeben. Es soll ein fremdbelüfteter Gleichstrom-Nebenschlußmotor mit Ankerspannungssteuerung eingesetzt werden. — Man bestimme die Typenleistung des Motors.

Lösung

Überschläglich wird für $M = 35$ N m und $n = 1450$ U/min ein Motor mit der Leistung $P = 5,33$ kW ermittelt.
Nach Katalog wird ein Motor mit den Daten $P = 5,5$ kW; $n = 1450$ U/min; $U = 220$ V; $I_N = 29,5$ A; $I_E = 1$ A; $M_N = 36$ N m; $\eta_N = 0,82$ angeboten. Von diesem Motor sind ferner bekannt $\tau_2 = 45$ min; $P_{V\,Fe} = 120$ W; $P_{VR} = 195$ W; $P_{VI} = 610$ W; $P_{VE} = 220$ W; $P_{VZ} = 55$ W.

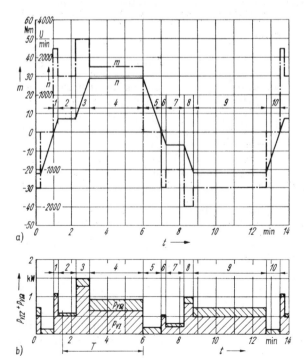

Bild 3.12. *Belastungsverlauf eines Vierquadrantenantriebs*

a) Bewegungsablauf; b) zeitlicher Verlauf der strom- und drehzahlabhängigen Verluste

3.5. Typenleistungsbetimmung nach dem Einkörpermodell

Tafel 3.3. Verlustleistungen eines Bewegungsablaufs

Zeitabschnitt		1	2	3	4	5	6	7	8	9	10
t	min	0,25	1	0,75	3	1	0,25	1	0,5	4	0,75
$m_W + m_b$	Nm	45	30	50	35	0	−30	−20	−40	−30	0
n	U/min	0⋯	350	⋯	1450	⋯	⋯	−350	⋯	−1100	⋯0
p_{VIZ}	W	1040	462	1283	628	0	462	205	820	462	0
$p_{V\Omega}$	W	38	76	196	315	157	38	76	157	239	119
$p_{VIZ} + p_{V\Omega}$	W	1078	538	1479	943	157	500	281	977	701	119

$P_{V\,Leer\,N} = P_{V\,Fe} + P_{VR} + P_{VE} = 535\,\text{W}$; $\quad P_{V\,Last\,N} = P_{VI} + P_{VZ} = 665\,\text{W}$;
$P_{VN} = P_{V\,Leer\,N} + P_{V\,Last\,N} = 1{,}2\,\text{kW}$.

Konstante Verluste: $\qquad p_{V\,konst} = P_{VE}$.
Stromabhängige Verluste: $\qquad p_{VIZ} \approx P_{V\,Last\,N}\,(i/I_N)^2 \approx P_{V\,Last\,N}\,(m/M_N)^2$.
Drehzahlabhängige Verluste: $\quad p_{V\Omega} \approx (P_{V\,Fe} + P_{VR})\,(\Omega/\Omega_N)$.

Die Eisen- und Reibungsverluste werden von Ω linear abhängig angenommen. Nach den vorstehenden Beziehungen berechnet man die strom- und drehzahlabhängigen Verluste für die 10 Zeitabschnitte des Belastungsdiagramms (Tafel 3.3).
Der Verlauf von $p_{VIZ} + p_{V\Omega}$ ist im Bild 3.12b eingetragen. Diese Verluste treten im Läufer der GNM auf. Zur Bestimmung der Ersatzverlustleistung werden die Erregerverluste, die in einer anderen Wicklung entstehen, nicht einbezogen. Die Erwärmungszeitkonstante ist ebenfalls der Ankerwicklung zugeordnet. Die Integrationszeit wird mit $T = 0{,}1\,\tau = 0{,}1 \cdot 45\,\text{min} = 4{,}5\,\text{min}$ angenommen. Mit der größten Verlust-Zeitfläche, die im Bild 3.12b durch T markiert ist, bestimmt man nach (3.29)

$$P_{VErs} = \frac{1}{T}\,(0{,}75\,\text{min} \cdot p_{V2} + 0{,}75\,\text{min} \cdot p_{V3} + 3\,\text{min} \cdot p_{V4})$$

$$= \frac{1}{4{,}5\,\text{min}}\,(0{,}75\,\text{min} \cdot 538\,\text{W} + 0{,}75\,\text{min} \cdot 1479\,\text{W} + 3\,\text{min} \cdot 943\,\text{W}) = 965\,\text{W}.$$

Der überschläglich ausgewählte Motor kann die Verlustleistung $P_V - P_{VE} = 1{,}2\,\text{kW} - 220\,\text{W} = 980\,\text{W}$ abführen. Die Ersatzverlustleistung liegt nur wenig darunter. Damit erfüllt der Motor mit einer Bemessungsleistung von 5,5 kW die Anforderungen.

Beispiel 3.11

Für den im Beispiel 3.10 gegebenen Belastungsverlauf ist die Typenleistung des Gleichstrommotors nach der Effektivwertmethode festzulegen.

Lösung

Da die Gleichstrommaschine über die Ankerspannung gesteuert wird, d. h. das Feld konstant bleibt, läßt sich die Beziehung (3.39) verwenden. Bei Fremdbelüftung ergibt sich $\alpha = \beta = 1$, und man bestimmt nach (3.38) für die 10 Zeitintervalle mit den zugehörigen Drehmomenten $m_W + m_b$ von Tafel 3.3

$$M_{eff} = \sqrt{\frac{(45^2 \cdot 0{,}25 + 30^2 \cdot 1 + 50^2 \cdot 0{,}75 + 35^2 \cdot 3 + 30^2 \cdot 0{,}25 + 20^2 \cdot 1 + 40^2 \cdot 0{,}5 + 30^2 \cdot 4)\,\text{N}^2\,\text{m}^2\,\text{min}}{12{,}5\,\text{min}}}$$

$M_{eff} \approx 31\,\text{N m}$.

Der ausgewählte Motor mit $M_N = 36\,\text{N m}$ erfüllt die Anforderungen, ist aber etwas überdimensioniert. Unter der Annahme, daß der Motor eigenbelüftet ausgeführt ist, ergibt sich nach (3.37) eine reduzierte Spielzeit von 10,5 min und $M_{eff} \approx 34\,\text{N m}$. Auch dafür ist der Motor noch ausreichend projektiert.

3.6. Typenleistungsbestimmung nach dem Zweikomponentenmodell

Auf der Grundlage des Einkörpermodells lassen sich die Temperaturverläufe in der Wicklung im allgemeinen nicht berechnen. Der Grund liegt darin, daß der Temperaturverlauf durch mehrere Erwärmungskomponenten bestimmt wird, die ein unterschiedliches dynamisches Verhalten aufweisen. Bereits mit zwei Komponenten, von denen die eine die schneller ablaufenden, die andere die langsamer verlaufenden thermischen Einflüsse wiedergeben, lassen sich die Vorgänge jedoch beschreiben. Naheliegend wäre dafür die Konzipierung eines Zweikörpermodells, bei dem die Anordnung nach Bild 3.9a zweifach durch Verknüpfung mit Wärmewiderständen und -kapazitäten aufgebaut ist.
In der Literatur wird auf diese Struktur hingewiesen. Sie besitzt jedoch keine praktische Bedeutung, da die hierfür erforderlichen Bestimmungsgrößen nur experimentell mit großem Aufwand gewonnen werden können. Diese Nachteile treten bei dem Zweikomponentenmodell nicht auf. Die erforderlichen Bestimmungsgrößen gewinnt man dabei aus dem ohnehin im Prüffeld durchgeführten Erwärmungsversuch mit Bemessungsleistung. Bild 3.13a zeigt diesen Verlauf der Übertemperatur in der Wicklung bei Bemessungsbelastung mit P_N = konst. Davon ausgehend ist im Bild 3.13b der Verlauf der Übertemperatur in Form der Funktion $(\Theta - \vartheta) = f(t)$ halblogarithmisch dargestellt. Diese Funktion läßt sich recht gut durch die Überlagerung zweier Erwärmungskomponenten annähern. Das Verfahren zur Bestimmung der beiden Erwärmungskomponenten und ihrer Zeitkonstanten ist im Anhang 7.5 beschrieben. Die auf diesem Wege bestimmten zwei Erwärmungskomponenten $(\Theta_1, \tau_1; \Theta_2, \tau_2)$ ermöglichen ohne zusätzliche Messungen außer dem Erwärmungsversuch, der bei jeder Typprüfung durchgeführt wird, die Bestimmung von vier Systemelementen (A_{12}, A_2, C_1, C_2). Damit läßt sich das Zweikomponentenmodell determinieren.

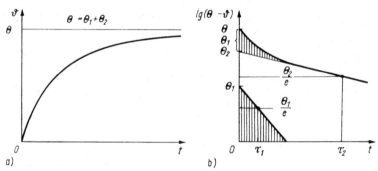

Bild 3.13. *Bestimmung der zwei Erwärmungskomponenten*
a) Verlauf der Übertemperatur; b) halblogarithmische Darstellung von $\Theta_e - \vartheta$ und Bestimmung von $\Theta_1, \Theta_2, \tau_1, \tau_2$
Θ_1, Θ_2 Endwert der Erwärmungskomponente *1* bzw. *2*; τ_1, τ_2 = Erwärmungszeitkonstante *1* bzw. *2*

3.6.1. Gleichungssystem und Systemelemente

Das Zweikomponentenmodell nach Bild 3.14 weist im Knotenpunkt I ein Temperaturverhalten auf, das dem der Maschine nahekommt. Die Systemelemente A_{12}, C_1, C_2 werden für die Bemessungsleistung bestimmt. Sie sind drehzahlunabhängig, demgegenüber ist A_2 bei Eigenbelüftung drehzahlabhängig (A_{2n}) [3.1].
Für das Zweikomponentenmodell gilt folgendes Differentialgleichungssystem:

$$P_{V1} = C_1 \frac{d\vartheta_I}{dt} + A_{12}(\vartheta_I - \vartheta_{II}) \quad (3.41\,\text{a})$$

$$P_{V2} = C_2 \frac{d\vartheta_{II}}{dt} - A_{12}(\vartheta_I - \vartheta_{II}) + A_2 \vartheta_{II} \quad (3.41\,\text{b})$$

P_{V1} stromabhängige Verlustleistung; $P_{V1N} \approx P_{V\,\text{Last N}}$
P_{V2} konst. und drehzahlabhängige Verlustleistung; $P_{V2N} \approx P_{V\,\text{Leer N}}$.

3.6. Typenleistungsbestimmung nach dem Zweikomponentenmodell

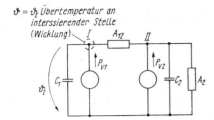

Bild 3.14. *Zweikomponentenmodell*
P_{V1} stromabhängige Verlustleistung; $P_{V1} = P_{V\text{Last}}$
P_{V2} konst. und drehzahlabhängige Verlustleistung; $P_{V2} = P_{V\text{Leer}}$
A_{12}, A_2 Wärmeleitwerte; C_1, C_2 Wärmekapazitäten;
$\vartheta_I, \vartheta_{II}$ Knotenpunkttemperaturen

Eingabewerte sind die zeitlich veränderlichen Verlustwerte P_{V1} und P_{V2} und bei Drehzahländerungen A_{2n}. Die Systemelemente A_{12}, A_2, C_1, C_2 müssen zuvor aus den Komponenten $\Theta_1(\tau_1)$ und $\Theta_2(\tau_2)$ des Erwärmungsversuchs mit Bemessungsbelastung $P_{V\text{Last N}}$ und $P_{V\text{Leer N}}$ bestimmt werden. Die Ausgangsgröße ϑ_I zeigt bei veränderlicher Belastung ein Verhalten, das durch zwei Erwärmungskomponenten geprägt wird und in guter Übereinstimmung zur Wicklungstemperatur liegt.

Die Erwärmungsmessung und die Berechnung der Systemelemente werden zweckmäßigerweise für den über die Wicklung gemittelten Temperaturwert vorgenommen.
Die Berechnungsmethode wird sehr praktikabel, wenn der Belastungsverlauf diskretisiert, d. h. in Zeitintervalle mit konstanten P_{V1}-, P_{V2}-, A_{2n}-Werten untergliedert wird. Dabei kann auch die Berechnung der Systemelemente nach Bild 3.14 entfallen.
Der Verlauf der Übertemperatur in der Wicklung $\vartheta = \vartheta_I$ (Knotenpunkt I) ergibt sich für P_{V1} = konst. und P_{V2} = konst. bei Bemessungsdrehzahl unter Anwendung der Laplace-Transformation in jedem Intervall zu

$$\vartheta = \Theta_{1e}(1 - e^{-t/\tau_1}) + \Theta_{2e}(1 - e^{-t/\tau_2}) + \Theta_{1a}e^{-t/\tau_1} + \Theta_{2a}e^{-t/\tau_2}. \qquad (3.42)$$

Diskretisierung der Eingabewerte

In (3.42) sind die den einzelnen Intervallen zugeordneten Endtemperaturen der Erwärmungskomponenten Θ_{1e} und Θ_{2e} eingeführt. Diese sind unterschiedlich von den Verlustleistungen P_{V1}, P_{V2} und der Zeitkonstante τ_{2n} abhängig.
Für eigengekühlte Asynchronmotoren zeigt die
— Erwärmungskomponente *1*
  größenmäßige Abhängigkeit von $P_{V\text{Last}}$,
  weitgehende Unabhängigkeit der Zeitkonstante τ_1 von der Drehzahl;
— Erwärmungskomponente *2*
  größenmäßige Abhängigkeit von $P_{V\text{Last}} + P_{V\text{Leer}}$,
  Abhängigkeit der Zeitkonstante τ_{2n} von der Drehzahl.

Nach Untersuchungen in [3.1] ergibt sich

$$\Theta_{1e} = \Theta_1 \frac{P_{V1}}{P_{V1N}}; \qquad \Theta_{2e} \approx \Theta_2 \frac{\tau_{2n}}{\tau_2} \frac{P_{V1} + P_{V2}}{P_{VN}}. \qquad (3.42\text{a}) \quad (3.42\text{b})$$

$$\tau_1 \approx \tau_{1n} \approx \tau_{1\text{St}}; \qquad \tau_{2n} \approx \tau_2 A_2/A_{2n};$$

Θ_{1a}, Θ_{2a}, Anfangs- bzw. Endwerte der Übertemperatur der Erwärmungskomponente *1*
Θ_{1e}, Θ_{2e} bzw. *2* im Knotenpunkt I
Θ_1, Θ_2 Erwärmungskomponenten bei Bemessungsbelastung (Endwerte)
$\tau_1, \tau_{1n}, \tau_{1\text{St}}$, Zeitkonstanten der Erwärmungskomponenten *1* bzw. 2 bei Bemessungsdreh-
$\tau_2, \tau_{2n}, \tau_{2\text{St}}$ zahl, bei beliebiger Drehzahl bzw. im Stillstand.

Die Übertemperatur ϑ bei beliebigem Belastungsverlauf bestimmt man aus der Überlagerung der Sprungantworten der einzelnen Zeitintervalle für die jeweilige P_V-Aufschaltung (siehe (3.60) und Beispiel 3.16).

Bei Asynchronmotoren kleinerer und mittlerer Leistung liegen die auf die zulässige Grenzübertemperatur $\Theta = \Theta_1 + \Theta_2$ bezogenen Verhältniswerte bei

$$\frac{\Theta_1}{\Theta} = 0{,}4 \cdots 0{,}2; \quad \frac{\Theta_2}{\Theta} = 0{,}6 \cdots 0{,}8; \quad \frac{\tau_1}{\tau_2} = 0{,}1 \cdots 0{,}25.$$

Die Zeitkonstante τ_1 beträgt $1{,}5 \cdots 10$ min.
Die Bilder 3.15 und 3.16 geben Orientierungswerte für die Zeitkonstante τ_2 von Gleich- und Drehstrommaschinen.

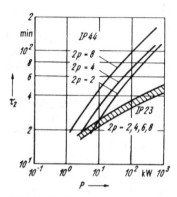

Bild 3.15. *Erwärmungszeitkonstante τ_2 von GNM (Orientierungswerte)*

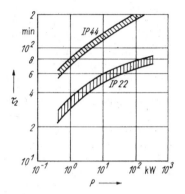

Bild 3.16. *Erwärmungszeitkonstante τ_2 von AMKL (Orientierungswerte)*

Nach (3.42b) hat die Drehzahl einen unmittelbaren Einfluß auf τ_{2n}. Für $n = 0$ kann aus dem Temperaturverlauf bei Abkühlung $\tau_{2\text{st}}$ bestimmt werden. Diese Ermittlung erfolgt ähnlich der im Anhang 7.5 beschriebenen Vorgehensweise.
Vom Motorhersteller werden auch die Zeitkonstanten im Stillstand $\tau_{2\text{st}}$ angegeben. Für Asynchronmaschinen mit Eigenkühlung ergibt sich $\tau_2/\tau_{2\text{st}} \approx A_{2\text{st}}/A_2 = 0{,}4 \cdots 0{,}2$. Um bei einer beliebigen Drehzahl den Wert τ_{2n} zu ermitteln, ist mit der jeweiligen Drehzahl ein Abkühlungsversuch durchzuführen und die Kennlinie danach auszuwerten. Zumeist ist die Näherung

$$\tau_{2n} = \tau_{2\text{st}} \left(1 - \frac{n}{n_N}\right) + \tau_2 \frac{n}{n_N} \tag{3.43}$$

ausreichend.

Signalformen

Auf der Grundlage des Zweikomponentenmodells lassen sich die verschiedenen Betriebsarten mit dem Ausgangssignal ϑ in ihrem Informationsverhalten analysieren.

    Eingangssignale P_{V1}, P_{V2},
    Streckenparameter A_{2n};

s. Bild 3.17.
Es zeigt sich, daß die Betriebsarten S1, S2, S3 und S6 eine eindeutige Zuordnung in dieser Klassifizierung finden können und die anderen Betriebsarten sich diesen typischen Formen zuordnen lassen.
Das Zweikomponentenmodell ermöglicht die Berechnung der Wicklungstemperaturen in ihrem zeitlichen Verlauf und somit auch der Maximalwerte. Es schafft damit die Voraussetzung für eine eventuelle Einbeziehung der Wicklungslebensdauer in die

3.6. Typenleistungsbestimmung nach dem Zweikomponentenmodell

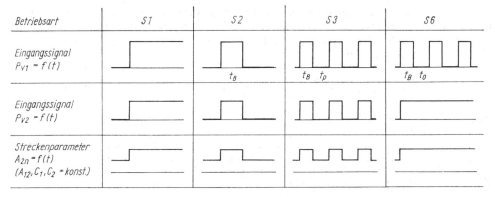

Bild 3.17. *Eingangssignale und Streckenparameter des Zweikomponentenmodells für typische Betriebsarten*

Projektierung. Neben periodischen Belastungsspielen ist das Zweikomponentenmodell insbesondere auch zur Berechnung nichtperiodischer Erwärmungsverläufe geeignet. Seine allgemeine Anwendbarkeit ergibt sich aus der Nutzung der prozeßanalytisch gewonnenen Kenngrößen. Beim Verschwinden einer Komponente ($A_{12} = \infty$, $C_1 = 0$) bzw. ($\Theta_1 = 0$, $\tau_1 = 0$) geht das Zweikomponentenmodell in das die Erwärmungsvorgänge nur eingeschränkt wiedergebende Einkörpermodell über.

Nachfolgend werden für die chrakteristischen Betriebsarten S2, S3 und S6 sowie für nichtperiodische Belastungsfälle Berechnungsbeziehungen angegeben.

3.6.2. Kurzzeitbetrieb (S2)

Diese Betriebsart ist dadurch gekennzeichnet, daß die Beharrungstemperatur während der Betriebszeit t_B nicht erreicht wird und die Maschine sich nach der Belastung wieder auf die Umgebungstemperatur abkühlt (Bild 3.18). Damit gilt $t_B < 3\,\tau_2$, $t_P > 3\,\tau_{2St}$. In diesem Fall kann der Motor eine höhere Betriebsleistung als die Dauerleistung aufbringen, ohne daß die Grenztemperatur überschritten wird.

Nach dem Zweikomponentenmodell überlagern sich die Erwärmungskomponenten $\vartheta_1(\tau_1)$ und $\vartheta_2(\tau_2)$ nach Bild 3.19. Danach bestimmt man die Übertemperatur am Ende der Belastungszeit t_B zu

$$\vartheta_{S2\max} = \Theta_{1e}\left(1 - e^{-t_B/\tau_1}\right) + \Theta_{2e}\left(1 - e^{-t_B/\tau_2}\right). \tag{3.44}$$

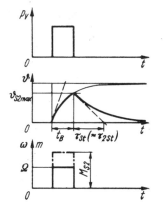

Bild 3.18. *S2-Betrieb*

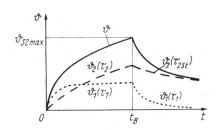

Bild 3.19. *Zweikomponenten-Temperaturverlauf im S2-Betrieb*

Die zulässige Endtemperatur für die jeweilige Isolierstoffklasse beträgt $\vartheta_{S2\,max} = \Theta$. Da dieser Wert nur in großen Zeitabständen erreicht wird, kann auch ein höherer festgelegt werden.

Mit den Verlustleistungen

$$\frac{P_{V1\,S2}}{P_{V1\,N}} = \left(\frac{I_{S2}}{I_N^*}\right)^2 \quad \text{und} \quad P_{V2S2} = P_{V2N} \qquad (3.45)\quad(3.46)$$

P_{V1N} Verlustleistung, bei Bemessungsbetrieb im Knotenpunkt I eingespeist ($\approx P_{V\,Last\,N}$)
P_{V1S2} Verlustleistung, im Knotenpunkt I bei S2-Betrieb eingespeist
P_{V2N} Verlustleistung, im Knotenpunkt II bei Bemessungsbetrieb ($\approx P_{V\,Leer\,N}$) eingespeist
P_{V2S2} Verlustleistung, im Knotenpunkt II bei S2-Betrieb eingespeist
I_{S2} Belastungsstrom der S1-Typenleistungsmaschine bei S2-Betrieb
I_N^* Bemessungsstrom der überschläglich festgelegten S1-Maschine

erhält man mit (3.42a), (3.42b) durch Umstellung von (3.44) den für Kurzzeitbetrieb zulässigen relativen Strom.

$$\boxed{\frac{I_{S2}}{I_N^*} = q_{S2} = \sqrt{\frac{\Theta - \Theta_2 \dfrac{P_{V\,Leer\,N}}{P_{VN}}(1 - e^{-t_B/\tau_2})}{\Theta_1(1 - e^{-t_B/\tau_1}) + \Theta_2 \dfrac{P_{V\,Last\,N}}{P_{VN}}(1 - e^{-t_B/\tau_2})}}} \qquad (3.47)$$

Für $\Theta_2/\Theta = 0{,}7$; $\tau_1/\tau_2 = 0{,}15$ ist im Bild 3.20 $q_{S2} = f(t_B/\tau_2)$ mit $P_{V\,Leer\,N}/P_{V\,Last\,N}$ als Parameter dargestellt.

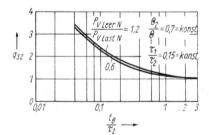

Bild 3.20. Bestimmungsgröße $q_{S2} = f(t_B/\tau_2)$

Bei Betrieb mit konstantem Feld $\left(\dfrac{I_{S2}}{I_N^*} \approx \dfrac{M_{S2}}{M_N^*}\right)$ hat (3.47) auch Gültigkeit für das Momentenverhältnis

$$\frac{M_{S2}}{M_N^*} = q_{S2} ; \qquad (3.48)$$

M_{S2} Belastungsmoment der S1-Maschine bei S2-Betrieb (Bild 3.18)
M_N^* Bemessungsmoment der überschläglich festgelegten S1-Maschine.

Das Bemessungsmoment der endgültig festzulegenden Maschine wird nach

$$\boxed{M_N \geq \frac{1}{q_{S2}} M_{S2}} \qquad (3.49)$$

bestimmt. Gegebenenfalls muß die Rechnung mit einer anderen Maschine wiederholt werden, wenn das geforderte Maximalmoment nicht erreicht wird.

3.6. Typenleistungsbestimmung nach dem Zweikomponentenmodell

Da bei Asynchronmotoren das Maximalmoment das Kippmoment ($M_K/M_N = 1{,}6$ bis 3) nicht überschreiten kann und bei Gleichstrommaschinen das Maximalmoment durch die Kommutierung begrenzt wird ($M_{max}/M_N \approx 1{,}5$), sind Werte für $M_{S2}/M_N > 3$ ohne praktische Bedeutung. In diesen Fällen wird die Bemessungsleistung nicht mehr nach thermischen Gesichtspunkten, sondern nach dem Maximalmoment bestimmt.

Beispiel 3.12

Von einem Antrieb mit AMKL wird im Kurzzeitbetrieb $t_B = 2$ min ein Moment $M_W = 70$ N m und eine Drehzahl $n = 1440$ U/min gefordert. Man bestimme die Typenleistung.

Lösung

Die Betriebszeit liegt mit 2 min im Bereich der kleinen thermischen Zeitkonstante τ_1 von AMKL. Es kannt angenommen werden, daß dafür ein Motor mit einer geringen Bemessungsleistung ausreichend ist. Da das Kippmoment etwa das 2,5fache Bemessungsmoment für AMKL nicht überschreitet, kommt als kleinstes Motormoment $M_N = 70$ N m/2,5 = 28 N m in Betracht.

Im Katalog wird ein Motor angegeben:

$P = 5{,}5$ kW; $n = 1440$ U/min; $M_N = 36$ N m; $M_K/M_N = 3{,}2$;
$\tau_1 = 1{,}8$ min; $\tau_2 = 27$ min; $\tau_{2St} = 90$ min; $\Theta_2/\Theta = 0{,}75$;
$P_{V\text{LeerN}} = 350$ W; $P_{V\text{LastN}} = 680$ W.

Mit diesen Daten erfolgt die erste Durchrechnung. Gemäß der Isolierstoffklasse B mit $\Theta = 80$ K erhält man $\Theta_1 = 20$ K, $\Theta_2 = 60$ K. Damit ergibt sich mit den vorstehenden Werten nach (3.47):

$q_{S2} = 2{,}2.$

Der 5,5-kW-Motor kann während der Betriebszeit von 2 min nach (3.48) ein Moment von $M_N^* q_{S2} = 79{,}2$ N m abgeben.

Er erfüllt die Anforderungen. Der S2-Betrieb setzt voraus, daß die Maschine sich nach dem Betrieb wieder auf die Umgebungstemperatur abkühlen kann. Dafür ist eine Stillstandszeit von $3 \cdot \tau_{2St} = 270$ min erforderlich.

3.6.3. Aussetzbetrieb (S3)

Der S3-Betrieb ist dadurch gekennzeichnet, daß periodische Spiele mit Belastung und Stillsetzen auftreten. Dabei wird weder die Endtemperatur im Erwärmungsverlauf noch die Umgebungstemperatur im Abkühlungsverlauf erreicht. Das heißt, $t_B < 3\tau_2$, $t_P < 3\tau_{2St}$ (Bild 3.21). Es wird vorausgesetzt, daß sich nach einigen Belastungsspielen ein eingeschwungener Zustand für die Übertemperatur ϑ eingestellt hat.

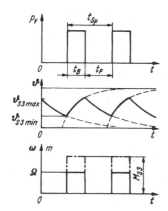

Bild 3.21. S3-Betrieb

Die Anlauf- und Bremsvorgänge werden für die Erwärmung nicht berücksichtigt. Inwieweit das zulässig ist, hängt von den Anlauf- und Bremszeiten ab.
Für die Berechnung der Maximaltemperatur bzw. der Typenleistung wird vom Zweikomponentenmodell nach Bild 3.14 ausgegangen. Die beiden Verlustleistungen P_{V1} und P_{V2} treten während der Betriebszeit t_B gleichzeitig auf. In der Pausenzeit t_P (Stillstand) verändert sich der Wärmeleitwert von A_2 auf A_{2St} und dementsprechend die Zeitkonstante von τ_2 auf τ_{2St}. Auch hier gilt $\tau_1 = \tau_{1St}$. Die Temperatur am Ende der Intervalle t_B bzw. t_P läßt sich nach der Methode der Laplace-Transformation von Abtastfunktionen berechnen. Dazu werden die Endwerte der beiden Erwärmungskomponenten nach (3.42a, b) eingeführt.
Von Interesse für die Leistungsbestimmung ist der Maximalwert der Temperatur im eingeschwungenen Zustand. Er berechnet sich nach dieser Methode zu

$$\vartheta_{S3max} = \Theta_1 \frac{P_{V1}}{P_{V1N}} \frac{1 - e^{-t_B/\tau_1}}{1 - e^{-\left(\frac{t_B}{\tau_1} + \frac{t_P}{\tau_{1St}}\right)}} + \Theta_2 \frac{P_{V1} + P_{V2}}{P_{VN}} \frac{1 - e^{-t_B/\tau_2}}{1 - e^{-\left(\frac{t_B}{\tau_2} + \frac{t_P}{\tau_{2St}}\right)}}.$$

(3.50)

Mit der Festlegung $\vartheta_{S3\,max} = \Theta$ für die jeweilige Isolierstoffklasse und den Beziehungen für die stromabhängige Verlustleistung

$$\frac{P_{V1S3}}{P_{V1N}} = \left(\frac{I_{S3}}{I_N^*}\right)^2 \tag{3.51}$$

sowie mit der konstanten Verlustleistung

$$P_{V2S3} = P_{V2N}, \tag{3.52}$$

P_{V1S3} Verlustleistung, im Knotenpunkt I bei S3-Betrieb eingespeist
P_{V2S3} Verlustleistung, im Knotenpunkt II bei S3-Betrieb eingespeist,

bestimmt man aus (3.42), (3.50) bis (3.52) den für Aussetzbetrieb zulässigen relativen Strom.

$$\frac{I_{S3}}{I_N^*} = q_{S3} = \sqrt{\frac{\Theta - \Theta_2 \dfrac{P_{VLeerN}}{P_{VN}} \dfrac{1 - e^{-t_B/\tau_2}}{1 - e^{-\left(\frac{t_B}{\tau_2} + \frac{t_P}{\tau_{2St}}\right)}}}{\Theta_1 \dfrac{1 - e^{-t_B/\tau_1}}{1 - e^{-\left(\frac{t_B + t_P}{\tau_1}\right)}} + \Theta_2 \dfrac{P_{VLastN}}{P_{VN}} \dfrac{1 - e^{-t_B/\tau_2}}{1 - e^{-\left(\frac{t_B}{\tau_2} + \frac{t_P}{\tau_{2St}}\right)}}}}.$$

(3.53)

Bei Betrieb mit konstantem Fluß kann wiederum $\dfrac{I_{S3}}{M_N^*} \approx \dfrac{M_{S3}}{M_N^*}$ gesetzt werden. Damit ergibt sich

$$\frac{M_{S3}}{M_N^*} = q_{S3}; \tag{3.54}$$

M_{S3} Belastungsmoment der S1-Maschine bei S3-Betrieb (Bild 3.21)
M_N^* Bemessungsmoment der überschläglich festgelegten S1-Maschine.

Bei (3.54) ist wieder zu beachten, daß das Motormoment für den die Erwärmung hervorrufenden Strom eingeführt ist. Das Bemessungsmoment der festzulegenden Maschine wird nach

3.6. Typenleistungsbestimmung nach dem Zweikomponentenmodell

$$M_N \geq \frac{1}{q_{S3}} M_{S3} \qquad (3.55)$$

bestimmt. Die Rechnung muß mit einer anderen Maschine wiederholt werden, wenn (3.55) nicht erfüllt wird. Den Programmablaufplan zur Berechnung zeigt Bild 7.4 (Anhang).

Beispiel 3.13

Von einem Antrieb mit AMKL wird während einer Betriebszeit $t_B = 2$ min ein Moment von $M = 320$ N m bei $n = 1470$ U/min gefordert. Danach folgt eine Pause von $t_P = 6$ min. Das Belastungsspiel wiederholt sich periodisch. Man bestimme die Typenleistung.

Lösung

Es liegt Aussetzbetrieb S3 vor. Der Überschlagsrechnung wird eine 37-kW-Maschine zugrunde gelegt. Die Daten dafür sind:

$P = 37$ kW; $n = 1470$ U/min; $M_N^* = 240$ N m; $M_K/M_N = 2,5$;

$\tau_1 = 4,5$ min; $\tau_2 = 49$ min; $\tau_{2St} = 220$ min; $\Theta_2/\Theta = 0,78$;

$P_{V\,\text{Leer}\,N} = 1550$ W; $P_{V\,\text{Last}\,N} = 1900$ W.

Man berechnet nach (3.53):

$q_{S3} = 1,49.$

Damit ergibt sich $M_N^* \cdot q_{S3} = 356,9$ N m. Der Motor erfüllt die Anforderungen nach (3.55).

Beispiel 3.14

Für eine Reihe von S3-Belastungsspielen mit $t_{Sp} = 1$ min $=$ konst., $M_W = 200$ N m $=$ konst. und $n = 1450$ U/min soll untersucht werden, welche Motortypenleistungen bei verschiedener Einschaltdauer ED erforderlich werden.

Lösung

Die größte Typenleistung tritt für $ED = 100\%$, d. h. Dauerbetrieb S1, auf. Mit den vorstehenden Angaben bestimmt man dafür nach (1.42) eine Bemessungsleistung von $P_N = 30$ kW. Davon ausgehend, sind bei kleineren ED-Werten geringere Typenleistungen zu erwarten. Es werden zunächst mit den Daten der 30-kW-Maschine für $ED < 100\%$ die q_{S3}-Werte nach (3.53) berechnet. Die nächst kleinere Bemessungsleistung beträgt 22 kW. Bei $q_{S3} \approx 30$ kW/ 22 kW $= 1,36$ wird mit den Daten der 22-kW-Maschine die Rechnung durchgeführt. Infolge der veränderten Daten dieser Maschine ist der Übergang von der 30-kW- auf die 22-kW-Maschine nur iterativ zu gewinnen. Die Vorgehensweise wird bei weiterer Verkleinerung von ED mit der 18,5-kW- und dann mit der 15-kW-Maschine fortgesetzt. Das Ergebnis ist im Bild 3.22 dargestellt. Die Daten der Maschinen sind:

$P = 30$ kW: $\quad n = 1460$ U/min; $M_N = 196$ N m; $M_K/M_N = 2,4$;
$\quad\quad\quad\quad\quad\;\;\;\tau_1 = 4$ min; $\tau_2 = 45$ min; $\tau_{2St} = 180$ min;
$\quad\quad\quad\quad\quad\;\;\;\Theta_2/\Theta = 0,78$; $P_{V\,\text{Leer}\,N} = 1200$ W; $P_{V\,\text{Last}\,N} = 1815$ W.

$P = 22$ kW: $\quad n = 1465$ U/min; $M_N = 143$ N m; $M_K/M_N = 2,6$;
$\quad\quad\quad\quad\quad\;\;\;\tau_1 = 3,4$ min; $\tau_2 = 40$ min; $\tau_{2St} = 180$ min;
$\quad\quad\quad\quad\quad\;\;\;\Theta_2/\Theta = 0,77$; $P_{V\,\text{Leer}\,N} = 1150$ W; $P_{V\,\text{Last}\,N} = 1420$ W.

$P = 18,5$ kW: $\;n = 1455$ U/min; $M_N = 121$ N m; $M_K/M_N = 2,5$;
$\quad\quad\quad\quad\quad\;\;\;\tau_1 = 3,1$ min; $\tau_2 = 38$ min; $\tau_{2St} = 150$ min;
$\quad\quad\quad\quad\quad\;\;\;\Theta_2/\Theta = 0,77$; $P_{V\,\text{Leer}\,N} = 850$ W; $P_{V\,\text{Last}\,N} = 1400$ W.

$P = 15$ kW: $\quad n = 1455$ U/min; $M_N = 98$ N m; $M_K/M_N = 2,5$;
$\quad\quad\quad\quad\quad\;\;\;\tau_1 = 2,9$ min; $\tau_2 = 35$ min; $\tau_{2St} = 150$ min;
$\quad\quad\quad\quad\quad\;\;\;\Theta_2/\Theta = 0,77$; $P_{V\,\text{Leer}\,N} = 850$ W; $P_{V\,\text{Last}\,N} = 1155$ W.

Nach der Effektivwertmethode bestimmt man eine größere Typenleistung, weil die reduzierte Pausenzeit für die Gesamtverluste in Rechnung gestellt wird.

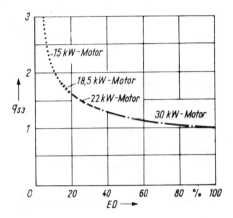

Bild 3.22. Berechnung von q_{S3} und der Typenleistung für verschiedene ED-Werte nach Beispiel 3.14

Schnittstellen:
15 kW — 18,5 kW : $q_{S3} = 2{,}04$; $ED = 13{,}1\,\%$
18,5 kW — 22 kW : $q_{S3} = 1{,}65$; $ED = 22{,}1\,\%$
22 kW — 30 kW : $q_{S3} = 1{,}40$; $ED = 34{,}5\,\%$
30 kW — 37 kW : $q_{S3} = 1{,}02$; $ED = 93{,}0\,\%$

3.6.4. Durchlaufbetrieb mit Aussetzbelastung (S6)

Die Betriebsart S6 ist mit der Betriebsart S3 verwandt. Die Maschine bleibt dabei ständig eingeschaltet. In der Belastungszeit t_B treten die Verlustleistungen P_{V1} und P_{V2N}, in der Leerlaufzeit t_0 die Verluste P_{V10} und P_{V2N} auf. Während der gesamten Spielzeit ist der Wärmeleitwert A_2 konstant (vgl. Bilder 3.8 und 3.17). Die Berechnung der maximalen Temperatur erfolgt für das Zweikomponentenmodell in ähnlicher Weise wie im Abschnitt 3.6.3. Hier wird jedoch eine Überlagerung des Temperaturverlaufs von den Verlustleistungen während der Betriebszeitabschnitte und dem der Leerlaufzeitabschnitte vorgenommen.

Unter der vereinfachenden Annahme $P_{V10} \ll P_{V1N}$ ($\approx P_{V\text{Last N}}$) erhält man den Maximalwert der Übertemperatur im eingeschwungenen Zustand:

$$\vartheta_{S6\max} = \Theta_1 \frac{P_{V1}}{P_{V1N}} \frac{1 - e^{-t_B/\tau_1}}{1 - e^{-(t_B+t_0)/\tau_1}} + \Theta_2 \frac{P_{V1}}{P_{VN}} \left[\frac{P_{V2}}{P_{V1}} + \frac{1 - e^{-t_B/\tau_2}}{1 - e^{-(t_B+t_0)/\tau_2}} \right] \quad (3.56)$$

und bei Einhaltung der zulässigen Grenzübertemperatur Θ für die jeweilige Isolierstoffklasse den relativen Strom

$$\boxed{\frac{I_{S6}}{I_N^{\bullet}} = q_{S6} = \sqrt{\frac{\Theta - \Theta_2 \dfrac{P_{V\text{Leer N}}}{P_{VN}}}{\Theta_1 \dfrac{1 - e^{-t_B/\tau_1}}{1 - e^{-\frac{t_B+t_0}{\tau_1}}} + \Theta_2 \dfrac{P_{V\text{Last N}}}{P_{VN}} \dfrac{1 - e^{-t_B/\tau_2}}{1 - e^{-\frac{t_B+t_0}{\tau_2}}}}}}$$

(3.57)

Bei Betrieb mit konstantem Fluß gilt

$$\boxed{\frac{M_{S6}}{M_N^{\bullet}} = q_{S6}} \quad (3.58)$$

Die Festlegung des Moments für die Maschine erfolgt nach

$$\boxed{M_N \geq \frac{1}{q_{S6}} M_{S6}} \quad (3.59)$$

Beispiel 3.15

Der im Beispiel 3.13 eingesetzte Antrieb für ein Belastungsmoment von 320 N m bei 1470 U/min soll bei gleicher Betriebszeit $t_B = 2$ min während der Zeit $t_0 = 6$ min durchlaufen.
Das Belastungsspiel wiederholt sich periodisch. Man bestimme die Typenleistung.

Lösung

Im Beispiel 3.13 ergab sich bei gleichem Belastungsmoment, gleicher Betriebszeit und einer Pausenzeit von $t_P = 6$ min ein Motor von $P = 37$ kW. Es soll überprüft werden, ob der nächst kleinere Motor von $P = 30$ kW für den vorliegenden S6-Betrieb ausreichend ist. Die Daten des Motors sind im Beispiel 3.14 aufgeführt. Man ermittelt mit diesen Angaben nach (3.57):

$$q_{S6} = 1{,}75.$$

Damit bestimmt man $M_N q_{S6} = 343$ N m. Der Motor erfüllt die Anforderungen nach (3.58). Es zeigt sich, daß durch die verbesserten Abkühlungsbedingungen in der Leerlaufzeit in diesem Fall eine kleinere Bemessungsleistung als bei S3-Betrieb eingesetzt werden kann.

3.6.5. Allgemeine periodische und nichtperiodische Belastungsspiele

Mittelwerte der Verlustleistungsfunktionen

Die in den vorangegangenen Abschnitten behandelten Betriebsarten gehen von einer während der Betriebszeit t_B konstanten Verlustleistung P_{V1} und P_{V2} aus. Desgleichen wurden innerhalb der Intervalle auch die Zeitkonstanten τ_1 und τ_2 als konstant angenommen. Bei verschiedenen Belastungsspielen, so u. a. bei Anlauf- und Bremsvorgängen, sind $P_{V1}(t)$, $P_{V2}(t)$ jedoch zeitlich z. T. sehr stark veränderliche Größen. Auch τ_{2n} ist durch ihre Drehzahlabhängigkeit keine Konstante mehr. In solchen Fällen ist die Intervallzeit T in Zusammenhang mit der kleinen Zeitkonstante τ_1 festzulegen. Für $T \leq 0{,}5\,\tau_1$ kann mit hinreichender Genauigkeit der Mittelwert der Verlustleistung in die Rechnung eingeführt werden. Das gleiche trifft auch auf die Zeitkonstante τ_{2n} zu, die in einem solchen Zeitintervall $T \leq 0{,}5\,\tau_1$ für den Mittelwert der Drehzahl nach (3.43) bestimmt werden kann.

Anlauf- und Reversiervorgänge

Für Anlauf- oder Reversiervorgänge ist es meist zulässig, die während des Anlaufens bzw. Reversierens auftretende Verlustleistung als Mittelwerte in die Rechnung einzubeziehen. Davon wurde bereits bei der Berechnung der Leerschalthäufigkeit z_0 im Beispiel 3.9 Gebrauch gemacht. Die Leerschalthäufigkeit z_0 ist eine für Steuerfunktionen wichtige Kenngröße.
Sie wird im Prüffeld durch Anlauf und Gegenstrombremsung bestimmt und gibt die Anzahl der Reversiervorgänge für die unbelastete Maschine an, bei der die zulässige Erwärmung auftritt. Bild 3.23 zeigt Orientierungswerte für AMKL. Die Schalthäufigkeit

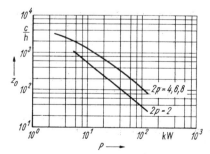

Bild 3.23. Leerschalthäufigkeit z_0 von AMKL (IP44)

verringert sich bei Aufschaltung eines äußeren Massenträgheitsmoments etwa umgekehrt proportional, d. h. $z \approx z_0/FI$. Wenn die Bremsung durch ein angebautes Bremssystem erfolgt (Bremsmotor), kann die Anzahl der Leeranläufe nach (3.20) auf $z_A \approx 4 z_0$ erhöht werden.

Nichtperiodische Belastungsspiele

Bei nichtperiodischen Belastungsspielen muß von den ungünstigsten Belastungsverhältnissen ausgegangen werden. Auch hier sind m_W, m_b und ω möglichst genau zu erfassen. Auf Grund dieser Angaben wird vorerst eine Maschine überschläglich bestimmt, so daß der Leistungsbereich und die Erwärmungs- und Abkühlungszeitkonstanten für die weiteren Betrachtungen herangezogen werden können. Wegen der begrenzten Momentenüberlastbarkeit kann das auf den Dauerbetrieb bezogene Bemessungsmoment M_N der Maschine nicht weniger als etwa 30% des maximalen Moments betragen.

Das der Dynamik der thermischen Vorgänge angepaßte Zweikomponentenmodell gestattet es, die Temperatur in Abhängigkeit vom Belastungsverlauf berechnen zu können. Dazu ist es erforderlich, den m_W-, m_b- und ω-Verlauf zu diskretisieren. Von einer zunächst angenommenen Maschine werden nachfolgend für die einzelnen Zeitabschnitte mit den Größen P_{V1}, P_{V2} und den Maschinenkennwerten Θ_1, Θ_2 die Endtemperaturen Θ_{1e}, Θ_{2e} und die Zeitkonstanten τ_1, τ_2 nach (3.42) berechnet.

Man erhält für den

1. Zeitabschnitt: $\Theta_{11e}, \Theta_{21e}, \tau_{11}, \tau_{21}$ und für den
x-ten Zeitabschnitt: $\Theta_{1xe}, \Theta_{2xe}, \tau_{1x}, \tau_{2x}$.

Die Endtemperatur eines Abschnitts ergibt den Anfangswert des nachfolgenden. Damit berechnet man für das Zweikomponentenmodell am Ende des x-ten Zeitabschnittes aus der Überlagerung der Sprungantworten die Temperatur nach der Laplace-Transformation für $0 < l \leqq x$:

$$\boxed{\vartheta_x = \sum_{k=1}^{2} \sum_{l=1}^{x} \Theta_{kle} (1 - e^{-t_l/\tau_{k,l}}) e^{-\sum_{m=l}^{x} t_{m+1}/\tau_{k,m+1}}} \quad ; \qquad (3.60)$$

k Komponente
l laufender Zeitabschnitt.

Bei $m \geqq x$ ist $t_{m+1} = 0$ zu setzen. Die Vorgehensweise entspricht der vom Abschnitt 3.6.1 (s. auch den Programmablaufplan im Bild 7.5, Anhang).
Nach dem Maximalwert des Temperaturverlaufs wird bestimmt, ob die angenommene Bemessungsleistung beibehalten werden kann oder verändert werden muß.

Beispiel 3.16

Der im Beispiel 3.12 angeführte 5,5-kW-Asynchronmotor soll für ein Betriebsregime eingesetzt werden, das im Bild 3.24 angegeben ist. Während der vier Zeitabschnitte 2; 10; 2; 4 min wird der Motor mit dem 2-, 0,8-, 0-, 1,5fachen Bemessungsmoment, d. h. mit 72/28,8/0/54 N m belastet. Im dritten Zeitabschnitt ist die Maschine abgeschaltet. Man überprüfe, ob die zulässige Grenzübertemperatur $\Theta = 80$ K eingehalten wird.

Lösung

Nach (3.42a) berechnet man für die 1. Erwärmungskomponente in den vier Abschnitten: $\Theta_{1e} = 80$; 12,8; 0; 45 K. Für die 2. Komponente erhält man nach (3.42b): $\Theta_{2e} = 178,83$; 45,74; 0; 109,51 K. Die Zeitkonstante $\tau_1 = 1,8$ min ist in allen Abschnitten konstant. Entsprechend der Drehzahl läßt sich $\tau_2 = 27$; 27; 90; 27 min festlegen. Mit diesen Werten berechnet man auf der Grundlage des Zweikomponentenmodells nach (3.60) folgende Übertemperaturen:

Nach 2 min:
- $\vartheta_1(2) = 80 \text{ K } (1 - e^{-2/1{,}8}) = 53{,}66 \text{ K}$,
- $\vartheta_2(2) = 178{,}83 \text{ K } (1 - e^{-2/27}) = 12{,}77 \text{ K}$,
- $\vartheta(2) = \vartheta_1(2) + \vartheta_2(2) = 66{,}43 \text{ K}$.

Nach 12 min:
- $\vartheta_1(12) = \vartheta_1(2) \cdot e^{-10/1{,}8} + 12{,}8 \text{ K } (1 - e^{-10/1{,}8}) = 12{,}96 \text{ K}$,
- $\vartheta_2(12) = \vartheta_2(2) \cdot e^{-10/27} + 45{,}74 \text{ K } (1 - e^{-10/27}) = 22{,}97 \text{ K}$,
- $\vartheta(12) = 35{,}93 \text{ K}$.

Nach 14 min:
- $\vartheta_1(14) = \vartheta_1(12) \cdot e^{-2/1{,}8} = 4{,}27 \text{ K}$,
- $\vartheta_2(14) = \vartheta_2(12) \cdot e^{-2/90} = 22{,}47 \text{ K}$,
- $\vartheta(14) = 26{,}74 \text{ K}$.

Nach 18 min:
- $\vartheta_1(18) = \vartheta_1(14) \cdot e^{-4/1{,}8} + 45 \text{ K } (1 - e^{-4/1{,}8}) = 40{,}59 \text{ K}$,
- $\vartheta_2(18) = \vartheta_2(14) \cdot e^{-4/27} + 109{,}51 \text{ K } (1 - e^{-4/27}) = 34{,}45 \text{ K}$,
- $\vartheta(18) = 75{,}04 \text{ K}$.

Der zulässige Wert 80 K wird nicht überschritten. Die größte Übertemperatur tritt nach 18 min auf. Der Verlauf der Übertemperatur ist im Bild 3.24 eingetragen.

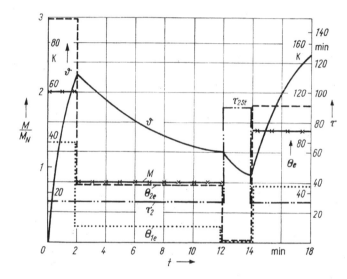

Bild 3.24. *Temperaturverlauf eines Belastungsvorganges mit diskreten Abschnitten*

3.7. Anlasser und Steller

Zur Begrenzung des Anlaufstroms bzw. zur definierten Vorgabe der Drehzahl werden häufig Anlasser bzw. Steller eingesetzt. Im Vergleich zu leistungselektronischen Stellgliedern sind sie einfach, robust und billig. Die entstehende Verlustleistung geht meist als Wärmeleistung verloren. Anlasser sind dort vorteilhaft einzusetzen, wo energetische Gesichtspunkte nur von geringer Bedeutung sind (geringe Leistung, seltener Anlauf) und wo keine hohen Anforderungen an das dynamische Verhalten gestellt werden. Meist handelt es sich dabei um ungeregelte Antriebe.

Anlasser sind Schaltgeräte mit Widerständen. Man unterscheidet nach ihrer konstruktiven Ausführung: Flach-, Trommel- und Walzenbahnanlasser. Bei *Flach- und Trommelbahnanlassern* sind die Schleifkontakte feststehend angeordnet (Ebene oder Zylinder). Die Schaltstücke liegen auf den beweglichen Teilen. Diese Anlasserarten eignen sich für eine geringe Anzahl von Anlaßvorgängen. Sie werden für Motorleistungen bis etwa 250 kW eingesetzt.

Bis etwa 600 kW Motorleistung kommen *Walzenbahnanlasser* zum Einsatz. Bei diesen liegen die Schaltfinger auf den Ringsegmenten der Schaltwalze. Gelegentlich werden sie mit Funkenkammern und Blasspulen ausgerüstet.

Für noch größere Leistungen bis etwa 1 000 kW und zur stetigen Veränderung des Widerstands werden *Elektrodenbahnanlasser* mit Elektrolyt, z. B. einer Sodalösung verwendet. Der Widerstand wird von der Tauchtiefe der Elektroden bestimmt. Entweder werden die Stellung der Elektroden oder der Flüssigkeitsstand verändert.

Für Gleichströme werden Flüssigkeitsanlasser wegen der Elektrodenreaktion nicht eingesetzt.

Dimensionierung des Anlassers

Als mittlerer Anlaßstrom wird

$$I_m = \sqrt{I_1 I_2} \tag{3.61}$$

bezeichnet;

I_1 Anlaßspitzenstrom
I_2 Schaltstrom.

Die mittlere Anlaßleistung bestimmt man für Gleichstrom bzw. für Drehstrom zu

$$P_m = U I_m; \qquad P_m = \sqrt{3}\, U I_m. \tag{3.62a} \tag{3.62b}$$

Unter Anlaßschwere versteht man

$$\text{Anlaßschwere} = \frac{I_m}{I_N}; \tag{3.63}$$

I_N Motornennstrom.

Eine Anlaßschwere von 0,7 bezeichnet man als einen Halblast-, von 1,4 als einen Volllast- und von 2 als einen Schwerlastanlauf. Zur Kennzeichnung des Anlassers gehören ferner die Anzahl der hintereinander zulässigen Anläufe und die Anlaßzeit. Die Baugröße des Anlassers wird von der Einschaltzeit mitbestimmt. Entsprechend den Darlegungen unter 3.4.2 liegt meist Kurzzeitbetrieb vor.

Gegenüber Anlassern verbleiben Steller auch während des Betriebs im Stromkreis. Sie werden demzufolge für Dauerbetrieb dimensioniert.

3.8. Motorschalter und Motorschutz

3.8.1. Schalter und Schütze

Kennzeichnende Parameter für Schalter und Schütze sind das Einschalt- bzw. Ausschaltvermögen, die Gerätelebensdauer und die Schaltstücklebensdauer. Nach DIN VDE 0660 werden Schalter zur Kennzeichnung der Einschalt- und Ausschaltbedingungen in Gebrauchskategorien eingeteilt. Die Werte dazu sind in Tafel 3.4 aufgeführt.

Man unterscheidet bei Schaltern das Nenneinschaltvermögen (höchster Stoßkurzschlußstrom mit Nennspannungsangaben) und das Nennausschaltvermögen (Effektivstrom mit Leistungsfaktor und Nennspannung).

Tafel 3.5 vermittelt einige orientierende Angaben für Motorschalter.

3.8. Motorschalter und Motorschutz

Tafel 3.4. *Gebrauchskategorien für Schütze (nach DIN VDE 0660-T.102)*

Gebrauchs-kategorie	Ein-/Ausschaltstrom / Bemessungsstrom	cos φ	Einsatzgebiet
AC 2	4	1 ... 0,65	Anlauf von AMSL
AC 3	8	0,45 bei I_A < 100 A 0,35 bei I_A > 100 A	Anlauf von AMKL, Ausschalten während d. Laufs
AC 4	10	0,45 bei I_A < 100 A 0,35 bei I_A > 100 A	Anlauf von AMKL, Gegenstrombremsen, Reversieren, Tippen

Tafel 3.5. *Eigenschaften von Motorschaltern für Niederspannung*

		Verklinkte Schalter	Unverklinkte Schalter	
		Motorleistungsschalter	Ölschütze	Luftschütze
Nennspannung	V	bis 690	bis 690	bis 690
Nennstrom	A	bis 2 500	bis 630	bis 630
Abschalten der Kurzschlußleistung		ja	ja	nein
Schalthäufigkeit	c/h	25	bis 100	bis 3 000
Lebensdauer	c	$10^4 \ldots 10^5$	10^6	10^7

Luft- bzw. Vakuumschütze werden für Nennspannungen bis 690 V und Nennströme bis etwa 630 A ausgeführt. Sie sind nicht zum Abschalten von Kurzschlußströmen geeignet. Hierzu müssen Sicherungen vorgeschaltet werden.
Ölschütze zeigen ein höheres Schaltvermögen und gewährleisten in der Regel die Kurzschlußabschaltung.
Als *Motorschutzschalter* bezeichnet man Schalter und Schütze, die mit thermischen und/oder magnetischen Auslösern ausgestattet sind.
Verklinkte Schalter werden für größere Leistungen bis zu mehreren Kiloampere und für Motorspannungen bis 10 kV hergestellt und sind in der Ausführungsform des Leistungsschalters zur Kurzschlußabschaltung geeignet. Sie werden mit Schutzeinrichtungen für thermische, magnetische Schnell- und Unterspannungsauslösung ausgestattet. Darüber hinaus können weitere Schutzeinrichtungen, wie Überstrom- und Unterstromrelais, Schieflastschutzeinrichtungen und Drehzahlkontrollgeräte mit einstellbarer Zeitverzögerung, angeschlossen werden.
Schmelzsicherungen eignen sich wegen ihres Überstrom-Zeit-Verhaltens allein nicht als Motorschutzeinrichtungen. Vor allem gewährleisten sie nicht die allpolige Unterbrechung im Störungsfall. Sie dienen generell dem Schutz der Leitungen und Kabel.
Die Anforderungen an die Schaltgeräte werden vom Betriebsablauf bestimmt. So stellen Werkzeugmaschinenautomaten hohe Anforderungen an die Schalthäufigkeit

mit etwa 10 bis 50 Schaltungen/min. Bei 10^6 Schaltspielen und 10 Schaltungen/min beträgt die Lebensdauer beispielsweise 10^5 min (1667 h). In den meisten Anwendungsfällen liegt die Schalthäufigkeit eine bis zwei Größenordnungen niedriger, so daß die Lebensdauer von elektrischer Maschine und Schaltgerät etwa gleich ist.

3.8.2. Motorschutz

Durch Störungen im Betriebsablauf oder Schäden am Motor können Überlastungen auftreten, die zu einer Zerstörung der elektrischen Maschine führen. Um das zu verhindern, werden in industriellen Anlagen die Motoren geschützt. Der Motorschutz ist in die Konzeption der Schutzeinrichtungen für die gesamte Anlage einzubeziehen. Die Schutzeinrichtungen müssen gestaffelt wirksam werden und den sicherheitstechnischen Erfordernissen voll Rechnung tragen. Der Schutz des Motors kann dabei gegenüber einer zu schützenden Arbeitsmaschine (z. B. Präzisionswerkzeugmaschine) oder einem technologischen Prozeß (Schachtförderanlage) von untergeordneter Bedeutung sein.

Der Motor ist hauptsächlich gegen elektrische bzw. thermische (Wicklung) und mechanische Schäden (Lager) zu schützen. Diese können auftreten bei

Kurzschluß	Anlaufverzögerung
Erdschluß	Hängenbleiben des Läufers
Unterspannung	Blockieren des Läufers.
Überspannung	
Spannungsunsymmetrie	

Der vorzusehende Motorschutz richtet sich
— nach der Gesamtkonzeption der Schutzeinrichtungen der Anlage
— nach der Art, Größe und dem Wert des Motors
— nach der Betriebsart bzw. der Betriebsweise des technologischen Prozesses.

In der Regel sorgen die Schutz- bzw. Diagnoseeinrichtungen dafür, daß bei Gefährdung der Motor vom Netz abgeschaltet oder ein Warnsignal ausgelöst wird. Gegebenenfalls wird auch das Wiedereinschalten des Motors von der Schutzeinrichtung überwacht. Die Schutzeinrichtung umfaßt in der Regel
— Auslöser bzw. Relais als Indikatoren meßbarer Größen
— Schalter oder Schütz zur Trennung des Stromkreises.

Zum Schutz von Motoren bis zum mittleren Leistungsbereich werden meist Schalter oder Schütze mit thermischen Auslösern und Schnellauslösern eingesetzt.

3.8.2.1. Auslöser

Auslöser sind Einrichtungen, die Schalter zur Auslösung bringen. Sie entriegeln je nach Einstellung auf mechanischem Weg das Schaltschloß. Das Signal dazu erhalten die Auslöser auf direktem Weg durch die Wirkungsgröße selbst oder über ein Relais. Man unterscheidet thermische, magnetische und elektrische Auslöser.

Thermischer Auslöser

Hierbei handelt es sich um einen Bimetallstreifen, der vom Motorstrom direkt oder indirekt (Stromwandler) durchflossen wird. Thermische Auslöser werden mit den Trägheitsstufen T I, T II oder T III ausgeführt bzw. danach eingestellt (s. Tafel 3.6). Besondere Anforderungen ergeben sich bei explosionsgefährdeten Anlagen. Dafür dürfen nur Maschinen eingesetzt werden, die der betreffenden Zündschutzart (druckfeste Kapselung, erhöhte Sicherheit, Sonderschutz usw.) entsprechen und die zuverlässig gegenüber unzulässigen Übertemperaturen geschützt werden. In diesem Zusam-

3.8. Motorschalter und Motorschutz

Tafel 3.6. Zuordnung der Überströme und Ansprechzeiten zu den Trägheitsstufen

Temperaturzustand bei Beginn	Überstrom / Nennstrom	Ansprechzeit	Trägheitsgrad
Kalt (± 2 °C)	1,05	> 2 h	T I, T II
Betriebswarm	1,2	< 2 h	
Betriebswarm	1,5	< 2 min	
Kalt	6	> 2 s $\leqq 5$ s	T I
Kalt	6	> 5 s $\leqq 15$ s	T II
Kalt	6	> 15 s	T III

T I leichter Anlauf, T II Schweranlauf, T III Schwerstanlauf

menhang ist die t_E-Zeit eine charakteristische Größe, siehe 3.1.4.
Die Erwärmungszeitkonstante dieser Bimetallstreifen liegt in der gleichen Größenordnung wie die kleine Erwärmungszeitkonstante τ_1 der elektrischen Maschine. Deshalb läßt sich der Erwärmungsvorgang im Motor nur unvollkommen erfassen. Vor allem bei periodischen oder schnell verlaufenden Belastungsspielen ergeben sich erhebliche Unterschiede im Vergleich zwischen Motorstrom- und Temperaturverlauf. Dennoch findet der thermische Auslöser oft Anwendung, weil er in Verbindung mit anderen Schutzeinrichtungen den Bereich kleiner Überströme bei Langzeitwirkung gut erfaßt, Bild 3.25 und Tafel 3.6.

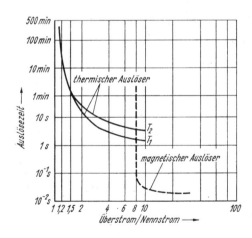

Bild 3.25. Auslösekennlinien

Magnetischer Auslöser

Diese Auslöser arbeiten mit einem elektromechanischen System. Bei Überschreiten eines einstellbaren Stroms wird der Motorschalter (Verzugszeit $50 \cdots 150$ ms) betätigt. Magnetische Auslöser eignen sich wegen ihrer reaktionsschnellen Arbeitsweise zum Kurzschluß- und Erdschlußschutz. Die Einstellung muß den Anlaufbedingungen Rechnung tragen und liegt beim 2,25fachen Einschalt-, bzw. beim 8- bis 16fachen Nennstrom. Im Bild 3.25 ist die Auslösekennlinie für einen magnetischen Auslöser eingetragen.

3.8.2.2. Temperaturfühler

Eine wichtige Wirkungsgröße für den Motorschutz ist die Wicklungstemperatur. Zur Temperaturmessung kommen für Niederspannungsmaschinen vor allem Halbleiterfühler und für Hochspannungsmaschinen Widerstandsthermometer zur Anwendung.

Halbleiterfühler

Als Halbleiterfühler (Thermistoren) finden sog. Kaltleiter mit einem positiven Temperaturkoeffizienten Einsatz. Sie werden unmittelbar an der Wicklung angebracht.
Die Zeitkonstante dieser Fühler beträgt 5···10 s. Zur Gewährleistung des Schutzes bei raschem Temperaturanstieg (Kurz- oder Erdschluß) werden sie meist durch andere Schutzmaßnahmen ergänzt. Sie bieten jedoch eine gute Schutzwirkung gegen thermische Überlastung bei allen Betriebsarten unter Maßgabe der Eigenträgheit, bei Schweranlauf, erhöhter Erwärmung durch verringerte Kühlung bzw. bei Unter- oder Überspannung. Bei Niederspannungs-Drehstrommaschinen werden diese Fühler an den drei Strängen der Wicklung angebracht und meist in Reihe geschaltet. Den Verlauf des Widerstands eines Thermistors in Abhängigkeit von der Temperatur zeigt Bild 3.26.
Eine Schutzschaltung mit Thermistoren für Niederspannungsmaschinen ist im Bild 3.27 dargestellt.

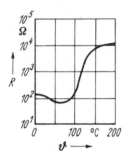

Bild 3.26. Temperaturabhängigkeit des Widerstands eines Thermistors

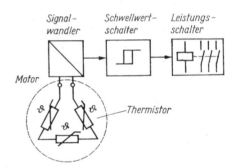

Bild 3.27. Schutzschaltung mit Thermistoren

Widerstandsthermometer

Hierbei handelt es sich um Meßsonden aus dünnem Leitermaterial (Pt-Drahtwicklung mit $R \approx 100 \, \Omega$), die zwischen Ober- und Unterschicht von Maschinenwicklungen in den Nuten eingelegt werden. Der Widerstand ändert sich gemäß dem Temperaturkoeffizienten des Materials und dem Temperaturverlauf. Diese Sonden können für Maschinen bis 10 kV eingesetzt werden. Bei Hochspannungsmaschinen liegen die Zeitkonstanten für die Temperaturabbildung mit Widerstandsthermometer infolge der stärkeren Wicklungsisolierung in der Größenordnung von mehreren Minuten.

Rechenschaltungen

Nach dem Prinzip des Zweikomponentenmodells läßt sich die Wicklungstemperatur berechnen und für den Motorschutz einsetzen. Damit lassen sich insbesondere schnell verlaufende Erwärmungsvorgänge beherrschen. Es ist notwendig, entsprechend dem Erwärmungsmodell Meßgrößen, wie Drehzahl, Strom und gegebenenfalls Spannung, aus dem Objekt herauszuziehen und aus dem Vergleich von Meß- und Rechengrößen entsprechende Korrekturen bzw. Rückführungen vorzunehmen. Damit wird die Genauigkeit erhöht und ein Driften vermieden.

3.8.2.3. Motorschutzeinstellungen

Die stromabhängigen Schutzeinrichtungen weisen unterschiedliche Überstrom-Zeit-Kennlinien auf. Man macht deshalb von den Kombinationsmöglichkeiten thermischer und magnetischer Überstromauslösung Gebrauch. Generell ist die Überstrom-Zeitfläche unterhalb der Begrenzungskennlinien für veränderliche Betriebszustände freigegeben. Oberhalb dieser Kennlinien, Bild 3.25, sind die Schutzmaßnahmen wirksam. Bei Antrieben mit Schwer- und Schwerstanlauf muß dafür gesorgt werden, daß der für Betrieb selektiv eingestellte thermische Auslöser nicht anspricht. Das läßt sich durch ein Zeitrelais, mit dem der Auslöser während des Anlaufs überbrückt wird, erreichen.
Ein ähnliches Verhalten ist auch durch Einsatz eines Sättigungswandlers zu erzielen. Die Kriterien für die Einstellung des thermischen Auslösens bei Betrieb mit sehr ausgeprägten Temperaturschwankungen, wie sie bei Kurzzeit- oder Aussetzbetrieb bzw. bei nichtperiodischen Belastungsvorgängen auftreten, sind z. T. schwer festzulegen. Es treten insbesondere dann Schwierigkeiten auf, wenn die Betriebsart geändert oder die Maschine auch zeitweilig im Dauerbetrieb gefahren wird. Für letzteren besteht dann meist kein ausreichender thermischer Schutz. In solchen Fällen ist es zweckmäßig, den Temperaturverlauf nach Abschnitt 3.6.5 zu berechnen und im Zusammenhang mit dem thermischen Verhalten der Schutzeinrichtung den Einstellstrom festzulegen.
Die mit Kaltleiterfühler oder Widerstandsthermometer erfaßten Erwärmungsgrößen stellen eine zweckmäßige Ergänzung zu den sog. stromabhängigen Schutzeinrichtungen dar. Durch spannungsabhängige Schutzeinrichtungen können weitere Informationen aus dem Betriebsablauf gewonnen und für die Schutztechnik eingesetzt werden. Zur Einstellung der Schutzeinrichtungen werden folgende Hinweise gegeben:

Thermische Überstromauslösung (Bimetallstreifen)

Die Einstellung erfolgt gemäß den Festlegungen nach Tafel 3.6. In Sonderfällen können davon abweichende Einstellungen vorgenommen werden. Bei Schweranlauf kann während der Anlaufzeit eine Überbrückung durch Zeitrelais erforderlich werden.

Magnetische Überstromauslösung

Die Einstellung für die Auslösung erfolgt nach den Anlaufbedingungen des Motors mit dem Auslösestrom I_a. Bei dem größten Einschaltstrom $I_{max} \approx 1{,}8\, I_A$ bestimmt man den Auslösestrom

$$I_a \approx 1{,}25 \cdot 1{,}8 \cdot I_A = 2{,}25\, I_A. \tag{3.64}$$

Für $I_A/I_N = 6$ ergibt sich z. B. $I_a = 13{,}5\, I_N$.

Überstrom- und Unterstromauslösung

Die Einstellung erfolgt nach den im Probebetrieb ermittelten Betriebsbedingungen unter Berücksichtigung eines Sicherheitszuschlags.

Unterspannungsauslösung

Bei der Einstellung muß beachtet werden, daß sich eine Unterspannung auf die Anlaufzeit, das Kippmoment und die Läufererwärmung auswirkt. Hierzu sind im einzelnen entsprechende Überschlagsrechnungen anzustellen, und danach ist der größte Wert für die Auslösespannung U_a einzustellen.

$$U_a \approx (0{,}6 \cdots 0{,}8)\, U_N.$$

Die Unterspannungsauslösung kann auch mit einer Verzugszeit t_v erfolgen. Beispels-

weise kann diese der Zeit entsprechen, die bei $U = 0$, $m = 0$ bis zum Erreichen des Kippschlupfes vergeht.
Nach $m - m_W - m_b = 0$ ergibt sich für $m = 0$, $m_W = M_W$ konst. und $m_b \approx J \dfrac{\Delta \omega}{\Delta t}$ mit $\Delta \omega \approx \Omega_0 \, s_K$ die Verzugszeit $t_v = \Delta t$, d. h.

$$t_v = J \, \Omega_0 \, s_K / M_W. \tag{3.65}$$

Elektrische Unsymmetrieauslösung

Überstrom- und Unterstromrelais können in den drei Zuleitungen zur Erfassung elektrischer Unsymmetrien verwendet werden. Die Unterstromrelais werden auf etwa 0,9fachen Leerlaufstrom eingestellt. Mit speziellen Relais kann durch Phasenvergleich der drei Ströme eine etwaige Unsymmetrie erfaßt werden.

Auslösung bei Anlaufzeitüberschreitung

Hierfür können zwei Relais in Abhängigkeitsschaltung eingesetzt werden. Das erste Relais spricht auf den 2- bis 3fachen Nennstrom an und steuert ein Zeitrelais, das auf $t_v \approx (1{,}2 \cdots 2) \, t_A$ eingestellt wird.

Beispiel 3.17

Für den Pumpenantrieb einer Wasserversorgungsanlage mit Druckkessel wird eine AMKL eingesetzt:

$$P = 3 \text{ kW}; \quad U = 380 \text{ V Y}; \quad I_N = 6{,}9 \text{ A}; \quad I_A = 44{,}5 \text{ A}; \quad \cos \varphi = 0{,}8.$$

Man lege den Motorschutz fest.

Lösung

Zum Schutz der Zuleitungen werden Sicherungen von 25 A vorgesehen. Der Motor arbeitet intermittierend. Er wird durch einen Motorschutzschalter geschützt.
Nach Tafel 3.6 liegt ein leichter Anlauf mit dem Trägheitsgrad I vor. Angeboten wird ein strombegrenzend wirkender Leistungsschalter für 690 V; 25 A; mechanische Lebensdauer 10^5 Schaltspiele. In jeder Strombahn sind thermische und magnetische Überstromauslöser eingesetzt.
Der thermische Auslöser wird für einen Einstellbereich von 6,3 $\cdots$ 10 A ausgewählt und auf den Motorbemessungsstrom eingestellt, d. h. $I_a = I_N \approx 7$ A eingestellt. Der magnetische Überstromauslöser (Kurzschlußschnellauslöser) ist bei diesem Schalter auf den festen Wert $10 \, I_a = 70$ A fixiert.

Beispiel 3.18

Für einen Verdichter wird ein Drehstrom-Asynchronmotor eingesetzt: $P = 1\,000$ kW; $n = 494$ U/min; $\Omega_0 = 52{,}4 \, \dfrac{1}{\text{s}}$; $s_K = 0{,}1$; $U = 6$ kV Y; $I_N = 121$ A; $I_A = 496$ A; $J = 1{,}5 \cdot 10^3$ kg m^2; $M_W = 19 \cdot 10^3$ N m. Die Betriebsart entspricht dem Dauerbetrieb S1. Welche Schutzeinrichtungen sind vorzusehen?

Lösung

1. Gegen Wicklungskurzschluß wird eine magnetische Überstrom-Schnellauslösung eingesetzt. Nach (3.64):

    $$I_a = 1{,}25 \cdot 1{,}8 \cdot 496 \text{ A} \approx 1\,100 \text{ A}.$$

2. Zur Erfassung eventuell auftretender Ständererdschlüsse wird ein Ständererdschlußschutz vorgesehen. Der Ansprechstrom wird während des Probebetriebs (Isolationswiderstand maßgebend) eingestellt.

3. Es erfolgt der Einbau einer thermischen Überstromauslösung nach T II, die bei länger anhaltenden kleinen Überströmen anspricht.

3.8. Motorschalter und Motorschutz

4. Zur Vermeidung von Überlastungen bei Phasenausfall wird ein Phasenausfallschutz eingesetzt. Bei Ausfall einer Phase erfolgt nach einer Verzugszeit entsprechend (3.65)

$$t_v = \frac{1,5 \cdot 10^3 \text{ kg m}^2}{19 \cdot 10^3 \text{ N m}} \cdot 52,4 \, \frac{1}{\text{s}} \cdot 0,1 \approx 0,4 \text{ s}$$

die Abschaltung.

5. Zur Vermeidung von Überlastungen bei Unterspannung wird ein Unterspannungsschutz vorgesehen. Die Nachrechnung ergab, daß der höchste Wert der Einstellspannung U_a zur Einhaltung der Hochlaufzeit (Anlaufkäfig) eingehalten werden muß. $U_a \approx 0,8 \, U \approx 5$ kV. Die Zeitverzögerung wird ebenfalls mit $t_v = 0,4$ s eingestellt.

6. Der Motor wird mit Widerstandsthermometern ausgeführt. Die Einstellung erfolgt während des Probebetriebs. Bei Überschreiten der im Probebetrieb festgestellten Temperatur um 10 K wird ein Warnsignal ausgelöst.

7. Die Kühlluft- und Lagertemperaturen werden durch Kontaktthermometer überwacht. Bei Überschreiten der im Probebetrieb festgelegten Grenzwerte werden durch eine Alarmschaltung Warnsignale ausgelöst.

Zum Schutz des Verdichterantriebs sind hiermit umfangreiche Schutzmaßnahmen getroffen. Aus der gewählten Konzeption ist zu erkennen, daß damit einerseits verschiedenartige Störfaktoren erfaßt werden und andererseits sich die Schutzmaßnahmen gegenseitig ergänzen.

4. Leistungselektronische Stellglieder für elektrische Antriebe

4.1. Übersicht und Einteilung der Stellglieder

Über Stellglieder wird der Energiefluß für die elektrischen Maschinen zu- bzw. abgeführt. In vielen Fällen dienen sie der Steuerung und Regelung dieses Energieflusses und werden zur Realisierung verschiedener Betriebszustände, wie Anlauf, Drehzahlstellung und Bremsen, eingesetzt. Generell müssen die Stellglieder der Maschinenart angepaßt sein. Mit ihren Eigenschaften bestimmen sie das stationäre und dynamische Verhalten der Antriebe maßgeblich mit.

Zu den Stellgliedern gehören

- Schaltgeräte: Leistungsschalter
                  Schütze
- Widerstandsgeräte: Stellwiderstände
- Stelltransformatoren
- Maschinenumformer: Leonardumformer
                      Ilgnerumformer
                      Synchronmaschinensätze
- Stromrichter: Gleichrichter
                  Gleichstromsteller
                  Wechselrichter
                  Umrichter
                  Wechselstromsteller

Die mit leistungselektronischen Bauelementen ausgestatteten Stromrichter ermöglichen die vielseitigsten Stellmöglichkeiten. Sie haben die Maschinenumformer weitgehend verdrängt, obwohl diese das Netz mit Blindleistung und Oberschwingungen meist weniger belasten.

4.1.1. Vergleich Maschinenumformer – Stromrichter

Bei den Maschinenumformern stehen Aggregate zur Erzeugung von Gleichstrom im Vordergrund. So besteht der Leonardumformer aus einem Asynchron- oder Synchronmotor, einem Gleichstromgenerator und einer Erregermaschine (Bild 4.1). Die Generatorspannung wird durch den Erregerstrom I_E gestellt.

Beim Ilgnerumformer (Bild 4.2) treibt eine Asynchronmaschine mit Schleifringläufer den Gleichstromgenerator an. Das Schwungrad gibt bei Belastungsstößen infolge der Drehzahlverringerung kinetische Energie an das Antriebssystem ab. Je weicher dabei die Motorkennlinie durch Zuschalten von Läuferzusatzwiderständen eingestellt wird, um so mehr werden die Laststöße vom Netz ferngehalten.

Die Vorteile der Maschinenumformer mit Asynchronmotoren gegenüber den Stromrichterstellgliedern bestehen in

- geringeren Netzverzerrungen durch Oberschwingungen,
- geringerer Stoßbelastung für das Netz beim Ilgnerumformer,
- geringerem Blindleistungsbedarf für verschiedene Aussteuerbereiche.

4.1. Übersicht und Einteilung der Stellglieder

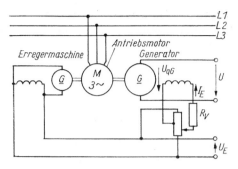

Bild 4.1. Leonardumformer

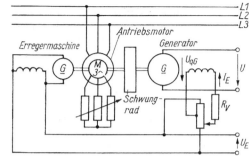

Bild 4.2. Ilgnerumformer

Bei Verwendung einer Synchronmaschine als Antriebsmotor werden demgegenüber die Belastungsstöße vom Netz nicht ferngehalten. Es besteht jedoch die Möglichkeit zur Blindleistungskompensation.

Die Drehzahl des zu steuernden Gleichstrommotors wird über die Ankerspannung des Gleichstromgenerators gestellt. Bei Umkehr des Generatorerregerstroms, s. Bilder 4.1 und 4.2, wird die Generatorspannung in ihrer Richtung geändert. Damit läßt sich ein Kennlinienfeld über alle vier Quadranten erzielen.

Bild 4.3 zeigt Drehzahl-Drehmomenten-Kennlinien für verschiedene Erregerspannungen des Generators U_{EG}.

Das dynamische Verhalten der Maschinensätze wird vor allem durch die Zeitkonstante τ_E der Generatorerregerwicklung bestimmt. Es läßt sich verbessern, wenn ein Stromrichterstellglied mit Erregerstromregelung eingesetzt wird (vgl. Abschn. 2.2.2.5).

Stromrichterstellglieder, die im Hauptstromkreis liegen, verbessern den Wirkungsgrad ganz entscheidend und bringen damit eine wesentliche Energieeinsparung. Sie erfordern außerdem einen geringeren Platzbedarf. In regelungstechnischer Hinsicht bieten sie umfassende Möglichkeiten zur Anwendung optimaler Regelstrukturen und schaffen damit günstige Voraussetzungen für eine prozeßgerechte Anpassung des Antriebssystems.

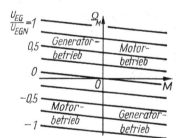

Bild 4.3. $\Omega = f(M)$-Kennlinienfeld des Leonardmotors

4.1.2. Leistungselektronische Bauelemente und Stellglieder

Die leistungselektronischen Stellglieder lassen sich nach ihrer Funktion einteilen in:
1. Gleichrichter zur Umwandlung von Wechsel- in Gleichspannung
2. Wechselrichter zur Umwandlung von Gleich- in Wechselspannung
3. Umrichter zur Umwandlung von Wechsel- bzw. Drehspannung in eine andere Spannungshöhe und Frequenz
4. Gleichstromsteller zur Veränderung des Mittelwertes der Gleichspannung
5. Wechselstromsteller zur Veränderung der Wechselspannung ohne Frequenzänderung.

Die Leistungsbereiche und das dynamische Verhalten der Stromrichter werden von den dafür eingesetzten Bauelementen bestimmt. Für Stellglieder elektrischer Antriebe kommen hauptsächlich in Betracht:

Bipolare Leistungstransistoren (BTR): Diese Bauelemente weisen kleine Schaltzeiten < 1 µs und geringe Schaltverluste auf. Sie sind für Schaltfrequenzen bis 40 kHz geeignet. Die Kollektor-Emitter-Spannungen liegen bei 1 000 V und die Kollektorströme > 1 000 A. Bipolare Leistungstransistoren sind für Pulssteller und Wechselrichter bis zu Leistungen von mehreren hundert kVA geeignet.

Feldeffekt-Leistungstransistoren (MOSFET): Bei diesen Bauelementen ist eine Vielfach-Parallelschaltung von Einzeltransistoren auf einem Chip möglich, da durch den positiven Temperaturkoeffizienten des Durchlaßwiderstands ein Ausgleich der Lastverteilung erfolgt. Sie benötigen keine *R-C*-Beschaltung und sind in ihrem Verhalten vom Außennetzwerk wenig abhängig. Wegen des höheren Durchlaßwiderstands liegt der Wirkungsgrad niedriger als bei bipolaren Leistungstransistoren. Es werden Drain-Source-Spannungen bis 1 000 V und Drainströme von etwa 20 A erreicht. Diese Bauelemente kommen vor allem für Pulssteller mit Frequenzen bis zu mehreren 100 kHz in Betracht.

Insulated-Gate-Bipolar-Transistoren (IGBT): Bei den IGBT sind die Vorzüge des MOSFET-Transistors hinsichtlich geringen Ansteueraufwands mit denen des bipolaren Transistors bezüglich geringer Durchlaßverluste vereint. Diese Integration erfolgt auf einem Chip. In der Ausführungsform als Modul lassen sich diese IGBTs den Anforderungen der verschiedenen Stellglieder anpassen. IGBTs werden bis etwa 1000 V und für Leistungen von mehreren hundert kW hergestellt. Sie sind gut zum Aufbau von Frequenzumrichtern geeignet.

Thyristoren (SCR): Diese Bauelemente haben in der elektrischen Antriebstechnik ein breites Einsatzgebiet gefunden. Thyristoren stehen für periodische Spitzensperrspannungen bis zu einigen Kilovolt und für Durchlaßströme bis zu einigen Kiloampere zur Verfügung. Sie können jedoch nach ihrem Funktionsprinzip über die Steuerelektrode nur eingeschaltet werden. Generell lassen sich mit Thyristoren alle netzgeführten Stromrichterschaltungen aufbauen. Für höhere Schaltfrequenzen, wie sie bei selbstgeführten Stromrichterschaltungen oft auftreten, sind Frequenzthyristoren geeignet. Sie weisen eine geringere Schaltverlustenergie auf und lassen höhere Spannungs- und Stromsteilheiten zu.

Rückwärts leitende Thyristoren (RLT): Bei diesen Bauelementen liegt eine Integration von Thyristor und antiparalleler Diode auf einer Siliziumscheibe vor. Dadurch ergibt sich ein induktivitätsfreies Verhalten. Die Durchlaßeigenschaften verbessern sich, und die Schaltfrequenz kann auf ca. 25 kHz erhöht werden. Der Aufwand für die Löscheinrichtung wird geringer.
Diese Ventile können für Schaltungen eingesetzt werden, bei denen eine Rückwärtssperrung nicht erforderlich ist. Das sind Schaltungen für Gleichstromsteller und Wechselrichter bis zu mittleren Leistungen.

Triacs: Diese Bauelemente vereinigen die Wirkungsweise von zwei antiparallel geschalteten Thyristoren. Über das Gate kann das Bauelement je nach der Spannungsrichtung in beiden Richtungen eingeschaltet werden. Triacs werden bis zu etwa 100 A Durchlaßstrom hergestellt. Sie finden vor allem als Wechsel- und Drehstromsteller Anwendung.

Abschaltthyristoren (GTO): Diese Bauelemente sind über das Gate abschaltbar (Gate Turn Off). Damit verringern sich die bei Thyristoren erforderlichen Aufwendungen zum Löschen maßgeblich. GTOs stehen für periodische Spitzensperrspannungen bis zu einigen kV und für Dauergrenzströme von mehr als 1000 A zur Verfügung. Sie sind für den Einsatz in selbstgeführten Wechselrichtern bis in den MVA-Bereich geeignet.

In wachsendem Umfang werden die Schaltungen in Modultechnik ausgeführt. Dabei werden die Bauelemente nicht mehr einzeln aufgebaut, sondern zu einem Stromrichterzweig oder einer kompletten Stromrichterschaltung in einem Gehäuse kombiniert. Die Modultechnik findet sowohl für Transistor- wie auch für Thyristorschaltungen Anwendung. Vorteile ergeben sich hinsichtlich einer besseren Isolierung und einer günstigeren Wärmeabführung. Auf einem Kühlkörper lassen sich dadurch mehrere Module anordnen. Die Bauweise wird kompakter und die Zahl der Anschlüsse verringert. Weitere Verbesserungen ergeben sich, wenn noch andere Funktionen, wie z. B. die Ansteuerung und die Schutzbeschaltung, integriert werden.

4.1.3. Dimensionierungsangaben für netzgeführte Stromrichterschaltungen

Netzgeführte Stromrichter werden häufig eingesetzt, da sie kostengünstig sind. Die Kommutierungsspannung wird bei ihnen nicht vom Stromrichtergerät, sondern vom Netz geliefert. Demgegenüber muß bei selbstgeführten Stromrichtern die Kommutierungsspannung vom Stromrichter selbst bereitgestellt werden. Das geschieht hauptsächlich über Kondensatoren. Die Aufwendungen sind hierbei größer. Dafür zeigen selbstgeführte Stromrichter Vorteile hinsichtlich des Oberschwingungsgehalts der Ausgangsspannung und der Netzrückwirkungen.
Einen Überblick über die Spannungs- und Stromverläufe einiger netzgeführter Stromrichterschaltungen zeigt Tafel 7.7. im Anhang.
Wesentliche Auswahlkriterien der Halbleiterventile sind die maximale Sperrspannung und der Durchlaßstrom. Die Ventilkennwerte werden, ausgehend von der Spannung des speisenden Netzes, von der verwendeten Stromrichterschaltung und der Belastung des Stromrichters bestimmt.
Im Anhang 7.8 sind für die ausgewählten Stromrichterschaltungen wichtige Schaltungsparameter von Thyristoren und Dioden,

– maximale Sperrspannung am Ventil u_{RTmax} bzw. u_{RDmax}
– zeitlicher Mittelwert des Ventilstroms $\bar{I}_T$ bzw. $\bar{I}_D$
– Effektivwert des Ventilstroms $I_{T\,eff}$ bzw. $I_{D\,eff}$
– Maximalwert des Ventilstroms $i_{T\,max}$ bzw. $i_{D\,max}$

bezogen auf die mittlere ideale Ausgangsspannung U_{d0} bzw. auf den Mittelwert des Gleichstroms I_d angegeben.
Die in den Datenblättern der Halbleiterventile angegebenen Grenzwerte dürfen jedoch aus Sicherheitsgründen nicht voll ausgenutzt werden, da durch Schaltvorgänge im Netz und Kommutierungsvorgänge in den Stromrichtern zusätzliche nicht exakt vorausberechenbare Spannungs- und Stromspitzen am Ventil auftreten können. Abhängig vom Verwendungszweck des Halbleiterventils müssen deshalb die in den Datenblättern angegebenen Spannungs- und Stromgrenzwerte mit einem Sicherheitsfaktor versehen werden.

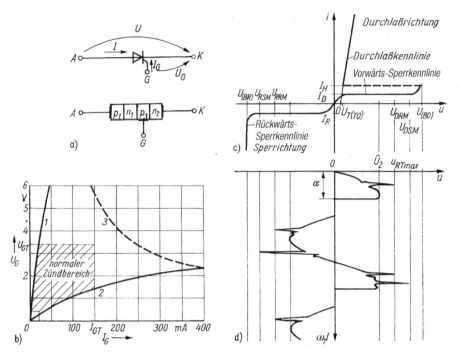

Bild 4.4. Struktur und Kennlinie eines Thyristors

a) Schaltzeichen und Struktur
  A Anode; K Katode; G Steuerelektrode – Gate; p_1, p_2, n_1, n_2 positiv bzw. negativ leitende Gebiete
b) Steuerbereich
  U_{GT} Zündspannung, I_{GT} Zündstrom
  1, 2 untere Grenze von Steuerspannung und Steuerstrom; *3* größte zulässige Steuerleistung
c) Kennwerte in Durchlaß-, Blockier- und Sperrichtung
  I_H Haltestrom; I_D Blockierstrom; I_R Sperrstrom; $U_{T(TO)}$ Schleusenspannung; U_{DRM} bzw. U_{RRM} höchstzulässige periodische Spitzensperrspannung in Vorwärts- bzw. Rückwärtsrichtung; U_{DSM} bzw. U_{RSM} höchstzulässige nichtperiodische Spitzensperrspannung in Vorwärts- bzw. Rückwärtsrichtung; $U_{(BO)}$ bzw. $U_{(BR)}$ Kipp- bzw. Durchbruchspannung.
d) Beispiel eines Spannungsverlaufs am Ventil
  α Steuerwinkel; $\hat{U}_2$ Scheitelspannung; $u_{RT\,max}$ periodische Spitzenspannung

Spannungssicherheitsfaktor

$$K_U = \frac{U_{RRM}}{u_{RT\,max}} \quad \text{bzw.} \quad \frac{U_{RRM}}{u_{RD\,max}} = 1{,}5 \cdots 2{,}5;$$

U_{RRM} periodische Spitzensperrspannung des Ventils
$u_{RT\,max}, u_{RD\,max}$ maximale betriebsmäßige Sperrspannung am Thyristor bzw. an der Diode.

Stromsicherheitsfaktor

$$K_I = \frac{I_{T(AV)}}{\bar{I}} \quad \text{bzw.} \quad \frac{I_{F(AV)}}{\bar{I}} = 1{,}2 \cdots 1{,}7;$$

$I_{T(AV)}, I_{F(AV)}$ Dauergrenzstrom (maximaler mittlerer Durchlaßgleichstrom) des Thyristors bzw. der Diode.
$\bar{I}$ maximaler betriebsmäßiger arithmetischer Mittelwert des Ventilstroms.

Die Zuordnung der Thyristorkenndaten für einen zeitlichen Spannungsverlauf am Ventil zeigt Bild 4.4d.

Bei Reihen- bzw. Parallelschaltung mehrerer Ventile können die zulässigen Grenzwerte infolge einer ungleichmäßigen Spannungs- bzw. Stromaufteilung nur zu etwa 80···90% ausgenutzt werden. Thyristoren und Triacs werden mit Hilfe eines Steuergeräts durch Spannungsimpulse an der Steuerelektrode (Gate) gezündet. Bild 4.4b zeigt den Steuerbereich eines Thyristors. Der Thyristor sperrt wieder, wenn der Durchlaßstrom den sog. Haltestrom unterschreitet.

Einschalt- und Ausschaltvorgänge

Beim Einschalten des Thyristors durch Anlegen des Zündimpulses steigt der Strom i_T während der Durchschalt- und einer sich anschließenden Ausbreitungszeit auf den Nennwert an. Gleichzeitig fällt die Spannung u_T über dem Ventil ab (Bild 4.5a). In diesem Zeitintervall entstehen hohe Verluste im Bauelement, die u. a. davon abhängen, ob der Kreis induktives, ohmsches oder kapazitives Verhalten aufweist. Bei induktiver Last erfolgt der Stromanstieg verzögert, und die Einschaltverluste bleiben hier gering. Die kritische Stromsteilheit $(di_T/dt)_{krit}$ wird als obere Grenze im Katalog angegeben.

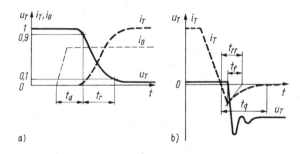

Bild 4.5. Spannungs- und Stromverlauf am Thyristor
a) Einschaltvorgang; b) Ausschaltvorgang
u_T Spannung über Thyristor; i_T Thyristorstrom; i_G Zündstrom; t_d Zündverzugszeit; t_r Durchschaltzeit; t_{rr} Sperrerholungszeit; t_f Fallzeit; t_q Freiwerdezeit

Das Ausschalten des Thyristors wird hauptsächlich durch Richtungsumkehr der angelegten Thyristorspannung bewirkt. Der Strom i_T geht zurück, durchläuft den Nullwert und klingt nach Erreichen des maximalen Rückstroms ab. Damit sperrt der Thyristor und kann anschließend wieder Blockierspannung übernehmen, vgl. Bild 4.5b.
Wenn die Blockierspannung mit zu großer Steilheit wiederkehrt, kann das zur Zerstörung des Ventils führen. Die Grenze dafür ist die kritische Spannungssteilheit $(du_T/dt)_{krit}$.
Bemerkenswert ist die Stromänderung an der Rückstromspitze zu Beginn der Fallzeit t_f. Mit den Induktivitäten im Kreis entsteht dadurch eine Spannung über dem Thyristor, die gegebenenfalls die zulässige Sperrspannung überschreitet. Mit Hilfe der Trägerstaubeschaltung (TSE), z. B. durch ein R-C-Glied parallel zum Thyristor wird diese Spannung auf zulässige Werte begrenzt.
Für das dynamische Verhalten des Thyristors ist die Freiwerdezeit t_q von Interesse. Sie liegt bei Normalthyristoren zwischen 50 und 350 µs, bei Frequenzthyristoren zwischen 5 und 50 µs.

Thermische Beanspruchungen

Für die im Thyristor auftretende Sperrschichttemperatur sind die mittleren Gesamtverluste bestimmend. Sie setzen sich aus mehreren Einzelverlusten zusammen, wie Durchlaß-, Sperr- und Blockierverluste sowie Einschalt-, Ausschalt- und Steuerverluste. Je nach Betriebsweise des Ventils bestimmt man die mittlere Verlustleistung

$$P_V = \sum_i P_{Vi}. \tag{4.1}$$

Bei netzgeführten Schaltungen überwiegen die Durchlaßverluste, und sie können näherungsweise der Dimensionierung allein zugrunde gelegt werden. Damit ergibt sich

$$P_V \approx P_{VD} = U_{(TO)} I_{TAV} + r_T I_{TRMS}^2 ; \tag{4.2}$$

$U_{(TO)}$ Schleusenspannung
I_{TAV} Mittelwert des Thyristorstroms
I_{TRMS} Effektivwert des Thyristorstroms
r_T differentieller Durchlaßwiderstand.

Im stationären Betrieb bestimmt man die Sperrschichttemperatur ϑ_j auf der Grundlage eines Wärmenetzes für die innere und äußere Wärmeabführung mit den Wärmewiderständen R_{thi} und R_{tha} nach Bild 4.6:

$$\vartheta_j = P_V (R_{thi} + R_{tha}) + \vartheta_U ; \tag{4.3}$$

ϑ_U Umgebungstemperatur.

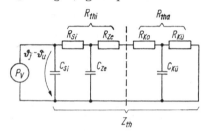

Bild 4.6. Transientes Wärmenetz des Thyristors
R Wärmewiderstände; C Wärmekapazitäten; Si Siliziumscheibe; Ze Zellenboden; Ko Kontaktstelle; $Kü$ Kühlkörper

Im dynamischen Betrieb, d. h. bei schnellen Änderungen der Verlustleistung, wird das thermische Verhalten von dem Zusammenwirken der Wärmewiderstände und -kapazitäten bestimmt. Diesen Zusammenhang beschreibt:

$$\vartheta_j(t) = P_V(t) Z_{th}(t) + \vartheta_U ; \tag{4.4}$$

Z_{th} transiente thermische Impedanz.

Die äußere Wärmeabführung wird durch den Übergang des Wärmestroms vom Kühlkörper an die Umgebungsluft maßgeblich beeinflußt. Auch die thermische Impedanz wirkt sich wegen der inneren Wärmeleitvorgänge erst ab einer bestimmten Zeit aus, siehe Bild 4.7.

Die für das Bauelement festgelegte maximal zulässige Sperrschichttemperatur ($\sim 125\,°C$) darf auch kurzzeitig nicht überschritten werden. In Katalogen werden die zulässigen Größen für ϑ_j, Z_{th} bzw. R_{th} angegeben.

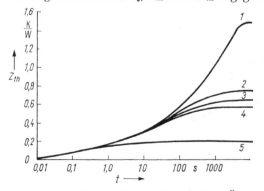

Bild 4.7. Transiente thermische Impedanz eines Thyristors (1200 V, 100 A) mit Kühlkörper (Kühlluftgeschwindigkeit v)
Kurve 1: $v = 0$, Kurve 2: $v = 3$ m/s;
Kurve 3: $v = 6$ m/s; Kurve 4: $v = 12$ m/s;
Kurve 5: innere thermische Impedanz der Zelle R_{thi}

Um das einzelne Ventil vor thermischer Überlastung zu schützen, werden vielfach überflinke Sicherungen eingesetzt. Diese müssen an das thermische Verhalten des Ventils gut angepaßt werden, so daß die Schutzmaßnahme innerhalb etwa 10 ms wirksam wird. Grundlage für diese Festlegung ist u. a. das Grenzstromintegral $\int i^2 \, dt$. Dabei muß der Wert des Grenzstromintegrals der Sicherung unter der des zu schützenden Ventils liegen.

4.2. Leistungselektronische Stellglieder für Gleichstromantriebe

4.2.1. Grundschaltungen netzgeführter Stromrichter

Netzgeführte Stromrichter werden je nach der erforderlichen Leistung und der Höhe der Netzspannung mit einphasigem oder dreiphasigem Netzanschluß in Mittelpunkt- oder Brückenschaltung ausgeführt, vgl. Bild 4.8. Auf Grund der Besonderheit, daß bei Brückenschaltungen immer zwei Ventile in Reihe liegen, überwiegen bei größeren Spannungen die Brückenschaltungen. Bei kleinen Antriebsleistungen und zur Feldstellung werden ein- bis zweiphasige Brückenschaltungen bevorzugt. Im Anhang 7.7 sind weitere Schaltungen sowie ausgewählte Schaltungsparameter zusammengestellt.

4.2.1.1. Spannungen und Ströme

Die Ausgangsspannung des Stromrichters (SR) setzt sich aus Kurvenabschnitten der Wechselspannung zusammen. Erfolgt die Stromübergabe der Ventile zum natürlichen Kommutierungszeitpunkt (Diodengleichrichter), so ist immer das Ventil in der Phase mit der größten Spannung leitend. Die mittlere ideelle Ausgangsgleichspannung U_d eines SR ergibt sich aus dem zeitlichen Mittelwert der Netzspannung während der Leitdauer eines Ventils. Sie kann als Ersatzquellenspannung des Stromrichterstellglieds aufgefaßt werden. Erfolgt die Kommutierung der Ventile unverzögert zum natürlichen Kommutierungszeitpunkt, so gilt für Mittelpunkt- und Brückenschaltungen

$$U_{d0} = \frac{p}{\pi} \sqrt{2} \, U_2 \sin \frac{\pi}{q} \; ; \qquad (4.5)$$

U_{d0} mittlere ideelle Ausgangsgleichspannung beim Steuerwinkel $\alpha = 0$
U_2 Spannung des speisenden Netzes (Strangspannung)
q Zahl der nichtgleichzeitigen Kommutierungen einer Kommutierungsgruppe in einer Netzperiode (Einphasenanschluß $q = 2$; Dreiphasenanschluß $q = 3$)
p Pulszahl, Gesamtzahl der nichtgleichzeitigen Kommutierungen im SR in einer Netzperiode.

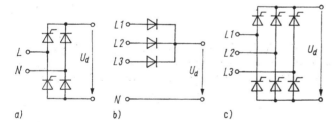

Bild 4.8. *Gebräuchlichste Schaltungen netzgeführter Stromrichterstellglieder*
a) Zweipuls-Brückenschaltung (B2), halbgesteuert; b) Dreipuls-Mittelpunktschaltung (M3), ungesteuert; c) Sechspuls-Brückenschaltung (B6), vollgesteuert

Bei Saugdrosselschaltungen ist in (4.5) q statt p einzusetzen. Das Verhältnis U_{d0}/U_2 ist nur abhängig von der SR-Schaltung und läßt sich aus Anhang 7.8 entnehmen. Bei Verwendung von Thyristoren kann die Kommutierung der Ventile gegenüber dem natürlichen Kommutierungszeitpunkt um den Steuerwinkel α verzögert werden. Für die mittlere ideelle Ausgangsgleichspannung gilt dann bei vollgesteuerten SR (nur Thyristoren) ohne Freilaufdiode

$$U_d = U_{d0} \cos \alpha \; ; \qquad (4.6)$$

U_d mittlere ideelle Ausgangsgleichspannung beim Steuerwinkel α.

Bei halbgesteuerten SR (SR mit Thyristoren und Dioden) sowie SR mit Freilaufdiode (FD) entfallen die negativen Spannungszeitflächen in der Ausgangsspannung (Anhang 7.7). Deshalb gilt hier

$$\boxed{U_\mathrm{d} = U_\mathrm{d0} \frac{1 + \cos\alpha}{2}}. \tag{4.7}$$

Bild 4.9 zeigt den Verlauf der Steuerkennlinien nach (4.6) und (4.7). Im Anhang 7.8 sind die Steuerfunktionen für die verschiedenen Stromrichterschaltungen zusammengestellt.

Bei einem vollgesteuerten SR wird U_d bei $\alpha > 90°$ nach (4.6) negativ. Damit kann bei gleichbleibender Richtung des Gleichstroms Energie aus dem Gleichstromkreis in das Wechselstromnetz zurückgeführt werden (Wechselrichterbetrieb). Diese Betriebsart des Stromrichters gestattet das Abbremsen des Antriebs in Gegendrehrichtung (Bild 1.9).

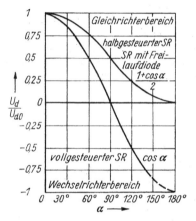

Bild 4.9. *Steuerkennlinie netzgeführter Gleichrichter*

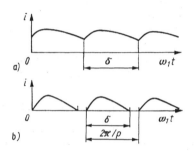

Bild 4.10. *Stromverlauf bei lückfreiem und lückendem Betrieb*
a) lückfreier Betrieb; b) lückender Betrieb
δ Stromführungsdauer; $T_\mathrm{p} = T/p$ Pulsperiode

Der Zeitverlauf der Ströme wird durch den Steuerwinkel und die Art der Last bestimmt. Eine Induktivität im Gleichstromkreis verzögert die Änderung des Gleichstroms i_d. Bei kleinen Pulszahlen, kleinen Glättungsinduktivitäten und besonders bei Vorhandensein einer Gegenspannung im Gleichstromkreis (z. B. Motor-Quellenspannung) kommt es häufig zu einem Aussetzen des Gleichstroms, dem sog. Stromlücken. Im Bild 4.10 ist ein solcher lückender Stromverlauf dargestellt. Die Stromführungsdauer δ des Ventils ist dann eine Funktion des Steuerwinkels α, der Glättungsinduktivität und der Quellenspannung des Motors. Der Mittelwert des Gleichstroms während einer Pulsperiode des Stromrichters $2\pi/p$ errechnet sich aus der Spannungsgleichung des Gleichstromkreises (Ankerkreis der Gleichstrommaschine)

$$u_\mathrm{d} + u = R_\mathrm{A}\, i_\mathrm{d} + L_\mathrm{A} \frac{\mathrm{d}i_\mathrm{d}}{\mathrm{d}t} \tag{4.8}$$

durch Integration über die Stromführungsdauer $\delta = \vartheta_2 - \vartheta_1$. Mit $\vartheta = \omega_1 t$ und bei konstanter Quellenspannung des Motors $u = U_\mathrm{q} = \text{konst.}$, ergibt sich nach Bild 4.11

$$\frac{p}{2\pi}\int_{\vartheta_1}^{\vartheta_2} u_\mathrm{d}\, \mathrm{d}\vartheta + \frac{p}{2\pi}\int_{\vartheta_1}^{\vartheta_2} u\, \mathrm{d}\vartheta = R_\mathrm{A} \frac{p}{2\pi}\int_{\vartheta_1}^{\vartheta_2} i_\mathrm{d}\, \mathrm{d}\vartheta + \omega_1 L_\mathrm{A} \frac{p}{2\pi}\int_{\vartheta_1}^{\vartheta_2} \mathrm{d}i_\mathrm{d}. \tag{4.9}$$

4.2. Leistungselektronische Stellglieder für Gleichstromantriebe

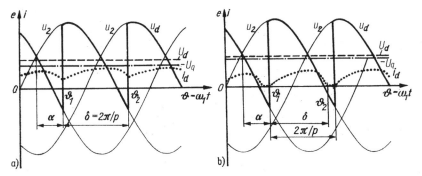

Bild 4.11. Spannungs- und Stromverlauf einer 3-Puls-Mittelpunktschaltung
a) lückfreier Stromfluß; b) lückender Stromfluß
u_2 ideelle Wechselspannung; u_d zeitlicher Verlauf der gleichgerichteten Spannung; U_d Mittelwert der ideellen Gleichspannung; i_d zeitlicher Verlauf des Gleichstroms; δ Stromführungsdauer

Der erste Ausdruck von (4.9) entspricht der mittleren ideellen Ausgangsgleichspannung beim Steuerwinkel α, d. h. U_d. Der Ausdruck mit dem Widerstand R_A ergibt den Spannungsabfall $R_A\,I_d$, und das Glied mit L_A wird Null. Damit erhält man

$$\boxed{I_d = \frac{1}{R_A}\left(U_d - \frac{\delta\,p}{2\,\pi}\,U_q\right)}\;; \tag{4.10}$$

I_d Gleichstrommittelwert
R_A wirksamer Gesamtwiderstand im Ankerkreis
U_q Quellenspannung des Motors
δ Stromführungsdauer des Ventils.

Ein Stromlücken tritt bei $\delta < \dfrac{2\,\pi}{p}$ auf.

Für den kontinuierlichen Bereich dagegen gilt $\delta = 2\,\pi/p$.

$$\boxed{I_d = \frac{1}{R_A}(U_d - U_q)}\,. \tag{4.11}$$

Gruppenschaltungen

Bei größeren Spannungen bzw. größeren Strömen wird eine Reihen- bzw. Parallelschaltung mehrerer Ventile erforderlich. Günstiger ist jedoch die Reihen- oder Parallelschaltung mehrerer Stromrichtergruppen meist in 6-Puls-Brückenschaltung, vgl. Bild 4.12. Besitzen die speisenden Drehstromsysteme beider Stromrichtergruppen eine Phasenverschiebung von 30° durch eine Dreieck- und Sternschaltung der Sekundärwicklungen des Stromrichtertransformators, so entsteht eine zwölfpulsige Schaltung.
Bild 4.13 zeigt einige Spannungsverläufe der Schaltungen nach Bild 4.12. In der Saugdrosselschaltung nach Bild 4.12a erzwingt die Saugdrossel eine gleiche Stromaufteilung auf beide Stromrichtergruppen. Über der Saugdrossel fällt die Differenz der Gleichspannungen u_{dI} und u_{dII} ab. Die Ausgangsspannung ist zwölfpulsig (Bild 4.13a). Für die mittlere ideelle Gleichspannung gilt

$$U_d = U_{dI} = U_{dII}\,. \tag{4.12}$$

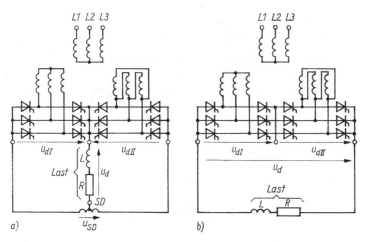

Bild 4.12. *Gruppenschaltungen mit zwei 6-Puls-Brücken (p = 12)*
a) Parallelschaltung zweier 6-Puls-Brücken mit Saugdrossel (SD); b) Reihenschaltung zweier 6-Puls-Brücken

Für die Reihenschaltung zweier 6-Puls-Brücken nach Bild 4.12b erhält man

$$U_\mathrm{d} = U_\mathrm{dOI} \cos \alpha_\mathrm{I} + U_\mathrm{dOII} \cos \alpha_\mathrm{II}. \tag{4.13}$$

Die Steuerwinkel beider Stromrichtergruppen können entweder gemeinsam (symmetrische Steuerung) oder einzeln verstellt werden (unsymmetrische Steuerung oder Zu- und Gegenschaltung). Die symmetrische Verstellung liefert eine zwölfpulsige Ausgangsspannung. Bei der unsymmetrischen Verstellung verringert sich die Blindleistungsaufnahme (vgl. Abschn. 4.4). Die Ausgangsspannung ist jedoch sechspulsig (Bild 4.13c).

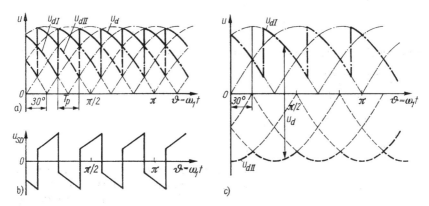

Bild 4.13. *Spannungsverläufe bei Gruppenschaltungen*
—·—·— Drehstromnetz I, — — — Drehstromnetz II
a) Spannungsverläufe bei der 12-Puls-Saugdrosselschaltung, $\alpha = 45°$; b) Verlauf der Saugdrosselspannung u_SD;
c) Spannungsverläufe bei einer Reihenschaltung zweier 6-Puls-Brücken bei unsymmetrischer Aussteuerung, $\alpha_\mathrm{I} = 45°$, $\alpha_\mathrm{II} = 0$

4.2.1.2. Ersatzschaltung und Kennlinienfeld

Bei den bisherigen Betrachtungen der netzgeführten SR-Schaltungen wurden die Ventile als ideale Schalter ohne Innenwiderstand aufgefaßt. Durch die Schleusenspannung der Ventile und die vom Laststrom abhängigen Spannungsabfälle über den ohmschen Widerständen und Streureaktanzen auf der Wechselstromseite verringert sich jedoch

4.2. Leistungselektronische Stellglieder für Gleichstromantriebe

die Leerlaufspannung des SR. Die Schleusenspannung beträgt bei Halbleiterventilen nur etwa 0,6···2 V und wird deshalb meist in der Spannungsgleichung vernachlässigt. Der ohmsche Spannungsabfall wird aus den Lastverlusten der Wechselstromseite bei Nennstrom des SR-Transformators ermittelt und durch einen fiktiven Ersatzwiderstand im Gleichstromkreis berücksichtigt.

$$R_{e1} = \frac{P_{VIN}}{I_{2N}^2}\left(\frac{I_{2\text{eff}}}{I_d}\right)^2 = \frac{u_{Kr} S_{TrN}}{I_{2N}^2}\left(\frac{I_{2\text{eff}}}{I_d}\right)^2 \quad ; \qquad (4.14)$$

R_{e1} fiktiver Ersatzwiderstand im Gleichstromkreis für die ohmschen Spannungsabfälle der Wechselstromseite

P_{VIN} Lastverluste auf der Wechselstromseite bei Nennstrom I_{2N} des SR-Transformators

$I_{2\text{eff}}/I_d$ schaltungsabhängige Parameter nach Anhang 7.8

u_{Kr} ohmsche Komponente der relativen Kurzschlußspannung des SR-Transformators;

$$u_{Kr} = (\ddot{u}_h^{-2} R_1 + R_2)(I_{2N}/U_{2N})$$

S_{TrN} Nennscheinleistung des Transformators.

Die Streuinduktivitäten auf der Wechselstromseite verhindern eine sprungförmige Änderung der Ventilströme und bewirken, daß während der Kommutierung die Ventile in zwei Phasen gleichzeitig Strom führen. Bild 4.14 zeigt den Kommutierungsvorgang.
In dem Ersatzschaltbild des Kommutierungskreises (Bild 4.14b) wurde angenommen, daß der Gleichstrom I_d während der Stromübernahme von Thyristor $T1$ auf $T2$ durch eine Glättungsdrossel L_{Dr} konstant gehalten wird. Zur Zeit t_0 beginnt, angetrieben

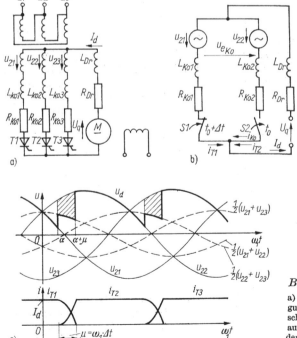

Bild 4.14. *Kommutierungsvorgang*

a) 3-Puls-Mittelpunktschaltung mit Berücksichtigung der Kommutierungsreaktanz; b) Ersatzschaltung des Kommutierungskreises von $T1$ auf $T2$; c) Spannungs- und Stromverlauf während der Kommutierung

durch die Spannung u_{Ko}, der Kommutierungsstrom i_{Ko} zu fließen. Für den Kommutierungskreis gilt

$$u_{Ko} = u_{22} - u_{21} = \sqrt{2}\, U_{Ko} \sin \omega_1 t; \tag{4.15}$$

ω_1 Netzkreisfrequenz.

$$u_{Ko} = L_{Ko2} \frac{di_{T2}}{dt} + R_{Ko2}\, i_{T2} - L_{Ko1} \frac{di_{T1}}{dt} - R_{Ko1}\, i_{T1} \tag{4.16}$$

$$I_d = i_{T1} + i_{T2} \tag{4.17}$$

$$i_{Ko} = i_{T2} = I_d - i_{T1}. \tag{4.18}$$

Bis zum Löschen des Thyristors $T1$ zur Zeit $t_0 + \Delta t$ sind beide Thyristoren leitend. Der Winkel $\mu = \omega_1 \Delta t$ wird deshalb als Überlappungswinkel bezeichnet. Bei Vernachlässigung der Widerstände R_{Ko} und bei gleichen Kommutierungsreaktanzen L_{Ko} in den einzelnen Phasen erhält man mit (4.15) bis (4.18) und $\omega_1 (t_0 + \Delta t) = \alpha + \mu$

$$\cos(\alpha + \mu) = \cos \alpha - \frac{2 \omega_1 L_{Ko} I_d}{\sqrt{2}\, U_{Ko}}. \tag{4.19}$$

Allgemein gilt für ein Spannungssystem mit dem Phasenwinkel $\frac{2\pi}{q}$

$$\cos(\alpha + \mu) = \cos \alpha - \frac{p}{\pi} \frac{\omega_1 L_{Ko} I_d}{U_{d0}}. \tag{4.20}$$

Mit dem sog. Anfangsüberlappungswinkel μ_0 bei $\alpha = 0$

$$\cos \mu_0 = 1 - \frac{p}{\pi} \frac{\omega_1 L_{Ko} I_d}{U_{d0}} \tag{4.21}$$

läßt sich (4.20) umformen:

$$\cos(\alpha + \mu) = \cos \alpha + \cos \mu_0 - 1. \tag{4.22}$$

Gleichung (4.22) ist für verschiedene μ_0 im Bild 4.15 dargestellt. Während der Überlappung liegt u_{Ko} je zur Hälfte an den Induktivitäten L_{Ko} (vgl. Bild 4.14b). Die mittlere ideelle Gleichspannung wird infolge der Verringerung der Spannungszeitfläche (im Bild 4.14c schraffiert dargestellt) um den sog. mittleren induktiven Gleichspannungsabfall reduziert.

$$U_{dx} = \frac{p}{2\pi} \omega_1 L_{Ko} I_d = U_{d0} \frac{\cos \alpha - \cos(\alpha + \mu)}{2}; \tag{4.23}$$

U_{dx} mittlerer induktiver Gleichspannungsabfall.

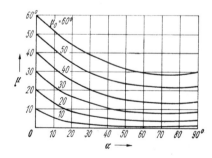

Bild 4.15. *Überlappungswinkel μ als Funktion des Steuerwinkels und der Anfangsüberlappung μ_0*

4.2. Leistungselektronische Stellglieder für Gleichstromantriebe

Der induktive Gleichspannungsabfall U_{dxN} bei Nennstrom des Transformators kann direkt aus der induktiven Komponente der relativen Kurzschlußspannung ermittelt werden.

$$u_{\mathrm{Kx}} = \frac{(\ddot{u}_{\mathrm{h}}^{-2} X_{1\sigma} + X_{2\sigma}) I_{2\mathrm{N}}}{U_{2\mathrm{N}}} = \frac{\omega_1 L_{\mathrm{Ko}} I_{2\mathrm{N}}}{U_{2\mathrm{N}}} \; ; \qquad (4.24)$$

u_{Kx} induktive Komponente der relativen Kurzschlußspannung des SR-Transformators
$I_{2\mathrm{N}}, U_{2\mathrm{N}}$ Nennstrom bzw. Nennspannung der Sekundärwicklung des SR-Transformators.

Das Verhältnis

$$Y = \frac{U_{\mathrm{dxN}}}{u_{\mathrm{Kx}} U_{\mathrm{d0}}} \approx \frac{p}{2\pi} \frac{1}{(U_{\mathrm{d0}}/U_2)(I_{2\,\mathrm{eff}}/I_{\mathrm{d}})}, \qquad (4.25)$$

U_{dxN} induktiver Gleichspannungsabfall bei $I_{2\mathrm{N}}$,

wird als Spannungsabfallkennziffer bezeichnet und ist für die einzelnen SR-Schaltungen dem Anhang 7.8 zu entnehmen. Der Spannungsabfall U_{dx} ist nach (4.23) vom Gleichstrom I_{d} abhängig. Er kann deshalb formal durch einen Ersatzwiderstand $R_{\mathrm{e}2}$ beschrieben werden.

$$\boxed{R_{\mathrm{e}2} = \frac{U_{\mathrm{dx}}}{I_{\mathrm{d}}} = \frac{p}{2\pi} \omega_1 L_{\mathrm{Ko}} \approx \frac{Y\, u_{\mathrm{Kx}}\, U_{\mathrm{d0}}\,(I_{2\,\mathrm{eff}}/I_{\mathrm{d}})}{I_{2\mathrm{N}}}} \; ; \qquad (4.26)$$

$R_{\mathrm{e}2}$ fiktiver Ersatzwiderstand im Gleichstromkreis zur Berücksichtigung der induktiven Spannungsabfälle der Wechselstromseite.

Mit dem Widerstand R_{Dr} der Glättungsdrossel sowie der Zuleitungen errechnet sich der Gesamtersatzwiderstand, bezogen auf den Gleichstromkreis, nach

$$R_{\mathrm{e}} = R_{\mathrm{e}1} + R_{\mathrm{e}2} + R_{\mathrm{Dr}}. \qquad (4.27)$$

Für die dynamischen Vorgänge im Gleichstromkreis ist auch die Ersatzinduktivität von Interesse.

$$L_{\mathrm{e}} = L_{\mathrm{Dr}} + L_{\mathrm{Ko}}^{*} + \frac{1}{2} L_{\mathrm{SD}}; \qquad (4.28)$$

L_{e} fiktive Ersatzinduktivität im Gleichstromkreis mit Berücksichtigung der Streuinduktivitäten der Wechselstromseite
L_{Dr} Induktivität der Glättungsdrossel
L_{Ko}^{*} Streuinduktivität im Kommutierungskreis, bezogen auf den Gleichstromkreis
L_{SD} Induktivität der Saugdrossel.

Die Induktivität L_{Ko}^{*} wird meist gegenüber den anderen Induktivitäten vernachlässigt.
Mit (4.14), (4.26) bis (4.28) können das Ersatzschaltbild des SR und seine Belastungskennlinie für den lückfreien Betrieb angegeben werden (Bild 4.16):

$$\boxed{U_{\mathrm{d}} = U_{\mathrm{d}}' + R_{\mathrm{e}} I_{\mathrm{d}} + L_{\mathrm{e}} \frac{dI_{\mathrm{d}}}{dt}}. \qquad (4.29)$$

Im Lückbereich löschen die stromführenden Thyristoren vorzeitig. Die Überlappungen entfallen. Dadurch verringern sich die negativen Spannungszeitflächen in der Gleichspannung. Der Spannungsabfall U_{dx} sowie der Ersatzwiderstand R_e werden Null. Als Folge davon steigt die mittlere Gleichspannung mit abnehmendem Laststrom stark an. Der Grenzstrom, bei dem das Lücken einsetzt, ist abhängig von der Pulszahl p des SR, dem Steuerwinkel α und der Induktivität im Gleichstromkreis.

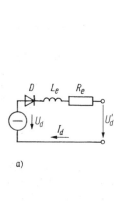

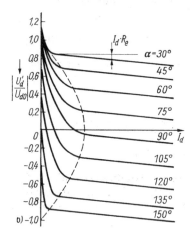

Bild 4.16. Netzgeführter Stromrichter
a) Ersatzschaltbild für lückfreien Betrieb
b) Kennlinienfeld
– – – Lückgrenze

Beispiel 4.1

Eine 6-Puls-Brückenschaltung ist über einen Stromrichtertransformator mit der Bemessungsscheinleistung S_{TrN} = 125 kVA, der relativen Kurzschlußspannung u_K = 4% mit u_{Kx}/u_{Kr} = 6 an das Drehstromnetz angeschlossen. Die sekundärseitige Strangspannung beträgt U_2 = 220 V, der Bemessungsstrom I_{2N} = 190 A. Man bestimme die ideelle Ausgangsspannung U_d und den Überlappungswinkel μ bei einem Steuerwinkel von α = 30°, den Ersatzwiderstand R_e des Stromrichters, die inneren Spannungsabfälle und die Klemmenspannung beim Gleichstrom I_d = 100 A.

Lösung

Nach (4.5) erhält man mit $p = 6$ und $q = 3$ die ideelle Ausgangsgleichspannung für $\alpha = 0$ zu:

$$U_{d0} = \frac{6}{\pi} \sqrt{2} \cdot 220 \text{ V} \cdot \sin \frac{\pi}{3} = 514{,}8 \text{ V}.$$

Den gleichen Wert bestimmt man mit den Angaben von Anhang 7.8

$$U_{d0} = \left(\frac{U_{d0}}{U_2}\right) U_2 = 2{,}34 \cdot 220 \text{ V} = 514{,}8 \text{ V}.$$

Die ideelle Ausgangsspannung des Stromrichters bei $\alpha = 30°$ beträgt nach (4.6)

$$U_d = U_{d0} \cos \alpha = 514{,}8 \text{ V} \cdot \cos 30° = 446 \text{ V}.$$

Aus (4.20) und (4.24) ergibt sich

$$\cos \mu_0 = 1 - \frac{p}{\pi} u_{Kx} \left(\frac{I_d}{I_{2N}}\right) \left(\frac{U_{2N}}{U_{d0}}\right).$$

Die induktive Komponente der relativen Kurzschlußspannung des SR-Transformators ergibt sich aus

$$u_K = \sqrt{u_{Kr}^2 + u_{Kx}^2},$$

$$u_{Kx} = \frac{u_K \left(\frac{u_{Kx}}{u_{Kr}}\right)}{\sqrt{1 + \left(\frac{u_{Kx}}{u_{Kr}}\right)^2}} = \frac{0{,}04 \cdot 6}{\sqrt{37}} = 0{,}039.$$

4.2. Leistungselektronische Stellglieder für Gleichstromantriebe

Mit $\left(\dfrac{I_d}{I_{2N}}\right) \approx \left(\dfrac{I_d}{I_{2\text{eff}}}\right)$ und $\left(\dfrac{U_{2N}}{U_{d0}}\right) \approx \left(\dfrac{U_2}{U_{d0}}\right)$ entsprechend den Angaben der Tafel 7.8 vom Anhang erhält man dann

$$\cos \mu_0 = 1 - \frac{6}{\pi} \cdot 0{,}039 \cdot \frac{1}{0{,}82} \cdot \frac{1}{2{,}34} = 0{,}961 \quad \text{bzw.} \quad \mu_0 = 16°.$$

Mit (4.22) bestimmt man $\cos(\alpha + \mu) = \cos\alpha + \cos\mu_0 - 1 = 0{,}827$, d. h. $\mu = 4{,}2°$. Der Überlappungswinkel kann auch überschläglich Bild 4.15 entnommen werden. Der fiktive Ersatzwiderstand R_{e1} wird mit (4.14) berechnet.

$$R_{e1} = \frac{u_{\text{Kr}} S_{\text{TrN}}}{I_{2N}^2}\left(\frac{I_{2\text{eff}}}{I_d}\right)^2 = \frac{0{,}0065 \cdot 125 \cdot 10^3\ \text{VA}}{190^2\ \text{A}^2} \cdot 0{,}82^2 = 15\ \text{m}\Omega.$$

Den fiktiven Ersatzwiderstand R_{e2} ermittelt man mit (4.26).

$$R_{e2} = \frac{Y u_{\text{Kx}} U_{d0}\,(I_{2\text{eff}}/I_d)}{I_{2N}} = \frac{0{,}5 \cdot 0{,}039 \cdot 515\ \text{V}\,(0{,}82)}{190\ \text{A}} = 43\ \text{m}\Omega.$$

Damit erhält man den Ersatzwiderstand des Stromrichters zu $R_e = R_{e1} + R_{e2} = 15\ \text{m}\Omega + 43\ \text{m}\Omega = 58\ \text{m}\Omega$. Bei dem Gleichstrom $I_d = 100$ A beträgt der innere Spannungsabfall $I_d R_e = 100\ \text{A} \cdot 58 \times 10^{-3}\ \Omega = 5{,}8$ V. Die Klemmenspannung des Stromrichters bei dem Steuerwinkel $\alpha = 30°$ ergibt sich somit zu $U_d' = U_d - I_d R_e = 446\ \text{V} - 5{,}8\ \text{V} \approx 440\ \text{V}$.

4.2.1.3. Oberschwingungsgehalt der Gleichspannung

Infolge der Anschnittsteuerung besteht die Gleichspannung u_d aus Kurvenabschnitten der Wechselspannung. Dem Gleichspannungsmittelwert U_d sind deshalb Oberschwingungen der Frequenz νf ($\nu = kp$; $k = 1, 2 \ldots$) überlagert.

$$u_d = U_{d0} \cos\alpha + \sum_\nu \sqrt{2}\, U_\nu \cos(\nu\omega_1 t + \varphi_\nu). \tag{4.30}$$

Die Amplitude dieser Oberschwingungen ist abhängig von der Pulszahl p, vom Steuerwinkel α und in geringem Maß vom Überlappungswinkel μ. Der Effektivwert der ν-ten Oberschwingung errechnet sich nach (4.31) zu

$$U_\nu = \frac{\sqrt{2}}{\nu^2 - 1}\, U_{d0} \sqrt{\nu^2 + (1 - \nu^2)\, U_d^2/U_{d0}^2}. \tag{4.31}$$

Bild 4.17 zeigt die Abhängigkeit des Effektivwerts der Oberschwingungen der Gleichspannung von der Ordnungszahl ν und der Aussteuerung des SR. Der Oberschwingungsgehalt der Gleichspannung u_d geht bei höherpulsigen Schaltungen stark zurück.

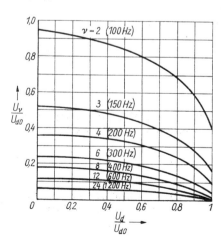

Bild 4.17. Effektivwert der Oberschwingung U_ν der Gleichspannung in Abhängigkeit von der Ordnungszahl $\nu = kp$ und der Aussteuerung U_d/U_{d0} des Stromrichters

Die Welligkeit der Gleichspannung u_d errechnet sich nach

$$w_u = \frac{U_{\nu\text{eff}}}{U_{d0}} = \frac{\sqrt{\sum_\nu U_\nu^2}}{U_{d0}} \; ; \qquad (4.32)$$

w_u Welligkeit der Gleichspannung beim Steuerwinkel α.

Die Welligkeit w_u kann für verschiedene SR-Schaltungen für $\alpha = 0$ dem Anhang 7.8 entnommen werden.

4.2.1.4. Oberschwingungsgehalt des Gleichstroms

Durch die Spannungsoberschwingungen werden im Gleichstromkreis Stromoberschwingungen hervorgerufen, die durch eine Glättungsdrossel begrenzt werden müssen. Für die ν-te Oberschwingung gilt ($\nu = k\,p;\; k = 1;\,2;\,3\ldots$)

$$u_\nu = R_A\, i_\nu + L_A\, \frac{\mathrm{d}i_\nu}{\mathrm{d}t} \; ; \qquad (4.33)$$

i_ν, u_ν Momentanwert von Strom und Spannung der ν-ten Oberschwingung.

Der Effektivwert des Stroms der ν-ten Oberschwingung beträgt

$$I_\nu = \frac{U_\nu}{R_A\, \sqrt{1 + (\nu\,\omega_1\,\tau_A)^2}} \; ; \qquad (4.34)$$

I_ν Effektivwert des Stroms der ν-ten Oberschwingung.

Damit erhält man für die Welligkeit des Gleichstroms

$$w_i = \frac{\sqrt{\sum_\nu I_\nu^2}}{I_d} = \frac{U_{d0}}{L_A\, I_d}\, \frac{1}{\omega_1} \sqrt{\sum \left[\left(\frac{U_\nu}{U_{d0}}\right)^2 \Big/ \left(\nu^2 + \frac{1}{\omega_1^2\,\tau_A^2}\right)\right]} \; ; \qquad (4.35)$$

w_i Stromwelligkeit beim Steuerwinkel α, $\nu = k\,p$.

Der Ankerwiderstand kann meist vernachlässigt werden, d. h. $1/\tau_A \approx 0$. In diesem Fall gilt

$$w_i = \frac{\sqrt{\sum_\nu I_\nu^2}}{I_d} = \frac{U_{d0}}{L_A\, I_d}\, f_w\,(p, \alpha)\,, \qquad (4.35\,\text{a})$$

$$\boxed{f_w\,(p, \alpha) = \frac{1}{\omega_1} \sqrt{\sum_\nu \left(\frac{U_\nu}{U_{d0}\,\nu}\right)^2}} \; ; \qquad (4.36)$$

$f_w\,(p, \alpha)$ Welligkeitsfaktor.

Der Welligkeitsfaktor kann Bild 4.18 entnommen werden. Für eine vorgegebene Stromwelligkeit errechnet sich die erforderliche Glättungsinduktivität nach

$$L_A = \left|\frac{f_w\,(p, \alpha)}{w_i\, I_d}\right| U_{d0}\,. \qquad (4.37)$$

Bei Speisung der GNM mit einem oberschwingungsbehafteten Gleichstrom kommt es zu einer erhöhten thermischen Belastung des Motors, da die Stromwärmeverluste vom Effektivwert des Ankerstroms abhängig sind. Die zeitlichen Stromänderungen der

4.2. Leistungselektronische Stellglieder für Gleichstromantriebe

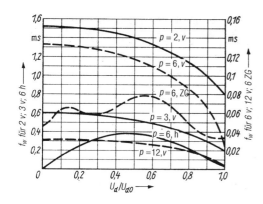

Bild 4.18. *Welligkeitsfaktor f_w in Abhängigkeit von der Stromrichterschaltung und der Aussteuerung U_d/U_{d0}*

v vollgesteuert, h halbgesteuert, ZG Zu- und Gegenschaltung

Stromoberschwingungen di_v/dt verursachen Wirbelstrom- und Ummagnetisierungsverluste und beeinträchtigen die Kommutierung der Maschine. Von den meisten Motorherstellern wird eine zulässige Stromwelligkeit von 10···15% angegeben. Weist der Ankerstrom eine höhere Stromwelligkeit auf, so ist eine Reduzierung der zulässigen Motorleistung erforderlich.

Beispiel 4.2

Die GNM vom Beispiel 2.1 soll von einem Drehstromnetz aus über einen SR mit $U_E = 440$ V erregt werden. Der Widerstand der Erregerwicklung beträgt $R_E = 73,3\ \Omega$ und die Erregerzeitkonstante $\tau_E = 1,2$ s. Man bestimme die erforderliche Stromrichterschaltung und dimensioniere die Ventile.

Lösung

Auf Grund der kleinen Erregerleistung wird eine ungesteuerte 2-Puls-Brückenschaltung ausgewählt. Die erforderliche Leerlaufspannung des SR-Transformators ergibt sich mit $U_{d0} = U_E = 440$ V und mit dem Verhältniswert $U_{d0}/U_2 = 1,8$ nach Anhang 7.8 zu

$$U_{2\text{Tr}} = \frac{2\ U_{d0}}{U_{d0}/U_2} = \frac{2 \cdot 440\ \text{V}}{1,8} = 488,9\ \text{V}.$$

Die periodische Spitzensperrspannung errechnet sich mit dem Verhältniswert $u_{R\max}/E_{d0} = 1,57$ nach Anhang 7.8 zu

$$u_{\text{RD max}} = (u_{R\max}/U_{d0})\ U_{d0} = 1,57 \cdot 440\ \text{V} = 690\ \text{V}.$$

Für einen Spannungssicherheitsfaktor von $K_U = 2$ erhält man die erforderliche Spitzensperrspannung der Dioden von etwa

$$U_{\text{RRM}} = 1400\ \text{V}.$$

Der erforderliche Dauergrenzstrom der Dioden errechnet sich aus dem arithmetischen Mittelwert des Gleichstroms zu

$$I_d = \frac{U_{d0}}{R_e + R_E} \approx \frac{U_E}{R_e + R_E}.$$

Dabei kann der fiktive Ersatzwiderstand R_e nach (4.14), (4.26) und (4.27) gegenüber dem Widerstand der Erregerwicklung vernachlässigt werden. Somit ergibt sich

$$I_d = \frac{440\ \text{V}}{73,3\ \Omega} = 6,0\ \text{A}.$$

Mit dem Verhältniswert $\bar{I}_D/I_d \triangleq \bar{I}_T/I_d$ nach Anhang 7.8 beträgt der mittlere Ventilstrom

$$\bar{I}_D = (\bar{I}_D/I_d)\ I_d = 0,5 \cdot 6,0\ \text{A} = 3,0\ \text{A}.$$

Mit einem Stromsicherheitsfaktor von $K_I = 1,5$ beträgt der erforderliche Dauergrenzstrom der Dioden $I_{T(AV)} = 4,5$ A. Beim netzseitigen Abschalten des SR wird der Erregerstrom durch die große Erregerinduktivität nur langsam abgebaut. Die Kommutierung der Ventile findet während dieser Zeit nicht mehr statt. Der Strom I_d fließt über beide parallele Ventilzweige weiter. Bei einer Parallelschaltung von Ventilen darf wegen der ungleichen Stromaufteilung jedes Ventil nur mit 80% des Dauergrenzstroms belastet werden. Daraus ergibt sich der erforderliche Dauergrenzstrom für die Dioden von

$$I_{T(AV)} = \frac{I_d K_I}{2 \cdot 0,8} = \frac{6 \text{ A} \cdot 1,5}{2 \cdot 0,8} = 5,63 \text{ A}.$$

Die Welligkeit des Erregerstroms beträgt für $\alpha = 0$ nach (4.35a) mit $f_w = 0,8$ ms von Bild 4.18

$$w_i = \frac{f_w}{\tau_E} = \frac{0,8 \text{ ms}}{1,2 \text{ s}} = 0,67 \cdot 10^{-3} = 0,067\%.$$

Sie kann für die Gleichstrommaschine vernachlässigt werden.

Beispiel 4.3

Als Hauptantrieb einer Werkzeugmaschine wird eine GNM mit folgenden Daten eingesetzt: $P = 5,5$ kW, $n = 1450$ U/min, $U = 220$ V, $I_N = 29,5$ A, $R_A = 0,8$ Ω, $L_{AM} = 13,2$ mH, $w_{i\,zul} = 20\%$. Es ist ein Thyristorstellglied für eine Drehrichtung auszuwählen, das keine zusätzliche Glättungsdrossel erfordert.

Lösung

Es kommen folgende vollgesteuerte Stromrichterschaltungen infrage: 2-Puls-Brückenschaltung, 3-Puls-Mittelpunktschaltung, Drehstrombrückenschaltung.
Die 2-Puls-Brückenschaltung erfordert einen Anschluß an zwei Stränge des Drehstromnetzes. Es gilt dann nach Anhang 7.8

$$U_{d0} = \left(\frac{U_{d0}}{U_2}\right) U_2 = 1,8 \cdot \frac{380 \text{ V}}{2} = 342 \text{ V}.$$

Die größte Stromwelligkeit tritt bei einem kleinen Ansteuerungsgrad auf. Für $U_d/U_{d0} = 0,1$ erhält man nach Bild 4.18 einen Welligkeitsfaktor $f_w = 1,5$ ms. Die erforderliche Glättungsinduktivität des Ankerstromkreises ergibt sich dann nach (4.37) zu

$$L_A = \frac{1,5 \text{ ms} \cdot 342 \text{ V}}{0,20 \cdot 29,5 \text{ A}} = 86,9 \text{ mH}.$$

Damit beträgt die erforderliche zusätzliche Glättungsdrossel

$$L_{Dr} = L_A - L_{AM} = 86,9 \text{ mH} - 13,2 \text{ mH} = 73,7 \text{ mH}.$$

Für die 3-Puls-Mittelpunktschaltung erhält man entsprechend

$$U_{d0} = \left(\frac{U_{d0}}{U_2}\right) U_2 = 1,17 \cdot 220 \text{ V} = 257 \text{ V},$$

$$f_w = 0,6 \text{ ms},$$

$$L_A = \frac{0,6 \text{ ms} \cdot 257 \text{ V}}{0,20 \cdot 29,5 \text{ A}} = 26,1 \text{ mH},$$

$$L_{Dr} = 26,1 \text{ mH} - 13,2 \text{ mH} = 12,9 \text{ mH}.$$

Für die Drehstrombrückenschaltung gilt

$$U_{d0} = \left(\frac{U_{d0}}{U_2}\right) U_2 = 2,34 \cdot 220 \text{ V} = 515 \text{ V},$$

$$f_w = 0,13 \text{ ms},$$

$$L_A = \frac{0,13 \text{ ms} \cdot 515 \text{ V}}{0,20 \cdot 29,5 \text{ A}} = 11,3 \text{ mH}.$$

Eine Glättungsdrossel ist hier nicht erforderlich. Die Stromwelligkeit beträgt bei Nennstrom im ungünstigsten Fall bei $U_d/U_{d0} = 0$ und $f_w = 0{,}132$ ms nach (4.35a)

$$w_i = \frac{U_{d0} f_w}{L_{AM} I_{dN}} = \frac{5{,}15 \text{ V} \cdot 0{,}132}{13{,}2 \text{ mH} \cdot 29{,}5 \text{ A}} = 17{,}5\%.$$

Die Drehstrombrückenschaltung erfüllt die gestellte Forderung, sie benötigt jedoch einen größeren Stellgliedaufwand.

4.2.1.5. Übertragungsverhalten netzgeführter Stromrichterstellglieder

Die dynamischen Eigenschaften des SR-Stellglieds haben großen Einfluß auf das dynamische Verhalten des Antriebs. Durch die unstetige Arbeitsweise des Stromrichters ist eine Änderung des Mittelwertes der Ausgangsspannung nur zu diskreten Zeitpunkten möglich. Der SR kann deshalb als ein nichtlineares Abtastglied mit veränderlicher Abtastperiode aufgefaßt werden.
Für den Übertragungsfaktor eines Steuergeräts mit Sägezahnerregung gilt

$$\frac{\Delta \alpha}{\Delta u_{St}} = - K_{St} ; \qquad (4.38)$$

$\Delta \alpha$ Änderung des Steuerwinkels
Δu_{St} Änderung der Steuerspannung.

Den Übertragungsfaktor des SR erhält man durch Differentiation der Steuerkennlinie (4.6) bzw. (4.7). Es ergibt sich für vollgesteuerte Schaltungen

$$\frac{\Delta \bar{u}_d}{\Delta \alpha} = - U_{d0} \sin \alpha \qquad (4.39)$$

bzw. für halbgesteuerte Schaltungen

$$\frac{\Delta \bar{u}_d}{\Delta \alpha} = - \frac{1}{2} U_{d0} \sin \alpha ; \qquad (4.40)$$

$\Delta \bar{u}_d$ Änderung der mittleren ideellen Gleichspannung.

Der Übertragungsfaktor des SR-Stellglieds

$$\frac{\Delta \bar{u}_d}{\Delta u_{St}} = K_{sG}(\alpha) \qquad (4.41)$$

ist arbeitspunktabhängig. Damit ist der SR ein nichtlineares Übertragungsglied. Eine linearisierte Betrachtung ist nur für kleine Steuerwinkeländerungen zulässig.
Bild 4.19 zeigt die Abhängigkeit des Übertragungsfaktors des SR vom Steuerwinkel α.
Das Zeitverhalten des SR-Stellglieds ist abhängig von der Pulszahl und der Richtung

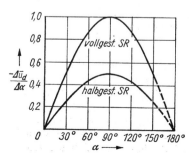

Bild 4.19. Übertragungsfaktor des Stromrichters in Abhängigkeit vom Steuerwinkel für voll- und halbgesteuerte Schaltung

der Aussteuerungsänderung. Bei konstantem Steuerwinkel ist der Abstand der Zündimpulse stets gleich. Während einer Vergrößerung des Steuerwinkels α vergrößern sich jedoch auch die Abstände der Zündimpulse. Während einer Verringerung des Steuerwinkels werden sie verkürzt. Damit ist das dynamische Verhalten des SR hinsichtlich der Richtung der Änderung des Steuerwinkels unsymmetrisch.
Einige Hersteller verwenden auch Steuergeräte, deren Übertragungsfaktor K_{St} eine Sinusfunktion enthält. In diesem Fall ist der Übertragungsfaktor K_{SG} unabhängig vom Streuwinkel α. Das Stromrichterstellglied ist dann ein lineares Übertragungsglied. Bei der Ermittlung der Sprungantwort von Regelkreisen mit einem Stromrichterstellglied kann das Abtastverhalten des Stromrichters näherungsweise durch ein Verzögerungsglied mit der Zweitkonstante $\tau \approx T_p/2$ (T_p Pulsperiode, z. B. für $p = 6 : \tau = 1{,}7$ ms) beschrieben werden.

4.2.2. Bauglieder netzgeführter Stromrichterschaltungen

4.2.2.1. Steuergeräte für netzgeführte Stromrichter

Zur kontinuierlichen Steuerung eines SR werden netzsynchronisierte Spannungsimpulse benötigt, deren Phasenlage durch eine äußere Steuerspannung eingestellt werden kann. Um eine sichere Zündung der Thyristoren auch bei einem verzögerten Stromanstieg infolge einer induktiven Last zu gewährleisten, müssen die Zündimpulse eine möglichst steile Anstiegsflanke haben und mindestens 100 µs lang sein. Eine besonders hohe Impulssteilheit wird bei einer Parallel- oder Reihenschaltung von Thyristoren gefordert, um eine ungleichmäßige Strom- bzw. Spannungsaufteilung in den Thyristoren zu vermeiden. Bei vollgesteuerten Brückenschaltungen muß eine gleichzeitige Zündung der beiden Thyristoren eines Brückenzweigs erfolgen. In SR-Schaltungen, die auf eine Gegenspannung arbeiten (Ankerspannungssteuerung einer GNM), verwendet man meist eine Folge von Zündimpulsen, die vom Steuerwinkel α an bis zum Ende des Aussteuerbereichs (180°) des Thyristors ansteht.

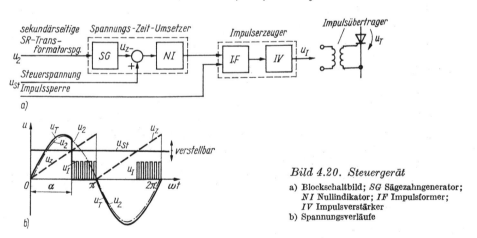

Bild 4.20. Steuergerät
a) Blockschaltbild; SG Sägezahngenerator; NI Nullindikator; IF Impulsformer; IV Impulsverstärker
b) Spannungsverläufe

Die Zündimpulse werden durch das Steuergerät erzeugt. Bild 4.20 zeigt zur Orientierung dafür ein Blockschaltbild und das Prinzip der Zündimpulsbildung. Die Einstellung des Zündwinkels erfolgt durch die Steuerspannung u_{St} in Verbindung mit einem Spannungs-Zeit-Umsetzer, der einen netzsynchronisierten Sägezahngenerator und einen Nullindikator enthält. Der Zusammenhang zwischen der Steuerspannung und dem Zündwinkel ist in diesem Fall linear. Bei Differenzen im Gleichlauf der Impulse (gleicher Zündwinkel für alle Thyristoren des SR) kommt es zu einer unterschiedlichen Stromführungsdauer und damit zu einer ungleichmäßigen Belastung der Ventile, zu einer Erhöhung des Oberschwingungsgehalts der Gleichspannung und zu einer Vormagnetisierung des Transformators. Steuergeräte für Phasenanschnittsteuerungen werden heute oft in integrierter Technik unter Verwendung von Spezialschaltkreisen gefertigt.

4.2.2.2. Stromrichtertransformator

Stromrichter kleiner Leistung werden meist direkt an das Niederspannungsnetz angeschlossen. Für größere Leistungen müssen Stromrichtertransformatoren eingesetzt werden, die die Netzspannung an die jeweilige Stromrichterschaltung anpassen und einen Belastungsausgleich zwischen den einzelnen Strängen ermöglichen. Durch die Wahl einer geeigneten Schaltungsart des SR-Transformators können ferner die Netzrückwirkungen (vgl. Abschn. 4.4) vermindert werden. Stromrichtertransformatoren gewährleisten eine Potentialtrennung zwischen dem Netz und dem SR und schaffen bessere Bedingungen für die Begrenzung der Kurzschlußströme. Für SR-Umkehrschaltungen werden zuweilen SR-Transformatoren mit zwei getrennten Sekundärwicklungen eingesetzt.

In Tafel 4.1 sind gebräuchliche Schaltungen für SR-Transformatoren zusammengestellt.

Gegenüber normalen Wechselspannungstransformatoren sind in einem SR-Transformator die Ströme durch Oberschwingungen stark verzerrt und haben auf der Sekundärseite eine Gleichstromkomponente.

Dadurch wird der Transformator schlechter ausgenutzt. Die erforderliche Bauleistung muß deshalb größer gewählt werden. Sie errechnet sich bei $\alpha = 0$ nach (4.42).

$$S_{\mathrm{Tr0}} = \frac{1}{2} \left(\sum I_{20\,\mathrm{eff}} U_2 + \sum I_{10\,\mathrm{eff}} U_1 \right) ; \qquad (4.42)$$

$I_{10\,\mathrm{eff}}$, $I_{20\,\mathrm{eff}}$, U_1, U_2 Ströme und Strangspannungen in den Primär- bzw. Sekundärwicklungen des Transformators bei $\alpha = 0$.

Tafel 4.1. Grundschaltungen von SR-Transformatoren

Schaltung	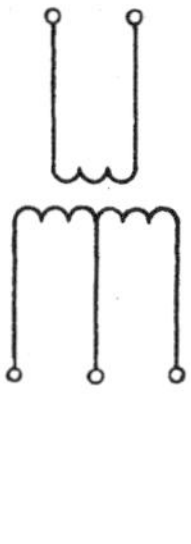	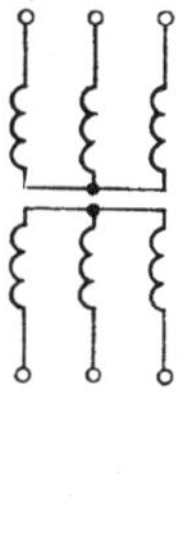	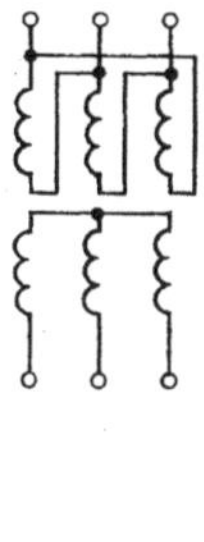	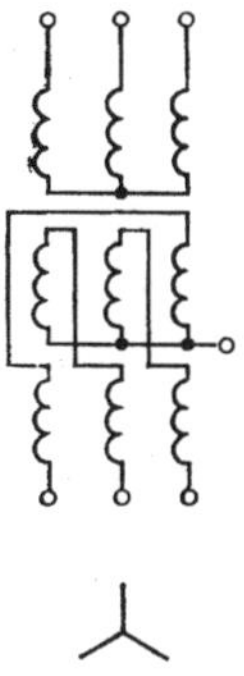	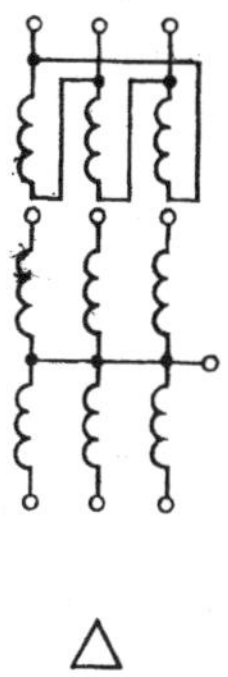
Strangzuordnung	⊢	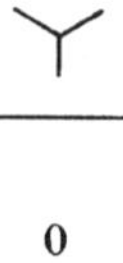 ⊥/Y	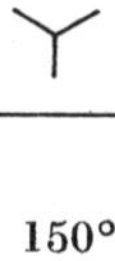 △/Y	⊥/⊬	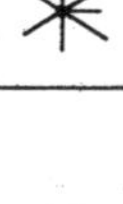 △/✳
Phasenverschiebung Primär-/Sekundärnetz	—	0	150°	150°	—
Strangzahl	2	3	3	3	6

Das Verhältnis der Bauleistung des Transformators zur Leistung des Gleichstromkreises bei $\alpha = 0$ wird als Ausnutzungsfaktor c_{Tr} bezeichnet,

$$c_{\text{Tr}} = \frac{S_{\text{Tr}0}}{P_{\text{d}0}} = \frac{\sum I_{2\text{0eff}} U_2 + \sum I_{1\text{0eff}} U_1}{2 I_\text{d} U_{\text{d}0}}, \qquad (4.43)$$

und kann ebenfalls dem Anhang 7.8 entnommen werden.

4.2.2.3. Betriebsarten und Belastungsklassen

Im Abschnitt 4.1 wurde bereits auf die thermische Beanspruchung und den Schutz der einzelnen Bauelemente eingegangen. Darüber hinausgehend werden die Stromrichter für elektrische Antriebe im allgemeinen mit einer Stromregelung bzw. Strombegrenzung ausgestattet. Sie schützen die Ventile vor einer unzulässig hohen betriebsmäßigen Belastung. Da für dynamische Bewegungsvorgänge, wie Anlauf, Bremsen, Reversieren, ein höherer Strombedarf auftritt, muß bei der Dimensionierung des Stromrichters diesem Erfordernis Rechnung getragen werden. Die einzelnen Ausrüstungsteile der Stromrichteranlage erwärmen sich durch den Belastungsstrom unterschiedlich stark. Da diese bestimmte Grenztemperaturen nicht überschreiten dürfen und die auftretenden Übertemperaturen von der zeitlichen Belastung abhängen, werden die Stromrichter auch nach Betriebsarten gekennzeichnet.

4.2.2.4. Schutz netzgeführter Stromrichteranlagen

Ein störungsfreier Betrieb eines SR ist nur mit einer angepaßten Schutztechnik zur Begrenzung der Überspannungen, Überströme sowie der Spannungs- und Stromanstiegsgeschwindigkeit möglich.

Überspannungsschutz

Die Ursache für Überspannungen sind Schaltvorgänge im Netz bzw. in der Anlage z. B. durch Schalten von SR-Transformatoren oder Anlagen mit großen induktiven Verbrauchern, wie dem Ankerkreis von GNM. Daneben erzeugen die Ventile durch den sog. Trägerstaueffekt bei der Kommutierung selbst Überspannungen, die zwar

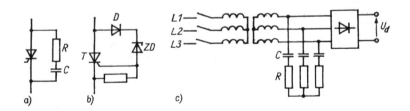

Bild 4.21. Überspannungsschutz von Stromrichteranlagen

a) R-C-Beschaltung eines Thyristors; b) Thyristor mit spannungsabhängiger Zündung als Ersatz für eine Freilaufdiode; c) R-C-Beschaltung des SR-Transformators

energieärmer sind, aber doch Maßnahmen zu ihrer Begrenzung erfordern. Beim Überschreiten des Stoßspannungsgrenzwerts des Ventils in Sperrichtung wird die Kristallstruktur zerstört, und es verliert seine Sperrfähigkeit. In Durchlaßrichtung kann ein Thyristor durch einen unzulässig hohen Spannungssprung leitend werden, ohne daß ein Zündimpuls anliegt.

Im Bild 4.21 sind einige Schutzmaßnahmen gegen Überspannungen zusammengestellt. Kommutierungsüberspannungen lassen sich wirksam durch eine R-C-Beschaltung des Ventils nach Bild 4.21 a dämpfen. Die Größe der Kapazität ist abhängig von der Energie, die kurz vor der Stromübergabe an das folgende Ventil in den Induktivitäten gespeichert war. In der Praxis liegen diese Kapazitäten bei $C = 0,1$ bis $4\ \mu F$. Der Widerstand R begrenzt den Entladestrom des Kondensators nach dem Einschalten des Thyristors und den Rückstrom beim Abschalten.

Überspannungen aus dem Netz und vom SR-Transformator lassen sich ebenfalls durch eine R-C-Kombination als Transformatorbeschaltung (Bild 4.21 c) dämpfen. Nach dem Abschalten des Transformators wird die gespeicherte magnetische Energie über die R-C-Beschaltung abgebaut. Diese magnetische Energie, die bei Ein- und Ausschaltvorgängen des Transformators das Mehrfache der stationären Größe betragen kann, ist bestimmend für die Dimensionierung der R-C-Beschaltung.

Überspannungen durch ein netzseitiges Abschalten eines SR mit einer induktiven Last werden wirkungsvoll durch eine Freilaufdiode gedämpft. Soll der SR auch im Wechselrichterbereich arbeiten, so kann anstelle der Freilaufdiode ein Thyristor eingesetzt werden, der nach Bild 4.21b über eine Z-Diode gezündet wird.

Überstromschutz

Überströme treten durch innere oder äußere Kurzschlüsse sowie durch betriebsmäßige Überlastungen auf.

Innere Kurzschlüsse entstehen beim Verlust der Sperrfähigkeit einzelner Ventile oder beim Ausfall der Kommutierung im Wechselrichterbereich, dem sog. Wechselrichterkippen. Äußere Kurzschlüsse können aus verschiedenen Gründen unmittelbar an den Klemmen des SR oder hinter der Glättungsdrossel auftreten.

Zum Kurzschlußschutz werden Schutzschalter (Leistungsschalter, Schnellschalter, Kurzschließer) und überflinke Sicherungen eingesetzt. Die Auswahl der Schutzgeräte richtet sich im wesentlichen nach

— der Ausschaltverzugszeit der Schutzeinrichtung
— der erforderlichen Abschaltzeit des Überstroms
— der Kurzschlußspannung des SR-Transformators bzw. des Netzes und
— der durch die Schutzeinrichtung hervorgerufenen Überspannung, z. B. Lichtbogenspannung bei Schaltern.

Leistungsschalter, kombiniert mit Überstromauslösern, haben eine relativ lange Ausschaltverzugszeit bis 150 ms. Gleichstrom-Schnellschalter mit einer elektrodynamischen Ausschaltverzugszeit von etwa 1,5 ms können Kurzschlußströme im ms-Bereich abschalten. Durch eine di/dt-Auslösung sprechen sie bereits bei Entstehen eines Kurzschlußstroms an. Beim Öffnen des Schalters entsteht an den Schaltkontakten ein Lichtbogen, der zu Überspannungen SR führt. Diesen Nachteil umgehen die Kurzschließer, die den SR netzseitig kurzschließen. Ihre Einschaltverzugszeit beträgt 1,5 ⋯ 3 ms. Einen optimalen Schutz vor Kurzschlußströmen bieten dem thermischen Verhalten des Thyristors speziell angepaßte überflinke Sicherungen. Sie werden nach Bild 4.22 als Strang- oder Zweigsicherungen sehr häufig im Bereich bis 10 ms eingesetzt. Ein genereller Schutz vor betriebsmäßigen Überlastungen wird durch eine Strombegrenzung in Verbindung mit einer Stromregelung erreicht.

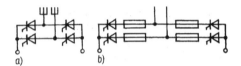

Bild 4.22. Sicherungen in Stromrichterschaltungen

a) Strangsicherungen; b) Zweigsicherungen

Beispiel 4.4

Für eine 6-Puls-Brückenschaltung mit einem Stromrichtertransformator von 180 kVA, $U_{2N} = 220$ V, $I_{2N} = 270$ A, $u_{Kx} = 0{,}0395$ werden Thyristoren mit der Spitzensperrspannung $U_{RRM} = 1100$ V und einem Dauergrenzstrom $I_{T(AV)} = 320$ A eingesetzt (unter Berücksichtigung der Stromüberlastung). Man dimensioniere die R-C-Beschaltung zur Verringerung der Überspannungen infolge des Trägerstaueffekts.

Lösung

Zur Dämpfung der TSE-Überspannung werden über den Thyristoren R-C-Glieder nach Bild 4.21a angeordnet. Der Beschaltungswiderstand R begrenzt den Rückstrom, darf andererseits eine bestimmte Größe nicht überschreiten, um die Spannungsanstiegsgeschwindigkeit in zulässigen Grenzen zu halten. Ein weiterer Gesichtspunkt für seine Dimensionierung ergibt sich daraus, daß er den beim Zünden des Thyristors auftretenden Entladestromstoß mitbestimmt. Durch die R-C-Beschaltung soll die Spannung über dem Ventil möglichst einen aperiodischen Verlauf nehmen.

Die Streuinduktivität des SR-Transformators bestimmt man zu

$$L_{2\sigma} + L_{1\sigma}/\ddot{u}_h^2 = \frac{U_{2N}}{I_{2N}} u_{Kx} \frac{1}{2\pi f_1} = \frac{220 \text{ V}}{270 \text{ A}} \cdot 0{,}0395 \cdot \frac{1}{314 \text{ 1/s}} = 103 \text{ μH}.$$

Dieser Wert ist auf die Sekundärseite bezogen und für einen Strang gültig. Bei der 6-Puls-Schaltung werden jeweils zwei Strangwicklungen vom Strom durchflossen, d. h., für eine einsträngige Ersatzschaltung werden $L^* = 206$ μH wirksam. Auch die R- und C-Glieder sind auf eine einsträngige Anordnung umzurechnen. Sie treten damit in der Ersatzschaltung mit $R^* = 3/5\, R$ bzw. $C^* = 5/3\, C$ in Erscheinung. Der aperiodische Spannungsverlauf ergibt sich bei

$$R^* = 2\sqrt{\frac{L^*}{C^*}}, \quad \text{das entspricht} \quad \frac{3}{5} R = 2\sqrt{\frac{2\,[L_{2\sigma} + L_{1\sigma}/\ddot{u}_h^2]}{(5/3)\,C}}.$$

Daraus berechnet man unter der Vorgabe $C = 2\,\mu\text{F}$:

$$R = \frac{5}{3} \cdot 2 \sqrt{\frac{206 \cdot 10^{-6}\,\text{Vs/A}}{(5/3) \cdot 2 \cdot 10^{-6}\,\text{As/V}}} = 26{,}2\,\Omega\,.$$

Der Widerstand ist für eine Leistung von 120 W auszulegen, der Kondensator für eine Nenngleichspannung von 1600 V. Bei $R = 26{,}2\,\Omega$ beträgt der maximale Rückstrom

$$I_{\text{Rü}} = \frac{\sqrt{2}\,\sqrt{3}\,U_{2\text{N}}}{R^*} = \frac{\sqrt{2} \cdot \sqrt{3} \cdot 220\,\text{V}}{(3/5) \cdot 26{,}2\,\Omega} = 34{,}3\,\text{A}\,.$$

Die maximale Stromanstiegsgeschwindigkeit ergibt sich zu

$$\frac{\text{d}u}{\text{d}t} = \frac{\sqrt{2}\,\sqrt{3}\,U_{2\text{N}}\,R^*}{L^*} = \frac{\sqrt{2} \cdot \sqrt{3} \cdot 220\,\text{V} \cdot \frac{3}{5} \cdot 26{,}2\,\Omega}{206 \cdot 10^{-6}\,\text{Vs/A}} = 41\,\text{V}/\mu\text{s}\,.$$

Den maximalen Entladestrom bestimmt man zu

$$\hat{I}_{\text{e}} = \frac{\sqrt{2} \cdot \sqrt{3} \cdot 220\,\text{V}}{26{,}2\,\Omega} = 21\,\text{A}\,.$$

Die vorgenannten Größen sind für den ausgewählten Thyristor zulässig. Die Widerstände für die TSE-Beschaltung liegen je nach Leistung des Thyristors zwischen 10 und 100 Ω, wobei die kleineren Werte für Thyristoren ab etwa 200 A Dauerstrom in Betracht kommen. Kleinere Widerstandswerte verringern die Spannungsanstiegsgeschwindigkeit, erhöhen jedoch den Entladestrom. Die Kapazitätswerte C liegen bei $0{,}1 \cdots 4\,\mu\text{F}$.

4.2.3. Pulssteller

Ausgehend von einem Gleichspannungsnetz kann durch periodisches Öffnen und Schließen eines Schalters der Mittelwert der Ankerspannung am Motor verlustarm gestellt werden (Bild 4.23). Dadurch wird eine Drehzahlstellung im Bereich von nahezu Null bis zur Nenndrehzahl ermöglicht. Bild 4.23a zeigt den prinzipiellen Aufbau des Antriebs. Pulsfrequenzen von einigen Kilohertz, wie sie zur reaktionsschnellen Arbeitsweise erforderlich sind, lassen sich nur durch Halbleiterbauelemente realisieren.

Bild 4.23b zeigt den zeitlichen Verlauf der Ankerspannung. Der Mittelwert der ideellen Gleichspannung errechnet sich bei Einquadrantenbetrieb zu

$$\boxed{U_{\text{d}} = \frac{1}{T} \int_0^T U_{\text{d0}}\,\text{d}t = U_{\text{d0}}\,\frac{T_{\text{e}}}{T}}\quad;\qquad(4.44)$$

U_{d0} ideelle Leerlaufspannung der Gleichspannungsquelle
T Pulsperiodendauer
T_{e} Einschaltzeit
f_{p} Pulsfrequenz, $f_{\text{p}} = 1/T$.

Da die Anordnung nach Bild 4.23a keine Spannungs- oder Stromumkehr ermöglicht, stellt (4.44) die Steuerfunktion des Einquadrantenpulsstellers im nichtlückenden Betrieb dar. Drei Steuerverfahren sind daraus abzuleiten (Bild 4.24):
— Pulsbreitensteuerung: T = konstant, T_{e} variabel (Bild 4.24 a)
  Sie ermöglicht eine gleichmäßig gute Stromglättung im gesamten Stellbereich.

– Pulsfolgesteuerung: T_e = konstant, T variabel (Bild 4.24 b)
  Bei einer Pulsfolgesteuerung treten bei kleinen Lastmomenten sehr niedrige Pulsfrequenzen auf, die zu einer sehr hohen Stromwelligkeit führen.
– Zweipunktregelung des Stromes (Bild 4.24 c)
  Die Ein- bzw. Ausschaltpunkte des Pulsstellers werden vom Augenblickswert des Stromes i, vorgegeben von einem Sollwert mit definierter Schwankungsbreite, bestimmt. Die Zweipunktregelung ist nur beim Vorhandensein eines Energiespeichers im Lastkreis einsetzbar und arbeitet weder mit konstanter Periode noch mit konstanter Einschaltdauer.

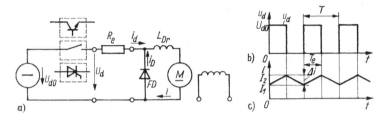

Bild 4.23. *Pulssteuerung des Gleichstrommotors*
a) Prinzipschaltbild (*FD* Freilaufdiode; L_{Dr} Glättungsdrossel); b) Verlauf der Ausgangsspannung;
c) Ankerstromverlauf

In geregelten Schaltungen erfolgt häufig eine Überlagerung der Methoden. Eine reine Pulsbreitensteuerung ermöglicht eine gleichmäßig gute Stromglättung im gesamten Stellbereich. Bei einer Pulsfrequenzsteuerung treten bei kleinen Lastmomenten sehr niedrige Pulsfrequenzen auf, die zu einer sehr hohen Stromwelligkeit führen.
Der im Bild 4.23c dargestellte Ankerstromverlauf zeigt, daß während der Einschaltdauer T_e der Strom aus der Spannungsquelle über den Schalter zum Motor fließt. Bei der nachfolgenden Öffnung des Schalters fließt der Ankerstrom, bedingt durch die Speicherwirkung der Ankerkreisinduktivität, über die Freilaufdiode FD. Damit stellt sich ein Zeitverlauf des Ankerstroms ein, der mit einfachen Exponentialfunktionen beschrieben werden kann.
Zur Realisierung der periodischen Ein- und Ausschaltvorgänge sind Stromrichterschaltungen mit Ventilen erforderlich, die unabhängig vom Netz die erforderliche Kommutierung ermöglichen. Konventionelle Thyristoren benötigen hierzu eine Löschschaltung, die diese Selbstführung ermöglicht. Moderne Pulssteller werden jedoch vorteilhaft mit abschaltbaren Leistungshalbleitern aufgebaut. Überwiegend kommen Bipolare Leistungstransistoren, MOS–FET, IGBT, sowie GTO-Thyristoren zum Einsatz. Damit können vorteilhaft einfache Schaltungen im Leistungsbereich bis 1000 kW mit Leistungstransistoren (IGBT) und darüber hinaus mit GTO aufgebaut werden. Pulsfrequenzen von 10 kHz lassen sich mit GTO erreichen, wogegen IGBTs Frequenzen bis 20 kHz und Leistungs-Feldeffekttransistoren (MOS–FET) Frequenzen bis zu 100 kHz zulassen. Bisher ausgeführte Pulssteller arbeiten mit einigen Kilohertz oder wegen der Geräuschbelästigung oberhalb des menschlichen Hörbereichs. Bedingt durch die hohen Pulsfrequenzen ist der Glättungsaufwand gering.

4.2. Leistungselektronische Stellglieder für Gleichstromantriebe

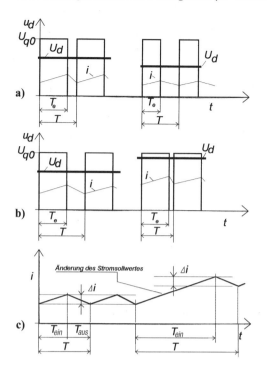

Bild 4.24. Steuerverfahren des Pulsstellers
a) Pulsbreitensteuerung; b) Pulsfolgesteuerung; c) Zweipunktregelung

Vergleich zum netzgeführten Stromrichter

Zum Vergleich des Pulsstellers gegenüber dem Stromrichter mit Phasenanschnittsteuerung hinsichtlich der mittleren Gleichspannung sind im Bild 4.25 die zeitlichen Spannungsverläufe und die Steuerfunktionen dargestellt. Dem Pulssteller wurde die netzgeführte 2-Puls-Brückenschaltung gegenübergestellt. Diese ist in ihrem Spannungsverhalten dem Pulssteller direkt zuzuordnen. Der Übertragungsfaktor des Pulsstellers ist nach Bild 4.25 gegenüber der 2-Puls-Brücke linear (Ableitung der Steuerkennlinie für Mehrquadrantenpulssteller s. Abschn. 5.1.2). Der pulsbreitengesteuerte Pulssteller zeichnet sich bereits bei einer vergleichbaren Pulsfrequenz von 100 Hz durch eine wesentlich geringere Stromwelligkeit aus (Bild 4.26). Bei Frequenzsteuerung müssen jedoch Einschaltzeiten $T_e < 5$ ms gewählt werden. Die Stromwelligkeit ist der Pulsfrequenz bzw. Einschaltzeit proportional.

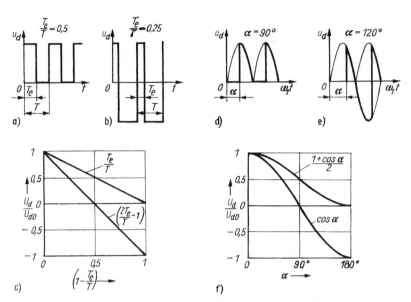

Bild 4.25. *Steuerkennlinien von Stromrichterstellgliedern für Gleichstromantriebe*
a) Spannungsverlauf Einquadranten-Pulssteller; b) Spannungsverlauf Mehrquadranten-Pulssteller; c) Steuerkennlinien für a) und b); d) Spannungsverlauf 2-Puls-Brücke, halbgesteuert; e) Spannungsverlauf 2-Puls-Brücke, vollgesteuert; f) Steuerkennlinien für d) und e)

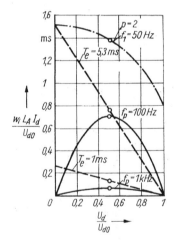

Bild 4.26. *Vergleich der Stromwelligkeit von Stromrichterstellgliedern für Gleichstromantriebe*
——— pulsbreitengesteuerter Pulssteller (Bild 4.23)
– – – pulsfrequenzgesteuerter Pulssteller (Bild 4.23)
—·—·— phasenanschnittgesteuerte 2-Puls-Brücke (Anhang 7.7)

4.3. Leistungselektronische Stellglieder für Drehstromantriebe

4.3.1. Drehstromsteller

Drehstromsteller sind netzgeführte SR. Sie bestehen aus drei Wechselstromstellern. Ein Wechselstromsteller läßt sich aus einer Antiparallelschaltung zweier Thyristorventile (Bild 4.27) realisieren. Triacs vereinigen diese Funktionen in einem Bauelement. Sie können ebenfalls dafür eingesetzt werden. Bei rein ohmscher Belastung folgt der Strom exakt der anschnittgesteuerten Wechselspannung nach Bild 4.27. Bei induktiver bzw. ohmsch-induktiver Last ist der Wechselstromsteller auf Grund der Phasenverschiebung zwischen Strom und Spannung nur bei Steuerwinkeln $\alpha > \varphi$ steuerfähig, da die

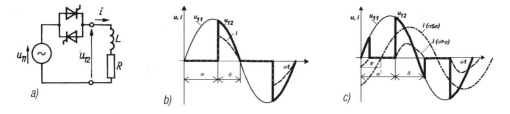

Bild 4.27. **Wechselstromsteller**
a) Prinzipschaltung; b) Strom- und Spannungsverlauf bei ohmscher Last; c) Strom- und Spannungsverlauf bei ohmsch-induktiver Last

Kommutierung beim Stromnulldurchgang erfolgen muß. Für Steuerwinkel $a < \varphi$ verhält sich der Wechselstromsteller so, als sei er überbrückt. Bei Ansteuerung der Thyristoren mittels Impulsblöcken von einer Breite $180° - a$, mit $a \geqq \varphi$, erreicht man eine sichere Zündung der Thyristoren. Aus der Integration des Spannungsverlaufs erhält man die Steuerfunktion des Stellers:

ohmsche Belastung ($L = 0$) mit $\delta = 180° - a$

$$U_{12} = U_{11} \sqrt{1 - \frac{\alpha}{\pi} + \frac{1}{2\pi} \sin 2\alpha} \tag{4.45a}$$

induktive Belastung ($R = 0$) mit $\delta = 2(180° - \alpha)^{1)}$

$$U_{12} = U_{11} \sqrt{\frac{\delta}{\pi} - \frac{1}{2\pi} [\sin 2(\alpha + \delta) - \sin 2\alpha]} ; \tag{4.45b}$$

U_{11} ideelle Netzspannung eines Stranges, Effektivwert
U_{12} ideelle Ausgangsspannung des Wechselstromstellers (Stranggröße), Effektivwert
δ Stromführungsdauer.

Kombiniert man drei Wechselstromsteller zu einem Drehstromsteller mit Nulleiter nach Bild 4.28, so arbeiten alle Wechselstromsteller unabhängig voneinander. Es ergeben sich somit die Steuerfunktionen der Gleichungen (4.45a) und (4.45b). Im Bild 4.29 sind diese Verläufe mit den Kennlinienn *1* und *2* eingetragen. Im Nulleiter können durch die Phasenanschnittsteuerung große Ausgleichsströme auftreten. Deshalb wird häufig der Drehstromsteller ohne Nulleiter eingesetzt.
Im Bild 4.30 sind die Spannungsverläufe über die Last für einen Strang bei verschiedenen Steuerwinkeln dargestellt. Die Anteile der angeschnitten Strangspannung

---

[1]) für die angesteuerte Halbwelle

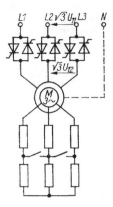
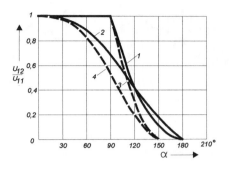

Bild 4.28. *Drehstromantrieb mit Drehstromsteller*

Bild 4.29. *Steuerkennlinien des Wechsel- und Drehstromstellers*

Wechselstrom- und Drehstromsteller mit Nulleiter
Kurve *1*: vollgesteuert, $R = 0$;
Kurve *2*: vollgesteuert, $L = 0$

Drehstromsteller ohne Nulleiter
Kurve *3*: vollgesteuert, $R = 0$;
Kurve *4*: vollgesteuert, $L = 0$

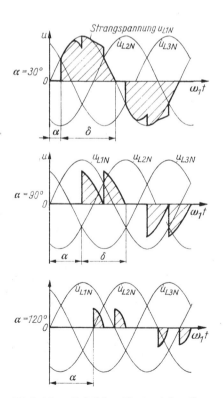

Bild 4.30. *Zeitlicher Verlauf der Strangspannung bei Speisung von AM durch Drehstromsteller (ohne Nulleiter, $L = 0$)*

und der verketteten Spannung bilden die eingezeichneten Spannungs-Zeit-Flächen. Sind nur zwei Stränge stromführend, so liegt die verkettete Spannung gleichmäßig über der Last dieser beiden Stränge. Die sich ergebenden Steuerkennlinien sind im Bild 4.29 mit den Kennlinien *4* und *5* dargestellt.

4.3.2. Direkte Umrichter

Direkte UR bestehen aus drei netzgeführten Umkehrstromrichtern mit Thyristoren, meist in Gegenparallelschaltung zweier 6-Puls-Brücken. Für kleine Leistungen können auch Schaltungen mit Transistoren, die das Ausgangsdrehstromsystem durch Pulssteuerung erzeugen, aufgebaut werden.
Bild 4.31 zeigt einen Drehstromantrieb mit einem direkten UR in 6-Puls-Brückenschaltung. Die Umkehrstromrichter werden meist kreisstromfrei betrieben.

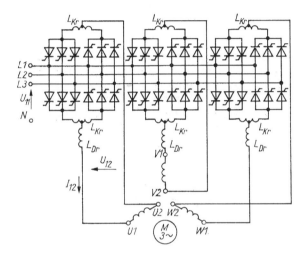

Bild 4.31. Drehstromantrieb mit einem Thyristor-Direktumrichter in 6-Puls-Brückenschaltung

Steuerung des Umrichters

Wird der Steuerwinkel einer Phase entsprechend

$$u_{St} = \hat{U}_{St} \sin \omega_{12} t \tag{4.46}$$

geführt, so ändert sich auch der Mittelwert der Ausgangsspannung sinusförmig;

$$u_{12} = \hat{U}_{12} \sin \omega_{12} t. \tag{4.47}$$

Bei einer Phasenverschiebung der drei Steuerspannungen des UR um $2\pi/3$ entsteht am Ausgang des UR ein Drehstromsystem mit einstellbarer Frequenz und Amplitude. Die SR-Gruppen des Umkehrstromrichters arbeiten abwechselnd im Gleichrichter- und Wechselrichterbereich und können dadurch Wirkleistung und Blindleistung zwischen dem Netz und dem Motor in beiden Richtungen übertragen. Über die Steuerspannung u_{St} läßt sich die Ausgangsspannung u_{12} des UR im Frequenzbereich $0 \leq \omega_{12} \leq \omega_{11} p/12$ in der Frequenz[1]) und der Amplitude unabhängig voneinander verstellen. Auf Grund der sinusförmigen Steuerung bezeichnet man diesen Umrichtertyp als Steuerumrichter. Der Ausgangsspannungsverlauf einer Umrichterphase ist im Bild 4.32a dargestellt.

[1]) Wenn Verwechslungen ausgeschlossen sind, wird ω auch als Frequenz bezeichnet.

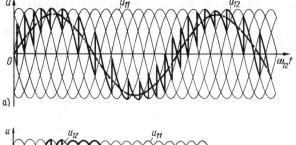

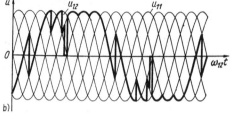

Bild 4.32. Ideelle Ausgangsspannung einer Stromrichtergruppe
a) Steuerumrichter; b) Trapezumrichter

Bei größeren Ausgangsfrequenzen ω_{12} verringert sich der Stellbereich für die Amplitude der Ständerspannung. Bei Steuerung der AM über einen sechspulsigen Thyristor-Direktumrichter werden bei verringerter Ausgangsspannung noch Ausgangsfrequenzen von etwa $f = 50$ Hz erreicht. Durch die Phasenanschnittsteuerung enthält die Ausgangsspannung des UR neben der Grundschwingung auch Oberschwingungen, die in der AM zu erhöhten Verlusten führen. Zur Dämpfung der Oberschwingungen des Stroms werden Glättungsdrosseln eingesetzt. Ihre Dimensionierung erfolgt wie beim gesteuerten Gleichrichter (Abschn. 4.2.1.4).

Die dynamische Aussteuerung des Stromrichters führt zu einem erhöhten Blindleistungsbedarf des Stellgliedes. Eine Verbesserung des Blindleistungsverhaltens kann durch eine trapezförmige Änderung der Ausgangsspannung erreicht werden (Bild 4.32 b). Dieser Umrichtertyp wird folglich als Trapezumrichter bezeichnet. Nachteilig wirkt sich jedoch die nicht sinusförmige Ausgangsspannung aus, die zu Pendelmomenten der Asynchronmaschine führt.

Die Belastung der einzelnen Thyristoren des UR ist frequenzabhängig und zeitlich veränderlich. Überschläglich gilt für die maximale sekundäre Scheinleistung einer UR-Phase

$$S_{12} = 0{,}77\, U_{d0}\, I_{d\,\text{max}}; \tag{4.48}$$

S_{12} sekundäre Scheinleistung einer UR-Phase
U_{d0} mittlere ideelle Leerlaufspannung des Umkehrstromrichters
$I_{d\,\text{max}}$ maximaler Gleichstrom des Umkehrstromrichters.

Die netzseitigen Strangströme i_{11} des UR sind auch bei sinusförmigem Laststrom i_{12} verzerrt und gegenüber der netzseitigen Strangspannung phasenverschoben. Die netz-

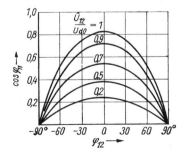

Bild 4.33. Netzseitiger Verschiebungsfaktor $\cos \varphi_{11}$ des Thyristor-Direktumrichters in Abhängigkeit vom Phasenwinkel φ_{12} des Laststroms und der Aussteuerung $\hat{U}_{12}/U_{d0}$ für $p \geq 3$

4.3. Leistungselektronische Stellglieder für Drehstromantriebe

seitige Phasenverschiebung $\cos\varphi_{11}$ ist abhängig vom Aussteuerungsgrad $\hat{U}_{12}/U_{d0}$ des UR und der lastseitigen Phasenverschiebung $\cos\varphi_{12}$ (Bild 4.33).
Die Steuergeräte für UR unterscheiden sich nicht von denen für Umkehrstromrichter. Eine wichtige und gerätetechnisch relativ aufwendige Funktionsgruppe der Informationsverarbeitung ist die Drehstrom-Sollwertquelle. Sie erzeugt die drei phasenverschobenen Steuerspannungen u_{St} und muß eine verzögerungsfreie Stellung der Ausgangsfrequenz ω_{12} und der Amplitude der Steuerspannung $\hat{U}_{St}$ ermöglichen.
Mit der Verbesserung der Leistungsparameter von Leistungstransistoren gewinnen direkte Umrichter mit diesen Bauelementen an Bedeutung. Abhängig von der Netzspannung kommen dabei Brückenschaltungen oder Mittelpunktschaltungen zum Einsatz. Bild 4.34 zeigt einen Transistor-Direktumrichter. Die Ausgangsspannung wird durch Pulssteuerung aus dem speisenden Drehstromnetz gewonnen. Hierbei werden Ausgangsfrequenzen von mehreren 100 Hz erreicht. Infolge dieser hohen Pulsfrequenz ist der Oberschwingungsgehalt der Ausgangsspannung gering.

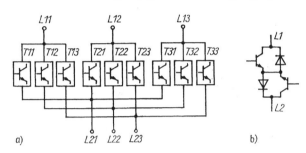

Bild 4.34. Transistor-Direktumrichter in Mittelpunktschaltung
a) Prinzipschaltung; b) Strukturelement

4.3.3. Spannungszwischenkreisumrichter

Das Charakteristische dieser indirekten Umrichter ist ihr Gleichspannungszwischenkreis (Bild 4.35). Zwischen dem Netz und dem Zwischenkreis befindet sich ein Gleichrichter zur Bereitstellung einer Gleichspannung und zwischen der Asynchronmaschine und dem Zwischenkreis ein Wechselrichter, der die Frequenzstellung realisiert. Die einzelnen Ausführungen der Umrichter unterscheiden sich durch die Art der Gleichrichter (ungesteuert, gesteuert, mit Stromrückspeisung) und die Art der Wechselrichter. Der Spannungszwischenkreisumrichter nach Bild 4.35 a enthält im Eingang einen gesteuerten Gleichrichter, der die Verstellung der im Zwischenkreis anliegenden Spannung und somit die Steuerung der Ausgangsspannung ermöglicht. Von Nachteil ist dabei die benötigte Steuerblindleistung. Bei Energierückspeisung muß eine Gegenparallelschaltung vorgenommen werden (Bild 4.36). Ohne Steuerblindleistung arbeitet der Zwischenkreisumrichter nach Bild 4.35 b, indem ein Gleichspannungssteller im Zwischenkreis die Spannungsstellung übernimmt. Schaltung 4.35 c geht von einer konstanten Gleichspannung im Zwischenkreis aus. Im Ausgang befindet sich dabei ein Pulswechselrichter, der die Stellung von Frequenz und Amplitude übernimmt. Die Wechselrichter müssen grundsätzlich als selbstgeführte Schaltungen ausgeführt werden, da die Asynchronmaschine keine Kommutierungsblindleistung liefern kann.

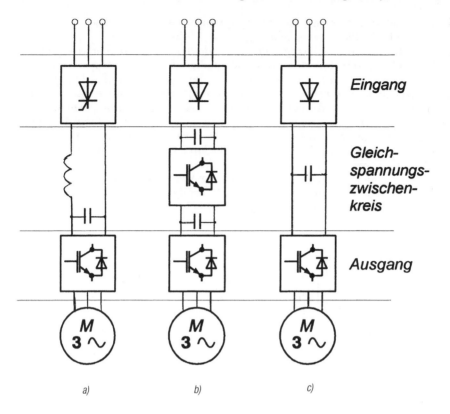

Bei der Schaltung mit Gleichspannungszwischenkreis (auch als Zwischenkreis mit eingeprägter Spannung bezeichnet) befindet sich als typisches Bauelement im Zwischenkreis ein Kondensator (s. Bild 4.36). Er verringert den Oberschwingungsgehalt der Spannung im Zwischenkreis. Als Gleichrichter kann für Einrichtungsbetrieb, falls nachfolgend ein Pulswechselrichter verwendet wird, eine ungesteuerte Brückenschaltung eingesetzt werden. Bei Energierückspeisung muß eine Gegenparallelschaltung vorgenommen werden. Aus der Gleichspannung des Zwischenkreises U_d wird vom Wechselrichter eine rechteckförmige Ausgangsspannung gebildet (s. Bild 4.36). Der Strom durch die Ständerwicklung des Motors ist nur wenig oberschwingungsbehaftet (Bild 4.36). Die Ausgangsspannung weist Oberschwingungen der Ordnungszahl $v = 1 + 6k$ mit $k = 0;\ \pm 1;\ \pm 2\ldots$ auf. Besonders Oberschwingungen der sechsfachen Netzfrequenz führen zu Drehzahlschwankungen. Beim Abbremsen liefert der Motor Energie in den Zwischenkreis. Dort kehrt sich die Stromrichtung um, und über den gegengeschalteten Zweig des Stromrichters I, der jetzt als Wechselrichter mit Netzführung arbeitet, erfolgt die Rückspeisung ins Netz. In der Ausführungsform des SR II als Pulswechselrichter lassen sich mit diesem Antrieb große Stellbereiche unter der Voraussetzung, daß zur Spannungsanpassung $U_{12} \sim f_{12}$ auch der SR I gesteuert ausgeführt wird, erreichen. Die Ausgangsfrequenzen liegen bei $0\cdots 400\,\text{Hz}$.

4.3. Leistungselektronische Stellglieder für Drehstromantriebe

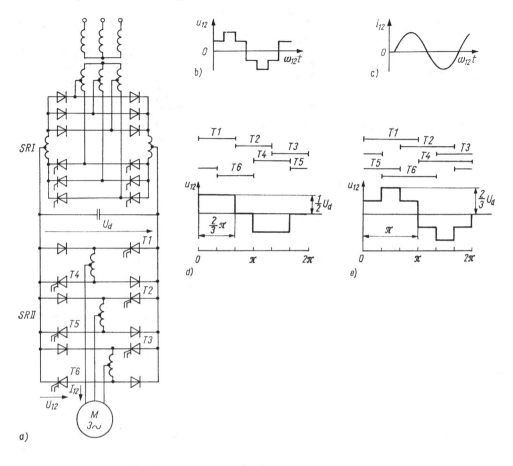

4.36. Umrichter mit Gleichspannungszwischenkreis
a) Schaltbild; b) vereinfachter Spannungsverlauf; c) vereinfachter Stromverlauf;
d) 2 π/3-Taktung; e) π-Taktung

Steuerung des Umrichters

Die frequenzproportionale Spannungsstellung eines getakteten Spannungszwischenkreisumrichters erfolgt durch einen gesteuerten Gleichrichter. Durch Phasenfolgetaktung wird die entsprechende Frequenzstellung erreicht. Nach Bild 4.36 sind zwei Verfahren möglich.

Die Einschaltfolge der Ventile $T1$ bis $T6$ (Bild 4.36) beträgt 2 π/3 bzw. π. Vorteilhafter ist die π-Taktung, da gegenüber der 2 π/3-Variante keine Lastabhängigkeit der Ausgangsspannung besteht. Der Einsatz eines gesteuerten Gleichrichters zur Spannungsstellung führt zu einem erhöhten Blindleistungsbedarf. Vorteilhaft kann ein ungesteuerter Gleichrichter mit nachfolgendem Pulssteller (Bild 4.35 b) eingesetzt werden [4.6].

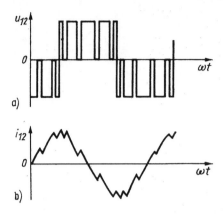

Bild 4.37. *Pulsmuster eines Pulswechselrichters*
a) Ausgangsspannungsverlauf; b) Stromverlauf

Pulswechselrichter gestatten die Spannungs- und Frequenzstellung durch Pulsbreitenmodulation und ein entsprechendes Pulsmuster (Bild 4.37). Pulswechselrichter arbeiten demzufolge mit einem ungesteuerten Gleichrichter. Bei geforderter Energierückspeisung ist ein zweiter antiparallel geschalteter Gleichrichter notwendig. Durch entsprechende Wahl des Pulsmusters kann eine gute Näherung an die Sinusform des Stroms erreicht werden. Eine Drehmomentenpendelung wird vermieden.

Selbstlöschung der Ventile

In großen Leistungsbereichen kommen neben GTO-Thyristoren auch konventionelle Thyristoren zur Anwendung. In diesen Fällen werden Wechselrichter mit Selbstlöschung eingesetzt (Bild 4.38). Die Schaltungen unterscheidet man nach ihrer Art der Löschung in Einzel-, Gruppen- und Phasenfolgelöschung. Bedingt durch die fortgeschrittene Entwicklung der GTO-Thyristoren wird die Einzellöschung nicht mehr eingesetzt.

Gruppenlöschung

Einen geringen Schaltungsaufwand für die Löschung erfordert die Schaltung nach Bild 4.38 a. Hier besitzt jeweils eine Brückenhälfte eine gemeinsame Löscheinrichtung. Wird die Löscheinrichtung nicht durch den Gleichstromzwischenkreis, sondern durch eine eigene Spannungsquelle U_Z gespeist, so kann der Wechselrichter auch bei verminderter Spannung im Gleichstromzwischenkreis mit Nennstrom belastet werden. Auch bei der Gruppenlöschung ist eine Pulsung der Ausgangsspannungen möglich.

Phasenfolgelöschung

Die Phasenfolgelöschung nach Bild 4.38b kommt mit einem sehr geringen Ventilaufwand aus. Die Löschung des jeweils stromführenden Thyristors erfolgt hier durch die Zündung des folgenden Thyristors mit Hilfe eines Umschwingkreises. Der Umschwingkreis besteht aus einem Kondensator C_K und einer Induktivität L_K. Zusätzliche Löschthyristoren sind nicht erforderlich.
Die Steuerung der Amplitude der Ausgangsspannung kann hier nur über die Zwischenkreisspannung U_d mit Hilfe eines steuerbaren Gleichrichters erfolgen. Bei der Dimen-

4.3. Leistungselektronische Stellglieder für Drehstromantriebe

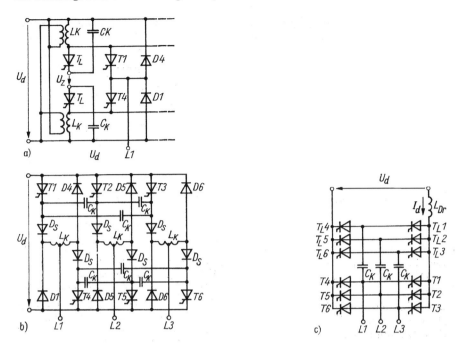

Bild 4.38. *Wechselrichter mit Selbstlöschung*
T Hauptthyristor, T_L Löschthyristor
a) WR mit Gruppenlöschung (nur ein Strang dargestellt);
b) spannungssteuernder WR mit Phasenfolgelöschung;   c) stromsteuernder WR mit Phasenfolgelöschung

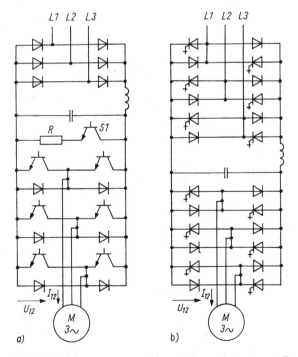

Bild 4.39. *Spannungszwischenkreisumrichter ohne Löscheinrichtungen*
a) Transistorwechselrichter; b) GTO-Thyristorwechselrichter

sionierung der Löschvorrichtung muß deshalb die Verminderung von U_d berücksichtigt werden. Der UR nach Bild 4.38b arbeitet deshalb nur in einem Spannungsstellbereich von $U_d = (0{,}3 \cdots 1)\, U_{dN}$ sicher. Er ist aus diesem Grund nur für geringe Ansprüche geeignet.

Eine andere Wechselrichterschaltung, die aber nur für Umrichterantriebe mit eingeprägtem Ständerstrom geeignet ist, zeigt Bild 4.38c. Sie hat im Gegensatz zu der Schaltung nach Bild 4.38b keinen Rückspeisegleichrichter. Der Wechselrichter verteilt hier nur den Strom des Gleichstromzwischenkreises auf die einzelnen Stränge der Drehstrommaschine.

Die Auswahl der Schaltungsvariante richtet sich nach den stationären und dynamischen Anforderungen an das Antriebssystem.

Für Drehstromantriebe bis zu 1000 kW eignen sich auch indirekte Umrichter mit Transistorwechselrichtern und darüber hinaus Abschaltthyristoren (GTO). Bei ihnen entfällt die aufwendige Löscheinrichtung des Thyristorwechselrichters. Die Ausgangsspannung wird durch die Pulssteuerung gestellt. Das dynamische Verhalten der Schaltung entspricht dem der Transistordirektumrichter. Im Bild 4.39 sind mögliche Ausführungsformen mit Transistoren bzw. GTO-Thyristoren dargestellt.

Die Schaltungsausführung nach Bild 4.39a gestattet den Einquadrantenbetrieb ohne Energierückspeisung ins Netz. Durch Einfügen des Transistorschalters $S1$ kann bei Umkehr der Energieflußrichtung durch Pulsung die Energie im Widerstand R umgesetzt werden. Durch Einsatz von GTO-Thyristoren nach Bild 4.39b ist der Umrichterbetrieb in zwei Energieflußrichtungen möglich.

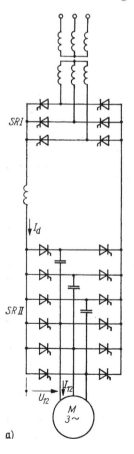
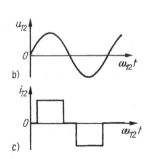

Bild 4.40. Stromzwischenkreisumrichter
a) mit Gleichstromzwischenkreis; SR I 6-Puls-Brücke, SR II Wechselrichter mit Phasenfolgelöschung
b) Spannungsverlauf (vereinfacht)
c) Stromverlauf (vereinfacht)

4.3.4. Stromzwischenkreisumrichter

Bei dieser Umrichterschaltung wird als typisches Bauelement im Zwischenkreis eine Induktivität eingeschaltet (s. Bild 4.40a). Sie verringert den Oberschwingungsgehalt des Gleichstroms (eingeprägter Strom). Veränderlich in Größe und Richtung ist die Zwischenkreisspannung, der Zwischenkreisstrom hängt vom Strom-Sollwert ab. Bei einer Energierückspeisung ins Netz wird lediglich der SR I in den Wechselrichterbetrieb gesteuert. Damit ist der Schaltungsaufwand bei einem 4-Quadranten-Betrieb gegenüber der Anordnung mit Gleichspannungszwischenkreis etwas geringer.

Die Spannung U_{12} der Ständerwicklung der Asynchronmaschine ist nur wenig oberschwingungsbehaftet (Bild 4.40b). Dafür treten im Stromverlauf Oberschwingungen der Ordnungszahl $v = 1 + 6k$ mit $k = 0; \pm 1; \pm 2$ auf, die zu Pendelmomenten der Asynchronmaschine führen können (Bild 4.40c). Die Ausgangsspannung des Umrichters ist belastungsabhängig; sie wird von den Reaktanzen der angeschlossenen Asynchronmaschine mitbestimmt. Demzufolge eignet sich diese Schaltung für Einzelantriebe.

Ein verringerter Bauelementeaufwand ergibt sich bei Anschluß einer Synchronmaschine. Hier kann die Selbstlöschung des SR II entfallen; die Synchronmaschine stellt die erforderliche Kommutierungsblindleistung selbst bereit. Diese Schaltung wird auch als Stromrichtermotor bezeichnet. Probleme ergeben sich allerdings für den Anlauf, da hier die Maschine noch keine Spannung für die Kommutierung bereitstellen kann (s. dazu Abschn. 5.2.5.2). Unter Einsatz geeigneter Regelschaltungen können Frequenzstellbereiche von 0,1 bis 400 Hz bei gutem dynamischem Verhalten erreicht werden.

4.4. Netzrückwirkungen von Stromrichtern

Die Netzrückwirkungen eines netzgeführten Stromrichters ergeben sich im wesentlichen dadurch, daß der Stromrichter einerseits induktive Blindleistung verbraucht und andererseits durch die Verteilung des Gleichstroms auf ein Dreiphasensystem neben der Grundschwingung im Netzstrom Oberschwingungen erzeugt. Die Folgen dieser Netzrückwirkungen sind eine erhöhte Belastung des Netzes sowie Spannungseinbrüche und Verzerrungen der Netzspannungskurve. Nachfolgend werden die wesentlichen Zusammenhänge dargelegt. Ausführliche Angaben sind in [4.5] enthalten.

4.4.1. Blindleistung

Induktive Blindleistung entsteht, wenn infolge der Phasenschnittsteuerung des SR der Gleichstrom-Zeitverlauf bzw. dessen erste Harmonische gegenüber der zugeordneten Strangspannung nacheilt. Im ungesteuerten Betrieb ($\alpha = 0$) ist das beim Kommutierungsvorgang durch den verzögerten Stromübergang von einem Ventil auf das andere der Fall. Im gesteuerten Betrieb ($\alpha > 0$) wird die Phasenverschiebung um den Steuerwinkel α vergrößert und damit die vom Stromrichter aufgenommene Blindleistung erhöht.

Bild 4.41 zeigt die Ursachen zur Blindleistungsentstehung für verschiedene Steuerwinkel und Stromüberlappungen.

Nach ihrer Entstehung bezeichnet man diese Blindleistung als Kommutierungs- bzw. Steuerblindleistung. Die gesamte Blindleistung des Stromrichters, bezogen auf die Grundschwingung des Primärstroms, d. h. ohne Berücksichtigung der Verzerrungsblindleistung, ergibt sich dann unter Hinzufügung der Magnetisierungsleistung des SR-Transformators.

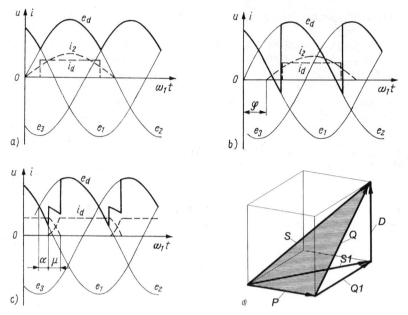

Bild 4.41. Ursachen des erhöhten Blindleistungsbedarfs und Leistungsbilanz
a) ohne Steuerblindleistung α = φ = μ = 0; b) Steuerblindleistung für α = φ, μ = 0;
c) Kommutierungsblindleistung auf Grund der Überlappung μ, φ ≈ α + μ/2;
d) Gesamtleistungsbilanz unter Berücksichtigung der Verzerrungsblindleistung D

Die Magnetisierungsblindleistung des Transformators ist dabei gering und kann im allgemeinen vernachlässigt werden.
Bei vollgesteuerten Schaltungen ohne Freilaufdiode gilt für das Verhältnis der Kommutierungs- und Steuerblindleistung zur Scheinleistung

$$\frac{Q_1}{S_1} = \sin \varphi = \frac{2\mu + \sin 2\alpha - \sin[2(\alpha + \mu)]}{4[\cos \alpha - \cos(\alpha + \mu)]};$$ (4.49)

Q_1 Kommutierungs- und Steuerblindleistung für die Grundschwingung (1. Harmonische)
S_1 Scheinleistung des Stromrichters für die Grundschwingung (1. Harmonische)
μ Überlappungswinkel, abhängig u. a. von α, siehe Gl. (4.20)

Daraus ergibt sich für den ungesteuerten Betrieb mit $\mu = \mu_0$

$$\left(\frac{Q_1}{S_1}\right)_{\alpha=0} = \frac{2\mu_0 - \sin 2\mu_0}{4(1 - \cos \mu_0)}.$$ (4.49a)

Der Überlappungswinkel μ_0 beträgt nur wenige Grad, so daß die Kommutierungsblindleistung meist vernachlässigt werden kann.
Für $\mu = 0$ (Vernachlässigung der Kommutierungsblindleistung) erhält man aus (4.49a)

$$\boxed{\left(\frac{Q_1}{S_1}\right)_{\mu=0} = \sin \alpha}.$$ (4.49b)

Somit gilt für phasenanschnittgesteuerte Antriebe mit $\mu = 0$

$$\boxed{Q_1 \approx S_1 \sin \alpha \approx U_{d0} I_d \sin \alpha}.$$ (4.49c)

4.4. Netzrückwirkungen von Stromrichtern

Als Verschiebungsfaktor bezeichnet man das Verhältnis der Grundschwingungswirkleistung zur Grundschwingungsscheinleistung,

$$\boxed{\cos\varphi = \sqrt{1 - \left(\frac{Q_1}{S_1}\right)^2}} \ ; \tag{4.50a}$$

$\cos\varphi$ Verschiebungsfaktor.

Nach (4.49b) bzw. (4.49c) ergibt sich die Näherung $\cos\varphi \approx \cos\alpha$ für vollgesteuerte Schaltungen ohne Freilaufdiode,

$$\cos\varphi \approx \cos\alpha. \tag{4.50b}$$

Eine weitere Komponente stellt die Verzerrungsblindleistung dar. Sie ist das Produkt aus Oberschwingungsströmen und Nennspannung,

$$D = U\sqrt{\sum_{\nu=2}^{\infty} I_\nu^2} \ . \tag{4.51}$$

Dieser Blindleistungsanteil ist nicht an der Wirkleistungsübertragung beteiligt, belastet das Netz aber zusätzlich.
Bild 4.41d zeigt den Einfluß der Verzerrungsblindleistung auf die Gesamtleistungsbilanz.
Der Verschiebungsfaktor $\cos\varphi$ bestimmt in starkem Maß die energiewirtschaftlichen Parameter des Antriebs. Bild 4.42 zeigt den Verlauf der Blind- und Wirkleistung eines Antriebs für ein Umkehrwalzgerüst. Die Scheinleistung übersteigt bei derartigen Antrieben auf Grund der hohen Blindleistung die Bemessungsleistung um das 2- bis 3fache, so daß über der Netzimpedanz größere Spannungsabfälle verursacht werden. Damit besteht bei Thyristorantrieben die Notwendigkeit, Maßnahmen zur Senkung des Blindleistungsbedarfs zu ergreifen.

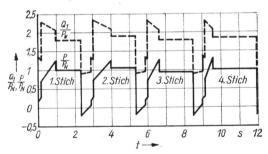

Bild 4.42. Blind- und Wirkleistungsaufnahme des Antriebs eines Umkehrwalzgerüsts mit Stromrichterspeisung

Beispiel 4.5

Für den 160-kW-Stromrichterantrieb nach Beispiel 5.1 mit $p = 6$, $U_{d0} = 514{,}8$ V, $I_d = 390$ A sind der Überlappungswinkel, der Blindleistungsbedarf und der Verschiebungsfaktor für $\alpha = 0$ und $\alpha_N = 27{,}1°$ bei Vernachlässigung der Blindleistung des Transformators zu bestimmen.

Lösung

Mit den sekundärseitigen Stranggrößen des SR-Transformators $U_{2N} = 220$ V, $I_{2N} = 270$ A und der relativen Kurzschluß-Streuspannung $u_{Kx} = 3{,}95\%$ bestimmt man

$$\omega_1 L_{K0} = u_{Kx}\, U_{2N}/I_{2N} = 0{,}0395 \cdot 220 \text{ V}/270 \text{ A} = 0{,}032 \text{ V/A}.$$

$\underline{\alpha = 0}$: Der Überlappungswinkel ergibt sich nach (4.21) zu

$$\cos \mu_0 = 1 - \frac{p}{\pi} \frac{\omega_1 L_{Ko} I_d}{U_{d0}} = 1 - \frac{6}{\pi} \frac{0,032 \text{ V/A} \cdot 390 \text{ A}}{514,8 \text{ V}} = 0,954$$

$$\mu_0 = 17,5°.$$

Mit (4.49a) erhält man

$$\sin \varphi = \frac{2 \cdot 0,30 - \sin 35°}{4 (1 - 0,954)} = 0,14.$$

Bestimmung der Blindleistung für $\alpha = 0$

$$Q_1 \approx U_{d0} I_d \sin \varphi = 514,8 \text{ V} \cdot 390 \text{ A} \cdot 0,14 = 28 \text{ kvar}.$$

Bestimmung des Verschiebungsfaktors

$$\cos \varphi = \sqrt{1 - \sin^2 \varphi} = 0,99.$$

$\underline{\alpha_N = 27,1°}$: Nach (4.20) ergibt sich

$$\cos (\alpha + \mu) = \cos \alpha - \frac{p}{\pi} \frac{\omega_1 L_{Ko} I_d}{U_{d0}} = \cos 27,1° - 0,046 = 0,844,$$

$$\alpha + \mu = 32,4°; \quad \mu = 5,3°.$$

Mit (4.49) bestimmt man

$$\sin \varphi = \frac{2 \cdot 0,093 + \sin 54,2° - \sin 64,8°}{4 (\cos 27,1° - \cos 32,4°)} = \frac{0,186 + 0,811 - 0,905}{4 (0,890 - 0,844)} = 0,5.$$

Bestimmung der Blindleistung für $\alpha_N = 27,1°$

$$Q_{1N} \approx 514,8 \text{ V} \cdot 390 \text{ A} \cdot 0,5 = 100 \text{ kvar}.$$

Bestimmung des Verschiebungsfaktors

$$\cos \varphi = \sqrt{1 - 0,5^2} = 0,87.$$

Für größere Steuerwinkel liefert die Näherungsbeziehung $\cos \varphi \approx \cos \alpha$, die (4.50b) entspricht, recht gute Werte. So ergibt sich für $\alpha = 27,1$ der Wert $\cos \alpha \approx 0,89$. Gemessen an der Größe des Antriebs von 160 kW ist die aufgenommene Blindleistung recht beachtlich.

4.4.2. Strom- und Spannungsoberschwingungen

Durch die unstetige Arbeitsweise des Stromrichters sind Gleichstrom- und -spannung oberschwingungsbehaftet. Infolge Abweichung des Stromverlaufs vom natürlichen Spannungszeitverlauf u_d durch die Glättungsmittel ist der Primärstrom nicht mehr sinusförmig. Seine Kurvenform ist von der Pulszahl abhängig. Bei geringer Pulszahl treten größere Abweichungen von der Sinusform auf. Es entstehen sowohl auf der Gleichstrom- als auch auf der Wechselstromseite Oberschwingungen, die miteinander in Wechselwirkung stehen.

Auf der Gleichstromseite entstehen Spannungsoberschwingungen

$$U_{\nu u} = \frac{\sqrt{2}}{\nu_u^2 - 1} U_{d0} \tag{4.52}$$

der Ordnungszahl

$$\nu_u = k\,p; \quad (k = 1; 2; 3 \ldots) \tag{4.53}$$

4.4. Netzrückwirkungen von Stromrichtern

Der Netzstrom i_{Netz} enthält neben der Grundschwingung Oberschwingungen der Ordnungszahl

$$v = k\,p \pm 1;\ (k = 1; 2; 3, \ldots);\qquad(4.54)$$

v Ordnungszahl der Oberschwingungen
p Pulszahl.

Bei Vernachlässigung der Überlappung beträgt der Effektivwert der v-ten Oberschwingung

$$\boxed{I_{Netz} = I_{Netz\,1}/v}.\qquad(4.55)$$

Die niedrigste Ordnungszahl der Oberschwingungen ergibt sich mit $k = 1$. Durch Glättung des Gleichstroms werden die primären Oberschwingungen mit Ausnahme der Oberschwingung niedrigster Ordnung vergrößert.

Zur Bewertung der Netzrückwirkungen wird häufig der Grundschwingungsgehalt g des Netzstromes herangezogen. Er stellt das Verhältnis Effektivwert der Grundschwingung zum Effektivwert des Netzstromes dar. Folglich kann der Grundschwingungsgehalt nur für einen rein sinusförmigen Stromverlauf den Wert Eins erhalten. Bei oberwellenbehafteten Strömen ist der Grundschwingungsgehalt stets kleiner Eins. In Tafel 4.2 ist der Grundschwingungsgehalt für die wichtigsten netzgeführten Stromrichterschaltungen dargestellt.

Tafel 4.2. Grundschwingungsgehalt netzgeführter Stromrichter

Zweipuls-Brückenschaltung	Dreipuls-Mittelpunktschaltung	Sechspuls-Brückenschaltung	Zwölfpulsige Schaltungen
g = 0,9	g = 0,827	g = 0,955	g = 0,989

Die Abweichungen von den Ergebnissen nach (4.55) ergeben sich hauptsächlich durch den Überlappungswinkel, da mit wachsender Steilheit der Stromflanken der Oberschwingungsgehalt ansteigt.

Für eine bestimmte Pulszahl kann man unter der Annahme völliger Glättung des Gleichstroms, $\alpha = 0$ und $\mu = 0$, mit (4.54) und (4.55) das Oberschwingungsspektrum des Primärstroms bestimmen. Für $p = 1$ bezieht sich das nur auf rein ohmsche Belastung.

Beispiel 4.6

Eine vollgesteuerte Drehstrombrücke wird zur Glättung des Gleichstromes mit einer Glättungsdrossel betrieben. Der vollständig geglättete Gleichstrom beträgt 100 A. Die Drehstrombrücke ist an ein Drehstromnetz mit der Spannung von 400 V angeschlossen. Bestimmen Sie den Effektivwert der Grundwelle des Netzstromes und das Oberwellenspektrum. Ermitteln Sie den Blindleistungsbedarf der Schaltung bei einem Steuerwinkel von 30°.

Lösung

Aufgrund der Gleichstromglättung fließt ein nichtsinusförmiger Netzstrom. Er wird durch 120° lange und um 60° versetzte Stromabschnitte gekennzeichnet.

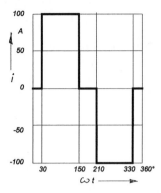

Bild 4.43
Netzstromverlauf der Drehstrombrücke bei vollständig geglättetem Gleichstrom

Der Netzstrom kann nach Fourier in eine Grundwelle und seine Oberwellen zerlegt werden. Der Effektivwert der Grundwelle kann nach Anhang 7.8 und unter Einbeziehung des Grundschwingungsgehaltes folgendermaßen bestimmt werden:

$$I_{\text{Netz }1} = \frac{I_{2\,\text{eff}}}{I_\text{d}} I_\text{d}\, g = 0{,}82 \quad 100\,A \quad 0{,}955 = 78{,}31\,A$$

Aus Gleichung 4.54 erhält man mit $p = 6$ die Ordnungszahlen vorhandener Oberschwingungen:

Mit $\nu = k\,p \pm 1$ folgt $\nu = 5, 7, 11, 13, \ldots$

Die zugehörigen Effektivwerte ergeben sich aus Gleichung 4.55:

$$\nu = 5:\quad I_{\text{Netz }5} = \frac{I_{\text{Netz }1}}{5} = 15{,}6\,A$$

$$\nu = 7:\quad I_{\text{Netz }7} = \frac{I_{\text{Netz }1}}{7} = 11{,}18\,A$$

$$\nu = 11:\quad I_{\text{Netz }11} = \frac{I_{\text{Netz }1}}{11} = 7{,}12\,A$$

$$\nu = 13:\quad I_{\text{Netz }13} = \frac{I_{\text{Netz }1}}{13} = 6{,}02\,A$$

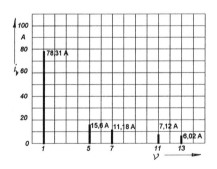

Bild 4.44
Oberwellenspektrum, Effektivwerte der Grund- und Oberschwingungen ($\nu = 1$ bis 13)

Nach Gl. 4.51 beträgt die Verzerrungsblindleistung (bei Abbruch nach der 13. Harmonischen):

$$D = U \sqrt{\sum_{\nu=2}^{\infty} I_\nu^2} = 400\,V\ \sqrt{455\,A^2} = 8535\,Var$$

4.4. Netzrückwirkungen von Stromrichtern

Mit der Steuerblindleistung

$$Q_1 = U\, I_1 \sin \varphi = 400\text{ V} \cdot 78{,}3\text{ A} \cdot 0{,}5 = 15\,666\text{ Var}$$

folgt für den Gesamtblindleistungsbedarf eines Stranges

$$Q = \sqrt{Q_1^2 + D^2} = 17\,840\text{ Var}\,.$$

Netzrückwirkungen der Stromrichter durch Oberwellen und Kommutierungseinbrüche sowie den nach 4.4.1 betrachteten Blindleistungsbedarf führen zu einer Beeinflussung der Anschlußspannung im Speisepunkt. Beim Parallelbetrieb von elektrischen Antrieben ist daher eine Bewertung der Energiequalität erforderlich, die durch Aussagen über die Spannungsform, den spektralen Gehalt und die zeitlichen Spannungsschwankungen vorgenommen wird.
Wichtige Kennziffern sind:

Klirrfaktor
$$k_u = \frac{1}{U}\sqrt{\sum_{\nu=2}^{n} U_\nu^2} \tag{4.56}$$

Pegel der Harmonischen
$$k_\nu = \frac{U_\nu}{U} \tag{4.57}$$

maximale Augenblicksabweichung der Spannung
$$a_{u\max} = \frac{|u(t_1) - u_1(t_1)|}{\hat{U}_1} \tag{4.58}$$

Spannungsschwankung (Effektivwerte)
$$\Delta u = \frac{U - U_\text{e}}{U_\text{N}} \tag{4.59}$$

Die Definition von $a_{u\max}$ und Δu ist im Bild 4.45 näher erläutert.

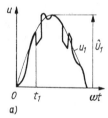
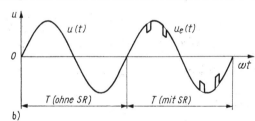

Bild 4.45. Zeitliche Spannungsschwankungen durch Stromrichterbelastung
a) maximale Augenblicksabweichung; b) Spannungsschwankung [4.14]
u_1 Grundwelle; $u(t)$ Spannungsverlauf ohne SR-Belastung; $u_e(t)$ Spannungsverlauf nach Zuschalten des Stromrichters

In Normen (siehe Anhang) sind die Anforderungen zum Betrieb elektrotechnischer Anlagen und Betriebsmittel festgelegt. Das betrifft u. a. Forderungen an die Spannungkurvenform im Anschlußpunkt der Stromrichter. So darf der Grundschwingungsgehalt der Netzspannung 99,5% nicht unterschreiten und der Spannungsaugenblickswert höchstens 20% vom Scheitelwert der Grundschwingung abweichen. Weiterhin dürfen die Spannungsoberschwingungen bis zur Ordnungszahl $\nu = 13$ den Wert von 5% der Netzwechselspannung nicht überschreiten.
Weitere Betrachtungen, d. h. insbesondere experimentelle Untersuchungen sind hinsichtlich der möglichen elektromagnetischen Beeinflussung durch Stromrichter anzustellen. Durch Schalt- und Einschwingvorgänge können Störfrequenzen bis zu einigen 10 MHz auftreten und somit empfindliche Störungen in den Bereichen der Informationsverarbeitung und -übertragung verursachen. Durch entsprechende Wahl optoelektronischer Wandler oder Übertragungsstrecken sowie optimale Leitungsführung, Einsatz von Filtern und Abschirmungen kann den Anforderungen der elektromagnetischen Verträglichkeit (EMV) Rechnung getragen werden.

Beispiel 4.7

Ein Gleichstrom-Umkehrwalzmotor wird über einen Stromrichtertransformator aus dem Mittelspannungsnetz mit 6 kV gespeist. Als Stromrichterstellglied findet eine vollgesteuerte Drehstrombrücke Anwendung. Der Transformator ist in Yy-Schaltung ausgeführt und besitzt folgende Daten: $U_2 = 460$ V, $L_T = 3$ mH. Die Netzinduktivität beträgt 1 mH.

Motordaten: $P = 4200$ kW, $U = 1000$ V, $I = 4550$ A

Der Motor wird bis zum 1,5fachen Bemessungsmoment belastet.

Die maximale Spannungsabsenkung im Anschlußpunkt des Stromrichterantriebes und die maximale Augenblicksabweichung sind zu bestimmen.

Lösung

Die Spannungsabsenkung wird durch den Blindleistungsbedarf bei der Aussteuerung $\alpha = 90°$ und die höchste Belastung $I_d = 1,5\ I_N$ bestimmt. Mit

$$Q = U_{d0}\ I_d \sin \alpha = 7{,}35 \text{ MVA}$$

folgt

$$\Delta u = \frac{Q}{U_N^2} X_N = 0{,}064\,.$$

Somit ergibt sich eine Spannungsabsenkung auf 5615 V im Anschlußpunkt. Die maximale Augenblicksabweichung wird durch den Kommutierungseinbruch bei $\alpha = 90°$ bestimmt.

$$a_{u\max} = \frac{\sqrt{3}}{2} \frac{L_N}{L_N + L_T} \sin \alpha = 0{,}21\,.$$

4.4.3. Maßnahmen zur Verminderung der Netzrückwirkungen

Aus energiewirtschaftlichen Gründen ist es wichtig, die auftretende Blindleistung und die Oberschwingungen möglichst weitgehend zu kompensieren. Das kann durch eine ventil- und netzseitige Kompensation bzw. Verringerung der Blindleistung geschehen. Oberschwingungen des Stroms lassen sich durch Kompensations- oder Dämpfungsschaltungen vermindern.

4.4.3.1. Verringerung der Blindleistung durch ventilseitige Schaltungs- und Steuerungsmaßnahmen

Die Steuerblindleistung nimmt nach (4.49) bei leistungsstarken Antrieben erhebliche Werte an. Die unter Abschnitt 4.2.1 behandelten Stromrichterschaltungen zeigen jedoch unterschiedliches Verhalten in der Blindleistungsaufnahme.

Im Bild 4.46 sind Kennlinien für die Steuerblindleistung als Funktion der gesteuerten Gleichspannung für $\mu = 0$ dargestellt. Eine sehr hohe Blindleistung benötigen vollgesteuerte Brücken- und Mittelpunktschaltungen.

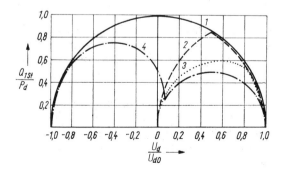

Bild 4.46. *Steuerblindleistung $Q_{1\text{St}}$. Grundschwingung in Abhängigkeit von der Aussteuerung U_d/U_{d0} ($\mu = 0$)*

Kurve 1: vollgesteuerte Mittelpunkt- bzw. Brückenschaltung ohne Freilaufdiode; Kurve 2: 6-Puls-Brückenschaltung mit Freilaufdiode; Kurve 3: Schaltung nach Bild 4.45a; Kurve 4: halbgesteuerte Brückenschaltung; Kurven 4 und 5: Zu- und Gegenschaltung von SR-Gruppen nach Bild 4.12

4.4. Netzrückwirkungen von Stromrichtern

Zur Herabsetzung der Blindleistung können folgende Möglichkeiten genutzt werden (Bild 4.46):

— Schaltungen mit Freilaufdioden
— unsymmetrische Steuerung bzw. Zu- und Gegenschaltung
— Zwangskommutierung oder -löschung.

Schaltungen mit Freilaufdioden

Die Freilaufdiode übernimmt den Stromfluß dann, wenn die Speisespannung des jeweils stromführenden Ventils negativ wird. Sie führt den Strom so lange, bis das nachfolgende Ventil gezündet hat. Damit wird der Netzstrom mit dem Nulldurchgang der Spannung abgebrochen, so daß der Phasenwinkel kleiner wird. Mit steigender Pulszahl vergrößert sich der Steuerwinkel zwischen dem natürlichen Kommutierungspunkt und dem Nulldurchgang der Spannung, wodurch sich die maximale Stromführungsdauer der Freilaufdiode verkürzt.

Im Bild 4.46 sind die Kennlinien derartiger Schaltungen eingetragen. Die Anordnung von zwei Nullventilen (Bild 4.47a) entspricht in ihrer Wirkung $p = 3$ und führt zu einer Vergrößerung des Stromflußwinkels der Freilaufdioden um 30° el.

Im Gleichrichterbetrieb können zur Führung des Nullstroms ungesteuerte Ventile eingesetzt werden. Soll auch im Wechselrichterbetrieb der Blindleistungsbedarf verringert werden, so sind dafür gesteuerte Ventile erforderlich.

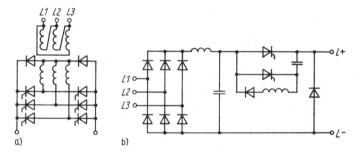

Bild 4.47. *Schaltungen mit reduziertem Blindleistungsbedarf*
a) 6-Puls-Brücke mit 2 Freilaufdioden; b) ungesteuerter Gleichrichter mit nachgeschaltetem selbstgelöschtem Pulssteller

Unsymmetrische Steuerung, Zu- und Gegenschaltung

Eine unsymmetrische Steuerung liegt dann vor, wenn die Brückenhälften einer Drehstrom-Brückenschaltung nacheinander ausgesteuert werden. Damit wird nach Bild 4.46 der Blindleistungsbedarf herabgesetzt. Der Steueraufwand steigt jedoch erheblich. Außerdem entstehen durch die Bildung von Dreiphasensystemen zusätzliche Oberschwingungen.

Bei der Zu- und Gegenschaltung werden zwei SR-Gruppen in Reihe geschaltet, d. h., die Gesamtleistung wird auf zwei Stromrichtergruppen verteilt (Bild 4.52 mit der Transformatorschaltung Y/△Y). Diese Schaltung kann mit Vorteil dann eingesetzt werden, wenn die geforderte Gleichspannung eine Reihenschaltung von Thyristoren notwendig macht.

Bei einer Gleichspannung, die über 50% der maximalen Ausgangsspannung liegt, wird ein Stromrichter voll ausgesteuert und der andere entsprechend der geforderten Ausgangsspannung mit einem niedrigen Aussteuergrad betrieben. Für die Ausgangsspannung Null werden dabei beide Gruppen gegenläufig ausgesteuert, d. h., eine Gruppe befindet sich im Wechselrichter-, die andere im Gleichrichterbereich.

Somit wird jeweils nur die halbe Leistung gesteuert. Der verringerte Blindleistungsbedarf entsteht dadurch, daß beide Gruppen bei der Gleichspannung Null hoch ausgesteuert sind, so daß die Steuerblindleistung relativ gering ist. Der idealisierte Verlauf der Blindleistung ($\mu = 0$) ist im Bild 4.46 eingetragen. Soll nur im Gleichrichterbetrieb gefahren werden, so kann eine SR-Gruppe mit Dioden ausgerüstet werden. Wechselrichterbetrieb ist bei der unsymmetrischen Steuerung nicht möglich.

Selbstlöschung

Bei der natürlichen Kommutierung wird durch die Phasenanschnittsteuerung der Stromeinsatz im nacheilenden Sinne verschoben, so daß ein thyristorgesteuerter Antrieb immer eine induktive Belastung darstellt. Beim Einsatz eines ungesteuerten Gleichrichters mit nachfolgendem selbstgelöschtem Pulssteller entsteht keine Steuerblindleistung (Bild 4.47b).
Wird der netzgeführte, gesteuerte Gleichrichter beibehalten, ist zur Verminderung der induktiven Steuerblindleistung eine Zwangslöschung notwendig, damit der Strom phasengleich zur Spannung verläuft. In diesem Fall tritt keine Grundschwingungsblindleistung auf.
Durch eine Zündverfrühung, d. h. durch eine Vorverlegung des Zündzeitpunktes mittels Selbstlöschung, kann sogar ein Voreilen des Stroms gegenüber der Spannung erreicht werden.
Bei geeigneter Zusammenschaltung von SR Gruppen mit vor- und nacheilenden Zündzeitpunkten ist eine Verringerung des Blindleistungsbedarfs möglich. Der hohe Aufwand für die Zwangslöschung hat die Einführung dieser Kompensationsmethoden bisher jedoch begrenzt.

4.4.3.2. Netzseitige Kompensation der Blindleistung

Die durch thyristorgesteuerte Antriebe auftretende induktive Blindleistung, die im wesentlichen durch die Steuerblindleistung bestimmt wird, ist i. allg. variabel. Sie ändert sich z. B. bei Walzen- und Förderantrieben mit den Belastungsverhältnissen (Bild 4.42). Demzufolge ist bei der Auswahl und Dimensionierung einer geeigneten Kompensationseinrichtung das Verhältnis der variablen Blindleistung zu ihrem Durchschnittswert von Einfluß.
Zur Blindleistungskompensation kommen

— Synchronphasenschieber
— Parallelkondensatoren
— Reihenkondensatoren
— statische Blindleistungsstromrichter

zum Einsatz.

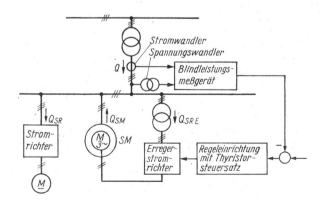

Bild 4.48. Blindleistungsregelung mit einer Synchronmaschine als Phasenschieber

4.4. Netzrückwirkungen von Stromrichtern

Der Synchronphasenschieber ist eine übererregte SM. Mit Stromrichtererregung eignet er sich für eine dynamisch schnelle Kompensation der Blindleistung (Bild 4.48). Durch eine Regelung im Erregerstromkreis kann die Blindleistung oder der Leistungsfaktor konstant gehalten werden.

Parallelkondensatoren sind für die Kompensation einer konstanten induktiven Grundschwingungsblindleistung geeignet. Die erforderliche Kondensatorleistung beträgt

$$Q_C = S_1 \cos \varphi \, (\tan \varphi - \tan \varphi^*); \tag{4.60}$$

$S_1 \cos \varphi$ konstante Wirkleistung
φ, φ^* Phasenwinkel zwischen Spannung und Strom ohne und mit Parallelkondensator.

Bei der Auslegung ist auf Resonanzerscheinungen zu achten, um eine Überlastung der Kondensatoren und unzulässige Verzerrung der Netzspannung zu vermeiden.
Mit Reihenkondensatoren, die zwischen Netz und Stromrichter geschaltet werden, können die Spannungsabfälle über der Netzreaktanz zum Teil kompensiert werden. Sie vergrößern jedoch die Netzkurzschlußleistung und müssen den vollen Kurzschlußstrom führen können. Zu ihrem Schutz werden schnell ansprechende Kurzschlußschalter eingesetzt, die den Kondensator im Kurzschlußfall überbrücken. Als Schutzmaßnahmen werden außerdem Überspannungsableiter oder nichtlineare Widerstände verwendet.

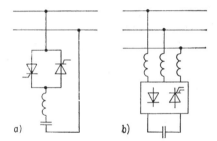

Bild 4.49. Direkte Blindleistungskompensation
a) thyristorgeschaltete Kapazität
b) kapazitiver Blindstromrichter mit Richtungsumkehr

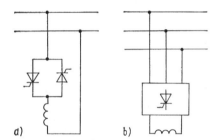

Bild 4.50. Indirekte Blindleistungskompensation
a) thyristorgeschaltete Induktivität
b) induktiver Blindstromrichter

Moderne Lösungen zur Kompensation bieten statische Blindstromrichter. Eine direkte Kompensation wird mit kapazitiven Blindstromrichtern nach Bild 4.49 vorgenommen. Thyristorgeschaltete Kondensatoren (Bild 4.49a) ermöglichen nur eine diskrete Kompensation. Die Ventile sind so einzuschalten, daß Ausgleichsvorgänge vermieden werden. Kapazitive Blindstromrichter nach Bild 4.49b gestatten eine stetige Kompensation mit Richtungsumkehr. Die Abgabe oder Aufnahme von Blindleistung wird durch die Höhe der Gleichspannung am Kondensator bestimmt, die durch den Steuerwinkel des Stromrichters beeinflußt wird. Induktive Blindstromrichter nach Bild 4.50 ermöglichen eine indirekte Blindstromkompensation. Durch Festkompensation wird dabei ein kapazitives Blindleistungsniveau vorgegeben. Thyristorgeschaltete Drosselspulen ermöglichen nur die diskrete Kompensation (Bild 4.50a). Vorteilhaft ist die Anwendung von stetig arbeitenden induktiven Blindstromrichtern (Bild 4.50b). Der induktive Bedarf des Stromrichterantriebes wird durch den Blindstromrichter dynamisch so ergänzt, daß insgesamt ein zeitunabhängiger Blindleistungsbedarf auf gewünschtem Niveau vorliegt.

Die Regelstruktur für eine hochdynamische Kompensation mit statischem Blindstromrichter nach Bild 4.51 benötigt Ausregelzeiten bis maximal 50 ms.

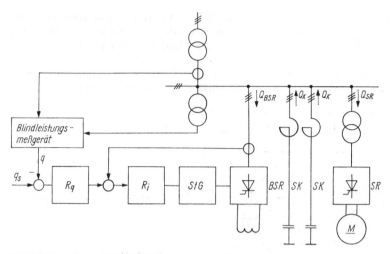

Bild 4.51. *Geregelte Blindleistungskompensation mit induktivem Blindstromrichter*

4.4.3.3. Verringerung der Stromoberschwingungen durch Gruppenschaltungen und netzseitige Saugkreise

Mit zunehmender Pulszahl verringert sich der Oberschwingungsgehalt des Stroms. Wie Gleichung (4.54) zeigt, fallen mit steigender Pulszahl Oberschwingungen kleiner Ordnungszahl weg. Die Amplitude der Stromoberschwingungen ist von der Belastung und der Ordnungszahl abhängig.

Unterschiedliche Transformatorschaltungen führen zu einer Phasendrehung bestimmter Oberschwingungen um 180°, gemessen im Zeitmaßstab der jeweiligen Oberschwingung. Schaltet man derartige Stromrichter parallel, so kompensieren sich diese Oberschwingungen des Stroms. Das gilt sowohl für die Oberschwingungen auf der Gleichstrom- als auch auf der Netzseite.

Die gesamte Schaltung wirkt damit wie eine 12pulsige Schaltung (Bild 4.52). Bei einer derartigen Zusammenschaltung wird der Oberschwingungsgehalt des Stroms entsprechend der Erhöhung der Ordnungszahl herabgesetzt (Tafel 4.2). Die Zusammenschaltung muß über Drosseln zur Aufnahme der Ausgleichsspannungen erfolgen.

Ungleiche Belastung der SR-Gruppen, ungleiche Steuerwinkel, Unsymmetrie in der Gruppenschaltung sowie Oberschwingungen auf der Netzseite können die Kompensation beeinträchtigen.

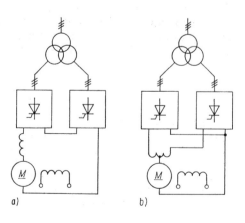

Bild 4.52. *Zwölfpulsige Schaltung*
a) Reihenschaltung; b) Parallelschaltung

4.4. Netzrückwirkungen von Stromrichtern

Tafel 4.3. Verminderung der Oberschwingungen durch hochpulsige Gruppenschaltungen

Schaltung des Transformators	primär	⊥	⊥	⊥⊥
	sekundär	Y	▷Y	▷Y
Pulszahl	p	6	12	24
Harmonische	ν	5, 7, 11, 13, 17, 19, 23, 25	11, 13, 23, 25	23, 25

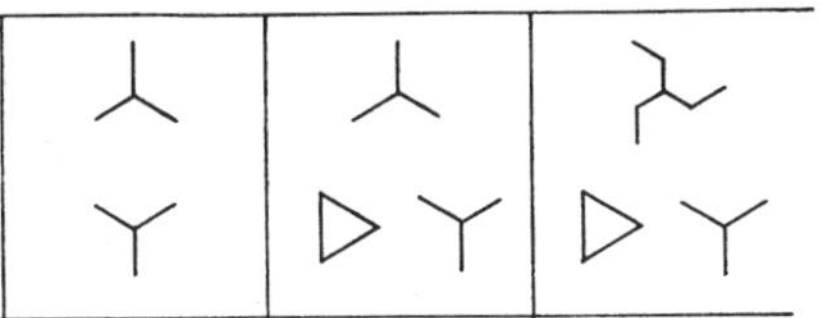

Eine weitere Möglichkeit zur Vermeidung der Stromoberschwingungen im Netz besteht durch Kurzschließen der vom Stromrichter erzeugten Oberschwingungsströme. Für diese Oberschwingungen wird Konstantstromverhalten angenommen. Das bedeutet, daß die Ströme $I_{\text{Netz}\,\nu}$ durch (4.55) mit den dort angeführten Annahmen bestimmt sind. Sie fließen in die Schaltung außerhalb des Stromrichters und rufen dort entsprechende Spannungsabfälle hervor. Der Kurzschluß erfolgt durch Reihenresonanzkreise (Saugkreise), die auf die vorherrschenden Oberschwingungen abzustimmen sind (Bild 4.53).

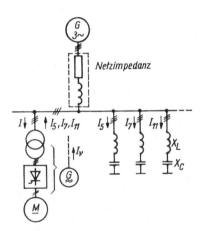

Bild 4.53. Stromrichteranlage mit Saugkreisen zur Dämpfung der Netzoberschwingungen
X_L, X_C Impedanzen der Saugkreise

Für Frequenzen oberhalb der Resonanzfrequenz verhält sich der Saugkreis wie eine Induktivität, für Frequenzen unterhalb der Resonanzfrequenz wie eine Kapazität. Demzufolge muß zur Vermeidung von Resonanzerscheinungen des Saugkreises mit der induktiven Netzimpedanz zuerst die Stromschwingung mit der niedrigsten Ordnungszahl durch einen Saugkreis kurzgeschlossen werden. Dieser Kreis muß zuerst ein- und zuletzt ausgeschaltet werden.

Beispiel 4.8

Für das Netz der Antriebsanlage nach Beispiel 5.1 mit $U_{d0} = 514{,}8$ V; $I_d = 390$ A; $p = 6$; verkettete Spannung $U = 660$ V sollen Parallelkondensatoren zur vollständigen Kompensation der Grundschwingungsblindleistung bei $\alpha = 30°$ eingesetzt werden. Man dimensioniere eine Kondensatorbatterie in Dreieckschaltung zur Kompensation der Grundschwingungsblindleistung und untersuche ferner, welche Verhältnisse sich bei Anordnung eines auf die niedrigste Oberwelle abgestimmten Saugkreises in Sternschaltung ergeben, wenn dessen Kondensatoren die Grundschwingungsblindleistung mitliefern sollen.

Lösung

Bei $\alpha = 30°$ gilt nach (4.49c)

$$Q_1 \approx U_{d0}\, I_d \sin\alpha = 514{,}8\text{ V} \cdot 390\text{ A} \cdot \sin 30° = 100\text{ kvar}.$$

Für diese Blindleistung sind die Kondensatoren zu dimensionieren:

$$Q_1 = Q_C = 3\, U^2/X_C = 3\, \omega_1\, C\, U^2$$

mit C, Strangkapazität der Kondensator-Dreieckschaltung,

$$C = \frac{Q_1}{3 \cdot 2\pi f_1\, U^2} = \frac{100 \cdot 10^3 \text{ VA}}{3 \cdot 314\, \frac{1}{\text{s}} \cdot 660^2\, \text{V}^2} = 0{,}245\text{ mF},$$

wobei die Kondensatoren für eine Betriebsspannung von 660 V auszulegen sind.

Saugkreisschaltung

Die Resonanzbedingung lautet für die ν-te Harmonische des Stroms $\nu X_L^* = X_C^*/\nu$ mit X_L^* und X_C^* als Stranggrößen der Sternschaltung bei $\nu = 1$.
Die Ordnungszahl der niedrigsten Oberschwingung bei $p = 6$ beträgt nach (4.54) $\nu = 5$.
Damit ergibt sich $X_L^* = 0{,}04\, X_C^*$. Mit $Q_1 = 3\,(U/\sqrt{3})^2/X_C^*$ erhält man $X_C^* = X_C/3$ bzw. $C^* = 3\, C = 0{,}735\text{ mF}$.
Mit $X_L^* = \omega_1 L^*$ und $X_C^* = 1/(\omega_1 C^*)$ bestimmt man

$$L^* = \frac{0{,}04}{\omega_1^2\, C^*} = \frac{0{,}04}{\left(314\, \frac{1}{\text{s}}\right)^2 \cdot 0{,}735 \cdot 10^{-3}\text{ As/V}} = 552\,\mu\text{H}.$$

Die Induktivitäten sind i. allg. Luftspulen. Die Stromaufteilung der einzelnen Harmonischen hängt von der dem Saugkreis parallelliegenden Netzimpedanz einschließlich der in ihr enthaltenen Leitungskapazität ab.

5. Stromrichtergespeiste Gleichstrom- und Drehstromantriebe

Das Zusammenwirken von Stromrichter und elektrischer Maschine bestimmt das Verhalten des Antriebs maßgeblich.
Es ist die Aufgabe des Stromrichters, die im 2. Abschnitt dargestellten Stellgrößen, so beispielsweise eine veränderliche Gleichspannung für Gleichstrommaschinen bzw. ein in Spannung und Frequenz veränderliches Drehstromsystem für Drehfeldmaschinen, bereitzustellen. Hinzu kommen spezielle Forderungen, die sich aus den Anlauf- und Bremsbedingungen und der Drehrichtungs- bzw. Drehmomentenumkehr ergeben. Fast ausnahmslos werden dazu Steuer- und Regelverfahren eingesetzt, um das gewünschte Verhalten des stromrichtergespeisten Antriebs zu erhalten. Dieser im Bild 5.1 als stromrichternahe Regelung bezeichneten Informationsverarbeitung zur Erzielung eines antriebsgerichten Verhaltens werden auch meist Funktionen übertragen, die dem Schutz der Bauelemente und Bauglieder dienen. Die Führung des Antriebssystems erfolgt nach übergeordneter prozeßbestimmenden Gesichtspunkten.

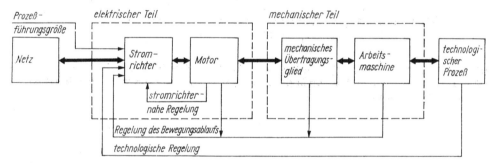

Bild 5.1. Elektrisches Antriebssystem
━━━ Energiefluß; ─── Informationsfluß

Dabei müssen Größen des Bewegungsablaufs (m, s, v, a) und technologische Größen (z. B. Zug, Druck, Relativbewegung, Drall, Durchhang) zeitlich aufeinander abgestimmt, Störgrößen ausgeregelt und notwendige Begrenzungen eingehalten werden.
Nachfolgend wird auf Vorgänge des Zusammenwirkens von Stromrichter und Motor im Antriebssystem eingegangen.

Stromrichter – Motor – Leistungsteil

Die zeitlichen Strom- und Spannungsgrößen im Stromrichter und Motor werden entscheidend von der nichtstationären Arbeitsweise des Stromrichters geprägt. Das trifft auch für Transistorstellglieder zu, die größtenteils in diskreter Schaltungstechnik betrieben werden.
Im Vordergrund dieser Erscheinungen stehen Oberschwingungen der Spannungen und Ströme, die für die Motoren ungünstige Betriebsbedingungen schaffen, den Drehmomentenverlauf beeinflussen und zu höheren Verlusten in der Maschine führen. Bei einigen Schaltungen besteht eine funktionelle Abhängigkeit von den Parametern der Maschine (Reaktanzen) bzw. ihrem Wirkprinzip (z. B. Bereitstellung der Kommutierungsblindleistung bei SM).

Die Funktion und die Eigenschaften von Stromrichter und Maschine werden des weiteren sehr wesentlich durch das recht unterschiedliche Energiespeicherverhalten bestimmt. In der Regel sind elektrische Maschinen im Minutenbereich hoch überlastbar, Stromrichter dagegen nicht. Das führt zu unterschiedlichen Dimensionierungsgrundsätzen, die insbesondere die Überlastungsfähigkeit und Dynamik des Antriebs beeinflussen. Der Grad des Zusammenwirkens von Stromrichter und Motor ist bei den einzelnen Schaltungen unterschiedlich, teilweise dabei jedoch so groß, daß die gestellten Anforderungen nur durch eine sehr enge Anpassung, in die spezielle Steuer- und Regelverfahren einbezogen werden müssen, erreichbar sind. Bild 5.2 zeigt charakteristische Einflußgrößen, die bei einem SR-Antrieb auftreten können. Aus dem Zusammenwirken von Stromrichter und Motor resultieren auch Einflüsse, die sich über die Schnittstellen einerseits dem Netz und andererseits dem mechanischen Teil des Antriebssystems mitteilen. Die von der Stromrichterschaltung und dem Steuerverfahren abhängigen Netzrückwirkungen wurden im Abschnitt 4.4 erläutert. Antriebsseitig sind insbesondere auftretende Pendelmomente und gegebenenfalls Drehschwingungen zu beachten. Die Auswirkungen dieser Vorgänge sind von der Gesamtstruktur des Antriebssystems abhängig [5.1] bis [5.7].

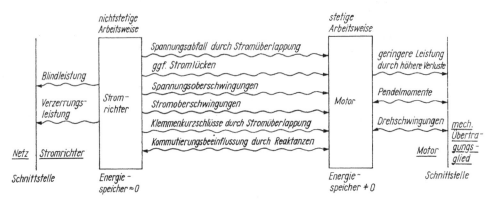

Bild 5.2. *Nebeneinflüsse beim Zusammenwirken Stromrichter–Motor*

Informationsverarbeitung

Bestimmend für die Leistungsfähigkeit des Antriebssystems sind außer den Eigenschaften des Leistungsteils qualitative Merkmale des Informationsteils. Als Bauglieder für den Informationsfluß werden Sollwertgeber, Meßwertgeber, Meßwandler, Regler, Kommandogeräte, Überwachungsgeräte und Rechner eingesetzt. Das Stellglied prägt die Informationen in den Leistungsfluß ein. Damit werden Spannungen und Ströme, im weiteren Drehmomente, Drehzahlen und Drehwinkel Träger der Informationen. Kennzeichnend für ein gesteuertes Antriebssystem ist die Steuerkette (Bild 5.3). Die

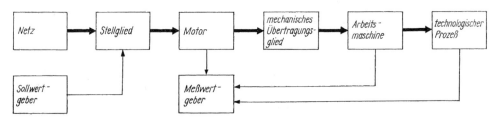

Bild 5.3. *Gesteuertes Antriebssystem*
⟶ Energiefluß; ⟶ Informationsfluß

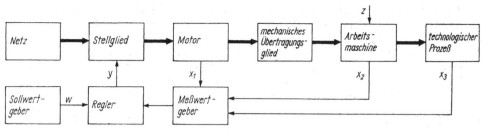

Bild 5.4. *Geregeltes Antriebssystem*
➡ Energiefluß; —▶ Informationsfluß
w Führungsgröße; y Stellgröße; x Regelgröße; z Störgröße

Struktur eines geregelten Antriebssystems zeigt Bild 5.4. Charakteristisch dafür ist der über den Regler und das Stellglied geschlossene Wirkungskreis. Durch die Mikroelektronik und Rechentechnik sind viele Modifikationen von Regelstrukturen unter Einsatz von Sollwertrechnern, Funktionsbildnern, Signalwandlern entstanden. Verbesserungen ergeben sich zudem durch Regelung mehrerer Größen im Antriebssystem. Vielfach werden dabei mehrschleifige Regelkreise (Kaskadenregelung) eingesetzt. Die Vorzüge liegen hier in einem gut überschau- und vorausbestimmbaren Verhalten und einer schnellen Ausregelung von Störgrößen (s. Bild 5.5 und Abschnitt 5.1.3.).

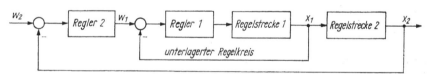

Bild 5.5. *Zweischleifiger Regelkreis (Kaskadenregelung)*

Die Steuer-, Regel- und Überwachungsfunktionen werden meist von speicherprogrammierbaren Einrichtungen mit Mikrorechnern realisiert. Bei den Regelfunktionen in Stromrichternähe kommen wegen der hohen dynamischen Anforderungen noch analoge Baugruppen zum Einsatz.

Die digitalen Regelverfahren besitzen eine höhere Regelgenauigkeit als analoge Verfahren. Mit ihnen lassen sich auch komfortablere Regelalgorithmen realisieren, die sich z. B. selbsttätig Änderungen von Regelstreckenparametern anpassen (adaptive Regelungen), Störgrößen besser kompensieren (z. B. Störgrößenbeobachterregelung) und Diagnose- und Schutzfunktionen erfüllen.

Einsatzkriterien für die Gleichstrom- und Drehstromantriebstechnik

Durch den Einsatz geeigneter Stellglieder und Regelverfahren lassen sich viele Antriebsaufgaben sowohl mit Gleichstrom- als auch mit Drehstromantriebssystemen lösen. Es bestehen aber zwischen beiden Systemen eine Reihe von Unterschieden, auf die nachfolgend eingegangen wird.

Der geregelte Gleichstromantrieb erfüllt in Verbindung mit dem für den jeweiligen Verwendungszweck ausgewählten Stromrichter sehr viele Antriebsanforderungen und erweist sich bezüglich des Kennlinienfeldes, seiner Regelbarkeit und Dynamik als universell anwendbar. Durch die Gleichstrommaschine mit dem Kommutator sind diesem Antrieb jedoch Grenzen gesetzt. Dies bezieht sich u. a. auf die erreichbaren Grenzleistungen und Grenzdrehzahlen (vgl. Abschn. 3.1.6; Bild 5.6).

Danach sind, abgesehen von Mehrmotorenantrieben, Antriebsparameter oberhalb der eingetragenen Kennlinie 1 mit Gleichstrommaschinen nicht zu realisieren. Dieses Gebiet ist allein den Drehstromantrieben vorbehalten. Es zeigt sich auch eine signifikante Abhängigkeit bezüglich geforderter Drehzahlen oder Drehmomente von mehreren sehr unterschiedlichen Drehstromantrieben. Gemäß Bild 5.6 zählen zu den

- schnellaufenden Antrieben mittlerer Leistungen:
  - Asynchronmotor mit Spannungszwischenkreisumrichter (3)
  - Asynchronmotor mit Stromzwischenkreisumrichter (4);
- langsamlaufenden Antrieben großer Leistungen:
  - Synchronmotor mit Direktumrichter (5)
  - untersynchrone Stromrichterkaskade mit AMSL (6).

Eine Mittelstellung dazu nimmt der Stromrichtermotor (7) ein.

Zu den bestimmenden Auswahlkriterien gehört auch das leistungselektronische Stellglied, das eingesetzte Steuerverfahren und der damit erzielbare Stellbereich.

Die im Bild 5.6 eingetragenen Grenzlinien sind Orientierungswerte, die bei Drehstromantrieben von vielen Einflußgrößen, wie z. B. den im vorhergehenden Abschnitt dargestellten Nebeneinflüssen, bestimmt werden.

Gleichstromantriebe weisen durch ihren Kommutator gegenüber Asynchronmaschinenantrieben ein vergleichbar größeres Bauvolumen auf. Auch die vom Kommutator verursachten Erscheinungen, wie Bürstenfeuer, Bürstenverschleiß und HF-Störungen, stellen objektiv zu wertende Kriterien für die Auswahl dar.

Besondere Beachtung verdienen bei geregelten Drehstromantriebssystemen die Stellglieder und erforderlichen Regelverfahren. Beide sind aufwendiger, komplizierter und verursachen meist höhere Kosten. Zwischen den in Betracht kommenden Antriebsvarianten sollten in der Regel Vergleiche angestellt werden. Dabei sind weitere Parameter einzubeziehen.

Diese betreffen: Ein- oder Mehrquadrantenbetrieb, Netzrückspeisung, Anlaufbedingungen, Wirkungsgrad im Teil- und Vollastbereich, Überlastbarkeit, Blindleistungsbedarf, Verzerrungsleistung, Schutz- und Überwachungsanforderungen, dynamisches Verhalten, Regelgenauigkeit, Umgebungsbedingungen.

In den folgenden Abschnitten werden die Eigenschaften der wichtigsten stromrichtergespeisten Gleichstrom- und Drehstromantriebe dargestellt. Sie sind maßgebend für die Entscheidungsfindung, die letztlich nur auf der Grundlage konkreter Einsatzbedingungen getroffen werden kann.

5.1. Stationäres und dynamisches Verhalten stromrichtergespeister Gleichstromantriebe

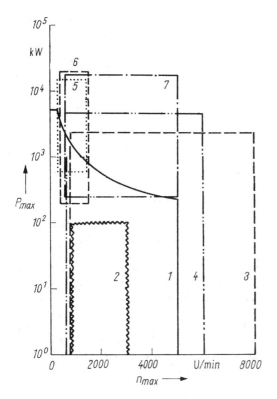

Bild 5.6. Leistungs- und Drehzahlbereiche geregelter elektrischer Antriebssysteme

1 GNM mit Stromrichter; *2* AMKL mit Drehstromsteller; *3* AMKL mit U-Umrichter; *4* AMKL mit I-Umrichter; *5* SM mit Direktumrichter; *6* AMSL (USK); *7* Stromrichtermotor

5.1. Stationäres und dynamisches Verhalten stromrichtergespeister Gleichstromantriebe

5.1.1. Gleichstromantriebe mit netzgeführten Stromrichtern

Bei Speisung einer GNM über ein SR-Stellglied treten infolge des Oberschwingungsgehalts der Gleichspannung und des Stromlückens Besonderheiten im Betriebsverhalten auf, die beim Entwurf des Antriebssystems beachtet werden müssen.

5.1.1.1. Stationäres Verhalten

Bild 5.7a zeigt das Ersatzschaltbild einer stromrichtergesteuerten GNM. Für die Berechnung der Drehzahl-Drehmomenten-Kennlinie ist infolge der Trägheiten der Maschine der Mittelwert U_d der Ersatzurspannung des SR von Bedeutung. Mit dem wirksamen Ankerkreiswiderstand

$$R_A = R_e + R_{AM} \tag{5.1}$$

erhält man nach (2.7), (2.10) und (4.8), bezogen auf eine für alle p-pulsigen Schaltungen gleiche ideelle Winkelgeschwindigkeit Ω_0, im lückfreien Betrieb

$$\boxed{\frac{\Omega}{\Omega_0} = \frac{U_{d0}}{u_{dmax}} \left(\frac{U_d}{U_{d0}} - \frac{M}{M_{St0}} \right)} \tag{5.2}$$

und für lückenden Betrieb

$$\frac{\Omega}{\Omega_0} = \frac{2\pi}{p\delta} \frac{U_{d0}}{u_{d\max}} \left(\frac{U_d}{U_{d0}} - \frac{M}{M_{St0}} \right).$$ (5.3)

Dabei ist die ideelle Winkelgeschwindigkeit für eine oberschwingungsfreie Spannung, d. h. $u_{d\max} = U_{d0}$ ($p = \infty$), eingeführt zu

$$\Omega_0 = \frac{u_{d\max}}{c\Phi}.$$ (5.4)

Das Stillstandsmoment für $\alpha = 0$ bestimmt man nach

$$M_{St0} = c\Phi \frac{U_{d0}}{R_A};$$ (5.5)

$u_{d\max}$ Maximalwert der Gleichspannungshüllkurve (vgl. Anhang 7.7)
δ Stromführungsdauer im Lückbereich
M_{St0} fiktives Stillstandsmoment bei $\alpha = 0$.

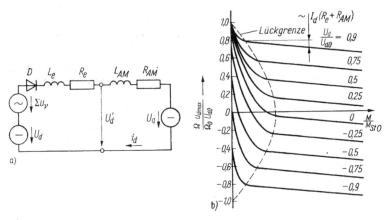

Bild 5.7. *Stromrichtergesteuerte Gleichstrom-Nebenschlußmaschine*
a) Ersatzschaltbild; b) Kennlinienfeld

Bild 5.7b zeigt das Drehzahl-Drehmomenten-Kennlinienfeld. Bei kleinen Widerstandsmomenten arbeitet der Antrieb im Lückbereich. Der Motor verliert hier sein Nebenschlußverhalten. Die Ankerzeitkonstante wird unwirksam. Aus dem Abfall der Drehzahl-Drehmomenten-Kennlinie kann der fiktive Ankerkreiswiderstand im Lückbereich ermittelt werden, so gilt für den nachstehenden Bereich
$\omega_1 L_A > 10 R_A$ bei $p = 2$, $\omega_1 L_A > 7 R_A$ bei $p = 3$ bzw.
$\omega_1 L_A > 4 R_A$ bei $p = 6$ näherungsweise

$$R_{A1} = \frac{4\pi}{p} \frac{1}{\delta^2} \omega_1 L_A;$$ (5.6)

R_{A1} fiktiver Ankerkreiswiderstand im Lückbereich
ω_1 Netzfrequenz
$L_A = L_e + L_{AM}$ (Ankerkreisinduktivität). (5.7)

Bild 5.8 zeigt die Abhängigkeit des fiktiven Ankerkreiswiderstands vom Ankerstrom. In den meisten Fällen versucht man, durch entsprechende Dimensionierung der Glättungsdrossel den Lückbereich zu vermeiden. Der Grenzstrom, bei dem das Lücken auftritt, läßt sich berechnen nach

$$I_{d1} = \frac{U_{d0}}{L_A} f_1(p, \alpha);\qquad(5.8)$$

I_{d1} Strom an der Lückgrenze
$f_1(p, \alpha)$ Lückfaktor.

Der Lückfaktor f_1 ist von der Pulszahl und der Aussteuerung des SR abhängig und kann dem Bild 5.9 entnommen werden. Nach (5.8) wird die Glättungsdrossel dimensioniert.

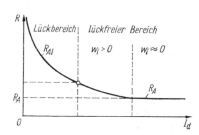

Bild 5.8. Fiktiver Ankerkreiswiderstand in Abhängigkeit vom Ankerstrom

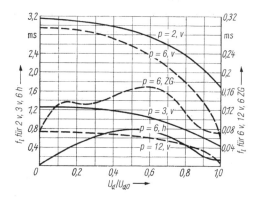

Bild 5.9. Lückfaktor f_l in Abhängigkeit von der Stromrichterschaltung und der Aussteuerung U_d/U_{d0}

v vollgesteuert, h halbgesteuert, ZG Zu- und Gegenschaltung

5.1.1.2. Dynamisches Verhalten

Für die Untersuchung der nichtstationären Vorgänge im SR-gesteuerten Antrieb ist nur das zeitliche Verhalten der Abweichungen vom stationären Arbeitspunkt von Interesse.
Dafür gilt die Spannungsgleichung

$$\Delta u_d + \Delta u = R_A \Delta i_d + \omega_1 L_A \frac{d\Delta i_d}{d(\omega_1 t)}.\qquad(5.9)$$

Für das Drehmoment der GNM interessiert der Mittelwert des Stroms Δi_d in der Pulsperiode $2\pi/p$. Durch Integration der Gleichung (5.9) über die Stromführungsdauer δ erhält man die Übertragungsfunktionen für den Ankerkreis im lückfreien Betrieb

$$\frac{\Delta \bar{i}_d}{\Delta \bar{u}_d + \Delta \bar{u}} = \frac{1}{R_A} \frac{1}{1 + p\tau_A},\qquad(5.10)$$

im lückenden Betrieb

$$\frac{\Delta \bar{i}_d}{\Delta \bar{u}_d + \Delta \bar{u}} = \frac{1}{R_{A1}}.\qquad(5.11)$$

Bild 5.10 zeigt den Signalflußplan einer SR-gesteuerten GNM im lückfreien und lückenden Betrieb.

Die Struktur- und Parameteränderungen im Signalflußplan des SR-gesteuerten Gleichstromantriebs beim Übergang in den Lückbereich erschweren die Optimierung des dynamischen Verhaltens des geregelten Antriebssystems und können sogar zur Instabilität des Drehzahlregelkreises führen. Mit Hilfe einer adaptiven Ankerstromregelung, die sich diesen Änderungen der Regelstrecke anpaßt, läßt sich im gesamten Ankerstrombereich ein optimales Übergangsverhalten erzielen. Der adaptiven Stromregelung wird heute gegenüber einer Vergrößerung der Glättungsdrossel der Vorzug gegeben.

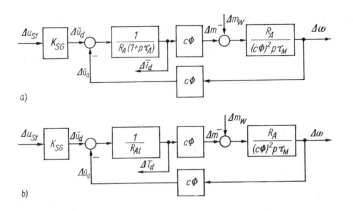

Bild 5.10. *Signalflußplan der stromrichtergesteuerten Gleichstrom-Nebenschlußmaschine*
a) lückfreier Betrieb
b) lückender Betrieb

Beispiel 5.1

Für einen thyristorgesteuerten Gleichstromantrieb mit Drehzahlregelung werden die im Beispiel 2.2 angeführte GNM von $P = 160$ kW; $n = 980$ U/min; $I = 390$ A; $R_{AM} = 25$ mΩ; $L_{AM} = 2{,}05$ mH und ein dreiphasiger SR-Transformator von $S_{Tr} = 180$ kVA; $U_2 = 220$ V; $I_2 = 270$ A; $u_K = 4\%$; $u_{Kx}/u_{Kr} = 6$ eingesetzt. Es ist eine SR-Schaltung für einen Einrichtungsbetrieb auszuwählen, die Ventile und die erforderliche Glättungsdrossel sind zu dimensionieren. Die GNM soll bei $M > 0{,}1\, M_N$ im lückfreien Betrieb arbeiten.
Welche Spannungsregelreserve steht bei Nenndrehzahl und Nennmoment noch zur Verfügung?

Lösung

Um das volle Drehzahl-Drehmomenten-Kennlinienfeld der GNM im Einrichtungsbetrieb durchfahren zu können, ist eine vollgesteuerte 6-Puls-Brücke erforderlich. Die ideelle Leerlaufspannung des SR beträgt mit dem Verhältniswert $U_{d0}/U_2 = 2{,}34$ nach Anhang 7.8

$$U_{d0} = 2{,}34\, U_2 = 2{,}34 \cdot 220 \text{ V} = 514{,}8 \text{ V}.$$

Damit ergibt sich bei einem Spannungssicherheitsfaktor von $K_U = 2$ und dem Verhältniswert $u_{Rmax}/U_{d0} = 1{,}05$ (Anhang 7.8) die erforderliche Spitzensperrspannung für die Thyristoren von

$$U_{RRM} = 1{,}05\, U_{d0}\, K_U = 1{,}05 \cdot 514{,}8 \text{ V} \cdot 2 \approx 1100 \text{ V}.$$

Bei einer möglichen Stromüberlastung der GNM von $1{,}5\, I_N$ beträgt der maximale Gleichstrom $I_{dmax} = 1{,}5 \cdot 390$ A $= 585$ A. Der erforderliche Dauergrenzstrom der Thyristoren muß bei einem Stromsicherheitsfaktor von $K_I = 1{,}5$ und dem Verhältnis $\bar{I}_T/I_d = 0{,}33$ (Anhang 7.8)

$$I_{T(AV)} = (\bar{I}_T/I_d)\, I_{dmax}\, K_I = 0{,}33 \cdot 585 \text{ A} \cdot 1{,}5 = 290 \text{ A}$$

betragen.

5.1. Stationäres und dynamisches Verhalten stromrichtergespeister Gleichstromantriebe

Die Dimensionierung der Glättungsdrossel erfolgt nach der Stromwelligkeit und der Lückgrenze. Es wird ein lückfreier Betrieb im Bereich $I_\mathrm{d} > 0{,}1\,I_\mathrm{N}$ gefordert. Bei einer Aussteuerung von $U_\mathrm{d}/U_\mathrm{d0} = 0{,}1$ erhält man für 6pulsige Schaltungen nach Bild 5.9 einen Lückfaktor von $f_l = 0{,}295$ ms. Die erforderliche Induktivität im Ankerkreis errechnet sich nach Umstellung von (5.8) zu

$$L_\mathrm{A} = \frac{U_\mathrm{d0}\,f_l}{I_\mathrm{d1}} = \frac{514{,}8\,\mathrm{V}\cdot 0{,}295\cdot 10^{-3}\,\mathrm{s}}{0{,}1\cdot 390\,\mathrm{A}} = 3{,}89\,\mathrm{mH}\,.$$

Daraus ergibt sich die Glättungsdrossel von $L_\mathrm{Dr} \approx L_\mathrm{A} - L_\mathrm{AM} = 1{,}84$ mH. Für diese Glättungsinduktivität berechnet man die Stromwelligkeit nach (4.35) mit $f_\mathrm{w} = 0{,}132$ ms für $U_\mathrm{d}/U_\mathrm{d0} = 0{,}1$; $p = 6$ nach Bild 4.14 zu

$$w_i = \frac{514{,}8\,\mathrm{V}\cdot 0{,}132\cdot 10^{-3}\,\mathrm{s}}{3{,}89\cdot 10^{-3}\,\mathrm{H}\cdot 390\,\mathrm{A}} = 4{,}48\%\,.$$

Dieser Wert liegt unter der zulässigen Stromwelligkeit der GNM. Für die Ermittlung der Drehzahl-Drehmomenten-Kennlinie ist die Bestimmung der Ersatzwiderstände R_e1 und R_e2 erforderlich.

Ausgehend von der induktiven und ohmschen Komponente der relativen Kurzschlußspannung $u_\mathrm{K} = \sqrt{u_\mathrm{Kx}^2 + u_\mathrm{Kr}^2}$, bestimmt man mit dem Verhältniswert $u_\mathrm{Kx}/u_\mathrm{Kr} = 6$ den ohmschen Anteil

$u_\mathrm{Kr} = \dfrac{u_\mathrm{K}}{\sqrt{37}} = 0{,}658\%$. Nach (4.14) und Anhang 7.8 ergibt sich

$$R_\mathrm{e1} = \frac{0{,}00658\cdot 180\cdot 10^3\,\mathrm{VA}\cdot 0{,}82^2}{270^2\,\mathrm{A}^2} = 11\,\mathrm{m\Omega}\,.$$

Der Ersatzwiderstand R_e2 errechnet sich nach (4.26) mit $Y = 0{,}5$ (Anhang 7.8) und $u_\mathrm{Kx} = 6\,u_\mathrm{Kr} = 3{,}95\%$ zu

$$R_\mathrm{e2} \approx \frac{0{,}5\cdot 0{,}0395\cdot 514{,}8\,\mathrm{V}\cdot 0{,}82}{270\,\mathrm{A}} = 31\,\mathrm{m\Omega}\,.$$

Bei einem Widerstand der Glättungsdrossel und der Zuleitungen im Gleichstromkreis von $R_\mathrm{Dr} = 5$ mΩ ergibt sich der Ersatzwiderstand nach (4.27) zu

$$R_\mathrm{e} = 11\,\mathrm{m\Omega} + 31\,\mathrm{m\Omega} + 5\,\mathrm{m\Omega} = 47\,\mathrm{m\Omega}\,.$$

Vor der Berechnung der Spannungsregelreserve bei Nenndrehzahl muß der Steuerwinkel ermittelt werden, bei dem bei Nennstrom die Nennspannung am Anker liegt. Dieser Steuerwinkel ergibt sich nach (4.6) und (4.29) aus

$$\cos\alpha_\mathrm{N} = \frac{U_\mathrm{N} + I_\mathrm{N}\,R_\mathrm{e}}{E_\mathrm{d0}} = \frac{440\,\mathrm{V} + 390\,\mathrm{A}\cdot 47\cdot 10^{-3}\,\Omega}{514{,}8\,\mathrm{V}} = 0{,}89$$

zu $\alpha_\mathrm{N} = 27{,}1°$. Damit steht bei einer Zündwinkelbegrenzung von $15° < \alpha < 165°$ bei Nenndrehzahl und Nennmoment noch eine Spannungsregelreserve von $\Delta U_\mathrm{d} = U_\mathrm{d0}$ ($\cos 15°$ bis $\cos 27{,}1°$) $= 39{,}1$ V zur Verfügung.

Beispiel 5.2

Von einem SR-Gleichstromantrieb in 6-Puls-Brückenschaltung sollen bei dem Steuerwinkel $\alpha = 45°$ die Übertragungsfunktionen $\Delta i_d/\Delta u_\mathrm{St}$ im kontinuierlichen und im lückenden Strombereich bestimmt werden. Vom Antrieb sind folgende Daten bekannt:
$U_\mathrm{d0} = 515$ V, $R_\mathrm{A} = 0{,}1\,\Omega$, $K_\mathrm{St} = -\pi/10$ V, $\tau_\mathrm{A} = 30$ ms, $\tau_\mathrm{M} = 0{,}2$ s.
Für den Lückbereich ist eine Stromführungsdauer $\delta = 0{,}8\cdot 2\pi/p$ zugrunde zu legen.

Lösung

Für die Übertragungsfunktion nach Bild 5.10 gilt:

$$\frac{\Delta\bar{i}_d}{\Delta u_\mathrm{St}} = K_\mathrm{St}\,\frac{\Delta\bar{u}_\mathrm{d}}{\Delta\alpha}\,\frac{\Delta\bar{i}_d}{\Delta\bar{u}_\mathrm{d}}\,.$$

Mit (4.38), (4.39) und (4.41) erhält man allgemein

$$\frac{\Delta \bar{i}_d}{\Delta u_{St}} = -K_{St}\, U_{d0} \sin \alpha \, \frac{1}{R_A}\, \frac{1}{1 + p\,(T_p/2)}\, \frac{p\,\tau_M}{1 + p\,\tau_M + p^2\,\tau_M\,\tau_A}.$$

Da $\tau_M \gg \tau_A$, gilt näherungsweise:

$$\frac{\Delta \bar{i}_d}{\Delta u_{St}} = -K_{St}\, U_{d0} \sin \alpha \, \frac{1}{R_A}\, \frac{1}{1 + p\,(T_p/2)}\, \frac{1}{1 + p\,\tau_A}$$

$$= \frac{\pi}{10\,\text{V}} \cdot 515\,\text{V} \cdot \sin 45° \cdot \frac{1}{0{,}1\,\Omega} \cdot \frac{1}{1 + p\,1{,}7\,\text{ms}}\, \frac{1}{1 + p\,30\,\text{ms}}$$

$$= 1144\,\frac{\text{A}}{\text{V}} \cdot \frac{1}{1 + p\,1{,}7\,\text{ms}}\, \frac{1}{1 + p\,30\,\text{ms}}.$$

Beim Übergang in den Lückbereich vergrößert sich der fiktive Ankerkreiswiderstand. Die Ankerzeitkonstante entfällt in der Übertragungsfunktion. Mit $\tau_A = L_A/R_A$ erhält man aus (5.6)

$$\frac{R_{A1}}{R_A} = \frac{1}{\delta^2}\, \frac{p}{\pi}\, \omega_1\, \tau_A = \frac{1}{0{,}82}\cdot\frac{6}{\pi}\cdot 314\,\frac{1}{\text{s}} \cdot 0{,}03\,\text{s} = 28{,}1.$$

Damit lautet die Übertragungsfunktion im Lückbereich:

$$\frac{\Delta \bar{i}_d}{\Delta u_{St}} = \frac{1144}{28{,}1}\,\frac{\text{A}}{\text{V}} \cdot \frac{1}{1 + p\,1{,}7\,\text{ms}} = 40{,}7\,\frac{\text{A}}{\text{V}} \cdot \frac{1}{1 + p\,1{,}7\,\text{ms}}.$$

Die Verringerung des Übertragungsfaktors im Lückbereich auf $1/28{,}1 = 3{,}6\%$ des Wertes im nichtlückenden Bereich bringt meist Stabilitätsprobleme im Drehzahlregelkreis mit sich. Deshalb muß bei Antrieben, die im Lückbereich arbeiten, eine adaptive Stromregelung vorgesehen werden.

5.1.1.3. Stromrichter-Umkehrantriebe

Für viele Arbeitsmaschinen und technologische Anlagen (Werkzeugmaschinen, Personenaufzüge, Walzwerksanlagen usw.) werden drehzahlgeregelte elektrische Antriebe benötigt, die eine Drehmomentenumkehr gestatten, d. h. in allen vier Quadranten des Drehzahl-Drehmomenten-Kennlinienfeldes arbeiten können. Der Übergang vom I. in den IV. Quadranten geht unter Beibehaltung der Drehmomentenrichtung vor sich. Dies kann bei Ankerspannungsspeisung durch Übergang des SR-Stellglieds in den Wechselrichterbetrieb (Umkehr der Ausgangsspannung des SR) vorgenommen werden. Für den Betrieb im II. und III. Quadranten ist jedoch eine Umkehr des Motordrehmoments erforderlich.

Eine Drehmomentenumkehr ist durch Richtungsänderung des Anker- oder des Erregerstroms möglich. Schaltungstechnisch kann die Stromumkehr entweder kontaktbehaftet durch Polwendeschalter oder kontaktlos durch Umkehrstromrichter erfolgen. Tafel 5.1 zeigt die gebräuchlichen Umkehrschaltungen. Mit Wendeschaltern werden Umsteuerzeiten für das Drehmoment von etwa $0{,}2 \cdots 0{,}6$ s und bei kontaktlosem Umschalten von $0{,}01 \cdots 0{,}02$ s erreicht. Für häufiges Umschalten ist die kontaktlose Stromumkehr vorzuziehen. Bei der Erregerflußumkehr sind der Umschalter bzw. der Umkehrstromrichter nur für die Erregerleistung zu bemessen. Diese beträgt nur einige Prozent der Maschinenleistung (Bild 2.10). Nachteilig ist hier die relativ große Reversierzeit, die im wesentlichen von der Erregerzeitkonstante abhängt (s. Bild 2.13) und für die volle Drehmomentenumkehr etwa 1 s beträgt. Aus diesem Grund kann die Erregerstromumschaltung nur für Antriebe mit geringen dynamischen Anforderungen eingesetzt werden.

5.1. Stationäres und dynamisches Verhalten stromrichtergespeister Gleichstromantriebe

Tafel 5.1. Gleichstrom-SR-Umkehrantriebe

Umsteuer-verfahren	Ankerspannungsumkehr		Erregerflußumkehr	
	kontaktbehaftet	elektronisch	kontaktbehaftet	elektronisch
Prinzip-schaltung des Antriebs				
Stellglied	vollgesteuerter SR mit Wende-schalter	Umkehr-SR	halbgesteuerter SR mit Wende-schalter	Umkehr-SR
Drehmoment-umsteuerzeit	0,2···0,6 s	0,006···0,02 s	1···1,5 s	1···1,5 s
SR-Aufwand, bezogen auf Einquadranten-antrieb	≈ 1	≈ 2	≈ 1	≈ 1,1

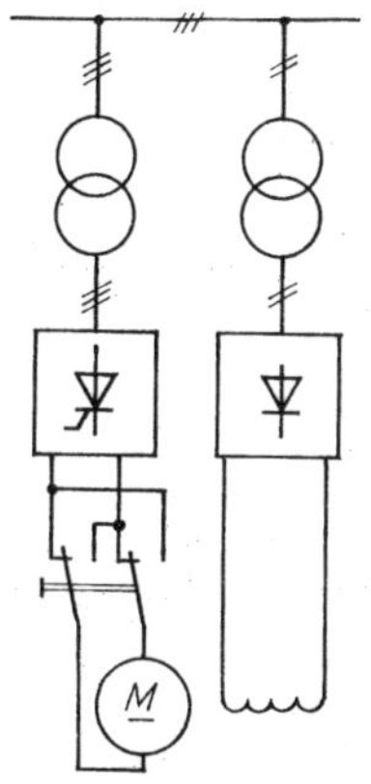

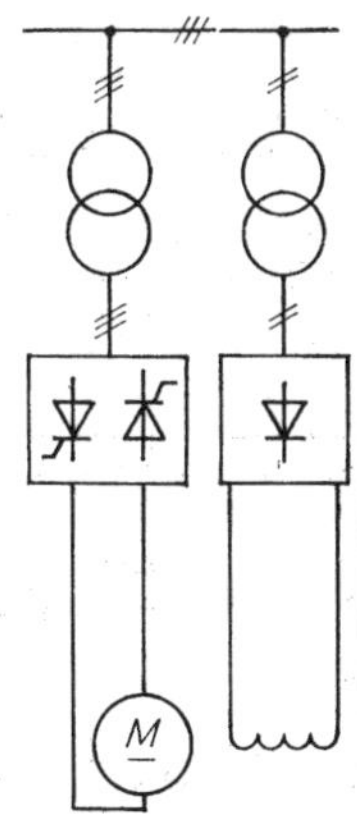

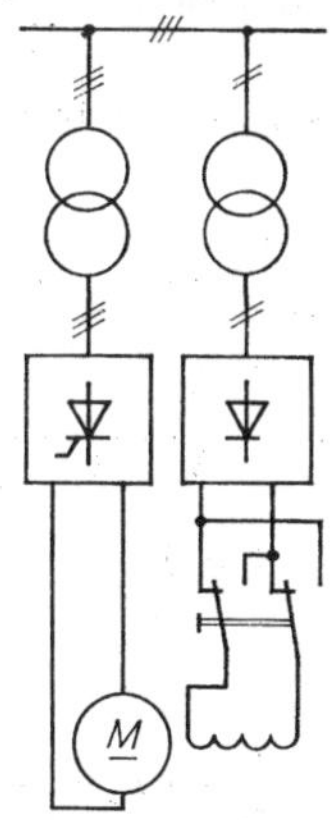

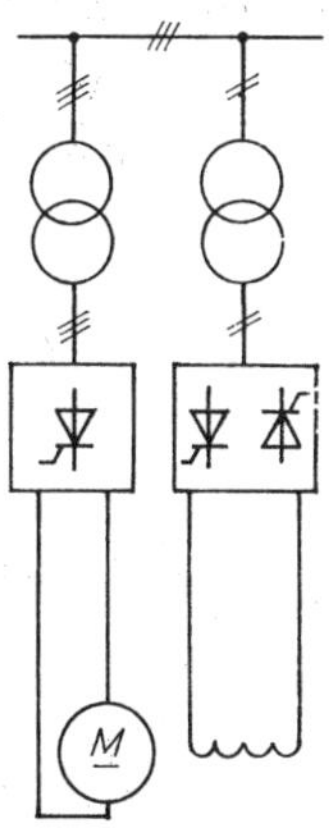

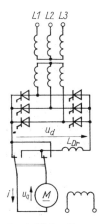

Bild 5.11. Umkehr-antrieb in 6-Puls-Brückenschaltung mit Polwendeschalter

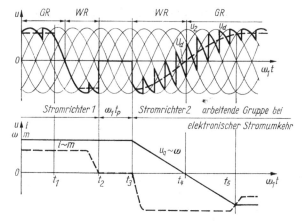

Bild 5.12. Verlauf von Spannung, Strom und Drehzahl bei einem Reversiervorgang (Beschleunigungsstrom vernachlässigt)
GR Gleichrichterbetrieb; WR Wechselrichterbetrieb

Umkehrantriebe mit Polwendeschaltern

Bild 5.11 zeigt einen Umkehrantrieb mit einem SR in 6-Puls-Brückenschaltung. Mit einem Einrichtungs-SR ist nur ein Betrieb im I. und IV. oder im II. und III. Quadranten des Drehzahl-Drehmomenten-Kennlinienfeldes möglich. Bild 5.12 zeigt einen Reversiervorgang aus dem I. in den II. Quadranten.

Der Umsteuervorgang beginnt zum Zeitpunkt t_1. Die Stromumkehr wird von der Steuer- und Regeleinrichtung des Antriebs mit Hilfe eines Kommandogeräts geleitet. Das Kommandogerät gibt während des Umsteuervorgangs folgende Befehle an den SR und den Wendeschalter im Ankerkreis:

t_1 Beginn des Umsteuervorgangs
Steuerung des SR an die Wechselrichtertrittgrenze. Nach Abbau der in den Ankerkreisinduktivitäten gespeicherten magnetischen Energie wird der Ankerstrom zu Null.

t_2 Umschaltung des Wendeschalters
Während der Schaltzeit des Wendeschalters werden die Zündimpulse über die Impulssperre des Steuergeräts für etwa 0,1···0,2 s unterdrückt (stromlose Pause).

t_3 Freigabe der Zündimpulse und Verringerung der Wechselrichteraussteuerung
Die Motordrehzahl hat sich bis zu diesem Zeitpunkt nur geringfügig geändert. Die Motor-EMK treibt den Ankerstrom gegen die in den Wechselrichterbereich ausgesteuerte Gleichspannung des Stromrichters. Die Bremsenergie wird in das Netz zurückgespeist (Nutzbremsung).

t_4 Nulldurchgang der Motordrehzahl
Der Stromrichter ist in den Gleichrichterbereich übergegangen und beschleunigt den Antrieb in Gegenrichtung bis zur gewünschten Enddrehzahl.

t_5 Die Enddrehzahl ist erreicht
Der Strom stellt sich entsprechend dem Widerstandsmoment ein.

Umkehrantriebe mit Umkehrstromrichtern

Zur elektronischen Umkehr des Ankerstroms ist für jede Stromrichtung eine Stromrichtergruppe notwendig. Bild 5.13 zeigt die wichtigsten elektronischen Umkehr-

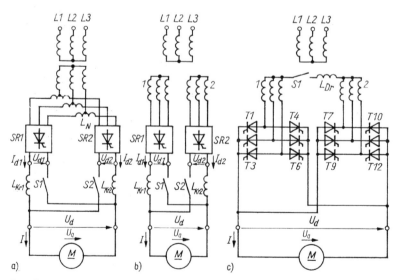

Bild 5.13. Gleichstromantriebe mit Umkehrstromrichtern
a) Gegenparallelschaltung; b) Kreuzschaltung; c) H-Schaltung

schaltungen. Sie unterscheiden sich in der Anzahl der notwendigen Schnellschalter und Kreisstromdrosseln sowie in der Transformatorschaltung.
Bezüglich der Steuerung unterscheidet man zwischen dem kreisstrombehafteten und dem kreisstromfreien Umkehrstromrichter.

Kreisstrombehaftete Umkehrstromrichter

Bei diesem Umkehrstromrichter sind ständig beide Stromrichtergruppen stromführend und werden entsprechend der Zündwinkelbedingung

$$\alpha_1 \geq 180° - \alpha_2 \tag{5.12}$$

geführt. Dadurch entfällt die stromlose Pause beim Stromnulldurchgang. Eine Stromrichtergruppe arbeitet im Gleichrichterbereich und die zweite im Wechselrichterbereich. Da zwischen den Oberschwingungen der Ausgangsgleichspannung beider Stromrichtergruppen eine Phasenverschiebung von 180° besteht, kommt es auch bei gleichen Mittelwerten der Ausgangsgleichspannungen beider Stromrichtergruppen zu Kreisströmen zwischen den Stromrichtergruppen. Die Kreisströme fließen nicht über den Motor und müssen durch Kreisstromdrosseln L_{Kr} begrenzt werden. Die Kreisströme verschlechtern den Wirkungsgrad und den Leistungsfaktor des Antriebs und erhöhen die Strombelastung der Ventile. Aus diesem Grund werden kreisstrombehaftete Umkehr-SR heute nur noch für kleine Leistungen eingesetzt.

Kreisstromfreie Umkehrstromrichter

Bei der kreisstromfreien Umkehrschaltung erhält jeweils nur eine Stromrichtergruppe Zündimpulse. Die andere Gruppe bleibt während dieser Zeit gesperrt. Bei einer Umkehr der Stromrichtung wechselt der Strom von der einen SR-Gruppe auf die andere über. Nach Erreichen des Stromwerts Null muß wie beim Umkehrantrieb mit Wendeschalter eine stromlose Pause eingehalten werden, in der beide Stromrichtergruppen gesperrt sind und die Ladungsträger der bisher leitenden Gruppe abgebaut werden können. Anderenfalls kommt es zu inneren Kurzschlüssen zwischen den beiden Gruppen.
Die stromlose Pause wird bestimmt durch die Freiwerdezeit der Thyristoren und die Unsicherheit bei der Erfassung des Strom-Nullsignals. Bei dynamisch hochwertigen Antrieben kann die stromlose Pause auf $t_p < 1$ ms verringert werden, so daß sie auf das dynamische Verhalten des Antriebs keinen bestimmenden Einfluß mehr hat.
Die Umsteuerung des Stroms übernimmt ein Kommandogerät. Es steuert bei einem Stromrichtungswechsel zunächst die bisher stromführende SR-Gruppe an die Wechselrichtertrittgrenze, sperrt bei Vorliegen des Strom-Nullsignals die Zündimpulse für beide SR-Gruppen und gibt nach Ablauf der stromlosen Pause t_p die Zündimpulse für die übernehmende Gruppe frei. Der Stromumsteuervorgang bei einem Reversiervorgang ist dem Bild 5.12 zu entnehmen. Er entspricht, abgesehen von einer wesentlich geringeren stromlosen Pause, dem Umsteuervorgang bei einem Antrieb mit Wendeschalter.
Auch bei den kreisstromfrei betriebenen Umkehrschaltungen treten bei Verlust der Sperrfähigkeit der nichtarbeitenden Stromrichtergruppe kurzschlußartige Kreisströme auf, die durch Schnellschalter in den möglichen Kreisstrombahnen unterbrochen werden müssen.
Im Bild 5.13 sind die gebräuchlichsten Umkehrstromrichterschaltungen in Verbindung mit dem Stromrichtertransformator zusammengestellt.

Gegenparallelschaltung

Die Gegenparallelschaltung nach Bild 5.13a ist die am häufigsten eingesetzte Umkehrschaltung. Sie erfordert mindestens zwei Schnellschalter und zwei Kreisstromdrosseln, die auch die Funktion der Glättungsdrosseln mit übernehmen. Die Kreisströme haben die dreifache Netzfrequenz. Infolge der Kommutierungsvorgänge in der stromführenden Stromrichtergruppe kommt es an den Thyristoren der gesperrten Gruppe zu Spannungssprüngen, durch die diese Thyristoren aufgesteuert werden können. Um diese Spannungssprünge zu dämpfen, werden in die Schaltung zusätzlich die Drosseln L_N eingesetzt (Bild 5.13a). Der Ausnutzungsfaktor des SR-Transformators beträgt $c_{Tr} = 1{,}05$. Bei kleinen bis mittleren Leistungen wird meist ein direkter Netzanschluß bevorzugt.

Kreuzschaltung

Die Kreuzschaltung nach Bild 5.13b erfordert einen SR-Transformator mit zwei getrennten Sekundärwicklungen. Dadurch verschlechtert sich der Transformator-Ausnutzungsfaktor je nach Auslegung der Sekundärwicklungen auf $c_{Tr} = 1{,}26 \cdots 1{,}75$. Die Stromrichtergruppen sind bei dieser Schaltungsanordnung nicht direkt, sondern nur über die Sekundärwicklung des Transformators antiparallel geschaltet. Es sind zwei Schnellschalter und zwei Kreisstromdrosseln notwendig, wobei für jede Stromrichtung eine Drossel gleichzeitig als Glättungsdrossel wirkt. Im Gegensatz zur Antiparallelschaltung haben die Kreisströme bei Verwendung von 6-Puls-Brücken die 6fache Netzfrequenz.

H-Schaltung

Die H-Schaltung nach Bild 5.13c benötigt ebenfalls einen Transformator mit zwei Sekundärwicklungen. Der Ausnutzungsfaktor des Transformators beträgt $c_{Tr} = 1{,}26$. Wegen der Anordnung der Ventile kann die Schaltung nur kreisstromfrei betrieben werden. Da gleichstromseitige Kurzschlußströme stets über die Mittelpunktverbindung der Sekundärwicklungen des SR-Transformators fließen, sind nur ein Schnellschalter und eine Drossel erforderlich.

Beispiel 5.3

Auf einem Umkehr-Blockwalzgerüst sollen bei einer Produktionsleistung von 250 t/h Blöcke von 5 t gewalzt werden. Der Walzvorgang eines Blocks umfaßt 12 Stiche bei einer Gesamtwalzzeit je Block von 68 s (Bild 5.14a). Das effektive Walzmoment wurde aus den Einzelmomenten je Stich ($m_W + m_b$) zu $M_{eff} = 1{,}4 \cdot 10^6$ N m bestimmt. Das Nennausschaltmoment beträgt $3{,}5 \cdot 10^6$ N m. Wegen ihres kleineren Gesamtträgheitsmoments werden Motoren in Zwillingsanordnung nach Bild 5.14b eingesetzt, wobei der eine Motor die Ober- und der andere die Unterwalze antreibt. Man bestimme die Daten des Leistungsteils.

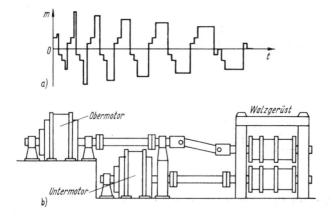

Bild 5.14. *Umkehr-Blockwalzgerüst*
a) Stichplan; b) Motoranordnung

5.1. Stationäres und dynamisches Verhalten stromrichtergespeister Gleichstromantriebe

Lösung

Es wurden zwei Gleichstrom-Umkehr-Walzmotoren mit folgenden Daten je Motor eingesetzt:
$P = 4000$ kW, $n = 0 \cdots 100$ U/min, $U = 1200$ V, $I = 3660$ A, $I_{max} = 9400$ A,
$M = 7{,}8 \cdot 10^6$ N m, $M_{max} = 20 \cdot 10^6$ N m, $\eta = 0{,}905$.
Die Anforderungen an das dynamische Verhalten sind für diesen Walzvorgang hoch. Demzufolge scheidet bei einer mittleren Stichzeit von $\frac{68 \text{ s}}{12} = 5{,}6$ s die Erregerstromumschaltung zur Momentenumkehr aus. Die Anzahl der Reversierungen von $\frac{3600 \text{ s}}{5{,}6 \text{ s}} = 643$ je Stunde ist so groß, daß nur eine kontaktlose Ankerstromumkehr in Betracht kommt. Auf Grund der günstigen Transformatorausnutzung wird die Gegenparallelschaltung nach Bild 5.13a festgelegt. Die Baugröße des Transformators für eine Maschine beträgt nach (4.43) unter Berücksichtigung des Wirkungsgrades der GNM

$$S_{TrN} = \frac{1{,}05}{0{,}905} \cdot 4000 \text{ kVA} = 4{,}64 \text{ MVA}.$$

Jeder Motor erfordert zur Drehmomentenumkehr zwei Stromrichtergruppen gleicher Leistung. Für die Dimensionierung der Thyristoren ist der Abschaltstrom zugrunde zu legen. Für den Dauergrenzstrom ergibt sich nach Anhang 7.8 bei einem Stromsicherheitsfaktor von $K_I = 1{,}2$ der Wert $I_{T(AV)} = 1{,}2 \cdot 9400$ A$/3 = 3760$ A. Bei einer Zündwinkelbegrenzung von $15° < \alpha < 165°$ und einem Spannungssicherheitsfaktor von $K_U = 1{,}8$ beträgt die erforderliche periodische Spitzensperrspannung $U_{RRM} = 1{,}8 \cdot \frac{1200 \text{ V}}{\cos 15°} \cdot 1{,}05 = 2348$ V.

Die geforderten Parameter können häufig nur durch eine Reihen- und Parallelschaltung mehrerer Thyristoren erfüllt werden. Dabei dürfen wegen der ungleichen Strom- bzw. Spannungsaufteilung die Thyristoren nur zu etwa 80% ihrer Nenndaten ausgenutzt werden.

5.1.2. Gleichstromantriebe mit Pulssteller

Zur Steuerung bzw. Regelung von Gleichstrom-Stellantrieben und zur Ankerspannungssteuerung von batteriegetriebenen Elektrofahrzeugen finden verlustarm arbeitende Pulssteller Anwendung. Im ersten Fall wird der Forderung nach einem dynamisch hochwertigen Stellglied mit geringer Totzeit zur Anpassung an einen trägheitsarmen Gleichstrom-Stellmotor entsprochen. Im zweiten Fall ist es die Forderung, daß die durch das Stellglied verursachten Verluste möglichst klein sein sollen. Pulssteller werden für Gleichstrom-Nebenschluß- und Gleichstrom-Reihenschlußmotoren eingesetzt.

Die technische Realisierung von Pulsstellern kann mit selbstgelöschten Thyristoren, Transistoren, GTO-Thyristoren und vorteilhaft mit IGBTs erfolgen. Bei GTO-Thyristo-

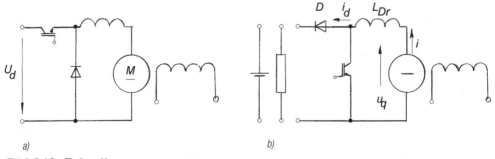

Bild 5.15. Pulssteller
a) Einquadrantenantrieb mit IGBT; b) Bremsschaltung mit Widerstand oder Batterie

ren bzw. IGBTs vereinfacht sich der Schaltungsaufbau durch Wegfall der Löscheinrichtung (Bild 5.15 a).

Mit einer veränderten Anordnung der Halbleiterventile ist eine Bremsung der GNM (Widerstands- oder Nutzbremsung) möglich (Bild 5.15). Bei der Widerstandsbremsung wird der Pulssteller von der Gleichspannungsquelle getrennt und auf einen Bremswiderstand geschaltet. Bei der Nutzbremsung verbleibt der Antrieb am Netz. Der Bremsstrom wird gegen die Spannungsrichtung der Stromquelle getrieben.

Durch Kombination von Zweiquadrantenstellern nach Bild 5.16 entstehen Vierquadrantensteller. Sie gestatten eine Spannungs- und eine Stromumkehr. Bild 5.17 zeigt eine Schaltung für Umkehrpulssteller mit Leistungstransistoren. Die zugehörigen Spannungs- und Stromverläufe für Rechtslauf und Linkslauf des Motors sind im Bild 5.18 enthalten.

Nach Bild 5.18 gilt für die mittlere ideelle Ausgangsspannung bei Mehrquadrantenbetrieb

$$U_\mathrm{d} = \frac{1}{T} \left(\int_0^{T_\mathrm{e}} U_\mathrm{d0}\, \mathrm{d}t - \int_{T_\mathrm{e}}^{T} U_\mathrm{d0}\, \mathrm{d}t \right) = U_\mathrm{d0} \left(2\,\frac{T_\mathrm{e}}{T} - 1 \right).$$ (5.13)

(5.13) stellt die Steuerfunktion des Zweiquadrantenstellers und Vierquadrantenstellers mit Spannungsumkehr im nichtlückenden Betrieb dar. Wird das Tastverhältnis $T_\mathrm{e}/T = 0{,}5$ gewählt, ergibt sich $U_\mathrm{d} = 0$, es liegt an der Ankerwicklung eine rechteckförmige Wechselspannung ohne Gleichkomponente an. Mit der Mittelpunktschaltung

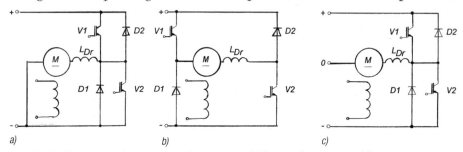

Bild 5.16. *Pulssteller für Zweiquadranten- und Vierquadrantenantriebe*
a) Brückenschaltung mit Stromumkehr (I. und II. Quadrant); b) Brückenschaltung mit Spannungsumkehr (I. und IV. Quadrant); c) Mittelpunktschaltung mit Strom- und Spannungsumkehr (I. bis IV. Quadrant)

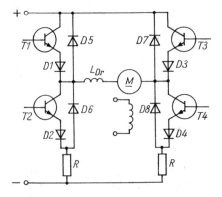

Bild 5.17. *Pulsstellerschaltungen für Vierquadrantenbetrieb*

5.1. Stationäres und dynamisches Verhalten stromrichtergespeister Gleichstromantriebe

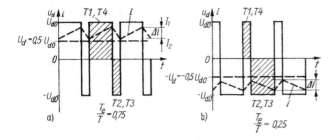

Bild 5.18. Spannungs- und Stromverlauf eines Vierquadranten-Pulsstellers
a) bei Rechtslauf des Motors
b) bei Linkslauf des Motors

nach Bild 5.16c ist bei halbem Ventilaufwand ebenfalls ein Vierquadrantenbetrieb möglich. Ihre Steuerfunktion entspricht (5.13).

Betriebseigenschaften und Anwendungsgebiete

Bei Ankerspannungssteuerung einer GNM über einen Gleichstromsteller ergeben sich grundsätzlich die bekannten Drehzahl-Drehmomenten-Kennlinien (Abschn. 5.1.1.1). Mit den Gleichungen (2.11), (2.12), (4.44) bzw. (5.13) kann das Drehzahl-Drehmomenten-Kennlinienfeld mit dem Tastverhältnis als Parameter bestimmt werden. Für den Betrieb des pulsgesteuerten Antriebs sind auch der Lückbereich und die auftretende Stromschwankungsbreite Δi von Bedeutung. Die interessierenden Parameter können aus den Stromverläufen bei geöffnetem und geschlossenem Schalter ermittelt werden. Bei geschlossenem Schalter $0 \leq t \leq T_e$:

$$i = \frac{U_{d0} - U}{R_A} + \left(I_1 - \frac{U_{d0} - U}{R_A}\right) e^{-t/\tau_A} . \tag{5.14}$$

Bei geöffnetem Schalter $T_e \leq t \leq T$:
Einquadrantenantrieb nach Bild 5.15

$$i = -\frac{U}{R_A} + \left(I_2 + \frac{U}{R_A}\right) e^{-(t-T_e)/\tau_A} . \tag{5.15a}$$

Mehrquadrantenantrieb nach Bild 5.16

$$i = -\frac{U_{d0} + U}{R_A} + \left(I_2 + \frac{U_{d0} + U}{R_A}\right) e^{-(t-T_e)/\tau_A} . \tag{5.15b}$$

Das Stromlücken tritt auf, wenn der Strom i nach (5.15a) bzw. (5.15b) Null wird. Entspricht dabei die Stromführungsdauer der Periodendauer T, so liegt gerade die Lückgrenze vor. Bei vorgegebenem Lückgrenzstrom gilt für die erforderliche Ankerkreisinduktivität

$$L_A = \frac{R_A}{f_p} \frac{\alpha}{\ln \dfrac{1 + 2 I_{d1} R_A/U_{d0}}{1 - 2 I_{d1} R_A/U_{d0}}} ; \tag{5.16}$$

I_{d1} Lückgrenzstrom
f_p Pulsfrequenz, $f_p = 1/T$
$\alpha = 0{,}5$ für Einquadrantenbetrieb, $\alpha = 1$ für Mehrquadrantenbetrieb.

Durch geeignete Wahl der Pulsfrequenz bzw. Vergrößerung der Ankerkreisinduktivität kann der Lückbereich eingeengt bzw. vermieden werden. Die Vergrößerung der Pulsfrequenz ist gegenüber dem unwirtschaftlichen Einsatz von Glättungsdrosseln vorzuziehen. Außerdem wird damit das dynamische Verhalten des Pulsstellers verbessert.

Die Stromschwankungsbreite $\Delta i = |I_2| - |I_1|$ erhält man durch Einsetzen von T_e und T in (5.14) und (5.15) und Umstellung nach

$$\Delta i = 2\alpha \frac{U_{d0}}{R_A} \frac{(1 - e^{-T_e/\tau_A})(1 - e^{-(T-T_e)/\tau_A})}{1 - e^{-T/\tau_A}}. \tag{5.17}$$

Für $T \ll \tau_A$ vereinfacht sich (5.17) zu

$$\Delta i = 2\alpha \frac{U_{d0}}{L_A} T_e \left(1 - \frac{T_e}{T}\right). \tag{5.17a}$$

Die größte Stromschwankungsbreite stellt sich bei $T_e/T = 0{,}5$ ein.
Gleichstromsteller werden vorwiegend zur Steuerung von Gleichstrom-Stellmotoren eingesetzt. Durch das dynamisch hochwertige Stellglied und den trägheitsarmen Stellmotor (kleine elektrische und mechanische Zeitkonstante) können hohe Forderungen an den Drehzahlstellbereich ($S = 1 : 0{,}001$) und den gleichförmigen Lauf auch bei sehr kleinen Drehzahlen erfüllt werden.
Gegenüber den Stromrichterschaltungen nach Abschnitt 5.1.1 können mit Pulsstellern nach Bild 5.17 kleinste Umsteuerzeiten für eine Drehrichtungsumkehr (< 100 ms) erreicht werden. Dabei wird der Pulssteller, dem Wirkprinzip entsprechend, stets kreisstromfrei betrieben.
Pulssteller lassen sich vorteilhaft als Stellglieder für fahrdraht- und batteriegespeiste Elektrofahrzeuge einsetzen. Dabei wird die zum Anfahren und Bremsen erforderliche niedrige und veränderliche Maschinenspannung durch den Pulssteller an die Netzspannung angepaßt (vgl. Abschn. 2.3.3). Die Anfahr- und Bremsvorgänge können somit stufenlos gesteuert werden. Von energetischer Bedeutung ist die mögliche Energierückspeisung mittels Nutzbremsung. Wegen der geringen dynamischen Anforderungen werden Einquadranten- bzw. Zweiquadrantenpulssteller eingesetzt. Durch mechanische Schalter kann eine kostengünstige Drehrichtungsumkehr oder Bremsschaltung realisiert werden. Im Bild 5.19 ist eine Schaltungsanordnung für Elektrotriebfahrzeuge dargestellt, bei der beim Übergang vom Fahr- zum Bremsbetrieb der Anker mittels Schütz umgepolt wird, um eine Bremsschaltung analog zu Bild 5.15 zu erhalten. Die Reihenschlußmaschine wird beim Bremsbetrieb über den Kreis Motor-$D2$-T-Motor selbsterregt, so daß bei Löschung von T durch Nutzbremsung eine Energierückspeisung erfolgt. Der Filter C, L ist erforderlich, um die Ventile bei Stromunterbrechung vor Überspannungen, bedingt durch die Fahrleitungsinduktivität, zu schützen.

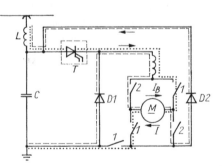

Bild 5.19. *Prinzipschaltung eines Pulsstellers für Elektrofahrzeuge*
Schalter *1* geschlossen: Motorbetrieb · · · · ·
Schalter *2* geschlossen: Nutzbremsung – – –

In einigen Anwendungsfällen ist das speisende Gleichstromnetz nicht jederzeit in der Lage, die angebotene Bremsenergie aufzunehmen. Durch eine gemischte Bremsung wird diesem Betriebsfall Rechnung getragen. Beim Bremsvorgang wird überprüft, ob eine Rückspeisung möglich ist, um anderenfalls auf ohmsche Widerstände zu bremsen (Bild 2.32).

5.1. Stationäres und dynamisches Verhalten stromrichtergespeister Gleichstromantriebe

Beispiel 5.4

Für einen Vierquadranten-Transistorpulssteller, mit dem über einen Gleichstrom-Stellmotor der Vorschub einer Werkzeugmaschine geregelt wird, sollen die erforderliche Pulsfrequenz und die auftretende Stromschwankungsbreite bestimmt werden. Die Pulsfrequenz muß so groß sein, daß im Strombereich $I \geqq 0,2\ I_N$ kein Stromlücken auftritt. Die Daten des Stellmotors sind: $P = 0,16$ kW; $n = 1500$ U/min; $U = 60$ V; $I = 4,5$ A; $R_A = 3\ \Omega$; $L_A = 3,5$ mH.

Lösung

Aus (5.16) erhält man mit $\alpha = 1$ durch Umstellung

$$\frac{\tau_A}{T} = \frac{1}{\ln \dfrac{1 + 2\ I_{d1}\ R_A/U_{d0}}{1 - 2\ I_{d1}\ R_A/U_{d0}}} = \frac{1}{\ln \dfrac{1 + 2 \cdot 0,2 \cdot 4,5\ \text{A} \cdot 3\ \Omega/60\ \text{V}}{1 - 2 \cdot 0,2 \cdot 4,5\ \text{A} \cdot 3\ \Omega/60\ \text{V}}} = 5,54.$$

Mit der elektromagnetischen Ankerzeitkonstante $\tau_A = L_A/R_A = 3,5 \cdot 10^{-3}\ \dfrac{\text{Vs}}{\text{A}}/3\ \Omega = 1,17$ ms bestimmt man die Pulsfrequenz zu $f_p = \dfrac{1}{T} = \dfrac{5,54}{1,17 \cdot 10^{-3}\ \text{s}} = 4,74$ kHz.

Man bestimmt nach (5.17) mit $2\alpha = 2$ und $\tau_A = 1,17$ ms

$$|\Delta i_{\max}| = 2 \cdot \frac{60\ \text{V}}{3\ \Omega} \cdot \frac{\left(1 - e^{-\frac{0,5}{5,56}}\right)^2}{1 - e^{-\frac{1}{5,56}}} = 1,8\ \text{A}.$$

Beispiel 5.5

Ein Elektrotriebfahrzeug wird von einem Gleichstromreihenschlußmotor mit den Daten $U = 750$ V, $I = 200$ A, $L_A = 8$ mH, $R_A = 0,16\ \Omega$ angetrieben. Durch Einsatz eines Gleichstrompulsstellers sollen ein stufenloses Anfahren sowie Nutzbremsung ermöglicht werden. Der maximal zulässige Motorstrom beträgt $I_{\max} = 500$ A, die zulässige Stromschwankungsbreite $\Delta i = 60$ A. Zum Anfahren wird eine minimale Motorspannung von $U_{\min} = 30$ V gefordert. Die Speisespannung beträgt 750 V und kann im Extremfall auf 500 V absinken. Es sind das Stromrichterstellglied auszuwählen und die Glättungsdrossel zu dimensionieren.

Lösung

Auf Grund der geringen dynamischen Anforderungen wird ein Pulssteller nach Bild 5.19 eingesetzt. Es wird eine Pulsfrequenz von $f_p = 100$ Hz gewählt. Nach (5.17a) wird die auftretende Stromschwankungsbreite berechnet.

$$\Delta i = \frac{U_{d0}}{L_A}\ T_e\left(1 - \frac{T_e}{T}\right) = \frac{750\ \text{V}}{8 \cdot 10^{-3}\ \text{H}} \cdot 0,005\ \text{s}\ (1 - 0,5) = 234,4\ \text{A}.$$

Um die vorgegebene Stromschwankungsbreite einzuhalten, ist eine zusätzliche Drossel erforderlich.
Nach Umstellung erhält man die geforderte Gesamtinduktivität:

$$L_A = \frac{U_{d0}}{\Delta i}\ T_e\left(1 - \frac{T_e}{T}\right) = \frac{750\ \text{V}}{60\ \text{A}} \cdot 0,005\ \text{s}\ (1 - 0,5) = 31\ \text{mH}.$$

Beispiel 5.6

Ein Pulssteller für einen Vierquadrantenantrieb (Bild 5.18 bzw. Bild 5.19) wird über eine Zweipunkt-Stromregelung nach Bild 4.24 angesteuert. Die zugelassene Stromschwankungsbreite soll $\Delta i = 1$ A betragen. Zu bestimmen ist die Pulsfrequenz des Stellers.

Motordaten: $R_A = 1\ \Omega$, $\tau_A = 10$ ms; Speisespannung: $U_{d0} = 100$ V.

Lösung

Im Fall des Motorstillstandes ist die induzierte Motorspannung null und der Strom verläuft bei kleinen Stromschwankungsbreiten und hohen Frequenzen dreieckförmig um den Gleichstrommittelwert von null Ampere. Die Einschaltdauer beträgt dabei $T_e = T_a = T/2$. Die Pulsfrequenz kann daher leicht durch abschnittsweise Betrachtung des Stromverlaufes bestimmt werden.

Nach Umstellen der Gleichung 5.17a ergibt sich mit $T_e/T = 0{,}5$ die Einschaltdauer T_e zu

$$T_e = \Delta i \, \frac{R_A}{U_{d0}} \, \tau_A.$$

Die gesuchte Pulsfrequenz erhält man somit nach Umstellung aus der Einschaltdauer T_e.

$$f_p = \frac{1}{2T_e} = \frac{U_{d0}}{2\Delta i\, R_A\, \tau_A} = \frac{100\ V}{2\,(1\ A\ 1\ \Omega\ 10\ ms)} = 5\ \text{kHz}.$$

5.1.3. Regelung von Gleichstromantrieben

Stromrichtergespeiste Gleichstromantriebe besitzen generell eine Steuer- und Regeleinrichtung. Sie hat folgende Hauptaufgaben zu erfüllen:

— Bereitstellung der Steuersignale für das Stromrichterstellglied,
— Schutz des Stromrichterstellgliedes vor betriebsmäßigen Überlastungen,
— genaue Einhaltung vorgegebener Regelgrößen des Antriebssystems, wie Drehmomente, Drehzahlen, Drehwinkel usw. entsprechend den technologischen Sollwerten unabhängig von Störgrößeneinwirkungen,
— Realisierung definierter Fahrkurven und Übergangsprozesse in den technologischen Anlagen, in denen die Antriebe als Stellglieder eingesetzt sind.

Nachfolgend sollen ausgewählte Methoden der Beschreibung des dynamischen Verhaltens der Antriebsbaugruppen sowie die wichtigsten Regelstrukturen von Antriebssystemen mit Gleichstrommaschinen behandelt werden.

5.1.3.1. Beschreibungsmethoden für das dynamische Verhalten von Übertragungsgliedern

Bei der Festlegung der Regelstruktur und der Reglerparameter wird das Ziel verfolgt, ein optimales dynamisches Verhalten des Antriebssystems bei Sollwert- und Störgrößenänderung und eine günstige Gestaltung des Bewegungsablaufes entsprechend den Anforderungen des technologischen Prozesses zu erreichen. Als Beschreibungsmethode für das dynamische Verhalten des Antriebssystems werden vor allem die Übertragungsfunktion sowie die Frequenzgangdarstellung im Bode-Diagramm angewendet. Unter der Übertragungsfunktion wird das Verhältnis der laplacetransformierten Ausgangs- zur Eingangsfunktion eines Übertragungsglieds verstanden. Die Übertragungsfunktion ermöglicht, Aussagen über das dynamische Verhalten des Systems nach Änderungen der Eingangsgrößen sowie über optimale Einstellparameter der Regler zu gewinnen.

5.1. Stationäres und dynamisches Verhalten stromrichtergespeister Gleichstromantriebe

Der Frequenzgang des Systems ergibt sich, wenn in der Übertragungsfunktion der komplexe Operator p durch $j\omega$ ersetzt wird. Häufig wird jedoch anstelle des komplexen Frequenzgangs des geschlossenen Regelkreises eine logarithmische Darstellung des Amplituden- und Phasenfrequenzgangs des offenen Kreises bevorzugt (vgl. Anhang 7.9.1). Hieraus lassen sich einfach Aussagen über die Grenzfrequenz, die Resonanzstellen und die Stabilität des geschlossenen Regelkreises ableiten.

Zur Behandlung von Regelkreisen mit wesentlichen Nichtlinearitäten als Übertragungsglieder eignet sich die Methode der Beschreibungsfunktion. Sie ermöglicht Aussagen über den Stabilitätsbereich sowie die Frequenz von stabilen Grenzschwingungen. Die Bauglieder eines Antriebssystems haben i. allg. eine nichtlineare Kennlinie. In den meisten Fällen ist jedoch eine Linearisierung möglich, wenn man sich auf kleine Abweichungen vom Arbeitspunkt beschränkt. Entsprechend Bild 5.20 gilt

$$x_\mathrm{e} = X_\mathrm{e} + \Delta x_\mathrm{e} \tag{5.18}$$

$$x_\mathrm{a} = X_\mathrm{a} + \Delta x_\mathrm{a} \tag{5.19}$$

$$\Delta x_\mathrm{a} = \frac{\mathrm{d}x_\mathrm{a}}{\mathrm{d}x_\mathrm{e}} \Delta x_\mathrm{e} = K_\mathrm{x} \Delta x_\mathrm{e}; \tag{5.20}$$

x_e Eingangsgröße
x_a Ausgangsgröße
K_x Übertragungsfaktor.

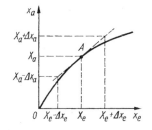

Bild 5.20. Linearisierung nichtlinearer Kennlinien im Arbeitspunkt

x_e Eingangsgröße; x_a Ausgangsgröße; A Arbeitspunkt

Die folgenden Betrachtungen beziehen sich nur auf das Verhalten bei kleinen Abweichungen Δx_a, Δx_e. Der Einfachheit halber wird auf die Δ-Kennzeichnung vor den Regelgrößen im weiteren verzichtet. Alle Sollwerte und Regelgrößen sind Spannungswerte bzw. werden in Spannungsgrößen übergeführt. Diese Regelgrößen werden im folgenden mit einem ' und die Sollwerte durch ein ' und den Index s bezeichnet. So sind z. B.

$i'_\mathrm{s}, u'_\mathrm{s}, \omega'_\mathrm{s}, s'_\mathrm{s} \ldots$ Sollwerte und
$i', u', \omega', s' \ldots$ Istwerte.

Bild 5.21 zeigt das Blockschaltbild und den Signalflußplan eines Antriebsregelkreises. Die Regelgröße x wirkt auf den technologischen Prozeß ein. Jedoch wird x nur über den Meßwertgeber erfaßt und als Spannungssignal x' abgebildet. Für den Signalflußplan 5.21b ist nur dies von Bedeutung. Die Übertragungsfunktion des geöffneten Kreises lautet

$$\boxed{F_\mathrm{o}(p) = \frac{x'(p)}{x'_\mathrm{s}(p)} = F_\mathrm{R}(p)\, F_\mathrm{S}(p)} \;; \tag{5.21}$$

F_R Übertragungsfunktion des Reglers
F_S Übertragungsfunktion der Regelstrecke.

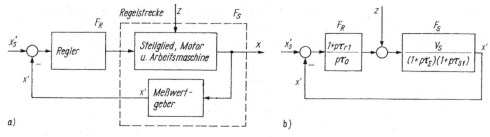

Bild 5.21. Regelkreis eines Antriebssystems
a) Blockschaltbild; b) Signalflußplan
τ_{r1} Rückführzeitkonstante des Reglers; τ_0 Integrierzeitkonstante des Reglers; τ_Σ Summe der kleinen Zeitkonstanten der Regelstrecke; τ_{S1} große Zeitkonstante der Regelstrecke; V_S Verstärkung der Regelstrecke; x_s Sollwert; x Regelgröße; x' Meßwert

Für den geschlossenen Regelkreis gilt dann

$$F_w(p) = \boxed{\frac{F_0(p)}{1 + F_0(p)}}.\qquad(5.22)$$

Die verwendeten Regler haben in den meisten Fällen ein P-, PI- oder PID-Verhalten. Die Gleichungen (5.22a) bis (5.22c) kennzeichnen ihre Übertragungsfunktionen.

P-Regler:

$$F_R(p) = V_R.\qquad(5.22\,\text{a})$$

PI-Regler:

$$F_R(p) = \frac{1 + p\,\tau_r}{p\,\tau_0} = V_R\,\frac{1 + p\,\tau_r}{p\,\tau_r}.\qquad(5.22\,\text{b})$$

PID-Regler:

$$F_R(p) = \frac{(1 + p\,\tau_{r1})(1 + p\,\tau_{r2})}{p\,\tau_0}.\qquad(5.22\,\text{c})$$

Beispiel 5.7

Für einen Stromregelkreis, der aus einem PI-Regler und einer Regelstrecke mit zwei Verzögerungsgliedern besteht (s. Bild 5.21b), sollen die Übertragungsfunktion, der Frequenzgang und die Übergangsfunktion des geschlossenen Kreises bestimmt werden. Des weiteren sind die Amplituden- und Phasenfrequenzgänge der Regelstrecke, des Reglers und des offenen Regelkreises anzugeben. Folgende Parameter sind bekannt: Streckenverstärkung $V_S = 1$; Zeitkonstanten der Strecke $\tau_{S1} = 30$ ms, $\tau_\Sigma = 3$ ms; Rückführzeitkonstante des Reglers $\tau_{r1} = 30$ ms; Integrierzeitkonstante des Reglers $\tau_0 = 3{,}5$ ms.

Lösung

Die Übertragungsfunktion des offenen Regelkreises ergibt sich nach (5.21) zu

$$F_0(p) = F_R(p)\,F_S(p) = \frac{1 + p\,\tau_{r1}}{p\,\tau_0}\,\frac{V_S}{(1 + p\,\tau_\Sigma)(1 + p\,\tau_{S1})},$$

$$F_0(p) = \frac{1}{p\,3{,}5\text{ ms}\,(1 + p\,3\text{ ms})}.$$

Die Übertragungsfunktion des geschlossenen Regelkreises bestimmt man nach (5.22) zu

$$F_w(p) = \frac{F_0}{1 + F_0} = \frac{1}{1 + p\,3{,}5\text{ ms} + p^2\,10{,}5\,(\text{ms})^2}.$$

5.1. Stationäres und dynamisches Verhalten stromrichtergespeister Gleichstromantriebe

Der geschlossene Regelkreis hat die Übertragungsfunktion eines Schwingungsgliedes (s. Anhang 7.9.2).

Übertragungsfunktion des Schwingungsgliedes:

$$F(p) = \frac{1}{1 + p\, 2d\tau + p^2 \tau^2}.$$

Durch Vergleich der Koeffizienten mit F_w erhält man

$$\tau = \sqrt{10{,}5}\ \text{ms} = 3{,}24\ \text{ms};\quad d = 0{,}54.$$

Damit bestimmt man die Eigenfrequenz des ungedämpften Systems

$$\omega_0 = \frac{1}{\tau} = 309\ \text{Hz}.$$

Eigenfrequenz des gedämpften Systems:

$$\omega_\mathrm{e} = \omega_0 \sqrt{1 - d^2} = 309 \sqrt{1 - 0{,}54^2}\ \text{Hz} = 260\ \text{Hz}.$$

Resonanzfrequenz:

$$\omega_\mathrm{max} = \omega_0 \sqrt{1 - 2d^2} = 309 \sqrt{1 - 2 \cdot 0{,}54^2}\ \text{Hz} = 200\ \text{Hz}.$$

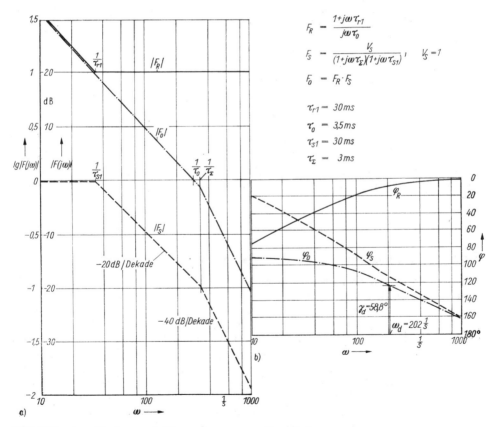

Bild 5.22. *Amplituden- und Phasenfrequenzgangkennlinien*
a) Amplitudenfrequenzgang; ω Kreisfrequenz; $|F_\mathrm{S}|$ Regelstrecke; $|F_\mathrm{R}|$ Regler; $|F_0|$ geöffneter Regelkreis
b) Phasenfrequenzgang; φ_S Regelstrecke; φ_R Regler; φ_0 geöffneter Regelkreis

Den Frequenzgang des geschlossenen Regelkreises erhält man, indem in der Übertragungsfunktion des Schwingungsgliedes p durch $j\omega$ ersetzt wird.

$$F_w(j\omega) = \frac{1}{1 + j\omega\, 2\,d\,\tau + (j\omega)^2\,\tau^2} = \frac{1}{1 + j\omega\, 3{,}5\text{ ms} + (j\omega)^2 \cdot 10{,}5\text{ (ms)}^2}.$$

Der Amplitudenfrequenzgang wird aus diesem durch Betragsbildung von $F_w(j\omega)$ bestimmt.

$$|F_w(j\omega)| = \frac{1}{\sqrt{1 - 2\,(\omega\,\tau)^2\,(1 - 2\,d^2) + (\omega\,\tau)^4}}$$

$$= \frac{1}{\sqrt{1 - 2\,(\omega \cdot 3{,}24\text{ ms})^2\,(1 - 2 \cdot 0{,}54^2) + (\omega \cdot 3{,}24\text{ ms})^4}}.$$

Die Resonanzüberhöhung beträgt

$$|F|_{\max} = \frac{1}{2\,d\,\sqrt{1 - d^2}} = \frac{1}{2 \cdot 0{,}54\,\sqrt{1 - 0{,}54^2}} = 1{,}1.$$

Im Bild 5.22 sind die Amplitudenfrequenzkennlinien des Reglers $|F_R|$, der Strecke $|F_S|$ und des offenen Kreises $|F_0|$ als Asymptoten eingetragen. Sie ergeben sich durch Addition der logarithmischen Amplituden- und Phasenfrequenzgangkennlinien der elementaren Übertragungsglieder der Regelstrecke und des Reglers (s. Anhang 7.9.1). Charakteristisch sind für die Kennlinie des PI-Reglers die Frequenzen $1/\tau_{r1}$ = 33,33 Hz und $1/\tau_0$ = 286 Hz. Die Regelstrecke zeigt Knickfrequenzen bei $1/\tau_{S1}$ = 33,33 Hz und $1/\tau_\Sigma$ = 333 Hz. Aus der Überlagerung ergibt sich $|F_0|$.

Für die Bestimmung der Phasenfrequenzkennlinien wurde das Argument $F(j\omega)$ berechnet. Die Verläufe sind im Bild 5.22b dargestellt. Man erhält für die Durchtrittsfrequenz ω_d folgenden Wert:

$$\omega_d = \frac{1}{2\,\sqrt{2}\,d\,\tau} = \frac{1}{2\,\sqrt{2} \cdot 0{,}54 \cdot 3{,}24\text{ ms}} = 202\text{ Hz}.$$

Danach ergibt sich für den Phasenrand (vgl. Anhang 7.9.3):

$$\gamma_d = \arctan\frac{2\,d}{\omega_d\,\tau} = \frac{2 \cdot 0{,}54}{202\,\dfrac{1}{\text{s}} \cdot 3{,}24\text{ ms}} = 58{,}7°.$$

Die Sprungantwort läßt sich mit der Tafel im Anhang 7.9.2 kennzeichnen. Danach beträgt für d = 0,54 die Anregelzeit $t_a \approx 3\,\tau = 3 \cdot 3{,}24$ ms = 9,7 ms. Die Überschwingweite bestimmt man zu

$$h_\text{ü} = e^{-\frac{\pi d}{\sqrt{1-d^2}}} = e^{-\frac{\pi \cdot 0{,}54}{\sqrt{1-0{,}54^2}}} = 13{,}3\%.$$

5.1.3.2. Optimierungskriterien von Antriebsregelkreisen

Elektrische Antriebe enthalten in der Regelstrecke Übertragungsglieder mit sehr unterschiedlichen Zeitkonstanten und Verstärkungsfaktoren. Während des Betriebes können sich die Zeitkonstanten und Verstärkungsfaktoren in gewissen Grenzen ändern. Neben den Sollwerten wirken auf das Antriebssystem eine Reihe von Störgrößen ein, z. B. Änderungen der Netzspannung und des Widerstandsmoments der Arbeitsmaschine. Im mechanischen Übertragungssystem sind oft Schwingungsglieder mit vernachlässigbarer Dämpfung sowie Bauglieder mit Totzonen und Hysterese enthalten, die über das Drehmoment der Motorwelle auf die Antriebsregelung zurückwirken. Die Antriebsregelkreise müssen trotz der Parameterschwankungen in der Regelstrecke und der Störgrößeneinwirkung dynamisch hinreichend stabil sein sowie Sollwert- und Störgrößenänderungen schnell ausregeln.

Zur Beurteilung der Güte eines Antriebsregelkreises wird am häufigsten das Verhalten der Regelgröße x' nach einem Sprung des Sollwerts x'_s bzw. einer Störgröße z heran-

5.1. Stationäres und dynamisches Verhalten stromrichtergespeister Gleichstromantriebe

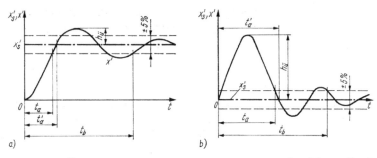

Bild 5.23. Übergangsverhalten eines nichtoptimierten Antriebsregelkreises
(Erklärung im Text)
a) nach einem Sollwertsprung; b) nach einem Störgrößensprung

gezogen. Die Bilder 5.23a und 5.23b zeigen mögliche Einschwingvorgänge nach einem Sollwert- bzw. Störgrößensprung in einem nichtoptimierten Antriebssystem. Kennzeichnende Größen für das dynamische Verhalten des Regelkreises sind die Anregelzeit t_a, die Ausregelzeit t_b und die Überschwingweite $hü$. Nach einem Sollwertsprung soll die Regelgröße x' ihren Endwert mit einer möglichst kurzen Anregelzeit und geringer Überschwingweite erreichen. Häufig ist auch die Änderungsgeschwindigkeit dx'/dt beschränkt, um z. B. die zulässige Beschleunigung oder Stromänderungsgeschwindigkeit nicht zu überschreiten.

Nachfolgend sollen zwei Verfahren zur Festlegung der Reglerparameter behandelt werden, die eine Optimierung des Führungs- und Störverhaltens von Antriebsregelungen ermöglicht.

5.1.3.3. Optimierung des Führungsverhaltens

Einstellregeln nach dem Betragsoptimum

Das Führungsverhalten eines Regelkreises ist dann am besten, wenn für den geschlossenen Kreis gilt

$$F_w(p) = \frac{x'(p)}{x'_s(p)} = 1 \quad \text{bzw.} \quad |F_w(j\omega)| = \left|\frac{x'(j\omega)}{x'_s(j\omega)}\right| = 1. \tag{5.23}$$

In einem realen Antrieb wird (5.23) durch die Verzögerungsglieder in der Regelstrecke nicht erfüllt. Durch Optimierung des dynamischen Verhaltens des Systems muß deshalb erreicht werden, daß der Betrag des Frequenzgangs von diesem System wenigstens im unteren Frequenzbereich der Gleichung (5.23) nahekommt. Bild 5.24 zeigt den Betrag des Frequenzgangs für einen idealen, einen realen nichtoptimierten und einen optimierten Regelkreis.

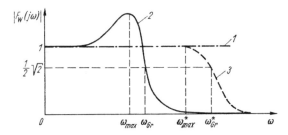

Bild 5.24. Frequenzgang $|F_w(j\omega)|$ eines geschlossenen Regelkreises
Kurve *1*: idealer Regelkreis $|F_w| = 1$;
Kurve *2*: realer nichtoptimierter Regelkreis;
Kurve *3*: nach Betragsoptimum eingestellter Regelkreis

Der Frequenzgang $|F_w(j\omega)|$ des optimierten Systems schmiegt sich dann der Geraden $|F_w(j\omega)| = 1$ sehr nahe an, wenn an der Stelle $\omega = 0$ möglichst viele Ableitungen von $|F_w(j\omega)|$ Null sind:

$$\lim_{\omega \to 0} \frac{d^r}{d\omega^r} |F_w(j\omega)| = 0. \tag{5.24}$$

Die Anzahl r der Ableitungen richtet sich nach dem Freiheitsgrad des Reglers, d. h. nach den möglichen Einstellparametern. Da diese Optimierung vom Betrag des Frequenzgangs ausgeht, wird die Optimierungsvorschrift auch als Betragsoptimum bezeichnet.

Allgemein gilt für den Frequenzgang eines geschlossenen Kreises

$$F_w(j\omega) = \frac{a_0 + a_1 j\omega + a_2(j\omega)^2 + \cdots + a_n(j\omega)^n}{b_0 + b_1 j\omega + b_2(j\omega)^2 + \cdots + b_m(j\omega)^m}. \tag{5.25}$$

Aus (5.24) und (5.25) erhält man für einen Regelkreis mit r Freiheitsgraden die Optimierungsbedingung

$$\frac{b_0^2}{a_0^2} [a_1^2 - 2 a_0 a_2] = b_1^2 - 2 b_0 b_2, \tag{5.26a}$$

$$\frac{b_0^2}{a_0^2} [a_2^2 - 2 a_1 a_3 + 2 a_0 a_4] = b_2^2 - 2 b_1 b_3 + 2 b_0 b_4, \tag{5.26b}$$

$$\vdots$$

$$\frac{b_0^2}{a_0^2} \sum_{l=0}^{2r} (-1)^{r+l} a_{2r-l} a_l = \sum_{l=0}^{2r} (-1)^{r+l} b_{2r-l} b_l. \tag{5.26c}$$

Mit dem Gleichungssystem (5.26) können bei bekannten Parametern der Regelstrecke die Reglerparameter festgelegt werden. Zuvor ist es jedoch sinnvoll, eine Vereinfachung der Struktur der Regelstrecke vorzunehmen.

Enthält die Regelstrecke Verzögerungsglieder mit n großen Zeitkonstanten τ_{Sn} und ν kleinen Zeitkonstanten $\tau_{S\nu}$, so gilt bei $\tau_{S\nu} \ll \tau_{Sn}$

$$F_S(p) = \frac{V_S}{\prod\limits^{\nu}(1 + p\,\tau_{S\nu}) \prod\limits^{n}(1 + p\,\tau_{Sn})} \approx \frac{V_S}{(1 + p\,\tau_\Sigma) \prod\limits^{n}(1 + p\,\tau_{Sn})} \tag{5.27}$$

mit

$$\tau_\Sigma = \sum_\nu \tau_{S\nu}; \tag{5.28}$$

τ_Σ Summe der kleinen Zeitkonstanten.

Dadurch wird die Ordnungszahl der Regelstrecke reduziert, ohne daß diese Vereinfachung merklich das Übertragungsverhalten der Strecke verfälscht. Wählt man als Übertragungsfunktion des Reglers

$$F_R(p) = \frac{\prod\limits^{m}(1 + p\,\tau_{rm})}{p\,\tau_0}, \tag{5.29}$$

so gilt für den offenen Kreis

$$F_0(p) = \frac{\prod\limits^{m}(1 + p\,\tau_{rm})}{p\,\dfrac{\tau_0}{V_S}(1 + p\,\tau_\Sigma) \prod\limits^{n}(1 + p\,\tau_{Sn})} \tag{5.30}$$

5.1. Stationäres und dynamisches Verhalten stromrichtergespeister Gleichstromantriebe

und für den geschlossenen Kreis

$$F_{\mathrm{w}}(p) = \frac{\prod\limits^{m} (1 + p\,\tau_{\mathrm{r}m})}{\prod\limits^{m} (1 + p\,\tau_{\mathrm{r}m}) + p\,\dfrac{\tau_0}{V_{\mathrm{S}}}(1 + p\,\tau_{\Sigma})\prod\limits^{n}(1 + p\,\tau_{\mathrm{S}n})}. \qquad (5.31)$$

Mit dem Gleichungssystem (5.26) lassen sich die optimalen Parameter bestimmen. Das günstigste dynamische Verhalten wird dabei erzielt, wenn die Ordnungszahl des Reglers mit der Ordnungszahl der Strecke übereinstimmt, d. h., wenn $m = n$ ist. Das wird als strukturoptimale Regelung bezeichnet. Für eine Strecke mit $n = 1$ und einem Regler mit $m = 1$ (PI-Regler) erhält man

$$\frac{\tau_0}{V_{\mathrm{S}}} = 2\,\tau_{\Sigma}\,\frac{1 + \tau_{\Sigma}/\tau_{\mathrm{S}1}}{1 + (\tau_{\Sigma}/\tau_{\mathrm{S}1})^2} \approx 2\,\tau_{\Sigma}, \qquad (5.32)$$

$$\tau_{\mathrm{r}1} = \tau_{\mathrm{S}1} + \tau_{\Sigma}\,\frac{1 - \tau_{\Sigma}/\tau_{\mathrm{S}1}}{1 - 2\,\tau_{\Sigma}/\tau_{\mathrm{S}1} - 3\,(\tau_{\Sigma}/\tau_{\mathrm{S}1})^2} \approx \tau_{\mathrm{S}1}. \qquad (5.33)$$

Allgemein lautet die Einstellvorschrift eines Reglers mit I-Anteil

$$\tau_{\mathrm{r}n} = \tau_{\mathrm{S}n}\,(n = 1, 2 \ldots), \qquad (5.34)$$

$$\tau_0 = 2\,\tau_{\Sigma}\,V_{\mathrm{S}}. \qquad (5.35)$$

Durch die Rückführzeitkonstanten des Reglers $\tau_{\mathrm{r}m}$ werden bei dieser Einstellung die großen Zeitkonstanten der Regelstrecke kompensiert. Die Übertragungsfunktionen lauten bei optimaler Reglereinstellung für den offenen Kreis

$$F_{\mathrm{o}}(p) = \frac{1}{p\,2\,\tau_{\Sigma}(1 + p\,\tau_{\Sigma})} \qquad (5.36)$$

und für den geschlossenen Kreis

$$F_{\mathrm{w}}(p) = \frac{1}{1 + p\,2\,\tau_{\Sigma} + p^2\,2\,\tau_{\Sigma}^2}. \qquad (5.37)$$

Wird für eine Regelstrecke mit einer großen Zeitkonstanten $\tau_{\mathrm{S}1}$ anstelle eines PI-Reglers ein P-Regler verwendet, so erhält man mit (5.26a) als optimale Verstärkung

$$V_{\mathrm{R}} = \frac{1}{V_{\mathrm{S}}}\left(\frac{1}{2}\frac{\tau_{\mathrm{S}1}}{\tau_{\Sigma}} - 1\right) \approx \frac{\tau_{\mathrm{S}1}}{2\,V_{\mathrm{S}}\,\tau_{\Sigma}}. \qquad (5.38)$$

Das dynamische Verhalten entspricht dem Kreis mit PI-Regler. Allerdings tritt durch den P-Regler eine bleibende Regelabweichung auf.

$$\lim_{t \to \infty}\frac{x'_{\mathrm{s}} - x'}{x'_{\mathrm{s}}} = \frac{1}{1 + V_{\mathrm{R}}\,V_{\mathrm{S}}} \approx \frac{2\,\tau_{\Sigma}}{2\,\tau_{\Sigma} + \tau_{\mathrm{S}1}}. \qquad (5.39)$$

Führungsverhalten des betragsoptimal eingestellten Regelkreises

Bei der Optimierung nach dem Betragsoptimum stellt die Übertragungsfunktion des geschlossenen Regelkreises $F_{\mathrm{w}}(p)$ ein Schwingungsglied mit der Dämpfung $d = \dfrac{1}{2}\sqrt{2}$ = 0,707 und einer Eigenzeitkonstanten $\tau = \sqrt{2}\,\tau_{\Sigma}$ dar. Die Antwort des Regelkreises auf einen Sollwertsprung ist im Anhang 7.9.2 enthalten. Aus der Sprungantwort können die Anregelzeit und die Überschwingweite entnommen werden.

$$t_a = 4{,}7\,\tau_\Sigma, \qquad h_\ddot{u} = 4{,}3\,\%\,.$$

Anhang 7.9.3 enthält eine Zusammenstellung der wichtigsten Parameter des Betragsoptimums. Für die praktische Einstellung des Regelkreises sowie für den Fall, daß sich während des Betriebs die Streckenparameter ändern, interessiert die Abhängigkeit der Sprungantwort von den Parameteränderungen. Wird $\tau_{rn} \neq \tau_{Sn}$ und gilt anstelle (5.35) die Beziehung

$$\tau_0 = k_0\,\tau_\Sigma\,V_S, \tag{5.40}$$

so erhält man wegen $p\,\tau_{rn};\,p\,\tau_{Sn} \gg 1$ für den offenen Kreis

$$F_0(p) = \frac{1}{p\,k_0\,\tau_\Sigma(1+p\,\tau_\Sigma)}\,\frac{1+p\,\tau_{rn}}{1+p\,\tau_{Sn}} \approx \frac{1}{p\,k_0\,\dfrac{\tau_{Sn}}{\tau_{rn}}\,\tau_\Sigma\,(1+p\,\tau_\Sigma)}\,. \tag{5.41}$$

Die Übertragungsfunktion des geschlossenen Kreises ist dann ein Schwingungsglied mit

$$d = \frac{1}{2}\sqrt{k_0\,\tau_{Sn}/\tau_{rn}}\,, \qquad \tau = \tau_\Sigma\sqrt{k_0\,\tau_{Sn}/\tau_{rn}}\,. \tag{5.42a}\,(5.42b)$$

Die Änderung der Dämpfung wirkt sich auf die Überschwingweite und die Anregelzeit in der Übergangsfunktion des geschlossenen Kreises aus (Anhang 7.9.2).

Störverhalten des betragsoptimal eingestellten Regelkreises

Neben dem Führungsverhalten ist zur Beurteilung des Optimierungsverfahrens auch das Störverhalten von Interesse. In geregelten elektrischen Antrieben treten Störungen (Spannungs- und Widerstandsmomentenänderungen) hauptsächlich am Anfang der Regelstrecke bzw. vor großen Streckenzeitkonstanten τ_{S1} auf (Bild 5.21b). Für die Störübertragungsfunktion gilt bei betragsoptimaler Reglereinstellung für einen Regelkreis mit $n = m = 1$

$$F_Z(p) = \frac{x'}{z} = \frac{1}{F_R(p)}\,F_W(p) = \frac{p\,\tau_0}{1+p\,\tau_{r1}}\,\frac{1}{1+p\,2\,\tau_\Sigma\,(1+p\,\tau_\Sigma)}\,. \tag{5.43}$$

x' Meßgröße
z Störgröße

Der Abbau der Störung wird durch die große Zeitkonstante $\tau_{r1} = \tau_{S1}$ verzögert. Das Störverhalten des betragsoptimal eingestellten Regelkreises mit einem Regler mit I-Anteil ist demzufolge ungünstig. Bei Verwendung eines P-Reglers gilt

$$F_Z(p) = \frac{1}{V_R}\,F_W(p) \approx \frac{2\,V_S\,\tau_\Sigma}{\tau_{S1}}\,\frac{1}{1+p\,2\,\tau_\Sigma\,(1+p\,\tau_\Sigma)}\,. \tag{5.44}$$

Die Sprungantwort entspricht hier der Antwort auf einen Sollwertsprung. Das dynamische Verhalten ist sehr günstig, allerdings kommt es durch die Einwirkung der Störung zu einer bleibenden Regelabweichung:

$$\Delta x' \approx \frac{2\,V_S\,\tau_\Sigma}{\tau_{S1}}\,z\,. \tag{5.45}$$

Im allgemeinen wird die Einstellung nach dem Betragsoptimum für Regelkreise, in denen häufig Störgrößenänderungen auftreten, vermieden.

5.1.3.4. Optimierung des Störverhaltens

Einstellregeln nach dem symmetrischen Optimum

Wie beim Führungsverhalten ist auch für das Störverhalten eine Optimierung über den Betrag des Frequenzgangs möglich. Die Übertragungsfunktion der Strecke nach (5.27) kann bei $p\,\tau_{\mathrm{Sn}} \gg 1$ vereinfacht werden zu

$$F_{\mathrm{S}}(p) = \frac{V_{\mathrm{S}}}{(1 + p\,\tau_{\Sigma})\prod\limits^{n} p\,\tau_{\mathrm{Sn}}}. \tag{5.46}$$

Mit einem Regler nach (5.29) gilt für die Störübertragungsfunktion bei einer strukturoptimalen Regelung ($m = n$)

$$F_{\mathrm{Z}}(p) = \frac{F_{\mathrm{w}}(p)}{F_{\mathrm{R}}(p)} = \frac{p\,\tau_0}{\prod\limits^{n}(1 + p\,\tau_{\mathrm{rn}}) + p\,\dfrac{\tau_0}{V_{\mathrm{S}}}(1 + p\,\tau_{\Sigma})\prod\limits^{n} p\,\tau_{\mathrm{Sn}}}. \tag{5.47}$$

Eine Störung wird dann optimal abgebaut, wenn der Nenner in (5.47) gegen Eins geht (ideales D-Glied).
Für Regelstrecken mit nur einer großen Zeitkonstante und einem PI-Regler gilt

$$F_{\mathrm{Z}}(p) = \frac{p\,\tau_0}{1 + p\,\tau_{\mathrm{r}} + p^2\,\tau_{\mathrm{S}1}\,\tau_0/V_{\mathrm{S}} + p^3\,\tau_{\Sigma}\,\tau_{\mathrm{S}1}\,\tau_0/V_{\mathrm{S}}}. \tag{5.48}$$

Wendet man die Optimierungsbedingungen nach (5.26) nur auf den Nenner von $F_{\mathrm{Z}}(p)$ an, d. h. $a_0 = b_0 = 1$, $a_\nu = 0$ bei $\nu = 1\ldots n$, so erhält man die Bestimmungsgleichungen für das Nennerpolynom:

$$0 = b_1^2 - 2\,b_0\,b_2, \tag{5.49a}$$

$$0 = b_2^2 - 2\,b_1\,b_3 + 2\,b_0\,b_4, \tag{5.49b}$$

$$0 = b_r^2 - 2\,b_{(r-1)}\,b_{(r+1)} + 2\,b_{(r-2)}\,b_{(r+2)} - 2\,b_{(r-3)}\,b_{(r+3)}\ldots \tag{5.49c}$$

Für eine Regelstrecke mit einer großen Zeitkonstante $\tau_{\mathrm{S}1}$ nach (5.48) liefern die Bestimmungsgleichungen (5.49a) bis (5.49c) die Reglerparameter

$$\tau_{\mathrm{r}1} = 4\,\tau_{\Sigma}, \tag{5.50}$$

$$\tau_0 = 8\,\frac{\tau_{\Sigma}^2}{\tau_{\mathrm{S}1}}\,V_{\mathrm{S}} = 2\,\tau_{\Sigma}\,\frac{\tau_{\mathrm{r}1}}{\tau_{\mathrm{S}1}}\,V_{\mathrm{S}}. \tag{5.51}$$

Analog gilt für eine Regelstrecke mit zwei großen Zeitkonstanten $\tau_{\mathrm{S}1}$; $\tau_{\mathrm{S}2}$:

$$\tau_{\mathrm{r}1} = \tau_{\mathrm{r}2} = 8\,\tau_{\Sigma}, \tag{5.52}$$

$$\tau_0 = 128\,\frac{\tau_{\Sigma}^3}{\tau_{\mathrm{S}1}\,\tau_{\mathrm{S}2}}\,V_{\mathrm{S}} = 2\,\tau_{\Sigma}\,\frac{\tau_{\mathrm{r}}^2}{\tau_{\mathrm{S}1}\,\tau_{\mathrm{S}2}}\,V_{\mathrm{S}}. \tag{5.53}$$

Störverhalten des nach dem symmetrischen Optimum eingestellten Regelkreises

Nach Einsetzen von (5.50) und (5.51) in (5.47) erhält man für eine Regelstrecke mit einer großen Zeitkonstanten $\tau_{\mathrm{S}1}$ für das Störverhalten die Übertragungsfunktion

$$F_{\mathrm{Z}} = V_{\mathrm{S}}\,\frac{\tau_{\Sigma}}{\tau_{\mathrm{S}1}}\,\frac{p\,8\,\tau_{\Sigma}}{1 + p\,4\,\tau_{\Sigma} + p^2\,8\,\tau_{\Sigma}^2 + p^3\,8\,\tau_{\Sigma}^3}. \tag{5.54}$$

Da der Nenner von F_z nur noch kleine Zeitkonstanten besitzt, werden Störgrößenänderungen schnell ausgeregelt (vgl. Anhang 7.9.4). Die Antwort auf einen Störgrößensprung hat eine Anregelzeit von etwa $t_a = 9{,}2\,\tau_\Sigma$ und eine Überschwingweite von etwa $h_{\ddot{u}} = 1{,}7\,z\,V_S\,\tau_\Sigma/\tau_{S1}$.

Da der Amplitudenfrequenzgang von F_o im Bodediagramm zwei Knickstellen symmetrisch zur Durchtrittsfrequenz hat, wird dieses Optimierungsverfahren als symmetrisches Optimum bezeichnet (Anhang 7.9.4).

Reglerdimensionierung nach der Methode der Doppelverhältnisse

Die Dimensionierungsgleichungen (5.49a) bis (5.49c) für die Nennerkoeffizienten in $F_Z(p)$ können in einigen Fällen zu schwer lösbaren Ausdrücken führen. Sehr einfache Beziehungen erhält man, wenn man nur die ersten beiden Glieder der Gleichungen berücksichtigt. Bei r Reglerparametern (Freiheitsgraden) gelten dann die r Bestimmungsgleichungen für die Nennerkoeffizienten b_ν, $\nu = 1 \ldots r$,

$$b^2 = 2\,b_{(\nu-1)}\,b_{(\nu+1)}\,. \tag{5.55}$$

Diese als Methode der Doppelverhältnisse bezeichnete Dimensionierungsvorschrift liefert, angewendet auf die Übertragungsfunktion (5.48), die gleichen Reglereinstellwerte wie das symmetrische Optimum.

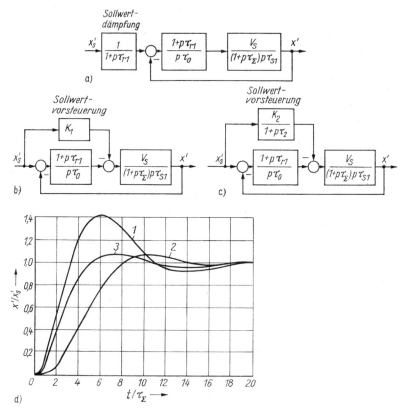

Bild 5.25. *Dämpfung des Führungsverhaltens eines nach dem symmetrischen Optimum eingestellten Regelkreises ($n = 1$)*

a) durch Sollwertdämpfung; b) durch negative Sollwertvorsteuerung; c) durch verzögerte negative Sollwertvorsteuerung; d) Übergangsfunktion nach einem Sollwertsprung

Kurve *1*: nach Bild 5.25a ohne Sollwertdämpfung; Kurve *2*: nach Bild 5.25a oder Bild 5.25b mit $K_1 = 4\,\tau_\Sigma/\tau_0$; Kurve *3*: nach Bild 5.25c mit $\tau_2 = \tau_\Sigma$, $K_2 = 2\,\tau_\Sigma/\tau_0$

Führungsverhalten des nach dem symmetrischen Optimum eingestellten Regelkreises

Für das Führungsverhalten gilt bei $n = 1$, d. h. nur eine große Streckenzeitkonstante:

$$F_o(p) = \frac{1 + p\tau_r}{p\tau_0} \cdot \frac{V_s}{p\tau_{S1}(1 + p\tau_\Sigma)} = \frac{1 + p\,4\,\tau_\Sigma}{p^2\,8\,\tau_\Sigma^2\,(1 + p\,\tau_\Sigma)}, \quad (5.56)$$

$$F_w(p) = \frac{1 + p\,4\,\tau_\Sigma}{1 + p\,4\,\tau_\Sigma + p^2\,8\,\tau_\Sigma^2 + p^3\,8\,\tau_\Sigma^3}. \quad (5.57)$$

Das Zählerpolynom von $F_w(p)$ bewirkt in der Sprungantwort ein Überschwingen von $h_\text{ü} = 43{,}4\%$ bei einer Anregelzeit von $t_e' = 3{,}2\,\tau_\Sigma$. Dieses große Überschwingen im Führungsverhalten kann in vielen Fällen nicht zugelassen werden. Bild 5.25 zeigt einige Regelkreisstrukturen mit Sollwertvorsteuerung bzw. Sollwertdämpfung, mit deren Hilfe bei einem nach dem symmetrischen Optimum eingestellten Regler nachträglich auch noch das Führungsverhalten optimiert werden kann. Die Optimierung der Parameter der Sollwertvorsteuerung kann mit Hilfe von (5.26a) bis (5.26c) erfolgen.

Verbesserung des Störverhaltens durch Störgrößenkompensation

Bei bekanntem Verlauf der Störgröße ist durch eine Störgrößenvorsteuerung über den Sollwerteingang des Reglers eine Kompensation der Störeinwirkung auf die Regelgröße möglich, vgl. Bild 5.26a. Die Übertragungsfunktion F_Zvor ist entsprechend den Übertragungsfunktionen des Reglers F_R und des Regelstreckenteils F_{S1} vor der Eingriffsstelle der Störgröße zu dimensionieren. Als Regler genügt dann häufig ein auf gutes Führungsverhalten eingestellter P-Regler.

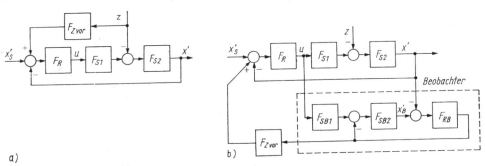

Bild 5.26. *Verbesserung des Störverhaltens durch Störgrößenvorsteuerung*
a) bei meßbarer Störgröße; b) mit Beobachter bei nichtmeßbarer Störgröße

In den meisten Fällen ist aber der Störgrößenverlauf nicht meßbar. Bei bekannter Regelstrecke kann hier der Verlauf der Störgröße z mit einem Beobachter rekonstruiert werden, vgl. Bild 5.26b.
Der Beobachter im Bild 5.26b enthält mit F_{SB1} und F_{SB2} ein Modell der Regelstrecke des Antriebes, das ebenfalls durch die Stellgröße u angesteuert wird. Ein Beobachterregler F_{RB} führt das Streckenmodell mit der Ausgangsgröße x_B' entsprechend der Regelgröße x' nach. Über das Streckenmodell des Beobachters stehen der Regeleinrichtung des Antriebes auch sonst nicht meßbare Zustandsgrößen der Regelstrecke zur Verfügung (Zustandsbeobachter). Aus der Ausgangsgröße des Beobachterreglers F_{RB} kann der Störgrößenverlauf entnommen und für die Störgrößenvorsteuerung verwendet werden (Störgrößenbeobachter). Im einfachsten Fall ist der Beobachterregler ein PI-Regler. Mit einem dynamisch hochwertigen Beobachter ist eine sehr schnelle Kompensation der Störgrößeneinwirkung möglich, so daß der Regelkreis dann gleichzeitig ein gutes Führungs- und Störverhalten aufweist.

Beispiel 5.8

Ein Stromregler soll auf optimales Führungsverhalten eingestellt werden. Der Stromregelkreis besitzt eine Regelstrecke mit der Übertragungsfunktion

$$F_{Si} = \frac{i'}{u_{St}} = \frac{V_{Si}}{(1 + p\,\tau_{\Sigma i})(1 + p\,\tau_A)}$$

mit $V_{Si} = 15$ und den Zeitkonstanten $\tau_{\Sigma i} = 1{,}5$ ms, $\tau_A = 30$ ms.

Lösung

Optimales Führungsverhalten bei Änderungen des Stromsollwertes i'_s wird durch einen Stromregler mit PI-Verhalten erzielt, dessen Parameter nach dem Betragsoptimum eingestellt sind. Mit (5.22b), (5.34) und (5.35) erhält man:

$$F_{Ri} = \frac{1 + p\,\tau_{ri}}{p\,\tau_{0i}} = V_{Ri}\,\frac{1 + p\,\tau_{ri}}{p\,\tau_{ri}} \;;$$

$$\tau_{ri} = \tau_A = 30 \text{ ms}, \quad \tau_{0i} = 2\,\tau_{\Sigma i} \cdot V_{Si} = 2 \cdot 1{,}5 \text{ ms} \cdot 15 = 45 \text{ ms},$$

$$V_{Ri} = \frac{\tau_{ri}}{\tau_{0i}} = \frac{30 \text{ ms}}{45 \text{ ms}} = 0{,}67.$$

Die Sprungantwort des betragsoptimal eingestellten Regelkreises ist dem Anhang 7.9.3 zu entnehmen. Für die Anregelzeit und die maximale Überschwingweite erhält man:

$$t'_a = 4{,}7\,\tau_{\Sigma i} = 4{,}7 \cdot 1{,}5 \text{ ms} = 7{,}05 \text{ ms}, \quad h_{\ddot{u}} = 4{,}3\%.$$

Für die Ausregelung einer Störung am Anfang der Regelstrecke (z. B. Netzspannungseinbruch) werden nach Anhang 7.9.3 bei $\tau_A/\tau_{\Sigma i} = 30$ ms/1,5 ms = 20 etwa $t'_a \approx 9\,\tau_{\Sigma i} = 9 \cdot 1{,}5$ ms = 13,5 ms benötigt.

Beispiel 5.9

Die Regelstrecke eines Drehzahlregelkreises mit unterlagertem Stromregelkreis besitzt die Übertragungsfunktion

$$F_{S\omega} = \frac{V_{S\omega}}{(1 + p\,\tau_{\Sigma \omega})(1 + p\,\tau_M)}$$

mit der Streckenverstärkung $V_{S\omega} = 0{,}4$ und den Zeitkonstanten $\tau_{\Sigma \omega} = 6{,}6$ ms, $\tau_M = 100$ ms. Es soll die Übertragungsfunktion des Drehzahlreglers für ein optimales Verhalten bezüglich auftretender Änderungen des Widerstandsmoments bestimmt werden.

Lösung

Die Änderung des Widerstandsmoments ist eine Störgröße, die im Signalflußplan des Drehzahlregelkreises vor der großen elektromechanischen Zeitkonstante τ_M in den Regelkreis eingreift. Sie kann als eine Störung am Anfang der Regelstrecke behandelt werden. Die Optimierung des Drehzahlregelkreises erfolgt deshalb nach dem symmetrischen Optimum.
Da die Regelstrecke nur eine große Zeitkonstante besitzt, wird ein Drehzahlregler mit PI-Verhalten gemäß der Übertragungsfunktion

$$F_{R\omega} = \frac{1 + p\,\tau_{r\omega}}{p\,\tau_{0\omega}} = V_{R\omega}\,\frac{1 + p\,\tau_{r\omega}}{p\,\tau_{r\omega}}$$

eingesetzt. Seine Einstellparameter ergeben sich aus (5.50) und (5.51) zu

$$\tau_{r\omega} = 4\,\tau_{\Sigma \omega} = 4 \cdot 6{,}6 \text{ ms} = 26{,}4 \text{ ms},$$

$$\tau_{0\omega} = 2\,\tau_{\Sigma \omega}\,\frac{\tau_{r\omega}}{\tau_M}\,V_{S\omega} = 2 \cdot 6{,}6 \text{ ms}\,\frac{26{,}4 \text{ ms}}{100 \text{ ms}} \cdot 0{,}4 = 1{,}4 \text{ ms},$$

$$V_{R\omega} = \frac{\tau_{r\omega}}{\tau_{0\omega}} = \frac{26{,}4 \text{ ms}}{1{,}4 \text{ ms}} = 18{,}9.$$

5.1. Stationäres und dynamisches Verhalten stromrichtergespeister Gleichstromantriebe

Die Anregelzeit nach einer Störgrößenänderung kann dem Anhang 7.9.4 entnommen werden.

$$t_\mathrm{a} = 9{,}2\ \tau_{\Sigma\omega} = 9{,}2 \cdot 6{,}6\ \mathrm{ms} = 60{,}7\ \mathrm{ms}.$$

Für das Führungsverhalten des optimierten Regelkreises gilt mit Anhang 7.9.4:

$$t'_\mathrm{a} = 3{,}2\ \tau_{\Sigma\omega} = 3{,}2 \cdot 6{,}6\ \mathrm{ms} = 21{,}1\ \mathrm{ms},\ h_\mathrm{ü} = 43{,}3\%.$$

Häufig wird wegen der großen Überschwingweite in der Sprungantwort eine Sollwertdämpfung nach Bild 5.25a mit Hilfe eines Verzögerungsgliedes mit $\tau_\mathrm{v} = \tau_{r\omega}$ vorgesehen. Die Anregelzeit nach einem Sollwertsprung beträgt in diesem Fall nach Bild 5.25d

$$t'_\mathrm{a} \approx 8{,}3\ \tau_{\Sigma\omega} = 8{,}3 \cdot 6{,}6\ \mathrm{ms} = 54{,}8\ \mathrm{ms}$$

bei einer Überschwingweite von etwa 6%. Ein günstigeres Führungsverhalten läßt sich mit Hilfe einer Sollwertvorsteuerung nach Bild 5.25 erzielen. Aus Bild 5.25d erhält man bei gleicher Überschwingweite eine Anregelzeit von

$$t'_\mathrm{a} \approx 5{,}3\ \tau_{\Sigma\omega} = 5{,}3 \cdot 6{,}6\ \mathrm{ms} = 35\ \mathrm{ms}.$$

Diese Anregelzeit liegt nur geringfügig über der Anregelzeit bei Einstellung nach dem Betragsoptimum von

$$t'_\mathrm{a} \approx 4{,}7\ \tau_{\Sigma\omega} = 4{,}7 \cdot 6{,}6\ \mathrm{ms} = 31{,}02\ \mathrm{ms}.$$

Die Regelkreisstruktur nach Bild 5.25c ist deshalb günstig bezüglich des Stör- und Führungsverhaltens.

5.1.3.5. Optimierung von digitalen Regelkreisen

In digitalen Antriebsregelkreisen mit Mikrorechner-Regler erfolgen der Sollwert-Istwert-Vergleich und die Berechnung der Stellgrößen durch den Regelalgorithmus nicht mehr kontinuierlich, sondern nur zu diskreten Zeitpunkten (Abtastregelung). Zwischen den Abtastzeitpunkten wird die Stellgröße meist über ein Mikrorechner-Ausgabetor mit Speicherverhalten konstant gehalten.
Infolge der digitalen Darstellung können die Sollwerte, Istwerte und Stellgrößen nicht mehr stetig, sondern nur noch in diskreten Stufen verstellt werden.

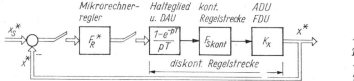

Bild 5.27. Signalflußplan eines digitalen Regelkreises
T Abtastzeit

Bild 5.27 zeigt den Signalflußplan eines digitalen Regelkreises. Der Signalflußplan enthält eine kontinuierliche Regelstrecke $F_\mathrm{S\,kont}$, deren Steuergröße über ein Halteglied während der Abtastperiode T konstant gehalten wird, und einen diskontinuierlichen Regler F^*_R.
Als Regelalgorithmus kann z. B. ein PI-Algorithmus zum Einsatz kommen. Für die Berechnung von Regelkreisen mit Abtastgliedern eignet sich die Z-Transformation. Mit ihr kann das Verhalten des Systems in den Abtastpunkten bestimmt werden. Ist die Abtastzeit T klein gegenüber der wirksamen Zeitkonstante des Regelkreises ($T < \tau/6 \ldots \tau/10$), so kann der Abtastregelkreis wie ein kontinuierlicher Regelkreis behandelt werden.
Bei zu großen Abtastzeiten treten in den Regelgrößen zusätzliche Oberschwingungen auf, die die Güte der Regelung verschlechtern und die thermischen und Drehmomentenbeanspruchungen des Motors und des mechanischen Übertragungssystems erhöhen.

Bei Verwendung eines Stromrichters in 6-Puls-Brückenschaltung müssen deshalb folgende Abtastzeiten eingehalten werden: Zündwinkelsteuerung 0,05···0,1 ms; Stromregelkreis 1···2 ms; Drehzahlregelkreis 2···5 ms; Wegregelkreis 5···10 ms.

Bei der quasikontinuierlichen Regelung kann die Optimierung wie bei einer analogen Regelung nach dem Führungs- oder Störverhalten erfolgen. Der Einsatz von Mikrorechnern gestattet jedoch auch die Verwendung von sehr universellen adaptiven und zeitoptimalen Abtastregelverfahren in Verbindung mit mathematischen Modellen der Regelstrecken, so daß trotz des Abtastprinzips eine Verbesserung gegenüber der konventionellen Regelung möglich ist.

5.1.3.6. Optimierung mehrschleifiger Regelkreise

In den meisten Antriebssystemen ist es erforderlich, gleichzeitig mehrere Größen zu regeln bzw. zu begrenzen (z. B. Weg, Drehzahl, Strom usw.). In diesen Fällen hat es sich als günstig erwiesen, eine Kaskadenregelung mit einem oder mehreren unterlagerten Regelkreisen zu verwenden. Diese Regelkreise haben i. allg. nur eine große Zeitkonstante, so daß sie relativ einfach mit einem PI-Regler, von der inneren Schleife beginnend, optimiert werden können. Bild 5.28a zeigt das Prinzip einer Kaskadenregelung anhand einer Drehzahlregelung mit unterlagerter Stromregelung. Durch die Begrenzung des Strom-Sollwerts auf $i'_s \leq i'_{Gr}$ wird verhindert, daß der Ankerstrom über einen vorgegebenen Grenzwert hinaus ansteigen kann. Der unterlagerte Regelkreis ist nach seiner Optimierung ein Schwingungsglied oder ein Glied höherer Ordnung. Er kann meist durch ein Verzögerungsglied angenähert werden. Seine Zeitkonstante wird dann der Summe der kleinen Zeitkonstanten im übergeordneten Kreis zugeschlagen. Für die Übertragungsfunktion des unterlagerten geschlossenen Regelkreises gilt folgende Näherung:

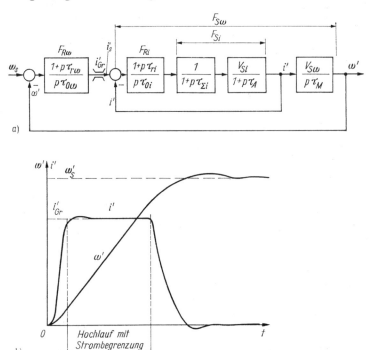

Bild 5.28. *Drehzahlregelkreis mit unterlagertem Stromregelkreis*

a) Signalflußplan; b) Verlauf des Strom-Istwerts i' und des Drehzahl-Istwerts ω' nach einem Sprung des Drehzahl-Sollwerts ω_S' bei Einstellung beider Regelkreise nach dem Betragsoptimum

5.1. Stationäres und dynamisches Verhalten stromrichtergespeister Gleichstromantriebe

Reglereinstellung nach dem Betragsoptimum:

$$F_w(p) = \frac{i'}{i'_s} = \frac{1}{1 + p\, 2\tau_\Sigma + p^2\, 2\tau_\Sigma^2} \approx \frac{1}{1 + p\, 2\tau_\Sigma} \; ; \tag{5.58}$$

Reglereinstellung nach dem symmetrischen Optimum mit Sollwertdämpfung nach Bild 5.25a bzw. Bild 5.25b mit $K_1 = 4\tau_\Sigma/\tau_0$:

$$F_w(p) = \frac{1}{1 + p\, 4\tau_\Sigma + p^2\, 8\tau_\Sigma^2 + p^3\, 8\tau_\Sigma^3} \approx \frac{1}{1 + p\, 4\tau_\Sigma} \tag{5.59a}$$

Reglereinstellung nach dem symmetrischen Optimum mit verzögerter negativer Sollwertaufschaltung nach Bild 5.25c mit $\tau_2 = \tau_\Sigma$ und $K_2 = 2\tau_\Sigma/\tau_0$:

$$F_w(p) = \frac{1 + p\, 3\tau_\Sigma + p^2\, 4\tau_\Sigma^2}{1 + p\, 5\tau_\Sigma + p^2\, 12\tau_\Sigma^2 + p^3\, 16\tau_\Sigma^3} \approx \frac{1}{1 + p\, 2\tau_\Sigma} . \tag{5.59b}$$

Bild 5.28b zeigt den Verlauf des Stroms und der Drehzahl nach einem Sprung des Drehzahlsollwerts ω'_s für ein System nach Bild 5.28a, wobei beide Regelkreise nach dem Betragsoptimum eingestellt wurden.

5.1.3.7. Drehzahlregelung im Ankerspannungsstellbereich

Im Bild 5.29 sind das Prinzipschaltbild und der Signalflußplan des Antriebssystems dargestellt. Dem Drehzahlregelkreis ist ein Stromregelkreis unterlagert. Bei einer schnellen Stromregelung kann der Einfluß der Quellenspannungs-Rückführung vernachlässigt werden. Die Optimierung des Stromregelkreises erfolgt meist nach dem Betragsoptimum. Die Übertragungsfunktion des geschlossenen Stromregelkreises lautet dann

$$F_{wi} = \frac{i'}{i'_s} = \frac{1}{1 + p\, 2\tau_{\Sigma i} + p^2\, 2\tau_{\Sigma i}^2} \quad \text{mit } i' = \bar{i}_d K_i . \tag{5.60}$$

Nach (5.58) gilt für die Summe der kleinen Zeitkonstanten im Drehzahlregelkreis

$$\tau_{\Sigma\omega} = 2\tau_{\Sigma i} + \tau_\omega. \tag{5.61}$$

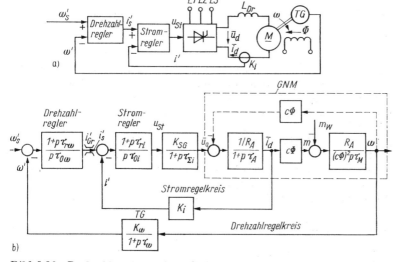

Bild 5.29. Drehzahlregelung eines Gleichstromantriebs mit einem Stromrichterstellglied
a) Blockschaltbild; b) Signalflußplan

Zur Optimierung des Drehzahlreglers wird wegen des günstigeren Störverhaltens meist das symmetrische Optimum gewählt. Die Einstellparameter des Drehzahlreglers sind dann nach (5.50) und (5.31)

$$\tau_{r\omega} = 4\,\tau_{\Sigma\omega}, \tag{5.62a}$$

$$\tau_{0\omega} = 8\frac{\tau_{\Sigma\omega}^2}{\tau_M}\frac{K_\omega R_A}{K_i c \Phi}. \tag{5.62b}$$

Bei Gleichstromantrieben mit kleinen Widerstandsmomenten kann ein Stromlücken auftreten (vgl. Abschn. 5.1.1).
Im lückfreien Betrieb gilt für den geschlossenen Stromregelkreis bei Einstellung nach dem Betragsoptimum mit (5.35) und (5.58)

$$F_{wi} \approx \frac{1}{1 + p\,2\,\tau_{\Sigma i}} = \frac{1}{1 + p\,\dfrac{\tau_{0i}}{V_{si}}}. \tag{5.63}$$

Beim Übergang in den Lückbereich wird die Verstärkung der Regelstrecke des Stromregelkreises eine Funktion der Stromführungsdauer δ.

$$\frac{V_{si1}(\delta)}{V_{si}} = \frac{R_A}{R_{A1}} = f(\delta^2); \tag{5.64}$$

V_{si1} Verstärkung der Regelstrecke des Stromregelkreises im Lückbereich
δ Stromführungsdauer.

Wird für den Stromregler die optimale Einstellung des nichtlückenden Betriebs beibehalten, so vergrößert sich die wirksame Ersatzzeitkonstante des Stromregelkreises. Der geschlossene Stromregelkreis besitzt dann die Übertragungsfunktion

$$F_{wil} \approx \frac{1}{1 + p\,2\,\tau_{\Sigma i}\dfrac{R_{A1}}{R_A}} = \frac{1}{1 + p\,\dfrac{\tau_{0i}}{V_{si}}\dfrac{R_{A1}}{R_A}}; \tag{5.65}$$

F_{wil} Übertragungsfunktion des Stromregelkreises bei lückendem Ankerstrom

$\dfrac{R_{A1}}{R_A}$ beträgt $20 \cdots 100$.

Als Folge des Stromlückens kann der Drehzahlregelkreis instabil werden, da der Drehzahlregler entsprechend der Ersatzzeitkonstante des Stromregelkreises im nichtlückenden Bereich eingestellt ist. Die Vergrößerung der Glättungsdrossel zur Vermeidung des Lückbereichs hat neben dem größeren Materialaufwand durch die Vergrößerung der Ankerkreiszeitkonstante τ_A auch dynamische Nachteile. In hochwertigen Antriebsregelungen wird deshalb ein adaptiver Ankerstromregler eingesetzt, der sich den Änderungen der Regelstrecke optimal anpaßt. Bild 5.30 zeigt die Prinzipschaltung eines adaptiven Ankerstromreglers, der im Lückbereich abhängig vom Zeitverlauf des Strom-Istwertes vom PI-Verhalten auf I-Verhalten umschaltet.
Für die Integrationszeitkonstante im Lückbereich gilt

$$\tau_{0il} = \frac{\tau_{0i}}{K_{Ril}} = 2\,V_{si}\,\frac{R_A}{R_{A1}}\,\tau_{\Sigma i}. \tag{5.66}$$

Mit der adaptiven Ankerstromregelung behalten der Stromregelkreis und der Drehzahlregelkreis ihr optimales dynamisches Verhalten im Lückbereich bei.

5.1. Stationäres und dynamisches Verhalten stromrichtergespeister Gleichstromantriebe

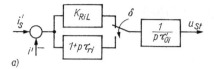

a)

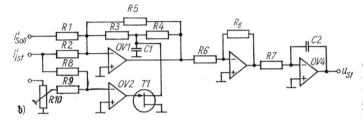

b)

Bild 5.30. Adaptiver Stromregler für den lückenden und nicht-lückenden Bereich
a) Signalflußplan
b) Prinzipschaltung des Reglers

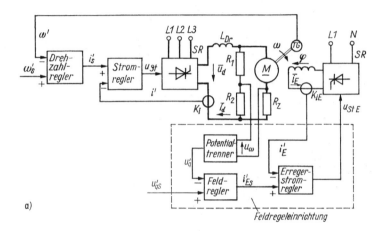

a)

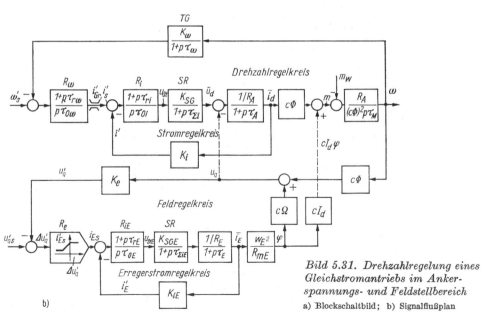

b)

Bild 5.31. Drehzahlregelung eines Gleichstromantriebs im Anker-spannungs- und Feldstellbereich
a) Blockschaltbild; b) Signalflußplan

5.1.3.8. Drehzahlregelung im Ankerspannungs- und Feldstellbereich

Bild 5.31 zeigt das Prinzipschaltbild und den Signalflußplan einer Drehzahlregelung im Ankerspannungs- und Feldstellbereich. Da der Fluß Φ nicht mehr konstant ist, gilt für die Änderung der Motorgegenspannung und des Motormoments

$$u_q = c\,\varphi\,\omega \approx c\,\Phi\,\omega + c\,\Omega\,\varphi, \tag{5.67}$$

$$m = c\,\varphi\,\bar{i}_d \approx c\,\Phi\,\bar{i}_d + c\,I_d\,\varphi; \tag{5.68}$$

u_q Änderung der Motorgegenspannung
m Änderung des Motormoments.

Der Feldregelschleife ist ein Erregerstromregelkreis unterlagert, um die große Erregerzeitkonstante τ_E des Motors auszuregeln. Die Einstellung des Erregerstromregelkreises erfolgt nach dem Betragsoptimum. Bei einer schnellen Stromregelung für $\bar{i}_d$ können die Änderungen von u_q und $c\,I_d\,\varphi$ für den Strom- und Drehzahlregelkreis vernachlässigt werden. Die Feldregelschleife verwendet u_q, gemessen mit einer Quellenspannungs-Meßbrücke, als Regelgröße. Der Feldregler R_e ist nichtlinear. Er bewirkt, daß die Feldschwächung erst bei $n \geq 0{,}95\,n_N$ einsetzt. Auf diese Weise werden Störungen schnell im Strom- bzw. Drehzahlregelkreis ausgeregelt. Der langsamere Feldregelkreis führt dann das Feld nach. Der Drehzahlregelkreis und der Feldregelkreis sind entkoppelt. Man bezeichnet diese Arbeitsweise der beiden Regelkreise als Ablöseschaltung. Die Feldsteuerung führt im Drehzahlregelkreis zu einer Änderung der Streckenverstärkung, die gegebenenfalls durch einen adaptiven Drehzahlregler kompensiert werden muß.

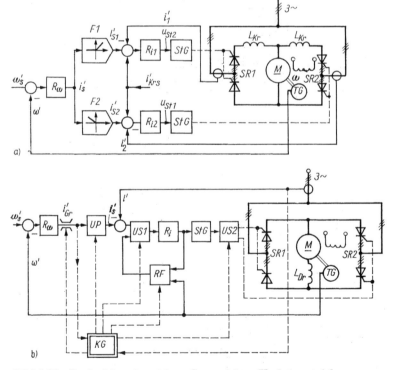

Bild 5.32. *Drehzahlregelung eines Stromrichter-Umkehrantriebs*
a) mit Kreisstromregelung; i_{Krs}' Kreisstrom-Sollwert; b) kreisstromfrei

R_ω Drehzahlregler; R_{i1}, R_{i2} Stromregler; *F1, F2* Funktionsgeber; *StG* Steuergerät; *UP* elektronischer Umpolschalter; *US1, US2* elektronischer Umschalter; *RF* Reglerführung; *KG* Kommandogerät

5.1.3.9. Drehzahlregelung von Umkehrantrieben

Im Bild 5.32a ist die Prinzipschaltung für einen Umkehrantrieb mit Kreisstromregelung dargestellt. Die Funktionsgeber $F1$ und $F2$ erzeugen aus dem Ausgangssignal i'_s des Drehzahlreglers R_ω die Strom-Sollwerte für die beiden Stromregelkreise. Außerdem wird der Kreisstrom-Sollwert i'_{Krs} auf die Stromregler R_i geschaltet. Der im Wechselrichterbereich arbeitende Stromregelkreis erhält nur i'_{Krs} als Sollwert und führt den Kreisstrom. Der Kreisstrom-Sollwert wird so eingestellt, daß kein Stromlücken auftritt. Der Signalflußplan des Drehzahlregelkreises entspricht dem nach Bild 5.29b.

Kreisstromfreie SR-Umkehrantriebe nach Bild 5.32b kommen mit nur einem Stromregler R_i und einem Steuergerät StG aus. Die Umschaltung auf die erforderliche Stromrichtergruppe organisiert das Kommandogerät KG in Verbindung mit den elektronischen Umschaltern $US1$ und $US2$ sowie UP zur Umpolung des Strom-Sollwerts. In der stromlosen Pause wird der Stromregler durch die Reglerführung RF umgesteuert. Die mit dieser Regelstruktur erreichbaren kleinen Umschaltpausen von $t_P = 1 \cdots 3$ ms wirken sich nur unwesentlich auf das dynamische Verhalten des Drehzahlregelkreises aus. Bei einem Richtungswechsel des Stroms muß jedoch der Lückbereich voll durchfahren werden. Durch einen adaptiven Stromregler, der die Struktur- und Parameteränderungen der Strecke im Stromregelkreis kompensiert, läßt sich auch im Lückbereich ein gutes dynamisches Verhalten erzielen. Der Signalflußplan des Drehzahlregelkreises entspricht wieder dem Signalflußplan nach Bild 5.29b.

Drehzahlgeregelte Leonardantriebe mit Stromrichtererregung besitzen neben dem Drehzahl- und Stromregelkreis zusätzlich einen unterlagerten Erregerstromregelkreis, um die Erregerzeitkonstante τ_E zu kompensieren. Bild 5.33 zeigt den Signalflußplan des Antriebssystems.

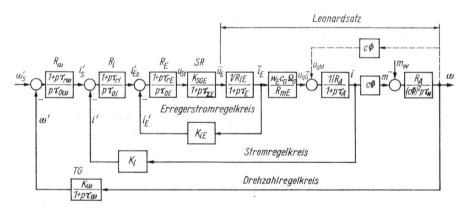

Bild 5.33. *Signalflußplan eines drehzahlgeregelten Leonardantriebs mit Stromrichtererregung*

R_ω Drehzahlregler, R_i Stromregler, R_E Erregerstromregler, SR Erregerstromrichter, K_{iE} Stromwandler für den Erregerstrom, K_i Stromwandler für den Ankerstrom, TG Tachogenerator

Trotz der großen Erregerzeitkonstante ist mit Hilfe der Kaskadenregelung bei kleinen Sollwertänderungen ein gutes dynamisches Verhalten zu erzielen. Bei größeren Sollwertänderungen wird die Erregerspannungsbegrenzung wirksam und begrenzt die Änderungsgeschwindigkeit des Erregerstroms $\bar{i}_E$.

In der Übertragungsfunktion der Generatorspannung u_{qG} muß die Arbeitspunktabhängigkeit des magnetischen Widerstands R_{mE} durch die Magnetisierungskennlinie beachtet werden. Sie führt zu einer Änderung der Streckenverstärkung im Ankerstromregelkreis.

5.1.3.10. Digitale Drehzahlregelung mit Beobachter

Die Fortschritte auf dem Gebiet der Mikroelektronik machen es heute möglich, die gesamte Informationsverarbeitung eines Antriebssystems mit Mikrorechnerbaugruppen zu realisieren. Mikrorechner verfügen neben dem Prozessor und dem Speicher über Funktionsgruppen zur digitalen Ein- und Ausgabe (PIO) sowie zur Zeit- und Impulszählung (CTC). Bei einem Einchip-Mikrorechner (Microcontroler) sind diese Funktionsgruppen auf einem Schaltkreis untergebracht.

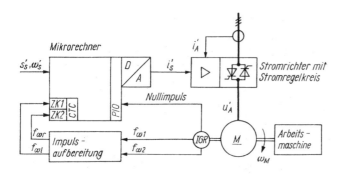

Bild 5.34. Blockschaltbild einer digitalen Drehzahlregelung mit Mikrorechner

Bild 5.34 zeigt eine digitale Drehzahlregelung mit Mikrorechner und unterlagerter analoger Stromregelung. Der Drehzahl-Istwert wird hier mittels eines inkrementalen Impulsgebers IGR erfaßt. Abhängig von der Drehrichtung erzeugt dieser Impulsgeber zwei um $-90°$ oder $+90°$ phasenverschobene Impulsfrequenzen $f_{\omega 1}$ und $f_{\omega 2}$ für die Impulsaufbereitung zur Weiterleitung an die Zählerkanäle $ZK1$ und $ZK2$ des CTC. Die Zählerkanäle des CTC arbeiten als Rückwärtszähler. Der digitale Drehzahl-Istwert ω_M^* ergibt sich deshalb aus der Anzahl der während eines Abtastintervalls T auf beiden Zählerkanälen eingelaufenen Impulse,

$$\omega_M^* = f_{\omega r} T - f_{\omega 1} T. \tag{5.69}$$

Die digitale Drehzahlregelung kann als quasikontinuierlich aufgefaßt werden, wenn die Abtastzeit T nicht größer als ein Sechstel der Summenzeitkonstante ist, d. h. $T < \tau_\Sigma/6$. Bei einem 6-Puls-Stromrichter und $T = 2 \cdots 5$ ms ist dies der Fall.

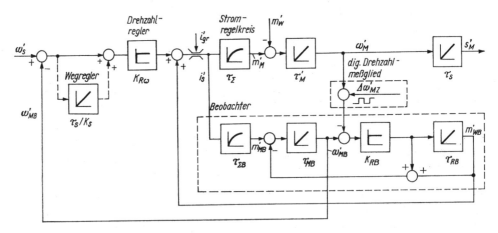

Bild 5.35. Signalflußplan einer digitalen Drehzahlregelung mit Beobachter

Die hier verwendete digitale Drehzahlmessung mittels Impulsgeber besitzt oft nur eine geringe Auflösung, so daß eine zusätzliche Istwert-Glättung notwendig wird. Für diese Aufgabe eignet sich besonders ein Beobachter für die Motordrehzahl und das Widerstandsmoment an der Motorwelle.
Im Bild 5.35 ist der Signalflußplan einer digitalen Drehzahlregelung mit Beobachter dargestellt, der diese Forderungen erfüllt.
Alle Regelgrößen sind auf ihre Nennwerte bezogen. Der Drehzahlregelkreis enthält einen P-Drehzahlregler und einen unterlagerten Stromregelkreis. Für die Hochlaufzeitkonstante[1]) des Antriebes gilt

$$\tau'_M = \tau_M \frac{M_{st} \Omega_N \Phi}{M_N \Omega_0 \Phi_N} \qquad (5.70)$$

Das digitale Drehzahlmeßglied erzeugt eine Störfrequenz $\Delta \omega'_{MZ}$, die von dem Beobachter geglättet werden soll. Weiterhin stellt der Beobachter die Größe m'_{WB} zur Störgrößenvorsteuerung bereit. Die optimale Verstärkung des Drehzahlreglers beträgt

$$K_R = \tau'_M/(2\tau_\Sigma + T). \qquad (5.71)$$

Der Beobachter enthält ein Modell der Regelstrecke des Drehzahlregelkreises mit den Zeitkonstanten $\tau_{\Sigma B} = \tau_\Sigma$ und $\tau_{MB} = \tau'_M$ und einen PI-Regler mit den Parametern K_{RB} und τ_{RB}. Die Reglerzeitkonstante τ_{RB} bestimmt nur den Ausregelvorgang einer Störgrößenänderung und ist frei wählbar. Die optimale Reglerverstärkung K_{RB} ergibt sich mit (5.49) zu

$$K_{RB} = 2\tau_{MB}/\tau_{RB}. \qquad (5.71\,a)$$

Bei $\tau_{RB} = \tau_\Sigma = \tau_{\Sigma B}$ werden Sprünge des Drehzahlsollwertes und des Widerstandsmoments in etwa $5\tau_\Sigma$ ausgeregelt. Die Dämpfung der vom Drehzahlmeßverfahren verursachten Schwingungen im Drehzahl-Istwert ω'_{MB} beträgt bei $T = \tau_\Sigma/4$ bereits -80 dB.
Da die Beobachterparameter nur von der Summenzeitkonstante des Drehzahlregelkreises abhängen, ist eine einfache Anpassung des Beobachters an den Drehzahlregelkreis über ein Inbetriebnahmeprogramm möglich.

5.1.3.11. Lageregelung von Positionierantrieben

Bild 5.36a zeigt den Signalflußplan eines Positionierantriebs für Werkzeugmaschinen mit einem Pulssteller. Der Stromregler ist gerätetechnisch oft mit der Ansteuerelektronik des Pulsstellers vereinigt und wirkt als Zweipunktglied. Bei einer ausreichend hohen Pulsfrequenz kann der Stromregelkreis als P-Glied aufgefaßt werden. Die Verstärkung $V_{R\omega}$ des Drehzahlreglers wird nach (5.38) entsprechend dem Betragsoptimum eingestellt. Als Lageregler R_s wird ebenfalls ein P-Regler bevorzugt, da bei einem PI-Regler in Verbindung mit einem Getriebespiel Stabilitätsprobleme auftreten können.
Für extrem kurze Positionierzeiten unter Einhaltung aller Begrenzungen, die durch den technologischen Prozeß oder das Antriebssystem gegeben sind, werden zeitoptimal gesteuerte Antriebe eingesetzt. Die Steuerung des Bewegungsablaufs erfolgt dann so, daß ständig eine Regelgröße an der Begrenzung liegt. Für ein Positioniersystem mit Begrenzung der Beschleunigung und der Geschwindigkeit ist der Signalflußplan im Bild 5.36b angegeben. Er enthält einen Hochlaufgeber, der durch den Beschleunigungs-Sollwert a'_s gesteuert wird. Die Einstellung des Drehzahlreglers R_ω erfolgt auf optimales Störverhalten nach dem symmetrischen Optimum. Für die Übertragungsfunktion der Beschleunigung gilt dann

---
[1]) Die Hochlaufzeitkonstante τ_M' ist gleich der Zeit, die der Antrieb für den Hochlauf von 0 auf Ω_N (a = konst.) bei konstantem Moment M_N benötigt.

$$F_{\mathrm{a}}(p) = \frac{m}{a'_{\mathrm{s}}} = K_{\mathrm{a}} \frac{1 + p\,8\,\tau_{\Sigma i}}{1 + p\,8\,\tau_{\Sigma i} + p^2\,32\,\tau_{\Sigma i}^2 + p^3\,64\,\tau_{\Sigma i}^3 + p^4\,64\,\tau_{\Sigma i}^4} \qquad (5.72\,\mathrm{a})$$

mit

$$K_{\mathrm{a}} = \frac{\tau_{\mathrm{M}}\,(c\,\Phi)^2}{\tau_{\mathrm{SG}}\,R_{\mathrm{A}}\,K_\omega}. \qquad (5.72\,\mathrm{b})$$

Die Sprungantwort des Systems nach (5.72a) hat eine Überschwingweite von $h_{\mathrm{ü}} = 53{,}6\%$ bei einer Anregelzeit von $t_{\mathrm{a}} = 5{,}7\,\tau_{\Sigma i}$. Durch die zusätzliche Sollwertvorsteuerung über die P-Glieder K_1 und K_2 erhält die Übertragungsfunktion $F_{\mathrm{a}}(p)$ die Gestalt

$$F_{\mathrm{a}}(p) = K_{\mathrm{a}} \frac{1 + p\,(8\,\tau_{\Sigma i} - K_1\,\tau_{0\omega}) + p^2\,K_2\,\tau_{\mathrm{SG}}\,\tau_{0\omega}}{1 + p\,8\,\tau_{\Sigma i} + p^2\,32\,\tau_{\Sigma i}^2 + p^3\,64\,\tau_{\Sigma i}^3 + p^4\,64\,\tau_{\Sigma i}^4}. \qquad (5.73)$$

Damit liegt ein System mit einer Übertragungsfunktion der Art nach (5.25) vor, dessen Führungsverhalten nach (5.26) optimiert werden kann. Die optimalen Parameter sind

$$K_1 = 3{,}25\,\frac{\tau_{\Sigma i}}{\tau_{\mathrm{SG}}}\;;\qquad K_2 = 11{,}3\,\frac{\tau_{\Sigma i}^2}{\tau_{\mathrm{SG}}\,\tau_0}. \qquad (5.74)$$

Die Sprungantwort dieses Systems hat eine Anregelzeit von $t_{\mathrm{a}} = 6{,}7\,\tau_{\Sigma i}$ bei einer Überschwingweite von $h_{\mathrm{ü}} = 6{,}1\%$. Wird für den nichtlinearen Wegregler R_{s} die Kennlinie

$$\omega'_{\mathrm{s}} = \sqrt{\frac{2\,|a'_{\mathrm{s}}|}{\tau_{\mathrm{SG}}\,K_G\,K_S}}\,|s'_{\mathrm{s}} - s'|\;\mathrm{sgn}\,(s'_{\mathrm{s}} - s') \qquad (5.75)$$

gewählt, so erreicht der Positionierantrieb in der kürzesten Zeit bei Einhaltung aller Begrenzungen die Zielposition. Eine ausreichende Positioniergenauigkeit wird in vielen Fällen nur durch eine digitale Wegregelschleife erreicht.

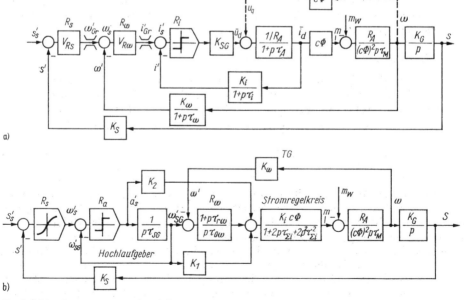

Bild 5.36. *Lagegeregelter Antrieb*

a) Lageregelkreis eines Werkzeugmaschinenantriebs; b) zeitoptimaler Positionierantrieb mit beschleunigungsgeführtem Antrieb

R_{s} Wegregler, R_ω Drehzahlregler, R_i Stromregler, R_{a} Beschleunigungsregler

5.1. Stationäres und dynamisches Verhalten stromrichtergespeister Gleichstromantriebe

Beispiel 5.10

Für eine kontinuierliche Walzstraße soll der im Beispiel 5.1 angeführte SR-Antrieb eine Drehzahlregelung erhalten. Als Stellglied wird anstelle der 6-Puls-Brücke eine kreisstromfreie Antiparallelschaltung zweier 6-Puls-Brücken eingesetzt. Die Daten des Antriebs sind $\tau_{\Sigma i} = 3$ ms; $\tau_A = 54{,}8$ ms; $\tau_M = 200$ ms; $c\,\Phi = 4{,}18$ Vs; $R_A = 72$ mΩ; $U_{d0} = 514{,}8$ V. Für das geregelte Antriebssystem sind die Meßwertgeber auszuwählen, die Regeleinrichtung zu entwerfen und das dynamische Verhalten zu optimieren.

Lösung

Konti-Walzstraßen erfordern Umkehrantriebe, die eine schnelle Momentenumkehr gestatten. Der kreisstromfreie Umkehrantrieb ist wegen des geringeren Drosselaufwands in dem geforderten Leistungsbereich günstiger als der kreisstromgeregelte Umkehrantrieb. Es wird deshalb ein Regelantrieb nach Bild 5.32b gewählt. Dem Drehzahlregelkreis ist nach Bild 5.29b ein Stromregelkreis unterlagert. Da in beiden Regelkreisen nur je eine große Zeitkonstante enthalten ist, werden für den Strom- und Drehzahlregelkreis PI-Regler eingesetzt, die entsprechend der Regelstrecke zu optimieren sind. Durch die Begrenzung des Strom-Sollwerts (Ausgangsspannung des Drehzahlreglers) wird verhindert, daß der Ankerstrom den zulässigen Wert übersteigt. Die Strom-Istwert-Erfassung erfolgt dreiphasig durch eine Wechselstrommessung mit Hilfe von Wechselstromwandlern und einer nachfolgenden Gleichrichtung. Der Übertragungsfaktor des Stromwandlers beträgt $K_i = \dfrac{10\text{ V}}{600\text{ A}} = 16{,}7 \cdot 10^{-3}\,\dfrac{\text{V}}{\text{A}}$. Die Regeleinrichtung einschließlich der Strom-Istwert-Erfassung ist i. allg. Bestandteil des SR-Stellglieds und wird vom SR-Hersteller mitgeliefert.

Zur Drehzahlmessung wird eine Präzisionsgleichstrom-Tachomaschine (kleine Linearitätsabweichung) mit 10 W und 100 V bei 1 000 U/min eingesetzt. Durch einen nachfolgenden Spannungsteiler wird die Tachospannung von 100 V auf 10 V heruntergesetzt. Der Übertragungsfaktor der Drehzahlmessung beträgt damit $K_\omega = \dfrac{100\text{ V} \cdot 60\text{ s}}{2\pi \cdot 1000\text{ U}} \cdot \dfrac{10\text{ V}}{100\text{ V}} = 0{,}096$ Vs.

Die Gleichspannung der Tachomaschine wird durch ein Siebglied mit einer Zeitkonstanten von 6 ms geglättet.

Auslegung des Stromregelkreises

Das Steuergerät des ausgewählten SR stellt bei einer Steuerspannung von $U_{St} = 10$ V den Zündwinkel auf $\alpha = 0$ und bei $U_{St} = 0$ V auf den Wert $\alpha = \pi$ ein. Nach (4.38), (4.39) und (4.41) errechnet man für einen mittleren Steuerwinkel von $\alpha = \pi/4$ einen Übertragungsfaktor des SR-Stellglieds von

$$K_{SG}(\alpha) = \frac{\pi}{10\text{ V}} \cdot 514{,}8\text{ V} \cdot \sin 45° = 114{,}4.$$

Nach Bild 5.29 bestimmt man die Streckenverstärkung des Stromregelkreises zu

$$V_{Si} = \frac{K_{SG}\,K_i}{R_A} = \frac{114{,}4 \cdot 16{,}7 \cdot 10^{-3}\text{ V/A}}{72 \cdot 10^{-3}\,\Omega} = 26{,}5.$$

Da der Stromregelkreis ein gutes Führungsverhalten haben muß, wird er nach dem Betragsoptimum eingestellt. Mit (5.34) und (5.35) erhält man $\tau_{ri} = \tau_A = 54{,}8$ ms und $\tau_{0i} = 2 \cdot 3 \cdot 26{,}5$ ms $= 159$ ms.

Auslegung des Drehzahlregelkreises

Im Drehzahlregelkreis müssen Störungen durch Änderung des Widerstandsmoments schnell ausgeregelt werden, da sonst Qualitätsminderungen des Walzgutes auftreten. Der Drehzahlregler wird deshalb nach dem symmetrischen Optimum eingestellt. Für die Übertragungsfunktion des geschlossenen Stromregelkreises gilt nach (5.58)

$$\frac{i_d}{i'_s} \approx \frac{1}{K_i}\,\frac{1}{1 + p\,2\,\tau_{\Sigma i}}.$$

Damit errechnet sich die Streckverstärkung des Drehzahlregelkreises, Bild 5.28b, zu

$$V_{S\omega} = \frac{R_A K_\omega}{K_i c \Phi} = \frac{72 \cdot 10^{-3} \, \Omega \cdot 96 \cdot 10^{-3} \, \text{Vs}}{16{,}7 \cdot 10^{-3} \, \text{V/A} \cdot 4{,}18 \, \text{Vs}} = 99 \cdot 10^{-3}.$$

Die Summe der kleinen Zeitkonstanten errechnet sich nach (5.61) zu $\tau_{\Sigma\omega} = 6$ ms + 6 ms = 12 ms. Nach (5.62) erhält man die Zeitkonstante des Drehzahlreglers zu $\tau_{r\omega} = 4\,\tau_{\Sigma\omega} = 48$ ms, und $\tau_{0\omega} = 8 \cdot \dfrac{12^2 \cdot 10^{-6} \, \text{s}^2}{0{,}2 \, \text{s}} \cdot 99 \cdot 10^{-3} = 0{,}57$ ms. Durch die Regeleinrichtung soll der Ankerstrom auf 550 A begrenzt werden. Die Ausgangsspannungsbegrenzung des Drehzahlreglers muß deshalb auf $i_{Gr}' = 500 \, \text{A} \cdot K_i = 9{,}18$ V eingestellt werden. Nach Anhang 7.9.4 werden Störungen in $t_a' \approx 9{,}2 \cdot \tau_{\Sigma\omega} = 110{,}4$ ms ausgeregelt.

Beispiel 5.11

Ein drehzahlgeregelter Gleichstromantrieb soll neben der Ankerspannungssteuerung auch im Feldschwächbereich bis $\Phi = 0{,}5 \, \Phi_N$ betrieben werden. Der Drehzahlregelkreis wurde jedoch für Nennerregerfluß nach dem Führungsverhalten optimiert. Die Summenzeitkonstante des unterlagerten Stromregelkreises beträgt $\tau_{\Sigma i} = 10$ ms. Die Drehzahlmessung erfolgt mit einer Verzögerungszeitkonstante von $\tau_\omega = 8$ ms. Es ist die Änderung des Führungsverhaltens des Drehzahlregelkreises beim Übergang in den Feldschwächbereich zu untersuchen.

Lösung

Bei Verwendung einer Ablöseschaltung nach Bild 5.31 können Drehzahlregelkreis und Feldregelkreis als entkoppelt aufgefaßt werden. Dabei ist jedoch die Streckenverstärkung des Drehzahlregelkreises abhängig vom Erregerfluß der GNM. Die Optimierung des Drehzahlreglers erfolgt auf gutes Führungsverhalten entsprechend dem Betragsoptimum. Das Zeitverhalten des optimierten Drehzahlregelkreises wird durch die Übertragungsfunktion des geschlossenen Stromregelkreises und die Zeitkonstante bei der Drehzahlmessung τ_ω bestimmt. Nach (5.58) kann der geschlossene Stromregelkreis durch ein Verzögerungsglied angenähert werden.

$$F_{wi}(p) \approx \frac{1}{1 + p\,0{,}02 \, \text{s}}.$$

Die Summenzeitkonstante des Drehzahlregelkreises beträgt nach (5.61) $\tau_{\Sigma\omega} = 20$ ms + 8 ms = 28 ms. Mit (5.34) bis (5.37) erhält man für den geschlossenen Drehzahlregelkreis bei Nennerregung

$$F_{w\omega}(p) = \frac{1}{1 + p\,56 \, \text{ms} + p^2\,1568 \, (\text{ms})^2}.$$

Nach einem Sprung des Drehzahl-Sollwerts wird der neue Sollwert nach $t_a' = 4{,}7\,\tau_{\Sigma\omega} = 132$ ms erreicht, wenn keine Strombegrenzung auftritt. Die maximale Überschwingweite beträgt nach Anhang 7.9.3 $h_ü = 4{,}3\%$.

Im Feldschwächbereich bei $\Phi = 0{,}5 \, \Phi_N$ vergrößert sich nach Bild 5.28 die Streckenverstärkung des Drehzahlregelkreises auf das Doppelte. Mit (5.35) und (5.40) erhält man

$$k_0 = \frac{\tau_{0\omega}}{\tau_{\Sigma\omega} V_{S\omega}} = 1.$$

Daraus ergibt sich nach (5.42) eine Verringerung der Dämpfung des Drehzahlregelkreises von $d = 0{,}705$ auf $d = 0{,}5$. Das führt nach Anhang 7.9.2 zu einer Vergrößerung der maximalen Überschwingweite auf 16% und zu einer Verringerung der Anregelzeit auf $t_a' = 2{,}42\,\tau_{\Sigma\omega} = 67{,}8$ ms.

Durch die Vergrößerung der Streckenverstärkung verschlechtert sich ebenfalls die Stabilität des Drehzahlregelkreises. Im vorliegenden Fall kann diese Änderung noch hingenommen werden. In kritischen Fällen ist jedoch im Feldschwächbereich eine Anpassung der Verstärkung des Drehzahlreglers an die Streckenänderung notwendig, d. h., hier ist ein adaptiver Drehzahlregler einzusetzen.

5.2. Stationäres und dynamisches Verhalten stromrichtergespeister Drehstromantriebe

Über Stromrichterstellglieder gesteuerte und geregelte Drehstromantriebe werden in zunehmendem Umfang eingesetzt. Nach den Abschnitten 2.4.2 und 2.6.3 sind die Stellgrößen für AM und SM im Ständerkreis: Spannung und Frequenz und bei AMSL im Läuferkreis: Zusatzspannung, Frequenz und Läuferzusatzwiderstand.

Tafel 5.2. Stromrichtergespeiste Drehstromantriebe

Stellglied	Drehstromsteller (Ständerkreis)	Pulssteller (Läuferkreis)	Indirekter Umrichter mit Spannungszwischenkreis (Ständerkreis)	Indirekter Umrichter mit Stromzwischenkreis (Ständerkreis)	Indirekter Umrichter (USK)	Direkter Umrichter (Ständerkreis)
Antriebsleistung P	< 75 kW	< 100 kW	< 2 MW	> 50 kW bis ... MW	> 200 kW bis ... MW	> 200 kW bis ... MW
Stellbereich S	$\approx 1:0,1$	$\approx 1:0$	$\approx 2:1:0$	$\approx 2:1:0,2$	$\approx 1:0,5$	$\approx 0,5:0$
Siehe Abschnitt	5.2.1	5.2.2.	5.2.3	5.2.3	5.2.4	5.2.5

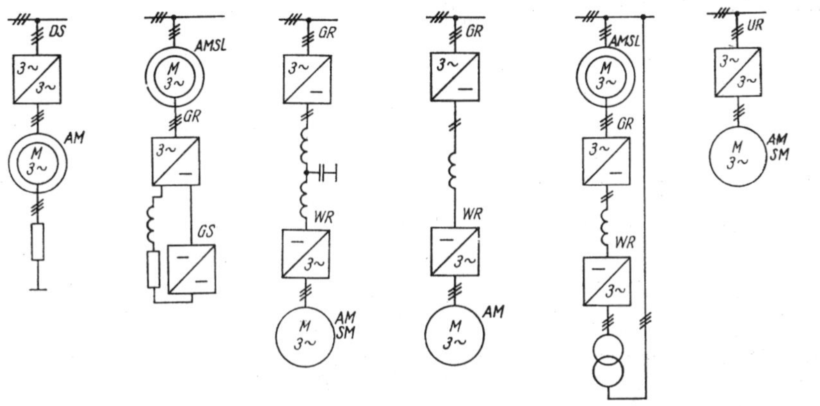

In Tafel 5.2 sind die wichtigsten Grundschaltungen von SR-gesteuerten Drehstromantrieben zusammengestellt. Bei Betrieb mit konstanter Ständerflußverkettung, d. h., ψ_1 nach (2.101) wird konstant gehalten, entspricht das Drehzahl-Drehmomenten-Kennlinienfeld der stromrichtergesteuerten Drehstromantriebe dem eines Antriebs mit einer GNM. Die Auswahl der Antriebsvariante richtet sich hauptsächlich nach dem Aufwand für das Stellglied, dem Stell- und Leistungsbereich und der Betriebsweise in den vier Quadranten des Kennlinienfeldes. Durch eine Regelung kann in vielen Fällen ein dynamisches Verhalten erzielt werden, das dem eines Antriebs mit einer GNM nahekommt.

In den folgenden Abschnitten werden zur Unterscheidung der Spannungs- und Stromgrößen in Schaltungen mit Asynchronmaschinen und Stromrichterstellgliedern folgende Vereinbarungen getroffen:

- Mit $U_{11}, I_{11}, \cos\varphi_{11}$ ... werden diejenigen Stranggrößen bezeichnet, die zwischen Netz und Stromrichterstellglied auftreten. Damit entspricht z. B. für eine Sternschaltung die angelegte Netzspannung U der Größe $\sqrt{3}\,U_{11}$, der aufgenommene Strom $I = I_{11}$ und $\cos\varphi = \cos\varphi_{11}$.
- Die Stranggrößen zwischen Stromrichterstellglied und elektrischer Maschine erhalten die Kennzeichnung $U_{12}, I_{12}, \cos\varphi_{12}$. Für die Kennzeichnung der Motorgrößen werden die Festlegungen vom Abschnitt 2.4 beibehalten.

5.2.1. Asynchronmaschinenantriebe mit Drehstromsteller

Durch die Änderung der Ständerspannung von Asynchronmaschinen läßt sich nach Abschnitt 2.4.2.2 die Drehzahl stufenlos verstellen. Für diesen Zweck eignen sich Drehstromsteller mit Thyristoren oder Triacs. Mit ihnen wird durch Phasenanschnittsteuerung die Ausgangsspannung des Drehstromstellers gesteuert.

Betriebseigenschaften und Kennlinienfeld

Bei Ständerspannungssteuerung der AM gilt nach (2.78) bis (2.80)

$$\frac{M}{M_K} = \frac{2}{\dfrac{s}{s_K} + \dfrac{s_K}{s}} \left(\frac{U_{12}}{U_{12N}}\right)^2. \tag{5.76}$$

Nach Umstellung erhält man die Schlupf-Drehmomenten-Kennlinie des Antriebs,

$$\frac{s}{s_K} = \frac{M_K}{M}\left(\frac{U_{12}}{U_{12N}}\right)^2 \pm \sqrt{\left(\frac{M_K}{M}\right)^2\left(\frac{U_{12}}{U_{12N}}\right)^4 - 1}. \tag{5.77}$$

Die damit erreichbaren $\Omega = f(M)$-Kennlinien entsprechen denen vom Bild 2.40. Der Stellbereich ist ohne Läuferzusatzwiderstände gering. Die Verluste liegen hoch. Beim Einsatz des Antriebs ist auf den Verlauf des Widerstandsmoments wegen des stark zurückgehenden Kippmoments zu achten (Abschn. 2.4.2.2). Bei Steuerung der Asynchronmaschinen über Drehstromsteller muß berücksichtigt werden, daß der Kurzschlußstrom der AM das 4- bis 7fache des Motornennstroms beträgt. Um den Drehstromsteller nicht zu stark überzudimensionieren, wird der Strom durch eine unterlagerte Stromregelung begrenzt. Nach Bild 2.34 bestimmt man mit der Gesamtimpedanz der beiden parellelgeschalteten Zweige $Z_{12} = Z_1 + Z_0//Z_2$ den Ständerstrangstrom I_{1Gr} und führt in (2.77) anstelle U_1 den Ausdruck $I_{1Gr} Z_{12}$ ein. Damit erhält man das maximal verfügbare Moment M_{Gr}.

$$M_{Gr} \approx \frac{3}{\Omega_0} I_{1Gr}^2 \frac{X_h^2 \dfrac{R_2'}{s}}{\left(R_1 + \dfrac{R_2'}{s}\right)^2 + (X_h + X_i)^2}. \tag{5.78}$$

Gleichung (5.78) ist die Grenzkennlinie des Antriebs. Sie schränkt das Kennlinienfeld der AM ein (Bild 5.37). Durch zwei Läuferzusatzwiderstände, die entsprechend $s_K \approx 1$ bzw. $s_K \approx 2$ dimensioniert werden, läßt sich ein ausreichender Stellbereich im I. und IV. Quadranten erzielen. Ist das Anlaufmoment zu gering, muß ein Drehstromsteller mit einer größeren Leistung festgelegt werden.

5.2. Stationäres und dynamisches Verhalten stromrichtergespeister Drehstromantriebe

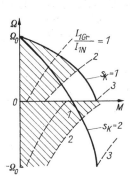

Bild 5.37. $\Omega = f(M)$-Kennlinienfeld des Drehstromstellerantriebs

$I_{1\text{Gr}}$ Ständergrenzstrom durch den Drehstromsteller; schraffierte Fläche für $I_{1\text{Gr}}/I_{1\text{N}} = 2$

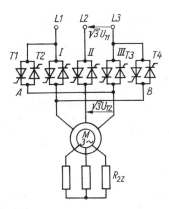

Bild 5.38. Umkehrantrieb mit Drehstromsteller

Rechtslauf I; II: III − Linkslauf A; II; B

Mit zwei zusätzlichen Wechselstromstellern nach Bild 5.38 ist ein Vierquadrantenbetrieb möglich. Die Thyristoren $T1$ bis $T4$ ermöglichen durch ein kontaktloses Umpolen der Ständerzuleitungen den Übergang zum Gegenstrombremsbetrieb bzw. eine Drehrichtungsumkehr. Bei geringen dynamischen Anforderungen können anstelle der beiden Wechselstromsteller auch Wendeschütze eingesetzt werden. Durch eine einfache Änderung der Thyristoranordnung ist mit dem gleichen Steller eine gesteuerte oder geregelte Gleichstrombremsung möglich.

Wechselstromsteller nach Bild 4.26a werden auch zur Realisierung eines kontaktlosen Sanftanlaufs von Asynchronmotoren mit Käfigläufer eingesetzt. Anstelle eines ohmschen oder induktiven Widerstands wird ein Wechselstromsteller in den Strang einer Zuleitung des Motors geschaltet (vgl. Abschn. 2.5.4.2). Bild 5.39 zeigt die Schaltung. Durch eine stetige Phasenanschnittsteuerung kann der im Bild 5.39b dargestellte Bereich stufenlos durchfahren und somit der gewünschte Anlaufvorgang realisiert werden.

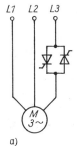
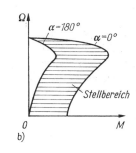

Bild 5.39. Sanftanlauf von AMKL mit vollgesteuertem Wechselstromsteller
a) Schaltungsanordnung
b) Kennlinienfeld und Stellbereich

Regelung spannungsgesteuerter Asynchronmaschinen

Gegenüber spannungsgesteuerten GNM weisen spannungsgesteuerte AM auf Grund des hohen Kippschlupfes, vor allem bei kleinen Drehzahlen, eine starke Lastabhängigkeit auf. Deshalb werden diese Antriebe zur Gewährleistung eines stabilen Arbeitspunktes meist geregelt betrieben (Bild 5.40). Dem Drehzahlregelkreis wird auch hier ein Stromregelkreis unterlagert. Bei Einprägung des Ständerstroms durch den Stromregelkreis ergibt sich eine Momentenkennlinie nach (5.78). Das maximale Motormoment ist schlupfabhängig. Eine einfache Möglichkeit zur Regelung auf ein konstantes

Motormoment erhält man, wenn als Regelgröße im Stromregelkreis nur der Wirkanteil des Läuferstroms, der annähernd dem Motormoment proportional ist, verwendet wird. Zum Schutz des Stromrichters wird außerdem der Ständerstrom über einen Schwellwertschalter erfaßt und durch die Stromregelung begrenzt. Die Drehrichtungsumkehr erfolgt in einer stromlosen Pause über eine Logikschaltung, die durch den Strom-Sollwert i'_s angesteuert wird.

Mit der Anordnung eines Wechselspannungsstellers nach Bild 5.39 kann bei Anwendung eines Regelkreises ein geregelter Hochlauf realisiert werden, wobei als Führungsgröße die Beschleunigung vorgegeben wird. Der Beschleunigungs-Istwert wird durch Differentiation der Drehzahl gewonnen.

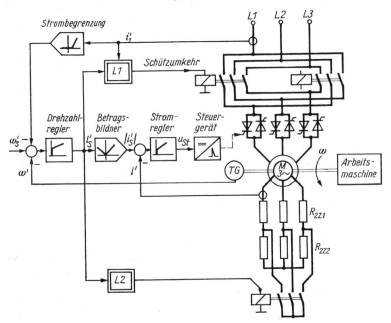

Bild 5.40. *Drehzahlregelung einer Asynchronmaschine mit einem Drehstromsteller*
L1 Logik zur Drehrichtungsumkehr; L2 Logik zur Änderung der Läuferzusatzwiderstände

Drehstromsteller zur Steuerung von AM werden auf Grund der erforderlichen Überdimensionierung des Stellglieds nur wirtschaftlich für Motorleistungen < 75 kW eingesetzt. Vorteilhaft ist der geringe Schaltungsaufwand des Stellglieds, nachteilig sind jedoch der geringe Wirkungsgrad und der eingeschränkte Drehzahlstellbereich. Ein Einsatz dieses Antriebssystems ist daher nur im Aussetzbetrieb und bei günstigen Widerstands-Moment-Charakteristiken gerechtfertigt. Bei der Auswahl der AM ist zu beachten, daß durch Oberschwingungen des Stroms etwas höhere Stromwärmeverluste im Motor entstehen und bei niedrigen Drehzahlen Pendelmomente auftreten können. Des weiteren liegt der Blindleistungsbedarf des Antriebs um die erforderliche Steuerblindleistung des SR höher. In einem Leistungsbereich bis zu 2 kW kann vorteilhaft der Einsatz von Wechselstromstellern zur verlustarmen Drehzahlstellung von Einphasen-Asynchronmotoren erfolgen. Typische Anwendungsgebiete für AM-Antriebe mit Drehstromsteller sind Hebezeuge, Aufzüge, Pumpen und Lüfter.

Beispiel 5.12

Der Katzfahrantrieb eines Containerkrans wird zur Einstellung von Schleichdrehzahlen und zum feinfühligen Absetzen des Containers mit einem ständerspannungsgesteuerten Asynchronmotor mit Schleifringläufer ausgerüstet.

5.2. Stationäres und dynamisches Verhalten stromrichtergespeister Drehstromantriebe

$P = 5{,}5$ kW; $n = 1450$ U/min; $U = 380$ V Y; $M_N = 36{,}2$ N m; $R_1 = 0{,}8\,\Omega$; $R'_2 = 0{,}33\,\Omega$;
$X_1 = 5{,}4\,\Omega$; $X_h = 33{,}8\,\Omega$; $ü_h = 2$; $s_K = 0{,}2$.

Zur Beschleunigung des Antriebs ist für das Anlaufmoment die Bedingung $M_A = 1{,}8\,M_N$ einzuhalten.
Als Stromrichterstellglied stehen halbgesteuerte Drehstromstellglieder mit einem Bemessungsstrom von 55 A; 75 A oder 90 A zur Verfügung. Es sind der erforderliche Läuferzusatzwiderstand zu dimensionieren, das Stromrichterstellglied auszuwählen und die Ventilbeanspruchung zu bestimmen.

Lösung

Zur Sicherung stabiler Arbeitspunkte im gesamten Drehzahlstellbereich für Rechts- und Linkslauf wird der Kippschlupf $s_K = 1$ gewählt. Nach (2.79) bestimmt man den Läuferzusatzwiderstand für $s_K = 1$ zu

$$R_{2Z} = R_2\left(\frac{1}{s_K} - 1\right) = 0{,}0825\,\Omega\left(\frac{1}{0{,}2} - 1\right) = 0{,}33\,\Omega.$$

$$R'_{2Z} = ü_h^2 \cdot R_{2Z} = 4 \cdot 0{,}33\,\Omega = 1{,}32\,\Omega.$$

Unter Einbeziehung von (5.78) wird der erforderliche Ständerstrom $I_{1\text{Gr}}$ für $s = 1$ und $M_A = 1{,}8\,M_N = M_{\text{Gr}}$ berechnet:

$$I_{1\text{Gr}} = \sqrt{M_{\text{Gr}}\frac{\Omega_0}{3}\frac{\left(R_1 + \dfrac{R'_2 + R'_{2z}}{s}\right)^2 + (X_h + X_1)^2}{X_h^2\dfrac{R'_2 + R'_{2z}}{s}}} = 52{,}8\,\text{A}.$$

Es wird der Drehstromsteller mit $I_N = 55$ A gewählt.
Der Thyristordauergrenzstrom wird durch Mittelwertbildung aus dem Strangstrom $I_{1\text{Gr}}$ errechnet.
Mit dem Stromsicherheitsfaktor $K_I = 1{,}5$ folgt

$$\bar{I}_T = K_I\frac{1}{2\pi}\int_\alpha^\pi \sqrt{2}\,I_{1\text{Gr}}\sin\alpha\,\mathrm{d}\alpha = K_I\frac{\sqrt{2}}{\pi}I_{1\text{Gr}} = 1{,}5\,\frac{\sqrt{2}}{\pi}\,52{,}8\,\text{A} = 35{,}6\,\text{A}.$$

Aus dem Scheitelwert der primären Netzspannung erhält man für einen Drehstromsteller ohne Mittelpunktleiter mit dem Spannungssicherheitsfaktor $K_U = 2$ die Sperrspannung

$$u_{\text{RT max}} = \sqrt{3}\,\sqrt{2}\,U\,K_U = \sqrt{2}\cdot 380\,\text{V}\cdot 2 = 1075\,\text{V}.$$

Der einzusetzende Drehstromsteller muß mit Ventilen der Spannungsklasse $U_{\text{RRM}} = 1200$ V und einem Dauergrenzstrom $I_{T(\text{AV})} = 50$ A ausgerüstet werden.

5.2.2. Asynchronmaschinenantriebe mit Pulssteller

Die Drehzahl einer AMSL läßt sich nach Abschnitt 2.4.2.4 durch einen zusätzlichen Widerstand im Läuferkreis steuern. Wird nun der Läuferzusatzwiderstand periodisch über einen Schalter kurzgeschlossen, so kann durch Änderung der Schließdauer des Schalters der wirksame Läuferzusatzwiderstand stetig von Null bis zu seinem Maximalwert verändert werden (Beispiel 2.16). Um Pendelmomente der AMSL zu vermeiden, muß der Schalter mit einer hohen Schaltfrequenz arbeiten. Dazu sind nur elektronische Schalter geeignet.
Bild 5.41a zeigt eine Schaltungsanordnung, bei der sich der Zusatzwiderstand in einem Gleichstromkreis befindet. Über einen ungesteuerten Gleichrichter in 6-Puls-Brückenschaltung wird er im Läuferkreis wirksam. Die Steuerung des Zusatzwiderstands erfolgt über einen Pulssteller, dessen Wirkungsweise bereits im Abschnitt 4.2.2

beschrieben wurde. Bei einer Einschaltdauer von T_e erhält man im Gleichstromkreis einen wirksamen Widerstand von

$$R_Z = \left(1 - \frac{T_e}{T}\right) R_{Z\max} \; ; \tag{5.79}$$

R_Z wirksamer Widerstand im Gleichstromkreis
T, T_e Pulsdauer und Einschaltzeit des Pulsstellers.

Für den wirksamen Zusatzwiderstand im Läuferkreis ergibt sich mit der Leistungsbilanz des Drehstrom- und Gleichstromkreises für die 6-Puls-Brücke nach den Kenndaten von Anhang 7.8 unter Betrachtung für die Stromgrundwelle g nach Tafel 4.2

$$R_{2Z} = \frac{1}{3}\left(\frac{I_d}{g \cdot I_2}\right)^2 R_Z = 0{,}55 \left(1 - \frac{T_e}{T}\right) R_{Z\max} . \tag{5.80}$$

Bild 5.41b zeigt das durch Widerstandspulsung erreichbare Kennlinienfeld des Antriebs. Das Kippmoment bleibt konstant. Der Kippschlupf des Motors bei Widerstandspulsung errechnet sich nach

$$s_{KZ} = \frac{R'_2 + R'_{2Z}}{X_i} = \frac{R'_2 + 0{,}55\, R'_Z}{X_i} . \tag{5.81a}$$

Damit ist eine Steuerung des Kippschlupfs möglich im Bereich

$$s_K \leqq s_{KZ} \leqq s_{KZ\max} = \frac{R'_2 + 0{,}55\, R'_{Z\max}}{X_i} . \tag{5.81b}$$

Durch den größten fiktiven Läuferzusatzwiderstand $0{,}55\, R_{Z\max}$ wird das Drehzahl-Drehmomenten-Kennlinienfeld begrenzt. Um Arbeitspunkte im gesamten I. und IV. Quadranten anzusteuern, muß in den Gleichstromkreis zusätzlich nach Bild 5.41a

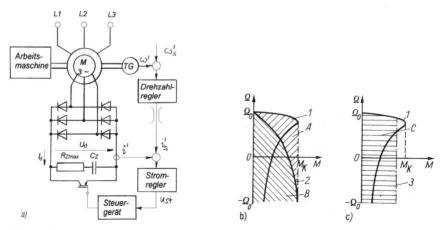

Bild 5.41. Drehzahlregelung und $\Omega = f(M)$-Kennlinienfeld der Asynchronmaschine mit Pulssteller im Läuferkreis
a) Schaltung
b) Kennlinienfeld gesteuert; *1* Normalkennlinie; *2* Kennlinie mit $R_{Z\max}$; *A* Stellbereich mit $R_{Z\max}$; *B* Stellbereich mit $R_{Z\max}$ und C_Z
c) Kennlinienfeld mit Drehzahlregelung; *1* Normalkennlinie; *3* Maximalmoment bei Strombegrenzung; *C* Kennlinienfeld

ein Kondensator C_Z eingefügt werden. Der Kondensator wirkt bei geöffnetem Schalter als unendlich großer Widerstand und vergrößert damit den maximalen Kippschlupf. Die Beanspruchung der Ventile kann durch die Leistungsbilanz des Läuferkreises und des Gleichstromkreises ermittelt werden,

$$M \Omega_0 s = U_{d0} I_d. \tag{5.82}$$

Mit (5.106) errechnet sich der Gleichstrom I_d bei gegebenem Drehmoment zu

$$I_d = \frac{\pi}{3\sqrt{6}} \frac{\Omega_0}{U_{20}} M ; \tag{5.83}$$

U_{20} Läuferstillstandsspannung (Stranggröße).

Den Gleichungen (5.82) und (5.83) kann entnommen werden, daß die Ventilbeanspruchung durch das maximale Moment und den maximalen Schlupf bestimmt wird. Die antriebstechnischen Forderungen sind deshalb in dieser Hinsicht nach ökonomischen Gesichtspunkten zu stellen.
Die Schaltungsanordnung nach Bild 5.41a ist nur für einen Einrichtungsantrieb geeignet. Durch Änderung der Phasenfolge der Ständerspannungen mit einem Umkehrschütz ist eine Drehrichtungsumkehr möglich. Bei durchziehenden Lasten stellen sich nach entsprechender Wahl des Tastverhältnisses T_e/T und des Zusatzwiderstands R_{Zmax} stabile Arbeitspunkte im IV. Quadranten ein. Durch eine allerdings technisch aufwendigere Schaltungskombination der spannungsgesteuerten AMSL mit dem Pulssteller lassen sich alle vier Quadranten kontaktlos durchfahren. Wird die Ständerwicklung nach Abschnitt 2.4.3.2 mit Gleichstrom gespeist, so kann mittels des gepulsten Läuferwiderstands die Drehzahl bei Gleichstrombremsung recht vorteilhaft gesteuert oder geregelt werden.
Asynchronmaschinenantriebe mit Pulsstellern werden auf Grund der weniger günstigen Ventilausnutzung nur für Motorleistungen unterhalb 100 kW eingesetzt. Die erhöhten Verluste bei niedrigen Drehzahlen rechtfertigen den Einsatz wie bei allen widerstandsgesteuerten AMSL nur für Kurzzeit- oder Aussetzbetrieb. Vom Motor muß auch die Kommutierungsblindleistung für die Gleichrichterbrücke übertragen werden. Anwendungsfälle von AMSL-Antrieben mit Pulsstellern sind Fahr-, Hub-, Wipp- und Drehwerke bei Kranen sowie allgemeine Antriebe kleiner Leistung im Kurzzeit- und Aussetzbetrieb.
Eine einfache Schaltung für eine drehzahlgeregelte AMSL ist im Bild 5.41 dargestellt. Der Drehzahl-Istwert kann entweder einer Tachomaschine oder der schlupfproportionalen gleichgerichteten Läuferspannung entnommen werden. Der Strom-Sollwert wird vom Drehzahlregler vorgegeben und begrenzt. Auf Grund des Schalterprinzips des Läuferstellglieds kann der Stromregler durch einen einfachen Zweipunktregler realisiert werden. Die Struktur des vereinfachten Signalflußplans der AMSL mit Widerstandssteuerung entspricht dem der GNM. Eine Arbeitspunktabhängigkeit besteht durch den veränderlichen Läuferzusatzwiderstand und die Belastungsabhängigkeit verschiedener Kennwerte.

Beispiel 5.13

Für den drehzahlgeregelten Hubwerksantrieb nach Beispiel 2.16 mit einer AMSL von 5,5 kW; 1450 U/min ($\Omega_0 = 157$ 1/s); $\sqrt{3} \cdot U_{20} = 180$ V; $s_{max} = 1{,}97$ sind der Pulssteller und die erforderliche Drehstrombrücke zu dimensionieren. Die Schaltung ist in Bild 5.41a dargestellt.

Lösung

Nach (5.83) bestimmt man den Gleichstrom I_d mit $M = M_\mathrm{N}$ zu

$$I_\mathrm{dmax} = \frac{\pi}{3\sqrt{6}} \cdot \frac{\Omega_0}{U_{20}} \cdot M_\mathrm{N} = \frac{\pi}{3\sqrt{6}} \cdot \frac{157\ 1/\mathrm{s}}{180\ \mathrm{V}/\sqrt{3}} \cdot 36{,}2\ \mathrm{N\,m} = 23{,}5\ \mathrm{A}\ .$$

Unter Berücksichtigung des Stromsicherheitsfaktors $K_I = 1{,}5$ erhält man den Ventilstrom

$$I_\mathrm{C} = 2\,K_I\,I_\mathrm{d\,max} = 2 \cdot 1{,}5 \cdot 23{,}5\ \mathrm{A} = 71\ \mathrm{A}\ .$$

Die Spannungsbeanspruchung ergibt sich mit

$$U_\mathrm{d} = \frac{3\sqrt{6}}{\pi}\,U_{20}\,s_\mathrm{max} = \frac{3\sqrt{6}}{\pi} \cdot \frac{180\ \mathrm{V}}{\sqrt{3}} \cdot 1{,}97 = 477\ \mathrm{V}$$

und dem Spannungssicherheitsfaktor $K_U = 1{,}5$ zu

$$U_\mathrm{CE} = 1{,}5 \cdot 477\ \mathrm{V} = 715\ \mathrm{V}\ .$$

Nach Anhang 7.8 können die Dioden der ungesteuerten Drehstrombrücke dimensioniert werden.

$$I_\mathrm{F(AV)} = 0{,}33\,I_\mathrm{d\,max}\,K_I = 0{,}33 \cdot 23{,}5\ \mathrm{A} \cdot 1{,}5 = 11{,}6\ \mathrm{A}$$

$$U_\mathrm{RRM} = 1{,}05\,K_U\,U_\mathrm{d} = 1{,}05 \cdot 1{,}5 \cdot 477\ \mathrm{V} = 751\ \mathrm{V}\ .$$

Nach dem Katalog werden folgende Ventile eingesetzt:

1 IGBT: $I_\mathrm{C} = 100\ \mathrm{A}$, $U_\mathrm{CE} = 1200\ \mathrm{V}$ und 6 Dioden 25 A für eine zulässige periodische Spitzensperrspannung von 800 V.

5.2.3. Asynchronmaschinenantriebe mit Umrichter

5.2.3.1. Umrichterschaltungen und Steuerverfahren

Für Asynchronmaschinenantriebe können sowohl direkte als auch indirekte Umrichter, d. h. Zwischenkreisumrichter, eingesetzt werden. Hauptsächlich werden Zwischenkreisumrichter verwendet, die im wesentlichen nach den Gesichtspunkten

— Einzel- oder Gruppenantrieb
— Stellbereich
— Netzrückspeisung
— Netzrückwirkungen
— Dynamik

ausgewählt werden.

Im Abschnitt 2.4.2.1 wurde dargelegt, daß die Asynchronmaschine mit einem konstanten Verhältnis U/f geführt werden muß, um über den Stellbereich ein gleichbleibendes Kippmoment beizubehalten und ein Kennlinienfeld ähnlich dem der Gleichstrommaschine zu erreichen. Dafür sind der Einsatz geeigneter Steuer- und Regelverfahren für die Motorspannung bzw. den Motorstrom und die Speisefrequenz erfor-

5.2. Stationäres und dynamisches Verhalten stromrichtergespeister Drehstromantriebe

derlich. Oberhalb der Motorbemessungsfrequenz wird vielfach die Spannung auf ihren Bemessungswert begrenzt und die Maschine im Feldschwächbereich betrieben. Damit verringert sich das erreichbare Motormaximalmoment, und es ist eine entsprechende Anpassung an die Arbeitsmaschine erforderlich. Zugleich wirkt sich das aber auch kostengünstig auf die Dimensionierung des Umrichters aus.

Bei Umrichtern mit Gleichspannungszwischenkreis bestehen zwei prinzipielle Wege zur Gewinnung einer veränderlichen Ausgangsspannung am Wechselrichter (SR II), vgl. Bild 4.35:

— Steuerung des netzseitigen Gleichrichters (SR 1) zur Erzielung einer variablen Zwischenkreisspannung und Taktsteuerung des Wechselrichters SR II
— Pulsung der konstanten Zwischenkreisspannung über den maschinenseitigen Wechselrichter (SR II, SR I ungesteuert).

Beide Steuerverfahren werden eingesetzt und beeinflussen den Stellbereich, die Dynamik und die Netzrückwirkungen unterschiedlich. Sie wirken sich verschiedenartig auf die Oberschwingungen von Spannung und Strom, die Verlustleistung und die Pendelmomente aus. Auf diese Schaltungen wird unter 5.2.3.2 und 5.2.3.3 näher eingegangen.

Der Umrichter mit Gleichstromzwischenkreis ist in seinem Aufbau einfach. Er weist den Vorteil auf, daß eine Energierückspeisung beim Bremsen durch den Wechselrichterbetrieb des SR I vorgenommen werden kann. Damit ist kein zusätzlicher Gegenstromrichter bei Energierückspeisung erforderlich. Der Stromzwischenkreisumrichter arbeitet nicht ohne den angeschlossenen Motor. Die Motorreaktanzen beeinflussen die Arbeitsweise des Wechselrichters; deshalb ist er nur für Einzelantrieb geeignet. Näheres ist unter 5.2.3.4 ausgeführt.

Asynchronmaschinen mit Kurzschlußläufer zeigen bereits bei kleinen Leistungen ab etwa 5 kW eine Stromverdrängung im Läuferkreis. Diese Erscheinung wird bei Speisung über Wechselrichter durch die größeren Oberschwingungsströme verstärkt. Damit entstehen zusätzliche Verluste, die dazu zwingen, die Leistung der Maschine gegebenenfalls bis zu 20% herabzusetzen. Günstig sind Motoren mit einer hohen Gesamtstreuung bzw. mit verringertem Kippmoment. Bei ihnen treten kleinere Oberschwingungsströme auf, und ihre ungünstigen Einflüsse werden gemindert.

Zur Ansteuerung der Wechselrichter werden verschiedene Methoden eingesetzt. Sie üben einen maßgeblichen Einfluß auf die Höhe des Oberschwingungsgehaltes der Ausgangsspannungen und -ströme sowie auf den Frequenz- bzw. Drehzahlstellbereich aus. Der Umrichter mit Spannungszwischenkreis und Pulswechselrichter bietet gute Bedingungen für die Anwendung von Ansteuermethoden, die das Oberschwingungsspektrum und die Pendelmomente verringern. Dadurch ermöglichen sie auch einen großen Stellbereich von etwa 1 : 100 und werden heute allgemein bevorzugt.

Zur Gewährleistung eines konstanten Drehmoments über dem gesamten Stellbereich muß die umrichtergespeiste Asynchronmaschine auf konstante Flußverkettung geregelt werden. Dafür existieren verschiedene Regelkonzepte.

Das günstigste dynamische Verhalten bietet die feldorientierte Regelung. Bei dieser Methode werden die m- und ψ-bildenden Stromkomponenten ermittelt und getrennt geregelt.

Weiterhin werden u. a. eingesetzt:

— die Ständerspannungssteuerung bei Antrieben mit Spannungszwischenkreisumrichtern durch Veränderung der Ständerspannung U_{12} ($\sim U_d$) in Abhängigkeit von der Speisefrequenz f_{12}
— die Ständerstromsteuerung bei Antrieben mit Stromzwischenkreisumrichtern durch Veränderung des Ständerstroms I_{12} ($\sim I_d$) in Abhängigkeit von der Schlupffrequenz ω_2.

Nachfolgend werden einzelne Umrichterschaltungen und Regelverfahren beschrieben.

5.2.3.2. Asynchronmaschinenantriebe mit gesteuertem Spannungszwischenkreisumrichter und getaktetem Wechselrichter

Die Zwischenkreisspannung wird über den netzseitigen SR I durch Phasenanschnittsteuerung geregelt. Damit tritt im Netz eine von der Aussteuerung abhängige Steuerblindleistung auf. Im Zwischenkreis werden L-C-Glieder zur Verringerung der Welligkeit der Gleichspannung U_d eingesetzt.

Der selbstgeführte Wechselrichter schaltet diese Gleichspannung in zyklischer Reihenfolge auf die Strangwicklungen der Asynchronmaschine. Das erfolgt im allgemeinen mit einer π-Einschaltung der Thyristoren. Dafür sind Normalthyristoren geeignet. Für die Amplituden der Strangspannungen einer in Stern geschalteten Maschine ergibt sich:

$$\hat{U}_{12\nu} = \frac{2}{\pi} \frac{U_d}{\nu} \quad \text{mit} \quad \begin{array}{l} \nu = 1 + 6k \\ k = 0; \pm 1; \pm 2; \ldots \end{array} \tag{5.84}$$

$\hat{U}_{12\nu}$ Strangspannung, Amplitudenwert der ν-ten Oberschwingung.

Entsprechend erhält man für die Grundschwingung, siehe Bild 5.42:

$$\hat{U}_{12(\nu=1)} = \frac{2}{\pi} U_d \quad \text{und} \quad \hat{I}_{12(\nu=1)} = \frac{\pi}{3} I_d; \tag{5.85}$$

$\hat{I}_{12}$ Strangstrom, Amplitudenwert.

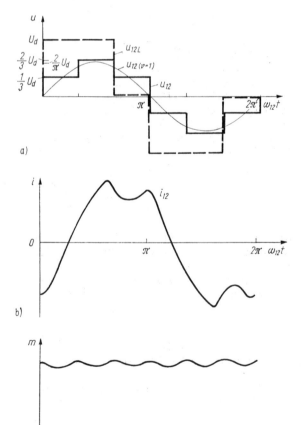

Bild 5.42. Spannungs- (a), Strom- (b) und Drehmomentenverlauf (c) beim Asynchronmaschinenantrieb mit Spannungszwischenkreisumrichter (getaktet)

u_{12L} verkettete Leiterspannung; u_{12} Strangspannung (Sternschaltung); u_{12} ($\nu = 1$) Strangspannung, Grundschwingung; i_{12} Strangstrom (Sternschaltung)

5.2. Stationäres und dynamisches Verhalten stromrichtergespeister Drehstromantriebe

Wegen der eingeprägten Zwischenkreisspannung ist eine Energierückspeisung in das Netz nur mit Hilfe eines Umkehrstromrichters (SR I) möglich. Einfachere Lösungen für die Bremsung der Maschine lassen sich durch Zuschalten eines getakteten Widerstandes im Zwischenkreis erzielen.

Die Drehzahl des Motors wird durch Vorgabe der Ständerfrequenz f_{12} gesteuert. Zur Aufrechterhaltung einer konstanten Ständerflußverkettung muß die Ständerspannung entsprechend nachgeführt werden. Dafür eignet sich die Ständerspannungssteuerung. Das Steuergesetz läßt sich aus (2.99), (2.101) und (2.107) ableiten.

Danach erhält man in bezogener Darstellung:

$$\frac{\hat{U}_{12}}{\hat{U}_{12N}} \approx \sqrt{\left(\frac{\omega_{12}}{\omega_{12N}}\right)^2 + \left(\frac{R_1}{\omega_{12N} L_1}\right)^2} \; ; \tag{5.86}$$

$\hat{U}_{12}$ Ausgangsspannung des UR (Stranggröße)
$\hat{U}_{12N} \approx \hat{U}_{1N}$ Nennstrangspannung der AM
ω_{12} Ausgangskreisfrequenz des UR; $\omega_{12} = 2\pi f_{12}$
ω_{12N} Nennkreisfrequenz der Ständerstrangspannung der AM
R_1, L_1 Widerstand und Gesamtinduktivität eines Ständerstranges der AM mit $L_1 = L_h + L_{1\sigma}$.

Bild 5.43 veranschaulicht den Verlauf der Ständerspannung in Abhängigkeit von der Ständerfrequenz der AM. Die Größe $R_1/\omega_{12N} L_1$ liegt bei kleinen Maschinen bei $2 \cdot 10^{-2}$, bei großen um $2 \cdot 10^{-3}$ (vgl. dazu Bild 2.42).

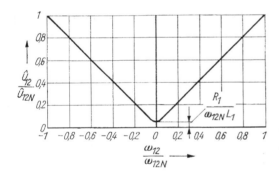

Bild 5.43. Steuerfunktion $\hat{U}_{12}/\hat{U}_{12N} = f(\omega_{12}/\omega_{12N})$

Bild 5.44a zeigt die Prinzipschaltung der Drehzahlsteuerung einer AM über einen indirekten UR mit Ständerspannungssteuerung. Die Schaltung enthält eine Spannungsregelschleife für die Ständerspannung mit einer unterlagerten Stromregelschleife für den Zwischenkreisstrom. Der Sollwert der Ständerspannungsregelung wird über einen Funktionsgeber F_u entsprechend (5.86) der Ständerfrequenz nachgeführt. Eine konstante Ständerflußverkettung ist nur möglich, wenn durch eine schnelle Spannungsregelung die Verzögerungsglieder im Gleichstromzwischenkreis kompensiert werden können. Bild 5.44 zeigt den Signalflußplan des Ständerspannungsregelkreises. R, C, L sind Größen des Gleichspannungszwischenkreises. R_1^* ist der fiktive Innenwiderstand der wechselrichtergespeisten AM, bezogen auf den Gleichstromzwischenkreis. Der unterlagerte Regelkreis des Zwischenkreisstroms dient der Strombegrenzung und der Verbesserung der Dynamik des Spannungsregelkreises.

Asynchronmaschinenantriebe mit Gleichspannungszwischenkreis und getaktetem Wechselrichter erreichen einen Drehzahlstellbereich von $1:0,1 \cdots 1:4$. Sie lassen sich gut als Gruppenantriebe einsetzen und sind für Textilmaschinen, Lüfter und Pumpen geeignet.

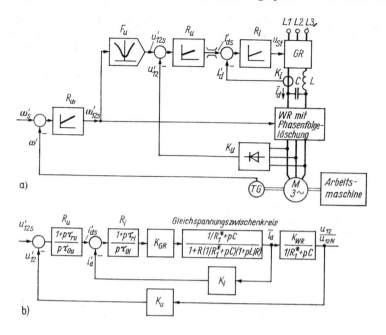

Bild 5.44. *Drehzahlregelung einer Asynchronmaschine über einen indirekten Umrichter mit Ständerspannungssteuerung*

a) Prinzipschaltbild; R_ω Drehzahlregler; R_u Spannungsregler; R_i Stromregler; F_u Funktionsgeber zur Ständerspannung; K_u Spannungsmeßglied; K_i Strommeßglied
b) Signalflußplan des Spannungsregelkreises

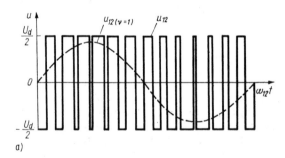

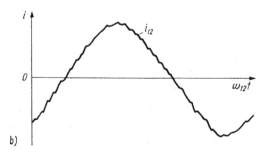

Bild 5.45. *Spannungs- (a) und Stromverlauf (b) beim Asynchronmaschinenantrieb mit Pulswechselrichter*

5.2.3.3. Asynchronmaschinenantriebe mit Spannungszwischenkreisumrichter und Pulswechselrichter

Der netzseitige Stromrichter SR I ist bei dieser Schaltung ungesteuert. Damit entsteht für das Netz keine Steuerblindleistung. Im Zwischenkreis werden als Energiespeicher und zur Glättung der Spannung U_d Kondensatoren eingesetzt. Typisch ist bei dieser Schaltung die Arbeitsweise des selbstgeführten Wechselrichters. Durch Pulsung der Leistungstransistoren bzw. der Hauptthyristoren wird entsprechend dem Pulsmuster der Mittelwert der Ausgangsspannung U_{12} und durch das angewendete Steuergesetz die Frequenz f_{12} geändert (Bild 5.45).

Bei einem günstigen Pulsmuster entsteht ein geringerer Oberschwingungsgehalt der Ausgangsspannung. Damit verringern sich die Oberschwingungsverluste und die Pendelmomente. Letztlich ermöglicht das einen größeren Frequenz- bzw. Drehzahlstellbereich.

Die Transistoren bzw. Hauptthyristoren des Pulswechselrichters werden in einer Halbperiode mehrfach gezündet und gelöscht. Bei der Verwendung von Thyristoren sind in der Regel Frequenzthyristoren erforderlich, und zur Löschung kommt die Einzellöschung in Betracht. Mit der Pulsfrequenz nehmen die Ein- und Ausschaltverluste im Wechselrichter zu; ihm ist deshalb verlustseitig entsprechende Aufmerksamkeit zu schenken.

Mit dem Steuerverfahren wird das Arbeitsregime der Halbleiterventile festgelegt. Durch Regelung der Ständerspannung und Ständerfrequenz wird die Ständerflußverkettung konstant gehalten.

Nachfolgend werden Methoden für die Steuerung der Halbleiterventile und die Regelung des PWR auf konstante Ständerflußverkettung dargestellt.

Steuerverfahren

Zur Umformung der Zwischenkreisspannung U_d in die Dreiphasenspannung werden sowohl die Pulsbreitensteuerung (T = konst., T_e = variabel) als auch die Pulsfolgesteuerung (T = variabel, T_e = konst.) eingesetzt. Mit einer sinusförmigen Modulation der Pulsbreite erreicht man eine günstige Reduzierung der Oberschwingungen. Die grundsätzliche Arbeitsweise dieser Steuerverfahren geht aus Bild 5.46 hervor.

Zur Realisierung der Ansteuerung werden heute spezielle Ansteuerschaltkreise eingesetzt. Für den Spannungsverlauf am Motor ist weiter bedeutungsvoll, ob von der Pulsung zwei oder drei diskrete Spannungswerte ausgegeben werden, d. h., ob die Ausgangsspannung zwischen $+U_d$ und $-U_d$ oder $+U_d/2$, 0 und $-U_d/2$ umschaltet.

Je höher die Pulsfrequenz gewählt wird, um so besser gleicht sich die Ausgangsspannung der Grundschwingung an, und die Oberschwingungsverluste im Motor gehen zurück.

Gegenläufig dazu steigen bei höheren Pulsfrequenzen die Verluste im Pulswechselrichter an. Deswegen ist es günstig, nach Frequenz und Stellbereich optimierte Pulsmuster für den PWR zu verwenden. Dafür eignen sich mikrorechnergesteuerte Ansteuereinheiten. Im Festwertspeicher des Mikrorechners werden solche Zündmuster eingeschrieben, die je nach Arbeitsbereich mit Veränderung der Pulszahl optimale Bedingungen zur Verringerung zusätzlicher Verluste und Pendelmomente schaffen.

Feldorientierte Regelung

Die feldorientierte Regelung bietet für die Einhaltung einer konstanten Ständerflußverkettung im dynamischen Betrieb die günstigsten Bedingungen. Sie hat über die hier behandelte Umrichterschaltung hinausgehend ein größeres Einsatzgebiet gefunden. Das Grundprinzip der feldorientierten Regelung beruht darauf, daß die Flußverkettung durch eine Flußregelung konstant gehalten wird.

Die für eine Flußregelung erforderliche Flußmessung kann entweder direkt durch Feldsensoren im Luftspalt der AM oder indirekt über die Ständerströme und Ständer-

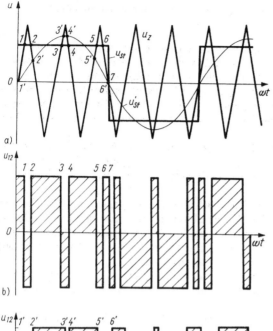

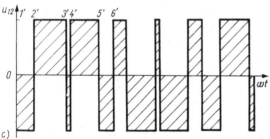

Bild 5.46. *Steuerverfahren für Pulswechselrichter*

a) Vergleich der in Amplitude und Frequenz variablen Steuerspannungen u_{St} (rechteckförmig) bzw. u'_{St} (sinusförmig) mit der Dreieckspannung u_Z (konst.)
b) symmetrische Pulsbreitenmodulation PWR-Ausgangsspannung u_{12}, Umschaltpunkte *1, 2, 3* ...
c) Pulsmodulation nach dem Unterschwingungsverfahren PWR-Ausgangsspannung u_{12}, Umschaltpunkte *1', 2', 3'* ...

spannungen mit Hilfe eines Flußmodells erfolgen. Das Verhalten eines UR-Antriebs mit feldorientierter Regelung entspricht dann dem eines Antriebs mit einer GNM im Ankerspannungs- und Feldstellbereich. Das Regelverfahren erfordert jedoch eine aufwendige Informationsverarbeitung, die mit modernen Mikrorechnerbaugruppen realisierbar ist.

Das Prinzip wird nachfolgend erläutert. Im Abschnitt 2.4.5.1 wurde das Gleichungssystem der Asynchronmaschine in Raumzeigerdarstellung aufgeschrieben. Das Drehmoment läßt sich aus der Verknüpfung der Flußverkettung $\overline{\psi}_{1,2}$ mit den Strömen $i_{1,2}$ nach Anhang 7.4 angeben. Bild 5.47 zeigt beispielsweise die Raumzeiger $\overline{\psi}_2$ und $\overline{i}_1$ im Koordinatensystem mit synchroner Winkelgeschwindigkeit, d. h. $\omega_K = \omega_1$. Das Drehmoment ergibt sich zu

$$m = \frac{3}{2} p\, K_2\, \overline{\psi}_2 * \overline{i}_1 = -\frac{3}{2} p\, K_2\, \mathrm{Im}\{\overline{\psi}_2\, \overline{i}_1^*\} = \frac{3}{2} p\, K_2\, \overline{\psi}_2 \cdot \overline{i}_{1m}; \qquad (5.87)$$

$\overline{\psi}_2$ Raumzeiger der Läuferflußverkettung
$\overline{i}_1$ Raumzeiger des Ständerstroms
$\overline{i}_{1m}$ drehmomentbildende Ständerstromkomponente im Feldkoordinatensystem
p Polpaarzahl.

Im Bild 5.47 ist die Komponente $\overline{i}_{1m} = j\, \overline{i}_1 \cdot e^{-j\gamma} \sin\gamma$ eingetragen. Sie erzeugt mit der Flußverkettung $K_2\, \overline{\psi}_2$ das Drehmoment. Die Stromkomponente $\overline{i}_1 = \overline{i}_1 \cdot e^{-j\gamma} \cdot \cos\gamma$

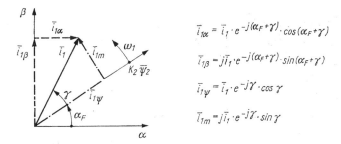

Bild 5.47. *Raumzeiger des Ständerstroms der Asynchronmaschine*
α, β Ständerkoordinatensystem; ψ, m Feldkoordinatensystem; $\alpha_F = \omega t$ Winkel zwischen Ständer- und Feldkoordinatensystem

beeinflußt die Flußverkettung. Mit diesen beiden Stromkomponenten kann voneinander unabhängig sowohl auf das Drehmoment als auch auf die Flußverkettung eingewirkt werden. Dies ist eine Analogie zur ankerstrom- und feldgesteuerten Gleichstrommaschine. Die verschiedenen feldorientierten Regelschaltungen unterscheiden sich darin, welche Raumzeiger für die Regelung ausgewählt und mit welchen Methoden sie erfaßt bzw. aufbereitet werden.
Bei einer feldorientierten Regelung des Läuferflusses ergeben sich besonders übersichtliche Verhältnisse in der Asynchronmaschine. Die Ständerströme der Asynchronmaschine werden hier ebenfalls über eine Stromregelung eingeprägt. Damit entfällt die Ständerspannungsgleichung (2.99). Das Feldkoordinatensystem rotiert mit $\omega_k = \omega_1$, d. h. $\omega_k - \omega\,\mathsf{p} = \omega_2$. Wegen $\bar{u}_2 = 0$ folgt aus (2.100) und (2.102) für die Läuferflußverkettung im Feldkoordinatensystem

$$\tau_L \frac{\mathrm{d}\bar{\psi}_2}{\mathrm{d}t} = -(1 + \mathrm{j}\,\omega_2\,\tau_L)\,\bar{\psi}_2 + L_h\,\bar{i}_1, \tag{5.88}$$

$$\tau_L = \frac{L_2}{R_2} \quad \text{elektrische Leerlaufzeitkonstante des Läufers.} \tag{5.88a}$$

Der Raumzeiger der Läuferflußverkettung liegt auf der reellen Achse des Feldkoordinatensystems. Durch Aufspaltung der komplexen Gleichung der Läuferflußverkettung (5.88) in einen Real- und einen Imaginärteil erhält man

$$\tau_L \frac{\mathrm{d}\bar{\psi}_2}{\mathrm{d}t} = -\bar{\psi}_2 + L_h\,\bar{i}_{1\psi}, \tag{5.89}$$

$$\omega_2 = \frac{L_h}{\tau_L}\,\frac{\bar{i}_{1m}}{2}. \tag{5.90}$$

Aus (5.89) folgt die Übertragungsfunktion der Läuferflußverkettung

$$\psi_2 = \frac{L_h}{1 + p\,\tau_L}\,i_{1\psi} \tag{5.91}$$

bzw. in bezogenen Größen

$$\frac{\psi_2}{\hat{\psi}_{1N}} = \frac{1}{1 + p\,\tau_L}\,\frac{X_h \cdot \hat{I}_{St}}{\hat{U}_{1N}}\,\frac{i_{1\psi}}{\hat{I}_{St}}, \tag{5.92}$$

$$\hat{\psi}_{1N} = \frac{\hat{U}_{1N}}{\Omega_{1N}}. \tag{5.93}$$

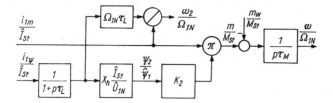

Bild 5.48. *Signalflußplan der Asynchronmaschine in einem mit der Läuferflußverkettung rotierenden Feldkoordinatensystem*
K_2 Kopplungsfaktor des Läufers

Damit kann der Signalflußplan der Asynchronmaschine in den Feldkomponenten eines mit der Läuferflußverkettung rotierenden Koordinatensystems dargestellt werden (Bild 5.48).
Der Signalflußplan weist eine große Analogie zur ankerstromgeregelten Gleichstrommaschine auf. Dabei entspricht die Läuferleerlaufzeitkonstante τ_L der Asynchronmaschine der Erregerzeitkonstanten τ_E der Gleichstrommaschine.
Die Stromkomponenten i_{1m} und $i_{1\psi}$ müssen der Asynchronmaschine durch eine Stromregelung aufgeprägt werden.

Umrichterantrieb mit feldorientierter Regelung

Im Bild 5.49 ist das Antriebssystem eines Umrichters mit PWR dargestellt. Es enthält zwei Stromkreise für die Stromkomponenten i_{1m} und $i_{1\psi}$. Die Istwerte dieser Stromkomponenten im Feldkoordinatensystem werden über zwei Koordinatenwandler KW1 und KW2 aus den drei Ständerströmen der Asynchronmaschine gewonnen. Die Stromregler R_{im} und $R_{i\psi}$ mit PI-Verhalten ermitteln die Steuerspannungen u_{Stm} und $u_{St\psi}$ für den Pulswechselrichter im Feldkoordinatensystem. Die Koordinaten-

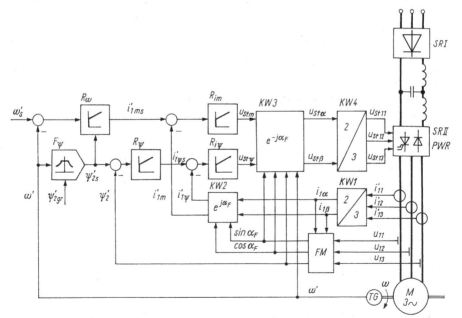

Bild 5.49. *Blockschaltbild der umrichtergespeisten Asynchronmaschine mit feldorientierter Regelung*
R_ω Drehzahlregler; R_ψ Flußregler; R_{im}, $R_{i\psi}$ Stromregler; $KW1\cdots KW4$ Koordinatenwandler; F_ψ Flußsollwertgeber; FM Flußmodell; GR Gleichrichter; WR Wechselrichter

5.2. Stationäres und dynamisches Verhalten stromrichtergespeister Drehstromantriebe

wandler $KW3$ und $KW4$ berechnen daraus die Steuerspannungen $u_{\text{St}11}$, $u_{\text{St}12}$ und $u_{\text{St}13}$ für die drei Ständerstränge.

Die Läuferflußverkettung ψ_2 wird im Bild 5.49 indirekt über das Flußmodell FM aus den drei Ständerspannungen mit Ständerströmen ermittelt. Der Betrag der Läuferflußverkettung ψ_2' wird als Istwert dem Feldregler R_ψ zugeführt. Der mit der Ständerfrequenz ω_1 umlaufende Raumzeiger $\bar\psi_2$ steuert entsprechend seiner aktuellen Lage über die Winkelkoordinaten $\cos\alpha_F$ und $\sin\alpha_F$ die Koordinatenwandler $KW2$ und $KW3$. Der Koordinatenwandler $KW3$ enthält weiterhin eine Rechenschaltung zur Entkopplung der beiden Stromregelkreise. Dazu werden zusätzlich die Istwerte der Läuferflußverkettung ψ_2' und der Motordrehzahl ω' benötigt.

Der Drehzahlregelkreis mit dem Regler R_ω bestimmt analog zum geregelten Gleichstromantrieb den Sollwert i'_{1ms} der drehmomentsteuernden Stromkomponente. Der Sollwert ψ'_{2s} für die Läuferflußverkettung wird durch den Funktionsgeber F_ψ abhängig vom Drehzahl-Istwert gebildet. Er ermöglicht wie beim Gleichstromantrieb eine Feldschwächung im oberen Drehzahlbereich.

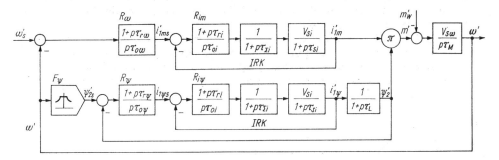

Bild 5.50. *Vereinfachter Signalflußplan einer umrichtergesteuerten Asynchronmaschine mit feldorientierter Regelung*
R_ω Drehzahlregler; R_ψ Flußregler; R_{im}, $R_{i\psi}$ Stromregler; F_ψ Flußsollwertgeber

Bild 5.50 zeigt den vereinfachten Signalflußplan des Antriebssystems. Die Stromregelkreise beider Ständerstromkomponenten besitzen die gleiche Regelstrecke. Die Summenzeitkonstante $\tau_{\Sigma i}$ wird durch die Abtastperiode des Pulswechselrichters und die Glättungszeitkonstante der Strommessung bestimmt. Für die große Streckenzeitkonstante τ_{Si} gilt

$$\tau_{Si} \approx \frac{\sigma L_1 + L_{Ko}}{R_1 + R_i}; \qquad (5.94)$$

L_{Ko} Kommutierungsinduktivität des Wechselrichters
R_1 Ständerwiderstand der Asynchronmaschine
R_i Innenwiderstand des Wechselrichters
σ Gesamtstreuziffer.

Für die beiden Stromregler R_{im} und $R_{i\psi}$ sowie für den Flußregler R_ψ empfiehlt sich eine Einstellung nach dem Betragsoptimum. Der Drehzahlregler R_ω kann nach dem symmetrischen Optimum abgeglichen werden.

Wegen des relativ großen Umfangs der Informationsverarbeitung bei der feldorientierten Regelung sowie wegen der hohen Echtzeitanforderungen enthalten moderne Regeleinrichtungen leistungsfähige Mikrorechner, meist mit einer 16-bit-Verarbeitung, oder schnelle Signalprozessoren. Mit diesen Baugruppen kann die gesamte Regeleinrichtung mit geringem Hardwareaufwand realisiert werden.

Asynchronmaschinenantriebe mit Pulswechselrichter und feldorientierter Regelung besitzen im gesamten Leistungsbereich ein sehr gutes dynamisches Verhalten, das dem der geregelten Gleichstromantriebe ebenbürtig und teilweise sogar überlegen ist. Sie werden im gesamten Leistungsbereich eingesetzt und lassen sich in einem Drehzahlstellbereich von 0,03 : 1 bis 1 : 2,5 betreiben. Zur Energierückspeisung ist der Einsatz eines Umkehrstromrichters für den SR I erforderlich. Hinsichtlich der Netzrückwirkungen und auch für das Zusammenwirken mit der Arbeitsmaschine ergeben sich sehr günstige Bedingungen. Diese Antriebssysteme sind sowohl für Einzel- als auch für Gruppenantriebe bei Verarbeitungsmaschinen, Hub- und Fahrwerken, Transporteinrichtungen und Werkzeugmaschinen geeignet. Auf Grund der guten dynamischen Eigenschaften wächst ihre Bedeutung auch für reaktionsschnelle Stellantriebe.

5.2.3.4. Asynchronmaschinenantriebe mit Stromzwischenkreisumrichter und getaktetem Wechselrichter

Der Zwischenkreisstrom wird über den steuerbaren netzseitigen SR I eingeprägt. Damit entsteht für das Netz eine von der Aussteuerung abhängige Steuerblindleistung. Im Zwischenkreis befindet sich eine Glättungsdrossel, die die Stromwelligkeit des Zwischenkreisstroms I_d vermindert.

Der selbstgeführte Wechselrichter schaltet diesen Strom sequentiell auf die Strangwicklungen der Asynchronmaschine; die Strangspannung stellt sich frei ein. Als Arbeitsweise für die Ventile des Wechselrichters wird im allgemeinen eine $2\pi/3$-Einschaltung gewählt. Es kommen Leistungstransistoren (IGBT) oder GTO-Thyristoren zum Einsatz.

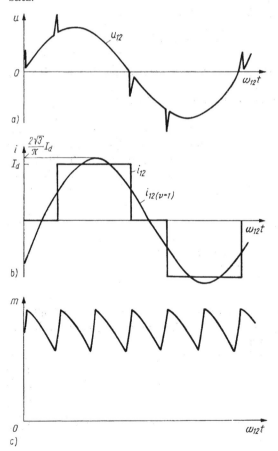

Bild 5.51. Spannungs- (a), Strom- (b) und Drehmomentenverlauf (c) beim Asynchronmaschinenantrieb mit Stromzwischenkreisumrichter

Die Amplituden der Ströme in der Strangwicklung einer im Stern geschalteten Maschine erhält man nach:

$$\hat{I}_{12\nu} = \frac{2\sqrt{3}}{\nu\pi} I_\mathrm{d} \qquad \text{mit} \quad \begin{array}{l} \nu = 1 + 6k \\ k = 0, \pm 1; \pm 2 \ldots \end{array} \tag{5.95}$$

Für die Grundschwingung von Strom und Spannung, siehe Bild 5.51, ergibt sich

$$\hat{I}_{12(\nu=1)} = \frac{2\sqrt{3}}{\pi} I_\mathrm{d} ; \qquad \hat{U}_{12(\nu=1)} = \frac{\pi}{3\sqrt{3}} U_\mathrm{d} . \tag{5.96}$$

Wegen der nichtstetigen Bewegung der Ständerdurchflutung entstehen große Drehmomentenpulsationen. Dies führt insbesondere bei kleinen Drehzahlen zu einem hohen Ungleichförmigkeitsgrad. Am Kommutierungsvorgang sind die Reaktanzen der Maschine mit beteiligt, so daß der Wechselrichter ein lastabhängiges Verhalten aufweist. Die Streureaktanz hat bei dieser Schaltung keinen nennenswerten Einfluß auf die Oberschwingungen. Wegen der Lastabhängigkeit kommt diese Umrichterschaltung in der Regel nur für Einzelantriebe in Betracht.

Die Energierückspeisung ist sehr einfach. Dazu wird der steuerbare SR I in den Wechselrichterbetrieb geführt. Somit ist ohne zusätzlichen Aufwand eine Nutzbremsung möglich. Wenn ein Wechselrichter mit Phasenfolgelöschung verwendet wird, dann ergibt sich ein geringer Bauelementeaufwand, und die Kosten liegen niedrig.

Zur Einhaltung einer konstanten Ständerflußverkettung läßt sich das Steuerverfahren für die Ständerstromsteuerung einsetzen. Das erforderliche Steuergesetz erhält man aus (2.99) bis (2.105):

$$\frac{\hat{I}_1}{\hat{I}_{10\mathrm{N}}} \approx \frac{\hat{I}_1}{\hat{I}_\mu} = \sqrt{\frac{1 + \left(\frac{1}{\sigma\, s_\mathrm{K}}\right)^2 \left(\frac{\omega_2}{\omega_{1\mathrm{N}}}\right)^2}{1 + \left(\frac{1}{\sigma\, s_\mathrm{K}} \frac{L_{2\sigma}}{L_2}\right)^2 \left(\frac{\omega_2}{\omega_{1\mathrm{N}}}\right)^2}} ; \tag{5.97}$$

$\hat{I}_{10\mathrm{N}}; \hat{I}_\mu$ Leerlaufstrom bzw. Magnetisierungsstrom der AM bei Nennspannung
$\omega_{1\mathrm{N}}$ synchrone Winkelgeschwindigkeit des Motors bei Nennfrequenz (elektrisch), $\omega_{1\mathrm{N}} = p\, \Omega_{0\mathrm{N}}$
ω_2 Läuferkreisfrequenz der AM
$\sigma = 1 - K_1 K_2$ Gesamtstreuziffer.

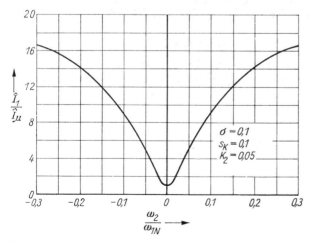

Bild 5.52. Steuerfunktion $\hat{I}_1/\hat{I}_\mu = f\,(\omega_2/\omega_{1\mathrm{N}})$

Bild 5.52 veranschaulicht die Abhängigkeit des Ständerstroms I_1 von der Läuferfrequenz ω_2 für ausgewählte Parameter.

Die Prinzipschaltung der Drehzahlregelung eines Umrichterantriebs mit unterlagerter Ständerstromregelung zeigt Bild 5.53. Der Funktionsgeber F_i realisiert das Steuergesetz nach (5.97). Ihr Funktionsverlauf ist im Block F_i eingetragen. Der Läuferfrequenzregler $R_{\omega 2}$ ermöglicht über die Begrenzung der Läuferfrequenz eine Momentenbegrenzung und entspricht damit dem Stromregler in einem geregelten Gleichstromantrieb.

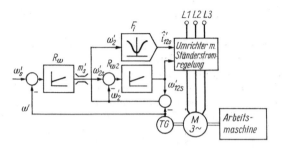

Bild 5.53. Drehzahlregelung einer Asynchronmaschine über einen Umrichter mit unterlagerter Ständerstromregelung

R_ω Drehzahlregler; $R_{\omega 2}$ Läuferfrequenzregler; F_i Funktionsgeber zur Ständerstromsteuerung

Stromzwischenkreisumrichter sind für Einzelantriebe bis zu mehreren MW einsetzbar. Der Stellbereich liegt bei 0,2:1 bis 1:2. Sie gewährleisten ein hohes Anlaufmoment und finden vor allem für Pumpen, Lüfter, Zentrifugen und Fördereinrichtungen Anwendung. Sie sind auch für Triebfahrzeuge geeignet, die aus Gleichstromnetzen gespeist werden. In diesem Fall erfolgt die Anpassung an die Wechselrichterspannung über einen Gleichstromsteller.

5.2.4. Asynchronmaschinenantriebe mit Stromrichterkaskade

Asynchronmaschinenantriebe mit Stromrichterkaskaden werden eingesetzt, wenn nur ein beschränkter Drehzahlstellbereich unterhalb und oberhalb der Synchrondrehzahl gefordert wird. Die Drehzahlstellung erfolgt über eine Zusatzspannung im Läuferkreis der AMSL mit Hilfe eines direkten oder indirekten UR. Bild 5.54 zeigt das Prinzipschaltbild eines drehzahlgeregelten Antriebs mit einer Stromrichterkaskade. Über den UR wird dem Läuferkreis zusätzlich Energie zugeführt oder abgezogen. Im ersten Fall ist dadurch ein Betrieb oberhalb der Synchrondrehzahl und im zweiten Fall unterhalb der Synchrondrehzahl möglich (vgl. Abschn. 2.4.2.3).

5.2.4.1. Aufbau und Wirkungsweise der Stromrichterkaskade

Bei einer Drehzahlstellung im über- und untersynchronen Bereich muß der Energiefluß über den UR in beiden Richtungen möglich sein. Wegen der geringen Läufer-

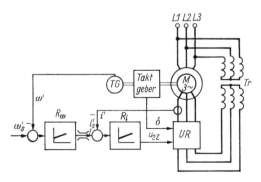

Bild 5.54. Drehzahlregelung einer Asynchronmaschine über einen Umrichter im Läuferkreis

5.2. Stationäres und dynamisches Verhalten stromrichtergespeister Drehstromantriebe

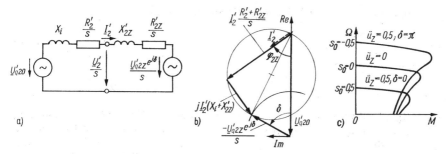

Bild 5.55. *Drehzahlsteuerung einer Asynchronmaschine über eine Läuferzusatzspannung*
a) Ersatzschaltbild des Läuferkreises; b) Zeigerbild des Läuferkreises; c) $\Omega = f(M)$-Kennlinienfeld

frequenz (Schlupffrequenz) eignet sich als Stellglied bei größeren Leistungen insbesondere der direkte UR. Mit dem UR kann die Läuferzusatzspannung in ihrer Amplitude und Phasenlage gestellt werden. Bild 5.55a zeigt das Ersatzschaltbild des Läuferkreises einer AMSL, die auf eine Gegenspannung arbeitet. Für die Spannungsgleichung gilt

$$s\,\underline{U}'_{q20} - \underline{U}'_{q2Z}\,e^{j\delta} = \underline{I}'_2\,[(R'_2 + R'_{2Z}) + j\,s\,(X_i + X'_{2Z})]; \tag{5.98}$$

U'_{q20}, U'_{q2Z} Läuferstillstandsspannung und -gegenspannung, auf die Ständerseite bezogen (Stranggröße)

R'_{2Z}, X'_{2Z} Wirk- und Blindwiderstand der Gegenspannungsquelle, auf die Ständerseite bezogen

δ Phasenwinkel zwischen Läuferstillstandsspannung und Gegenspannung.

Im Bild 5.55b ist das Zeigerdiagramm für den Läuferkreis dargestellt. Der Strom im Läuferkreis errechnet sich nach

$$\underline{I}'_2 = \frac{U'^2_{q20}\left(\dfrac{\ddot{u}_Z}{s}\,e^{j\delta} - 1\right)\left[\dfrac{R'_2 + R'_{2Z}}{s} - j\,(X_i + X'_{2Z})\right]}{\left(\dfrac{R'_2 + R'_{2Z}}{s}\right)^2 + (X_i + X'_{2Z})^2} \tag{5.99}$$

mit

$$\ddot{u}_Z = \frac{U'_{q2Z}}{U'_{q20}}. \tag{5.100}$$

Für das Drehmoment gilt

$$M = \frac{3}{\Omega_0}\,\mathrm{Re}\{\underline{U}'_{q20}\,\underline{I}'^*_2\} = \frac{2\,M_{KZ}}{\dfrac{s_{KZ}}{s} + \dfrac{s}{s_{KZ}}}\left(1 - \frac{\ddot{u}_Z}{s}\cos\delta - \frac{\ddot{u}_Z}{s_{KZ}}\sin\delta\right) \tag{5.101}$$

mit

$$s_{KZ} = \frac{R'_2 + R'_{2Z}}{X_i + X'_{2Z}}\,; \tag{5.102}$$

s_{KZ} Kippschlupf des Antriebs;

$$M_{KZ} = \frac{3}{2}\,\frac{U'^2_{q20}}{\Omega_0\,(X_i + X'_{2Z})}\,; \tag{5.103}$$

M_{KZ} Kippmoment des Antriebs.

Für $M = 0$ erhält man aus (5.101) den sog. Leerlaufschlupf

$$s_0 = \frac{\ddot{u}_Z \cos \delta}{1 - \dfrac{\ddot{u}_Z}{s_{KZ}} \sin \delta} \; ; \tag{5.104}$$

s_0 Leerlaufschlupf.

Bild 5.55c zeigt das Drehzahl-Drehmomenten-Kennlinienfeld der AMSL bei Steuerung über eine Gegenspannung. Der Leerlaufschlupf kann nach (5.104) über $\ddot{u}_Z$ und den Phasenwinkel beeinflußt werden. Bei $\delta = 0$ gilt für den Leerlaufschlupf $s_0 = \ddot{u}_Z$. Der Antrieb arbeitet dann unterhalb der synchronen Drehzahl. Bei $\delta = \pi$ liegt wegen $s_0 = -\ddot{u}_Z$ ein übersynchroner Betrieb vor. Wie dem Zeigerdiagramm nach Bild 5.55b zu entnehmen ist, kann über den Phasenwinkel δ der Gegenspannung auch der Leistungsfaktor $\cos \varphi_{2Z}$ des Läuferstroms beeinflußt werden.

Untersynchrone Stromrichterkaskade

Bei untersynchronem Betrieb tritt nur die Energieflußrichtung vom Läuferkreis über den UR in das Netz auf. In diesem Fall kann ein UR, bestehend aus einem ungesteuerten Gleichrichter und einem netzgeführten Wechselrichter, eingesetzt werden. Diese Sonderform des indirekten UR wird als untersynchrone Stromrichterkaskade USK bezeichnet (Bild 5.56a). Der dafür einzusetzende Ventilaufwand ist relativ gering.
Bei der USK wird die Läufergegenspannung durch den netzgeführten Wechselrichter gesteuert und über den ungesteuerten Gleichrichter in den Läuferkreis übertragen. Bedingt durch den Gleichstromzwischenkreis sind Läuferstrom und Gegenspannung

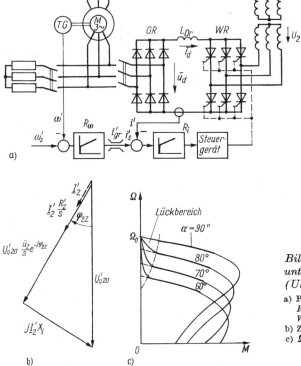

Bild 5.56. *Asynchronmaschine mit untersynchroner Stromrichterkaskade (USK)*
a) Prinzipschaltung; R_i Stromregler; R_ω Drehzahlregler; GR Gleichrichter; WR netzgeführter Wechselrichter
b) Zeigerbild des Läuferkreises
c) $\Omega = f(M)$-Kennlinienfeld

gegenphasig, d. h. $ü_Z = s_0$ (Bild 5.56b). Für den linearen Teil der Motorkennlinie erhält man aus (5.101)

$$M = \frac{2 M_{KZ}}{s_{KZ}}(s - s_0); \quad (s \leqq s_N). \tag{5.105}$$

Bild 5.56c zeigt des Drehzahl-Drehmomenten-Kennlinienfeld der USK. Durch die Wirkung der Glättungsdrossel im Gleichstromkreis haben die Läuferströme einen rechteckförmigen Zeitverlauf. Die Oberschwingungen im Läuferstrom rufen in der AM Pendelmomente hervor, deren Maxima bei $s = 1/6$ und $s = 1/12$ liegen. Es muß deshalb darauf geachtet werden, daß die Resonanzfrequenzen des mechanischen Systems außerhalb dieses Frequenzbereichs liegen.

Die erforderliche ventilseitige Transformatorspannung läßt sich aus den Verhältnissen im Gleichstromzwischenkreis ermitteln. Die größte Gleichspannung am Gleichrichter tritt bei maximalem Schlupf s_{max} auf:

$$U_{d0G} = \frac{3\sqrt{6}}{\pi} s_{max} U_{q20} = 2{,}34\, s_{max}\, U_{q20}; \tag{5.106}$$

U_{d0G} mittlere ideelle Gleichspannung des ungesteuerten Gleichrichters bei s_{max}.

Im idelen Leerlauf ($I_d = 0$) gilt für die Ausgangsspannung des Wechselrichters $U_{d0W} = U_{d0G}$. Bei der Steuerung des Wechselrichters darf ein bestimmter Steuerwinkel α_{max} wegen der Gefahr des Wechselrichterkippens nicht überschritten werden. Bei Vernachlässigung der Spannungsabfälle über den Ersatzwiderständen im Ersatzschaltbild nach Bild 5.57 gilt deshalb für die ventilseitige Leerlaufspannung des Transformators

$$U_{2Tr} = -\frac{\pi U_{d0G}}{3\sqrt{6}\cos\alpha_{max}} = -\frac{s_{max}}{\cos\alpha_{max}} U_{20}; \tag{5.107}$$

U_{2Tr} ventilseitige Leerlaufspannung des Transformators.

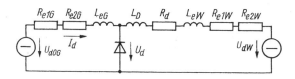

Bild 5.57. Ersatzschaltbild des Gleichstrom-Zwischenkreises einer USK

Der Strom I_d im Gleichstromzwischenkreis ergibt sich bei idealer Glättung aus der Gleichheit der Wirkleistung der Grundschwingung des Läuferkreises und des Gleichstromzwischenkreises zu

$$I_d = \frac{3 I_2 s U_{q20}}{U_{d0G}} = \frac{\pi}{\sqrt{6}} I_2 = 1{,}28\, I_2. \tag{5.108}$$

Ohne Glättung gilt $I_d = 1{,}35\, I_2$. Wegen der kleinen Läuferfrequenz der AMSL ist eine vollständige Glättung des Gleichstroms nicht möglich. Mit (4.42) und (5.106) erhält man bei einem Transformatorausnutzungsfaktor von $c_{Tr} = \pi/3 = 1{,}05$ (Anhang 7.8) die erforderliche Bauleistung des Transformators

$$S_{Tr0} = 1{,}34\, U_{d0W} I_{2N} = \pi \frac{s_{max}}{\cos\alpha_{max}} U_{q20} I_{2N} \approx \frac{\pi}{3}\frac{s_{max}}{\cos\alpha_{max}} \frac{P_N}{\cos\varphi}; \tag{5.109}$$

α_{max} maximaler Steuerwinkel des Wechselrichters
I_{2N} Läuferbemessungsstrom der AMSL
P_N Bemessungsleistung der AMSL.

Die AM wirkt für den ungesteuerten Gleichrichter als SR-Transformator und überträgt dessen Kommutierungsblindleistung. Die vom Antrieb aufgenommene Blindleistung wird hauptsächlich durch die Magnetisierungsblindleistung der AM und die Steuerblindleistung des Wechselrichters bestimmt. Sie liegt höher als bei einem Gleichstromantrieb gleicher Leistung. Der Drehzahlstellbereich wird deshalb auf $S = 1 : 0{,}5$ begrenzt. Bei kleineren Schlupfleistungen kann als Wechselrichter anstelle einer 6-Puls-Brücke auch eine vollgesteuerte 2-Puls-Brücke eingesetzt werden. Die Annahme eines ideal geglätteten Gleichstroms ist dann nicht mehr statthaft. Wie bei Gleichstromantrieben macht sich auch hier der Stromlückbereich störend bemerkbar und schränkt den Drehzahlstellbereich des Antriebs ein (Bild 5.56c).

Untersynchrone Stromrichterkaskaden werden bei einem beschränkten Drehzahlstellbereich für Leistungen ab etwa 200 kW eingesetzt. Das Hauptanwendungsgebiet sind Pumpen- und Baggerantriebe. Sie gewinnt jedoch auch zunehmend für drehzahlstellbare asynchrone Generatoren in alternativen Energieerzeugungsanlagen an Bedeutung.

5.2.4.2. Steuerung und Regelung der Stromrichterkaskade

Die Drehzahlregelung des Antriebs erfolgt über die Steuerung der Wechselrichterausgangsspannung U_{dW}. Bild 5.56a zeigt das Blockschaltbild einer Drehzahlregelung mit unterlagerter Läuferstromregelung. Der Signalflußplan der USK kann aus der Spannungsgleichung des Läuferkreises abgeleitet werden, wenn die Größen des Gleichstromkreises auf den Läuferkreis bezogen werden. Bild 5.58a zeigt den Signalflußplan des drehzahlgeregelten Antriebssystems. Die Regelstrecke des Antriebssystems enthält gegenüber τ_Σ zwei große Zeitkonstanten, die durch eine eigene Regelschleife ausgeregelt werden müssen.

$$\tau_M = \frac{J \Omega_0}{M_{St}} \quad \text{nach Abschn. 2.4.5.3}$$

und

$$\tau'_L = \frac{(X_1/\omega_1) + L'_{2Z}}{R'_2 + R'_{2Z}} = \frac{1}{\omega_1 s_{KZ}} \; ; \tag{5.110}$$

τ_M mechanische Zeitkonstante
τ'_L transiente elektrische Zeitkonstante des Läuferkreises
L_{2Z}, R_{2Z} Induktivität und ohmscher Widerstand des Gleichstromkreises, bezogen auf den Läuferkreis.

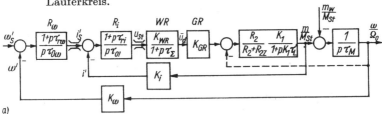

a)

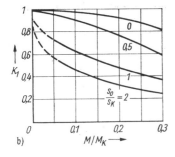

b)

Bild 5.58. Drehzahlregelung der Asynchronmaschine mit USK

a) Signalflußplan; R_ω Drehzahlregler; R_i Stromregler; WR netzgeführter Wechselrichter; GR Gleichrichter
b) Verstärkungsfaktor K_1 in Abhängigkeit vom Moment und dem Leerlaufschlupf s_0; M_K, s_K Kippmoment und Kippschlupf der AMSL im Normalbetrieb

5.2. Stationäres und dynamisches Verhalten stromrichtergespeister Drehstromantriebe

$$L_{2Z} = \frac{1}{3}\left(\frac{I_d}{I_2}\right)^2 (L_d + L_{ew}) = 0{,}55\,(L_d + L_{ew})\,, \qquad (5.111\,\text{a})$$

$$R_{2Z} = \frac{1}{3}\left(\frac{I_d}{I_2}\right)^2 (R_d + R_{ew}) = 0{,}55\,(R_d + R_{ew})\,. \qquad (5.111\,\text{b})$$

Der Übertragungsfaktor K_1 ist lastabhängig und kann Bild 5.58b entnommen werden. Die Optimierung des Stromregelkreises sollte nach dem Betragsoptimum für einen mittleren Wert von K_1 vorgenommen werden, da sich sonst bei kleinen Werten von K_1 zu große Ausregelzeiten einstellen. Die Schlupfrückführschleife kann wie die Quellenspannungs-Rückführung bei Gleichstromantrieben vernachlässigt werden. Das dynamische Verhalten des geregelten Antriebs entspricht einem geregelten Gleichstromantrieb.

Beispiel 5.14

Für eine Pumpenanlage in der chemischen Industrie werden eine Antriebsleistung von 900 kW bei 1450 U/min und ein Drehzahlstellbereich $S = 1 : 0{,}7$ ($n = 1450 \cdots 1040$ U/min) gefordert. Als Antriebsmotor wird eine AMSL mit $P = 1000$ kW; $n = 1485$ U/min; $U = 6$ kV Y; $I_2 = 560$ A; $U_{q20} \cdot \sqrt{3} = 1100$ V Y eingesetzt. Das Stellglied ist festzulegen und zu dimensionieren.

Lösung

Auf Grund der geforderten Antriebsleistung und des begrenzten Drehzahlstellbereichs ist eine USK vorteilhaft. Das SR-Stellglied muß für die maximale Schlupfleistung dimensioniert werden. Der maximale Schlupf beträgt $s_{max} = 1 - 1040/1500 = 0{,}31$. Nach (5.106) errechnet sich die mittlere ideelle Gleichspannung am Gleichrichter bei leerlaufendem Antrieb bei maximalem Schlupf zu

$$U_{d0G} = 2{,}34 \cdot 0{,}31 \cdot \frac{1100\,\text{V}}{\sqrt{3}} = 460\,\text{V}\,.$$

Bei Belastung des Motors mit dem 1,5fachen Bemessungsmoment beträgt der Gleichstrom im Zwischenkreis nach (5.108)

$$I_{dmax} = 1{,}28 \cdot 1{,}5 \cdot 560\,\text{A} = 1075\,\text{A}\,.$$

Bei einem Stromsicherheitsfaktor $K_I = 1{,}4$ und einem Spannungssicherheitsfaktor $K_U = 1{,}7$ müssen nach Anhang 7.8 für den ungesteuerten Gleichrichter in 6-Puls-Brückenschaltung Dioden mit einem Dauergrenzstrom von $I_{T(AV)} = 1{,}4 \cdot 0{,}33 \cdot 1075\,\text{A} \approx 500\,\text{A}$ und einer periodischen Spitzensperrspannung von $U_{RRM} = 1{,}7 \cdot 1{,}05 \cdot 460\,\text{V} \approx 900\,\text{V}$ eingesetzt werden.
Die sekundäre Transformatorleerlaufspannung bestimmt man bei einem maximalen Steuerwinkel des Wechselrichters von $\alpha_{max} = 150°$ nach (5.107) zu

$$U_{2Tr} = \frac{0{,}31}{\cos 150°} \cdot \frac{1100\,\text{V}}{\sqrt{3}} = 227\,\text{V}\,.$$

Bei einem Stromsicherheitsfaktor $K_I \approx 1{,}4$ und einem Spannungssicherheitsfaktor $K_U = 1{,}7$ müssen nach Anhang 7.8 für den Wechselrichter Thyristoren mit einem Dauergrenzstrom von $I_{T(AV)} = 500$ A und einer periodischen Spitzensperrspannung $U_{RRM} = 1{,}7 \cdot 1{,}05 \cdot 2{,}34 \cdot 227\,\text{V} \approx 1000\,\text{V}$ eingesetzt werden. Die erforderliche Typenleistung des SR-Transformators zur Rückspeisung der Läuferenergie auf das 6-kV-Netz beträgt nach (4.42) und Anhang 7.8

$$S_{Tr0} = 1{,}05 \cdot 1075\,\text{A} \cdot 2{,}34 \cdot 227\,\text{V} = 600\,\text{kVA}.$$

Eine günstigere Lösung ist jedoch die direkte Rückspeisung der Läuferenergie ohne Transformator auf das 380-V-Netz. Der größte Steuerwinkel des Wechselrichters bei maximalem Schlupf beträgt nach (4.6)

$$\cos \alpha_{max} = \frac{460 \text{ V}}{515 \text{ V}} = 0{,}89, \quad \alpha_{max} \approx 153°.$$

Die periodische Spitzensperrspannung für die Thyristoren des Wechselrichters errechnet sich dann mit $K_U = 1{,}7$ zu

$$U_{RRM} = 1{,}7 \cdot 1{,}05 \cdot 515 \text{ V} \approx 1\,000 \text{ V}.$$

5.2.5. Synchronmaschinenantriebe mit Umrichter

Synchronmaschinen lassen sich mit Direktumrichtern und mit Zwischenkreisumrichtern betreiben. Vor allem haben sich solche Schaltungen durchgesetzt, bei denen die Besonderheiten der Synchronmaschine, feste Zuordnung von Ständerfrequenz zur Drehzahl und Bereitstellung von Magnetisierungsleistung (Kommutierungsleistung), im Vordergrund stehen.

Wie im Abschnitt 2.6.4 dargestellt, neigen Synchronmaschinen bei Betrieb am starren Netz zu Polradpendelungen und bei Überlast zum Kippen. Dieses Verhalten tritt auch hier auf, wenn der Synchronmotor über einen Umrichter nicht selbstgeführt, sondern fremdgeführt wird, so daß ein starres Drehstromsystem vorgegeben wird.

Durch geeignete Steuer- und Regelverfahren, bei denen die Frequenz und die Ausgangsspannung des Umrichters von der Maschine selbst abgeleitet werden, läßt sich ein Verhalten erzielen, das dem eines Gleichstromantriebs entspricht.

Die für umrichtergespeiste Synchronmaschinen einzusetzenden Regelverfahren sind aufwendiger als bei geregelten Gleichstrommaschinen. Sie werden hauptsächlich mit modernen Mikrorechnerbaugruppen realisiert.

Von den Umrichterschaltungen mit Synchronmotoren werden nachfolgend solche behandelt, die für Einzelantriebe mittlerer und größerer Leistung ein typisches Einsatzgebiet gefunden haben, das betrifft den

- Direktumrichterantrieb für langsamlaufende Antriebe großer bis sehr großer Leistung (mehrere Megawatt), Vierquadrantenbetrieb und großen Drehzahlstellbereich
- Stromrichtermotor für große bis sehr große Leistungen (mehrere Megawatt), mittlere bis hohe Drehzahlen ($n > 3\,000$ U/min), Vierquadrantenbetrieb und begrenzten Drehzahlstellbereich.

5.2.5.1. Synchronmaschinenantriebe mit Direktumrichter

Direktumrichter erzeugen ein Drehstromsystem mit variabler Frequenz. Wie im Abschnitt 4.3.2 dargestellt, wird die Ausgangsspannung aus den Spannungszeitflächen des Primärnetzes gebildet. Der Oberschwingungsgehalt der Ausgangsspannung nimmt mit der Ausgangsfrequenz zu. Antriebe mit Direktumrichter sind deshalb nur für kleine Frequenzen und entsprechend kleine Drehzahlen geeignet. Sie entwickeln beim Anlauf ein hohes Drehmoment, und eine Energierückspeisung beim Bremsen ist ohne zusätzliche Bauglieder möglich. Zur Erlangung eines guten dynamischen Verhaltens, zur Begrenzung der Pendelmomente und der Oberschwingungsbelastung des Netzes sind aufwendige Steuer- und Regelverfahren erforderlich.

Auf Grund des Funktionsprinzips des Direktumrichters ist bei voller Ausgangsspannung der Stellbereich auf etwa 20 Hz begrenzt. Die Nennfrequenz des Antriebs wird jedoch meist nur in einem Bereich von $f_N = 5 \cdots 15$ Hz gewählt. Die drei netzgeführten kreisstromfreien Umkehrstromrichter des Direktumrichters sind allgemein sechs- oder zwölfpulsig ausgeführt. Dadurch gewährleisten sie eine sehr gute Einhaltung der geforderten Form der Ausgangsspannung. Wird jedoch anstelle einer sinusförmigen Spannungsform eine gerundete Trapezform gewählt, so erhöhen sich die einstellbaren Amplitudenwerte des Ständerspannungssystems der Synchronmaschine um etwa 15%

5.2. Stationäres und dynamisches Verhalten stromrichtergespeister Drehstromantriebe

gegenüber der maximal möglichen Stromrichterausgangsspannung. Diese Art der Spannungssteuerung des Umrichters führt außerdem zu einer Verringerung der Steuerblindleistung des UR sowie der zu installierenden Transformatorleistung. Sie verbessert dadurch den Leistungsfaktor des speisenden Netzes. Die maximale Steuerblindleistung im Stillstand des Antriebs liegt dann nur etwa um 10% über der Steuerblindleistung eines stromrichtergesteuerten Gleichstromantriebs.

Als Regelverfahren bietet sich auch hier wie bei der umrichtergespeisten Asynchronmaschine die feldorientierte Regelung mit unterlagerter Ständerstrom- und Erregerstromregelung an. Das Steuerprinzip kann dem Raumzeigerdiagramm im Bild 5.59 entnommen werden. Zur Vereinfachung wurden der Ständerwiderstand R_1 und die Ständerstreureaktanz $X_{1\sigma}$ vernachlässigt. Damit ergibt sich $\psi_h \approx \psi_1$, und es folgt für das Drehmoment entsprechend Anhang 7.4:

$$m = \frac{3}{2} \mathsf{p}\, \bar{\psi}_1 * \bar{i}_1 \approx \frac{3}{2} \mathsf{p}\, \bar{\psi}_h\, \bar{i}_{1m}\,; \tag{5.112}$$

ψ_h Hauptfluß
i_{1m} drehmomentbildende Stromkomponente.

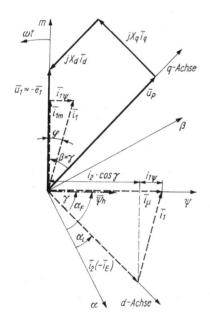

Bild 5.59. Zeigerdiagramm der Synchronmaschine (Raumzeigerdarstellung R_1, $X_{1\sigma}$ vernachlässigt)
α, β Ständerkoordinatensystem; d, q Läuferkoordinatensystem; ψ, m Feldkoordinatensystem

Dem Hauptfluß ψ_h ist die Stromkomponente i_μ (Magnetisierungsstrom) zugeordnet. Sie kann hier aber im Gegensatz zur umrichtergespeisten Asynchronmaschine sowohl durch die Ständerstromkomponente $i_{1\psi}$ als auch durch die dem Erregerstrom i_E proportionale Stromkomponente i_2 gestellt werden.
Die Stromkomponente i_{1m} beeinflußt dagegen nur das Drehmoment.
Für die Beträge der Stromkomponenten gilt

$$i_\mu = i_{1\psi} + i_2 \cos \gamma\,, \tag{5.113}$$

$$i_{1m} = i_2 \sin \gamma\,; \tag{5.114}$$

γ Winkel zwischen Läuferachse (d-Achse) und Hauptfluß ψ_h;

$$i_2 = \sqrt{(i_\mu - i_{1\psi})^2 + i_{1m}^2} = \ddot{u}_{12d}\, i_E\,; \tag{5.115}$$

$\ddot{u}_{12d}$ Übersetzungsverhältnis zwischen Ständer- und Läuferwicklung.

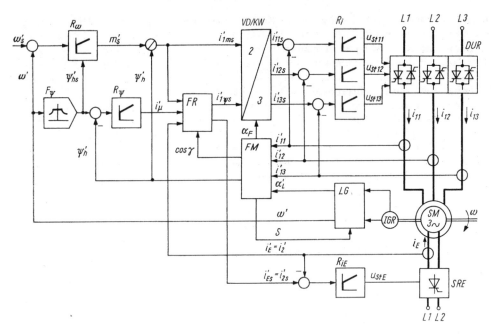

Bild 5.60. *Blockschaltbild der Synchronmaschine mit Direktumrichter und feldorientierter Regelung*

FM Flußmodell; *FR* Flußrechner; *VD* Vektordreher; *KW* Koordinatenwandler; *IG* Lage- und Drehzahlgeber; R_ω Drehzahlregler; R_i Ständerstromregler; R_{iE} Erregerstromregler; R_ψ Flußregler; F_ψ Flußsollwertgeber; *IGR* Wegimpulsgeber

Bild 5.60 zeigt das Blockschaltbild des Drehzahlregelkreises mit feldorientierter Regelung. Es enthält drei Ständerstromregelkreise und einen Erregerstromregelkreis. Die Sollwerte der Ständerstromregelkreise i'_{11s}, i'_{12s} und i'_{13s} werden vom Koordinatenwandler *KW* aus den Strom-Sollwerten i'_{1ms} und $i'_{1\psi s}$ im Feldkoordinatensystem und dem Felddrehwinkel α_F bestimmt. Dabei gilt

$$i'_{1m} = m'_s/\psi'_h; \tag{5.116}$$

m'_s Drehmomenten-Sollwert.

Die Stromkomponente $\bar{i}_{1\psi}$ sollte vom Flußrechner *FR* so festgelegt werden, daß der Phasenwinkel zwischen Ständerstrom und Ständerspannung $\varphi = 0$ und damit der Leistungsfaktor $\cos \varphi = 1$ wird. Hierfür folgt aus Bild 5.59:

$$i'_{1\psi} = i'_{1m} \cdot u'_{1\psi}/u'_{1m}. \tag{5.117}$$

Anschließend kann nach (5.115) der Erregerstromsollwert i'_{Es} bestimmt werden. Die momentane Läuferstellung α_L wird von einem Lagegeber *LG* zusammen mit einem inkrementalen Impulsgeber *IGR* ermittelt. Das Flußmodell *FM* errechnet aus dem Betrag und der momentanen Winkellage des Ständerstrom-Raumzeigers $\bar{i}_1$ sowie der Läuferstellung α_L die Felddrehwinkel α_F und γ sowie den Fluß-Istwert ψ'_h. Über das Flußmodell *FM* kann auch der Zähler des Lagegebers *LG* auf seinen Anfangswert gesetzt werden (Signal *S*).

Die Ständerstromregelkreise ermöglichen eine adaptive Ausregelung des Lückbereiches. Eine zusätzliche Ständerspannungsvorsteuerung verbessert das Führungsverhalten der Ständerstromregelung. Wie bei Gleichstromantrieben mit Feldstellung werden auch bei der feldorientierten Regelung Sollwert- und Störgrößenänderung relativ schnell über die Ständerstromkomponenten ausgeregelt. Anschließend führt

dann die relativ träge Feldregelung den Arbeitspunkt des Antriebs über den Erregerstromregelkreis wieder in den optimalen Bereich zurück.
Die feldorientierte Regelung erlaubt selbst bei Antriebsleistungen über 1 MW Anregelzeiten nach Sollwertsprüngen des Drehmoments von 10 ms und bei der Drehzahl von 50 ms.
Synchronmaschinenantriebe mit Direktumrichter eignen sich für langsamlaufende Antriebe ($n = 0 \cdots 700$ U/min) großer Leistung bis über 10 MW. Sie können als Einzelantriebe für Zementmühlen, Walzgerüste und Fördermaschinen eingesetzt werden.

5.2.5.2. Stromrichtermotoren

Als Stromrichtermotor bezeichnet man die Kombination eines Stromzwischenkreisumrichters und einer Synchronmaschine. Da die Synchronmaschine SM die Kommutierungsspannung für den maschinenseitigen Stromrichter SR II zur Verfügung stellen kann, läßt sich der Umrichter aus zwei netzgeführten Stromrichtern aufbauen; damit ist er aufwandsarm und kostengünstig (s. Bild 5.61).

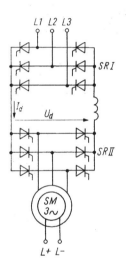

Bild 5.61. Schaltung des Stromrichtermotors

Der Stromrichter SR I arbeitet im Motorbetrieb als Gleichrichter ($\alpha = 0 \cdots 90°$), im Bremsbetrieb als Wechselrichter ($\alpha = 90 \cdots 150°$). Die Arbeitsweise des Stromrichters SR II verhält sich dazu entsprechend umgekehrt. Im Zwischenkreis ist die Spannung U_d in Höhe und Richtung variabel, die Stromrichtung von I_d gleichbleibend.
Wenn von einem Polradwinkelgeber lageabhängig die Zündimpulse für den SR II abgeleitet werden, dann bestimmt die SM die Ständerfrequenz bzw. ihre Drehzahl selbst. Der SR II übt damit die Funktion des Kommutators wie bei einer Gleichstrommaschine aus (elektronischer Kommutator). Die dreisträngige SM mit einem SR II in B6-Schaltung ist mit einer Gleichstrommaschine mit 6 Kommutatorlamellen vergleichbar. Die Einflußnahme auf die Drehzahl erfolgt allein durch die Höhe der Zwischenkreisspannung U_d.
Die SM liefert bei Übererregung die Kommutierungsleistung und die Steuerblindleistung. Wegen der nichtidealen Arbeitsweise der Thyristoren (Stromüberlappung) kommt es bei der Kommutierung zu zweisträngigen Klemmenkurzschlüssen der Ständerwicklung. Damit treten Übergangsvorgänge auf, die von den subtransienten Reaktanzen begrenzt werden.

Stromoberschwingungen

Die Stromeinspeisung einer Ständerstrangwicklung bleibt während der Taktzeit T konstant.

$$T = 1/f_{12}\, p_{\text{SR II}};$$

f_{12} Frequenz der Grundschwingung des Ständerstroms
$p_{\text{SR II}}$ Pulszahl des Stromrichters SR II.

Dadurch entstehen sechs diskrete Stellungen der Ständerdurchflutung, die zyklisch weitergeschaltet werden. In Verbindung mit dem umlaufenden Polradfeld kommt es zu Stromoberschwingungen und Pendelmomenten. Diese Erscheinungen sind vergleichbar mit denen der umrichtergespeisten Asynchronmotoren mit Stromeinprägung. Die Pendelmomente weisen die 6fache Frequenz der Ständerströme auf (Bild 5.51).

Anlauf

Im Stillstand und bei niedrigen Drehzahlen ($n < 0{,}1\, n_\text{N}$) kann die Synchronmaschine die Kommutierungsspannung des SR II nicht aufbringen. Deshalb müssen hier zusätzliche Maßnahmen getroffen werden. Verbreitung hat dafür die Zwischenkreistaktung gefunden. Hierbei wird der Zwischenkreisstrom zu den Zeitpunkten der maschinenseitigen Kommutierung durch periodisches Umschalten des SR I vom Gleichrichter- in den Wechselrichterbetrieb unterbrochen.

Steuer- und Regelverfahren des Stromrichtermotors

Die prinzipiellen Vorgänge werden mit Hilfe des Zeigerdiagramms für den Stromrichtermotor dargelegt. Durch die Stromüberlappung bei der Kommutierung wird die Kurvenform der Klemmspannung U_1 beeinträchtigt. Die hinter der subtransienten Reaktanz liegende Spannung U_1'' wird demgegenüber davon nur wenig beeinflußt. Sie wird als weitere Bezugsgröße für das Zeigerdiagramm genommen.
Ausgehend vom Zeigerbild 2.86 ergibt sich für die Raumzeigergrößen das Diagramm nach Bild 5.62.

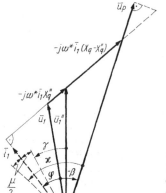

Bild 5.62. *Zeigerdiagramm des Stromrichtermotors (vereinfacht)*

$\omega^* = \omega_{12}/\omega_\text{N}$

$\varkappa$ Steuerwinkel des Polradlagegebers; γ Löschwinkel; μ Überlappungswinkel; $\bar{u}_1''$ Strangspannung hinter der subtransienten Reaktanz; X_q'' subtransiente Querreaktanz

Um den Verhältnissen der Gleichstrommaschine zu entsprechen, müßte der Steuerwinkel $\varkappa = 0$ gewählt werden. Wegen der auftretenden Ankerrückwirkung und zur Gewährleistung der Kommutierung des SR II ist das nicht realisierbar.
Mit Hilfe des Steuer- und Regelverfahrens sollen ein stabiler Betrieb, eine hohe Drehmomentenüberlastbarkeit und ein günstiger Leistungsfaktor erreicht werden. Eingriffsmöglichkeiten bestehen an beiden Stromrichtern und bei der Erregung der SM.

5.2. Stationäres und dynamisches Verhalten stromrichtergespeister Drehstromantriebe

In Betracht kommen verschiedene Steuerverfahren, so auf konstanten Steuerwinkel $\varkappa$, auf konstanten Phasenwinkel φ oder auf konstanten Löschwinkel γ.
Mit der Regelung auf konstanten Löschwinkel bei gleichzeitiger Regelung auf konstante Ständerflußverkettung lassen sich sehr vorteilhafte Betriebsbedingungen erreichen. Bei einem kleinen Löschwinkel arbeitet der SR II in der Nähe der Wechselrichter-Trittgrenze. Dies ergibt sich für

$$\gamma = \omega_{12}(t_q + t_{Si});\qquad(5.118)$$

γ Löschwinkel; $f(I_1, n)$
t_q Freiwerdezeit
t_{Si} Sicherheitsabstand (Zeit).

Damit bestimmt man den maximalen Zündwinkel zu

$$\alpha_{max} = \pi - \gamma.\qquad(5.119)$$

Bild 5.63 zeigt eine Regelstruktur nach diesem Prinzip. Der Stromrichter SR I liegt im Drehzahlregelkreis mit dem Drehzahlregler R_ω und dem unterlagerten Stromregler R_i. Der Istwert des Löschwinkels γ wird aus den Spannungsgrößen am Ein- und Ausgang des SR II ermittelt und entsprechend der Vorgabe auf Konstanz geregelt. Die konstante Ständerflußverkettung wird unter Verwendung der Ständerspannungs- und Drehzahl-Istwerte über das Feld geregelt.

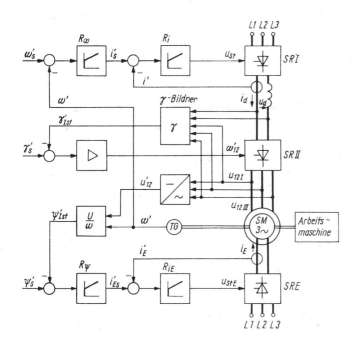

Bild 5.63. Regelstruktur des Stromrichtermotors für γ = konst., ψ = konst.

Mit einer derartigen Struktur ist ein Verhalten erreichbar, das dem geregelter Gleichstromantriebe entspricht.
Stromrichtermotoren sind für Antriebe mit großen Leistungen und hohen Drehzahlen über 3000 U/min geeignet. Die Grenzwerte werden vor allem von der konstruktiven Ausführung der Synchronmaschine bestimmt. Das Einsatzgebiet der Stromrichtermotoren liegt bei Pumpen, Kompressoren und Fördereinrichtungen.

5.3. Regelung spezieller Größen des Bewegungsablaufs

Aufgabenstellung der Regeleinrichtung

Geregelte elektrische Antriebssysteme sind stets Bestandteile von Geräten, Aggregaten oder technologischen Anlagen.
Über ein sehr unterschiedlich gestaltetes mechanisches Übertragungssystem wirken diese Arbeitsmaschinen auf die Motorwelle zurück und beeinflussen damit die elektrischen und magnetischen Vorgänge im Motor. Diese dynamischen Vorgänge können deshalb nur in Sonderfällen losgelöst von der Arbeitsmaschine und dem mechanischen Drehmomenten-Übertragungssystem betrachtet werden. Bei der Steuerung von Bewegungsabläufen interessiert in den meisten Fällen nicht nur der Verlauf des Motordrehmomentes, der Motordrehzahl usw., sondern auch der Verlauf der entsprechenden Größen der Arbeitsmaschine, z. B. Walzendrehzahl, Zugkraft einer Haspel, Katzfahrgeschwindigkeit eines Kranes, Positioniergenauigkeit des Greifers eines Industrieroboters usw. Der Regelung des elektrischen Antriebs müssen deshalb oft weitere technologische Regelkreise überlagert werden.
Häufig enthält eine Arbeitsmaschine auch mehrere Antriebssysteme, die während des Be- bzw. Verarbeitungsprozesses über das Arbeitsgut gekoppelt sind. Das ist u. a. bei kontinuierlichen Walzstraßen und Textilmaschinen der Fall. Hier bestimmen auch die Eigenschaften des Arbeitsgutes, z. B. seine Elastizität und sein Formänderungswiderstand, die dynamischen Vorgänge in den Antriebssystemen. Die Folge sind häufig große Drehmomenten- und Drehzahlschwingungen mit geringer Dämpfung, die eine Gleichlaufregelung der beteiligten Antriebssysteme oder eine technologische Regelung sehr erschweren.
Nachfolgend sollen einige typische Regelkreisstrukturen für Antriebe in Arbeitsmaschinen und technologischen Anlagen näher untersucht werden [5.1] [5.5] [5.11].

5.3.1. Drehzahlregelung von elektrischen Antrieben mit elastischer Drehmomentenübertragung und Lose

Bei den bisherigen Betrachtungen geregelter Antriebssysteme war für das mechanische Übertragungssystem ein I-Glied mit dem Trägheitsmoment J_M bzw. der mechanischen Zeitkonstante τ_M angenommen worden. Die Regelkreisparameter J_M bzw. τ_M berücksichtigten das gesamte auf die Motorwelle bezogene Trägheitsmoment des Antriebs. Sind die einzelnen Trägheitsmomente des Motors und der Arbeitsmaschine jedoch durch elastische Verbindungselemente (lange Wellen) oder Glieder mit Lose (Getriebe, Kupplungen usw.) miteinander verbunden, so ist die Zusammenfassung der Trägheitsmomente nicht mehr zulässig, vgl. Abschnitt 1.6. Beispielsweise können bei einem Antriebssystem für ein Umkehr-Blockwalzgerüst nach Bild 5.14 die Läufer und die Walzen als konzentrierte Massen angenommen werden, die durch masselose elastische Wellen und losebehaftete Kupplungen verbunden sind.
Das Bild 5.64 zeigt den Signalflußplan des mechanischen Teils eines Antriebs mit zwei als konzentriert angenommenen Massen im Anker (J_M) und auf der Lastseite (J_W). Beide Massen sind über eine masselose elastische Welle mit Lose und der inneren Reibung K_d miteinander verbunden. Die beiden Zweipunktglieder ZM und ZL berücksichtigen die trockene Reibung auf der Motor- und Lastseite.
Der Signalflußplan nach Bild 5.64 läßt sich in den Signalflußplan nach Bild 5.65 überführen. Die Drehmomenten- und Drehzahlwerte sind hier auf ihre Bemessungswerte bezogen, d. h.

$$m^* = m/M_N \quad \text{bzw.} \quad \omega^* = \omega/\Omega_N.$$

5.3. Regelung spezieller Größen des Bewegungsablaufs

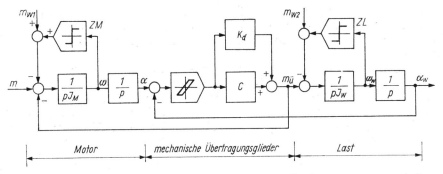

Bild 5.64. *Signalflußplan eines elastisch gekoppelten Zweimassensystems mit Lose und trockener Reibung*

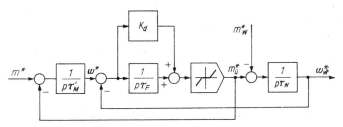

Bild 5.65. *Vereinfachter Signalflußplan eines elastisch gekoppelten Zweimassensystems mit Lose*

Die Zeitkonstanten τ'_M und τ'_W stellen die sogenannten Hochlaufzeitkonstanten der beiden konzentrierten Massen dar. Dabei besteht folgender Zusammenhang:

$$\tau'_M = J_M \frac{\Omega_N}{M_N}; \qquad \tau'_W = J_W \frac{\Omega_N}{M_N}. \qquad (5.120)\ (5.121)$$

Für die Federzeitkonstante τ_F der Welle gilt

$$\tau_F = \frac{1}{C} \frac{M_N}{\Omega_N}; \qquad (5.122)$$

C Federkonstante.

Die Totzone δ berücksichtigt die Lose im mechanischen System sowie den Einfluß der trockenen Reibung. Bei $\delta = 0$ erhält man aus Bild 5.65 die Übertragungsfunktionen:

$$\frac{\omega^*_M}{m^*_M} = \frac{1}{p\,(\tau'_M + \tau'_W)} F_{\text{Welle}}(p), \qquad (5.123)$$

$$F_{\text{Welle}}(p) = \frac{1 + p\,\tau_F\,K_d + p^2\,\tau_F\,\tau'_W}{1 + p\,\tau_F\,K_d + p^2\,\tau_F\,\dfrac{\tau'_M\,\tau'_W}{\tau'_M + \tau'_W}}. \qquad (5.124)$$

Die Übertragungsfunktion $F_{\text{Welle}}(p)$ stellt ein Schwingungsglied mit der Eigenfrequenz ω_0 und der Dämpfung d dar.

$$\omega_0 = \sqrt{\frac{1}{\tau_F}\,\frac{\tau'_M + \tau'_W}{\tau'_M\,\tau'_W}}\ ; \qquad d = \frac{1}{2} K_d \sqrt{\tau_F\,\frac{\tau'_M + \tau'_W}{\tau'_M\,\tau'_W}}. \qquad (5.125\text{a})\ (5.125\text{b})$$

Der Dämpfungsfaktor K_d ist meist sehr gering und für dynamische Untersuchungen häufig vernachlässigbar. Eine im mechanischen System vorhandene Lose führt zu einer weiteren Verringerung der wirksamen Dämpfung und zu einer veränderlichen Federzeitkonstante τ_F.

Die Übertragungsfunktion F_{Welle} ist Teil der Regelstrecke des Drehzahlregelkreises (Bild 5.66). Änderungen des Drehzahl-Sollwertes oder des Widerstandsmomentes m^*_{W1} bzw. m^*_{W2} regen das mechanische System und den Drehzahlregelkreis zu Ausgleichsschwingungen an, die zu einer starken Belastung der einzelnen Baugruppen führen können. Um diese Eigenschwingungen zu verringern, muß meist die Verstärkung des Drehzahlreglers reduziert werden. Das wiederum vergrößert die Ausregelzeiten im Drehzahlregelkreis.

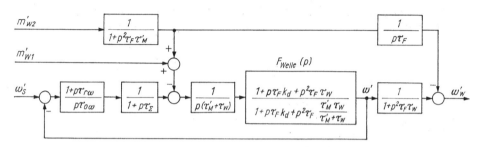

Bild 5.66. *Signalflußplan eines Drehzahlregelkreises mit elastisch gekoppeltem Zweimassensystem*

Das mechanische System beeinflußt den Drehzahlregelkreis nicht mehr, wenn die mechanische Eigenfrequenz (5.125a) noch oberhalb der Grenzfrequenz des Stromregelkreises liegt. In einigen Fällen kann dies durch eine stärkere Dimensionierung der Wellen erreicht werden. Bei kleinen mechanischen Eigenfrequenzen ist eine Verbesserung der Dynamik des Drehzahlregelkreises durch die Einfügung eines Filters oder durch eine zusätzliche Schwingungsdämpfung möglich.

Das als Bandsperre wirkende Filter im Bild 5.67 besitzt die Übertragungsfunktion

$$F_{\text{Filter}}(p) = \frac{1 + p^2 \tau_1^2}{1 + p\, 4\, \tau_1 + p^2 \tau_1^2} \quad \text{mit} \quad \tau_1 = CR. \tag{5.126}$$

Wird dieses Filter zusätzlich in dem Drehzahlregelkreis zwischen dem Drehzahl- und Stromregler angeordnet, so kompensiert bei $\tau_1 = 1/\omega_0$ und $K_d \approx 0$ der Zähler in (5.126) den Nenner in (5.124). Der Nenner in (5.126) bewirkt jedoch eine zusätzliche Verzögerungszeitkonstante im Drehzahlregelkreis, so daß auch mit dem Filter die Dynamik eines Antriebs mit starrer Mechanik nicht erreicht wird.

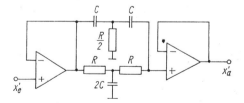

Bild 5.67. *Filter zur Schwingungsdämpfung*

Dem Drehzahlregelkreis nach Bild 5.68 ist anstelle eines Filters eine zusätzliche Schwingungsdämpfung über den Proportionalregler mit dem Verstärkungsfaktor K_{dr} unterlagert. Die Übertragungsfunktion $F_{\text{Welle}}(p)$ lautet hier bei Vernachlässigung der inneren Reibung $K_d = 0$:

5.3. Regelung spezieller Größen des Bewegungsablaufs

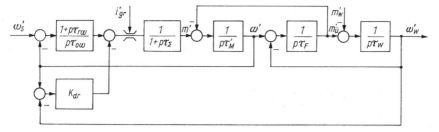

Bild 5.68. *Signalflußplan eines Drehzahlregelkreises mit elastisch gekoppeltem Zweimassensystem und zusätzlicher Schwingungsdämpfung*

$$F_{\text{Welle}}(p) = \frac{(1 + p^2 \tau_F \tau'_W)(1 + p \tau_\Sigma)}{1 + p\left(\tau_\Sigma + K_{\text{dr}} \frac{1}{\omega_0^2 \tau'_M}\right) + p^2 \frac{1}{\omega_0^2} + p^3 \frac{\tau_\Sigma}{\omega_0^2}}. \tag{5.127}$$

Bei einem Verstärkungsfaktor

$$K_{\text{dr}} = \left(\sqrt{2} - \frac{1}{\omega_0 \tau_\Sigma}\right) \tau'_M \omega_0 \tag{5.128}$$

beträgt die Dämpfung des Schwingungsgliedes im mechanischen Übertragungssystem etwa $d = 1/2\sqrt{2}$.

Die zusätzliche Dämpfung vergrößert jedoch auch die wirksame Summenzeitkonstante des Drehzahlregelkreises.

Für die Optimierung des Drehzahlreglers gilt hier:

$$\tau_{\Sigma\omega} \approx \tau_\Sigma + \frac{K_{\text{dr}}}{\tau'_M \omega_0^2} + K_{\text{d}} \tau_F \tag{5.129}$$

bzw. bei Einstellung von K_{dr} nach (5.128)

$$\tau_{\Sigma\omega} \approx \tau_\Sigma + \sqrt{2}/\omega_0 + K_{\text{d}} \tau_F. \tag{5.130}$$

Die zusätzliche Schwingungsdämpfung nach Bild 5.68 vermeidet auch Drehzahlschwingungen durch eine Lose im mechanischen System. Für die regelungstechnische Schwingungsdämpfung muß die Drehzahl ω_W^* an der Lastseite als Regelgröße vorliegen. Wenn eine direkte Messung mit Hilfe eines zweiten Tachogenerators z. B. aus konstruktiven Gründen nicht möglich ist, kann der Drehzahlwert ω_W^* auch über einen Zustandsbeobachter gewonnen werden.

5.3.2. Regelung des Gleichlaufs von verketteten Antriebssystemen

In verschiedenen technologischen Anlagen sind häufig mehrere geregelte Antriebssysteme gleichzeitig am Bearbeitungsvorgang des Arbeitsgutes beteiligt, z. B. kontinuierliche Walzstraßen, Rollgangsantriebe, Anlagen zur Textil- und Papierherstellung, in der polygraphischen Industrie, in Zementmühlen usw. Die einzelnen Antriebe sind hier entweder über das mechanische System, z. B. Getriebe mit mehreren Antriebswellen, oder über das Arbeitsgut miteinander verkettet.
Bild 5.69 zeigt als Beispiel einen Twin-drive-Antrieb einer Walzmaschine, bei dem zwei drehzahlgeregelte Antriebe gemeinsam den Walzprozeß durchführen. Bei einem Kennlinienfehler eines Drehzahlgebers oder auch bei unterschiedlichen Walzendurchmessern kommt es zu einer unterschiedlichen Aufteilung des Walzmomentes auf beide Antriebssysteme. Dem soll eine Lastausgleichsregelung entgegenwirken.

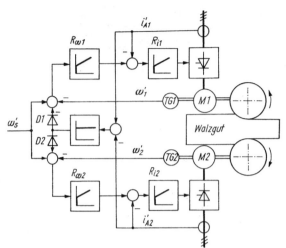

Bild 5.69. *Antrieb einer Walzmaschine in Twin-drive-Ausführung mit Lastausgleichsregelung*

$R_{\omega 1}$, $R_{\omega 2}$ Drehzahlregler; R_{i1}, R_{i2} Stromregler; $M1$, $M2$ Antriebsmotoren

Die Lastausgleichsregelung nach Bild 5.69 gewinnt aus der Differenz der beiden Ankerströme $i_{A1} - i_{A2}$ ein Signal für die ungleiche Lastaufteilung und verringert damit den Drehzahl-Sollwert des stärker belasteten Antriebs.

Die im Bild 5.70 dargestellte Wegregelung gewährleistet einen Winkelgleichlauf für beide Antriebe. Der gemeinsame Wegregelkreis erhält als Istwert den Mittelwert der Weg-Istwerte beider Antriebe.

Neben den Strom- und Drehzahlregelkreisen für beide Antriebe ist der Wegregelung eine zusätzliche Gleichlaufregelung unterlagert, die eine Wegdifferenz zwischen beiden Antrieben verhindert. Die Optimierung der Gleichlaufregelung sollte auf gutes Störverhalten erfolgen. Die Gleichlaufregelung ersetzt lange mechanische Wellen bei räumlich ausgedehnten Anlagen.

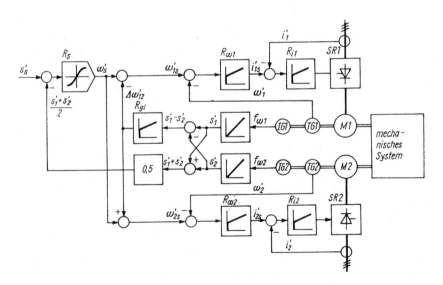

Bild 5.70. *Wegregelung mit unterlagerter Gleichlaufregelung für zwei gekoppelte Antriebssysteme*

R_S Wegregler; R_{gl} Gleichlaufregler; $R_{\omega 1}$, $R_{\omega 2}$ Drehzahlregler; R_{i1}, R_{i2} Stromregler; $IG1$, $IG2$ Wegimpulsgeber

5.3.3. Regelung von technologisch verketteten Mehrmotorenantrieben

Prinzip einer kontinuierlichen Produktionsanlage für Bänder, Drähte und Folien

In verschiedenen kontinuierlichen technologischen Prozessen, z. B. in Walzwerken sowie in der Papier-, Textil- und Kunststoffindustrie, werden Drähte, Bänder, Folien, Papier- oder Stoffbahnen von einem Abwickler über verschiedene Rollen bzw. Walzen zu einem Aufwickler geführt. Ist das Arbeitsgut an den Wicklern, Rollen oder Walzen fest eingespannt, so entstehen bei unterschiedlichen Eintritts- und Austrittsgeschwindigkeiten des Arbeitsgutes zwischen den Einspannstellen Zugkräfte im Arbeitsgut. Können diese Zugkräfte durch regelungstechnische Maßnahmen nicht mehr beherrscht werden, so müssen zur Entkopplung der einzelnen Antriebe zusätzlich Schlingen für das Arbeitsgut als Speicher zwischen den Einspannstellen angeordnet werden.

Das Bild 5.71 zeigt die Prinzipdarstellung einer kontinuierlichen Produktionsanlage zur Herstellung von Bändern, Drähten oder Folien. Zwischen dem Abwickler und der Walze *1* ist zur Entkopplung der Antriebe *M1* und *M2* ein Schlingenheber angeordnet. Über ihn läßt sich z. B. durch eine Gewichtskraft eine definierte Zugkraft f_{12} zwischen beiden Antrieben einstellen.

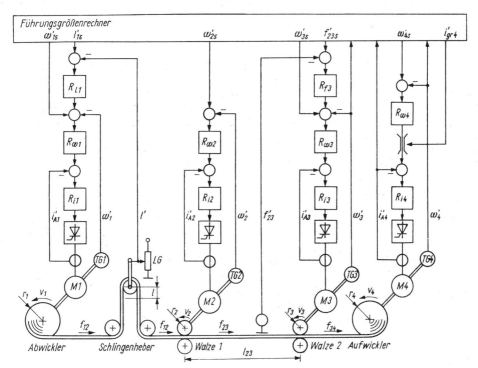

Bild 5.71. *Prinzip einer Mehrmotorenanlage zur Herstellung von Bändern, Drähten und Folien*

R_ω Drehzahlregler; R_i Stromregler; R_l Lageregler; R_f Zugkraftregler; *LG* Lagegeber; *ZM* Zugkraftgeber

Lageregelung eines Schlingenhebers

Der vereinfachte Signalflußplan der Regelung des Abwicklers und des Schlingenhebers im Bild 5.72 enthält einen Stomregelkreis *IRK1*, ein I-Glied mit der Hochlaufzeitkonstante τ'_M nach (5.120) und einen PI-Drehzahlregler $R_{\omega 1}$. Alle Regelgrößen

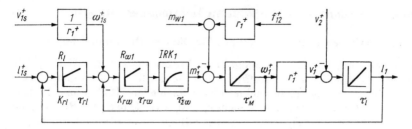

Bild 5.72. *Vereinfachter Signalflußplan der Steuerung eines Abwicklers mit Schlingenheber*
R_l Lageregler Schlingenheber; $R_{\omega 1}$ Drehzahlregler; $IRK1$ Stromregelkreis

sind auf ihre Nennwerte bezogen. Für die bezogene Umfangsgeschwindigkeit v_1^* des Wicklers gilt

$$v_1^* = r^* \omega_1^* \quad \text{mit} \quad r^* = r/r_0; \tag{5.131}$$

r bzw. r_0 Radius des Wickels bzw. des Wickeldorns.

Bei unterschiedlichen Geschwindigkeiten $v_1^* \neq v_2^*$ ändert sich die Größe l^* der Schlinge,

$$l^* = \frac{1}{p\,\tau_l}(v_1^* - v_2^*) \quad \text{mit} \quad \tau_l = \frac{2\,\Delta l_N}{v_{1N}}. \tag{5.132}$$

Die Größe Δl_N in (5.132) ist die Änderung der Schlinge, die sich bei $v_1 = v_{1N}$ und $v_2 = 0$ in einer Sekunde einstellt. Über den Schlingenheber wird die Zugkraft f_{12}^+ zwischen den Antrieben $M1$ und $M2$ eingeprägt. Der Führungsgrößenrechner gibt den Drehzahl-Sollwert ω_{1s}^* und den Lagesollwert des Schlingenhebers vor. Die Einstellung des Schlingenreglers R_l sollte auf gutes Störverhalten erfolgen. Infolge des veränderlichen Bunddurchmessers ändert sich die Streckenverstärkung im Regelkreis der Schlingenregelung. Deshalb kann es notwendig werden, die Verstärkung K_{rl} des Schlingenreglers der Änderung des Wickelradius r^* nachzuführen.

Zugregelung zwischen zwei Walzen

Die Antriebe der Walzen *1* und *2* im Bild 5.71 sind nicht durch eine Schlinge voneinander entkoppelt. Bei unterschiedlichen Umfangsgeschwindigkeiten beider Walzen $v_2 \neq v_3$ bildet sich im Arbeitsgut eine Zugkraft (f_{23}) aus, die häufig durch eine Zugkraftregelung auf einen vorgegebenen Sollwert gehalten werden muß.
Wenn die Zugkraft zwischen den Walzen gemessen werden kann, so ist das im Bild 5.73 dargestellte Prinzip einer Zugregelung anwendbar.
Eine Änderung der Geschwindigkeitsdifferenz $v_3^* - v_2^*$ führt infolge der auf der Strecke l_{23}^* zwischen den beiden Walzen gespeicherten Masse entsprechend der Massen-

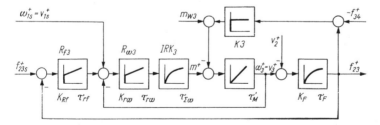

Bild 5.73. *Vereinfachter Signalflußplan einer Zugkraftregelung*
R_{f3} Zugkraftregler; $R_{\omega 3}$ Drehzahlregler; $IRK3$ Stromregelkreis

5.3. Regelung spezieller Größen des Bewegungsablaufs

kontinuitätsgleichung zu einem verzögerten Aufbau der Zugkraft f^*_{23}. Dabei gilt mit den auf v_{3N} bezogenen Geschwindigkeiten:

$$f^*_{23} = \frac{f_{23}}{f_{23N}} = \frac{K_F}{1 + p\,\tau_F}\,(v^*_3 - v^*_2), \tag{5.133}$$

$$\tau_F = \frac{l_{23}}{v_3} \quad \text{und} \quad K_F = \frac{E}{f_{23N}}\frac{v_{3N}}{v_3}, \tag{5.134} \tag{5.135}$$

E Elastizitätsmodul des Arbeitsgutes
f_{23N} Nennzugkraft.

Die Zugzeitkonstante τ_F und der Verstärkungsfaktor sind abhängig von der Materialflußgeschwindigkeit $v_2 \approx v_3$.
Der Faktor K_3 berücksichtigt die unterschiedlichen Bezugsgrößen für die Zugkraft und das Drehmoment,

$$K_3 = f_{3N}\,r_3/M_{3N}. \tag{5.136}$$

Die beim Walzen erforderliche Umformarbeit ist im Widerstandsmoment m^*_{W3} enthalten.
Die Optimierung des Zugregelkreises sollte ebenfalls auf gutes Störverhalten erfolgen. Bedingt durch die Kopplung mit den anderen Antriebssystemen besitzt das System ausgeprägte Resonanzfrequenzen, die eine praktische Optimierung sehr erschweren können.

Regelung eines Aufwicklers

Bei dem Aufwickler in Bild 5.71 erfolgt die Steuerung der Zugkraft f_{34} über den Stromgrenzwert i'_{gr4} (Ausgangsspannungsbegrenzung des Drehzahlreglers $R_{\omega 4}$). Während des Wickelprozesses ist der Drehzahlregler außer Funktion. Bei konstant gehaltener Zugkraft f_{34} muß deshalb die Drehzahl des Wickelantriebs mit steigendem Wickelradius abnehmen,

$$\omega_4 = v_4/r_4. \tag{5.137}$$

Im Bild 5.74 ist das Blockschaltbild der Regelung des Aufwicklers mit einer zusätzlichen Feldsteuerung des Wickelmotors dargestellt. Ein Ankerstrom-Sollwertrechner

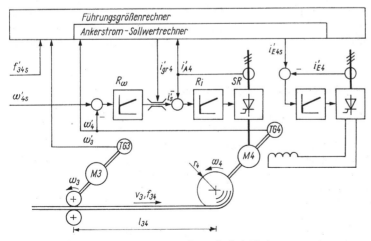

Bild 5.74. *Prinzip der Regelung eines Aufwicklers*
$R_{\omega 4}$ Drehzahlregler; R_{i4} Stromregler

bestimmt den Steuerwert i'_{gr4} so, daß während des Wickelprozesses die Zugkraft des Wicklers annähernd konstant bleibt. In dem Steuerwert i'_{gr4} müssen deshalb neben der die Zugkraft bestimmenden Komponente weitere Komponenten zur Kompensation der Motorverluste, des Widerstands- und Beschleunigungsmoments sowie gegebenenfalls des Biegemoments des aufzuwickelnden Materials enthalten sein.
Der Wickelradius ergibt sich aus dem Verhältnis der Drehzahlen ω_3 und ω_4,

$$r'_4 = K_4\,\omega'_3/\omega'_4; \tag{5.138}$$

K_4 Konstante.

Änderungen der Materialgeschwindigkeit v_4 und des Wickelradius r_4 müssen über ein Beschleunigungsmoment m_{b4} ausgeregelt werden. Es ist abhängig von der Änderung der Materialgeschwindigkeit v_4 und des Wickelradius r_4. Aus (1.23a) folgt

$$m^*_{b4} = \frac{m_{b4}}{M_{4N}} = \left[\frac{J_{04}\,\Omega_{4N}}{M_{4N}} + b\,\frac{\pi}{2}\,\frac{\Omega_{4N}}{M_{4N}}\,\xi\,r^4_{04}\,(r^{*4}_4 - 1)\right]\left(\frac{1}{r^*_4}\,\frac{dv^*_4}{dt} + \frac{1}{r^{*2}_4}\,\frac{dr^*_4}{dt}\right)$$

bzw.
$$\tag{5.139}$$

$$m'_{b4} = [K_{40} + b\,K_{41}\,(r^{*4}_4 - 1)]\left(\frac{1}{r^*_4}\,\frac{dv^*_4}{dt} + \frac{1}{r^{*2}_4}\,\frac{dr^*_4}{dt}\right); \tag{5.140}$$

$J_{04} = J_{M4} + J_{\omega 04}$ Trägheitsmoment des leeren Wicklers
ξ spezifische Dichte des Wickelgutes
$r^*_4 = r_4/r_{04}$ Wickelradius, bezogen auf den Radius des Wickeldorns
K_{40}, K_{41} Konstanten
b Breite des Wickelgutes
u_{q4} Motor-Quellenspannung.

Damit gilt für den Steuerwert i'_{gr4}:

$$i'_{gr4} = \frac{\omega'_4}{u'_{q4}}\,(f'_{34s}\,r'_4 + m'_{b4} + m'_{W4}). \tag{5.141}$$

Der Ausdruck ω'_4/e'_4 berücksichtigt die Flußänderung im Wicklermotor beim Übergang in den Feldschwächbereich.
Die Berechnung der Steuerfunktion i'_{gr4} nach (5.140) und (5.141) übernimmt ein digitaler Sollwertrechner, vgl. Bild 5.74. Die Güte der Zugkraftregelung ist in starkem Maß abhängig von der Genauigkeit der Erfassung des Wickelradius, des Widerstandsmomentes und der Verluste im Wicklermotor. Bei sehr elastischem Wickelgut, z. B. Stahldraht, stellen sich häufig Zugkraftschwingungen ein. Eine Dämpfung dieser Schwingungen kann durch eine negative Aufschaltung der Zeitableitung der Zugkraft auf den Stromsollwert erfolgen.

5.3.4. Sollwertführung für verkettete Antriebssysteme

In technologischen Anlagen mit verketteten Antrieben hat die Änderung des Drehzahl-Sollwertes nur eines Antriebs Auswirkungen auf die gesamte Antriebsgruppe. Um unzulässige Zug- oder ggf. auch Druckkräfte zu vermeiden, müssen deshalb stets die Sollwerte aller Antriebe entweder vor oder hinter der Eingriffsstelle im richtigen Verhältnis zueinander mit verstellt werden. In der Antriebsanlage im Bild 5.71 übernimmt diese Aufgabe ein Führungsgrößenrechner. Im Bild 5.75 ist der Teil des Führungsgrößenrechners, der die Drehzahl-Sollwerte der einzelnen Walzen ermittelt, ausführlicher dargestellt.
Jedem Antrieb steht ein Programmteil SWA zur Verfügung mit den Eingabewerten Drehzahlverhältnis D_ν, Einzelverstellung E_ν, Folgeverstellung F_ν und Leitsollwert LS_ν ($\nu = 1 \cdots n$). Über die Leitsollwerte LS_ν können alle Antriebe gemeinsam in der

5.3. Regelung spezieller Größen des Bewegungsablaufs

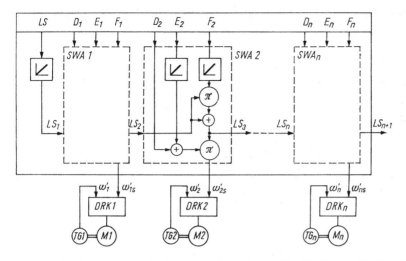

Bild 5.75. Prinzip eines Führungsgrößenrechners für die Drehzahlsollwerte eines verketteten Gruppenantriebs
LS Leitsollwert; $D_1 \cdots D_n$ Drehzahlverhältnis; $F_1 \cdots F_n$ Folgeverstellung; $DRK1 \cdots DRKn$ Drehzahlregelkreis; $SWA1 \cdots SWAn$ Sollwertrechner eines Antriebs

Drehzahl verstellt werden. Eine Änderung einer Einzelverstellung E_ν wirkt nur auf den Drehzahl-Sollwert des ν-ten Antriebs. Eine Änderung der Folgeverstellung F_ν dagegen beeinflußt den ν-ten und alle nachgeordneten Antriebe, wobei die Drehzahlverhältnisse zwischen den einzelnen Antrieben unverändert bleiben. Auf die Folgeverstellung wirkt z. B. die Schlingen- oder Zugregelung ein. Um bei Änderungen der einzelnen Einstellgrößen dynamische Gleichlauffehler zwischen den einzelnen Antrieben zu vermeiden, sind alle Eingänge über Hochlaufgeber geführt.

Beispiel 5.15

Die im Bild 5.14 dargestellte Antriebsanlage eines Blockwalzgerüstes weist im oberen Antriebsstrang Drehzahl- und Drehmomentenschwingungen auf, die auf das mechanische Übertragungssystem zurückzuführen sind. Aus den Oszillogrammen des Obermotors können folgende Angaben entnommen werden: Anregelzeit des Ankerstroms 55 ms, Hochlaufzeit bei $I_A = I_{AN}/2$ von $\omega_1 = 0{,}3\,\Omega_N$ auf $\omega_2 = 0{,}8\,\Omega_N$ ohne Walze 1,2 s und mit angekoppelter Oberwalze 1,5 s. Dem Drehzahlhochlauf mit angekoppelter Oberwalze sind Eigenschwingungen mit einer Frequenz von 12 Hz überlagert, deren Amplitudenwerte sich nach 10 Perioden um etwa 30% verringern. Es sind die Zeitkonstanten des mechanischen Übertragungssystems zu bestimmen. Weiterhin sind ein Filter zur Schwingungsdämpfung zu entwerfen und das erreichbare dynamische Verhalten der Antriebsregelung abzuschätzen.

Lösung

Das mechanische Übertragungssystem der Oberwalze kann näherungsweise als elastisch gekoppeltes Zweimassensystem aufgefaßt werden. Bei Vernachlässigung des Widerstandsmoments beim Hochlauf lassen sich aus den Hochlaufzeiten die Zeitkonstanten für den Signalflußplan im Bild 5.65 ermitteln. Aus (1.37) und (5.120) folgt für die Hochlaufzeitkonstante des Obermotors

$$\tau'_M = \frac{m^*_M t_H}{\omega^*_2 - \omega^*_1} = \frac{0{,}5 \cdot 1{,}2 \text{ s}}{0{,}8 - 0{,}3} = 1{,}2 \text{ s}.$$

Analog gilt mit (5.120) und (5.121) für den Antrieb mit angekoppelter Oberwalze

$$\tau'_M + \tau'_W = \frac{0{,}5 \cdot 1{,}5 \text{ s}}{0{,}8 - 0{,}3} = 1{,}5 \text{ s} \quad \text{bzw.} \quad \tau'_W = 0{,}3 \text{ s}.$$

Aus der Verringerung der Schwingungsamplituden beim Hochlauf mit angekoppelter Oberwalze soll die Dämpfung des mechanischen Systems bestimmt werden. Aus der Sprungantwort eines gedämpften Schwingungsgliedes nach Anhang 7.9.2 erhält man für den Amplitudenabfall

$$\frac{\Delta \hat{\omega}(t)}{\Delta \omega_0} = e^{-\delta_e t} \quad \text{bzw.} \quad \delta_e = -\frac{1}{t} \ln\left(\frac{\Delta \hat{\omega}(t)}{\Delta \hat{\omega}_0}\right).$$

Nach 10 Perioden, d. h. nach $t = 10/2 \pi \cdot 12 \text{ Hz} = 1{,}3 \text{ s}$, haben sich die Oberschwingungen der Drehzahl auf $\Delta \hat{\omega}(t)/\Delta \hat{\omega}_0 = 0{,}7$ verringert. Damit gilt:

$$\delta_e = -\frac{1}{1{,}3 \text{ s}} \ln 0{,}7 = 0{,}27 \frac{1}{\text{s}}.$$

Mit Anhang 7.9.2 folgt weiter für die Dämpfung

$$d = \frac{\delta_e}{\omega_0} \approx \frac{\delta_e}{2 \pi f_e} = \frac{0{,}27}{2 \pi \cdot 12} = 0{,}004.$$

Wegen der vernachlässigbar kleinen Dämpfung ist

$$\omega_0 \approx \omega_e = 2 \pi f_e = 75{,}4 \frac{1}{\text{s}}.$$

Damit können nach Umstellen von (5.125a) und (5.125b) die Federzeitkonstanten und der Dämpfungsfaktor K_d bestimmt werden:

$$\tau_F = \frac{1}{\omega_0^2} \frac{\tau'_M + \tau'_W}{\tau'_M \tau'_W} = \frac{1}{75{,}4^2} \cdot \frac{1{,}5 \text{ s}}{1{,}2 \cdot 0{,}3} = 0{,}73 \text{ ms},$$

$$K_d = 2 d/\tau_F \omega_0 = 2 \cdot 0{,}004/0{,}73 \cdot 10^{-3} \cdot 75{,}4 = 0{,}145.$$

Zur Dämpfung der Drehmomentenschwingungen im Drehzahlregelkreis wird ein Filter nach Bild 5.67 als Bandsperre zwischen Drehzahl- und Stromregler eingefügt. Für seine Zeitkonstante gilt

$$\tau_1 = 1/\omega_0 = 1 \text{ s}/75{,}4 = 13{,}3 \text{ ms}.$$

Bei $R = 100 \text{ k}\Omega$ folgt für die erforderliche Kapazität

$$C = \tau_1/R = 13{,}3 \text{ ms}/100 \text{ k}\Omega = 133 \text{ nF}.$$

Aus der Anregelzeit des Stromregelkreises läßt sich seine Summenzeitkonstante bestimmen, vgl. Anhang 7.9.3.

$$\tau_{\Sigma i} = t_{an}/4{,}7 = 55 \text{ ms}/4{,}7 = 11{,}7 \text{ ms}.$$

Die Summenzeitkonstante $\tau_{\Sigma \omega}$ im Drehzahlregelkreis ergibt aus der Ersatzzeitkonstanten des Stromregelkreises $2 \tau_{\Sigma i}$ und des Filters

$$\tau_{\Sigma \omega} \approx 2 \tau_{\Sigma i} + 4 \tau_1 = 2 \cdot 11{,}7 \text{ ms} + 4 \cdot 13{,}3 \text{ ms} = 76{,}6 \text{ ms}.$$

Bei einem starren mechanischen Übertragungssystem ist

$$\tau_{\Sigma \omega} \approx 2 \tau_{\Sigma i} = 23{,}4 \text{ ms}.$$

Die An- und Ausregelzeiten des Drehzahlregelkreises vergrößern sich bei dem elastischen mechanischen Übertragungssystem mit Filter gegenüber einem Drehzahlregelkreis mit starrer Mechanik etwa auf das Dreifache.

5.4. Bauglieder zur Informationserfassung und Informationsverarbeitung

Günstigere dynamische Kennwerte ergibt eine Schwingungsdämpfung nach Bild 5.68. Sie liefert bei optimaler Einstellung des Dämpfungsfaktors K_{dr} nach (5.128) und (5.130) nur

$$\tau_{\Sigma\omega} = \sqrt{2}/\omega_0 + 2\,\tau_{\Sigma i} = \sqrt{2}/75{,}4\text{ s}^{-1} + 23{,}4\text{ ms} = 42{,}1\text{ ms}.$$

Dieses Regelverfahren setzt jedoch die Meßgröße der Walzendrehzahl ω_W voraus.

5.4. Bauglieder zur Informationserfassung und Informationsverarbeitung

Zu den Baugliedern der Informationserfassung und -verarbeitung gehören die Meßwertgeber, die Sollwertgeber und die Regler. Ihre Ausführung richtet sich nach der Art der Informationserfassung, -übertragung und -verarbeitung.

Die *analoge* Informationsverarbeitung zeichnet sich durch ein sehr gutes dynamisches Verhalten und eine für die meisten Anwendungsfälle ausreichende Regelgenauigkeit aus. Ungünstige Auswirkungen haben Alterungs-, Drift- und Temperatureinflüsse.

Die *digitale* Informationsverarbeitung umgeht diese Nachteile. Sie wird deshalb auch bei Neuanlagen bevorzugt. Die Fortschritte in der Microcontroller-Technik gestatten heute eine kostengünstige Realisierung der digitalen Steuer- und Regelverfahren in elektrischen Antrieben.

Die *frequenzanaloge* Informationsverarbeitung ermöglicht eine einfache und störsichere Informationsübertragung. Sie wird zukünftig insbesondere für die Drehzahlmessung an Bedeutung gewinnen. Im Regler muß jedoch eine Signalwandlung in eine analoge Spannung oder einen Digitalwert vorgenommen werden. Die frequenzanaloge Informationsverarbeitung wird heute gelegentlich für die Weg- und Drehzahlregelung eingesetzt.

5.4.1. Meßwertgeber

In Antriebsregelkreisen werden Meßwandler für Gleichspannungen, Gleich- bzw. Wechselströme, Drehzahlen sowie für Lage- und Winkelwerte benötigt. Da Fehler bei der Meßwerterfassung vom Regelkreis nicht ausgeregelt werden können, wird die erreichbare Regelgenauigkeit zu einem großen Teil von den Meßwandlern bestimmt. Die Meßwertgeber müssen deshalb folgende Forderungen erfüllen:

— lineare Kennlinie, unabhängig von Alterungs-, Drift- und Temperatureinflüssen
— Potentialtrennung zum Leistungskreis
— hohe Störsicherheit gegenüber Fremdfeldern und Schwankungen der Netzspannung
— Oberschwingungsfreiheit der Ausgangsspannung und gutes dynamisches Verhalten
— ausreichende Ausgangsleistung.

5.4.1.1. Spannungsmessung

In spannungsgeregelten Antrieben sowie für die Strommessung mit Hilfe eines Meßwiderstands (Shunt) ist eine potentialfreie Spannungsmessung erforderlich. Zur Potentialtrennung eignen sich induktive und optische Koppler. Bild 5.76 zeigt einen Gleichspannungswandler in Gegentaktschaltung. Die zu messende Spannung U_e wird über einen Zerhacker ($T1\cdots T4$) einem induktiven Übertrager zugeführt, der die Potentialtrennung vornimmt. Anschließend wird das potentialgetrennte Signal durch den phasenempfindlichen Gleichrichter ($T5\cdots T8$) vorzeichenrichtig gleichgerichtet.

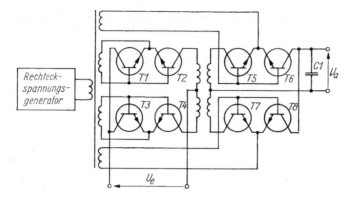

Bild 5.76. Gleichstromwandler mit Gegentaktcharakteristik
U_e Eingangsspannung
U_a Ausgangsspannung

5.4.1.2. Gleichstrommessung

Der Gleichstrom kann durch Gleichstromwandler mit stromsteuernden Magnetverstärkern (Transduktoren), Flußkompensationswandler, Hallstromwandler, Meßwiderstände mit Potentialtrenner oder durch Messung auf der Wechselstromseite mit Wechselstromwandlern und nachfolgender Gleichrichtung erfaßt werden (Bild 5.77). Bei dem Gleichstromwandler nach den Bildern 5.77a und 5.77b steuert der zu messende Strom I_d über die Durchflutung des Magnetverstärkers den Strom i_{St}. Durch die Magnetisierungskennlinie erhält der aus einer Wechselspannungsquelle u_{St} angetriebene Strom i_{St} einen annähernd rechteckförmigen Verlauf. Die Schaltung nach Bild 5.77a gestattet nur eine richtungsunabhängige Strommessung. Für Umkehrantriebe wird jedoch eine richtungsabhängige Stromerfassung benötigt.

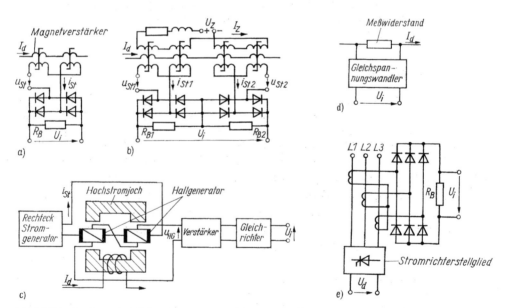

Bild 5.77. Meßwertgeber für Gleichstrommessung
a) Gleichstromwandler mit stromsteuernden Magnetverstärkern für eine richtungsunabhängige Strommessung; u_{St} Steuerspannung
b) Gleichstromwandler mit stromsteuernden Magnetverstärkern zur richtungsabhängigen Strommessung; u_{St1}, u_{St2} Steuerspannungen; U_Z Gleichspannung zur Vormagnetisierung
c) Gleichstromwandler mit Hallgenerator; i_{St} Steuerstrom; u_{HG} Ausgangsspannung des Hallgenerators
d) Strommessung mit Meßwiderstand und Gleichspannungswandler
e) indirekte Gleichstrommessung mit Wechselstromwandlern

In der Schaltung nach Bild 5.77b wird das durch Magnetverstärker mit zwei Steuerwicklungen über eine unterschiedliche Vormagnetisierung erreicht. Für sehr große Ströme werden Gleichstromwandler mit Hallgeneratoren eingesetzt. Die Ausgangsspannung des Hallgenerators ist bei konstantem Steuerstrom i_{St} dem zu messenden Gleichstrom (Durchflutung) proportional. Bei einer phasenabhängigen Gleichrichtung der Hallspannung u_{HG} ist eine richtungsabhängige Gleichstrommessung möglich. Für sehr schnelle Regelungen, insbesondere mit Pulsstellern, werden Meßwiderstände nach Bild 5.77d verwendet. Besonders einfach ist die Messung des Stroms auf der Wechselstromseite mit Hilfe von Wechselstromwandlern nach Bild 5.77e. Sie kann entweder einphasig oder dreiphasig ausgeführt werden. Nachteilig ist jedoch, daß kein richtungsabhängiges Signal entsteht und die Ausgangsspannung U_i dem Spitzenwert des Stroms proportional ist.

Durch die Mikroelektronik gewinnen digitale Regelungen, die den Strom-Istwert z. B. als Maß für das Drehmoment oder die Zugkraft verwenden, rasch an Bedeutung. In den meisten Fällen wird der digitale Strommittelwert einer Pulsperiode des Stromrichterstellglieds benötigt. Bild 5.78 zeigt eine Schaltungsanordnung, bei der die Mittelwertbildung mit Hilfe eines Spannungs-Frequenz-Umsetzers UFU und eines Zählers VZ erfolgt. Zu Beginn einer Pulsperiode wird der Zählerstand abgespeichert und anschließend der Zähler zurückgesetzt.

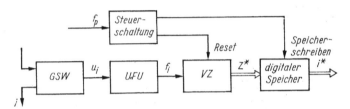

Bild 5.78. *Meßwertgeber zur digitalen Messung des Strommittelwerts*
f_p Pulsfrequenz; i^* digitaler Strommittelwert; GSW Gleichstromwandler; UFU Spannungs-Frequenz-Umformer; VZ Vorwärtszähler

5.4.1.3. Drehzahlmessung

Zur Drehzahlmessung werden analoge und digitale Verfahren eingesetzt (Bild 5.79). Am häufigsten finden permanentmagneterregte Gleichstrom-Tachomaschinen nach Bild 5.79a Anwendung. Mit ihnen können ein Linearitätsbereich von 1 : 100 bis 1 : 1000 und ein Riffelfaktor $< 0,1\%$ erreicht werden. Der Riffelfaktor ist definiert als prozentualer Anteil der Wechselspannung $\Delta \hat{U}_{r\omega}$, die dem Mittelwert U_ω der Ausgangsgleichspannung überlagert ist (Bild 5.79f),

$$R = \frac{\Delta \hat{U}_{r\omega}}{U_\omega} \cdot 100\%. \tag{5.142}$$

Die Mehrphasen-Mittelfrequenzmaschine nach Bild 5.79b ist nach dem Reluktanzprinzip aufgebaut. Durch die Zahnung von Ständer und Läufer wird in der Ständerwicklung eine Wechselspannung hoher Frequenz induziert, die nachfolgend gleichgerichtet wird. Vorteilhaft sind die geringe Welligkeit der Ausgangsspannung und der hohe Linearitätsbereich von 1 : 1000. Die Wechselstrom-Tachomaschine nach Bild 5.79c ist eine trägheitsarme Einphasenmaschine mit Glockenläufer (Ferrarismaschine). Eine Wicklung, die sog. Erregerwicklung, wird über einen Kondensator an eine Wechselspannung u_e mit $50 \cdots 500$ Hz gelegt. In der zweiten Wicklung tritt eine von der Drehzahl abhängige Spannung u_a mit Erregerfrequenz auf. Auch hier ist eine Gleichrichtung der Ausgangsspannung erforderlich.

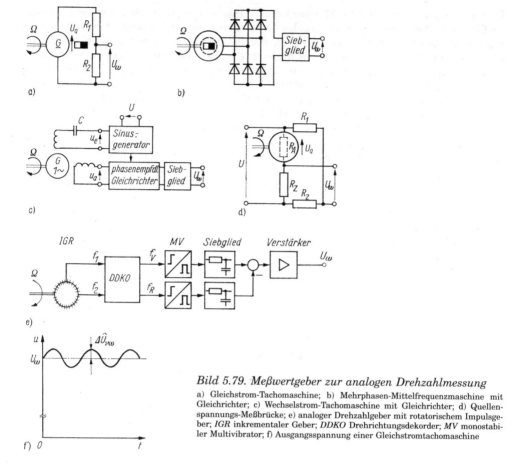

Bild 5.79. Meßwertgeber zur analogen Drehzahlmessung
a) Gleichstrom-Tachomaschine; b) Mehrphasen-Mittelfrequenzmaschine mit Gleichrichter; c) Wechselstrom-Tachomaschine mit Gleichrichter; d) Quellenspannungs-Meßbrücke; e) analoger Drehzahlgeber mit rotatorischem Impulsgeber; IGR inkrementaler Geber; DDKO Drehrichtungsdekoder; MV monostabiler Multivibrator; f) Ausgangsspannung einer Gleichstromtachomaschine

Besonders große Sorgfalt ist bei der Ankupplung der Tachomaschine an den Motor notwendig. Die Kupplung muß spielfrei, zentrisch und torsionssteif sein. Andernfalls kommt es zu niederfrequenten drehzahlabhängigen Oberschwingungen in der Ausgangsspannung, die die Drehzahl- bzw. Lageregelung erheblich verschlechtern und die Welligkeit des Ankerstroms wesentlich erhöhen.

Bei Antrieben mit geringeren Genauigkeitsanforderungen ($\Delta n/n_N \geq 1\%$) wird oft die Drehzahlmessung über eine Quellenspannungs-Meßbrücke nach Bild 5.79 d vorgenommen. Erfolgt der Abgleich der Widerstände R_1 und R_2 nach (5.143),

$$\frac{R_2}{R_1 + R_2} = \frac{R_Z}{R_A + R_Z},\qquad(5.143)$$

so gilt

$$U_\omega = U_q \frac{R_Z}{R_A + R_Z} = K_\omega \Omega.\qquad(5.144)$$

Die Signalspannung der Quellenspannungs-Meßbrücke hat gegenüber den anderen Meßverfahren einen relativ großen Oberschwingungsgehalt. Weiterhin ergeben sich Fehlereinflüsse durch Widerstandsänderung infolge Erwärmung der Maschine und durch die Ankerkreisinduktivität. Eine Potentialtrennung gegenüber dem Leistungskreis besteht nicht.

Bild 5.79e zeigt eine richtungsabhängige Drehzahlerfassung mit Hilfe eines rotatorischen inkrementalen Impulsgebers. Aus den um 90° zeitlich versetzten Impulsfolgen f_1 und f_2 werden mit Hilfe eines Drehrichtungsdekoders $DDKO$ abhängig von der Drehrichtung zwei Impulsfolgen f_R und f_V mit konstanter Impulsbreite und Impulshöhe erzeugt, deren Spannungszeitflächenmittelwert der Drehzahl proportional ist. Bei sehr hohen Genauigkeitsanforderungen werden digitale Drehzahlwandler eingesetzt.

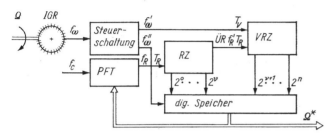

Bild 5.80. *Meßwertgeber zur digitalen Drehzahlmessung*
RZ Rückwärtszähler; VRZ Vorwärts-Rückwärts-Zähler; PFT programmierbarer Frequenzteiler;
IGR rotatorischer inkrementaler Impulsgeber

Drehzahlwandler für hohe dynamische Anforderungen mit digitalem Ausgang lassen sich mit Hilfe eines inkrementalen rotatorischen Gebers IGR mit nachgeschaltetem Frequenz-Digitalwertumsetzer FDU aufbauen (Bild 5.80). Der FDU besteht aus zwei hintereinandergeschalteten Zählern RZ und VRZ, einem programmierbaren Frequenzteiler PFT, einem digitalen Speicher und einer Steuerschaltung. Bei jeder positiven Flanke der Impulsfrequenz f_ω wird der Zähler VRZ um Eins erhöht. Danach werden die Zählerstände der beiden Zähler RZ und VRZ abgespeichert. Der programmierbare Frequenzteiler PFT erzeugt aus dem Ausgangswert des Speichers mit Hilfe einer Taktfrequenz f_c eine Frequenz f_R.

$$f_R = f_c \frac{\Omega^*}{Z^*_{max}} ; \qquad (5.145)$$

Z^*_{max} maximales Zählervolumen der Zählerkombination RZ und VRZ
f_c Taktfrequenz, f_c = konst.
Ω^* Ausgangswert des digitalen Speichers.

Im eingeschwungenen Zustand gilt

$$f_R = f_\omega Z^*_{Rmax}; \qquad (5.146)$$

Z^*_{Rmax} maximales Zählervolumen des Zählers RZ.

Mit (5.145) und (5.146) erhält man

$$\Omega^* = Z^*_{Rmax} Z^*_{max} \frac{f_\omega}{f_c} . \qquad (5.147)$$

Damit ist der Ausgangswert Ω^* des Speichers der Frequenz f_ω bzw. der zu messenden Drehzahl proportional.
Das dynamische Verhalten des FDU entspricht einem Verzögerungsglied mit der Zeitkonstanten

$$\tau_\omega = Z^*_{max}/f_c; \qquad (5.148)$$

τ_ω Verzögerungszeitkonstante des FDU.

Der Wandler besitzt einen Frequenzbereich von etwa

$$\frac{f_c}{Z^*_{\text{Rmax}}} \geqq f_\omega \geqq \frac{1}{\tau_\omega}. \tag{5.149}$$

Bei einer Verarbeitungsbreite von 12 bit ist der Wandlerfehler $\leqq 0{,}025\%$ bei einer Zeitkonstanten von einigen Millisekunden. Der FDU kann auch durch einen Einchip-Mikrorechner realisiert werden. Der Meßwertgeber ist für die direkte digitale Drehzahlregelung mit Hilfe eines Mikrorechners geeignet.

Beispiel 5.16

Eine Präzisionstachomaschine ist über eine Kupplung mit einem Winkelversatz von $\alpha = 5°$ an die Motorwelle gekuppelt. Der Winkelversatz führt während einer Umdrehung zu einem Drehwinkelfehler von

$$\Delta \hat{\varphi} \approx \frac{1}{4}\,\alpha^2 = 6{,}25°.$$

Es ist ein der Tachomaschine nachzuschaltendes Siebglied zu bestimmen, das bei einer Drehzahl von 1000 U/min die Amplitudenoberschwingungen des Drehzahl-Istwertes, die durch den Drehwinkelfehler hervorgerufen werden, auf $0{,}5\%$ begrenzt.

Lösung

Infolge des Drehwinkelfehlers ist die Winkelgeschwindigkeit des Tachogenerators oberschwingungsbehaftet.
Für die Amplitude $\Delta \hat{\omega}$ der Drehzahloberschwingungen bei der Drehzahl Ω gilt:

$$\frac{\Delta \hat{\omega}}{\Omega} = \frac{\Delta \hat{\varphi}}{360°} = \frac{6{,}25°}{360°} = 1{,}74\%.$$

Es besteht eine Proportionalität zwischen der Drehzahl und der Ausgangsspannung des Tachogenerators,

$$\frac{\Delta \hat{u}_\omega}{U_\omega} = \frac{\Delta \hat{\omega}}{\Omega} = 1{,}74\%.$$

Die Kreisfrequenz der Oberschwingungen der Ausgangsspannung bei einer Drehzahl von 1000 U/min beträgt

$$\omega_\nu = 2\pi \cdot 1000\,\text{U}/60\,\text{s} = 104{,}72\,\frac{1}{\text{s}}.$$

Die Übertragungsfunktion des der Tachomaschine nachgeschalteten Siebgliedes lautet

$$F(p) = \frac{1}{1 + p\,\tau_\text{v}}.$$

Die Amplitudenverstärkung des Siebgliedes errechnet sich aus

$$|F(\omega_\nu)| = \frac{1}{\sqrt{1 + (\omega_\nu\,\tau_\text{v})^2}}.$$

Damit erhält man für die Zeitkonstante τ_v des Siebgliedes bei einer geforderten Verringerung der Amplitude der Oberschwingungen auf $0{,}5\%$

$$|F(\omega_\nu)| = \frac{0{,}5\%}{1{,}74\%} = 0{,}287,$$

$$\tau_\text{v} = \frac{1}{\omega_\nu}\sqrt{\frac{1}{|F(\omega_\nu)|^2} - 1} = \frac{1\,\text{s}}{104{,}72}\sqrt{\frac{1}{(0{,}287)^2} - 1} = 31{,}87\,\text{ms}.$$

5.4. Bauglieder zur Informationserfassung und Informationsverarbeitung

Diese Zeitkonstante ist für geregelte Antriebe mit hohen dynamischen Anforderungen bereits zu groß. Andererseits ist der Riffelfaktor (Oberschwingungsgehalt der Ausgangsspannung des Tachogenerators), hervorgerufen durch die Nutung und Kommutatorteilung, bei Präzisionsmaschinen $\leq 0{,}1\%$ bei einer Verzögerungszeitkonstante von etwa $\tau_\mathrm{v} = 2$ ms. Bei der Ankopplung der Tachomaschine muß sehr sorgfältig auf einen geringen Winkelversatz und axialen Versatz geachtet werden. Einen geringen Versatz garantieren Aufstecktachomaschinen, da sie direkt auf die Welle des Motors aufgesetzt werden.

Beispiel 5.17

Für eine digitale Drehzahlregelung ist ein Drehzahlmeßglied mit dem Meßfehler $\Delta\Omega^*/\Omega^* \leq 0{,}05\%$ und einer Verzögerungszeitkonstante $\tau_\omega = 5$ ms auszuwählen und zu dimensionieren. Die Maximaldrehzahl des Antriebs beträgt 1 000 U/min.

Lösung

Für den geforderten Anwendungsfall eignet sich ein digitaler Drehzahlgeber nach Bild 5.80. Er besteht aus einem IGR und einem nachgeschalteten FDU.
Es wird ein IGR mit $Z^*_\mathrm{IGR} = 2\,500$ Impulsen je Umdrehung ausgewählt. Seine Ausgangsfrequenz bei Maximaldrehzahl beträgt

$$f_{\omega\mathrm{max}} = n_\mathrm{max} Z^*_\mathrm{IGR} = \frac{1\,000}{60} \cdot 2\,500 \, \frac{1}{\mathrm{s}} = 41{,}7 \, \mathrm{kHz} \, .$$

Der Fehler des FDU ergibt sich aus

$$\frac{\Delta\Omega^*}{\Omega^*} = \frac{1}{Z^*_\mathrm{max}} \, .$$

Damit erhält man als maximales Zählervolumen Z^*_max

$$Z^*_\mathrm{max} = \frac{1}{\Delta\Omega^*/\Omega^*} = \frac{1}{0{,}05\%} = 2\,000 \, .$$

Da die Zählerschaltkreise nur 4-bit-weise erweiterbar sind, wird ein 12-bit-Zähler eingesetzt. Das Zählervolumen beträgt in diesem Fall

$$Z^*_\mathrm{max} = 2^{12} - 1 = 4\,095 \, .$$

Die erforderliche Taktfrequenz ergibt sich aus (5.148) zu

$$f_\mathrm{c} = \frac{Z^*_\mathrm{max}}{\tau_\omega} = \frac{4\,095}{5\,\mathrm{ms}} = 819 \, \mathrm{kHz} \, .$$

Für den als Verteiler arbeitenden Zähler RZ wird ein 4-bit-Zählerschaltkreis eingesetzt. Damit erhält man

$$Z^*_\mathrm{Rmax} = 16 \, .$$

Mit (5.149) ergibt sich damit ein Frequenzstellbereich für den FDU von

$$\frac{819 \, \mathrm{kHz}}{16} \geq f_\omega \geq \frac{1}{5 \, \mathrm{ms}} \quad \mathrm{bzw.} \quad 51{,}2 \, \mathrm{kHz} \geq f_\omega \geq 0{,}2 \, \mathrm{kHz} \, .$$

Damit beträgt der mögliche Drehzahlmeßbereich mit

$$n = f_\omega / Z^*_\mathrm{IGR}: \quad 1\,228 \, \mathrm{U/min} \geq n \geq 4{,}8 \, \mathrm{U/min} \, .$$

Bei Drehzahlen unter 4,8 U/min besitzt der FDU das Verhalten eines Schwingungsgliedes mit frequenzabhängiger Dämpfung. Bei einer Drehzahl in der Nähe von Null ist dieses Wandlerprinzip nicht anwendbar.

5.4.1.4. Lage- und Winkelmessung

Zur Lage- oder Winkelerfassung können analoge oder digitale Verfahren eingesetzt werden. Bild 5.81a zeigt ein Umlaufpotentiometer zur analogen Lagemessung. Für die Ausgangsspannung gilt

$$U_\alpha = U_Z \left(1 - \frac{\alpha}{\pi/2}\right). \tag{5.150}$$

Das Auflösungsvermögen, unter dem hier das kleinste meßbare Winkelelement zu verstehen ist, hängt von der Drahtdicke im Potentiometer ab. Nachteilig sind bei diesem Geber der Verschleiß, der Übergangswiderstand zum Schleifer und das Auftreten von Thermospannungen.

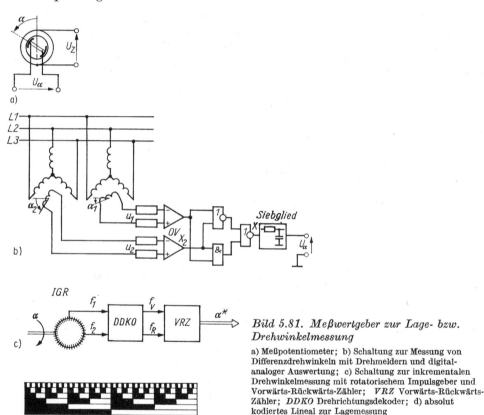

Bild 5.81. Meßwertgeber zur Lage- bzw. Drehwinkelmessung

a) Meßpotentiometer; b) Schaltung zur Messung von Differenzdrehwinkeln mit Drehmeldern und digital-analoger Auswertung; c) Schaltung zur inkrementalen Drehwinkelmessung mit rotatorischem Impulsgeber und Vorwärts-Rückwärts-Zähler; VRZ Vorwärts-Rückwärts-Zähler; DDKO Drehrichtungsdekoder; d) absolut kodiertes Lineal zur Lagemessung

Bild 5.81b zeigt eine Schaltung zur Messung der Winkeldifferenz zwischen zwei Wellen mit Hilfe von Drehmeldern. Für die Ausgangsspannungen der beiden Drehmelder gilt

$$u_1 = \hat{U} \sin(\omega_1 t - \alpha_1) \tag{5.151}$$

$$u_2 = \hat{U} \sin(\omega_1 t - \alpha_2). \tag{5.152}$$

Die Winkelinformation, die in der Phasenlage der Spannungen u_1 und u_2 enthalten ist, wird in ein Gleichspannungssignal übergeführt. Dazu werden die Nulldurchgänge dieser Spannungen mit Hilfe von Komparatoren erfaßt. Eine logische Schaltung erzeugt über die Schaltfunktion (Antivalenz)

$$X = X_1 \bar{X}_2 \vee \bar{X}_1 X_2 \tag{5.153}$$

5.4. Bauglieder zur Informationserfassung und Informationsverarbeitung

bei konstantem Spannungspegel von X ein pulsbreitenmoduliertes Signal, dessen Mittelwert U_α der Phasendifferenz der Spannungen u_1 und u_2 proportional ist.

$$U_\alpha = K_\alpha (\alpha_2 - \alpha_1). \tag{5.154}$$

Bei der Messung des Differenzwinkels zweier rotierender Wellen können die Drehmelder auch durch optisch abgetastete Lochscheiben oder magnetische Geber ersetzt werden.

Die analogen Verfahren werden zunehmend durch digitale ersetzt. Die digitale Lage- oder Winkelmessung kann inkremental oder absolut erfolgen. Bei der inkrementalen Messung nach Bild 5.81c wird ein Vorwärts-Rückwärts-Zähler VRZ über einen rotatorischen Impulsgeber IGR und einen Drehrichtungsdekoder $DDKO$ angesteuert. Der Drehrichtungsdekoder erzeugt aus den um 90° phasenverschobenen Impulsfrequenzen f_1 und f_2 die Impulsfrequenzen f_V bei Vorwärtsdrehung bzw. f_R bei Rückwärtsdrehung. Beide Frequenzen werden auf den Vorwärts- bzw. Rückwärtszähleingang des Zählers VRZ gegeben.

Eine absolute Lagemessung ist translatorisch nach Bild 5.81d mit Hilfe eines absolut kodierten Lineals oder rotatorisch über eine Rasterscheibe möglich. Mit einer 10spurigen Rasterscheibe ist ein Auflösungsvermögen von 2^{-10} Umdrehungen oder $21{,}1'$ erreichbar.

5.4.2. Sollwertgeber

Sollwertgeber müssen die gleichen Genauigkeitsanforderungen wie Meßwertgeber erfüllen. Die Voraussetzung für einen hochwertigen Sollwertgeber sind eine ausreichende Konstanz der Ausgangsspannung, unabhängig von Schwankungen der Netzspannung sowie gegenüber Temperatur- und Alterungseinflüssen. Bild 5.82a zeigt das Grundprinzip einer Spannungsstabilisierung mit einer Z-Diode in einer Transistorregelschaltung. Bei höheren Genauigkeitsanforderungen werden integrierte Spannungsstabilisatorschaltkreise eingesetzt.

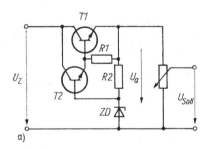

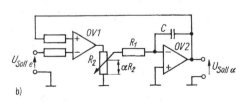

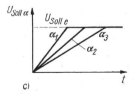

Bild 5.82. Analoge Sollwertgeber
a) stabilisierte Sollwert-Spannungsquelle mit Sollwert-Potentiometer; b) elektronischer Sollwert-Integrator; c) Ausgangsspannungsverlauf des Sollwert-Integrators

In vielen Fällen wird ein zeitproportional steigender Sollwert gefordert. Dieser Verlauf wird durch einen elektronischen Sollwert-Integrator nach Bild 5.82b realisiert. Die Anlaufzeit kann durch das Teilerverhältnis α an R_2 gestellt werden. Den Ausgangsspannungsverlauf zeigt Bild 5.82c.

Bei komplizierteren Sollwertfunktionen und hohen Anforderungen an die Langzeitkonstanz und Reproduzierbarkeit, wie sie z. B. bei Fahrkurvensteuerungen und in Anlagen mit Mehrmotorenantrieben auftreten, können digitale Sollwertgeber auf Mikrorechnerbasis eingesetzt werden. Sie gestatten insbesondere in Verbindung mit digitalen Eingabe-, Anzeige- und Bildschirmgeräten eine einfache und übersichtliche Prozeßsteuerung.

5.4.3. Reglerschaltungen

5.4.3.1. Analoge Reglerschaltungen

Durch eine Regeleinrichtung kann das dynamische Verhalten des Antriebs verbessert und der Istwert dem vorgegebenen Sollwert sehr genau nachgeführt werden.
Die Hauptregelgrößen in geregelten Antriebssystemen sind der Strom und die Drehzahl. Einige Einsatzfälle erfordern zusätzlich die Regelung des Drehwinkels, des Erregerstroms und der Spannung.
Im allgemeinen überwiegen heute noch die analogen Regelungen. Digitale Regelungen werden meist für den Drehwinkel und bei hohen Genauigkeitsanforderungen für die Drehzahl eingesetzt. Häufig beschränkt man sich auch hier auf einen digitalen Sollwert-Istwert-Vergleich und führt den eigentlichen Regler analog aus.

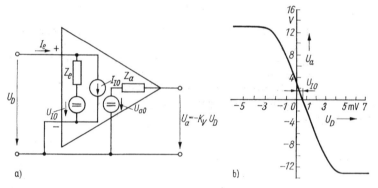

Bild 5.83. *Operationsverstärker*
a) Ersatzschaltbild; U_D Differenzeingangsspannung; I_e Eingangsstrom; Z_e Eingangsimpedanz; U_{IO} Offsetspannung; I_{IO} Offsetstrom; Z_a Ausgangsimpedanz; U_{a0} Ausgangsleerlaufspannung, U_a Ausgangsspannung; b) Kennlinie

Die analoge Regeleinrichtung enthält einen oder mehrere Regelverstärker mit Korrekturnetzwerken sowie gegebenenfalls Steuer- und Kommandogeräte zur binären Signalverarbeitung. Als Korrekturnetzwerke werden vorwiegend R-C-Netzwerke verwendet. Mit Netzwerken aus Widerständen, Dioden und Z-Dioden lassen sich Funktionsbildner und nichtlineare Regler aufbauen. Als Regelverstärker werden heute nur noch integrierte Gleichspannungsverstärker (Operationsverstärker) mit einer Spannungsverstärkung $> 10^4$ und einem möglichst großen Frequenzbereich eingesetzt. Bild 5.83 zeigt das Ersatzschaltbild und die Kennlinie eines integrierten Gleichspannungsverstärkers. Der Operationsverstärker nimmt eine Vorzeichenumkehr von der Eingangsspannung zur Ausgangsspannung vor. Durch die Beschaltung des Regelverstärkers mit einem Eingangsnetzwerk Z_1 und einem Rückführnetzwerk Z_2 nach Bild 5.84a erhält der Regler das gewünschte Zeit- und Kennlinienverhalten. Bei einer Änderung der Eingangsspannung

$$\Delta u_e = \Delta u_{\text{soll}} - \Delta u_{\text{ist}}$$

5.4. Bauglieder zur Informationserfassung und Informationsverarbeitung

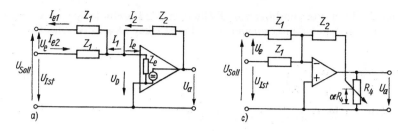

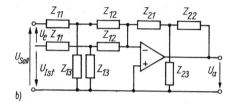

Bild 5.84. *Reglerschaltungen*
a) Prinzipschaltbild; b) Regler mit Beschaltung mit T-Netzwerken; c) Regler mit Ausgangsspannungsteiler zur Einstellung der Proportionalverstärkung V_R

lautet die Übertragungsfunktion des Reglers

$$F_R(p) = -\frac{\Delta u_a}{\Delta u_e} = \frac{Z_2}{Z_1} \frac{1}{1 + \frac{1}{K_V}\left(\frac{Z_2}{Z_e} + \frac{Z_2}{Z_1} + 1\right)} \; ; \tag{5.155}$$

F_R Übertragungsfunktion des Reglers
K_V Spannungsverstärkung des Regelverstärkers
Z_1, Z_2 Eingangs- bzw. Rückführnetzwerke des Regelverstärkers

bzw. mit $K_V \to \infty$

$$\boxed{F_R(p) = \frac{Z_2}{Z_1}} \; . \tag{5.156}$$

Mit den Beschaltungsnetzwerken

$$Z_1 = R_1 \tag{5.157}$$

$$Z_2 = R_2 + \frac{1}{p\, C_2} \tag{5.158}$$

ergibt sich ein Regler mit PI-Verhalten.

$$\boxed{F_R = \frac{1 + p\, \tau_r}{p\, \tau_0} = V_R \frac{1 + p\, \tau_r}{p\, \tau_r}} \; ; \tag{5.159}$$

$\tau_r = R_2 C_2$ Rückführzeitkonstante   (5.160)

$\tau_0 = R_1 C_2$ Integrierzeitkonstante   (5.161)

$V_R = \dfrac{R_2}{R_1}$ Reglerverstärkung.   (5.162)

Für den allgemeinen Fall der Verwendung von T-Gliedern als Beschaltungsnetzwerke nach Bild 5.84b erhält man mit einem idealen Regelverstärker ($K_V \to \infty$) die Übertragungsfunktion

$$F_R = \frac{Z_{21} + Z_{22} + Z_{21}Z_{22}/Z_{23}}{Z_{11} + Z_{12} + Z_{11}Z_{12}/Z_{13}} .$$ (5.163)

In vielen Fällen wird bei der praktischen Regelkreisoptimierung ein Regler benötigt, dessen Proportionalverstärkung sich unabhängig von seinen Zeitkonstanten einstellen läßt. Bei Verwendung eines Reglers mit Spannungsteiler am Ausgang nach Bild 5.84c gilt bei $R_4 \ll |Z_2|$

$$V_{R\alpha} = \frac{V_R}{\alpha,}$$ (5.164)

$$\tau_{0\alpha} = \tau_0 \, \alpha.$$ (5.165)

Bei nichtlinearen Reglern und Funktionsgebern ist die Verstärkung abhängig von der Eingangsgröße. Sie wird durch ihre Beschreibungsfunktion gekennzeichnet.

$$N = N\left(\frac{\hat{U}_{a1}}{\hat{U}_e}\right) ;$$ (5.166)

$\hat{U}_{a1}$ Amplitude der Grundschwingung der Ausgangsgröße
$\hat{U}_e$ Amplitude der Eingangsgröße.

Bei Verwendung integrierter Gleichspannungsverstärker wird oft auf eine externe Ausgangsspannungsbegrenzung verzichtet und der Verstärker in die Sättigung gesteuert.
Im Bild 5.85 ist ein PI-Regler mit Ausgangsspannungsbegrenzung, Leistungsverstärker und Reglersperre dargestellt. Die Reglersperre erzeugt beim Schließen eines kontaktlosen Schalters $T3$ (Feldeffekttransistor) die Ausgangsspannung Null. Über die Potentiometerwiderstände R_{41} und R_{42} wird die Ausgangsspannung in beiden Vorzeichenrichtungen begrenzt. Die Transistoren $T1$ und $T2$ bilden den Leistungsverstärker.

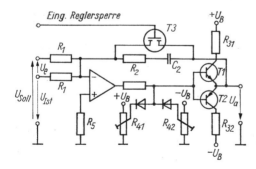

Bild 5.85. PI-Regler mit Ausgangsspannungsbegrenzung und Reglersperre

5.4.3.2. Mikrorechner-Regler

Mit dem Einsatz von Mikrorechnern haben digitale Abtastregelverfahren immer mehr an Bedeutung gewonnen. Der Regelalgorithmus des Mikrorechner-Reglers ergibt sich aus der Beschreibung des Systems mit Differenzengleichungen, wobei in der Regelstrecke zusätzlich die bei der Abtastregelung erforderlichen Halteglieder zu berücksichtigen

5.4. Bauglieder zur Informationserfassung und Informationsverarbeitung

sind. Für einen PI-Regler mit der Eingangsgröße x_e und der Ausgangsgröße x_a erhält man aus der Übertragungsfunktion (5.159)

$$\tau_r \frac{dx_a}{dt} = V_R x_e + V_R \tau_r \frac{dx_e}{dt} \tag{5.167}$$

bzw. die Differenzengleichung zum Zeitpunkt $t = T(n+1)$

$$\frac{\tau_r}{T}[x_a(n+1) - x_a(n)] = V_R x_e(n+1) + V_R \frac{\tau_r}{T}[x_e(n+1) - x_e(n)], \tag{5.168}$$

$$x_a(n+1) = x_a(n) + V_R \left[x_e(n+1) - x_e(n) + \frac{T}{\tau_r} x_e(n+1) \right]. \tag{5.169}$$

Bild 5.86 zeigt den Signalflußplan eines vom Mikrorechner zu realisierenden PI-Algorithmus. Durch Anwendung des Verschiebungssatzes der Laplace-Transformation (Anhang 7.6) erhält man die Übertragungsfunktion des PI-Algorithmus:

$$F_R(p) = \frac{x_a(p)}{x_e(p)} = V_R \left[1 + \frac{T/\tau_r}{1 - e^{-pT}} \right]; \tag{5.170}$$

T Abtastperiode.

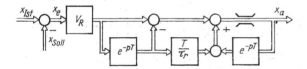

Bild 5.86. Signalflußplan eines Mikrorechner-Reglers mit PI-Algorithmus

Kann die Rechenzeit des Mikrorechners T_R nicht gegenüber den Zeitkonstanten der Regelstrecke vernachlässigt werden, so muß sie als ein Laufzeitglied im Regelkreis berücksichtigt werden.

$$F(p) = e^{-pT_R}; \tag{5.171}$$

T_R Rechenzeit.

Der Mikrorechner-Regler gestattet auch die Verwendung komfortablerer adaptiver und zeitoptimaler Regelverfahren, die sich selbsttätig der Streckenstruktur optimal anpassen.

Beispiel 5.18

Für ein geregeltes Antriebssystem ist ein Sollwertgeber zu dimensionieren, dessen Hochlaufzeit von $t_H = 0{,}5 \cdots 10$ s einstellbar ist. Die Sollwertgeber-Ausgangsspannung muß am Ende dieser Zeit $U_{\text{Soll a}} = \pm 10$ V betragen.

Lösung

Es wird ein Sollwertgeber nach Bild 5.82b eingesetzt. Die Ausgangsspannung des verwendeten Komparators beträgt $U_1 = \pm 10$ V. Für die Schaltung nach Bild 5.82b gilt folgender Zusammenhang:

$$\frac{U_\alpha}{U_1} = \frac{1}{1 + \frac{1-\alpha}{\alpha}\left(\frac{R_2}{R_1} + 1\right)}.$$

Bei der Einstellung $\alpha = 1$, d. h. $U_\alpha = U_1$, soll die Hochlaufzeit $t_H = 0{,}5$ s betragen. Daraus berechnet man die Integrierzeitkonstante mit der Eingangsspannung $U_{\text{Soll e}}$ zu

$$\tau = t_H U_\alpha / U_{\text{Soll e}} = 0{,}5 \text{ s} \cdot 10 \text{ V}/10 \text{ V} = 0{,}5 \text{ s}.$$

Als Widerstände werden gewählt: $R_1 = 200$ kΩ, $R_2 = 10$ kΩ. Die erforderliche Kapazität des Kondensators C beträgt dann

$$C \approx \tau/R_1 = 0{,}5 \text{ s}/200 \text{ k}\Omega = 2{,}5 \text{ μF}.$$

Bei einer Hochlaufzeit von $t_H = 10$ s errechnet sich die Spannung U_α aus

$$U_\alpha = \frac{\tau}{t_H} U_{\text{Soll e}} = \frac{0{,}5 \text{ s}}{10 \text{ s}} \cdot 10 \text{ V} = 0{,}5 \text{ V}.$$

Für das Teilerverhältnis α gilt jetzt

$$\frac{U_\alpha}{U_1} = \frac{1}{1 + \dfrac{1-\alpha}{\alpha}\left(\alpha \cdot \dfrac{10 \text{ k}\Omega}{200 \text{ k}\Omega} + 1\right)} \approx \alpha, \quad \frac{U_\alpha}{U_1} = \frac{0{,}5 \text{ V}}{10 \text{ V}} = 0{,}05.$$

Wird anstelle von R_2 eine Reihenschaltung aus dem festen Widerstand R'_2 und einem Einstellwiderstand $R_{\text{pot}} = 10$ kΩ eingesetzt, so gilt für R'_2

$$R'_2 = \frac{\alpha}{1-\alpha} R_{\text{pot}} = \frac{0{,}05}{1 - 0{,}05} \cdot 10 \text{ k}\Omega = 526 \text{ }\Omega.$$

Mit dem Einstellwiderstand R_{pot} ist damit die Einstellung der Hochlaufzeit von 0,5 s bis 10 s möglich.

Beispiel 5.19

Für einen Drehzahlregelkreis ist ein Regler mit folgenden Übertragungsfunktionen zu dimensionieren:

Sollwerteingang: $F_{\text{RSoll}} = \dfrac{1 + p\,\tau_{r1}}{p\,\tau_0}$, Istwerteingang: $F_{\text{RIst}} = \dfrac{(1 + p\,\tau_{r1})(1 + p\,\tau_{r2})}{p\,\tau_0}$.

Bekannt sind $\tau_{r1} = 40$ ms, $\tau_{r2} = 10$ ms, $\tau_0 = 4$ ms. Man berechne die Beschaltungsnetzwerke für das allgemeine Schaltbild nach Bild 5.84a.

Lösung

Für den Sollwerteingang wird $R_1 = 20$ kΩ gewählt. Damit erhält man mit (5.160) und (5.161):

$$C_2 = \frac{\tau_0}{R_1} = \frac{4 \text{ ms}}{20 \text{ k}\Omega} = 0{,}2 \text{ μF}, \quad R_2 = \frac{\tau_{r1}}{C_2} = \frac{40 \text{ ms}}{0{,}2 \text{ μF}} = 200 \text{ k}\Omega.$$

Das Eingangsnetzwerk für den Istwert-Eingang enthält eine Parallelschaltung, bestehend aus dem Widerstand R_1 und dem Kondensator C_1, um eine Verzögerungszeitkonstante bei der Drehzahlerfassung zu kompensieren.

$$Z_{1\text{Ist}} = R_1 \,\Big\|\, \frac{1}{p\,C_1} = \frac{R_1}{1 + p\,C_1\,R_1}.$$

Mit (5.156) gilt dann die Übertragungsfunktion

$$F_{\text{Ri}} = \frac{Z_2}{Z_{1\text{Ist}}} = \frac{(1 + p\,C_2\,R_2)(1 + p\,C_1\,R_1)}{p\,C_2\,R_1}.$$

Damit erhält man

$$C_1 = \frac{\tau_{r2}}{R_1} = \frac{10 \text{ ms}}{20 \text{ k}\Omega} = 0{,}5 \text{ μF}.$$

Den Drehzahlregler zeigt Bild 5.87.

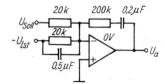

Bild 5.87. Schaltung eines *PI*-Reglers mit differenzierendem Istwert-Eingang (*PD*-Glied)

6. Elektrische Kleinantriebe

Die im Abschnitt 2 behandelten elektrischen Antriebsmaschinen können grundsätzlich auch für sehr kleine Leistungen bis zu einigen Watt gebaut werden. Die Anforderungen an diese Maschinen ergeben sich aus den Kennlinien und Betriebsbedingungen der angetriebenen kleinen Arbeitsmaschinen. Hierzu zählen:
— Elektrowerkzeuge (Bohr-, Fräs- und Schleifmaschinen)
— Haushaltgeräte (Staubsauger, Waschmaschinen, Wäscheschleudern, Rührwerke und Schlagmühlen)
— Antriebe der Kfz-Technik
— Geräte der Computer-, Fono- und Videotechnik.

Einige spezielle Forderungen ergeben sich beim Einsatz in der
— MSR-Technik (Stellantriebe, Schreib- und Registriergeräte, Lagegeber)
— Büro- und Rechentechnik (Schreibmaschinen, Magnetspeicher, X,Y-Schreiber) und beim Einsatz in verschiedenen
— Werkzeugmaschinen (Vorschubantriebe) und Industrierobotern.

Bei den letztgenannten Einsatzbeispielen treten die elektrischen Kleinantriebe als typische Bauglieder zur Informationsnutzung in Erscheinung. Sie werden dabei generell über elektronische Stellglieder gespeist.
Eine Sonderstellung nehmen wegen ihrer digitalen Informationsverarbeitung Schrittmotoren ein. Sie werden mit pulsförmigen Strömen gespeist und setzen diese diskrete Energiezuführung in diskrete mechanische Stellgrößen mit entsprechenden Winkelschritten um. Die Pulsfrequenz trägt damit gleichzeitig die Information für den Bewegungsablauf.
Elektrische Kleinantriebe nehmen auch im Haushalt einen immer bedeutungsvolleren Platz ein. Hier sind bei den Gebrauchswerteigenschaften, den Kosten und der Lebensdauer die besonderen Aspekte ihrer Verwendung als Konsumgüter zu beachten.
Die Anzahl der Typen elektrischer Kleinmaschinen ist sehr groß. Sie entspricht den unterschiedlichen Anforderungen ihres Verwendungszwecks. Die Auswahl des jeweils geeigneten Kleinantriebs setzt auch hier umfangreiche Kenntnisse über den Stell- bzw. Bewegungsvorgang einerseits und über die Eigenschaften der Kleinantriebe andererseits voraus [6.1] bis [6.5].

6.1. Gleichstrom-Kleinantriebe

Gleichstrom-Kleinmaschinen werden vorzugsweise für batteriegespeiste und geregelte Antriebe eingesetzt. Neben den Maschinen in Normalausführung, die sich in ihrem Aufbau prinzipiell nicht von denen mittlerer Leistung unterscheiden, gelangen mehrere konstruktive Sonderausführungen zum Einsatz. Vorzugsweise werden Gleichstrom-Kleinmaschinen mit Permanentmagneterregung ausgeführt.

Die Art des eingesetzten Permanentmagnetmaterials mit den Kennwerten für die Remanzinduktion B_r und die Koerzitivfeldstärke H_c nimmt maßgeblichen Einfluß auf die konstruktive Gestaltung.

Es gelangen Ferrite, AlNiCo-Magnete und seltene Erden (Samarium-Kobalt- und Neodym-Eisen-Bor-Magnete) zum Einsatz. Die charakteristischen Kennwerte dieser Werkstoffe liegen bei:

Ferrite:	$B_r = 0{,}4$ T	${}_BH_c = 250$ kA/m	$(BH)_{max} \approx 30$ kJ/m³
AlNiCo:	$B_r = 1{,}2$ T	${}_BH_c = 75$ kA/m	$(BH)_{max} \approx 60$ kJ/m³
SmCo:	$B_r = 0{,}9$ T	${}_BH_c = 650$ kA/m	$(BH)_{max} \approx 150$ kJ/m³
NdFeB:	$B_r = 1{,}2$ T	${}_BH_c = 850$ kA/m	$(BH)_{max} \approx 250$ kJ/m³

Magnetwerkstoffe mit hoher Energiedichte $(BH)_{max}$ ermöglichen eine Auslegung der Maschinen mit größeren Ausnutzungsfaktoren, d. h. mit niedrigerem Masse-Leistungs-Verhältnis gegenüber solchen mit elektromagnetischer Erregung. Des weiteren liegen die Wirkungsgrade permanenterregter Maschinen höher. Das Betriebsverhalten der Gleichstrom-Kleinmaschinen entspricht dem der Normalmaschinen. Die Bestimmungsgleichungen vom Abschnitt 2.2.1 sind auch hier gültig. Allerdings können das Reibmoment und die Stromaufnahme im Leerlauf nicht vernachlässigt werden und sind als Grundbelastung zu berücksichtigen.

Zur Verbesserung des dynamischen Verhaltens bzw. zur Erhöhung der Überlastbarkeit werden mehrere Spezialausführungen angeboten. Diese unterscheiden sich im wesentlichen durch die konstruktive Gestaltung des Läufers (s. Bild 6.1). Charakteristische Kennwerte dieser Gleichstromkleinmaschinen enthält Tafel 6.1.

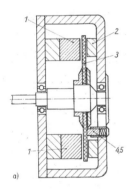
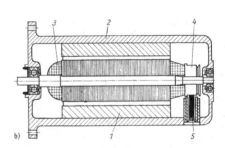
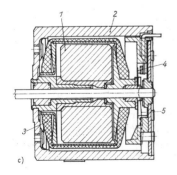

Bild 6.1. Gleichstrom-Kleinmaschinen GNM (Prinzipdarstellung)

a) mit Scheibenläufer; b) mit Schlankanker; c) mit eisenlosem Hohlläufer

1 Permanentmagnet; *2* weichmagnetischer Rückschluß; *3* Ankerwicklung; *4* Kommutator; *5* Bürsten

6.1. Gleichstrom-Kleinantriebe

Tafel 6.1. Kennwerte von Gleichstrom-Kleinmaschinen

GNM-Erregung Läufer	Leistungsbereich W	Drehzahlstellbereich S	Max. Drehzahl U/min	M_{max}/M_N I_{max}/I_N	τ_A τ_N ms
Erregerwicklung Normalläufer	10...350	1,5:1:0,01	≈ 10 000	≈ 2	10...25 30...40
Permanentmagnete Normalläufer	1...350	1:0,01	≈ 6 000	≈ 2	5...30 20...30
Permanentmagnete Scheibenläufer	25...5000	1:0,002	≈ 4 500	≈ 8	≈ 0,3 5...20
Permanentmagnete Schlankanker	100...2000	1:0,004	≈ 3 000	≈ 5	2...10 5...10
Permanentmagnete Eisenloser Hohlläufer	0,1...25	1:0,002	≈ 20 000	≈ 3	5...50 15...50

Die Maschinen mit *Scheibenläufer* zeichnen sich durch eine kleine elektromechanische Zeitkonstante und eine extrem niedrige Ankerzeitkonstante ($\tau_A \approx 0{,}3$ ms) sowie eine hohe Momenten-(Strom-)Überlastbarkeit aus. Sie eignen sich mit Pulsstellern besonders für Stellantriebe.

Die Maschinen mit *Schlankanker* weisen ebenfalls niedrige elektromechanische Zeitkonstanten auf. Die elektromagnetischen Zeitkonstanten entsprechen etwa denen von Normalmaschinen im gleichen Leistungsbereich ($\tau_A = 2 \cdots 10$ ms). Das Einsatzgebiet deckt sich etwa mit dem der GNM mit Scheibenläufer.

Die Maschinen mit *eisenlosem* Hohlläufer weisen auch bei niedrigen Drehzahlen eine hohe Gleichförmigkeit im Lauf auf. Sie werden vorzugsweise für dynamisch hochwertige MSR-Stellantriebe kleiner Leistung eingesetzt.

Elektronische Stellglieder

Zur Steuerung bzw. Regelung kleiner Gleichstrommotoren werden meist Transistor-Stellglieder verwendet. Eine einfache Darlington-Schaltung zur Drehzahlregelung zeigt Bild 6.2a. Nach der geforderten Drehzahlgenauigkeit muß zur Istwert-Erfassung der Drehzahl entweder eine Quellenspannungsbrücke ($\Delta n \approx 1$ %) oder ein Tachogenerator ($\Delta n < 1$ %) eingesetzt werden. Zunehmend finden als Stellglieder Schaltkreise Anwendung, in die Steuer-, Regel- und Schutzfunktionen mit integriert sind.

Für Antriebe mit großem Stellbereich, mit niedrigen Drehzahlen und mit einem guten dynamischen Verhalten sind Pulssteller besonders geeignet (vgl. Abschn. 4.2.3). Der Mittelwert des drehmomentbildenden Gleichstroms wird dabei durch die Pulsbreite oder Pulsfrequenz variiert. Durch Anordnung von zwei Stellgliedern in Brückenschaltung lassen sich dynamisch hochwertige Umkehrantriebe, z. B. für Werkzeugmaschinenvorschübe, aufbauen. Siehe Bild 6.2b.

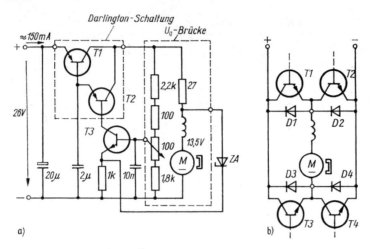

Bild 6.2. *Stellglieder kleiner Gleichstrom-Nebenschlußmaschinen*
a) drehzahlgeregelter Kleinstantrieb; b) Transistorpulssteller für einen Vierquadrantenantrieb

Beispiel 6.1

Eine numerisch gesteuerte Werkzeugmaschine mit 800 Schaltungen/h soll einen reaktionsschnellen elektrischen Vorschubantrieb erhalten. Es wird Vierquadrantenbetrieb gefordert. Dazu sind bekannt: $M_W = 0{,}6$ N m (konstantes Reibmoment); $n = 10 \cdots 2000$ U/min; $J_W = 1 \cdot 10^{-4}$ kg m².
Man wähle eine geeignete Antriebsschaltung aus.

Lösung

Die überschläglich ermittelte Leistung nach (1.42) beträgt $P = 126$ W.
Als reaktionsschneller Stellmotor kommt für diesen Leistungsbereich nach Tafel 6.1 entweder eine trägheitsarme GNM mit Scheibenläufer oder mit Schlankanker in Betracht. Es wird eine GNM mit Schlankanker festgelegt: $P = 0{,}16$ kW (S 5, $FI \leq 2{,}5$, $ED = 85\%$, 3000 c/h); $n = 1500$ U/min; $n_{\max} = 2625$ U/min; $U = 60$ V; $I = 4{,}5$ A; $ü_I = 5$; $J_M = 1{,}3 \cdot 10^{-4}$ kg m².
Mit diesen Daten können die antriebstechnischen Forderungen erfüllt werden.
Als Stellglied wird im Hinblick auf den Leistungsbereich, den großen Stellbereich und wegen seiner günstigen Arbeitsweise bei niedrigen Drehzahlen ein Transistor-Pulssteller in Brückenschaltung nach Bild 6.2b gewählt. Da der Motor eine Stromüberlastbarkeit von $ü_I = 5$ zuläßt, wird vom Pulssteller zur Erlangung einer hohen Regelreserve ein maximaler Strom von $I \approx 15$ A gefordert. Mit Rücksicht auf die Spannungsbeanspruchung der Transistoren soll die Ausgangsspannung $U = 0 \ldots \pm 100$ V betragen. Die Tastfrequenz ist so festzulegen, daß mit der elektromagnetischen Zeitkonstante des Motors und bei geringer Belastung ein Stromlücken nicht auftritt (Abschn. 4.2.3). Den Schaltungsentwurf zeigt Bild 6.3.
Die Strombegrenzung auf $\pm I_{\max}$ erfolgt durch direkten Eingriff über Komparatoren auf die Impulsformerstufe. Das Ausgangssignal des Stromreglers bestimmt das Tastverhältnis im Impulsbreitenmodulator. Die Tastfrequenz ist konstant. Je nach dem Verhältnis der Tastzeiten sind der Mittelwert der Ausgangsspannung positiv oder negativ und die Drehrichtung umkehrbar.

6.1. Gleichstrom-Kleinantriebe

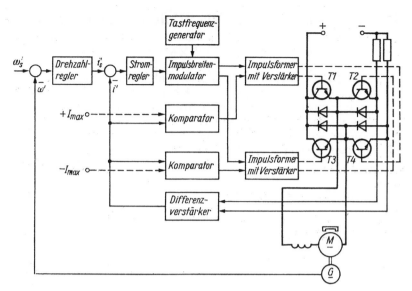

Bild 6.3. *Schaltung eines pulsgesteuerten Vierquadrantenantriebs (Prinzipdarstellung)*

Elektronikmotoren

Der Stromübergang von den Bürsten zum Kommutator ist mit z. T. unerwünschten Nebenwirkungen verbunden. Unerwünscht sind die Funkenbildung, die HF-Störungen, das Laufgeräusch und der Wartungsaufwand. Bürstenlose Gleichstrommotoren, die auch als Elektronikmotoren bezeichnet werden, vermeiden diese Nachteile. Das Wirkprinzip dieser Motoren ist grundsätzlich das gleiche wie bei den normalen Gleichstrommaschinen. Die Funktionen von Ständer und Läufer sind jedoch vertauscht, d. h., das Erregerfeld wird von einem Permanentmagneten im Läufer erzeugt, im Ständer befindet sich die Ankerwicklung. Je nach Ausführungsart befinden sich im Ständer 2, 3 oder 4 Ankerspulen. Die Umschaltung der Ankerspulen übernehmen Transistoren; sie üben damit die Funktion des Kommutators aus. Üblich ist eine polradorientierte Taktung der Transistoren, die über eine Gleichspannungsquelle gespeist werden. Die zyklische Ansteuerung der Transistoren wird von magnetischen, fotoelektrischen oder induktiven Signalgebern ausgelöst. Meist werden dafür Hallsonden eingesetzt. Bild 6.4 zeigt die Prinzipschaltung eines Elektronikmotors. Von der Spulenanzahl und der Erregerfeldkurve hängt die Größe der Pendelmomente ab. Elektronikmotoren werden von kleinen Leistungen im Wattbereich bis zu mehreren hundert Watt gebaut. Es lassen sich mit ihnen Drehzahlen von über 50 000 U/min erreichen. Ihre Einsatzgebiete liegen u. a. bei Büromaschinen, Fonogeräten und in der Computertechnik.

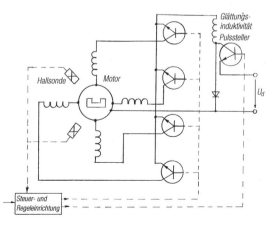

Bild 6.4. *Prinzipschaltung eines viersträngigen Elektronikmotors*

6.2. Wechselstrom-Reihenschlußantriebe (Universalmotoren)

Diese Kommutatormotoren sind für jede Stromart geeignet. Die Erreger- und die Ankerwicklung sind in Reihe geschaltet. Damit wird gewährleistet, daß beide Wicklungen von einem phasengleichen Strom (drehmomentbildend) durchflossen werden. Das Wirkprinzip entspricht dem der GRM. Bei diesen kleinen Leistungen kann auf eine Wendepolwicklung verzichtet werden. Der Magnetkreis ist wegen des zeitlich veränderlichen Flusses geblecht. Universalmotoren lassen sich für viele Antriebsaufgaben einsetzen. Sie weisen ein großes Anlaufmoment auf und sind demzufolge für Arbeitsmaschinen mit ausgeprägtem mechanischem Reibwiderstand sehr geeignet. Möglichkeiten zur Drehzahlstellung bestehen durch Spannungssteuerung und Widerstandssteuerung.

Bestimmungsgleichungen

Das Drehmoment bestimmt man nach

$$M = \frac{c}{\sqrt{2}} \hat{\Phi}_{(I)} I \quad \text{mit} \quad c = \frac{z\,p}{a}\frac{1}{2\pi}. \qquad (6.1)\ (6.1\mathrm{a})$$

Die in der Kommutatorwicklung induzierte Spannung beträgt

$$U_q = \frac{c}{\sqrt{2}} \hat{\Phi}_{(I)} \Omega \quad \text{mit} \quad \hat{\Phi}_{(I)} = \frac{X_{E(I)}\,I\,\sqrt{2}}{2\pi f\,N_E}. \qquad (6.2)\ (6.3)$$

Die Drehzahl ergibt sich aus der Spannungsbilanz für die Ersatzschaltung nach Bild 6.5 und (6.2) zu

$$\Omega = \frac{U\cos\varphi - I\,R_A - \Delta U_B}{c\,\hat{\Phi}_{(I)}/\sqrt{2}}; \qquad (6.4)$$

$\Phi_{(I)}$ Maximalwert des Erregerflusses, stromabhängig
R_A Ankerkreiswiderstand (einschließlich Erregerwicklungswiderstand R_E)
$X_{E(I)}$ Blindwiderstand der Erregerwicklung, stromabhängig
X_{aq} Blindwiderstand der Ankerwicklung (Querfeld)
ΔU_B Bürstenübergangsspannung
N_E Erregerwindungszahl
φ Phasenwinkel zwischen Strom und Spannung.

Das Drehmoment der mit Wechselstrom gespeisten Maschine liegt infolge der durch Eisensättigung begrenzten Magnetmaterialausnutzung niedriger als bei Gleichstrombetrieb.
Bild 6.5 zeigt die Schaltung, das Zeigerdiagramm und die Kennlinien eines Universalmotors.

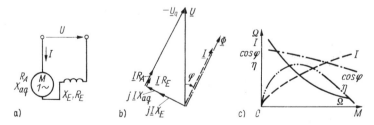

Bild 6.5. *Universalmotor*
a) Schaltung; b) Zeigerdiagramm; c) Betriebskennlinien

6.2. Wechselstrom-Reihenschlußantriebe (Universalmotoren)

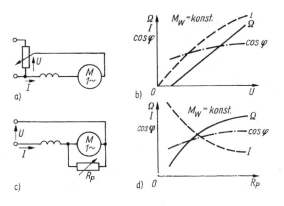

Bild 6.6. Drehzahlsteuerung des Universalmotors
a) Schaltung; b) Betriebskennlinien bei Spannungssteuerung; c) Schaltung; d) Betriebskennlinien bei Widerstandssteuerung durch Ankerparallelwiderstand

Die Ω- und I-Kennlinien entsprechen in ihrer Tendenz der GRM nach Bild 2.27. Der Leistungsfaktor nimmt im Gegensatz zu allen anderen Wechselstrommotoren mit zunehmender Belastung ab. Der Anlaufstrom und das Anlaufmoment betragen das 6- bis 8fache der Bemessungswerte. Der Wirkungsgrad liegt je nach Baugröße bei $\eta = 0{,}4...0{,}7$. Bild 6.6 zeigt die Steuerkennlinien des Universalmotors.

Elektronische Stellglieder

Bei Universalmotoren kommen Schaltungen mit Ein- oder Zweipulsgleichrichter bzw. mit Wechselstromsteller zur Anwendung. Als leistungselektronische Bauelemente werden für letztere Triacs eingesetzt. Um bei diesen den Zündzeitpunkt möglichst genau einzuhalten und ein gutes dynamisches Verhalten zu erzielen, erfolgt die Ansteuerung über eine Kippschaltung. Dafür kommen Triggerelemente, z. B. Diacs, Vierschichtdioden und komplementäre Transistoren, zum Einsatz.
Wenn der im Steuerkreis eingefügte Kondensator $C\,1$ (s. Bild 6.7) die Kippspannung des Triggerelementes erreicht, so entlädt er sich impulsartig und zündet das Bauelement. Dieser Vorgang wiederholt sich bei Thyristoren bei jeder positiven, bei Triacs bei jeder Spannungshalbwelle. Mit dieser Phasenanschnittsteuerung erfolgt die Drehzahlstellung des Universalmotors durch Verändern der Ankerspannung (Spannungssteuerung).
Universalmotoren werden bis zu einer Leistung von etwa 1,6 kW (aufgenommene Leistung) für Drehzahlen von 3000...20 000 U/min hergestellt. Sie finden hauptsächlich in Elektrowerkzeugen, Büro- und Haushaltmaschinen Anwendung.

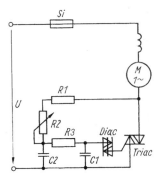

Bild 6.7. Phasenanschnittsteuerschaltung für Universalmotoren

6.3. Asynchrone Wechselstrom-Kleinantriebe

Das Wirkprinzip des Drehstrom-Asynchronmotors läßt sich bei kleinen Maschinen auch ohne Drehstromeinspeisung verwirklichen. Dabei wird das Drehfeld von zwei Feldkomponenten gebildet, die räumlich um $x = 90°$ und zeitlich möglichst um $\varphi \approx 90°$ versetzt sind. Das Prinzip dieser Drehfeldentstehung zeigt Bild 6.8.

Die zeitliche Phasenverschiebung der zweiten Feldkomponente ergibt sich, wenn beispielsweise ein Kondensator in Reihe mit der Hilfswicklung geschaltet wird. Diese Methode der Bildung des Drehfeldes findet bei *Kondensatormotoren* und *Ferrarismotoren* Anwendung.

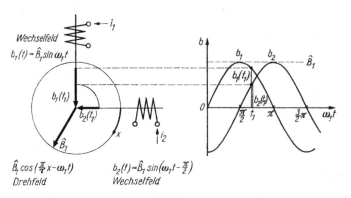

Bild 6.8. *Drehfeldbildung mit zwei Strangwicklungen*

a) zeitliche und räumliche Zuordnung der Feldkomponenten; b) zeitlicher Verlauf der Induktionen b_1 und b_2 und ihre Überlagerung zur zeitlich konstanten Drehfeldinduktion $\hat{B}_1$

Eine andere Lösung zur zeitlichen Phasenverschiebung der zweiten Feldkomponente wird beim Spaltpolmotor angewendet. Das magnetische Feld wird hier nur von einer Wicklung aufgebaut. Der Pol ist geschlitzt, und mit Hilfe eines Kurzschlußringes über dem Spaltpol wird ein Teil des magnetischen Flusses gegenüber dem Hauptfluß phasenverschoben. Das Drehfeld hat unter Berücksichtigung der vom Läufer herrührenden Durchflutung die Form eines elliptischen Drehfeldes.

Im Bild 6.9 sind die konstruktiven Merkmale der asynchronen Wechselstrom-Kleinmaschinen ersichtlich.

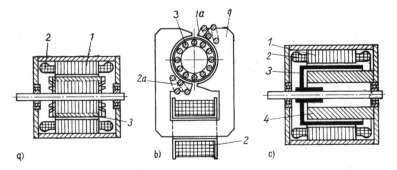

Bild 6.9. *Asynchrone Wechselstrom-Kleinmaschinen (Prinzipdarstellung)*

a) Kondensatormotor; b) Spaltpolmotor; c) Ferrarismotor

1 Ständerblechpaket; *1a* Spaltpol; *2* Ständerstrangwicklung; *2a* Kurzschluß-Spaltpolwicklung; *3* Läufer; *4* weichmagnetischer Rückschluß

6.3. Asynchrone Wechselstrom-Kleinantriebe

Das Betriebsverhalten dieser Wechselstrom-Kleinmotoren ist prinzipiell mit dem der Drehstrom-Asynchronmotoren vergleichbar. Die mechanische Leistung einschließlich der Läuferverlustleistung wird induktiv über den Luftspalt übertragen. Die synchrone Drehzahl bestimmt sich nach $\Omega_0 = 2\pi f/p$. Im Läufer treten schlupfabhängige Spannungen und Ströme auf. Unter Berücksichtigung der einsträngigen Einspeisung haben die Bestimmungsgleichungen des Abschnitts 2.4.1 Gültigkeit.

In Tafel 6.2 sind wichtige Kennwerte der asynchronen Wechselstrommotoren zusammengestellt. Zu den einzelnen Ausführungsarten ist folgendes zu bemerken:

Tafel 6.2. *Kennwerte und Einsatzgebiete asynchroner Wechselstrom-Kleinmaschinen*

Motortyp	Leistungs-bereich W	Wirkungs-grad	Bevor-zugte Drehzahlen U/min	M_A/M_N	I_A/I_N	Einsatz-beispiele
Kondensator-motor mit Betriebs-kondensator	1...5000	0,2...0,75	≈ 1400 ≈ 2800	0,3...0,8	2,5...5	Büromaschinen, Kompressoren, Pumpen, Waschmaschinen
Spaltpol-motor	1...100	0,1...0,25	≈ 1350 ≈ 2500	0,2...0,8	1,2...2	Büromaschinen, Lüfter, Gebläse, Schleudern
Ferraris-motor	1...100	0,1...0,25	≈ 2300 ≈ 9000 1 : 0,003	≈ 2	1...2	geregelte Antriebe mit hohen dynamischen Anforderungen: Stellantriebe, Registriergeräte

Kondensatormotor

Man unterscheidet Motoren mit Anlauf- und mit Betriebskondensatoren. Bei Verwendung eines Anlaufkondensators wird in der Hilfsphase während des Anlaufs, d. h. kurzzeitig, ein großer Strom zugelassen. Damit vergrößert sich das Anlaufmoment. Nach dem Hochlauf ist aus thermischen Gründen dieser Zweig wieder abzuschalten. Dafür werden meist Fliehkraftschalter eingesetzt. Die Schaltung und die Kennlinie sind im Bild 6.10b, e dargestellt. Beim Motor mit Betriebskondensator bleibt der Kondensator ständig eingeschaltet. Die Größe dieses Kondensators läßt sich überschläglich nach $C \approx P \tan\varphi/2\Omega_0 U^2 \eta$, d. h. etwa $C/\mu F \approx 0,1\ P/W$ bestimmen. Das relative Anlaufmoment beträgt meist $M_A/M_N = 0,6...0,8$, das relative Kippmoment muß mindestens $M_K/M_N = 1,3$ betragen. Kondensatormotoren eignen sich für universelle Antriebe im Leistungsbereich von 1...5000 W, die robuste Eigenschaften aufweisen müssen und i. allg. in ihrer Drehzahl nicht geregelt werden. Bevorzugte Drehzahlen sind 1400 und 2 8000 U/min. Die Wirkungsgrade liegen je nach Maschinenleistung bei $\eta = 0,3...0,8$.

Spaltpolmotor

Diese Motoren haben den einfachsten Aufbau von allen Kleinmaschinen. Die Ständerwicklung wird als Formspule ausgeführt. Zum Betrieb an verschiedenen Nennspan-

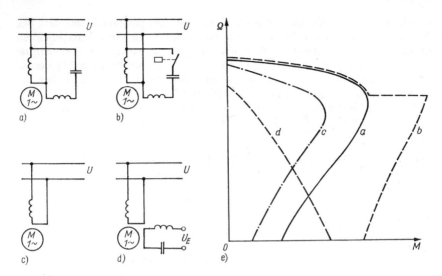

Bild 6.10. Schaltung und Kennlinien asynchroner Wechselstrom-Kleinmaschinen
a) Kondensatormotor mit Betriebskondensator; b) Kondensatormotor mit Anlaufkondensator; c) Spaltpolmotor; d) Ferrarismotor; e) $\Omega = f(M)$-Kennlinien der Schaltungen a) bis d)

nungen werden lediglich diese Formspulen ausgetauscht. Die Polschuhe besitzen Aussparungen, die zur Aufnahme der Kurzschlußringe dienen (Spaltpole). Der Läufer dreht sich im Betrieb, unter dem Pol betrachtet, in Richtung dieser Kurzschlußringe. Die relativen Anlaufmomente liegen bei ausgeführten Motoren meist bei $M_A/M_N = 0{,}6 \ldots 0{,}8$, das relative Kippmoment $M_K/M_N \geq 1{,}3$. Der Schlupf dieser Motoren liegt bei $s_N = 0{,}1 \ldots 0{,}3$. Der Wirkungsgrad ist im Vergleich zu anderen Kleinmaschinen niedrig. Er beträgt $\eta = 0{,}1 \ldots 0{,}25$. Spaltpolmotoren werden für Antriebe im Bereich von 1 ... 100 W eingesetzt. Schaltung und Kennlinie sind im Bild 6.10 c, e dargestellt.

Ferrarismotor

Diese Maschinen werden ausschließlich als Stell- oder Integrationsmotoren verwendet. Sie eignen sich auch als Tachogeneratoren. Ferrarismotoren haben einen trägheitsarmen, eisenlosen Hohlläufer mit Glockenform. Damit weisen sie niedrige elektromechanische Zeitkonstanten auf ($\tau_M \approx 2 \cdots 10$ ms). Die besondere Läufergestaltung, für die Aluminium oder Kupfer verwendet wird, führt infolge starker Wirbelstrombildung und geringer magnetischer Streuung zu einer steil abfallenden Drehzahl-Drehmomenten-Kennlinie. Ein Kippmoment tritt nicht auf (s. Bild 6.10e). Ferrarismotoren können das Stillstandsmoment unbegrenzte Zeit aufbringen. Die Drehzahlsteuerung erfolgt durch Einspeisung der zweiten Ständerwicklung (Steuerwicklung) mit einer veränderlichen Spannung. Die Drehzahl-Drehmomenten-Kennlinien für verschiedene Steuerspannungen als Parameter zeigt Bild 6.11 b. Das Anlaufmoment ist von der Größe und der zeitlichen Phasenverschiebung der Flüsse nach folgender Beziehung abhängig:

$$M_A = K \Phi_E \Phi_{St} \sin \{\sphericalangle \underline{\Phi}_E, \underline{\Phi}_{St}\}; \tag{6.5}$$

Φ_E Erregerfluß
Φ_{St} Steuerfluß.

6.3. Asynchrone Wechselstrom-Kleinantriebe

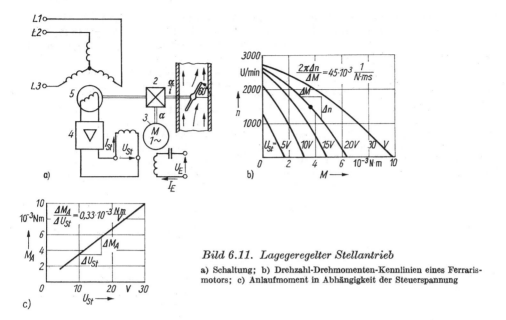

Bild 6.11. *Lagegeregelter Stellantrieb*
a) Schaltung; b) Drehzahl-Drehmomenten-Kennlinien eines Ferrarismotors; c) Anlaufmoment in Abhängigkeit der Steuerspannung

Ferrarismotoren bilden mit einer Genauigkeit von 1–2% das Spannungssignal an der Steuerwicklung über ein bestimmtes Zeitintervall $t_2 - t_1$ als Drehwinkel ab und sind daher auch für Integrationsaufgaben einsetzbar. Dafür gilt

$$\alpha_2 - \alpha_1 = c_J \int_{t_1}^{t_2} u_{St}\, dt \,. \tag{6.6}$$

Ferrarismotoren werden bis etwa 100 W für Drehzahlen von 2300 U/min (50 Hz) bzw. 9000 U/min (500 Hz) als Stellmotoren mit einem Stellbereich bis $S = 1:0{,}003$ in der MSR-Technik eingesetzt. Sie sind für geregelte Antriebe gut geeignet. Als Stellglieder kommen Wechselspannungsverstärker in Transistortechnik zum Einsatz.

Beispiel 6.2

Über eine Drosselklappe soll die Zufuhr einer Stoffkomponente für eine Dosieranlage geregelt werden. Der Sollwert wird von einer zentralen Leiteinrichtung über Drehmelder vorgegeben. Der Gesamtstellwinkel der Drosselklappe beträgt 60°. Innerhalb $t \approx 1$ s muß die Drosselklappe voll geschlossen bzw. geöffnet werden können. Das maximale Drehmoment beträgt $M_{max} = 0{,}2$ N m. Man bestimme das Antriebssystem.

Lösung

Es wird ein lagegeregeltes Antriebssystem nach Bild 6.11a mit einem Ferrarismotor gewählt. Der Sollwert liegt beim Steuerempfänger in Form von drei Spannungssignalen vor, die im Läufer des Steuerdrehmelders transformatorisch eine Sekundärspannung induzieren. Der Istwert der Drosselklappenstellung wird vom Läufer des Steuerempfängers 5 erfaßt. Bei einer Regelabweichung entsteht in der Läuferwicklung des Steuerempfängers eine Wechselspannung, die über einen Gegentakt-B-Verstärker 4 auf die Steuerwicklung des Ferrarismotors so aufgeschaltet wird, daß dieser die Regelabweichung verkleinert.
Die Drehzahl der Drosselklappe beträgt bei einer Verstellung um 60° = 360°/6 während einer Zeit von 1 s,

$$n = 1 \text{ U}/6 \text{ s} = 10 \text{ U/min}.$$

Die Antriebsleistung für M_{max} bestimmt man zu $P = 0{,}21$ W.

Es wird ein Ferrarismotor mit folgenden Daten festgelegt:
$U_E = 110$ V; $I_E = 190$ mA im Stillstand; $I_E = 180$ mA im Leerlauf; $R_E = 143$ Ω; $U_{St} = 0$ bis 30 V; $I_{St} = 280$ mA im Stillstand; $I_{St} = 320$ mA im Leerlauf; $R_{St} = 69$ Ω; $f = 50$ Hz; $J_M = 7{,}5 \cdot 10^{-7}$ kg · m².
Die Kennlinien des Motors sind in den Bildern 6.11b und 6.11c eingetragen.
Als mittlerer Arbeitspunkt wird nach Bild 6.11b angenommen:
$M = 3{,}7 \cdot 10^{-3}$ N m; $n = 1500$ U/min. Das entspricht einer Antriebsleistung von 0,58 W.
Für das Anlaufmoment $M_A = 3{,}7 \cdot 10^{-3}$ N m ist nach Bild 6.11c eine Steuerspannung $U_{St} \approx 10$ V erforderlich. Man bestimmt das Getriebeübersetzungsverhältnis zu $i = 150$.
Der Getriebewirkungsgrad liegt bei $\eta_G = 0{,}45$. Mit $P = 0{,}58$ W $\cdot$ $0{,}45 = 0{,}26$ W steht eine genügend große Antriebsleistung zur Verfügung. Das Trägheitsmoment von Drosselklappe und Getriebe wurde zu $J_W = 14 \cdot 10^{-7}$ kg m² bestimmt. Die transiente elektrische Zeitkonstante des Ferrarismotors ist sehr klein und kann vernachlässigt werden. Die elektromechanische Zeitkonstante ergibt sich zu

$$\tau_M = (J_M + J_W)\, \Delta\Omega/\Delta M = 97 \text{ ms}.$$

Dabei wurde $\Delta\Omega/\Delta M = 45 \cdot 10^3$ 1/N m $\cdot$ s nach Bild 6.11b eingeführt.

Mit $\Delta m = \dfrac{M_A}{U_{St}} \Delta u_{St} - \dfrac{\Delta M}{\Delta \Omega} \Delta \omega$ erhält man nach (1.32)

bei $\Delta m_W = 0$ für kleine Änderungen die Übertragungsfunktion

$$\frac{\Delta\omega(p)}{u_{St}(p)} = \frac{M_A}{U_{St}} \frac{\Delta\Omega}{\Delta M} \frac{1}{1 + p\,\tau_M} = 14{,}85\, \frac{1}{\text{Vs}} \cdot \frac{1}{1 + p\, 97 \text{ ms}}.$$

Mit $\Delta\alpha = \Delta\omega/p$ bestimmt man

$$\frac{\Delta\alpha(p)}{\Delta u_{St}(p)} = 14{,}85\, \frac{1}{\text{Vs}}\, \frac{1}{p\,(1 + p\, 97 \text{ ms})}.$$

Im Regelkreis tritt ein Getriebespiel auf. Der Verstärker wirkt in diesem Kreis als Regler mit P-Verhalten. Seine Ausgangsleistung muß 30 V $\cdot$ 320 $\cdot$ 10^{-3} A $= 9{,}6$ W betragen.

6.4. Synchrone Wechselstrom-Kleinantriebe

Synchrone Wechselstrom-Kleinmaschinen arbeiten mit einem Drehfeld (Bild 6.8). Demzufolge hat der Ständer wie bei asynchronen Wechselstrommaschinen entweder eine zweisträngige Wicklung mit Kondensatorbeschaltung oder eine kurzgeschlossene Spaltpolwicklung. Als Läufer gelangen permanentmagnetische Polsysteme, unsymmetrische Magnetsysteme und solche mit hysteretischen Werkstoffen zum Einsatz. Besondere Probleme ergeben sich bei der Erzeugung des Anlaufmoments. Hier wird meist die Lösung gewählt, den Läufer zusätzlich mit einem Kurzschlußkäfig zu versehen, damit ein asynchrones Moment gebildet werden kann. Bild 6.12 zeigt konstruktive Gestaltungsformen dieser Wechselstrom-Kleinmaschinen.
Wichtige Kennwerte und Einsatzgebiete sind in Tafel 6.3 angegeben. Zur Gewährleistung eines sicheren Anlaufs ist ein genügend großes Intrittfallmoment (Anlaufmoment) für den jeweiligen Motor erforderlich. Dieses Moment ist abhängig vom Gesamtträgheitsmoment bzw. dem Trägheitsfaktor des Antriebssystems.
Bild 6.13 verdeutlicht die Abhängigkeit des Intrittfallmoments vom Trägheitsfaktor. Zu den verschiedenen Ausführungsformen ist folgendes zu bemerken:
Bei der *Synchronmaschine mit Permanentmagnetläufer* wird das Ständerfeld nach einer der vorgenannten Methoden erzeugt. Der Läufer besteht aus Dauermagnetwerkstoff; es gelangen Ferrite, Al-Ni-Co- bzw. Selten-Erde-Magnete zum Einsatz. Maschinen mit permanentmagnetischem Läufer werden von einigen Milliwatt bis etwa 1000 W Leistung hergestellt.

6.4. Synchrone Wechselstrom-Kleinantriebe

Tafel 6.3. *Kennwerte und Einsatzgebiete synchroner Wechselstrom-Kleinmaschinen*

Motortyp	Leistungs-bereich W	Wirkungs-grad	Bevorzugte Drehzahlen U/min	M_A/M_N	I_A/I_N	Einsatz-beispiele
Permanent-magnet-Synchron-motor	0,01···100 ···1000	0,1···0,6 ···0,8	250···600	0,6···1	≈ 1	Zeitschaltwerke, Registriergeräte, Zähler
Hysterese-motor	0,003···10	0,05···0,1	375···3000	≈ 1	≈ 1	Antriebe mit lage-unabhängigem Anlaufmoment: Zähler, Uhren, Krei-selantriebe
Reluktanz-motor	1···1000	0,1···0,4	1000···3000	0,4···1	1,2···5	Antriebe mit guten Gleichlaufeigen-schaften: Programmgeber, Tonbandgeräte, Plattenspieler

Für Zeitschaltwerke mit kleiner Antriebsdrehzahl wird oft die Drehzahl durch Anbau-getriebe mit Übersetzungsverhältnissen von $i = 1000:1 \cdots 10000:1$ heruntergesetzt.

Die *Synchronmaschine mit Hystereseläufer* ist mit hartmagnetischem Werkstoff, bei-spielsweise Fe-Co-V-Legierungen, ausgerüstet. Dieses hysteretische Material weist eine ausgeprägte große Hysteresefläche auf. Die Drehmomentbildung beruht darauf, daß bei einer Magnetisierung des Läufers im Drehfeld Hystereseverluste entstehen.

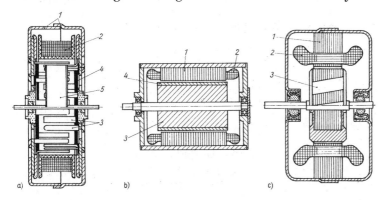

Bild 6.12. *Synchrone Wechselstrom-Kleinmaschinen*
a) mit Permanentmagnetläufer; *1* Gehäuse; *2* Ringspule; *3* Spaltpol; *4* Cu-Ring (Kurzschlußring); *5* Permanentmagnet-läufer
b) mit Hystereseläufer; *1* Ständerblechpaket; *2* zweisträngige Ständerwicklung; *3* unmagnetischer Läuferkörper; *4* hysteretischer Zylinder
c) mit Reluktanzläufer; *1* Ständerblechpaket; *2* zweisträngige Ständerwicklung; *3* Reluktanzläufer (Blechpaket mit Kurzschlußkäfig)

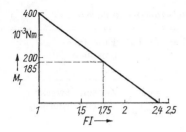

Bild 6.13. *Intrittfallmoment eines Synchronmotors in Abhängigkeit vom Trägheitsfaktor*

Dieses Hysteresemoment ist von der Drehzahl nahezu unabhängig und tritt auch im Stillstand bei Einspeisung der Ständerwicklung auf. Dadurch zeigen diese Motoren ein gutes Anlaufverhalten. Hysteresemotoren werden nur für sehr kleine Leistungen gebaut. Ihr Wirkungsgrad ist sehr niedrig.
Bei der *Synchronmaschine mit Reluktanzläufer* wird das Ständerfeld meist von zwei Strängen und einem Betriebskondensator aufgebaut. Der Läufer besteht aus weichmagnetischem Material und hat ausgeprägte magnetische Unsymmetrien. Das Drehfeld versucht den Läufer in die Winkelstellung mit dem größten magnetischen Leitwert zu ziehen. Es entsteht ein Reaktionsmoment (2.135).
Synchronmotoren mit Reluktanzläufer sind einfache und robuste Antriebsmotoren mit geringem Wartungsaufwand. Sie werden bis zu mehreren hundert Watt gefertigt und vorrangig für Antriebe in Fonogeräten und Programmgebern eingesetzt.

Beispiel 6.3

Eine Programmschaltwalze mit Kurvenscheiben und Mikroschaltern zur Steuerung einer automatischen Anlage soll von einem Synchronmotor angetrieben werden. Der Steuerungsablauf erfordert eine Drehzahl der Schaltwalze von 0,25 U/min. Das Widerstandsmoment ist ein konstantes Reibmoment von $M_{WA} = 0{,}04$ N m, das Trägheitsmoment beträgt $J_{WA} = 0{,}8 \cdot 10^{-4}$ kg m².
Man dimensioniere Motor und Getriebe.

Lösung

Es stehen Synchronkleinstmotoren verschiedener Leistung für $U = 220$ V, 50 Hz, $n = 375$ U/min zur Verfügung.
Es wird ein mehrstufiges Untersetzungsgetriebe $i = 375/0{,}25 = 1\,500$ mit einem maximal zulässigen Drehmoment $M = 0{,}2$ N m auf der Antriebsseite gewählt. Der Wirkungsgrad beträgt $\eta_G = 0{,}33$, das Trägheitsmoment, auf die Antriebsseite bezogen, $J_G = 0{,}3 \cdot 10^{-6}$ kg m². Das Motormoment bei Synchronlauf bestimmt man zu $M = M_{WA}/i\,\eta = 81 \cdot 10^{-6}$ N m. Die Motorleistung beträgt damit $P = 3{,}2$ mW.
Es steht ein selbstanlaufender Synchronmotor mit einem Spaltpolmagnetsystem im Ständer und permanentmagnetischem Läufer mit folgenden Daten zur Verfügung: $P = 0{,}157$ W; $M_A = M_N = 400 \cdot 10^{-3}$ N m; $n = 375$ U/min; $U = 220$ V; $I = 15$ mA; $J_M = 0{,}4 \cdot 10^{-6}$ kg m².
Das Intrittfallmoment $M_T = f(FI)$ ist im Bild 6.13 dargestellt. Man bestimmt mit den vorstehenden Größen:

$$FI = \frac{J_M + J_G + J_{WA}/i^2}{J_M} = 1{,}75\;.$$

Für $FI = 1{,}75$ erhält man aus Bild 6.13 ein Intrittfallmoment von $185 \cdot 10^{-3}$ N m. Damit läuft der Motor sicher an. Bei Erhöhung des Fremdträgheitsmoments um 85% ($FI = 2{,}4$) läuft der Motor nicht mehr in den Synchronismus.

6.5. Bürstenlose Synchron-Stellantriebe

Diese Motoren entsprechen in ihrem Aufbau den Synchronmaschinen mit Innenpolausführung. Die Ankerwicklung, die häufig mit drei Strängen ausgeführt wird, ist im Ständer angeordnet. Auf dem Polrad befinden sich Dauermagnete. Dazu werden meist hochwertige Magnetwerkstoffe, wie z.B. Selten-Erde-Magnete eingesetzt. Das bringt eine bessere Maschinenausnützung und führt zu einer kompakten Motorgestaltung. Besondere Beachtung muß der Magnetkreisgestaltung und Ständerstromeinspeisung geschenkt werden, um geringe Pendelmomente und einen guten Rundlauf zu erzielen. Die Weiterschaltung der Ströme in der Ankerwicklung entspricht einer elektronischen Kommutierung. Das Verhalten dieser Antriebe läßt sich im wesentlichen mit dem des Stromrichtermotors vergleichen. Jedoch ist im Unterschied zu diesem infolge der Permanentmagneterregung kein der Ständerspannung voreilender Strom möglich. Zur zyklischen Selbstweiterschaltung der Ankerzweigströme ist die Erfassung der Polradlage erforderlich. Dazu werden häufig Hallsonden eingesetzt. Bild 6.14a zeigt den prinzipiellen Motoraufbau.

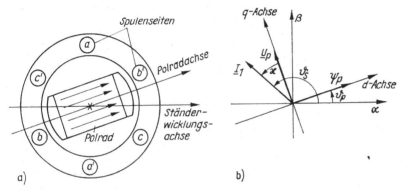

Bild 6.14. *Prinzipieller Motoraufbau und Kenngrößen*
a) Schematischer Aufbau und Achszuordnung; a, b, c, Stränge
b) Zeigerdiagramm bei polradorientierter Steuerung; ϑ_P Polradlagewinkel; ϑ_S Ständerstromwinkel; $\varkappa$ Polradsteuerwinkel

Das Betriebsverhalten und die Steuermöglichkeiten lassen sich anschaulich beschreiben im polradorientierten Koordinatensystem. Mit der Festlegung, die reelle d-Komponente der Durchflutungsrichtung des Polrades und die ebenfalls reelle α-Achse des Ständerkoordinatensystems dem Wicklungsstrang a zuzuordnen, läßt sich das Zeigerdiagramm nach Bild 6.14b darstellen.

Wegen des synchronen Umlaufs von Polrad- und Ständerfeld sind im stationären Betrieb Raum- und Zeitzeigerdarstellung identisch.

Vereinfachend wird vorausgesetzt, daß der Motor ein Vollpolverhalten besitzt. Aus der Ersatzschaltung nach Bild 6.15 a läßt sich der bereits im stationären Betrieb auftretende Spannungsabfall über der Ankerinduktivität erkennen.

$$\underline{U}_1 = \underline{I}_1 R_1 + j \underline{I}_1 \omega_1 L_1 + \underline{U}_p. \tag{6.7}$$

Die Momentenbildung wird für die polraddurchflutungsorientierte Steuerung aus der allgemeinen Beziehung für die Vollpolmaschine bestimmt:

$$M = 3 \, p \, \psi_p \, I_q = 3 \, p \, \psi_p \, I_1 \cos \varkappa. \tag{6.8}$$

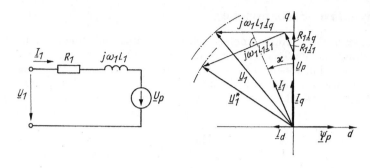

Bild 6.15. Ersatzschaltung und Zeigerdiagramm
a) Ersatzschaltung (Vollpolmaschine);
b) Zeigerdiagramm Spannungsveränderung ($\underline{U}_1 - \underline{U}_1^*$ bei Feldschwächung)

Drehmomentbildend wirkt nur die q-Komponente des Ankerstroms. Ein Feldschwächbetrieb zur Vergrößerung des Drehzahlstellbereichs bei konstant vorgegebener, maximaler Umrichterausgangsspannung kann durch die Einprägung eines zusätzlichen Stroms mit negativem Vorzeichen in der d-Achse erreicht werden ($\varkappa > 0$). Dieser Zusammenhang wird im Bild 6.15b dargestellt.

Zur Realisierung der polradorientierten Steuerung sind folgende Voraussetzungen im stationären und dynamischen Betrieb zu erfüllen:

— Erfassung der Polradlage
— Ermittlung des Ständerstromvektors mit Hilfe eines Stellgrößenrechners aus dem Sollwert des Motormoments und der Polradlage
— Einprägung des Ständerstromvektors in Form dreier zeitlich variabler Strangströme in den Anker.

Der dafür vorzusehende Aufwand für Motor, Stellglied, Ansteuerung und Regelung hängt vor allem vom konkreten Einsatzzweck ab.

Als Stellglieder werden meist Transistor-Wechselrichter eingesetzt. Bild 6.16 zeigte eine prinzipielle Schaltung mit einem Pulswechselrichter und nichtlinearem Stromregler (Zweipunktregler). Die Stromsollwerte werden dabei von einer Drehstromsollwertquelle ausgegeben. Bei lagegeregelten Stellantrieben besteht die Möglichkeit, für die Zustandsgrößen Polradwinkel, Drehzahl und Lageposition, wie im Bild 6.16 dargestellt, einen gemeinsamen Meßwertgeber einzusetzen.

Stellantriebe dieser Ausführungsart sind für den Einsatz in Werkzeugmaschinen und Industrierobotern bis zu einer Leistung von mehreren zehn Kilowatt geeignet.

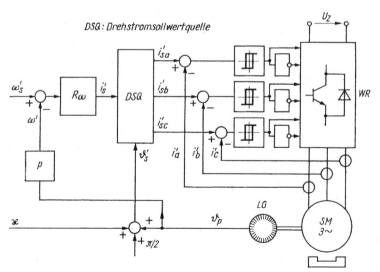

Bild 6.16. Prinzipschaltung eines bürstenlosen Synchron-Stellantriebs

6.6. Schrittantriebe

Schrittmotoren sind elektromechanische Energiewandler mit digitaler Informationsverarbeitung. Sie sind in ihrem Wirkprinzip mit Synchronmotoren vergleichbar. Das Ständerfeld dreht sich allerdings sprungartig um bestimmte Raumwinkel und nimmt den Permanentmagnet- oder Reluktanzläufer mit.

6.6.1. Konstruktiver Aufbau und Schaltungen

Der Ständer hat entweder eine Mehrphasenwicklung, oder mehrere Ständerpakete sind zu einer sog. Mehrständerausführung zusammengesetzt. Die einzelnen Phasen- bzw. Ständerspulen werden zyklisch mit Stromimpulsen eingespeist. Damit ergibt sich eine diskrete Lageänderung des magnetischen Feldes. Für die Verteilung der Stromimpulse auf die Ständerspulen gelangen Transistor-Module mit integrierten Schutz- und Reglerfunktionen zum Einsatz. Von diesen wird die Gleichspannung auf die einzelnen Ständerspulen in der gewünschten Reihenfolge und Frequenz geschaltet. Einige prinzipiellen Ständerausführungen zeigt Bild 6.17.

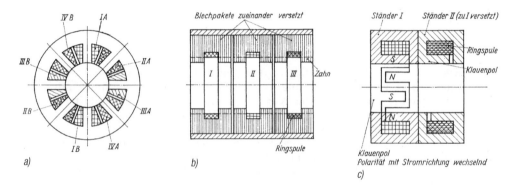

Bild 6.17. Ständerausführungen von Schrittmotoren (Prinzipdarstellung)
a) Mehrphasenausführung; b) Mehrständerausführung; c) Mehrständerausführung mit Klauenpolen

Bei der Mehrphasenausführung nach Bild 6.17a läuft das magnetische Feld schrittweise mit der Einspeisung der Wicklungen IA-IB, IIA-IIB, IIIA-IIIB usw. um. Die Halbierung des Schrittwinkels ist durch zwischengeschaltete Einspeisung zweier Phasenwicklungen möglich. Die Mehrständerausführung nach Bild 6.17b ist mit Ringspulen aufgebaut. Die drei Ständerpakete sind in radialer Richtung gezahnt und die Zahnteilungen zueinander versetzt. Bei der Mehrständerausführung nach Bild 6.17c wechselt die Polarität der Klauenpole ähnlich der Mehrphasenausführung. Durch Versetzen des zweiten Ständers besteht bei entsprechender Einspeisung der Wicklungen die Möglichkeit, den Schrittwinkel zu halbieren.
Die prinzipiellen Läuferausführungen sind im Bild 6.18 dargestellt. Der Läufer nach Bild 6.18a ist wie das Polrad einer Synchronmaschine aufgebaut. Der Permanentmagnetläufer in Gleichpolbauweise nach Bild 6.18b ist axial magnetisiert. Der Fluß durchdringt die Zahnkränze in radialer Richtung. Der Reluktanzläufer nach Bild 6.18c besteht nur aus weichmagnetischem Material und kann mit einer hohen Zähnezahl ausgeführt werden.

Außer der konstruktiven Ständer- und Läuferausführung hat die Ansteuerart Einfluß auf das Kennlinienfeld und das Betriebsverhalten des Motors. Bei der bipolaren Ansteuerung wird das magnetische Feld in der Spule durch Änderung der Stromrichtung umgekehrt. Bei der unipolaren Ansteuerung besitzt jede Spule eine Mittelanzapfung, und es wird abwechselnd jeweils nur eine Spulenhälfte vom Strom durchflossen und damit die Feldrichtung geändert.

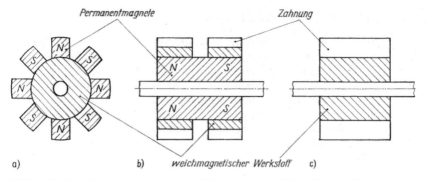

Bild 6.18. *Läuferausführungen von Schrittmotoren (Prinzipdarstellung)*
a) Permanentmagnetläufer in Wechselpolbauweise; b) Permanentmagnetläufer in Gleichpolbauweise; c) Reluktanzläufer

Ansteuerelektronik

Die Ansteuerelektronik muß direkt an den Motor angepaßt sein. Dies betrifft die Pulsfrequenz, ihre zeitliche Änderung, die Phasenzahl, die Widerstände und Reaktanzen, die Spannungen und Ströme. Nur dadurch ist es möglich, daß Schrittmotorenantriebssysteme mit einem zufriedenstellenden Wirkungsgrad arbeiten und keine Schrittverluste aufweisen.

Die für den gewünschten Bewegungsablauf erforderliche Informationsverarbeitung und die Funktion des Impulsverteilers übernimmt meist ein Mikrorechner. Der Impulsverteiler weist über Verstärkerstufen den Phasen des Motors die Impulse in der zeitlichen Reihenfolge zu.

Die Ansteuerschaltungen für bipolare Einspeisung sind von der Anzahl der Transistorschalter her aufwendiger. Bild 6.19 zeigt eine Ansteuerschaltung in prinzipieller Dar-

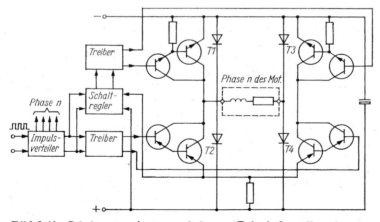

Bild 6.19. *Schrittmotor-Ansteuerschaltung (Prinzipdarstellung)*

6.6. Schrittantriebe

stellung. Der Strom soll während eines Pulses möglichst schnell ansteigen, damit ein großes Drehmoment erzeugt wird. Danach muß er rasch wieder abklingen.

6.6.2. Betriebseigenschaften

Die zeitliche Winkeländerung bestimmt man zu

$$\omega = \frac{d\alpha}{dt} = \Delta\alpha \, f_s \qquad (6.9)$$

mit

$$\Delta\alpha = \frac{\alpha}{z_s} \, ;$$

$\Delta\alpha$ Schrittwinkel
α Gesamtdrehwinkel
z_s Impuls- bzw. Schrittzahl
f_s Schrittfrequenz.

Das Drehmoment beträgt für permanentmagnetische Läufer

$$M = K_1 \, I \, \Phi \sin \beta, \qquad (6.10\,\mathrm{a})$$

für Reluktanzläufer

$$M = K_2 \, I^2 \, \Delta\Lambda \sin 2\beta; \qquad (6.10\,\mathrm{b})$$

β Lastwinkel ($\approx$ Polradwinkel), elektrisch
$\Delta\Lambda$ magnetische Leitwertdifferenz
K_1, K_2 Konstanten.

Obwohl ein direkter Zusammenhang zwischen Impulszahl und Drehwinkel besteht, gelangen auch bei Schrittantrieben geschlossene Regelkreise zur Anwendung. Dabei haben Schrittverluste keinen Einfluß mehr auf die Positioniergenauigkeit. Die Regelung kann auf maximale Beschleunigung bzw. maximale Drehmomentenbildung optimiert werden. Hierbei lassen sich auch komplizierte Start-, Betriebs- und Bremsvorgänge realisieren. Bild 6.20 zeigt die $M = f(f_s)$-Charakteristik eines Schrittmotors. Beim Entwurf von Antriebssystemen dürfen für den Anlauf keine Arbeitspunkte oberhalb der Kennlinie A und für den Betrieb keine oberhalb B festgelegt werden.

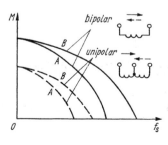

Bild 6.20. *Kennlinien des maximalen Start- (Kurve A) und maximalen Betriebsmoments (Kurve B) von Schrittmotoren in Abhängigkeit von der Schrittfrequenz*

Die Eigenschaften der Schrittmotoren sind von der konstruktiven Ausführung insbesondere des Läufers und der Arbeitsweise der Ansteuerelektronik abhängig. Mit Permanentmagnetläufern in Wechselpolbauweise erzielt man relativ große Drehmomente von etwa $2 \cdots 5$ Nm. Reluktanzläufer ermöglichen die Verarbeitung hoher Schrittfrequenzen und gewährleisten kleine Schrittwinkel. Hier liegen die Schrittwinkel bei $0{,}75 \cdots 6°$ und die Schrittfrequenzen bei 50 kHz. Eine Mittelstellung bezüglich der erreichbaren Leistung und der Schrittfrequenzen nehmen Maschinen mit Permanentmagnetläufer in Gleichpolbauweise ein. Dabei werden Drehmomente von etwa 0,2 Nm bei Schrittwinkeln von einigen Grad und Schrittfrequenzen bis etwa 20 kHz erzielt. Die einzelnen Parameter sind voneinander abhängig.

Schrittmotor-Antriebssysteme werden u. a. als Stellantriebe für Werkzeugmaschinen, in der MSR-Technik, für Schreibmaschinen, Faxgeräte, Plotter und Drucker eingesetzt. Die Materialausnutzung und der Wirkungsgrad der Motoren liegen niedriger als bei den herkömmlichen elektromechanischen Wandlern mit analoger Energieumformung.

Beispiel 6.4

Ein Positioniertisch soll mit einem Schrittmotor angetrieben werden. Das auf die Motordrehzahl bezogene konstante Widerstandsmoment beträgt $M_W = 0{,}15$ N m, das Fremdträgheitsmoment $J_W = 14 \cdot 10^{-6}$ kg m². Die Kraftübertragung erfolgt vom Motor über eine Kupplung auf die Spindel nach Bild 6.21 a. Für die Start-Stopp-Geschwindigkeit des Tisches werden $v_{St} = 0{,}36$ m/min, für den Eilgang $v_E = 2{,}4$ m/min gefordert. Durch einen Winkelschritt soll der Tisch um $\Delta l = 0{,}01$ mm bewegt werden. Es stehen Schrittmotoren mit einem Schrittwinkel $\Delta \alpha = 1{,}5°$ zur Verfügung. Man dimensioniere das Antriebssystem.

Lösung

Für eine Umdrehung des Motors ist nach (6.9) eine Schrittzahl von $360°/1{,}5° = 240$ erforderlich. Die Spindelsteigung beträgt $h = \Delta l \cdot 240 = 0{,}01 \cdot 10^{-3}$ m $\cdot 240 = 2{,}4$ mm. Die maximale Betriebsfrequenz bestimmt man für den Eilgang zu

$$f_{s\,max} = v_E/\Delta l = 4 \text{ kHz}.$$

Für Start-Stopp-Betrieb ergibt sich demzufolge

$$f_{s\,St} = f_{s\,max}\, v_{St}/v_E = 600 \text{ Hz}.$$

Auf Grund dieser Kennwerte wird ein Schrittmotor-Antriebssystem mit den Kennlinien nach Bild 6.21 b festgelegt. Der Trägheitsfaktor bestimmt sich mit dem Motorträgheitsmoment $J_M = 6 \cdot 10^{-6}$ kg m² zu $FI = (14 + 6) \cdot 10^{-6}$ kg m²$/6 \cdot 10^{-6}$ kg m² $= 3{,}33$.

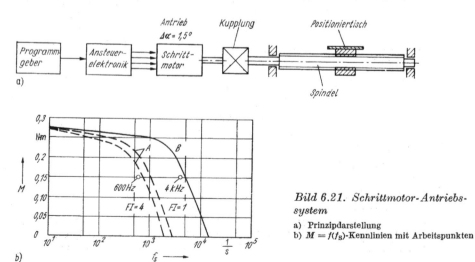

Bild 6.21. *Schrittmotor-Antriebssystem*

a) Prinzipdarstellung
b) $M = f(f_S)$-Kennlinien mit Arbeitspunkten

6.6. Schrittantriebe

Die Arbeitspunkte für Anlauf und Betrieb sind im Bild 6.21 b eingetragen. Sie liegen unter den betreffenden Grenzkennlinien und gewährleisten damit einen Betrieb ohne Schrittverluste. Für diesen Motor wird unter den gegebenen Belastungsverhältnissen vom Motorhersteller eine maximale Änderung der Schrittfrequenz von $(df_s/dt)_{max} = 50$ kHz/s angegeben. Damit läßt sich eine maximale Beschleunigung des Tisches von

$$\alpha = \Delta l \left(\frac{df_s}{dt}\right)_{max} = 0{,}01 \cdot 50^{-3} \text{ m} \cdot 10 \cdot 10^3 \left(\frac{1}{s}\right)^2 = 0{,}5 \text{ m/s}^2$$

erreichen. Die Anlaufzeit auf die Eilgeschwindigkeit beträgt

$$t_A = \frac{f_{s\,max}}{\left(\dfrac{df_s}{dt}\right)_{max}} = \frac{4 \cdot 10^3 \text{ 1/s}}{50 \cdot 10^3 \text{ 1/s}^2} = 80 \text{ ms}.$$

Die Betriebseigenschaften des Schrittmotor-Antriebssystems werden vom Zusammenwirken des Motors mit dem Stellglied bestimmt. Wichtig ist die Einhaltung der Arbeitsbereiche unterhalb der Grenzkennlinien.

7. Anhang

7.1. SI-Einheiten und Umrechnungsbeziehungen

Die SI-Einheiten (Système International d'Unités — Internationales Einheitensystem) umfassen

— die Grundeinheiten Meter (m), Sekunde (s), Kilogramm (kg), Ampere (A), Kelvin (K), Mol (mol), Candela (cd),
— die ergänzenden Einheiten Radiant (rad), Steradiant (sr) und
— die abgeleiteten Einheiten.

Nachfolgend sind einige Beispiele für abgeleitete Einheiten und Umrechnungsbeziehungen aufgeführt.

Größe	Einheit	Zeichen	Definition
Kraft	Newton	N	$1\,N = 1\,m\,kg\,s^{-2} = 1\,Ws\,m^{-1}$
Moment	Newtonmeter	Nm	$1\,Nm = 1\,m^2\,kg\,s^{-2} = 1\,Ws$
Energie $\}$ Arbeit Wärmemenge	Joule	J	$1\,J = 1\,m^2\,kg\,s^{-2} = 1\,N\,m = 1\,Ws$
Leistung	Watt	W	$1\,W = 1\,m^2\,kg\,s^{-3} = 1\,N\,m/s = 1\,W = 1\,J/s$
Druck	Pascal	Pa	$1\,Pa = 1\,m^{-1}\,kg\,s^{-2} = 1\,N/m^2$
Elektrische Spannung	Volt	V	$1\,V = 1\,m^2\,kg\,s^{-3}\,A^{-1} = 1\,W/A$
Elektrische Ladung	Coulomb	C	$1\,C = 1\,As$
Elektrische Kapazität	Farad	F	$1\,F = 1\,As/V = 1\,C/V$
Elektrischer Leitwert	Siemens	S	$1\,S = 1\,m^{-2}\,kg^{-1}\,s^3\,A^2 = 1\,A/V$
Magnetischer Fluß	Weber	Wb	$1\,Wb = 1\,m^2\,kg\,s^{-2}\,A^{-1} = 1\,Vs$
Magnetische Induktion	Tesla	T	$1\,T = 1\,kg\,s^{-2}\,A^{-1} = 1\,Wb/m^2$

7.2. Bestimmung der Anlaufkennlinie und der Anlaufzeit

Die Bewegungsgleichung $m - m_\mathrm{W} - m_\mathrm{b} = 0$ führt bei konstantem Trägheitsmoment J mit $m_\mathrm{b} = J\, \mathrm{d}\omega/\mathrm{d}t$ auf $\mathrm{d}t = J\, \mathrm{d}\omega/(m - m_\mathrm{W})$, woraus sich Anlaufkennlinie (in inverser Form) $t(\omega)$ und Anlaufzeit t_A ergeben:

$$t(\omega) = J \int_0^\omega \frac{\mathrm{d}\omega}{m(\omega) - m_\mathrm{W}(\omega)}$$

$$t_\mathrm{A} = J \int_0^{\Omega_\mathrm{W}} \frac{\mathrm{d}\omega}{m(\omega) - m_\mathrm{W}(\omega)}.$$

Da die Integrale meist nicht geschlossen lösbar sind, führt man eine grafisch-rechnerische Bestimmung durch. Im Bild 7.1a sind die Kennlinien eines Asynchronmotors $\Omega = f(M)$ und einer Arbeitsmaschine $\Omega = f(M_\mathrm{W})$ dargestellt.

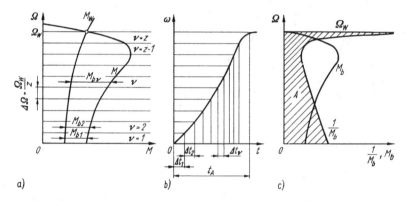

Bild 7.1. *Ermittlung der Anlaufkennlinie und der Anlaufzeit*
a) Drehzahl-Drehmomenten-Kennlinie; b) Anlaufkennlinie; c) grafische Bestimmung der Anlaufzeit

Bei Aufteilung des Gebiets bis Ω_W in z Intervalle $(\Delta\Omega)_\nu$ ergibt sich mit dem mittleren Beschleunigungsmoment $M_{\mathrm{b}\nu}$ das jeweilige Zeitintervall zu $\Delta t_\nu = J (\Delta\Omega)_\nu / M_{\mathrm{b}\nu}$, bzw. mit z gleich breiten Streifen (Bild 7.1a) $\Delta\Omega = \Omega_\mathrm{W}/z$ erhält man

$$\Delta t_\nu = \frac{J\, \Omega_\mathrm{W}}{z} \frac{1}{M_{\mathrm{b}\nu}}$$

und

$$t_\mathrm{A} = \sum_\nu \Delta t_\nu\,.$$

Die schrittweise Auswertung des Bildes 7.1a führt somit zur Anlaufkennlinie und zur Anlaufzeit nach Bild 7.1b.
Interessiert nur die Anlaufzeit, so kann man auch gemäß Bild 7.1c mit $m(\omega) - m_\mathrm{W}(\omega) = m_\mathrm{b}(\omega) \to M_\mathrm{b}(\Omega)$ die Funktion $f(\Omega) = 1/M_\mathrm{b}(\Omega)$ bilden und durch Ausplanimetrieren die Fläche $A = \int_0^{\Omega_\mathrm{W}} f(\Omega)\, \mathrm{d}\Omega$ und damit $t_\mathrm{A} = JA$ erhalten.

7.3. Bestimmung und Auswertung der Stromortskurve für AMSL

Die Stromortskurve der AMSL mit ihren charakteristischen Betriebspunkten stellt ein wichtiges Hilfsmittel dar, um die Betriebskennlinien vorauszubestimmen. Die Konstruktion der Stromortskurve erfolgt für die Stranggrößen. Dazu ist die Kenntnis der Zeiger des Leerlauf- und Kurzschluß-(Stillstands-)stroms $\underline{I}_{10}$ bzw. $\underline{I}_{1\mathrm{St}}$ notwendig, die aus Leerlauf- und Kurzschlußversuchen mit Bestimmung der zugehörigen Verlustleistungen in Komponentenform errechnet werden. Als bekannt werden ferner – durch entsprechende Messungen ermittelbar – die Strangwiderstände R_1, R_2, das Übersetzungsverhältnis $ü_\mathrm{h}$ sowie die netzseitige Strangspannung U_1 vorausgesetzt. Als Variable für veränderliche Belastung wird der Schlupf s gewählt. Es entsteht für den reduzierten Läuferstrom $\underline{I}'_2(s)$ und nach $\underline{I}'_1(s) = \underline{I}_{10} - \underline{I}'_2(s)$ auch für den Ständerstrom als Ortskurve ein Kreis.

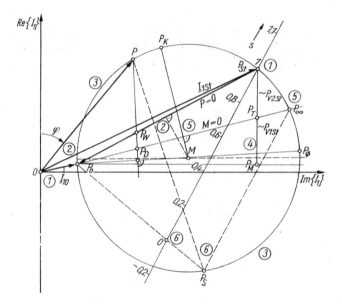

Bild 7.2. Stromortskurve

Im Bild 7.2 ist eine vereinfachte Konstruktion der Stromortskurve und der Bezugslinien unter Angabe numerierter Schritte dargestellt. Die einzelnen Schritte sind:

① Die Netzstrangspannung U_1 wird der reellen Achse zugeordnet. Darauf bezogen, erfolgt die Eintragung $\underline{I}_{10}$ und $\underline{I}_{1\mathrm{St}}$ nach Wahl des Strommaßstabs m_I z. B. in A/cm. Man erhält damit die Punkte P_0 und P_{St}.

② Vereinfachend wird angenommen, daß der zu ermittelnde Kreis im Gebiet oberhalb von P_0 den Zeiger $\underline{I}_{1\mathrm{St}}$ so schneidet, daß die Verbindungslinie dieses Schnittpunktes mit P_0 eine zur reellen Achse parallele Sehne des Kreises darstellt. Diese Sehne wird halbiert und auf ihr das Lot errichtet. Der Schnittpunkt dieses Lotes mit der Mittelsenkrechten der Sehne $\overline{P_0 P_{\mathrm{St}}}$ liefert den Kreismittelpunkt M.

③ Mit dem Mittelpunkt M und den Kreispunkten P_0 und P_{St} liegt der Kreis fest. Die Verbindungslinie $\overline{P_0 M}$ wird bis zum Schnitt mit dem Kreis im Punkt $P_\varnothing$ verlängert.

④ Die reellen Stromkomponenten sind der elektrischen Leistung $P_1 = 3 \, \mathrm{Re}\, \{\underline{U}_1 \underline{I}_1^*\}$ und bei reeller konstanter Spannung U_1 der Leistung $P_1 = 3 \, U_1 \, \mathrm{Re}\, \{\underline{I}_1\}$ proportional. Die imaginäre Achse ist demzufolge die Bezugslinie für $P_1 = 0$. Als Leistungsmaßstab ergibt sich $m_P = 3 \, U_1 \, m_I$ z. B. in W/cm.

7.3. Bestimmung und Auswertung der Stromortskurve für AMSL 381

Die Stillstandsleistung setzt sich aus den Wicklungsverlusten im Ständer P_{V1St}, im Läufer P_{V2St} und den Eisenverlusten zusammen. Im Verhältnis der beiden ersten zueinander wird die Länge des Lotes von P_{St} auf die P_0-Waagerechte, also $\overline{P_{St}P_M}$ geteilt: P_{V1St}/P_{V2St}. Damit ergibt sich der Punkt P_T. Die Linie $\overline{P_0P_{St}}$ ist gleichzeitig die Bezugslinie $P = 0$ für die mechanische Leistung.

⑤ Die Linie $\overline{P_0P_\infty}$ verläuft durch P_T. Sie markiert auf dem Kreis den Punkt P_∞ für $s = \infty$ und stellt die Bezugslinie für $M = 0$ dar. Die Momente für verschiedene Schlupfwerte s sind den oberhalb dieser Linie liegenden Teilabschnitten der Realkomponenten der Ströme proportional. Der Drehmomentenmaßstab bestimmt sich zu: $m_M = m_P/(2\pi n_0) = m_I\, 3\, U_1/(2\pi n_0)$ in z. B. N·m/cm.
Der Betriebspunkt P_K, bei dem das Kippmoment auftritt, wird durch die Mittelsenkrechte zur Sehne $\overline{P_0P_\infty}$ gefunden.

⑥ Um die Punkte des Kreises konkreten Schlupfwerten zuzuordnen, werden auf dem unteren Halbkreis ein beliebiger Punkt P_s festgelegt und die Verbindungslinien $\overline{P_0P_s}$ und $\overline{P_sP_\infty}$ gezogen. Parallel zur letzteren wird durch P_{St} $(s = 1)$ die „Schlupfgerade" gelegt und in Anlehnung an die Markierung für $s = 0$ und für $s = 1$ mit einem linearen Schlupfmaßstab versehen. Von P_s ausgehende Strahlen kennzeichnen auf dem Kreis jene Schlupfwerte, die durch die Schnittpunkte auf der Schlupfgeraden bestimmt sind.

Auswertung der Stromortskurve

Aus der Ortskurve lassen sich mit dem

Strommaßstab m_I,

Drehmomentenmaßstab $m_M = m_I \dfrac{3\, U_1}{\Omega_0}$ und

Leistungsmaßstab $m_P = m_I\, 3\, U_1$

interessierende Kennwerte bestimmen. Dazu errichtet man im betrachteten Arbeitspunkt P das Lot auf die Verbindungslinie $\overline{P_0P_\varnothing}$ und legt P_W bzw. P_D fest. Man gewinnt aus dem Diagramm

Ständerstrom $\quad I_1 = m_I\, \overline{0\,P}$

Läuferstrom $\quad I_2' = m_I\, \overline{P_0\,P}$

Stillstandsstrom $I_{1St} = m_I\, \overline{0\,P_{St}}$

Drehmoment $\quad M = m_M\, \overline{P\,P_D}$

Kippmoment und Anlaufmoment wie M, jedoch ausgehend von P_K bzw. P_{St} mit dem Schnittpunkt des Lotes auf die Verbindungslinie $P_0P_\varnothing$ zur $M = 0$-Linie

Luftspaltleistung $\quad P_0 = m_P\, \overline{PP_D}$

mechanische Leistung $\quad P = m_P\, \overline{PP_W}$

Schlupf s $\qquad$ Skalenwert

ideelle Kurzschlußreaktanz $X_i \approx \dfrac{U_1}{m_I\, \overline{P_0\, P_\varnothing}}$

7.4. Drehmomentenbeziehungen von Drehstrommaschinen in Raumzeigerdarstellung

Die allgemeine Drehmomentengleichung für Drehstrommaschinen,

$$M = \frac{3}{2} p \, \bar{\psi}_1 * \bar{i}_1,$$

mit der Ständerflußverkettung $\bar{\psi}_1$ und dem Ständerstrom $\bar{i}_1$ kann bei Einführung der Läuferflußverkettung bzw. des Läuferstroms in verschiedenen Darstellungen aufgeschrieben werden. Dazu wird die Flußverkettung nach (2.101) und (2.102) eingeführt. Im folgenden wird die komplexe Schreibweise angewendet und das Drehmoment formuliert:

$$M = \frac{3}{2} p \, C_{\text{Im}} \, \text{Im} \, \{\bar{x}_i \, \bar{x}_j\}.$$

Die Werte für C_{Im} sind in Abhängigkeit mit den verknüpften Raumzeigern in der nachfolgenden Tafel dargestellt.

$\bar{x}_i$	$\bar{x}_j$			
	$\bar{\psi}_1$	$\bar{\psi}_2$	$\bar{i}_1$	$\bar{i}_2$
$\bar{\psi}_1^*$		$-\dfrac{L_h}{L_1 L_2 \sigma}$	1	$-\dfrac{L_h}{L_1}$
$\bar{\psi}_2^*$	$\dfrac{L_h}{L_1 L_2 \sigma}$		$\dfrac{L_h}{L_2}$	-1
$\bar{i}_1^*$	-1	$-\dfrac{L_h}{L_2}$		$-L_h$
$\bar{i}_2^*$	$\dfrac{L_h}{L_1}$	1	L_h	

Es bedeuten:

$\dfrac{L_h}{L_1} = K_1$ Kopplungsfaktor des Ständers

$\dfrac{L_h}{L_2} = K_2$ Kopplungsfaktor des Läufers

$\sigma = 1 - K_1 K_2$ Gesamtstreuziffer

*   konjugiert komplexe Größe.

So lassen sich beispielsweise nach der 1. Zeile der Tafel mit $\bar{\psi}_1^*$ folgende Drehmomentengleichungen angeben:

$$M = -\frac{3}{2} p \, \frac{L_h}{L_1 L_2 \sigma} \, \text{Im} \, \{\bar{\psi}_1^* \, \bar{\psi}_2\},$$

$$M = \frac{3}{2} p \, \text{Im} \, \{\bar{\psi}_1^* \, \bar{i}_1\},$$

$$M = -\frac{3}{2} p \, K_1 \, \text{Im} \, \{\bar{\psi}_1^* \, \bar{i}_2\}.$$

7.5. Bestimmung von Erwärmungsgrößen elektrischer Maschinen

7.5.1. Bestimmung der Erwärmungskennwerte

Bei einem Erwärmungsversuch mit konstanter Bemessungsleistung wird die Übertemperatur ϑ als Funktion der Zeit aufgenommen. Diese Funktion wird nach dem Zweikomponentenmodell der Gleichung

$$\vartheta = \Theta_1 (1 - e^{-t/\tau_1}) + \Theta_2 (1 - e^{-t/\tau_2})$$

bzw. mit

$$\Theta = \Theta_1 + \Theta_2 = \vartheta \, (t \to \infty)$$

der Gleichung

$$\Theta - \vartheta = \Theta_1 \, e^{-t/\tau_1} + \Theta_2 \, e^{-t/\tau_2}$$

zugeordnet. Im einfach-logarithmischen Maßstab werden die einzelnen Exponentialfunktionen als Geraden abgebildet. Im Bild 7.3 stellt der Kurvenzug $\overline{ab}$ die aus den Versuchswerten errechnete Funktion $\Theta - \vartheta$ dar. Für größere Zeitwerte wird der Verlauf wesentlich durch das Glied mit der Zeitkonstanten τ_2 bestimmt. Die Tangente an dem Kurvenverlauf b bei größeren Zeitwerten liefert in der Verlängerung mit der Geraden c die Übertemperatur Θ_2 als Ordinatenabschnitt.
Die Differenz des Kurvenzuges a mit dem Kurvenzug c entspricht dem Glied mit der Zeitkonstanten τ_1. Aufgetragen liefert sie als Ordinatenabschnitt die Übertemperatur Θ_1. Die Zeitkonstanten τ_2 und τ_1 findet man, indem von den Näherungsgeraden $b - c$ und d die Zeiten bei Θ_2/e bzw. Θ_1/e, mit $e \approx 2{,}72$, abgegriffen werden.
Für das Beispiel im Bild 7.3 erhält man $\Theta_1 = 24$ K, $\Theta_2 = 56$ K, $\Theta = 80$ K, $\tau_1 = 9$ min, $\tau_2 = 60$ min.

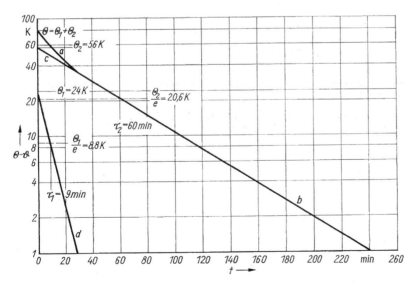

Bild 7.3. *Bestimmung der Erwärmungskomponenten und -zeitkonstanten nach dem Zweikomponentenmodell*

7.5.2. Programmablaufpläne zur Erwärmungsberechnung bzw. Typenleistungsbestimmung von AMKL

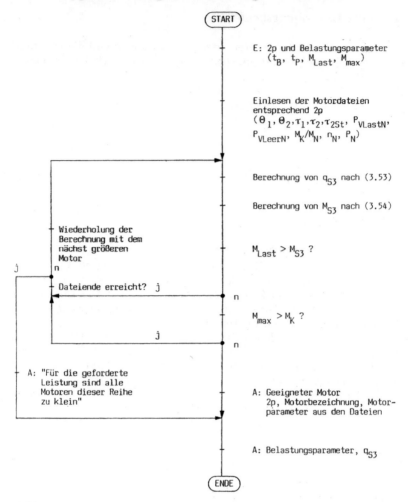

Bild 7.4. Programmablaufplan zur Berechnung der Typenleistung eines S1-Motors aus einer Typenreihe für S3-Betrieb (vgl. Abschn. 3.6.3)

7.5. Bestimmung von Erwärmungsgrößen elektrischer Maschinen

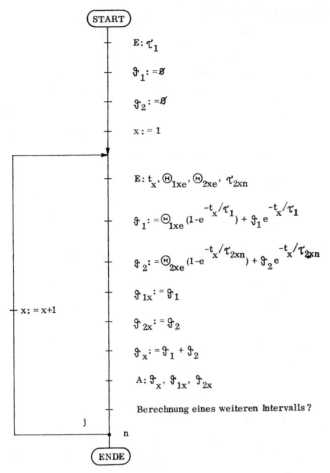

Bild 7.5. Programmablaufplan zur Berechnung der Übertempertur eines Motors für beliebige Belastungen nach (3.60) (vgl. Abschn. 3.6.5)

7.6. Laplace-Transformationen

Laplace-Transformationen dienen zum schnellen Lösen linearer Differentialgleichungen bzw. Differentialgleichungssysteme mit konstanten Koeffizienten. Bei zu Null verschwindenden Anfangsbedingungen der Veränderlichen und ihrer Ableitungen treten besonders übersichtliche Beziehungen (Operatorenrechnung) auf, die zur Charakterisierung dynamischer Betriebszustände bei kleinen Abweichungen von einem stationären Arbeitspunkt benutzt werden.

7.6.1. Rechenweg zur Lösung von Differentialgleichungen

Die Definition der verwendeten Laplace-Transformation lautet

$$L\{f(t)\} = F(p) = \int_0^\infty f(t)\, e^{-pt}\, dt$$

Originalfunktion   Bildfunktion
Oberfunktion   Unterfunktion.

Komplexe Umkehrformel:

$$f(t) = L^{-1}\{F(p)\} = \frac{1}{2\pi j} \oint F(p)\, e^{pt}\, dp.$$

Der Rechenweg ist aus folgendem Schema ersichtlich:

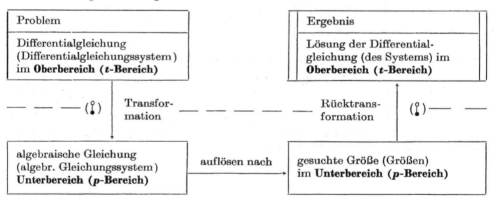

7.6.2. Rechenregeln

$$f_1(t) + f_2(t) + \cdots \circ\!\!-\!\!\bullet F_1(p) + F_2(p) + \cdots$$

$$f(at) \circ\!\!-\!\!\bullet \frac{1}{a} F\left(\frac{p}{a}\right) \quad \text{Ähnlichkeitssatz;}$$

$$f(t)\, e^{-bt} \circ\!\!-\!\!\bullet F(p+b) \quad \text{Dämpfungssatz;}$$

$$f(t-a) \circ\!\!-\!\!\bullet e^{-ap} F(p) \quad \text{mit } a > 0 \text{ Verschiebungssytz, z. B. für Totzeiten}$$

Differentiation im Ober- und Unterbereich:

$$f'(t) \circ\!\!-\!\!\bullet p F(p) - f(+0)$$

$$f''(t) \circ\!\!-\!\!\bullet p^2 F(p) - p f(+0) - f'(+0)$$

$$f^{(n)}(t) \circ\!\!-\!\!\bullet p^n F(p) - p^{n-1} f(+0) - p^{n-2} f'(+0) - \cdots - p f^{(n-2)}(+0) - f^{(n-1)}(+0).$$

7.6. Laplace-Transformationen

Sind die Anfangsbedingungen Null, so kann formal $d/dt = p$, $d^2/dt^2 = p^2$ usw. gesetzt werden (Operatorenrechnung). Zur Untersuchung des Frequenzverhaltens eines Bauglieds oder Systems, die durch Differentialgleichungen beschrieben werden, wird p (bzw. d/dt) $= j\omega$ gesetzt.

$$F'(p) \multimap -t\, f(t); \quad F''(p) \multimap t^2 f(t).$$

Allgemein gilt $F^{(n)}(p) \multimap (-1)^n t^n f(t)$.

Integration:

$$\int_0^t t\, f(\tau)\, d\tau \multimap \frac{1}{p} F(p).$$

Faltungssatz und assoziatives Gesetz für die Faltung:

$$f_1(t) * f_2(t) = \int_0^t f_1(\tau) f_2(t-\tau)\, d\tau = \int_0^t f_1(t-\tau) f_2(\tau)\, d\tau \multimap F_1(p)\, F_2(p)$$

$F_1(p)\, F_2(p)$

$f_1(t) * [f_2(t) * f_3(t)] = [f_1(t) * f_2(t)] * f_3(t)$.

Bemerkungen zur Rücktransformation

Bei der Untersuchung dynamischer Vorgänge findet die komplexe Umkehrformel kaum praktische Anwendung. Für einfache Funktionen im Unterbereich entnimmt man die Funktionen im Oberbereich der Korrespondenztabelle 7.6.3. Des weiteren sind folgende Verfahren wichtig:

Rücktransformation bei Anwendung des Faltungssatzes

Die Unterfunktion wird in Produkte zerlegt, deren zugehörige Oberfunktionen gefaltet werden.

Bei gegebener, z. B. ein Bauglied beschreibender Differentialgleichung mit der Eingangsgröße $x_e(t) \multimap X_e(p)$ und der (unbekannten) Ausgangsgröße $x_a(t) \multimap X_a(p)$ ist $X_a(p)/X_e(p) = F_ü(p) = $ Übertragungsfunktion.

Bei bekannter Eingangsgröße $x_e(t)$ läßt sich $x_a(t)$ berechnen:

$$x_a(t) = L^{-1}\{F_ü(p)\, X_e(p)\} = \int_0^t f_ü(t-\tau)\, x_e(\tau)\, d\tau$$

mit

$$F_ü(p) \multimap f_ü(t) \Rightarrow f_ü(t-\tau).$$

Hierbei braucht also die Eingangsgröße nicht in den Unterbereich transformiert zu werden.

Bei einer experimentell ermittelten Übergangsfunktion als Sprungantwort $x_{a\_\Gamma}(t)$ kann man die Ausgangsfunktion bei einer beliebigen Eingangsfunktion $x_e(t)$ mittels der Duhamelschen Formel bestimmen:

$$x_a(t) = x_e(t)\, x_{a\_\Gamma}(0) + \int_0^t x_e(\tau) \frac{dx_{a\_\Gamma}(t-\tau)}{dt}\, d\tau.$$

Rücktransformation durch Partialbruchzerlegung

Gegeben sei die Funktion: $F(p) = Z(p)/N(p)$.
Dabei sei der Grad des Nenners höher als der des Zählers.
Der Nenner wird aufgespalten:

$$N(p) = (p-p_1)(p-p_2)\cdots(p-p_n)$$

a) Der Nenner $N(p)$ hat nur *einfache* Nullstellen

Ansatz: $F(p) = \dfrac{Z_1}{p-p_1} + \dfrac{Z_2}{p-p_2} + \cdots + \dfrac{Z_n}{p-p_n}$.

Die Größen Z_ν werden über die Bildung des Hauptnenners und Zählervergleich mit $Z(p)$ bestimmt oder durch

$$Z_\nu = \dfrac{Z(p_\nu)}{N'(p_\nu)} \left(\text{entstanden aus Grenzwertbildung } \lim_{p\to p_\nu} \dfrac{Z(p)(p-p_\nu)}{N(p)}\right).$$

Im Oberbereich ist dann

$$f(t) = \sum_{\nu=1}^{n} \dfrac{Z(p_\nu)}{N'(p_\nu)} e^{p_\nu t} \quad \text{(Heavisidescher Entwicklungssatz)}.$$

b) Nenner $N(p)$ hat *mehrfache* Nullstellen

Partialbruchzerlegung nach Ansatz:

$$F(p) = \dfrac{Z(p)}{N(p)} = \dfrac{Z_{11}}{p-p_1} + \dfrac{Z_{12}}{(p-p_1)^2} + \cdots$$

$$+ \dfrac{Z_{1n}}{(p-p_1)^n} + \dfrac{Z_{21}}{p-p_2} + \dfrac{Z_{22}}{(p-p_2)^2} + \cdots$$

Rücktransformation durch Reihenentwicklung im Unterbereich

$$F(p) = \dfrac{k_0}{p} + \dfrac{k_1}{p^2} + \dfrac{k_2}{p^3} + \cdots \circ\!\!-\!\!\bullet\ f(t) = k_0 + k_1 t + \dfrac{1}{2}k_2 t^2 + \cdots = \sum_{\nu=0}^{\infty} \dfrac{k_\nu}{\nu!} t^\nu.$$

7.6.3. Korrespondenzen

	Bildfunktion $F(p)$ (Unterbereich)	Originalfunktion $f(t)$ (Oberbereich)
1	$\dfrac{k}{p}$	k (Konstante)
2	$\dfrac{1}{p^2}$	t
3	$\dfrac{1}{p^n}$	$\dfrac{1}{n-1}\,t^{n-1}$
4	$\dfrac{1}{1+p\tau}$	$\dfrac{1}{\tau}\,e^{-t/\tau}$ (τ Zeitkonstante)
5	$\dfrac{1}{p(1+p\tau)}$	$1 - e^{-t/\tau}$
6	$\dfrac{1}{(1+p\tau)^n}$	$\dfrac{1}{\tau(n-1)!}\left(\dfrac{t}{\tau}\right)^{n-1} e^{-t/\tau}$
7	$\dfrac{1}{1+p\tau_1+p^2\tau_1\tau_2}$	$\dfrac{e^{p_1 t} - e^{p_2 t}}{\tau_1\tau_2(p_1-p_2)}$; $p_{1/2} = -\dfrac{1}{2\tau_2}\left(1 \mp \sqrt{1 - \dfrac{4\tau_2}{\tau_1}}\right)$
8	$\dfrac{1}{p(1+p\tau_1+p^2\tau_1\tau_2)}$	$1 + \dfrac{p_2\,e^{p_1 t} - p_1\,e^{p_2 t}}{p_1-p_2}$
9	$\dfrac{1+p\tau_2}{1+p\tau_1+p^2\tau_1\tau_2}$	$\dfrac{\left(p_1+\dfrac{1}{\tau_2}\right)e^{p_1 t} - \left(p_2+\dfrac{1}{\tau_2}\right)e^{p_2 t}}{\tau_1(p_1-p_2)}$
10	$\dfrac{1+p\tau_2}{p(1+p\tau_1+p^2\tau_1\tau_2)}$	$1 + \dfrac{\left(p_2+\dfrac{1}{\tau_1}\right)e^{p_1 t} - \left(p_1+\dfrac{1}{\tau_1}\right)e^{p_2 t}}{p_1-p_2}$
11	$\dfrac{1}{(1+p\tau_1)(1+p\tau_2)}$	$\dfrac{1}{\tau_1-\tau_2}(e^{-t/\tau_1} - e^{-t/\tau_2})$
12	$\dfrac{1+p\tau_0}{(1+p\tau_1)(1+p\tau_2)}$	$\dfrac{1}{\tau_1-\tau_2}\left[\left(1-\dfrac{\tau_0}{\tau_1}\right)e^{-t/\tau_1} - \left(1-\dfrac{\tau_0}{\tau_2}\right)e^{-t/\tau_2}\right]$
13	$\dfrac{1+p\tau_0}{p(1+p\tau_1)(1+p\tau_2)}$	$1 + \dfrac{1}{\tau_1-\tau_2}\left[(\tau_2-\tau_0)e^{-t/\tau_2} - (\tau_1-\tau_0)e^{-t/\tau_1}\right]$
14	$\dfrac{1}{1+(p/\alpha)^2}$	$\alpha \sin \alpha t$
15	$\dfrac{p/\beta}{1+(p/\beta)^2}$	$\beta \cos \beta t$
16	$\dfrac{1}{(1+p\tau)^2+(\alpha\tau)^2}$	$\dfrac{1}{\alpha\tau^2}\,e^{-t/\tau}\sin \alpha t$
17	$\dfrac{1+p\tau}{(1+p\tau)^2+(\alpha\tau)^2}$	$\dfrac{1}{\tau}\,e^{-t/\tau}\cos \alpha t$

7.7. Eigenschaften netzgeführter Stromrichterschaltungen

Strom- und Spannungsverläufe für $L \to \infty$

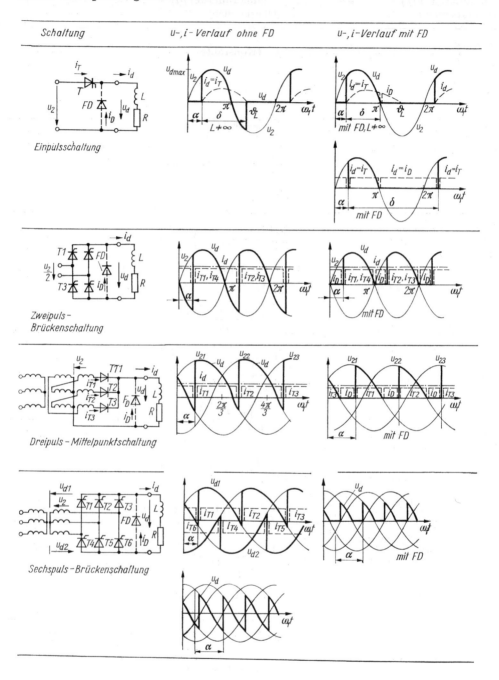

7.8. Kenndaten netzgeführter Stromrichterschaltungen

Bezeichnung	Schaltung	Gleichspannung		
		$\dfrac{U_{d0}}{U_2}$	w_{u0}	$\dfrac{U_{d0}}{u_{d\,max}}$
Einpulsgleichrichter mit Freilaufdiode		0,45	1,21	0,32
Zweipulsgleichrichter in Mittelpunktschaltung		0,9	0,48	0,64
Zweipulsgleichrichter in Brückenschaltung (halbgesteuert wie mit FD)		1,8	0,48	0,64
Dreipuls-Mittelpunktschaltung		1,17	0,19	0,83
Parallelschaltung zweier Dreipuls-Mittelpunktschaltungen mit Saugdrossel		1,17	0,04	0,83
Sechspuls-Brückenschaltung (Drehstrombrücke)		2,34	0,04	0,96
Parallelschaltung zweier Sechspuls-Brücken mit Saugdrossel $p = 12$	siehe Bild 4.12a	2,34	0,01	0,96
Reihenschaltung zweier Sechspuls-Brücken $p = 12$	siehe Bild 4.12b	4,68	0,01	0,96

(Erklärung der Kenndaten s. Abschn. 4.1.3 und Bild 4.4)

Thyristor				Diode (FD)			Transformator			Steuerkennlinie
$\dfrac{\bar{I}_T}{I_d}$	$\dfrac{I_{Teff}}{I_d}$	$\dfrac{i_{T\,max}}{I_d}$	$\dfrac{u_{RT\,max}}{U_{d0}}$	$\dfrac{\bar{I}_D}{I_d}$	$\dfrac{i_{D\,max}}{I_d}$	$\dfrac{u_{RD\,max}}{U_{d0}}$	Y	$\dfrac{I_{2eff}}{I_d}$	c_{Tr}	$\dfrac{U_d}{U_{d0}}$
0,5	0,71	1	3,14	1	1	3,14	—	0,71	1,34	$\dfrac{1+\cos\alpha}{2}$
0,5	0,71	1	3,14	ohne FD — — 1 1 1,57			0,71	0,71	1,34	$\cos\alpha$ $\dfrac{1+\cos\alpha}{2}$
0,5	0,71	1	1,57	ohne FD — — 1 1 1,57			0,71	1	1,11	$\cos\alpha$ $\dfrac{1+\cos\alpha}{2}$
0,33	0,58	1	2,09	ohne FD — — 1 1 1,21			0,87	0,58	1,46	$\cos\alpha$ $\alpha<\pi/6:\cos\alpha$ $\alpha>\pi/6:\dfrac{1+\cos(\alpha+\ldots)}{\sqrt{3}}$
0,17	0,29	0,5	2,09	—	—	—	0,51	0,29	1,32	$\cos\alpha$
0,33	0,58	1	1,05	ohne FD — — 1 1 1,05			0,5	0,82	1,05	$\cos\alpha$ $\alpha<\pi/3:\cos\alpha$ $\alpha>\pi/3:$ $1+\cos(\alpha+\pi/3)$
0,17	0,29	0,5	1,05	—	—	—	0,51	0,41	1,03	$\cos\alpha$
0,33	0,58	1	0,53	—	—	—	0,52	0,82	1,03	$\cos\alpha$

7.9. Frequenzgänge zur Beurteilung des Regelkreisverhaltens

7.9.1. Frequenzgangdarstellung

Den Frequenzgang $F(j\omega)$ eines linearen Übertragungsgliedes bestimmt man, indem an den Eingang das Signal $x_e(\omega t) = \hat{X}_e \sin \omega t$ mit konstanter Amplitude gelegt und das Ausgangssignal $x_a(\omega t) = \hat{X}_a \sin(\omega t + \varphi)$ im eingeschwungenen Zustand für Signalfrequenzen von $\omega = 0 \cdots \infty$ beobachtet wird. Der Frequenzgang wird danach aus dem Amplitudenverhältnis und der Phasenverschiebung ermittelt

$$F(j\omega) = \frac{\hat{X}_a}{\hat{X}_e} e^{j\varphi} = |F(j\omega)|\, e^{j\varphi}.$$

Die Frequenzgänge der Übertragungsglieder lassen sich leicht aus den Übertragungsfunktionen $F(p)$ bestimmen, indem p in $j\omega$ überführt wird. Typische Übertragungsglieder sind

das Proportionalglied $\qquad F(j\omega) = K$

das Integralglied $\qquad F(j\omega) = \dfrac{1}{j\omega\, \tau}$

das Verzögerungsglied $\qquad F(j\omega) = \dfrac{1}{1 + j\omega\, \tau}$

das Schwingungsglied $\qquad F(j\omega) = \dfrac{1}{1 + j\omega\, 2\, d\tau + (j\omega)^2\, \tau^2}$
(s. 7.9.2)

Für die Beurteilung des Regelkreisverhaltens ist es zweckmäßig, den Logarithmus des Betrages $|F(j\omega)|$ und das Argument $\varphi(\omega)$ über $\lg \omega$ darzustellen. Man bezeichnet diese Frequenzkennlinien als Amplitudenfrequenzgang und Phasenfrequenzgang und die entsprechende grafische Darstellung als Bode-Diagramm (s. Bild 7.6).

Amplitudenfrequenzgang $\quad |\lg F(j\omega)| = f(\lg \omega),$

Phasenfrequenzgang $\qquad \varphi = f(\lg \omega).$

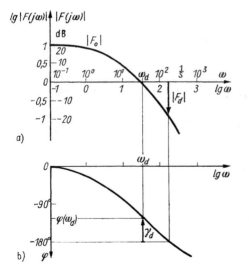

Bild 7.6. Bode-Diagramm
a) Amplitudenfrequenzgang
b) Phasenfrequenzgang

Der Amplitudenfrequenzgang wird oft in Dezibel angegeben. Hierfür gilt

$$\frac{|F(j\omega)|}{dB} = 20 \lg |F(j\omega)|.$$

Bei Reihenschaltung mehrerer Übertragungsglieder, wie beispielsweise von einem Regler $F_R(j\omega)$ und einer Regelstrecke $F_S(j\omega)$, ergibt sich der resultierende Frequenzgang des offenen Regelkreises zu $F_o(j\omega) = F_R(j\omega)\, F_S(j\omega)$.
Im Bode-Diagramm entspricht das einer Addition der Amplituden- bzw. Phasenfrequenzgänge gemäß der Beziehung

$$\lg F_o(j\omega) = \lg (|F_R(j\omega)|\, e^{j\varphi_R}\, |F_S(j\omega)|\, e^{j\varphi_S})$$
$$= \lg |F_R(j\omega)| + \lg |F_S(j\omega)| + j\, (\varphi_R + \varphi_S) \lg e.$$

Meist genügt es, die Amplitudenfrequenzgänge durch ihre Asymptoten im Bode-Diagramm darzustellen.

Frequenzkennlinien des offenen Regelkreises

Der Frequenzgang des offenen Regelkreises gestattet, das dynamische Verhalten des geschlossenen Kreises und seine Stabilität einzuschätzen.
Ein stabiles Verhalten des geschlossenen Kreises liegt dann vor, wenn $F_o(j\omega)$ für sich stabil ist und wenn die Durchtrittsfrequenz ω_d die Bedingung $\varphi(\omega_d) > -180°$ erfüllt (s. Bild 7.6 b). Als Durchtrittsfrequenz ω_d bezeichnet man die Signalfrequenz, bei der der Amplitudenfrequenzgang der offenen Strecke die $\lg\omega$-Achse schneidet. Das heißt,

$$\omega_d = \omega\, (\lg |F_o(j\omega)| = 0)$$

bzw.

$$\omega_d = \omega\, (|F_o(j\omega)| = 1).$$

Das vorgenannte Stabilitätskriterium drückt sich im Amplitudenfrequenzgang des offenen Regelkreises bei Systemen, die die $\lg\omega$-Achse nur einmal schneiden, so aus, daß die Amplitudenfrequenzkennlinie im Bereich der Durchtrittsfrequenz ($\approx 0{,}3\,\omega_d < \omega_d \approx 3\,\omega_d$) einen geringeren Abfall als 40 dB/Dekade aufweist.
Zur Beurteilung der Stabilitätsgüte werden der Phasenrand bzw. der Amplitudenrand herangezogen. Man bezeichnet als

— Phasenrand $\quad \gamma_d = 180° - |\varphi(\omega_d)|$
— Amplitudenrand $\quad F_d = |F_o\,(\varphi = -180°)|$

Die Größen sind im Bild 7.6 a und b eingetragen. Stabilität und ausreichende Dämpfung des geschlossenen Regelkreises liegt vor, wenn der Phasenrand $\gamma_d = 30 \cdots 60°$ nicht unterschreitet. Generell ist es bei Reglereinstellungen erforderlich, einen Kompromiß zu schließen, weil mit einer Reglereinstellung nicht zugleich auf Führungs- und Störverhalten optimiert werden kann. So gewährleistet das Betragsoptimum ein gutes Führungsverhalten (Phasenrand $\gamma_d = 64°$), das symmetrische Optimum (Phasenrand $\gamma_c = 37°$) ein annehmbares Störverhalten. Im Anhang 7.9.3 und 7.9.4 sind die beiden Optimierungskriterien näher gekennzeichnet.

7.9.2. Verhalten des Schwingungsglieds

Übertragungsfunktion

$$F_{(p)} = \frac{1}{1+p2d\tau+p^2\tau^2}$$

$$d = \frac{\delta_e}{\omega_0} = \cos\varphi_0 \qquad \omega_0 = \frac{1}{\tau}$$

$$\omega_0^2 = \omega_e^2 + \delta_e^2, \qquad \omega_e = \omega_0\sqrt{1-d^2}$$

$$\varphi = \arctan\frac{\omega_e}{\delta_e}$$

Lage der Pole

$$p_{1/2} = -\delta_e \pm j\omega_e$$

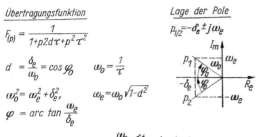

Frequenzgang

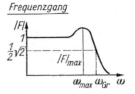

$$|F|_{max} = \frac{1}{2d\sqrt{1-d^2}} \quad \text{für } 0 < d < \frac{1}{2}\sqrt{2}$$

$$= 1 \qquad \text{für } d > \frac{1}{2}\sqrt{2}$$

$$\omega_{max} = \omega_0\sqrt{1-2d^2} \quad \text{Resonanzfrequenz}$$

Schwingungsglied als Regelkreis

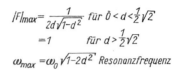

$$F_0 = \frac{1}{j\omega 2d\tau + (j\omega)^2\tau^2}$$

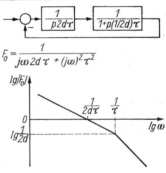

Sprungantwort: $h(t) = 1 - \frac{\omega_0}{\omega_e}e^{-\delta_e t}\cdot\sin(\omega_e t+\varphi)$

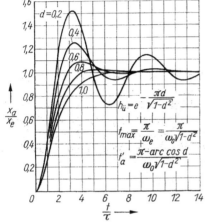

$$h_\ddot{u} = e^{-\frac{\pi d}{\sqrt{1-d^2}}}$$

$$t_{max} = \frac{\pi}{\omega_e} = \frac{\pi}{\omega_0\sqrt{1-d^2}}$$

$$t_a' = \frac{\pi - \arccos d}{\omega_0\sqrt{1-d^2}}$$

Logarithmischer Amplituden- und Phasenfrequenzgang

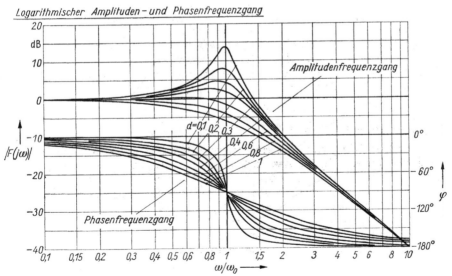

7.9.3. Betragsoptimum

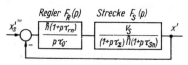

Einstellregeln

$\tau_{rn} = \tau_{Sn}$
$\tau_0 = 2\tau_\Sigma V_S$

Lage der Pole

$p_{1/2} = \frac{1}{2\tau_\Sigma}(-1 \pm j)$

Übertragungsfunktion des optimierten Kreises

$$F_0 = \frac{1}{p\,2\tau_\Sigma(1+p\tau_\Sigma)}$$

$$F_w = \frac{1}{1+p2\tau_\Sigma + p^2 2\tau_\Sigma^2} = \frac{1}{1+p2d\tau + p^2\tau^2}$$

$$d = \frac{1}{2}\sqrt{2}$$

$$\tau = \sqrt{2}\,\tau_\Sigma$$

Antwort auf Sollwertsprung

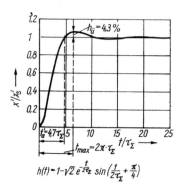

$h(t) = 1 - \sqrt{2}\,e^{\frac{t}{2\tau_\Sigma}} \sin\left(\frac{t}{2\tau_\Sigma} + \frac{\pi}{4}\right)$

Antwort auf Störgrößensprung

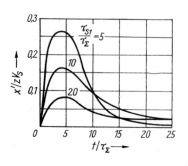

Bodediagramm $F_0(j\omega)$

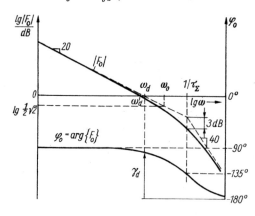

Frequenzgang $|F_w(j\omega)|$

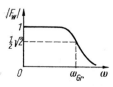

Grenzfrequenz

$\omega_{Gr} = \omega_0 = \frac{1}{\sqrt{2}\,\tau_\Sigma}$

Durchtrittsfrequenz

$\omega_d = \frac{1}{2\tau_\Sigma}\qquad \omega_d' = \frac{1}{2{,}2\,\tau_\Sigma}$

Phasenrand

$\gamma_d = 63°$

7.9.4. Symmetrisches Optimum

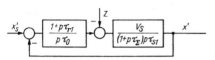

Einstellregeln

$\tau_0 = 8 \dfrac{\tau_\Sigma^2}{\tau_{S1}} V_S$

$\tau_{r1} = 4\,\tau_\Sigma$

Übertragungsfunktion des optimierten Kreises

$$F_0 = \dfrac{1+4p\,\tau_\Sigma}{p^2 8\,\tau_\Sigma^2(1+p\,\tau_\Sigma)}$$

$$F_w = \dfrac{1+p\,4\,\tau_\Sigma}{1+p\,4\,\tau_\Sigma + p^2 8\,\tau_\Sigma^2 + p^3 8\,\tau_\Sigma^3}$$

$$F_z = V_S\dfrac{\tau_\Sigma}{\tau_{S1}}\dfrac{p\,8\,\tau_\Sigma}{1+p\,4\,\tau_\Sigma + p^2 8\,\tau_\Sigma^2 + p^3 8\,\tau_\Sigma^3}$$

Antwort auf Sollwertsprung

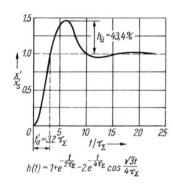

$h(t) = 1 + e^{-\frac{t}{2\tau_\Sigma}} - 2e^{-\frac{t}{4\tau_\Sigma}}\cos\dfrac{\sqrt{3}\,t}{4\tau_\Sigma}$

Antwort auf Störgrößensprung

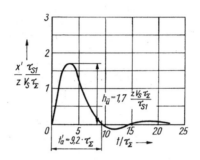

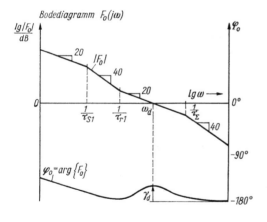

Durchtrittsfrequenz

$\omega_d = \dfrac{1}{2\tau_\Sigma}$

Phasenrand

$\gamma_d = 37°$

7.10 Normen

Elektrotechnische Anlagen – allgemein

DIN VDE 0105	Betrieb von Starkstromanlagen
DIN VDE 0160	Ausrüstung von Starkstromanlagen mit elektronischen Betriebsmitteln
DIN VDE 0170/0171	Elektrische Betriebsmittel für explosionsgefährdete Bereiche
DIN VDE 0875	Funk-Entstörung von elektrischen Betriebsmitteln und Anlagen

Elektrische Maschinen

DIN VDE 0530	Umlaufende elektrische Maschinen
DIN 42973	Leistungsreihe für elektrische Maschinen
DIN 40050	Schutzarten; Berührungs-, Fremdkörper- und Wasserschutz
DIN VDE 0535	Elektrische Maschinen, Transformatoren, Drosseln und Stromrichter auf Schienen- und Straßenfahrzeugen
DIN 42027	Stellmotoren; Einteilung, Übersicht

Elektrische Bauelemente und Geräte

DIN 41786	Thyristoren
DIN 41750	Begriffe für Stromrichter; Aufbau, Arten und Benennungen
DIN 41761	Stromrichterschaltungen; Benennungen und Kennzeichen, Beispiele
DIN VDE 0660	Niederspannungsschaltgeräte
DIN VDE 0737	Geräte mit elektromotorischem Antrieb für den Hausgebrauch und ähnliche Zwecke

Literaturverzeichnis

Die Literatur des Fachgebietes ist sehr umfangreich. Nachfolgend sind einige Publikationen aufgeführt, die zur Vertiefung der Kenntnisse beitragen können. Die Gliederung ist nach den Abschnitten des Buches geordnet. Darüber hinaus ist auf das umfangreiche Schrifttum in den einschlägigen Fachzeitschriften hinzuweisen. Der interessierte Leser wird in den Literaturverzeichnissen der angegebenen Publikationen weitere Hinweise für das Quellenstudium finden.

Es sei in diesem Zusammenhang auch auf die Verzeichnisse früherer Auflagen des vorliegenden Buches hingewiesen.

Abschnitt 1

[1.1] Hütte – Die Grundlagen der Ingenieurwissenschaften. 30. Auflage. Berlin: Springer-Verlag 1995
[1.2] Dubbel-Taschenbuch für den Maschinenbau. 19. Auflage. Berlin: Springer-Verlag 1997

Abschnitt 2

[2.1] Müller, G.: Grundlagen elektrischer Maschinen. Weinheim: VCH Verlagsgesellschaft m.b.H. 1994
[2.2] Bödefeld, Th., Sequenz, H.: Elektrische Maschinen. 8. Auflage. Berlin: Springer-Verlag 1971
[2.3] Fischer, R.: Elektrische Maschinen. 9. Auflage. München: Carl Hanser Verlag 1995
[2.4] Seinsch, H. O.: Grundlagen elektrischer Maschinen und Antriebe. 2. Auflage. Stuttgart: B. G. Teubner 1988. Oberfelderscheinungen in Drehfeldmaschinen. Stuttgart: B. G. Teubner 1992
[2.5] Meyer, M.: Elektrische Antriebstechnik. Band 1: Asynchronmaschinen im Netzbetrieb und drehzahlgeregelte Schleifringläufermaschinen. Band 2: Stromrichtergespeiste Gleichstrommaschinen und voll umrichtergespeiste Drehstrommaschinen. Berlin: Springer-Verlag 1985/1986
[2.6] Kovacs, K. P., Racz, I.: Transiente Vorgänge in Wechselstrommaschinen. Band 1 u. 2. Budapest: Verlag der Ungarischen Akademie der Wissenschaften 1959
[2.7] Budig, P.-K.: Drehstromlinearmotoren. 3. Auflage. Berlin: Verlag Technik 1982
[2.8] Seefried, E. u. Müller, G.: Frequenzgesteuerte Drehstrom-Asynchronantriebe. Berlin: Verlag Technik 1992

Abschnitt 3

[3.1] Vogel, J.: Wicklungserwärmung elektrischer Maschinen im nichtstationären Betrieb. Elektrie 37 (1983) H. 1, S. 19 u. 20. Die Systemelemente des Zweikomponentenmodels. Elektrie 37 (1983) H. 2, S. 74 u. 75. Digitale Typenleistungsbestimmung elektrischer Maschinen auf der Grundlage thermischer Beanspruchungen. Elektrie 37 (1983) H. 12, S. 621 u. 622
[3.2] Vogt, K.: Berechnung rotierender elektrischer Maschinen. 4. Auflage. Berlin: Verlag Technik 1988

Abschnitt 4

[4.1] Lappe, R. u.a.: Leistungselektronik. Grundlagen, Stromversorgung, Antriebe. 5. Auflage. Berlin: Verlag Technik 1994

[4.2] Michel, M.: Leistungselektronik. Eine Einführung. Berlin, Heidelberg: Springer Verlag 1992
[4.3] Meyer, M.: Leistungselektronik. Einführung, Grundlagen, Überblick. Berlin, Heidelberg: Springer Verlag 1990
[4.4] Jäger, R.: Leistungselektronik. Grundlagen und Anwendungen. 3. erw. Aufl. Berlin, Offenbach: VDE Verlag 1988
[4.5] Büchner, P.: Stromrichter-Netzrückwirkungen und ihre Beherrschung. 2. Auflage. Leipzig: Verlag für Grundstoffindustrie 1982
[4.6] Kümmel, F.: Elektrische Antriebe, Teil 2: Leistungsstellglieder. Berlin, Offenbach: VDE Verlag 1986
[4.7] Schröder, D.: Elektrische Antriebe 3, Leistungselektronische Bauelemente. Berlin, Heidelberg, New York: Springer Verlag 1996
[4.8] Felderhoff, R.: Leistungselektronik. 2. Auflage. München: Carl Hanser Verlag 1997

Abschnitt 5

[5.1] Schönfeld, R., Habiger, E.: Automatisierte Antriebssysteme. 3. Aufl. Berlin: Verlag Technik 1990
[5.2] Schönfeld, R.: Elektrische Antriebe. Bewegungsanalyse, Drehmomentsteuerung, Bewegungssteuerung. Berlin, Heidelberg, New York: Springer Verlag 1995
[5.3] Schröder, D.: Elektrische Antriebe 1. Grundlagen. Berlin: Springer Verlag 1994. 2. Regelung von Antrieben. Berlin: Springer Verlag 1995
[5.4] Kleinrath, F.: Stromrichtergespeiste Drehfeldmaschinen. Wien: Springer-Verlag 1980
[5.5] Leonhard, W.: Control of Electrical Drives. 2nd. ed. Berlin: Springer Verlag 1996
[5.6] Brosch, P. F.: Moderne Stromrichterantriebe. Würzburg: Vogel Verlag 1989
[5.7] Pfaff, G.: Regelung elektrischer Antriebe. I. Eigenschaften, Gleichungen und Strukturbilder der Motoren. 5. Aufl. München, Wien: R. Oldenbourg-Verlag 1994. Regelung elektrischer Antriebe. II. Geregelte Gleichstromantriebe. 3. Aufl. München, Wien: R. Oldenbourg-Verlag 1992
[5.8] Lehmann, R.: AC-Servo-Antriebstechnik. Grundlagen und Anwendungen. München: Franzis Verlag 1990
[5.9] Budig, P. K.: Drehzahlvariable Drehstrom-Asynchronantriebe mit Asynchronmotoren. Berlin: Verlag Technik 1988
[5.10] Späth, H.: Steuerverfahren für Drehstrommaschinen. Berlin: Springer-Verlag 1983
[5.11] Riefenstahl, U., Kühne, S., Raatz, E.: Drehmomenten- und Zugregelung für Haspeln und Wickelanlagen mit Drehstromantrieben. Neue Hütte 37 (1992) 6/7, S. 258–261

Abschnitt 6

[6.1] Stölting, H.-D., Beisse, A.: Elektrische Kleinmaschinen. Stuttgart: B. G. Teubner 1987
[6.2] Moczala, H.: Elektrische Kleinstmotoren. Grafenau: expert verlag 1987
[6.3] Vogel, J.: Elektrische Kleinmaschinen der Automatisierungstechnik. Reihe Automatisierungstechnik Bd. 171. Berlin: Verlag Technik 1975
[6.4] Rummrich, E. u.a.: Elektrische Schrittmotoren und -antriebe. Ehningen: expert verlag 1992
[6.5] Richter, C.: Servoantriebe kleiner Leistung. Weinheim: VCH Verlagsgesellschaft m.b.H. 1993

Sachwörterverzeichnis

Abtastregelung 354
Ankerzeitkonstante der GNM 72
Anlasser 195
Anlauf
　allgemeines 32
　der AMKL 121
　der AMSL 87
　der GNM 55
　der GRM 80
　des Schrittmotors 373
　der SM 140
　Stern-Dreieck- 130
　Verluste 172
Anlaufzeit 33, 379
Anregelzeit 281
　Betragsoptimum 281
　Symm. Optimum 285
Antriebsleistung 34
Arbeitsmaschinencharakteristiken 25
Arbeitswelle 112
Asynchronkupplung 152
Asynchronmaschine mit Kurzschlußläufer
　allgemeines 121
　Anlauf 130
　Betriebskennlinien 125
　Bremsen 137
　Drehzahl-Drehmomenten-Kennlinie 125
　Drehzahlstellung 127
　Ersatzschaltung 123
　Läuferstabformen 123
　polumschaltbare 127
Asynchronmaschine mit Schleifringläufer
　allgemeines 87
　Anlauf 100
　Betriebskennlinien 92
　Bremsen 101
　Drehzahlstellung 95
　Ersatzschaltung 89, 117
　Kennlinienfelder 92
　Leistungen 90
　Reaktanzen 90
　dyn. Verhalten 114
　Widerstände 90
　Zeigerdiagramm 89
Aufzüge 39

Ausgleichswelle
　dreiphasig 108
　einphasig 110
Auslöser 198
Ausnutzungsfaktor der el. Maschine 160
　des SR-Transformators 226
Ausregelzeit 281
Aussetzbetrieb 189
Auswahl el. Antriebsmaschinen 157

Bahnmotor 150
Bauformen el. Maschinen 161
Beobachter 287
Bestimmungsgrößen
　Beschleunigungsmoment 28
　Drehmoment 25
　Drehzahl 23
　Umrechnung translatorisch-rotatorisch 25
　Widerstandsmoment 25
　Winkelgeschwindigkeit 22, 23
Betragsoptimum 281, 396
Betriebsarten 176, 226
Bewegungsablauf 22
Bewegungsgleichung 30, 145
Blindleistung bei gesteuerten Gleichrichtern 243
Bodediagramm 393
Bremsen
　der AMKL 137
　der AMSL 101
　der GNM 67
　der GRM 84
　Verluste 172
Bremsmotoren 137
Brückenschaltung 214, 390
Bürstenreibungsverluste 169

Dahlanderwicklung 127
Dauerbetrieb 176
Dauergrenzstrom 208
Dauertemperaturen, höchstzulässige 175
Drehfeldbildung 364
Drehmelder 350

Drehmoment 54, 55, 81, 91, 116, 124, 142, 382
Drehstromantrieb, stromrichtergespeist 257, 301
Drehstrombrücke 211, 391
Drehstrom-Kommutatormaschinen 151
Drehstromsteller 232
Drehzahl 23, 57, 87
Drehzahlregelung
　AM mit Drehstromsteller 302
　AM mit Umrichter 308
　AM mit USK 322
　GNM mit SR-Stellglied 291
　SM mit Umrichter 326
Drehzahlstellbereich 25
Drehzahlstellung
　der AMKL 127
　der AMSL 95
　der GNM 59
　der GRM 82
　der SM 143
　des Universalmotors 363
Drossel 217
　Kreisstromdrossel 269
Durchlaufbetrieb 192
Durchtrittsfrequenz 394
dynamisches Verhalten
　der AMSL 114
　der GNM
　der SM 145

Effektivmoment 182
Einkörpermodell 178
Einphasenbremsen der AMSL 105
Einphasen-Kommutatormaschine 150, 360
Einquadrantenantrieb 35
Elastizitäten 45
elektrische Welle 107
Elektronikmotor 361
Energie
　Bilanz 53
　kinetische 44
Erregerverlustleistung
　allgemein 169
　bezogene der GNM 58

Erregerzeitkonstante der GNM 62
Ersatzschaltung
  der AMKL 123
  der AMSL 89, 117
  der elektrischen Welle 109
  der GNM 56
  der GRM 81
  der SR-gesteuerten GNM 262
  des Gleichstromzwischenkreises einer USK 323
  des netzgeführten SR 218
Ersatzverlustleistung 179
Erwärmungszeitkonstanten 179, 185, 383

Feldregelung 294, 316, 328
Feldsteuerung
  der GNM 59
  der GRM 82
Ferndreherwelle 111
Ferrarismotor 366
Fremderregung 56
Frequenzgang 279, 393
Frequenzsteuerung
  der AM 95, 308
  der SM 143, 326
Führungsverhalten
  der GNM 74

Gegenparallelschaltung 267, 295, 326
Gegenstrombremsen
  der AMKL 137
  der AMSL 104
  der GNM 68
  der GRM 86
Gegenstrom-Senkbremsen
  der GNM 68
  der GRM 86
Getriebe 24
Gleichlaufregelung verketteter Antriebe 335
Gleichlaufschaltungen mit Asynchronmotoren 107
Gleichrichter 390
  Ausgangsspannung 214, 211
  Blindleistung 243
  Drehstrom-Brückenschaltung 234, 390
  Dreipulsschaltung 233, 390
  Einpulsschaltung 390
  Lückbereich 213, 262
  Sechspulsschaltung 234, 390, 211
  Zweipulsschaltung 211, 390

Gleichstromantrieb
  Lückbereich 213, 262
  mit netzgeführtem SR-Stellglied 261
  mit Pulssteller 271
  Regelung 291, 293
  Signalflußplan 289, 291
Gleichstrombremsen
  der AMKL 137
  der AMSL 101
Gleichstrom-Kleinantriebe 357
Gleichstrom-Nebenschlußmaschine
  allgemeines 55
  Anlauf 63
  Bremsen 67
  Drehzahlstellung 59, 205, 262
  Signalflußplan 74
Gleichstrom-Reihenschlußmaschine
Gleichstromsteller
  als pulsgesteuerter Läuferwiderstand 305
  Betriebsverhalten 230, 273
Gleichstrom-Tachomaschinen 345
Gleichstromumkehrantrieb 266, 272
Grenzleistungen
  el. Maschinen 164
Grenzübertemperatur 175
Gruppenlöschung 240

Halbleiterventil
  Kennwerte 208
  Überspannungsschutz 226
  Überstromschutz 227
Hubwerk 39

Ilgnerumformer 204
Impulsgeber, rotatorisch 350
Induktionskupplung 154
Integrierzeitkonstante 353
Intrittfallmoment 370
Isolierstoffklassen 175

Kaskadenregelung 290
Katzfahrwerk 40
Kennlinienfeld
  der AMKL 125
  der AMSL 92, 94, 303, 306, 322
  der GRM 82
  der GNM 57, 262
  der Schrittmotoren 375
Kippmoment 91, 109, 142

Kippschlupf 91, 100
Klimaschutz 167
Kommutierung, elektronische
  bei lastgeführten SR 329
  bei netzgeführten SR 215
Kommutierungsblindleistung 243
Kompensation der Blindleistung 252
Kondensatormotor 365
Konstruktionsmerkmale el. Maschinen 159
Kopplungsfaktor 91, 116
Korrespondenzen zur Laplace-Transformation 389
Krane 39
Kreisdiagramm 94, 380
Kreuzschaltung 268
Kühlungssystem
  el. Maschinen 60, 163
Kupplung, elektromagnetische 151
Kurzzeitbetrieb 187

Lagemessung 350
Lageregelkreis 297
Lamellenkupplung 152
Laplace-Transformation 386
Lastausgleichsregelung 336
Lastverluste 170
Läuferausführung von Schrittmotoren 374
läufergespeister Drehstrom-Nebenschluß, Kommutatormotor 151
Läuferspannungssteuerung 96
Läuferstabformen von AMKL 123
Läuferstellglied
  als Stromrichterkaskade 320
  als gepulster Widerstand 305
Lebensdauer el. Maschinen 159, 165
Leerlaufverluste 170
Leerschalthäufigkeit 193
Leistung
  allgemeines 37, 53
  gesamte der AM 90
  innere 159
Leistungsbedarf
  Arbeitsmaschinen 37
  Aufzüge 39
  Bohrmaschinen 38
  Drehmaschinen 38
  Fahrzeuge 40
  Fräsmaschinen 38

Sachwörterverzeichnis

Hubwerk 39
Katzfahrwerk 40
Krane 39
Lüfter 42
Pumpen 42
Werkzeugmaschinen 37
Leistungsschalter 196
Leonardumformer 204
Linearmotor 122
Lückbereich 212
Lückfaktor 263
Lüfter 42
Luftspaltleistung 90

Magnetpulverkupplung 152
Maschinenumformer 204
Masse-Leistungs-Verhältnis
 el. Maschinen 161
Mehrmotorenantriebe 337
Mehrphasen-Mittelfrequenz-Tachomaschine 345
Mehrquadrantenantrieb 35, 266, 272
Meßwertgeber 343
Mikrorechner
 Führungsgrößenrechner 337, 341
 Regler 296, 354
Mittelpunktschaltung 213, 215, 390
Motorschalter 196
Motorschutz 196

Netzrückwirkungen von
 Stromrichtern 243
Niederspannungsschalter 197
Normen 398
Nutzbremsen
 der AMKL 137
 der AMSL 101
 der GNM 67

Oberschwingungsgehalt der
 Spannung 219
 des Stroms 220
Operationsverstärker 352

Pendelwinkel der SM 147
Phasenanschnittsteuerung 211, 233, 236
Phasenfolgelöschung 239
Phasenschieber 252
PI-Regler 353, 355
Polradlagegeber 330
Polumschaltung der AMKL 127
P-Regeler 353
Prozeßanalyse 48, 50

Pulssteller
 Aufbau, Wirkungsweise 271
 Schaltungen 272
Pulssteuerung
 AM, im Läuferkreis 97, 305
 GNM 229, 361
Pumpen 42

Raumzeiger 114
Reaktanzen
 der AMSL 90
 der SM 141
Reaktionsmoment der SM 142
Regelabweichung, bleibende 283
Regelgröße 277
Regelkreis, digital 289
Regelkreisstruktur 259
Regelstrecke 277
Regelung
 AM mit Drehstromsteller 302
 AM mit gepulstem Läuferwiderstand 305
 AM mit UR im Läuferkreis 320
 AM mit UR im Ständerkreis 308
 Aufwickler 339
 einschleifig 280
 feldorientiert 313
 GNM mit einem SR-Stellglied 261
 Induktionskupplung 154
 Schlingenheber 337
 SM mit einem UR 326
 Zugregelung 338
Regelverstärker 352
Reglereinstellung 281, 285, 353
Reibkupplung 153
Reibmoment 26
Reibungsverluste 169
Reluktanzläufermotor 369
Reversierantrieb 266
Rückführnetzwerk 353

Sattelmoment der AMKL 125
Saugkreis, netzseitig 254
Schalter 196
Schalthäufigkeit 193
Schaltkupplung 152
Schrittmotoren 373
Schutz
 Motorschutz 196
 Überspannungsschutz von SR 226

Überstromschutz von SR 227
Schutzarten el. Maschinen 162
Schütze 196
Schwingungen der SM 147
Schwingungsglied 395
Sechspulsgleichrichter 214, 390
Selbsterregung 56, 86
Selbstlöschung von
 Thyristoren 240
Signalflußplan
 der GNM 74
 der Induktionskupplung 156
 der SR-gesteuerten AM 312, 317, 324
 der SR-gesteuerten GNM 291, 293, 295
Signalverarbeitung
 in Antriebssystemen 258
Sollwertgeber 351
Sollwertintegrator 351
Sollwertrechner 341
Spaltpolmotor 365
Spannungssicherheitsfaktor 208
Spannungssteuerung
 der AMSL 96, 302, 309
 des Bahnmotors 150
 der GNM 59, 205, 230, 262
 der GRM 82
 des Universalmotors 363
Spannungszwischenkreisumrichter 310
Spiele, mechanische 45
Spielzeit 177, 181
Spitzenspannung,
 periodische 208
Ständerflußverkettung 313, 327
Ständerspannungssteuerung 96, 127, 302, 310
Ständerstromsteuerung 319
Stellglied
 allgemein 204
 für ASM 232
 für GNM 211, 259, 391
 für Schrittmotoren 374
 für SM 235
 Maschinenumformer 204
 Stromrichterstellglied 211, 232
Stellmotoren 358, 366, 370, 371
Stern-Dreieck-Anlauf der AMKL 131
Steuerblindleistung 243, 250

Steuergerät für netzgeführte Stromrichter 224
Störgröße 277, 285
Störgrößenkompensation 287
Störverhalten
  der AMSL 117
  der GNM 74
  Optimierung 285
Strombelastbarkeit von Halbleiterventilen 208
Stromlückbereich 212, 293
Stromoberschwingungen auf der Netzseite 246
Stromortskurve
  der AMKL 124
  der AMSL 94, 380
  der SM 142
Stromregelkreis 290
Stromrichter
  Aussteuerung 212, 218
  Betriebsverhalten 218
  Ersatzschaltbild 218
  Grundschaltungen, netzgeführte 211, 391
  Kommutierungsvorgang 215
  Oberschwingungen der Ausgangsspannung 219
Stromrichtererregung 205, 328
Stromrichterkaskade 320
Stromrichtermotor 329
Stromrichtertransformator, 225
Stromsicherheitsfaktor 208
Stromverdrängung 122
Stromzwischenkreisumrichter 318
Summenzeitkonstante 282, 291
symmetrisches Optimum 285, 397
Synchronmaschine mit Schenkelpolläufer
  allgemeines 140
  dynamisches Verhalten 145
  Zeigerdiagramm 141, 146

Temperaturverlauf 179, 184
T-Glied 354
Thyristor
  Kennlinien 208
  Selbstlöschung 240
  Wärmenetz 210
  Zündung 208
Trägheitsfaktor 29, 177

Trägheitsmoment
  allgemeines 28
  von AMKL 133
  von AMSL 119
  von GNM 72
transientes Gleichungssystem der AMSL 116
Triac 206
Typenleistung 178, 184
Typenleistungsbestimmung 176, 184, 384, 385

Überspannungsschutz von Stromrichtern 226
Überstromauslösung 201
Überstrom-Auslösekennlinie 199
Überstromschutz 227
Übertemperatur 174
Übertragungsglieder, mechanische 24
Umgebungsbedingungen 166
Umgebungstemperatur 175
Umkehrantrieb GNM
  Regelung 294
  Schaltung 267
Umkehrstromrichter 266
Umrichter
  direkter UR 235
  indirekter 237
Umweltbeeinflussung 167
Ungleichförmigkeitsgrad 44
Universalmotor 362
Unterspannungsauslösung 201

Verlustleitung
  Eisenverluste 168
  Ersatzverlustleistung 179
  beim Anlauf 132, 172
  beim Bremsen 172
  des Läufers von AMSL 90
  Erregerverluste 58
  Reibungsverluste 169
  Stromwärmeverluste 169
  Zusatzverluste 169
Verschiebungsfaktor 245

Wärmeabgabefähigkeit 178, 185
Wechselrichterbetrieb 267
Wechselrichter, selbstgelöschter 241
Wechselstrom-Bahnmotor 150
Wechselstrom-Kleinmaschinen 362, 365, 369

Wechselstromsteller 233
Wechselstromtachomaschine 346
Wellenmaschine 107, 109
Welligkeitsfaktor 221
Werkzeugmaschinen 37
Wickelantrieb 27
Widerstandsanlasser 64
Widerstandsbremsen
  der GNM 68, 70
  der GRM 85
Widerstandsmoment 25, 147
Widerstands-Pulssteuerung der AMSL 97, 305
Widerstandssteuerung
  der AMSL 97
  der GNM 60
  der GRM 82
  des Universalmotors 363
Wiedereinschalten der AMKL 130
Wirbelstromkupplung 152
Wirbelstromverluste 168
Wirkungsgrad
  der AMKL 125
  der GNM 58

Zahnkupplung 152
Zeitkonstante
  Abkühlungs- 184, 186
  elektromagnetische Ankerzeitkonstante der GNM 72, 359
  elektromechanische der AM 119, 133
  elektromechanische der GNM 72
  Erwärmungs- 179, 184
  transiente elektrische des Läufers von AM 118, 315
Zeigerdiagramm
  der AMSL 89
  des Elektronikmotors 372
  der SM 141, 146
  des Stromrichtermotors 330
  der USK 322
  des Universalmotors 362
Zugregelung 338
Zusatzverluste 169
Zu- und Gegenschaltung 248
Zweikomponentenmodell 184
Zweimassensystem 45, 333
Zweipulsgleichrichter 211, 391
Zwischenkreistaktung 330